Eigentum von Chris Obermann

April '93

Johannes Holler

DAS NEUE GEHIRN

Meinen Eltern in Dankbarkeit gewidmet

Johannes Holler

DAS NEUE GEHIRN

Ganzheitliche Gehirnforschung und Medizin
Modelle, Theorien, praktische Anwendung

Verlag Bruno Martin

Dieses Buch beschreibt den derzeitigen Forschungsstand und die heute aktuellen Theorien der Gehirnforschung und Medizin. Bevor Sie sich zu irgendwelchen grundlegenden Umstellungen in Ihrer Ernährung, medizinischen oder psychologischen Anwendungen entschließen, sollten Sie mit dem Arzt oder Psychologen ihres Vertrauens sprechen. Für die Wirkung und Qualität genannter Produkte sind allein deren Hersteller verantwortlich; auch stellt ihre namentliche Nennung weder bezahlte Werbung noch eine Qualitätsbeurteilung dar. In vielen Fällen verzichteten wir auf technische Details, um den Leser nicht zu überfordern und urheberrechtliche Schutzansprüche nicht zu verletzen.

Deutsche Erstveröffentlichung

1. Auflage 1989
2. aktualisierte Auflage 1991
Verlag Bruno Martin GmbH
D-2121 Südergellersen

Titelgestaltung: Nana Nauwald-Martin
Grafik im Buch (auf den Seiten: 43, 49, 60, 66, 170, 171, 276, 408):
Design Team Lübeck, Hamburg-Bergedorf
Satzumwandlung und Druck:
Fuldaer Verlagsanstalt GmbH, Fulda

ISBN 3-721786-66-5

Inhalt

Die moderne Gehirnforschung – ein Tor zu einem neuen Verständnis von Geist und Materie

von Dr. Rudolf Kapellner

Als die erste Apollo-Raumkapsel vor genau 20 Jahren auf dem Mond landete, saßen Millionen Zuschauer gebannt vor ihren Fernsehschirmen – auch ich als Jugendlicher war hingerissen. Die letzte Mondlandung der Apollo-Serie habe ich schon nicht mehr angesehen, denn nur vor dem Fernseher zu sitzen war mir auf die Dauer zu langweilig. Die neuesten Erfolge der Weltraumforschung mögen vom TV aus gesehen noch so interessant sein, wir können außer Hinsehen und Konsumieren nichts dazu beitragen oder selbst erleben: es betrifft uns nicht direkt!

Während dies bei nahezu allen Wissenschaftszweigen der Fall ist, gibt es eine große Ausnahme: die moderne Gehirnforschung. Deren Bedeutung erklärt sich ganz einfach aus der Tatsache, daß wir alle ein Gehirn *besitzen und gebrauchen*. Und wenn die moderne Gehirnforschung verspricht, daß wir unser Gehirn viel besser, wirkungsvoller, kreativer und weitreichender benutzen können als wir es bisher gewohnt waren, so läßt das aufhorchen und weckt enorme Hoffnungen.

Es ist daher von außerordentlicher Wichtigkeit, daß diese neuen und tatsächlich vielversprechenden Ergebnisse *wissenschaftlich korrekt* und gleichzeitig *allgemeinverständlich dargestellt* werden. Von den hochspezialisierten Wissenschaftlern ist dies wohl nicht zu erwarten, doch es gibt bereits jetzt eine Reihe von ambitionierten jungen Wissenschaftlern, welche ihre Aufgabe gerade in der Öffentlichkeitsarbeit zu diesem Thema sehen.

Die Bedeutung der modernen Gehirnforschung setzt sich aus einer Reihe von Schwerpunkten zusammen, von denen jeder für sich schon Beachtung verdient. Alle vereint bilden sie ein neues Ganzes, werden zu einem Tor, das sich auftut zu einem neuen Verständnis von Gehirn, Körper und Bewußtsein, eben: von *Geist und Materie*.

Die Gehirnforschung entwickelt neue, nicht zerstörende Untersuchungs- und Meßmethoden. Eine On-Line-Beobachtung des lebenden Organismus (Brain Mapping, SQUIDS) wird so möglich, anstatt wie bisher zu schneiden, zu töten, zu zentrifugieren und zu sezieren.

Kaum eine Wissenschaft wird wie die moderne Gehirnforschung vor die Aufgabe gestellt, neue Interpretations- und Rechenmodelle (wie dissipative Strukturen und chaostheoretische Ansätze) zu erarbeiten, um der enormen Vielfalt des Gehirns näherzukommen. Durch die rasche Veränderung und Erneuerung der Ergebnisse werden *fixe und stabile Erkenntnisse von Gestern zu veränderbaren Modellen von Heute:* statt von endgültigen Aussagen sprechen die Wissenschaftler nur mehr von Interpretationsmodellen. Starre, überkommene *Paradigmen* zerfallen schnell und öffnen so den Blick auf neue, wesentlich weiter gefaßte Wirklichkeitsmodelle.

Die Tatsache, daß das menschliche Gehirn in allen Bereichen des Lebens wirksam ist, macht eine *interdisziplinäre Verbindung* vieler Wissenschaftszweige erforderlich, um der multiplen Aufgabenstellung der Gehirnforschung gerecht zu werden. Aus der interdisziplinären Vernetzung kann sich eine *transdisziplinäre Wissenschaft* entwickeln, welche uns in ein neues Verständnis der Wirklichkeit führen wird.

Ein schönes und sehr anschauliches Beispiel dazu zeigte sich in den letzten fünfzehn Jahren in der Neurotransmitterforschung. Ursprünglich als chemische Botenstoffe zwischen einzelnen Nervenenden entdeckt, zeigte sich bald, daß dieselben Neurotransmitter im gesamten Körper als Hormone wirken können. Das »neuro-chemische« Modell mußte zu einem »neuro-endokrinen« Modell erweitert werden. Alsbald wurden Querverbindungen zu einzelnen emotionalen und vegetativen Vorgängen hergestellt: das Modell erweiterte sich zum »Psycho-Neuro-Endokrino-System«. Aus der Immunforschung ergaben sich weitere Zusammenhänge, so daß dieses System zu einem »Psycho-Neuro-Endokrino-Immuno-System« ausgebaut wurde. Die erweiterte Verbindung mit sozialem Umfeld und Beziehungsstrukturen, in welche der Mensch eingewoben ist, war dann nur mehr eine Frage der Zeit. Dasselbe gilt analog auch für linguistische Phänomene (NLP) und für ethnologische Erkenntnisse (Erleben außergewöhnlicher Wachbewußtseinszustände), so daß dieses »System« zu einem »Ethno-Sozio-Linguisto-Psycho-Neuro-Endokrino-Immuno-System« verändert werden mußte.

Ich glaube, Sie verstehen nun, was ich mit *»interdisziplinär«* oder *»transdisziplinär«* meine.

Ein weiteres Beispiel für die Bedeutung der modernen Gehirnforschung kommt aus der Erkenntnis, daß unser Gehirn plastisch und flexibel ist. Es kann sich in viel größerem Maße verändern und entwickeln, als wir bisher angenommen haben. Der Alterungsprozeß und der damit verbundene Intelligenzabbau entsprechen nicht der »Natur des Gehirns«, sondern sind eher eine kollektive Gewohnheit, unser Gehirn zu benutzen. *Lernen ist in jedem Alter möglich!*

Diese Erkenntnisse gelangten nun an die Öffentlichkeit, die Medien stürzten sich begeistert darauf. Als Folge davon entstand die Bereitschaft zu einer neuen Nutzung des Gehirns. Es wird sich ein bewußter Umgang mit verschiedenen Bewußtseinslagen entwickeln. Wir hoffen es zumindest. Ungeahnte Fähigkeiten und Möglichkeiten der Menschen erscheinen jetzt plötzlich greifbar, und unsere Wirklichkeiten beginnen sich zu erweitern. Es kommt nur mehr auf das *Gewußt-Wie* an.

Mit Hilfe der Gehirnforschung erlangen wir mehr Einsichten und Wissen über die Funktions- und Tätigkeitsweise des Gehirns. Wir werden uns in zunehmendem Maße unserer Programmierungen bewußt und auch dessen, wie diese Programmierungen hervorgerufen werden können. Die logische Konsequenz aus diesen Einsichten: Selbstprogrammierung statt Fremdprogrammierung. Es geht um mehr Individualität, um eine Steigerung und Entfaltung der Fähigkeiten des einzelnen: es geht um mehr *freien Willen.*

Mit anderen Bewußtseinslagen als unserer alltäglichen haben sich die Ethnologie, die Transpersonale Psychologie und »New-Age-Philosophie« bereits länger befaßt. Diese Bereiche sind für unser Leben außerordentlich wichtig, werden jedoch in unserer Gesellschaft viel zu wenig gelebt. Jetzt beschäftigt sich auch die moderne Gehirnforschung vermehrt damit.

Je mehr wir über verschiedene Bewußtseinslagen, die darin enthaltenen außergewöhnlichen Fähigkeiten und die verschiedenen Zugangswege dazu erfahren, desto freier können wir unseren Bewußtseinszustand selbst wählen. Die moderne Gehirnforschung leistet bereits heute einen wesentlichen Beitrag zu diesen Erkenntnissen.

So entsteht Hand in Hand mit den Erfahrungen aus der Transpersonalen Psychologie und anderen Wissenschaftszweigen eine Fülle von neuen Erkenntnissen, die zeigt, daß die Gehirnforschung heute zu Recht als Tor zu einem neuen Verständnis der Welt,zu unserer Wahrnehmung von ihr und zu neuen Wirklichkeiten bezeichnet wird. Nutzen wir diese Möglichkeiten!

Einleitung

»Dem Interesse an unserem Gehirn liegt die Wißbegierde zugrunde, weshalb wir hier sind, was wir hier tun und wohin wir gehen«!

Paul McLean

Überall in der Welt begegnen wir Gehirnen, die ebenso kleinste Veränderung von Düften in kilometerweiter Entfernung wahrnehmen wie auch die geringste Schwankung von Licht, Schall und Berührung; sie können die Körperorgane so ausrichten, daß diese elektrische und magnetische Felder senden und empfangen, damit sie sich auf vielfältige Art und Weise verständigen können. Diese Gehirne können die Polarisation des Sonnenlichts analysieren, um es zur Richtungsbestimmung zu verwenden. Sie können konstant die Zeit verfolgen – selbst bei Nacht – und funktionieren wie präzise Leitsysteme. Diese Gehirne sind hochspezialisiert und haben trotzdem nur die Größe eines Salzkörnchens, sie bestehen aus ca. 900 Neuronen und sitzen z. B. im Kopf eines Insekts.

Überall auf der Welt kommunizieren wir mit Gehirnen, die logische Operationen vornehmen können, ohne von sich aus zu wissen, welche Informationen sie wie zu bearbeiten haben – dies teilt ihnen erst das jeweils aktivierte Programm mit. Sie können also nicht von sich aus aktiv werden, sondern nur, wenn sie von außen dazu »aufgefordert« werden. Ihre »Sinnesorgane« bestehen aus Tastatur, Scanner und Mikrophon; sie sind in der Signalübermittlung unübertroffen schnell – in der seriellen Signalübermittlung millionenmal schneller als ihr biologischer Kollege, von dem sie ihre Programmeingabe erhalten. Das künstliche Gehirn hat einen oder mehrere Prozessoren für die Manipulation der Signale. Der Prozessor summiert die ankommenden Signale, subtrahiert hemmende, und wird selbst aktiv, wenn eine bestimmte Summe erreicht ist. An die sinnvolle Partnerschaft mit der elektronischen Intelligenz knüpfen die Forscher hohe Erwartungen und hoffen, damit auch den Biocomputer einmal besser zu verstehen. Der Computer teilt bisher das Schicksal einer von einem biologischen Gehirn gebauten Maschine, deren Zweck es ist, das zu tun, was biologische Gehirne ihm auftragen.

Dann gibt es noch überall auf der Welt biologische Computer – mindestens 6 Milliarden an der Zahl – deren vordringlichstes Ziel ist, ihren Körper sicher durch das Leben zu lotsen. Die Biocomputer, die zu einem erheblichen Teil »vorprogrammiert« sind, »wissen« von vornherein, wie sie etwa die Farbinformation aus den Botschaften der Augen zu extrahieren haben oder wie die Klanginformation aus den Bewegungen der Härchen im Innenohr zu interpretieren ist. Die Vorprogrammierung besteht in den Kontakten, die zwischen den Zellen eingerichtet wurden, den sogenannten Neuronennetzen. In den Wachstumsjahren knüpfen die Nervenzellen ihre Verbindungen, aber nur jene Kontakte, die dann wirklich benutzt werden, bleiben bestehen. Von den 10 Milliarden Minicomputern im Verband des Biocomputers werden Signale mit bis zu zehntausend anderen ausgetauscht – um damit um Größen komplexer zu sein als der größte heutige Computer oder ein Insekt. Das menschliche Gehirn arbeitet »parallel«, das heißt, es finden Millionen einzelner Signaltransformationen gleichzeitig statt, im gewöhnlichen Computer nur eine nach der anderen. Das menschliche Gehirn besitzt, was heutige Computer nicht haben, die Fähigkeit der Selbstorganisation, es entwirft aus dem Erfolg oder Mißerfolg früherer »Programme« neue, eigene Handlungsstrategien. Es kann bewußt über Dinge nachdenken, die es vorher noch nie erlebt, geschweige denn darüber nachgedacht hat; es bedient sich der Informationsübermittlung schleichend auf quantenphysikalischen und biochemischen Sohlen – einer Synergie, die es den KI-Spezialisten schwer macht, diese künstlich nachzubilden. Der menschliche Biocomputer unterscheidet sich von anderen Computern dadurch, daß er eine hochentwickelte Sprache zur Kommunikation benutzt, sich seiner selbst bewußt ist, die Fähigkeit besitzt spontan und/oder überlegt zu handeln, um die Umwelt seinen Vorstellungen und Bedürfnissen anzupassen – UND sich gegebenenfalls den Naturgesetzen, so bleibt zu hoffen, anzuvertrauen.

Das menschliche Gehirn ist eine faszinierende und zugleich rätselhafte Konstruktion. Bei einem Gewicht von nur 3 Pfund hat es die Fähigkeit, unsere grundlegenden und lebensnotwendigen Systeme zu überwachen, unsere Bewegungen zu steuern, Informationen über unsere Umwelt aufzunehmen, zu sortieren und sie lebenslang zu speichern. Darüberhinaus ermöglicht es uns, über unsere Ziele nachzudenken, mit anderen Menschen in Kontakt zu treten, neue Ideen zu erschaffen und uns Dinge vorzustellen, die noch nie vorher real existiert haben. Das Gehirn kann nicht nur eine unbegrenzte Abfolge von Handlungen vollziehen, sondern diese auch mehr oder weniger gleichzeitig bewältigen. Es ist fähig, Emotionen wie Freude, Liebe und Enttäuschung zu fühlen und ein Bewußtsein von sich selbst und seiner Zukunft zu haben. Außerdem scheint es etwas zu beherbergen, was es in die Lage versetzt, sich wahrzunehmen, über sich selbst zu reflektieren, Ziele zu visualisieren und *Etwas aus Nichts zu erschaffen.* Auf einer bestimmten Stufe weiß es, daß es weiß, und daß es Wissen und Gewißheit und nicht nur Daten gibt. Diesen Faktor nenne ich hier einmal das *Gehirn-Geist-System.* Es impliziert etwas mit einer »unbekannten Variablen«, nämlich der »Sich-des-Bewußtseins-bewußten-Einheit«, die in Interaktion mit unserem Gehirn steht. Sie ist nicht das Gehirn und auch nicht der Verstand und ist doch untrennbar mit beiden verbunden. Sie ist mit keinem Elektronenmikroskop der Welt sichtbar zu machen, da es sich gleichzeitig um einen *Prozeß* wie um eine *Einheit*, um eine Statik wie um eine Dynamik, um eine *Welle* wie um ein *Teilchen* handelt. Uns hilft es vielleicht am ehesten, wenn wir wissen, daß es eine Gehirn-Geist-Interaktion gibt, die gewissen Gesetzmäßigkeiten folgt und über erstaunliche Fähigkeiten verfügt, wie die, *zu postulieren* und *wahrzunehmen.*

Der große Gehirnforscher Wilder Penfield kam nach 50 Jahren Hirnforschung zu dem Schluß, daß Gehirn und Geist zwar eine funktionelle Einheit bilden, aber keineswegs identisch sind. Gegen Ende seines Lebens wurde er immer unsicherer, ob das Studium des Gehirns, worin er früher Pionierarbeit geleistet hatte, jemals zum Verständnis des Geistes führen würde. Penfield war unter den Neurologen nicht der einzige, der seine Ansicht über die Beziehung zwischen Verstand und Gehirn änderte. Sir John Eccles führte intensiven Gedankenaustausch mit dem Philosophen Karl Popper, woraus das Buch »Das Ich und sein Gehirn« entstand. Auch Roger Sperry, Nobelpreisträger für Medizin, beschäftigte sich neben seinen Split-Brain-Untersuchungen mit dem menschlichen Bewußtsein, desillusioniert vom »neurologischen Kindergarten«, dem »blutleeren Tanz der Aktionspotentiale« und den »hin und her eilenden Molekülen«, wie Neurologen das heutzutage schon mal zu sagen pflegen.

Mein persönliches Interesse für das wohl faszinierendste Organ des menschlichen Körpers wurde durch ganz unterschiedliche Aspekte geweckt: zuerst einmal durch die Beschäftigung mit Naturwissenschaften, die sich inzwischen mit jahrtausendealtem Wissen des Ostens decken und uns zeigen, daß die Welt, wie *wir* sie über unser Gehirn und Nervensystem wahrnehmen, eine gründliche *Täuschung* ist. Wie können wir erkennen, was wahr ist, wenn schon der Prozeß des Fragens unser Wahrnehmungsvermögen von bestimmten Aspekten unserer Umgebung ausschließt? Schon Jean Piaget behauptete, daß das, was wir sehen, nicht unbedingt das sei, was wirklich ist. Und John Ross beschreibt in »Scientific American« die Wahrnehmung als »unbewußte Interpretation visueller Daten«, wobei das Gehirn entscheidet, was es sehen will. Während unserer täglichen Beschäftigung mit der Umwelt neigen wir dazu, vorwiegend eine Gehirnhälfte dominieren zu lassen, wodurch wir einen entscheidenden Teil unserer gesamten Realität ausblenden.

Wußten Sie zum Beispiel, daß unerfahrene Zuhörer Melodien eher mit dem linken Ohr lauschen und konzerterfahrene Musikliebhaber deutlich stärker auf das rechte Ohr eingestellt sind? Wußten Sie, daß die Blickrichtung Ihrer Augen etwas über die Verarbeitung von Streß aussagt? Oder wußten Sie, daß Sie bei Betrachten eines Bildes dieses als ästhetisch ausgewogener empfinden, wenn es die wichtigsten Dinge auf der rechten Seite darstellt? Menschen unterschiedlicher Kulturkreise erfahren die Welt aufgrund unterschiedlicher Ausprägung ihres Gehirns, was durch vielerlei Faktoren, nicht zuletzt durch die Erziehung und Selbsterziehung im Hinblick auf Konfrontation mit dem Neuen, verursacht wird. Joseph C. Pearce spricht bei Intelligenz von der Fähigkeit zur Interaktion, und die wächst allein durch die Auseinandersetzung mit neuen Phänomenen, das heißt, durch *Fortschreiten vom Bekannten zum Unbekannten*. Durch welche Inhalte sich diese Fähigkeit entwickelt, ist Nebensache. »Der Stein, über den das Kind zu Fall kommt, ist unser Glaube, und daher auch sein Glaube, die Inhalte seien das Wichtige. In diesem Glauben befangen, muß es sich ein Leben lang mit Inhalten gegen seine Angst abschirmen, braucht es materielle Dinge, um sich sicher zu fühlen.« Das »magische Kind«, so Pearce, »konzentriert sich auf seine Fähigkeit und verschenkt sich nicht an Inhalte«.

Ein weiterer Bezugspunkt war für mich dadurch entstanden, daß mir bewußt wurde, welche Vielfalt unspezifischer Faktoren tagtäglich auf unser Gehirn einwirken und welche Möglichkeiten der präventiven Einflußnahme von Ärzten und Heilkundigen sich hieraus ergeben könnte. Das multifaktorielle Geschehen setzt sich zusammen aus Ernährung, elektromagnetischen Feldern, Licht und Farben oder ganz einfach Stimmungen, Worten, Emotionen und zwischenmenschlichen Beziehungen. Die unser Denken und Handeln prägenden Faktoren können, wenn sie optimiert und spezifiziert werden, einen Heilungsprozeß in Gang setzen, wie das zum Beispiel bei Depressionen in Verbindung mit Licht, Klang und

Farbe geschehen kann. Hinzu kommt das, was Michael Hutchison in seinem Buch »Megabrain« aufzeigt: »Die Wissenschaft hat in der letzten Dekade mehr über das Gehirn gelernt, als in der gesamten Geschichte davor. Die Konsequenzen sind klar: das menschliche Gehirn ist weitaus mächtiger und hat das Potential für immer größeres Wachstum und Wandlungsvermögen, als man jemals zuvor vermutete«. Um das Bild etwas abzurunden, möchte ich hinzufügen, daß es dieses intuitive und angewandte Wissen im Osten und bei westlichen Mystikern schon immer gegeben hat, und so schreibt auch Joachim-Ernst Berendt in seinem Buch »Nada Brahma – die Welt ist Klang«: »Die Tatsache, daß bestimmte Schwingungen und Strömungen seit Jahrhunderten gefühlt werden, ist gewichtiger als deren – morgen vielleicht schon verifizierbare – Meßbarkeit.«

Mittlerweile zeigen die Erkenntnisse der Neuropsychologie und der Psychobiologie sowie einiger Teilgebiete der Gehirnforschung, daß das Gehirn aufgrund seiner *Formbarkeit* durch externe Reize wie Licht und Ton in spezieller Frequenz, durch Ionisation der Luft und gezielte Bewegung und Ernährung ganz außerordentlich beeinflußt werden kann. Unter Benutzung moderner EEG-Brainmapping- und Biofeedbackgeräte zeigt sich, daß »Heureka-Erlebnisse«, Einsicht und Synthese-Erfahrungen nichts Geheimnisvolles, Mystisches und auf wenige gnadenreiche Augenblicke Beschränktes zu sein brauchen, sondern mit dem *richtigen Handwerkszeug* (»setting«) und einer *entsprechenden Einstellung* (»set«) ganz in unser alltägliches Leben einfließen können. Von den Katalysatoren und dem Handwerkszeug zur Bewußtwerdung handelt dieses Buch. Es zeigt, daß der Einsatz des Bewußtseins zur Kontrolle von Vorgängen des autonomen Nervensystems schon seit jeher bekannt war.

Inzwischen mechanisierte die westliche Wissenschaft diese Techniken und stellte sie uns erstmals in den siebziger Jahren als Biofeedback vor. Dem folgten in den Achtzigern die Gehirntrainingsgeräte, auch als Photostimulations- oder optisch-akustische Geräte bekannt, die nun immer mehr außerhalb der klinischen Forschung zur Anwendung kommen. Elmar und Alyce Green von der Menninger Foundation haben schon vor Jahren gezeigt, daß zwischen den Theta-Gehirnwellen, dem Unterbewußtsein und einer gezielten Entspannung eine Wechselbeziehung besteht. Neuere Therapien, wie die der psycho-physiologischen Nutzung des Elektrometers offenbaren Erstaunliches: »Sie wissen, daß Sie wissen, und wodurch Sie wissen«. Außerdem bedarf es dazu keinerlei esoterischer Geheimniskrämerei mehr, die mit einem ideologischen Überbau versehen sein muß. Sozusagen ist ein *jeder Gehirnbesitzer ein potentieller Gehirnbenutzer*, wenn er nur weiß wie. Nach dem Vordenker Gerd Gerken zeichnet sich das kommende Zeitalter eben auch dadurch aus, daß sich *High Tech mit High Spirit vereinen.*

Mittels neuer Techniken wie der sensorischen Deprivation, dem Einsatz bestimmter Klangfrequenzen und neuartiger Linguistiksysteme wird deutlich, was machbar ist, nämlich die »Metaprogrammierung des Biocomputers«, wie John Lilly sagt, und die Entfaltung eines (noch) archaischen Gehirns, das mit einer modernen Welt Schritt halten muß. Mittlerweile bringt unsere Zeitqualität immer schneller aufeinanderfolgende Paradigmenwechsel hervor, in deren Verlauf die daraus entstehenden Modelle etwas beobachten lassen, was nicht mehr deduktiv in seine Einzelteile zerlegbar ist. Hinter der Fassade des Alltäglichen offenbart sich eine Welt, die sich immer mehr dem annähert, was wir den Dingen rein äußerlich nicht unmittelbar ansehen können.

Durch die Integration neuer Modellvorstellungen wird auch im Gehirn die *Dynamik des Miteinander* und *nicht des Gegeneinander* als Evolutionsprinzip sichtbar. Die neue Biologie macht das ebenso deutlich wie die neue Physik. Einflüsse dieses ganzheitlichen Weltbildes sind nun auch in der Neuropsychologie, in der Psychophysik und in vielen Teilgebieten der Gehirnforschung zu spüren: grundlegende Zusammenhänge können einerseits eben nur von einer *Metaebene der Ganzheit* her verstanden werden und/oder, indem wir uns der Modelle und Sichtweisen anderer Fakultäten bedienen. Albert Einsteins berühmte Gleichung $E=mc^2$ zeigte, daß alles auf Energie zurückzuführen ist und die Materie sozusagen konsolidierte Energie darstellt. Demnach ist unser Gehirn die besondere Form, die die Energie annimmt, wenn sie sich entsprechend der genetischen Kodierung manifestiert und unseren menschlichen Körper lenkt. Mittlerweile dürfte klar sein, daß Gehirn und Bewußtsein zweierlei sind. Doch wo hören die Gehirnzellen, ihre Verästelungen und chemischen Botenstoffe auf, und wo beginnt die sich entladende Energie des Geistes?

Der Physiker Wolfgang Pauli vertritt die Ansicht, daß es zwischen dem Welle/Teilchen-Rätsel und dem Körper/Geist-Problem Parallelen geben könnte. Angebahnt haben sich diese Erkenntnisse bereits in den zwanziger Jahren, als aus dem »Pauli-Prinzip« hervorging, *daß Atome wissen und behalten können*, ob sie einem anderen Atom schon einmal begegnet sind oder nicht. Eine ständig wachsende Gruppe von Physikern, die sich in Pasadena und Princeton sowie um den Franzosen Jean E. Charon zusammenfindet, glaubt, daß die Urheber geistiger Impulse im Elektron und im Photon zu finden sind. Das Erinnerungsvermögen von Elektronen wird durch den Spin seiner Photonen gesteuert. Photonen wiederum steuern aber nicht nur die Erinnerung, sondern auch den Erkenntnisprozeß.

Die neue Gehirnforschung, die den Weg untersucht, wie wohl die Ameise (der Geist) die Lokomotive (das Gehirn) bewegt, ist sich der hinter der mikroskopisch sichtbaren Ebene der Neuronen und Synapsen verborgenen Ordnung bewußt und betrachtet außerdem die makroskopisch-kosmologischen Gesetzmäßigkeiten. Aber nicht nur eine geistige Avantgarde und Vordenker eines neuen Zeitalters, sondern immer mehr Menschen erkennen, daß wir auf *Schein-Dualitäten* hereingefallen sind.

Durch ein neues physikalisches Weltbild – z. B. Stephen Hawkings »Eine kurze Geschichte der Zeit« oder Fritjof Capras »Tao der Physik« – begreifen wir, daß es eigentlich keinen Unterschied zwischen Materie und Geist gibt. Alles ist Geist. Im holographischen Modell, im Chaosmodell und der Komplexen Relativitätstheorie nach Jean E. Charon verbinden sich Erkenntnisse der Bewußtseinsforschung und der modernen Physik zu einer Sicht der Wirklichkeit, in der alles Existierende durch eine fundamentale Einheit verbunden ist. Betrachten wir das Gehirn als ein Hologramm, so wird deutlich, was Alfred North Whitehead meinte, als er sagte: »In gewisser Weise sind alle Dinge zur gleichen Zeit an allen Orten.« Er beschrieb, wie das Gehirn als Hologramm einer Welt wirkt, die wiederum Hologramm größerer Hologramme ist. Diese Sichtweise läßt sich auch auf das Studium elektrischer Aktivitäten zwischen den Synapsen, den »Langsam-Potentialen«, und dem »Quantentunnel« der Synapsentätigkeit anwenden.

Die holographische Sichtweise des Denkens haben der Neurophysiologe Karl Pribram und der theoretische Physiker David Bohm aufgegriffen, womit sie möglicherweise eine grundlegende wissenschaftliche Veränderung verursachten, da es auf einen Schlag den Dualismus von Geist und Materie, von Geisteswissenschaft und Naturwissenschaft, Existentialismus und Essentialismus ablöst. Ihrer Meinung nach verändert die »immaterielle«, subjektive Erfahrung die Gehirnstruktur, während die Struktur ihrerseits die Subjektivität ändert. Sie postulieren ein offenes, zielgerichtetes, kybernetisches System des »Organismus plus Umwelt«, in dem das Bewußtsein durch die Ungleichheit von »Feedback« und »Feedforward« gesteigert wird. Ein geistiger Zusammenbruch durch vorhersagbare Täuschungen und Halluzinationen wird durch unkontrollierte Schwankungen zwischen den beiden Systemen hervorgerufen. Daher ist eine deduktive Sichtweise, die nur den »Beobachter« einschließt, ohne den »Teilnehmer« zu berücksichtigen, wie es John A. Wheeler beschreibt, inzwischen nicht mehr haltbar. Die Frage: »Ist das Hirn eine zureichende Erklärung für den Geist?« hat der Biologe Julian Huxley vorweggenommen, als er sagte: »Das Hirn allein ist nicht für den Geist verantwortlich, wenn es auch ein für seine Manifestation notwendiges Organ ist. Tatsächlich ist ein isoliertes Hirn ein biologischer Unsinn, dem nicht mehr Bedeutung zukommt als einem isolierten Individuum.«

1953 schlug Sir John Eccles, Nobelpreisträger auf dem Gebiet der Gehirnsynapsen, eine Theorie vor, die erklären sollte, wie in zwanzig Tausendstelsekunden die Veränderungen in einer einzigen Nervenzelle sich über Hunderttausende von Neuronen ergießen können. Im wesentlichen besagt es folgendes: die Nervenzellen im zerebralen Kortex sind so dicht zusammengepackt und befinden sich an der Schwelle zur Zündung in einem dermaßen brisanten Schwebezustand, daß die Tätigkeit einer einzigen Zelle ausreicht, um ein »raum-zeitliches Einflußfeld« zu zünden. Daher verwundert es nicht, *wenn das Gehirn immer wieder in Zusammenhang mit Metaphern wie dissipativ, offen, chaotisch und fließend gebracht wird.*

Immer interessanter wird auch die Beschäftigung mit der »Psychoneuroimmunologie«, einem Wissenschaftszweig, der überzeugend darlegt, daß Emotionen und Immunabwehr über das Nervensystem gekoppelt sind. Diese neue Sichtweise schlägt also eine Brücke zwischen der klassischen Medizin und der Psychosomatik, indem sie aufzeigt, wie das Zusammenspiel zwischen Gehirn, Immunsystem und Hormonhaushalt abläuft. Die Informationsträger innerhalb dieses Netzwerkes sind die Neuropeptide. Im Gehirn sind sie als Neurotransmitter und im Körper als Hormone tätig. Somit haben wir eine »Drei-Wege-Kommunikation«, die ein ganzheitlicheres Verständnis von Körper/Gehirn/Geist vermittelt, und zwar auf einer nachvollziehbaren, biochemischen Ebene. Eine weitgehende Entschlüsselung der Beziehung von Neurotransmittern, Genen und Immunsystem dürfte zu einem wichtigen Durchbruch im Bereich der Krebstherapie und der Immunabwehr führen. Denn viele Krankheiten werden über die Stabilisierung des Immunsystems geheilt. Die geistigen Prinzipien, die ja das Gehirn steuern, spielen auch im Bereich des Immunsystems und im Hormonhaushalt ihren Einfluß aus und werden somit zum wichtigsten Element in der Medizin. So gesehen sollte ganzheitliche Medizin das darstellen, was zwischen den Krankheitsperioden geschieht. All jene Techniken der medizinischen Versorgung, die bisher als Präventivmedizin abqualifiziert und einen zweitrangigen Status zugewiesen bekommen haben, gewinnen nun immer mehr an Bedeutung. Denn sie tragen dazu bei, die *Selbstheilungskräfte des Körpers* zu stärken und *sich erfolgreich auf eine Stufe höherer Komplexität zu entwickeln*, wenn eine Krankheit die körperliche Ordnung gestört hat.

Auch was entscheidende Gedanken bezüglich der menschlichen Evolution angeht, haben sich neue Sichtweisen angekündigt. So wurden in der Zwischenzeit im Bereich der Biologie und der Physik beweiskräftige Argumente dafür angebracht, daß bestimmte Bewußtseinsformen auf jeder Ebene zu erwarten sind. Der Philosoph Arthur Young hat zu diesem Thema sehr detaillierte Darstellungen geliefert, wonach sich Bewußtsein über sieben Stufen entwickelt. Die Entwicklung beginnt bei den Photonen des Lichts und reicht über Kernteilchen, Atome, Moleküle, Pflanzen und Tiere schließlich bis hinauf zum Menschen. Heute nun setzt sich eine neue Sicht der Evolution durch, nämlich die des »punktuellen Gleichgewichts«. Anders als der klassische Darwinismus, demzufolge sich die Arten über lange Zeiten nur geringfügig ändern, sieht man inzwischen aufgrund einer wesentlich größeren Informationsmenge *evolutionäre Sprünge und plötzliche Übergänge* auf eine deutlich höhere Entwicklungsstufe. Diese Betrachtungsweise der Evolution paßt gut zu dem, was der Nobelpreisträger I. Prigogine über *dissipative Strukturen* sagt. Wir wissen, daß die Struktur eines Organismus zur Aufrechterhaltung ihrer Organisation neigt, indem sie Ordnung abgibt. Umweltveränderungen rufen Energieschwankungen hervor, die von unserem Gehirn absorbiert und verarbeitet werden. Organismen sind z. B. in der Lage, bestimmte Veränderungen, wie die des Klimas, mittels eigenem Senken der Temperatur, durch Verhaltensänderung oder Abwanderung auszugleichen. Ist die Umweltbedingung aber zu extrem, dann sind die Fluktuationen zu stark, um von der Struktur aufgenommen und per Dissipation weitergegeben zu werden. Dann ist der Punkt der Bifurkation, der Gabelung, erreicht, an dem entweder verändert oder zerstört wird. Diese Reorganisation oder das Ausweichen in eine höhere Ordnung bedeuten einen *evolutionären Sprung*.

In der heutigen Zeit erleben wir große Umweltveränderungen, aber auch die Möglichkeit zu einer persönlichen Entwicklung, wie sie noch nie denkbar war. Zu keiner Zeit war unser Gehirn so unterschiedlichen Kräften und Herausforderungen unterworfen wie jetzt; man denke nur an die

Molekularbiologie, die Genveränderung und daran, daß sich die Informationsgeschwindigkeit in diesem Jahrhundert vertausendfacht hat. Informationen lassen sich heute aufgrund fortschrittlicher Technologien blitzschnell verarbeiten. Gleichzeitig kann jeder sozusagen am Kiosk nebenan jahrtausendealtes Wissen aus Büchern, sei es von Laotse, dem I Ging und Tarot oder aus Wissenschafts- und Computerjournalen erwerben. Wir Menschen erfahren diese Umweltveränderung als vermehrte Fluktuation, die nicht mehr von der alten Struktur verarbeitet werden kann. Inzwischen zeigen sich in den Gehirnen junger Leute neue Informationsverarbeitungswege, ja sogar Strukturveränderungen, wie große Untersuchungsreihen ergeben haben. Das bedeutet: wir befinden uns inmitten eines evolutionären Sprungs – ein NEUES GEHIRN entsteht.

Überblick

- Das Gehirn ist das Produkt bestimmter Innen- und Außenreize! Durch optisch-akustische und elektromagnetische Stimulation oder Reizentzug kann es gezielt verändert werden. Durch erkenntnisbildende Prozesse und Kommunikationstechniken ist eine *neurologische Effizienz* erreichbar, die Kreativität und ganzheitliches Denken fördert.

- Durch *Vererbung und Erziehung* wird das Nervensystem von frühester Kindheit an geprägt. Schrift und Sprache legen fest, welche Areale genutzt und welche Arten zu denken bevorzugt werden. Die Geburt ist das prägendste Erlebnis: da ist das frühkindliche Nervensystem am offensten für Eindrücke. Das soziokulturelle Erbe ist dem Menschen vorgegeben – *Selbsterziehung aber ist willensabhängig und erlernbar.*

- Ein Verständnis vom Gehirn integriert das schamanistische und spirituelle Wissen der Vorzeit, die Erfahrungen mit psychoaktiven Substanzen der 60er Jahre, Erkenntnisse der neuen Gehirnforschung und der Mentaltechnologien der 90er Jahre.

- Durch eine *gezielte akustische Stimulation* (vollständiges Klangspektrum und Obertonmusik) kann das *Gehirn als Energiespeicher* dienen. Mit Techniken und Methoden zur Hemisphärensynchronisation kann es ganzheitlicher funktionieren.

- Durch *Biofeedback-Maßnahmen* – Messungen des Hautwiderstands, der Muskelspannung (EMG), der Gehirnwellen (EEG) und des Atemrhythmus – kann eine gezielte Entspannung erlernt und eine verbesserte Immunabwehr erreicht werden.

- Durch *psycho-physische Umtrainierung* (z. B. mit Methoden von Feldenkrais, Houston, Gurdjieff und der Angewandten Kinesiologie) kann das Muskelsystem bisher ungenutzte Gehirnareale stimulieren. Körperhaltung und verbesserte Durchblutung sowie die Atmung haben auf das Gehirn eine nicht zu unterschätzende Wirkung.

- Über *Reizentzug* (z. B. im Isolationstank) wird dem Nervensystem die gewohnte Reizgrundlage genommen. Es muß sich neu orientieren: alte Denkmuster können zugunsten neuer Denkinhalte aufgegeben werden.

- *Mentaltechniken* wie Konfrontations-, Duplikations- und Kommunikationstraining führen zu unabhängigem Denken und Selbstbestimmung.

- *Licht, Farben, Ionisation der Luft* und die tägliche Nahrung beeinflussen die körperliche und geistige Gesundheit.

- *Optisch-akustische Stimulationsgeräte können* – therapeutisch angewandt – einen Synergie-Effekt erzielen. Diagnostische Hilfen wie das EEG-Brainmapping unterstützen den Prozeß.

1. Modelle des Gehirns

Das vielfältige Gehirn

Das Gehirn ist die Verkörperung unseres Denkens, Fühlens, Wollens, Erinnerns und gestaltet das Leben und die Zukunft des Menschen. Doch immer wieder stellt sich die Frage: Welcher Art ist dieses Mysterium? Einige Teile des Gehirns sind wunderbar organisiert; andere verblüffen durch ihre scheinbare Unordnung. Aber selbst die übersichtlichsten Strukturen, in denen die Nervenzellen wie auf einem Schaltpult angeordnet und miteinander verknüpft sind, widersetzen sich unserem Verständnis.

Der naturwissenschaftliche Ansatz besteht in der Entdeckung von Strukturen, deren Einzelteile durch Färbetechniken sichtbar gemacht werden können. Man kommt leicht in Versuchung, das Gehirn mit einem hochentwickelten Computer zu vergleichen. Doch dieser Vergleich hinkt, wie wir später noch sehen werden. Das Gehirn ist ein hochdifferenziertes Organ, weitaus vielfältiger als jede Maschine, die je erfunden wurde. Es bildet zusammen mit dem Nervensystem eine Einheit, die uns in die Lage versetzt, mit unserer Um- und Innenwelt in Kontakt zu treten. Es ist unser wichtigstes Kontrollsystem und kann sozusagen höhere geistige Leistungen induzieren, die über unser bloßes biologisches Überleben weit hinausgehen. Wir verhalten uns also so und nicht anders, weil wir ein Gehirn besitzen, das uns veranlaßt, nach ganz bestimmten Mustern zu agieren, bestimmte Erfahrungen zu machen, bestimmte Gedanken zu haben und bestimmte Handlungen zu vollführen. Das Gehirn bestimmt unsere Grenzen der Wahrnehmung. Es arbeitet wie ein »Reduktionsventil« und läßt gerade so viel an Informationen und Wahrnehmungen zu, wie für unser biologisches Überleben sinnvoll ist.

Da das Gehirn sich aus Untereinheiten (einem Reptiliengehirn, dem alten und neuen Säugetierhirn sowie einer rechten und linken Gehirnhälfte) zusammensetzt, kommt es häufiger zu Konflikten dieser »Denkeinheiten« untereinander. Der Mensch wird zum zwiespältigen Wesen, dessen *Gehirne* sich ständig in den Haaren liegen. Verstand und Leidenschaft, Intuition und Logik, Glaube und Vernunft sind die Antipoden unseres Denkens. Hier unterliegt die Ratio dem Triebhaften und dem Irrationalen, wenn es darum geht, daß Alt- und Neuhirn zu einer gemeinschaftlichen

Lösung unserer Probleme kommen sollen. Es gibt eine Menge Hinweise dafür, daß das, was wir täglich sehen und hören, von jedem dieser Gehirne gleichzeitig erlebt, aber auf unterschiedliche Art und Weise verarbeitet wird.

Wir wissen heute, daß viele der dualistischen Denkweisen, die geschichtlich dem Menschen zugeschrieben werden – räumlich und zeitlich, intuitiv und rational, subjektiv und objektiv – in Verbindung gebracht werden können mit den zwei grundsätzlich verschiedenen Wegen der Informationsverarbeitung der beiden Gehirnhälften. Ebenso finden wir in der vertikalen Dreiteilung unseres Gehirns ein stammesgeschichtliches Erbe vor, das uns Verhaltensweisen aufzwingt, die Paul McLean als »Schizophysiolgie« bezeichnet, kurz: die Diskrepanz zwischen unseren Gefühlen und unserem Denken. Da der Mensch das Produkt seines Gehirns ist, dürfte sein Selbstverständnis letztendlich von den Vorgängen in seinem Großhirn abhängen, da es ja der Teil ist, der uns deutlich von der Tierwelt unterscheidet und uns einzigartig macht. Evolutionär gesehen hat sich dieser Teil des Gehirns geradezu explosionsartig vergrößert, als sich die Menschen mit Maschinen und Werkzeugen beschäftigten; das verhalf dem Menschen vor ca. vier Millionen Jahren, von einem Gehirn von 450 cm^3 zu einer Größenordnung des dreifachen Gewichts zu gelangen: »Das Großhirn wurde zum Rangierbahnhof des Bewußtseins.«

Mit der Entfaltung von Sprache und Schrift hat sich eine geradezu quantensprungartige Entwicklung eingestellt, die uns zu Spekulationen veranlaßt: unbegrenzte Lernfähigkeit ist zu erreichen, vorausgesetzt, wir bieten dem Gehirn eine Umgebung, in der es sich optimal entfalten kann! Zu dieser Umgebung gehört die Summe aller Außenreize, die täglich auf unser Nervensystem einwirken und die uns bei Entfaltung auf eine höhere Ordnung heben und den Rahmen dessen, was wir als unsere Realität bezeichnen, erweitern. Die neuen Erkenntnisse in der Gehirnforschung belegen, daß die Organisation des Gehirns durch externe Reize wie Licht, Ton, elektromagnetische Felder, spezielle Bewegung und Ernährung ganz außerordentlich beeinflußt werden kann. Wir sind also nicht nur das, was man jahrhundertelang als die menschliche Natur bezeichnet hat – weitgehendst genetisch bzw. limbisch programmiert -, sondern durchaus in der Lage, durch eine entsprechende Umwelt, wenn sie mit genügend emotionalen und intellektuellen Reizen ausgestattet ist, Einfluß auf die Evolution unseres Gehirns und Nervensystems zu nehmen.

Die Gehirnforschung liefert derzeit weitreichende Erkenntnisse zur

Struktur und Funktion des Gehirns sowie neue Modellvorstellungen, um das Gehirn dem Bewußtsein und vielleicht umgekehrt das Bewußtsein dem Gehirn zugänglich zu machen.

Die Strukturvielfalt des Gehirns

Das Gehirn enthält äußerst komplexe Strukturen. Das Denken scheint in der rechten und in der linken Hemisphäre sowie in den stammesgeschichtlich älteren Teilen des Gehirns stattzufinden. Jeder Mensch besitzt mindestens 15 Mrd. Neuronen, die Grundbausteine des Gehirns, und manche Forscher glauben, es seien wesentlich mehr. Jede dieser Nervenzellen kontaktiert bis zu 10.000 Synapsen unzähliger anderer Neuronen. Die Summe dieser Verbindungen übersteigt unser Vorstellungsvermögen, denn sie ist größer als das Ausmaß der Atome in unserem Universum. Die totale Informationsmenge, die im Gehirn gepeichert ist, würde ausgedruckt 20 Millionen großer Buchbände füllen. Es ist die ungeheure Komplexität des menschlichen Cortex, die Geist und reflektierendes Denken ermöglicht, und es ist das Transmittermolekül, seine kleinste Wirkeinheit, das die Information weiterleitet. Waren vor einiger Zeit nur wenige bekannt, so sieht es ganz so aus, als ob mehrere hundert von verschiedenen Neurotransmittern existierten. Die Zahl der Synapsen, an denen die chemischen Botenstoffe entstehen, schätzt man auf 50.000 Milliarden. Gemessen an der Körpergröße haben wir von allen auf dem Land lebenden Säugetieren das größte Gehirn. Von besonderer Wichtigkeit ist hierbei, daß die Großhirnrinde, unsere Denkkappe, größer und komplexer als bei jedem anderen Tier ist. Die Großhirnrinde ermöglicht uns, über unsere Erbanlagen (bzw. die Reptilien- und Säugetiervergangenheit) hinauszugehen, um eine eigene Umwelt zu erschaffen.

Mittlerweile weiß man auch, daß durch entsprechende Reize das Gehirn in seiner Größe und seinem Gewicht sowie in seiner Fähigkeit, Botenstoffe zu bilden, verändert werden kann. Das Gehirn ist formbar – und alles andere als ein starrer Apparat. Man kann also sagen, daß das Gehirn ein System ständiger Strukturveränderung ist. Seine Plastizität ist die grundlegende Dimension seiner Teilnahme an lernfördernden Prozessen. Die Zunahme der Gehirnmasse ermöglichte dem Menschen, seine strukturelle Plastizität zu erweitern, und die gezielte Anwendung äußerer Reize ermöglicht die Komplexität. Einen weiteren Schlüsselmechanismus, durch den das Nervensystem den Interaktionsbereich eines Organismus erweitert, beschreiben die beiden Neurobiologen Humberto Maturana und Francisco Varela in »Der Baum der Erkenntnis«: Der Unterschied in der Architektur des Nervensystems der Organismen liegt nicht in der grundlegenden Organisation, sondern in der Art und Weise wie das neuronale Netzwerk Verbindungen eingeht. »Es verkoppelt die sensorischen und motorischen Flächen mittels eines Neuronennetzes, dessen Konfiguration sehr vielfältig sein kann. Der Mechanismus ist grundsätzlich sehr einfach; einmal etabliert, ermöglicht er in der Phylogenese der Metazoen jedoch eine immense Vielfalt und Differenzierung der Verhaltensbereiche. In der Tat unterscheiden sich die Nervensysteme verschiedener Spezies im wesentlichen nur in der besonderen Konfiguration ihrer interneuralen Netzwerke. So verbinden beim Menschen hundert Milliarden Interneuronen etwa eine Million Motoneuronen, die einige Tausend Muskeln aktivieren. Etwa zehn Millionen sensorische Zellen sind als Rezeptorflächen über viele Stellen des Körpers verteilt. Zwischen motorische und sensorische Neuronen ist das Gehirn wie eine gigantische Geschwulst von Interneuronen dazwischengeschaltet, die sie in einer sich immer wandelnden Dynamik verbindet«.

Ein interessantes Rechenexempel: Ein Kubikmillimeter Cortex der Maus enthält fast eine Milliarde Synapsen; im ganzen Cortex sind das zweihundertmal mehr. Beim Menschen kommt man auf eine ähnliche Dichte, nur ist die Gesamtzahl wesentlich größer, nämlich 100 Billionen. Interessant ist auch die Länge der axonalen Fasern. Man kommt auf eine Gesamtlänge von ein bis vier Kilometer pro Kubikmillimeter, das heißt, ein Neuron hat im Durchschnitt ein Axon von ein bis vier Zentimeter Länge (»Scientific American«).

Das Nervensystem in Beziehung zum Körper und der Umwelt ist also ständigen Strukturveränderungen unterworfen. Die Veränderungen finden allerdings nicht an den Hauptverbindungen der Nerven statt, sondern an den Endästen und den Synapsen. Kleinste molekulare Veränderungen an der Synapse erzeugen große Effekte im gesamten neuralen Netzwerk.

Das Gehirn: Struktur, Funktion oder ein Prozeß?

Gibt es so etwas wie ein Hyperneuron, das den Prozeß Bewußtsein hervorruft? Nach Ansicht von E. Roy John, Direktor des Hirnforschungsteams an der New Yorker Universität, könnte die Verteilung der elektrischen Energie im Gehirn für dessen einzigartige Stellung im Universum verantwortlich sein. John bezeichnet die Energieverteilung im Hirn und die unter ständigem Fließen stattfindende Formung als ein »Hyperneuron«. Laut R.M. Restak handelt es sich hierbei allerdings um kein besonders groß ausgeprägtes Neuron, sozusagen ein Riesenneuron, sondern um einen besonderen Energieprozeß, und zwar um die Gesamtsumme der Ladungen in den Nervenzellen, Gliazellen und den Zwischenräumen zwischen den Zellen im Gehirn. John glaubt, daß das Bewußtsein durch die »kooperative Interaktion der neuronalen Populationen entsteht ... der Inhalt der subjektiven Erfahrung ist der momentane Umriß des Hyperneurons.« Die Hypothese von einem Hyperneuron hat sofort zu mehreren neuen Forschungszielen geführt. Jetzt wird versucht, das besondere Merkmal dieser strukturierten Energie im Gehirn zu entdecken, um festzustellen ob:

1. diese Energie in jedem neuronalen System vorhanden ist.
2. diese Eigenschaft des Bewußtseins sich unbedingt auf Gehirne beschränkt.
3. es sich um eine allgemeine Eigenschaft der lebenden Materie handelt.
4. sie auch in einem ausreichend organisierten Energiesystem entstehen könnte.

Hier betreten wir nun das Gebiet der Physik, deren Sache es ja eigentlich ist, sich mit Energie und ihrer Umformung zu beschäftigen. Deshalb wird auch spekuliert, daß die Physik im Jahre 2000 das Gebiet sein könnte, das den Nobelpreis für Gehirnforschung erhält. Es könnte das entdeckt werden, was ein Forscher als »ein zuvor unbekanntes Gebiet der Thermodynamik« bezeichnet hat.

Könnte eine spezifische Energiekonfiguration das hervorrufen, was wir Bewußtsein nennen?

Nach Roy Johns Auffassung »resoniert« das Hyperneuron mit früheren im Gedächtnis gespeicherten Mustern; wie eine gezupfte Violinensaite eine andere Saite zum Mitschwingen bewegt, so bringt ein mit bestimmten vergangenen Reizen erzeugtes Hyperneuron Millionen anderer Gehirnzellen zum Mitschwingen. Da das auf elektromagnetischem Weg stattfindet, muß das die Sprache zwischen den Neuronen sein.

Kann diese Energiekonfiguration auch mit anderen Organismen in Kontakt treten?

Schon oft wurde vermutet, daß nur entsprechende Frequenzen ausgesendet bzw. auf Empfang gestellt werden müssen, um in Kommunikation mit anderen Organismen zu treten. Geht das nicht, wie etwa mit einem Baum oder Felsen – in der Sprache der künstlichen Intelligenz hieße das, daß keine Input- oder Output-Wandler vorhanden sind –, müßten andere Kommunikationskanäle eingerichtet werden. Falls hochorganisierte Formen von Energie nach dem Vorbild des Hyperneurons geschaffen würden, müßte man allerdings ein eindeutiges Feedback dafür erhalten, ob das auch das Bewußtsein ist, wie es sich uns darstellt. Dies wäre allerdings nur möglich, wenn sich das von uns geschaffene Bewußtsein entschließen würde, mit uns in Kommunikation zu treten.

Die Funktionsvielfalt des Gehirns

Die außerordentliche Funktionsvielfalt unseres Gehirns läßt folgende, keineswegs utopistischen, Schlüsse zu: Als cerebraler Biocomputer müßte es zu folgenden Leistungen in der Lage sein:

1. mit vollkommener Genauigkeit zu jedem Problem Berechnungen anzustellen und Antworten zu liefern, die ausnahmslos richtig sind;
2. schneller zu arbeiten, als das Problem oder der Rechenvorgang mündlich ausgesprochen werden kann;
3. alle Wahrnehmungen so zu speichern, wie sie empfangen wurden: als farbige Bilder samt Bewegung, Klang und Geruch sowie allen anderen Empfindungen von sich selbst;
4. infolge neuer Erfahrung frühere Eindrücke, Muster und Konditionierungen, Prägungen und Denkinhalte neu zu ordnen oder abzuändern;
5. über eine nahezu unendliche Speicherkapazität zu verfügen;
6. im Hinblick auf Lösungen Situationen erschaffen zu können, die Wahrnehmungen beinhalten, die noch nie vorher empfangen wurden.

7. Der Computer sollte tragbar sein, gut gepolstert, nicht mehr als drei Pfund wiegen und über ein nettes Design verfügen.

Das ist der Biocomputer nebst Transportroboter, der potentiell Ihnen gehört! Verfügt er nicht über die genannten Fähigkeiten, ist er ein wenig falsch eingestellt... doch Spaß beiseite. Sicherlich verfügt er nicht immer über die eben genannten Fähigkeiten. Andererseits sind seine Fähigkeiten weit größer als die eingangs angedeuteten, wie die Arbeiten auf dem Gebiet neuraler Chips und künstlicher Intelligenz vermuten lassen. Folgende *Funktionsmerkmale des Gehirns* können derzeit durch die neuesten Forschungsergebnisse belegt werden:

SYNCHRONISATION

Die stammesgeschichtlich älteren Teile des Gehirns (Reptilienhirn, Althirn, Neuhirn) sowie rechte und linke Gehirnhälfte können so in Einklang gebracht werden, daß sie synchron zusammenarbeiten. Während außergewöhnlicher Tagesbewußtseinszustände, in der Meditation oder in besonders intensiven kreativen Phasen können beide Hemisphären in einen *kohärenten Zustand* übergehen. Dieser als synchron bezeichnete Zustand ermöglicht dem Gehirn eine höhere Effizienz sowie ein ganzheitlicheres Abbild der »Realität«. EEG-Messungen haben gezeigt, daß über 90 % der »Westler« Rechtshänder sind und vorwiegend mit der linken Gehirnhälfte denken. Japaner aber, durch ihr soziokulturelles Umfeld wie Sprache und Schrift, nutzen rechte und linke Gehirnhälfte gleichermaßen. *Durch akustische Stimulation, bildhaftes und kinästhetisches Denken und spezielle Bewegungsübungen* ist es möglich, ein Zusammenwirken von rechter und linker Gehirnhälfte zu erreichen.

AUTOKATALYSE

Unter Autokatalyse versteht man die Selbstverstärkung und Umwandlung von Strukturen, ohne daß diese sich dabei selbst verändern. Hiermit ist gemeint, daß Teile des Gehirnsystems sich in einen Kreislauf begeben, der ihnen hilft, sich selbst zu reproduzieren bzw. zu verstärken. Autokatalyse findet z. B. statt, wenn wir während des Energieflusses durch das neuronale Netzwerk Gefühle und Gedanken produzieren, die sich durch den Prozeß der Selbstverstärkung »transformieren« und immer stärker und mächtiger werden. Phantasie oder Furcht schleichen sich in unser Gehirn ein, um dann – sich selbst nährend – immer größer zu werden, bis sie die Kontrolle gewinnen und zu Besessenheit werden. So wird Übereinstimmung zur Prägung, und das gilt auch für enthusiastisches und heiteres Denken: *so wird Software zur Hardware!* Eine »positive Illusion« der Wirklichkeit erweist sich als überlebensförderlich. Die autokatalytische Natur des Gehirns, ihr Ungleichgewicht und ihr Offensein im Austausch von Energie mit der Umwelt, ist dafür verantwortlich zu machen, daß ab einem kritischen Punkt winzige Impulse ausreichen, um das gesamte System zu destabilisieren. Dafür kann es sich aber *auf höherer Ebene neu organisieren.*

DIE WECHSELSEITIGEN VERBINDUNGEN

Dr. David Samuels vom Weizmann-Institut schätzte, daß zur Bewältigung des Basisbereichs der Gehirntätigkeit in jeder Minute zwischen 100.000 und 1.000.000 verschiedene chemische Reaktionen stattfinden. Wir wissen auch, daß sich in einem durchschnittlichen menschlichen Gehirn 10.000.000.000 individuelle Neuronen (Nervenzellen) befinden. Diese Zahl ist noch bemerkenswerter, weil jedes Neuron mit anderen Neuronen nicht nur in einer Richtung, sondern auf vielen Wegen zusammenwirkt. Im Jahre 1974 war man zu dem Ergebnis gekommen, daß die Zahl der Wechselverbindungen schätzungsweise zehn hoch achthundert beträgt. Um sich vorzustellen, wie riesig diese Zahl ist, kann man sie mit einer mathematischen Größe des Universums vergleichen: die kleinste Einheit im Universum ist das Atom, daß größte Objekt jedoch das Universum. Die Zahl der Atome im Universum ist natürlich unendlich groß, zehn hoch hundert. Die Zahl der Wechselverbindungen in einem Gehirn läßt sogar die Zahl der Atome im Universum als klein erscheinen. Mittlerweile stellte Dr. Pyotra Anokin von der Universität Moskau fest, daß die oben genannten Zahlen der Verbindungsmöglichkeiten noch zu gering waren. Seiner Kalkulation nach ist die Zahl der Strukturbildungsmöglichkeiten im Gehirn so groß, daß man beim Niederschreiben in normalen Manuskriptziffern eine Linie von 10,5 Millionen Kilometern Länge benötigte.

DIE PROGRAMMIERBARKEIT

Eine der größten Fähigkeiten des Gehirnbenutzers ist die Möglichkeit zur Selbstkontrolle und Neuprogrammierung des Gehirns. Dazu nur soviel:

Gehirn ist nicht Geist! Der Geist jedoch kann durch entsprechende Technologien auf Gehirn und Nervensystem in bisher nicht für möglich gehaltenem Ausmaß Einfluß nehmen. Bis zur Entdeckung des Biofeedbacks sind die meisten Wissenschaftler davon ausgegangen, daß das menschliche Nervensystem außerhalb bewußter Kontrolle liegt. In den 60er Jahren hat das Ehepaar Green in größerem Umfang gezeigt, daß die autonomen Systeme wie Herzschlag, Blutdruck und Hormonausscheidung mittels Rückkopplung verändert werden können. Inzwischen gibt es verfeinerte Apparaturen, wie Hautwiderstandsmesser und Elektrometer, die emotionales Geschehen über die Veränderung des Hautwiderstandes wahrnehmen und uns durch Feedback vor Augen führen. Dadurch kann ein negatives Erlebnis bewußt gemacht und ausgelöscht werden. Was früher über jahrelange Askese nur Yogis zugänglich war, ist heutzutage dank der hervorragenden Forschungsarbeit auf dem Gebiet des Biofeedbacks jedermann möglich. Weitere apparative Methoden, die heutzutage Verwendung finden, um Entspannung zu fördern und Streß zu lindern, sind Sauerstoffmessung und EEG als diagnostische Maßnahmen. In Verbindung mit therapeutischen Hilfsmitteln, wie Photostimulation und sensorischer Deprivation, können sie eine wichtige Voraussetzung zur erfolgreichen Selbstprogrammierung bieten.

ELEKTROCHEMISCHE DATENVERARBEITUNG

Unser Gehirn, das ständig in Aktion ist, handelt sozusagen auf der Basis eines Erfahrungssüchtigen. Es sucht Intensität, Neuheit und Verbindung von hoher Beständigkeit. Kommunikation auf dem Niveau von elektrochemischer Neuheit ist sein sehnlichstes energetisches Ziel. Werden ihm durch neue akustische Eindrücke ein breites Spektrum an Klangsequenzen sowie ein fortwährender geistiger und emotionaler Anreiz geboten, so können neue Synapsenverbindungen und Gehirnschaltkreise getriggert werden. Das Gehirn schwingt sozusagen im ekstatischen Gleichklang, wird ihm nur der richtige Reiz geboten! Das biochemische Gesetz des Neurons heißt: *Alles oder Nichts.* Das ist die Voraussetzung für eine elektrochemische Kommunikation zwischen den Neuronen und im Idealfall zwischen den noch stillen Zonen unseres Gehirns. Denn wie kommt es, daß die Natur, die so effizient in ihrer Struktur ist, ein Gehirn entwirft, das nur die Hälfte nutzt? Mystiker und Schamanen der Vergangenheit wußten um die Wirkung eintönig geschlagener Trommeln und Rasseln, die neben optischen Lichtsignalen in der Lage waren, unsere »stummen« Zonen im rechten Gehirn zu aktivieren. Wie Timothy Leary sagt, kann es gut sein, daß die Erforschung der »weißen Hirnhälfte« wichtiger für die Evolution des Menschen ist, als es die Entdeckung der geographischen weißen Flecken vor 5 Jahrhunderten war.

DIE QUANTENPHYSIKALISCHE ÜBERMITTLUNG

Neben einer elektrochemischen Datenverarbeitung scheint es Beweise dafür zu geben, daß auch noch andere Prozesse an der Bewußtseinsbildung beteiligt sind. Evan Harris Walker aus Cambridge behauptet, daß »Bewußtsein« eine nicht physikalische, aber reale Quantität ist. Seiner Ansicht nach ist der Bewußtseinsprozeß nicht unbedingt chemischer Natur, sondern auf einen »quantenmechanischen Tunnelprozeß« zurückzuführen. Er führt überzeugende Beweise dafür an, daß in der Synapse irgendein quantenmechanisches Phänomen stattfindet. Auch David Bohm und B. Hiley berichten von verblüffenden Ähnlichkeiten zwischen dem Quantenpotential und den Verbindungen des Gehirns.

DIE HOLOGRAPHISCHE DATENSPEICHERUNG

Wie kann Information holographisch im Gehirn verschlüsselt sein? Bisher wurde angenommen, daß nur nach dem Schema einer Ein-Aus-Schaltung gearbeitet wird; entweder die Neuronen feuern oder sie feuern nicht. Jetzt wurde erkannt, daß der Raum zwischen den Nervenenden sich niemals ganz still verhält, sondern eine kontinuierliche Aktivität langsamer Wellenpotentiale aufweist. In diesem synaptischen Spalt herrscht nun eine unaufhörliche komplexe Aktivität von Wellenformen – bis zu 20 Impulsen pro Sekunde – mit Interferenzmustern; eine Grundvoraussetzung, um holographisch verschlüsselte Informationen entstehen zu lassen! Dies könnte erklären, daß Erinnerungen nicht allein auf bestimmte Gehirnzentren begrenzt bleiben, sondern sich im gesamten Gehirn ausbreiten. Im holographischen Organisationsmodell kann man jedes einzelne Teilchen nur in seiner Beziehung zu den kollektiven Teilen verstehen.

DIE CHAOTISCH-KOMPLEXE UND OFFENE FUNKTION

Chaos ist ein wichtiges Element der Selbstorganisation des Gehirns, um auf höherer Ebene in einen kohärenten Gleichgewichtszustand zu gelangen. Das scheint auch für den kreativen Geist zu gelten, der durch seinen komplexen Aufbau immer wieder Chaos durchläuft, um sich dann wieder zu stabilisieren. Die Entwicklung des Gehirns verläuft gegen das Gesetz der Ordnung (Entropie) in Richtung Instabilität (Negentropie). Dies ist möglich, weil Evolution in einem offenen System stattfindet. *Ihr Ziel ist: Informationsgewinnung!* Laut Ilya Prigogine existiert jedes organisierte System in einer dynamischen Spannung zwischen Entropie und Negentropie, zwischen Chaos und Information. Je komplexer ein System ist, um so größer ist seine Instabilität. Prigogine hat dies mathematisch nachgewiesen. Etwas verständlicher ausgedrückt: ein Streichholzhaus aus hundert Streichhölzern ist weniger stabil als ein kleines aus zehn Streichhölzern. Oder: es ist leichter mit zwei als mit zwanzig Kindern einkaufen zu gehen. Prigogine beweist den evolutionären Wert der Instabilität durch sein Konzept der »dissipativen Strukturen«. Eine dissipative Struktur ist sehr komplex und deshalb auch sehr instabil. Je komplexer sie ist, um so instabiler ist sie, und je instabiler sie ist, um so leichter läßt sie sich verändern und entwickeln – und das gilt auch für das Gehirn.

DIE VERBINDUNG VON GEHIRN, GEN- UND IMMUNSYSTEM

Das Gebiet der Psychoneuroimmunologie zeigt die vielfältigen Verbindungen zwischen Gehirn und Immunsystem auf, die für sich alleine schon kaum faßbar sind. Die Wechselwirkungen zwischen ihnen zu erfassen, gleicht dem Versuch, einen gordischen Knoten zu lösen. Eins jedenfalls scheint sicher zu sein: wenn Nervensystem und Immunabwehr miteinander »kommunizieren« können, müssen sie eine gemeinsame Sprache sprechen. Die Biochemikerin Candace Pert vom National Institute of Mental Health in Bethesda hat entdeckt, daß fast alle Botenstoffe des Nervensystems auf Immunzellen ihre »Ankerplätze« haben. So können körpereigene, schmerzstillende Stoffe (Endorphine) die Aktivität der Freßzellen (T-Lymphozyten) verändern. Man vermutet heute, daß Emotionen das Gehirn veranlassen, verschiedene Botenstoffe auszuschütten, um die Immunabwehr anzukurbeln. Die chemischen Botenstoffe des Nervensystems, die Neurotransmitter, gelangen in den Zellen auch direkt an die Gene (Wachstums- und Teilungsgene), die sie entweder an- oder abschalten. Eine Zelle wird zur Krebszelle, wenn die Informationssteuerung »nur bei Bedarf teilen« versagt. Man kann deshalb Krebs, Immunkrankheiten und Allergien auch als »Fehlinformationskrankheiten« bezeichnen. Gene bestehen aus Proteinen, die nur eine relativ kurze Lebensdauer haben. Unsere proteinartigen Gene erneuern sich ständig, so daß sich unsere Genstruktur und somit unser ganzer Körper in wenigen Jahren vollständig verändert hat. Was bleibt, ist *die Information des genetischen Musters*. Unser Gehirn von heute ist nicht mehr dasselbe wie vor fünf Jahren. In der Zwischenzeit hat es einen Austausch mit dem materiellen Universum bis hinab auf die Atomebene vollzogen. »Heute hier, in fünf Jahren für immer verschwunden, dauern wir nur als Gestalt, Form und Muster fort, die uns unser genetischer Bauplan garantieren«, sagt Larry Dossey in »Die Medizin von Raum und Zeit«. Das Gehirn-Körper-System ist also ein offenes System, das im dynamischen Austausch mit seiner Umwelt steht. Kohlenstoffatome beispielsweise waren einmal in der Erde und gehen wieder dahin zurück – nur um von anderen Atomen derselben Art ersetzt zu werden. Danach mögen sie sich in anderen Körpern, Gehirnen oder Gegenständen eine Zeitlang aufhalten...

VORSTELLUNGEN VON GEHIRN UND BEWUSSTSEIN

Im Verlauf der Geschichte hat man zu den verschiedenen Zeiten jeden wichtigeren Teil des Körpers einmal als den Sitz des Geistes bezeichnet. So hielten z. B. die Sumerer die Leber für den Sitz der Seele und die körperliche Grundlage der Persönlichkeit. Für Aristoteles war das Herz das Zentralorgan, während er im Gehirn eine Art Kühlvorrichtung für das Blut sah. Vom Grau des archaischen Denkens hob sich das magische mit Zauberei und Geisterwelt ab. Ihm folgte eine mythologische Stufe, und danach erreichte das Denken die mentale Ebene. Später dann wurden Welt- und Universumsrätsel mittels Spekulationen gedeutet. Darauf folgte die Stufe des »rationalen Bewußtseins«, der wir die unermeßlich große Fülle wissenschaftlicher Erkenntnisse verdanken.

Mittlerweile stellt sich die Frage: *Ist der Geist vom Gehirn abhängig oder das Gehirn vom Geist?* Da das Gehirn anders beschaffen ist als alle uns bekannten Strukturen, kann man annehmen, daß unser Verständnis für seinen Funktionsmechanismus nicht ausreicht. Neue Fortschritte in Physik, Psychologie, Biologie und Kybernetik haben auch ihre Auswirkung auf das Erklärungsmodell von Gehirn und Bewußtsein gehabt. Das Holographische Modell oder das Schaltkreis-Modell nach Timothy Leary – um nur zwei zu nennen – sind wohl auch deswegen zustande gekommen, weil der Mut aufgebracht wurde, herkömmliche und nicht länger Erfolg versprechende Modellvorstellungen über Bord zu werfen. Aus dem Bewußtsein heraus, daß durch eine neue Semantik (phantasiereiche und völlig neue Begriffsysteme von Geist und Bewußtsein) und fachübergreifende Denkmodelle ein neues Verständnis von Gehirn und Bewußtsein entstehen kann, habe ich folgende Konzepte zu Hilfe genommen: die Quantenphysik (Capra), die »theory of holomovement« (Bohm), das holographische Modell (Pribram), das Modell der Gehirnentwicklung (Jaynes und McLean), das Modell der Bewußtseinsstufen (Wilber), die acht Schaltkreise (Leary), Sheldrakes morphogenetisches Feld, Studien von Prigogine, Hubbard, Houston und Feldenkrais.

Derzeitige Modellvorstellungen hängen eng mit dem Paradigmawechsel in der Physik und Biologie zusammen. Da aber das Gehirn zum Gebiet der Medizin gehört und diese mehr »eine Kunst« als eine harte Wissenschaft (wie etwa die Physik) darstellt, bleibt zu hoffen, daß die derzeit intensive Beschäftigung mit dem Gehirn und Immunsystem einen *Paradigmawechsel in der Medizin* ankündigt. Frühere Nobelpreisträger für Physik wurden gefragt, welches Forschungsgebiet im Jahre 2000 ihrer Ansicht nach den Nobelpreis für Physik erhalten werde. Sie alle benannten die Gehirnforschung! Die Entwicklung im Bereich der Computer- und Kommunikationstechnologien hat es mir möglich gemacht, über bildgebende Verfahren die Funktion des Gehirns besser zu verstehen (EEG-Brain-Mapping und PET-Scanning).

Wenn wir das Gehirn erklären wollen, dürfen wir nicht den Fehler machen, uns allzuviel mit Strukturfragen zu beschäftigen; vielmehr eröffnet sich dem Betrachter das Geheimnis des Gehirns, wenn er seine Funktion bzw. die Phänomenologie der geistigen Prozesse aufmerksam verfolgt. Wie in der Physik, die ja weitgehendst zu einer Wissenschaft von Prozessen geworden ist, sollten wir so weit kommen, das Gehirn nicht mehr als Ding oder Maschine zu betrachten, sondern als etwas, das in ständigem Wechsel begriffen ist. Verstehen kann man das Gehirn nur, wenn man zwischen Voraussetzung und Ursache unterscheidet, und sich ganz auf den Prozeß der Funktion konzentrieren. Funktion kontrolliert Struktur. Zur Modellvorstellung, etwas kraß ausgedrückt, sagt mein Freund Lutz Berger: »Das neueste Modell ist nur der letzte Stand des Irrtums«.

REALITÄT UND REALITÄTSDESIGN

Kaum ein Begriff wird von Menschen als so eindeutig empfunden und vehement verteidigt wie seine subjektiv von ihm wahrgenommene Realität. Systematische Untersuchungen haben gezeigt, daß zwischen Umweltreizen und Gehirn leider keine eindeutige Beziehung existiert. Es gibt nach wie vor zwei Arten von Realität – die subjektive und die objektive. Da wir unsere Realität selbst konstruieren und interpretieren, können wir die »ojektive« Realität jedoch nie kennen. Ein erlebter Reiz, wie er auf die Sinnesorgane einwirkt, ist nicht objektiver Natur, sondern das Produkt interner Verarbeitungsmechanismen. Der Physiker John A. Wheeler behauptet, daß sich subjektive und objektive Realität gewissermaßen gegenseitig erschaffen. Wie er zu bedenken gibt, »könnte das Universum in etwas befremdlichem Sinne durch die Teilnahme derjenigen, die an ihm teilhaben, ins Leben gerufen werden. Der wesentliche Akt ist der Akt der Teilnahme.«

Offenbar schafft das Geist-Gehirn-System Vorstellungen, um die »äußere« Wirklichkeit mit der »inneren« Wahrnehmung in Übereinstimmung zu bringen. Robert Anton Wilson hat die Begriffe »Tunnel- und Inselrealität« geprägt und sich dabei auf die neurologischen Schaltkreise bezogen, die je nach Ausprägung eine spezielle Sichtweise der Wirklichkeit erlauben. Mit viel Humor spricht er von einer vegetarischen, feministischen oder wissenschaftlichen »Tunnelrealität«. Hinzu kommt, daß die alten Schaltkreise, die zum Überleben notwendig sind, andere Prioritäten haben als die neuen Schaltkreise der Bewußtseinsevolution. Genausowenig wie die Larve von der Schönheit des Schmetterlings ahnt, weiß derjenige, der in seiner persönlichen Tunnelrealität gefangen ist, von der Schönheit eines geöffneten Blickfeldes. C.S. Hyatt prägte in diesem Zusammenhang den Begriff »Kyberschamane«. Das griechische Wort Kyber bedeutet Steuermann, Pilot. Zeitgemäßere Definitionen stammen aus dem Bereich der Kybernetik, die sich mit den Steuer- und Regelvorgängen in der Biologie und Technik befaßt. Die Technik konzentriert sich dabei auf die Funktionalität, Beobachtbares und Brauchbares. Ein Schamane ist ein Medizinmann und Magier, der mit geistiger und magischer Kraft arbeitet. Auf eine moderne Ebene gebracht, bedeutet das: »neurales Knowhow. *Ein Kyberschamane ist demgemäß ein neuraler Steuerungstechniker.*

Das zweigeteilte Gehirn

Die Großhirnrinde des Gehirns besteht aus zwei spiegelbildlichen Hälften, deren Äußeres nichts darauf hindeuten läßt, daß tiefgreifende funktionale Unterschiede zwischen beiden bestehen. Das menschliche Gehirn ist also in zwei Teile geteilt: in eine linke und in eine rechte Hemisphäre, die miteinander über einen großen Nervenstrang, den Balken (Corpus Callosum), verbunden sind. Der überwiegende Teil des rechten Auges, des rechten Ohres und der rechten Körperseite sind mit der linken Hemisphäre verbunden. Ebenso verhält es sich mit dem linken Auge, dem linken Ohr und der linken Körperseite, die mit der rechten Hemisphäre korrespondieren.

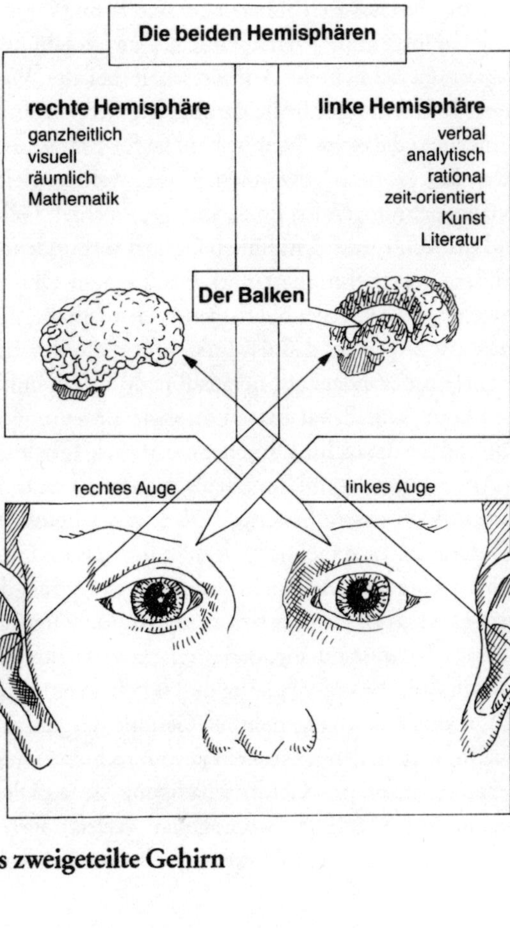

Abb. 1: Das zweigeteilte Gehirn

Diese Verbindungen haben weitreichende Konsequenzen in den Bereichen Lernen, Umlernen, Sport und Kreativität. Die beiden Hemisphären verarbeiten nun Informationen auf unterschiedliche Art und Weise: die linke Hälfte denkt analytisch, rational, sequentiell und zeitorientiert und beheimatet Sprechen, Schreiben und Rechnen; die rechte Hälfte denkt visuell, ganzheitlich, intuitiv und zeitlos.

Jahrelang wurde die rechte Gehirnhälfte, die »stumme« Zone, als die geringere Hälfte angesehen, was auf eine linkshemisphärische Dominanz schließen läßt. Das Ungleichgewicht in der Nutzung der Hemisphären zugunsten der linken ist auf eine Überbetonung des Ratio-Denkens in unserer gegenwärtigen Gesellschaft zurückzuführen. Daß das Rechts/Links-Denken sich noch viel komplexer darstellt, als ich es bisher beschrieben habe, bestätigen die Psychologen Silbermann und Weingärtner vom amerikanischen National Institute of Mental Health. Danach gebührt der rechten Hemisphäre zwar tatsächlich die Vorherrschaft bei der Wahrnehmung gefühlsbeladener Reize, die Kontrolle darüber liegt jedoch eindeutig in der linken. Der Eindruck, die rechte Hemisphäre sei für Emotionen zuständig, wurde zunächst bei Hörtests gewonnen. Dabei werden gleichzeitig verschiedene Tonaufzeichnungen ins linke, mit dem rechten Gehirn verbundene, Ohr und ins rechte, mit dem linken Gehirn verbundene, Ohr eingespielt. Die größere Wahrnehmungsfähigkeit auf einem Ohr wird als Zeichen dafür gewertet, daß die gegenüberliegende Gehirnhälfte die Eindrücke besser registriert. Es zeigt sich, daß das linke Ohr Gefühlsäußerungen wie Weinen oder Lachen besonders gut heraushört. Mit dem linken Ohr läßt sich besser aus dem Tonfall auf die emotionale Bedeutung eines Satzes schließen, während für das rechte Ohr eher der verbale Inhalt entscheidend ist. Gab man Anweisung, sowohl Tonfall als auch verbalen Inhalt zu erfassen, dominierte jedoch das rechtsseitige Ohr, wahrscheinlich wegen der hohen Anforderung an das sprachliche Verständnis, das im Linkshirn sitzt. Beide Hirnhälften können vermutlich Eindrücke emotional deuten, doch bedarf es wahrscheinlich einer Vorarbeit in der rechten Hemisphäre. Interessant ist in diesem Zusammenhang, daß Menschen, die ihre Augen bevorzugt spontan nach links bewegen, häufig durch heftige emotionale Regungen auffallen. Vor allem die unangenehmen Gefühle spiegeln sich in der linken Gesichtshälfte wieder, deren Muskeln ja vom rechten Großhirn gesteuert werden. Bei rechtsseitiger Gehirnschädigung ist auffallend oft die Gemütsverfassung beeinträchtigt, wohingegen Verletzungen der gegenüberliegenden Gehirnhälfte öfter mit Störungen des Intellekts einhergehen.

Lange Zeit galt das rechte Gehirn als ausschließlicher Ort der Träume. Auf zahlreiche Gegenbefunde weisen nun die amerikanischen Psychologen M.S. Greenberg und J. Farah hin. In fast allen Fällen, in denen das Traumerleben der Betroffenen gestört war, lag auch eine Störung in der linken, jedoch fast nie in der rechten Hemisphäre vor. Dieses Ergebnis deckt sich mit Beobachtungen an sogenannten Split-Brain-Patienten (nach Sperry, Durchtrennung des Balkens), deren linke Hemisphäre nun keinen Zugang zur Bilderwelt des »Gegenpols« mehr hatte. Sie erinnerten sich nach dem Aufwachen doch an visuell gestaltete Träume. Der Humor dürfte indessen unstreitig ein Talent der rechten Hemisphäre sein. Das bewies eine Studie amerikanischer Neurologen, die rechts und links Hirngeschädigten unvollständige Witzgeschichten zur Auswahl vorlegten. Die Einzelbilder enthielten entweder die zutreffende Pointe, einen überraschenden, jedoch nicht witzigen, Schluß oder ein vollkommen logisches ebenfalls witzloses Ende. Patienten mit rechtsseitiger Schädigung versagten wesentlich häufiger als ihre Leidensgenossen mit Verletzung der anderen Seite. Jeder Witz, so die Ansicht der Forscher, läßt eine Erwartungshaltung entstehen, der in der überraschenden Pointe jedoch der Boden entzogen wird. Die Leistung besteht nun darin, die Pointe auf höherer Ebene mit dem vorher Gehörten oder Gesehenen unter Lustgewinn zu vereinen. Der erste Schritt, der Sinn für den Überraschungseffekt, scheint dem intakten linken Gehirn verblieben zu sein. Es ist jedoch völlig außerstande, den entstehenden Widerspruch durch eine neue, erheiternde Gesinnung aufzulösen.

Was kann ich nun ganz praktisch mit dem Wissen über die beiden Hemisphären anfangen? In der Spracherziehung wird die Wichtigkeit hemisphärischen Verhaltens deutlich. Eine bildreiche, konkrete Sprache ist in der Regel Ausdruck der Tätigkeit des rechten Gehirns. Eine bildarme, abstrakte Sprache drückt mehr die linkshemisphärische Dominanz aus. Das Lesen von Gedichten verlangt eine hohe Aufmerksamkeit der rechten Hälfte, Mathematik dagegen eine entsprechende Aufmerksamkeit der linken Hälfte. Um nun den inneren Dialog der beiden Hälften hinsichtlich des Informationsflusses zu verbessern, ist eine gelenkte Aufmerksamkeit Voraussetzung.

Eine bildhafte Visualisierung als Vorwegnahme auf die geplanten Tätigkeiten kann einen Tag gut strukturieren. Zeitmanagement ist eine sehr taugliche linkshemisphärische Maßnahme, um gepaart mit kreativen Pausen den inneren Dialog zu ermöglichen. Die innere Stimme ist sozusagen wie das innere Auge eine Erscheinung des Austausches zwischen linker und rechter Gehirnhälfte, also der »Interhemisphärenkommunikation«. Da die linke mit Namen, Bezeichnungen, Formeln und Modellen zu tun hat und die rechte mit Bildern, kann man sagen: die linke »spricht«, die rechte »gestaltet«.

Übungen:

1. Ergreifen Sie einen Gegenstand, der in ihrer Reichweite liegt. Nehmen Sie ihn in die Hand und betrachten Sie ihn.
2. Beschreiben Sie, während Sie den Gegenstand betrachten, wie er sich anfühlt.
3. Überlegen Sie, während Sie den Gegenstand betrachten und betasten, welchen Geruch er haben könnte.
4. Beobachten Sie sich selbst, während Sie ihre Überlegungen über den Gegenstand anstellen, den Sie in Ihrer Hand betrachten und betasten.
5. Beurteilen Sie ihre Beobachtung über sich selbst, während Sie überlegen, welchen Geruch der Gegenstand ausströmen könnte, den Sie in der Hand halten, betrachten und betasten.

Sie haben jetzt fünf Wahrnehmungen zugleich in Ihrem Bewußtsein organisiert: drei sinnliche Wahrnehmungen (betrachten, betasten, selbstwahrnehmen) und zwei geistige (überlegen, beurteilen). Wiederholen Sie diese kleine Übung in ihrer Vorstellung, indem Sie für ein, zwei Minuten Ihre Augen schließen und vergleichen Sie anschließend das vorstellungsmäßige Tun mit dem Wirklichen.

Bei der zweiten Übung können Sie eine Art »Hin und Her«, einen Konflikt in Ihrem Bewußtsein wahrnehmen. Die linke Hemisphäre ist fast überfordert und versucht deshalb, einen Teil der Aufgabenstellung an die rechte Hemisphäre zu deligieren. Das Wesentliche an diesen beiden kleinen Übungen besteht in der Tatsache, daß Ihre Hemisphären während der zweiten Übung unwillkürlich miteinander kommunizieren; ansonsten wären Sie nicht in der Lage gewesen, den inneren Konflikt wahrzunehmen.

Neue Erkenntnisse aus der Hemisphärenforschung

- Vor dem Entstehen der griechischen Schrift wurde von rechts nach links geschrieben, eindeutig von links nach rechts wurde dann ab dem 6. Jahrhundert v. Chr. geschrieben. Das Umkippen der Hirndominanz erfolgte also vor ca. 2600 Jahren.

- Rechts- bzw. Linkshändigkeit ist nicht einfach ein Charakterzug, sondern erlaubt Rückschlüsse auf die Nutzung der Hemisphären: rechte Hand – linke Gehirnhälfte (Ratio), linke Hand – rechte Gehirnhälfte (Intuition). Um die Kreativität zu fördern, empfiehlt es sich, mit der linken Hand zu üben oder beidseitig zu schreiben und zu malen.

- Nach Prof. Drechsler fördert Klavierspielen den Ausgleich der Hemisphären, und professionelle Musiker erleiden bei Gehirnschlag seltener Aphasien (Verlust des Sprachzentrums).

Das Zweikammernsystem der Psyche

Der Psychologieprofessor Julian Jaynes postulierte eine der aufregensten Thesen aus dem Bereich der Bewußtseins- und Gehirnforschung. Seine Fragen lauten: Hatten unsere Vorfahren »einen von Göttern gelenkten Geist?« Ist Bewußtsein im heutigen Verständnis nicht viel älter als 3000 Jahre? Kulturgeschichtliche Hinweise und überlieferte Schriftfragmente lassen darauf schließen. Nach Jaynes bestand das menschliche Gehirn von ungefähr 9000 v. Chr. bis 1000 v. Chr. aus zwei Kammern, die Informationen in einer Art und Weise verarbeiteten, die wir heute als schizophren bezeichnen würden. Informationen wurden im rechten Gehirn akustisch wahrgenommen und intuitiv verarbeitet ins linke Gehirn geschickt, um dort die Botschaft bewußt zu machen und ausführen zu lassen. Während in der Zeit der »bikameralen Psyche« das Kollektiv die »göttlichen Befehle« anerkannte, wird der schizophrene Zustand heutzutage stigmatisiert und sozial isoliert. Das Gehirn Schizophrener wird sozusagen von Außenreizen überflutet, da es normalen Menschen in der sensorischen Wahrnehmungsfähigkeit überlegen ist. Die akustischen Halluzinationen erinnern stark an das archaische Gehirn; besonders in Phasen angespannten Bewußtseins erleben diese Menschen »göttliche Befehle«, denen sie folgen müssen. Menschen während der Zeit des Zweikammersystems hörten in fast jeder Krisensituation Befehle, ähnlich den Psychotikern von heute, die eine geringe Streßtoleranz haben. Charles Hampden-Turner schreibt in »Modelle des Menschen«: »Jaynes vertritt die Auffassung, daß in einem entscheidenden Abschnitt der Evolution, zur gleichen Zeit, als sich die Sprache mit Hilfe der linken Hemisphäre entwickelt hat, der rechte Temporallappen über die dünne Commissura anterior für die Erteilung der göttlichen Befehle reserviert war. Akustische Befehle seien der ökonomischste Code gewesen, um die komplizierte Informationsverarbeitung durch einen so schmalen Kanal zu bewerkstelligen.«

Das dreigeteilte Gehirn

Das menschliche Gehirn besteht funktional gesehen aus drei eigenständigen Gehirnen, die entwicklungsgeschichtlich aufeinanderfolgen: dem Reptilienhirn, dem alten Hirn der Säugetiere und dem Neocortex, dem Hirn der Säugetiere der Neuzeit. Jedes nachfolgende Gehirn hat sich jeweils über die frühere Struktur gelegt, und so haben wir jetzt ein Hirn im Hirn. Paul McLean, der Leiter des Laboratoriums für Hirnentwicklung am National Institute for Mental Health in Washington, identifizierte die drei unterschiedlichen Entwicklungsstadien bei der Entwicklung des menschlichen Gehirns. Die drei Gehirne unterscheiden sich deutlich in Struktur und chemischer Zusammensetzung, haben eine prinzipiell eigenständige Arbeitsweise, auch wenn sie sich in ihrer Funktion überschneiden. Die Struktur der älteren Hirne ist Teil eines gemeinsamen Erbes von Reptilien und Säugetieren. Der Neocortex, dessen Entwicklung ungewöhnlich schnell verlief, ist vor allem für die Einzigartigkeit der Spezies Mensch verantwortlich. Um einen signifikanten Unterschied herauszuarbeiten, lohnt es sich, die beiden älteren Gehirne zusammenzufassen und mit dem Neocortex zu vergleichen.

Die älteren Hirne scheinen für das artspezifische Erbe zuständig zu sein, d.h. für Hierarchien, wie etwa Dominanz- und Unterwerfungsverhalten, Balz und Paarung, Verteidigung des Territoriums, Herdentrieb, Jagdtrieb und Spielverhalten. Die »Sprache« der älteren Hirne ist der emotionale Ausdruck: der limbische Kortex registriert Hunger, Durst und Schlaf und spezifische Affekte wie Schmerz, Wut, Panik und Abscheu, aber auch Ekstase, Liebe und »Heureka-Erlebnisse«. Kurzum: wir haben eine »Intelligenz des Fühlens«, die den Pawlow'schen Hund zum Speichelfluß veranlaßt und die Skinner so gerne auf den Menschen projiziert. Sicherlich motiviert sie zum speziellen Verhalten wie Fürsorge, Instinkt, Schutzbedürfnis, Freude und Trauer, doch im allgemeinen überdauern die Umstände zu lange, durch die sie hervorgerufen wurde, was Robert Ornstein veranlaßt zu sagen: »Wir haben eine moderne Umwelt, jedoch kein modernes Gehirn«.

Der Neocortex scheint eher für das Erlernen neuer Möglichkeiten zur Umweltbewältigung geschaffen worden zu sein. Daß er sich geradezu explosionsartig im Laufe der Phylogenese entwickelt hat, führen manche Forscher auf die Handhabung mit Geräten zurück. Gerade heute scheint eine Entwicklung des neuen Gehirns ausgesprochen wichtig zu sein, um

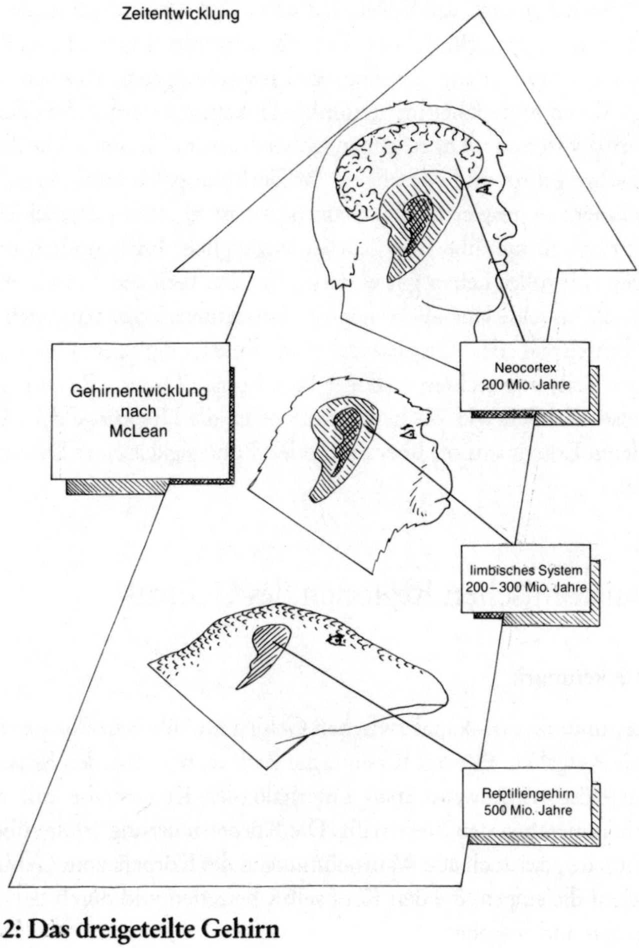

Abb. 2: Das dreigeteilte Gehirn

die Botschaften aus dem alten Gehirn richtig zu deuten, einzuordnen, zu abstrahieren und der veränderten Umwelt anzupassen. Die zwei Gehirnhälften des Neocortex scheinen untereinander besser zu kommunizieren als der ganze Neocortex mit den zwei älteren Gehirnen. MacLean hat den Ausdruck »*Schizophysiologie*« geprägt, das ist eine Spaltung, die sich auf das Unangepaßtsein der alten Gehirne an die Forderungen des neuen Gehirns bezieht. Frei flottierende Ängste und der Stau von Affekten, wie die Psychologie so schön formuliert, haben sicherlich ihre Gründe in einer noch nicht erreichten Integration unseres »archaischen Erbes«.

Arnold Keyserling faßt die Bedeutung der drei Gehirne zusammen: »Sir John Eccles hat gezeigt, daß Selbsterhaltungs- und Arterhaltungstrieb beim Menschen im Unterschied zum Tier im Stammhirn getrennt sind. Die Fähigkeit der Fremdwahrnehmung, der Zuwendung zu den Sachen und zu anderen Wesen muß daher im Stammhirn lokalisiert werden. Sitz der Aufmerksamkeit ist also nicht, wie man früher annahm, das limbische System, das auf «Zuckerbrot und Peitsche« – Wiederholung von Lust, Vermeidung von Schmerz – reagiert... Das Stammhirn ist als stammesgeschichtlich ältester Hirnteil nur über den Körper zugänglich. Im Bemühen um ein kreatives, sinnvolles Leben gilt es daher, die drei Gehirne zu trennen und bewußt als verschiedene »Personen« zu betrachten. Dazu tritt auch noch das Wechselspiel des Gegensatzes von linker, digitaler Gehirnhälfte (Wachen/Zeit) und rechter, analoger Hemisphäre (Traum/Raum). Traum ist ebenso wirklich wie Wachen. Er offenbart die Ursprünge der Motivation, deren Erkenntnis oft über Sinn oder Sinnlosigkeit eines Daseins entscheidet.«

Die anatomischen Regionen des Gehirns

Das Rückenmark

Der Kommunikationskanal zwischen Gehirn und übrigem Körper erfüllt folgende Aufgaben: Es sorgt für einfache Reflexe, wie etwa den Kniereflex, der ausgelöst wird, wenn man unterhalb der Kniescheibe mit einem Reflexhämmerchen den Nerv trifft. Die Körpersteuerung erfolgt über das Rückenmark, das auch alle Wahrnehmungen des Körpers zum Gehirn leitet, bis auf diejenigen, die den Kopf selbst betreffen und durch den Hirnstamm ein- und ausgehen.

Hirnstamm

Der Hirnstamm ist das obere Ende des Rückenmarks und kann daher als dessen Verlängerung angesehen werden.

Kleinhirn

An den Hirnstamm ist nach hinten gehend das Kleinhirn angeschlossen.

Zwischenhirn

Oberhalb des Hirnstamms befindet sich der Thalamus, ein breites Feld von Kernen, die teilweise Informationen von den Sinnesorganen zur Hirnrinde übertragen, teilweise für die Übertragung von Informationen von einem Feld der Hirnrinde zum anderen sorgen, teilweise aber auch Wechselbeziehungen zwischen der Retikulärformation und dem limbischen System unterhalten. Bei dem limbischen System handelt es sich um eine Gruppe von Strukturen im Mittelpunkt des Gehirns, bei der Emotionen und Motivationen eine wichtige Rolle spielen.

Hirnrinde (Cortex)

Der Cortex bedeckt und überlagert als stark gefalteter Anteil die übrigen Anteile des Gehirns. Obwohl die Hirnrinde nur ein Viertel des gesamten Gehirnvolumens ausmacht, enthält die Hirnrinde 75% der 10 Milliarden Nervenzellen.

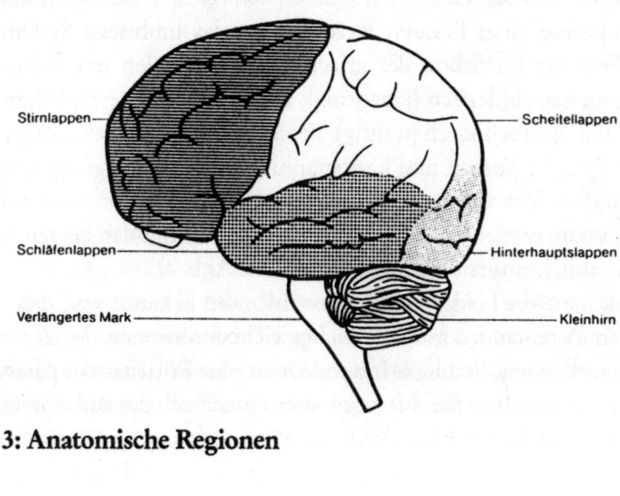

Abb. 3: Anatomische Regionen

Das emotionale Gehirn

Das limbische System ist ein wichtiges Bindeglied zwischen Emotionen und Körper. Seitdem J. W. Papez 1937 einiges darüber veröffentlichte, sind wichtige und zahlreiche Untersuchungen bei Menschen und Tieren vorgenommen worden. Ganz eindeutig ist jedoch die Beziehung des limbischen Systems bei emotionalen Reaktionen. Das limbische System ist zuständig für Aufmerksamkeit, Emotionen, Lernen und Gedächtnis. Es leitet die Botschaften, die es von der Umwelt erhält, weiter an den Neocortex und überflutet diesen mit Stimmungen, die von optimistischer Vorfreude bis zu hoffnungslosen Enttäuschungen gehen. Neurowissenschaftler haben Areale dargestellt, die zwischen Spannung, Flucht, Furcht, Schmerz und Entspannung, Kampf, Wut, Lust u.a. vermitteln. Interessant ist allerdings die wichtigste Eigenschaft des limbischen Systems, wobei Termini aus der Kybernetik und der Systemtheorie entlehnt wurden: das limbische System kann »ausreißen« oder »oszillieren«. Das bezeichnet eine pathologische Form des Feedbacks, bei dem das System anstatt sich zu regulieren zunehmend mehr aus dem Gleichgewicht gerät.

Aufgrund neurologischer Muster und Gewohnheiten, die der Psychologe Timothy Leary »Schaltkreise« nennt, denken wir linear und nach Ursache-Wirkungskriterien, in Begriffen wie vor und zurück, oben und unten. Das limbische System aber befindet sich dazu im Gegensatz. Es arbeitet nach kybernetischen Kriterien, die alle Variablen einer emotional-rationalen Synthese einfließen lassen. »Der Triumph der Ratio«, »das Überwinden von Schwäche«, das »Stärkersein als die Flasche«, sind sozusagen Symptome eines linearen Exzesses, der das limbische System zum »Ausreißer« macht. Schon der griechische Arzt Galen unterschied vier Temperamente: cholerisch (jähzornig), sanguinisch (heiter), phlegmatisch (passiv) und melancholisch (traurig). Professor H. J. Eysenck entlehnte die 4-Säfte-Lehre der Vorzeit und kartographierte die »Veranlagungen, die den Menschen zu einer viel zu heftigen oder zu schwachen Reaktion auf seine Umwelt veranlassen.« Er erarbeitete ein Diagramm mit den beiden Achsen stabil-instabil, intovertiert-extravertiert (siehe Abb. 4).

Eysenk hatte die beiden Achsen gewählt, weil bekannt war, daß es sich bei diesen Polaritäten um die Gleichgewichtsfunktionen des Zentralnervensystems handelt. Stabilität-Instabilität ist eine Polarität des parasympathischen – sympathischen Nervensystems innerhalb des autonomen Nervensystems, das Herzschlag, Atmung, Muskeltonus und Wärmehaushalt im Körper reguliert. Der sympathische Anteil kontrolliert schnelle Reaktionen, die uns in einen Erregungszustand versetzen, um auf Gefahr zu reagieren. Dabei werden die Muskeln angespannt, es wird mehr Luft eingeholt, und das Blut wird schneller durch den Körper gepumpt. Der parasympathische Teil hat genau einen entgegengesetzten Effekt. Er verlangsamt Herzschlag und Atmung, entspannt die Muskeln und führt zur Ruhe. Menschen mit einem relativ dominanten sympathischen System sind leicht erregbar und launisch. Die Dimension Introversion-Extraversion wird der aufsteigenden formatio reticularis zugeschrieben, die eine hemmende und eine erregende Funktion hat. Nach Eysenk hemmen Extraver-

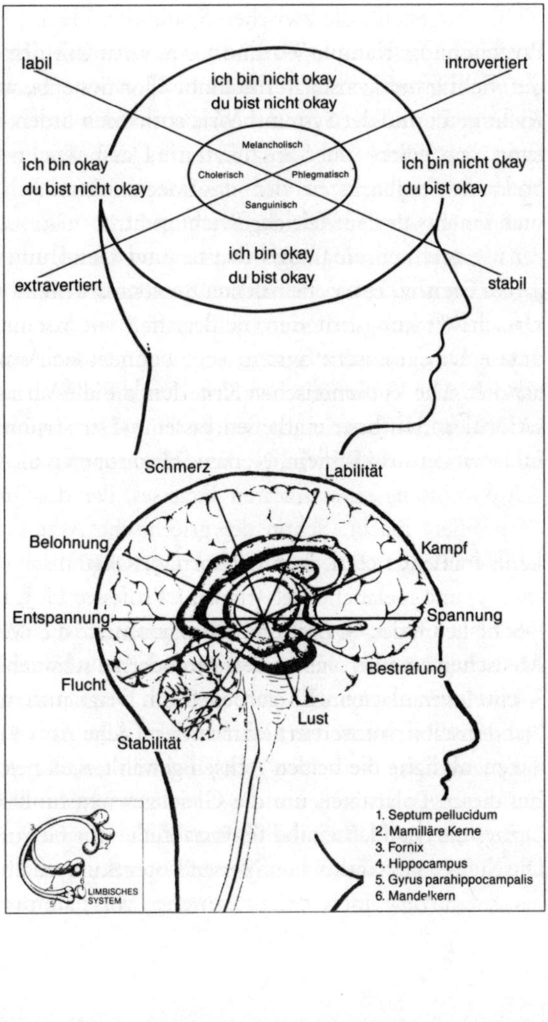

Abb. 4: Das emotionale Gehirn

tierte diese Erregung und nehmen der eintreffenden Botschaft Schwung und Initiative, während Introvertierte weitaus mehr Stimuli über ihr Nervensystem hereinlassen und offensichtlich sehr damit beschäftigt sind, diese innerlich zu verarbeiten. Stimulierende Mittel lassen den Extravertierten eher introvertiert erscheinen, bei Introvertierten ist genau das Gegenteil der Fall. Dafür lassen sich Introvertierte leichter konditionieren, sie sind lernbereiter, während sich Extravertierte eher diesem Prozeß widersetzen, da sie ihre Aufmerksamkeit ständig verlagern.

Emotionen und Biochemie

Psychische Erscheinungen sind untrennbar mit den chemischen Vorgängen im Nervensystem verbunden. Hormone besitzen im allgemeinen wichtige Funktionen für das Wachstum, den Stoffwechsel, die Fortpflanzung, den Wach- und Schlafrhythmus, den Wasser- und Wärmehaushalt und... den psychischen und emotionalen Bereich. Doch normalerweise sind wir uns der Vielfalt der Reize und Informationen gar nicht bewußt, der wir durch unsere Umgebung ausgesetzt sind, und die unser Wohlbefinden in Form eines biochemischen Regelkreises beeinflußen. Dennoch ist es klar, daß es sich beim »unveränderten« Bewußtseinszustand um das Produkt einer dauernden Interaktion zwischen den Außen- und Innenreizen handelt. Die Außenreize werden durch die Wahrnehmung, Kognition, Gefühle und Erinnerungen verarbeitet und interagieren mit der endogenen Information aus Muskeln, Nerven, Hormonen und Neurotransmittern.

Das Fenster zur Seele der Emotion

Der blaue Ort, auch *Locus coeruleus* genannt, ist eine der bemerkenswertesten Strukturen im Gehirn. Bei Menschen enthält er lediglich 3000 Zellen – eine unwahrscheinlich geringe Zahl, wenn man an die Milliarden von Nervenzellen in unserem Gehirn denkt. Aber das ist noch nicht alles! Von diesen wenigen Neuronen gehen Bahnen aus, die sich über enorm weite Entfernungen erstrecken und sich so verzweigen, daß sie etwa mit einem Drittel bis der Hälfte aller übrigen Zellen im Gehirn in Kontakt stehen. Die Konsequenz dieser noch neuen Entdeckung ist ungeheuer; dachte man bis vor kurzem noch, daß es zwischen den Neuronen nur diskrete Kon-

Emotionsskala

Skala	Emotion
	Lebhaftigkeit Heiterkeit
4.0	Starkes Interesse
3.5	Mildes Interesse
3.0	Zufrieden
2.5	Indifferenz
2.0	Langeweile
1.5	Offen gezeigter Unmut
	Wut
1.1	Versteckter Groll
0.5	Furcht
0.1	Apathie

Verhalten und Physiologie	Medizinischer Bereich
Ausgezeichnet bei Vorhaben und in der Durchführung. Kurze Reaktionszeit (im Verhältnis zum Alter)	Nahezu unfallsicher. Keine psychosomatischen Krankheiten. Nahezu immun gegen Bakterien
Gut bei Vorhaben, in der Durchführung und im Sport	In hohem Maße widerstandsfähig gegenüber den üblichen Infektionen. Keine Erkältungen
Zu einer recht ordentlichen Menge an Aktion befähigt, ziemlich befähigt im Sport	Widerstandsfähig gegenüber Infektionen und Krankheiten. Wenige psychosomatische Krankheiten.
Relativ inaktiv, aber zur Aktion fähig	Gelegentlich krank. Anfällig für übliche Krankheiten
Fähig zu destruktiven und unbedeutenderen konstruktiven Aktionen	Gelegentliche ernsthafte Krankheiten
Fähig zu destruktiver Aktion	Ablagerungskrankheiten (Arthritis) (Gilt für den ganzen Bereich von 1.0 bis 2.0)
Befähigt zu unbedeutenderer Durchführung	Endokrine und neurologische Krankheiten
Fähig zu relativ unkontrollierter Aktion	Chronische Fehlfunktion von Organen. (Neigung zu Unfällen)
Lebendig als ein Organismus	Chronisch krank. (Verweigert Nahrungsaufnahme)

takte mit lediglich einem Dutzend oder vielleicht ein paar hundert Verzweigungen gäbe. Daß eine einzelne Gruppe von Zellen auf Milliarden anderer Zellen des Gehirns wirkt, war damals unvorstellbar; die schwedischen Wissenschaftler Dahlström und Fuxe stießen Anfang der 60er Jahre auf internationalen Kongressen auf ungläubiges Kopfschütteln ihrer Kollegen, als sie diese Behauptung vortrugen. Die weiten Verzweigungen »des Fensters der Seele« nehmen ihren Weg bis zur obersten Großhirnrinde, was diesen Ort strukturell wie auch funktional zu einem einzigartigen Phänomen macht. Die Folgerungen, die sich für die Funktionsweise des Gehirns und die Wirkungsweise von Drogen auf dieses Gebiet ergeben, sind von großer Tragweite.

Die noradrenergen Verbindungen ähneln in keiner Weise dem Typ von »fester Verdrahtung«, der notwendig ist, um Multiplikationen und Mehrfachdivisionen oder andere präzise geistige Operationen durchzuführen. Doch scheinen die noradrenergen Neuronen den Erregungszustand jener Nervenzellen zu modulieren, die für höhere geistige Leistungen zuständig sind. Wissenschaftler haben sogar festgestellt, daß die Neuronen im Locus coeruleus auf solche Umweltereignisse hin zu feuern beginnen, die eine emotionale Erregung auslösen. Und wenn diese Zellen feuern, wird überall an den Nervenendungen in der Großhirnrinde Noradrenalin ausgeschüttet. Vielleicht »erfahren« diese Nervenzellen auf diesem Wege vom veränderten Gemütszustand des Organismus. Wir alle wissen, wie unsere Gefühle auf unsere Denkprozesse abfärben. Man kann also vermuten, daß das noradrenerge System mit seinen zahlreichen Verzweigungen die emotionalen Reaktionen auf die Umwelt reguliert. Die wachheitssteigernden, stimulierenden und bewußtseinserweiternden Wirkungen durch Drogen werden durch eine Verstärkung der noradrenergen Aktivität in der Großhirnrinde hervorgerufen. An der Euphorie, die diese Wirkstoffe auslösen, ist vermutlich das limbische System beteiligt. Natürlich ist das Gehirn ein derart komplexes Gebilde, daß zumindest nach dem gegenwärtigen Erkenntnisstand jeder Erklärungsversuch ein gewisses Maß an Spekulation beinhaltet. Man kann jedoch nach heutigem Erkenntnisstand darauf schließen, daß höhere psychische Leistungen ihren materiellen Bezugspunkt im oben genannten Fenster zur Seele haben und von dort aus auf weitverzweigten Pfaden ihre Informationen weitergeben.

Die biochemische Auswirkung auf den sexuellen Regelkreis

Daß sich zwei vormals fremde Menschen plötzlich liebend verbunden fühlen, geht auf bestimmte Impulse zurück, die durch eine genau erklärbare psycho-neurologische, endokrine Wirkungsweise ausgelöst werden: ein biochemisches Sex-Programm wird angeworfen. Wie kommt es nun aber zu einer »drahtlosen Liebesbeziehung«, zu einer unwiderstehlichen gegenseitigen Anziehung, bei der noch nicht einmal ein Wort zu fallen braucht? Die Sexsignale bewirken beim Mann oder der Frau einen Ausstoß von winzigen Adrenalinmengen. Dadurch steigt der Blutdruck etwas an. Das Herz beginnt, schneller zu schlagen, und die Atemfrequenz erhöht sich. Im Verlauf dieses Prozesses wird das Sexzentrum im Hypothalamus stärker aktiviert, um Hormone zu produzieren. Das Testosteron oder andere verwandte Botenstoffe könnten mit einer kodifizierten Botschaft versehen etwa folgenden Inhalt haben: »Ich bin liebesbereit – ich habe Lust«, um am Erfolgsorgan eine entsprechende Reaktion hervorzurufen. Wegen der größeren Menge an männlichen Hormonen beim Mann dürfte diese Botschaft für ihn oft nachdringlicher, drängender und rascher vorhanden sein als für die Frau.

Da aber die Ausführung dieser Botschaft noch von anderen Faktoren abhängt, z. B. Erziehung, Einstellung zur Sexualität, Modifikation durch kulturelle und persönliche Einstellungen, gestaltet sie sich dementsprechend ganz individuell. Wie bei der Beschreibung der Nervenerregungsleitung noch dargelegt wird, sind psychische Erscheinungen untrennbar mit Vorgängen im Nervensystem verbunden. Daraus läßt sich ableiten, daß die Gefühle, das Wesen, der Charakter, die Verhaltensweisen und Vorlieben durch die jeweiligen Hormone bestimmt und moduliert werden, deren Produktion mit inneren wie äußeren Reizquellen in Beziehung steht. Die häufig aufgestellte These, sexuell abweichendes Verhalten sei allein in frühkindicher Erfahrung und Entwicklung zu sehen, muß genauer differenziert werden: in erbliche und soziale sowie in umweltbedingte Einflüsse. Da die primären und sekundären Geschlechtsmerkmale von Frau und Mann genetisch weitgehend fixiert sind, ist ihr Sexualverhalten in vielen Fällen vorgegeben. Eine klare Abgrenzung bzw. Beziehung zwischen Geschlechtshormonen und entsprechend ausgeprägten Verhaltensweisen ist auf eine alleinige Ursache wohl kaum zurückführbar. Die geschlechtsspezifische, hormonale Verhaltensausprägung bestimmt nicht alleine das jeweilige Verhalten. Es gehören auch die jeweiligen neuronalen Netzwerke im Gehirn dazu, auf die diese Hormone ansprechen. Ohne diese Wirkebene wären sie ohne Wirkeffekte.

Es gilt inzwischen als gesichert, daß Hormone eine zentrale Bedeutung in der körperlichen und sexuellen Differenzierung des Menschen besitzen. Der Macht der Hormone ist es ja schließlich zuzuschreiben, daß eine Frau männlicher erscheint oder ein Mann sich als Frau fühlt. Ob jedoch mit dieser körperlichen Andersprägung auch bereits schon die gesamte Psyche umgepolt wurde, ist, so meine ich, doch mehr als fraglich.

Der englische Hirnphysiologe Professor Leon Kaplan hat nun die These aufgestellt, daß in Abhängigkeit von männlichen Sexualhormonen das Gehirn des männlichen Embryos unterschiedlich stark männlich oder weiblich geprägt worden ist. Das biochemisch verursachte männliche oder weibliche Denken und Fühlen bezeichnet er als das Mona-Lisa-Syndrom, nach dem gleichnamigen Gemälde Leonardo da Vincis, das, so Kaplan, ein verkapptes Selbstporträt des weltbekannten Künstlers darstellt. Der Hirnforscher Kaplan hat in Langzeitstudien die Rolle des Hormonspiegels auf die sexuelle Prägung und das daraus resultierende Verhalten beobachtet. Er verknüpft die Erkenntnisse darüber, wie Gefühle und Talente im Gehirn angelegt werden, mit den Einflüssen, die dazu führen, daß ein großer Erfinder und Maler heranreift. Seine Erkenntnis: »Der Mutterleib ist die Talentschmiede; die Psychoarchitektur des Gehirns wird in einem Hormonbad modelliert.« Die Konzentration des prägenden Hormons Testosteron wird durch das beeinflußt, was in unterschiedlichen Zeiten der Schwangerschaft mit der Mutter geschieht. Durch zu wenig männliche Hormone am Ende der Schwangerschaft, so Kaplan, kann von vier heterosexuellen Männern einer ein typisch weibliches Gefühlsmuster entwickeln. Die wertvollen künstlerischen Eigenschaften sind bei Schriftstellern und Dichtern die weibliche Verbindung zwischen Gefühls- und Sprachzentrum. Bei großen Malern und Designern wird unter dem Einfluß von wenig Testosteron männlich räumliches Sehen mit weiblichem Schönheitsempfinden im Gehirn verknüpft. Als Resümee seiner Arbeit gibt der Hirnforscher zu bedenken, daß Männer, die wie Frauen fühlen, als wichtige Bindeglieder der Gesellschaft anerkannt werden müssen. Ohne die mit Homosexualität verbundenen Gefühlsanlagen wäre unsere Welt ärmer. Sehr viel Kreativität ginge verloren. Der Forscher empfiehlt den Schwangeren, ab der 29. Woche in Urlaub zu gehen, um positive Gefühlsstrukturen des Embryos zu programmieren – »...dann hätten wir in Zukunft sehr viel mehr glückliche Menschen.«

Dazu die Neurochemikerin Candace Pert: »Das Gehirn ist nur ein kleines Kästchen, in dem die Emotionen verpackt sind. Und wir beginnen zu begreifen, daß Emotionen biochemische Korrelate haben. Wenn Menschen sich in unterschiedlichen Aktivitäten engagieren, so scheint es, als würden Neurosäfte freigesetzt, die entweder mit Schmerz oder Freude verbunden sind. Und die Endorphine sind sehr angenehm.«

Die Aktivität des Nervensystems

»Was die Erforschung des menschlichen Gehirns so unwiderstehlich macht, ist die Tatsache, daß die 50 Milliarden Nervenzellen des Gehirns alle verschieden sind.«

Floyd Bloom

Wendet man sich der näheren Betrachtung der Großhirnrinde zu, in der Hoffnung, den Prinzipien in ihrem Inneren näherzukommen, werden viele Fachleute die Hände über dem Kopf zusammenschlagen. Viel zu komplex die Verschaltung, sagen die einen; viel zu groß die Vielfalt der Elemente, sagen die anderen; und wieder eine weitere Gruppe schüttelt den Kopf angesichts der *geheimnisvollen Funktion der neuronalen Schaltpläne*. Anatomisch gesehen kann man zeigen, daß die Vielfalt der Elemente grundsätzlich auf einen Nenner zu bringen ist, wenn man die Grundmechanismen der Verschaltung kennt. Zuallererst muß man sich vor Augen halten, aus welchen Grundbausteinen Gehirn und Nervensystem aufgebaut sind.

Das Nervensystem des Menschen setzt sich aus zwei nebeneinander existierenden Teilen zusammen: dem *Zentralnervensystem* (ZNS) und dem *Autonomen Nervensystem* (ANS). Das Zentralnervensystem besteht aus dem Gehirn, dem Rückenmark und den peripheren Nerven, die ein Netz aus motorischen (der Bewegung dienend) und sensorischen (den Sinnen dienend) Nervenfasern bilden. Das ANS besteht ausschließlich aus peripheren Nerven, aber obwohl es sich mit dem ZNS die gleichen Bahnen teilt, existiert es gesondert von ihm. In der Evolution war es wohl wichtig,

Abb. 5: Das neuronale Netzwerk und seine Untereinheiten

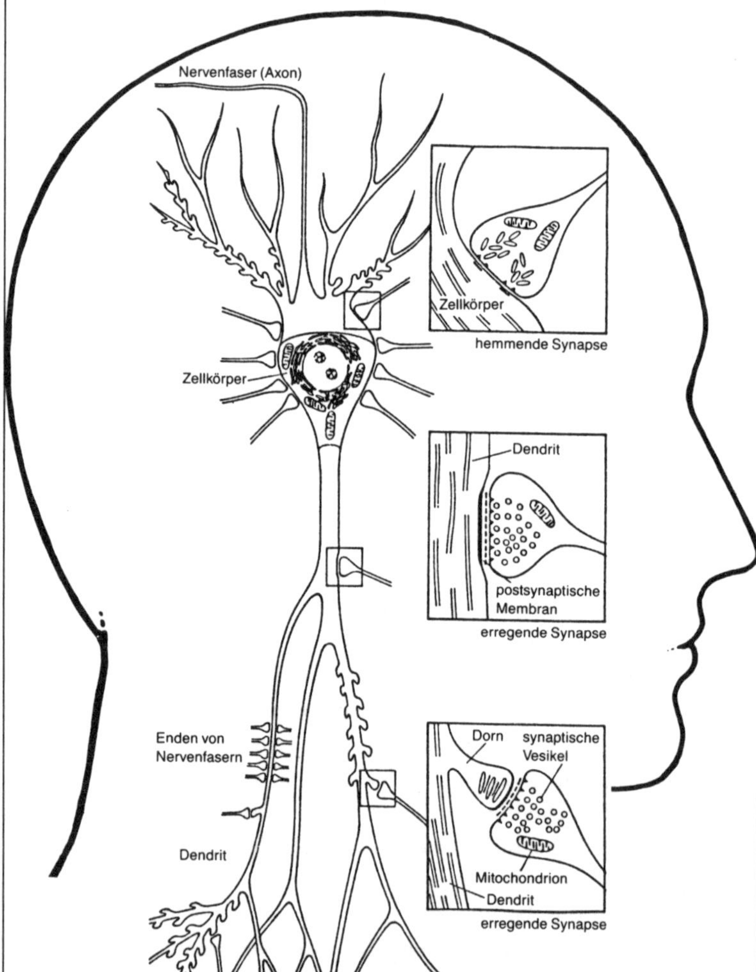

Das Neuron, ein lebender »Chip«, bestehend aus Zellkörper, zuführenden Dendriten, impulsleitendem Axon und kontaktvermittelnden Synapsen, bildet das einzigartige Grundelement aller Hirnleistungen, einschließlich unserer Denkprozesse. (Bild: Spektrum der Wissenschaft: »Gehirn und Nervensystem«. 9. Auflage, 1988.)

daß sich zwei Bewußtseinsformen entwickelten, wie das bei dem willentlichen und dem autonomen Bewußtsein der Fall ist. Ein typisches Beispiel ist die Atmung, die selbsttätig reguliert wird. Ihre Automatik beruht auf dem Säuregrad des Atemzentrums im Gehirn. Nun können wir aber auch ganz bewußt schneller atmen oder den Atem anhalten. Ebenso können wir mit etwas Übung oder mit Hilfe des Biofeedbacks unsere Körpertemperatur oder unseren Herzschlag beeinflußen. Zwischen der autonomen und der willentlichen Beeinflussung der Körperkontrolle gibt es offenbar keine klare Abgrenzung, und diesen Überschneidungspunkt kann man sich für die *Bewußtwerdung des Körper-Geist-Systems* zunutze machen.

Das menschliche Gehirn beherbergt nach neuesten Schätzungen etwa 50-100 Milliarden Nervenzellen. Keine dieser Zellen hat genau die gleiche Form. Doch kann man ihnen allen drei Teile zuordnen: den Zellkörper – er enthält den Kern und den biochemischen Apparat für die Herstellung der Enzyme und anderer lebensnotwendiger Substanzen; die Dendriten – das sind dünne, röhrenförmige Fortsätze des Zellkörpers, die sich vielfach verästeln – mit ihnen nimmt die Nervenzelle ankommende Signale auf; die Nervenfaser (das Axon) – sie dient als Leitungsbahn für Signale, die vom Zellkörper zu anderen Nervenzellen übertragen werden.

Die Nervenzelle ist also der Baustein des Nervensystems und damit auch des Gehirns. Sie ist im großen und ganzen genauso aufgebaut wie die anderen Zellen des Körpers, unterscheidet sich von diesen jedoch in einigen Merkmalen: einmal in der Zellform, dann in ihrer Fähigkeit, Nervensignale zu erzeugen und im Gebrauch einer als Synapse bezeichneten Struktur, die Nervensignale mit Hilfe von Überträgersubstanzen (Neurotransmittern) von einer Nervenzelle zur anderen weitergibt. Die Synapse stellt die Verbindungsstelle zwischen den Enden einer Nervenfaser und anderen Nervenzellen dar. Die meisten Nervenzellen besitzen zwischen tausend und zehntausend Synapsen. Mit ihnen nimmt eine Zelle von ungefähr tausend anderen Nervenzellen Informationen auf. Daran kann man die Vielfalt der Informationsübermittlung sehen, zu der eine jede Nervenzelle in der Lage ist. An der Synapse erweitert sich die Nervenfaser und bildet ein Endknöpfchen, das kleine Bläschen enthält, in denen eine Überträgersubstanz enthalten ist, *die Neurotransmittersubstanz*.

Die Neurotransmitter – das sind chemische Botenstoffe, die vom Ende einer Nervenfaser zur nächsten Nervenzelle gelangen, um eine Information zu übermitteln. Dazwischen müssen diese Moleküle aber einen Spalt überbrücken. Sie diffundieren also durch den Spalt und reagieren mit Empfängerstellen, den Rezeptoren der anderen Nervenzelle, wodurch sich die elektrische Aktivität dieser Nervenzelle ändert. Ein Neurotransmitter wirkt entweder erregend oder hemmend auf die Tätigkeit der Zelle, mit der er reagiert, aber man weiß von Neurotransmittern, daß sie auch ganz eigentümliche Wirkungen haben. Von mindestens dreißig Substanzen weiß man, daß sie im Gehirn als Neurotransmitter wirken. In den letzten Jahren hat man in der Charakterisierung der Transmittersubstanzen beträchtliche Fortschritte gemacht. Inzwischen weiß man, daß die Wirkung vieler Medikamente darauf beruht, daß sie chemische Übertragungen unterbrechen, verändern oder nachahmen. Über ähnliche Mechanismen scheinen die psychedelischen und psychotropen Substanzen wirken. Es gibt Hinweise dafür, daß Geisteskrankheiten auf einem Defekt der Funktion von chemischen Überträgersystemen beruhen, und daß ein verändertes Tagesbewußtsein, der Heureka-Effekt – plötzliche Einsicht oder auch »Erleuchtung« – auf die Produktion bestimmter Neurotransmitter zurückgeführt werden kann. (Siehe auch Kapitel 2: Das biochemische Gehirn.)

Wenn man die wissenschaftlichen Forschungsaktivitäten in der Neurobiologie auf der Suche nach neuen Botenstoffen verfolgt, kann man nicht umhin, auch einen Bereich zu beleuchten, der große Berührungspunkte aufweist: die Genetik. In der Nähe von San Diego, USA, arbeitet eine Gruppe von Forschern, die diese Forschungsgebiete verbinden will. Im Salk-Institut von La Jolla verspricht eine für die Genforschung entwickelte Methode, DNS zu rekombinieren, zu einer neuen Welle von Entdeckungen möglicher Neurotransmitter zu führen. In der Hirnforschung könnte das bedeuten, daß es eine ganze Reihe neuer Grundlagen der Hirnfunktionen zu entdecken gibt. Floyd Bloom, Neurowissenschaftler am Salk-Institut, hat sich mit dem Nobelpreisträger Roger Guillemin zusammengetan, um die Auswirkungen von Endorphinen auf das Verhalten des Menschen zu untersuchen. Hiermit scheint eine neue Ära der Hirnforschung angebrochen zu sein, nachdem in den vergangenen zwei bis drei Jahrzehnten die meisten Neurotransmitter durch Zufall entdeckt worden waren. Otto Loewi, der bekannte Physiologe, Pharmakologe und spätere Nobelpreisträger, wußte schon in den zwanziger Jahren, daß die Nerven irgendetwas freisetzen, das zum Herzen gelangt und es veranlassen, seinen Rhythmus zu verlangsamen. Er wußte nur nicht, wie er das beweisen sollte.

Das »ganzheitliche Gehirn«

Im »Holographischen Weltbild« verbinden sich Erkenntnisse der Bewußtseinsforschung und der modernen Physik zu einer Sicht der Wirklichkeit, in der alles Existierende durch *eine fundamentale Einheit* verbunden ist. Wenn man den Gedanken des Neurophysiologen Karl Pribram und des theoretischen Physikers David Bohm Glauben schenken möchte, so eröffnet sich einem ein neues, ganzheitliches Verständnis von Gehirn, Bewußtsein und Realität. Jeder von Ihnen hat wohl schon einmal ein Hologramm bewundert (jenes räumlich anmutende Bild, das heutzutage auf Scheckkarten abgebildet ist), das auf einem Prinzip beruht, für dessen Entdeckung der Physiker Dennis Gabor den Nobelpreis erhalten hat.

Wie entsteht nun der holographische Effekt? Wirft man 2 Steine an verschiedenen Stellen in einen Teich, so entstehen 2 Gruppen sich ähnelnder Wellen, die sich aufeinander zu bewegen. Wo die Wellen aufeinandertreffen, überlagern sie sich. Trifft der Wellenkamm der einen mit dem Wellenkamm der anderen zusammen, dann verstärken sich diese und erzeugen eine Welle doppelter Höhe. Treffen aber Wellenkamm und Wellental aufeinander, dann heben sie sich gegenseitig auf und erzeugen eine ruhige Oberfläche. Tatsächlich ergeben sich alle möglichen Kombinationen als Ergebnis dieses konzentrischen Wellengekräusels, das als Interferenzmuster bezeichnet wird. Würde man nun die Oberfläche des Wassers einfrieren und einen Laserstrahl durch das Eis schicken, könnte man das holographische Bild der beiden Steine erkennen. Die Bilder der Steine sind also in jedem Teil des gekräuselten Eises als Kode enthalten und können aus jedem beliebig kleinen Stückchen reproduziert werden.

Ist das auch das Geheimnis der Funktionsweise unseres Gehirns? Bei entsprechenden Versuchen zeigt sich jedenfalls immer wieder, daß das Erinnerungsvermögen auch dann erhalten bleibt, wenn große Teile des Gehirns geschädigt oder gar nicht mehr vorhanden sind. Wie zum Beispiel ist es zu erklären, daß Menschen, deren Gehirne nach einem Schlaganfall zur Hälfte zerstört wurden, nicht nur die Hälfte, sondern die gesamte Umgebung wiedererkennen ? Oder wie ist es möglich, daß ein Student, bei dem zufällig entdeckt wurde, daß er von Geburt an nur über ein Minimum an Großhirn verfügt, trotzdem einen überdurchschnittlichen IQ hat?

Das läßt den Schluß zu, daß die Erinnerung nicht in einem bestimmten Teil des Gehirns gespeichert, sondern über den ganzen Bereich verteilt ist. Pribram veranschaulicht seine Auffassungen gerne mit Beispielen, wie etwa dem von der Beethoven-Symphonie: Ursprünglich existiert diese nur im Geist des Komponisten. Schreibt er die Noten, wird die Struktur der Symphonie erkennbar. Wird die Symphonie auf Notenblätter, Tonband oder Schallplatte aufgezeichnet, so scheint dies mit der Struktur der Musik nur wenig zu tun zu haben. Wie aber extrahiert unser Gehirn die Struktur der Musik aus den Noten oder der Platte? Im einzelnen kann man sich das so vorstellen, daß jede Information, die unser Gehirn aufnimmt, im Prinzip wie von einem Radio als Wellenimpuls mit komplexem Frequenzmuster empfangen wird. Dieses Muster wird von den jeweils spezifischen Gehirnz(w)ellen erkannt, so daß auf jeweils unterschiedliche Frequenzen verschiedene Zellen reagieren. Diesen Selektionsprozeß bewerkstelligt das Gehirn, indem es die empfangenen Frequenzen berechnet und in Sinuswellen umwandelt (Fourier-Transformation). Sodann bauen die entsprechenden Zellen in ihrem Frequenzbereich Wellenfronten auf, die sich mit anderen überlagern und ein über das ganze Gehirn verteiltes holographisches Muster bilden. Ein Hologramm kann auf winzigstem Raum Milliarden von Informationen (Bits) speichern. Doch es stellt sich die Frage: Wer im Gehirn interpretiert die von außen kommenden Frequenzen? Wer ist es, der erkennt? Die Antwort Franz von Assisis drängt sich förmlich auf: *»Das, wonach wir suchen, ist das, was sucht«.*

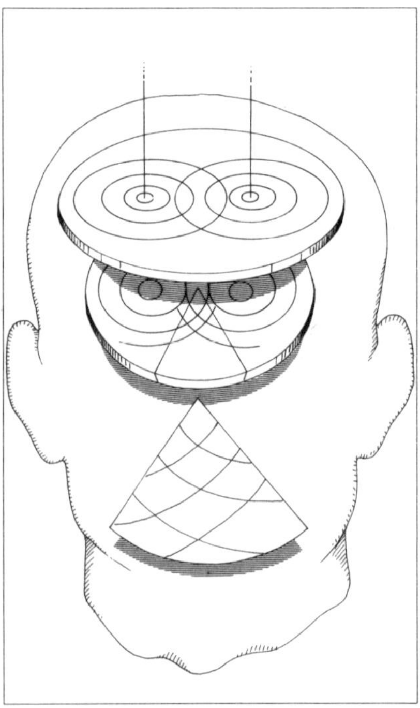

Abb. 6: Das holographische Modell

Die explizite und implizite Ordnung

Es war nun von großer Bedeutung, daß Karl Pribram dem theoretischen Physiker David Bohm begegnete, der wie er die Lehren des Mystikers Krishnamurti kannte. Laut Bohm ist das, was uns als das materielle Universum bekannt ist, also die stabile, greifbare, sicht- und hörbare Welt, nichts als eine Illusion, und insofern zwar dynamisch und kaleidoskopartig, aber nicht wirklich vorhanden. Diese alltägliche Welt, wie sie sich uns offenbart, bezeichnet Bohm als entfaltete (explizite) Ordnung. Dieser liegt aber eine eingefaltete Ordnung zugrunde, die die Quelle aller sichbaren Dinge ist, die wir selbst aber normalerweise nicht sehen können. Dieses Phänomen läßt sich mit einem einfachen Experiment vergleichen: Geben wir in einen mit Glycerin gefüllten Glaszylinder einen Tropfen nichtlöslicher Tinte, so wird beim Umrühren die Flüssigkeit schließlich zu einem feinen Faden aufgezogen und so verteilt, daß sie für das Auge nicht mehr sichtbar ist – dies wäre der Zustand der eingefalteten Ordnung. Drehen wir nun wieder in entgegengesetzter Richtung, so findet der Faden wieder zu einem sichtbaren Tropfen zurück – hier haben wir die entfaltete Ordnung. Den Vorgang des Hervortretens der sichtbaren Dinge und Bewegungen aus einer ursprünglichen Ordnung nennt Bohm die »Holobewegung«, die selbst wiederum eine ungeteilte Einheit darstellt. Holographische Muster können im Prinzip durch alle Arten von Wellen – elektromagnetische, akustische, optische u.ä. – erzeugt werden. Da das Universum von Wellenformen durchdrungen ist, spricht Bohm auch vom Holoversum, in dem eine Vielfalt von Wellen aufeinandertrifft, sich verbinden und Muster großer Komplexizität erzeugt. Um noch einmal auf das Gehirn zu sprechen zu kommen, so kann man es als ein Hologramm, das Informationen auf holographische Art und Weise verschlüsselt, betrachten. Seine grundlegende Isomorphie ist die Bedingung dafür, daß wir so etwas wie Wirklichkeit erkennen können.

Reduktionistisches oder holistisches Gehirn?

»Das einzige Ziel der Wissenschaft schien analytisch zu sein, d.h. die Aufspaltung der Realität in kleinere Einheiten und die Isolation individueller Kausalzusammenhänge.«

Ludwig von Bertalanffy

In der Gehirnforschung, sei es nun in der Neurophysiologie oder der Anatomie, war es bisher notwendig, die Untereinheiten und kleinsten Bauteile, also die Nervenzellen, die Synapsen, die Botenstoffe und die Neurotransmitter, zu beschreiben und bis ins kleinste zu benennen. Obwohl eine gut fundierte und ganzheitliche Beschreibung sicherlich notwendig ist, dürfen wir nicht vergessen, daß eine noch so komplexe Darstellung im Grunde nur die äußeren Formen, die Ausprägungen und offensichtlichen Gegebenheiten darstellt. Michael Talbot schreibt dazu in seinem Buch »Mystik und neue Physik«: »Die physikalische Realität wurde in Massepunkte oder Atome aufgeteilt, die lebenden Organismen in Zellen, Verhalten in

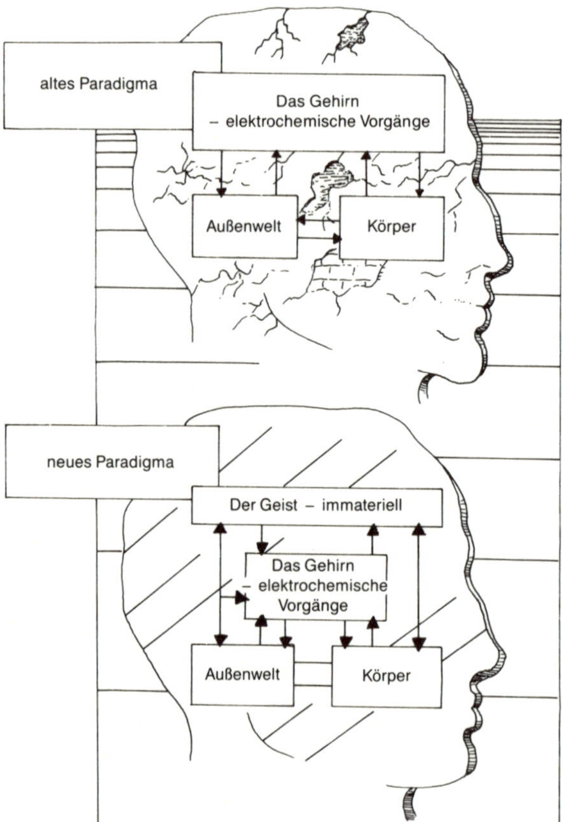

Abb. 7: Das ganzheitliche und reduktionistische Modell

Reflexe, Wahrnehmungen in punktuelle Empfindungen usw.« *Das Reiz-Reaktions-Modell* läßt sich nach unseren bisherigen Erkenntnissen am wenigsten auf ein so komplexes Organ wie das Gehirn anwenden und schon gar nicht auf eine Sichtweise, die reduktionistisch einzelne Teile beschreibt.

Das größte Hindernis beim Erstellen eines adäquaten Gehirnmodells bestand bisher in der Abkehr von dem mechanistischen und rein auf Kausalitätsprizipien beruhenden Modell. »In Newtons Mechanik zieht eine Sonne einen Planeten an, ein Gen im befruchteten Ei produziert ein Charaktermerkmal, eine Bakterie verursacht eine Krankheit, geistige Elemente werden aneinandergereiht wie die Perlen einer Perlenkette, indem das Gesetz der Assoziation angewendet wird«. Inzwischen wird immer mehr nach einem allumfassenden Muster in der Natur der Organismen geforscht. Und da scheint sich ein Modell anzubieten, das auf der Quantentheorie beruht. Sie geht davon aus, daß alle Systeme letztendlich nur statisch beschrieben werden können. Inzwischen gibt es ein noch umfassenderes Modell, das komplexe Relativitätstheorie, Quantentheorie und allgemeine Relativitätstheorie vereint. Der Physiker Jean E. Charon beschreibt die mentalen Eigenschaften der Materie und die Vereinheitlichung der vier physikalischen Wechselwirkungen sowie das Erinnerungsvermögen eines jeden Teilchens in diesem Universum, so daß einem klar wird, daß eine Beschreibung des Gehirns ohne physikalisches Wissen unzulänglich bleiben muß. Die Quantenphysik scheint für ein neues Gehirn- und Bewußtseinsmodell die geeignetesten physikalischen Grundlagen zu bieten.

Multimind

Eines der neuesten Konzepte des menschlichen Geistes beschreibt Robert Ornstein, Professor für Psychologie und Humanbiologie an der Stanford University. Er beschreibt das Gehirn als ein multidimensionales Gebilde, eine Konföderation von verschiedensten Teilen, ein komplexes Informationssystem aus miteinander vernetzten, aber auch z.T. völlig unabhängigen »Supercomputern«.

»Wir besitzen keinen modernen Geist, obwohl wir sehr wohl in einer modernen Welt leben. Unser mentaler Apparat ist eine Mischung aus verschiedenen Schaltkreisen mit verschiedenen Prioritäten. Es besteht aus unterschiedlichsten Entwicklungen innerhalb der Evolution, geschaffen in verschiedenen Zeitaltern und für deren Herausforderungen. Das menschliche Gehirn, dessen Strukturen dem Wirken des Geistes zugrunde liegen, wurde nicht aus neuen Elementen zusammengebaut. Es ist eine Zusammenstellung von Schaltkreisen, einer über den anderen gelegt, jeder in vergangenen Jahrtausenden für mehr oder weniger kurzfristige Problemlösungen entwickelt. Unglücklicherweise arbeitet die Evolution kaum mit langfristigen Konzepten, sondern eher für die kurzfristigen und sofortigen Überlebensinteressen.«

Ornstein beschreibt seine jüngsten Forschungsergebnisse, die vermuten lassen, daß die Komplexität des Gehirns wesentlich höher ist, als die groben Abteilungen es vermuten lassen. Aufgrund speziell von ihm entwickelter EEG-Methoden konnte er zeigen, daß die meisten Menschen jeweils eine der beiden Gehirnhälften aktivierten oder ausschalteten, wenn sie lasen oder zeichneten, analytisch oder kreativ dachten. Wir sind aber heute weit über das zweigleisige Konzept hinausgegangen, wie etwa das Hemisphärenmodell von links- und rechtsdominant. »Wir können nur ein Multimindkonzept vertreten«, so Ornstein.

Das Herrmann-Dominanz-Modell

Ned Herrmann beschreibt in seinem Buch »Kreativität und Kompetenz« das Gehirn als Ausdruck bevorzugter Denk- und Verhaltensstile. In einem von ihm entwickeltem Selbstanalysebogen, dem »Herrmann-Dominanz-Modell«, stellt er diese Denkstile in vier Quadranten dar. Die Darstellung beruhte ursprünglich auf der physiologischen Aufteilung des Gehirns in einen *limbischen* und einen *cerebralen* Teil (unten-oben) und eine *rechte* und *linke Gehirnhälfte*. Roland Spinola, der das Ned-Herrmann-Modell in Deutschland bei Führungskräften, Trainern und Beratern einsetzt, schreibt dazu: »Die wachsende Komplexität der Hirnforschungsergebnisse ist in einem einfach einzusetzenden Modell nicht mehr darstellbar. Das Modell ist in sich stimmig und valide; die Berufung auf hirnphysiologische Funktionen ist nicht notwendig.« Von den metaphorischen zwei Seelen in seiner Brust sprach Goethe, aber eigentlich sind es eine ganze Reihe multipler Persönlichkeiten, die in uns schlummern: Kind, Erwachsener, Vater, Mutter, Geliebte, Freund, Manager, Hobbymaler, Sportlerin. Wie wir sehen können, äußern immer mehr Forscher die Ansicht, daß ein eindeutig physiologisches Modell, sei es nun das Hemisphärenmodell oder ein anderes, inzwischen überholt ist und und eine solche Sicht sogar die Forschung behindert. Der Übergang zu einer biologisch-physikalischen Sichtweise würde mit dem Input-Output-Denken aufräumen, um zu einer Sicht zu kommen, die aus neuronalen Netzwerken, Kohärenzen, Dissonanzen, rein individuellen Ordnungen und Mustern besteht.

Überholt scheint auch die rein anatomische Veränderungen beschreibende Fachrichtung zu sein, solange sie sich nicht um die Erkenntnisse einer »*Ethnopsychiatrie*« bemüht, um die vielfältigen Phänomene des veränderten Tagesbewußtseins so darzustellen, wie sie die Gehirne der Menschen aller Kulturen unterschiedlich erleben. Es scheint notwendig zu sein, während des Tages zwischen verschiedenen Bewußtseinszuständen zu wechseln. »Kulturelle Rituale, Regeln und Artefakte stellen Methoden dar, gesellschaftlich akzeptierte veränderte Bewußtseinzustände zu erreichen«, sagt J.C. Pearce. Verändertes Tagesbewußtsein wird oft beschrieben als Stimmung, Betrachtungsweise, Gefühl und als Vorgang wie Tagträumen, Wundern, Reflektieren und Analysieren. Das sind Erlebnisdimensionen, die ganz bestimmte Problemlösungen gestatten. Hier wird dem Individuum erlaubt, Lernvorgänge mit persönlicher Erfahrung zu verbinden.

Chaos und Ordnung im Gehirn

»Wer das Unerwartete erwartet, das Gegensätzliche umarmt und das Unendliche akzeptiert, für den gibt es keine Ordnung und kein Chaos.«

Stephen Addiss

Das menschliche Gehirn ist nach neuesten Erkenntnissen der Neurobiologie ein System, das sich sozusagen selbst dient. Es kann zwar von außen erregt werden, jedoch die Deutung der Wahrnehmungen erfolgt ausschließlich durch das Gehirn selbst. Die Interpretationskriterien liegen in ihm selbst und werden auch von ihm entworfen. Es ist einerseits abgeschlossen (selbstreferentiell), andererseits steht es in dauerndem Kontakt mit seiner Umwelt. Die Darstellung der Schwingungen des Gehirns gehört zur Klasse der sich selbst organisierenden Prozesse. Im Grunde gehören auch die Phänomene des EEG, von der mehr oder weniger unregelmäßigen Spontantätigkeit bis zum höchst geordneten Phänomen des epileptischen Anfalls, zur Klasse der Ereignisse, die auf Chaos und Ordnung beruhen. Diese Phänomene sind beispielhaft für Systeme mit verschieden starker Interaktion ihrer Elemente. Das gilt sozusagen für die Entstehung außergalaktischer Spiralnebel aus interstellarem Staub, für die Geburt von Sternen wie auch für chemische und elektrische Oszillationen. Immer wieder kommt es dabei auf minimale Einflüsse an, die durch ihre ständige Einwirkung dazu führen, daß aus einem chaotischen ein geordnetes System wird, das wieder ins Chaos zurückfallen kann. Auch die Schwankungen der hirnelektrischen Tätigkeit müssen unter diesem Gesichtspunkt betrachtet werden, nur daß die Bedingungen noch komplizierter sind als bei der Bildung von Spiralnebeln: die hirnelektrische Tätigkeit spielt sich im Gegensatz zu den anderen Strukturen in einem geordneten Umfeld ab, der Hirnrinde.

Der Nobelpreisträger Prigogine hat die Dissipation von Energie und die Entwicklung von Chaos aus Ordnung studiert und die Bedingungen der Selbstorganisation dargelegt. Prigogine führte für dieses Verhalten den Begriff »dissipative Strukturen« ein, das sind Strukturen, die sich vorübergehend an Systemen herausbilden, die fern vom thermodynamischen Gleichgewicht sind, wie etwa alle lebenden Systeme. Nach Mitchell J. Feigenbaum, einem der bekanntesten Chaostheoretiker, kippen stabile Prozesse nicht »irgendwann« ins Chaos um, sondern es gibt universelle Grenzpunkte. Deshalb konnten bei Epileptikern, die Anfälle bekommen, wenn deren Gehirnwellen zu gleichförmig werden, durch optisch-akustische Stimulation die Anfälle verringert werden, da sich die Struktur der Licht- und Ton-Impulse ständig verändert. Die Gehirnwellen werden so offenbar zu chaotischen Mustern angeregt, die der gefährlichen Gleichförmigkeit entgegenwirken.

Wenn auch die Analyse von EEG-Phänomenen erst am Beginn steht, so ist schon heute abzusehen, daß aus einer derartigen Zusammenarbeit zwischen Physik und Biologie fruchtbare Erkenntnisse hervorgehen werden. So hat sich diese Denkweise bereits befruchtend auf die Evolutionslehre ausgewirkt, wie die Forschungen Manfred Eigens zeigen. Was nun das Gehirn angeht und speziell den Cortex, welcher elektrische Schwingungen produziert, so wird der Einfluß einer großen Zahl von Impulsen wohl auch durch verschiedenartige Transmittersubstanzen beeinflußt, die teils aktivierender und teils hemmender Natur sind. Weiterhin kommt der Verknüpfung der Neuronen untereinander, also der speziellen Verschaltung, eine wichtige Rolle zu, um synchronisiert zu entladen. Eines der wesentlichsten Dinge für das Zustandekommen der Schwingungen im Gehirn ist die Synchronisierung der elektrischen Tätigkeit über größere Regionen der Hirnrinde. Eine solche Synchronisierung kann dann erfolgen, wenn genügend horizontale Verbindungen in der Rinde vorhanden sind.

Das Modell der neuronalen Schaltkreise

Das Modell der neuronalen Schaltkreise wurde zuerst vom amerikanischen Psychologen Timothy Leary geprägt. Die Schaltkreise stellen die vom Gehirn aktivierten Netzwerke dar, die aufgrund äußerer Bedingungen, wie Gravitation, Klima und Energie entwickelt wurden, um ein Überleben auf der Erde zu garantieren. Im alltäglichen Leben sind die Prägungen der ersten vier Schaltkreise, die Leary auch als die larvalen oder irdischen bezeichnet, als die Tunnelrealitäten bekannt, die eine »erwachsene Persönlichkeit« ausmachen. Es ist somit kein Zufall, daß unsere Logik der Struktur der Schaltkreise folgt. Auch ist es kein Zufall, daß unsere Geometrie bis zum letzten Jahrhundert euklidisch war. Euklids Geometrie, Aristoteles Logik und Newtons Physik sind Metaprogramme, die in Entweder-Oder-Polaritäten zum Ausdruck kommen: Die Richtungen rechts oder links sind grundlegend für die Polarität der körperlichen Gestalt, indem rechtshändige Überlegenheit das lineare Denken der linken Gehirnhälfte vorzieht. Oben oder unten sind die grundlegenden Gravitationsrichtungen, die in Verhaltensstudien im Tierreich vorkommen. Recke dich hoch und mach dich größer, knurre, heule, schreie – oder ducke dich und mach dich so klein wie möglich. Vorwärts oder rückwärts sind typische Programmierungen des ersten Schaltkreises: entweder voranschreiten, es beschnüffeln, es berühren, es schmecken – oder sich zurückziehen, ausweichen, fliehen.

Die Infopsychologie nach Leary postuliert: »Intelligente, im Weltall geborene Organismen, die nicht auf dem Boden eines 4000-Meilen-Gravitationsschachtes leben, nicht auf einer beschränkten Planetenoberfläche um Territorien kämpfen und nicht durch Polaritäten begrenzt sind, werden zwangsläufig andere Schaltkreise entwickeln, die eine andere, nicht so unflexibel euklidische Prägung zeigen.«

Die acht neuronalen Schaltkreise, die auch als eine Art »Stufenleiter des Bewußtseins« angesehen werden können, im folgenden Überblick:

1. Der orale Bio-Überlebensschaltkreis

Er ist bereits bei niedrigsten Lebensformen ausgeprägt, wie z. B. bei den Amöben. Es ist der Schaltkreis, der die Welt des Säuglings prägt. Alle *Primärbedürfnisse* des Babys, wie die nach Nahrung, nach Sicherheit und nach der Mutter, finden hier ihren Ausdruck. Beim Menschen hat sich dieser Schaltkreis im Hirnstamm und im autonomen (willkürlichen) Nervensystem erhalten, indem er mit endokrinen Drüsen und anderen lebenswichtigen Systemen des Körpers verbunden ist; deshalb wirken sich Störungen in erster Linie mehr körperlich als geistig aus. Bekannt sind heutzutage im allgemeinen die Auswirkungen der Negativprägungen bei brutalen Geburtsvorgängen oder intrauterinen Schädigungen durch das Benutzen ungeeigneter Spiralen; viele Therapien, wie »Rebirthing« oder Rückführungstechniken, nehmen sich dieser Thematik an.

2. Der anale gefühls-territoriale Schaltkreis

Er wird in der Krabbelphase geprägt, also dann, wenn der Säugling anfängt, sich aufzurichten, herumzulaufen und Machtansprüche innerhalb der Familie durchzusetzen. Es ist die Phase des Übergangs vom Säugling zum Kleinkind, sobald die DNA RNA-Moleküle aussendet, um das »Zwischenhirn« mit dem willkürlichen Nervensystem und den Muskeln zu »verbinden«.

Dieser Schaltkreis verleiht dem Kleinkind eine »lokomotorisch-muskuläre Erfahrung«, nachdem es die biozelluläre Ebene erschlossen und hinter sich gelassen hat. Mechanismen, die diesen Schaltkreis wiederbeleben, finden sich beim Erwachsenen in der konditionierten Welt *emotional-politischer Techniken.* Das Kind jedoch lernt die prägenden Faktoren von Schwerkraft und Territorium zu beherrschen. Die zweite Schaltkreisprägung bestimmt das Gefühlsleben, das interpersonelle Ego, das bis ins Erwachsenenalter bestehen bleibt.

3. Der semantische Schaltkreis

Im Gegensatz zu den ersten beiden Schaltkreisen, die auf Homöostase und positivem Feedback beruhen (sie kehren zur Ausgewogenheit zurück), zielt der semantische Schaltkreis auf einen Gleichgewichtszustand auf höherer Ebene ab. Gesellschaften, in denen dieser Schaltkreis teilweise aktiviert und gepflegt wird, nennt man nach Karl Popper »offene Gesellschaften«. Diese sind humanistische und weltoffene Kulturen, relativ frei von Dogmen und Tabus, also »fortschrittliche Gesellschaften«.

Der semantische Schaltkreis ist beim Menschen und möglicherweise bei Cataceen (Delphinen und Walen) vorhanden. Er bildet die Sprache und eignet sich für vernunftbegabte Fähigkeiten, wie sie der linken Hemispäre zugeordnet sind. Mit diesem Schaltkreis erleben wir die »Wirklichkeit« in Form von *Worten und Symbolen, Kunstwerken, Musik und allerlei Ritualen*.

Laut Robert A. Wilson ist das gegenwärtige menschliche Wachstum schneller als das früherer Evolutionen, weil wir mit Hilfe des semantischen Schaltkreises und seiner Symbole (Worte, Karten, Formeln, Gleichungen) Informationen immer schneller und zeitüberbrückend an andere Generationen weitergeben. Auf der anderen Seite zeigt sich immer noch der rigide Charakter semantischer Strukturen darin, daß in Wissenschaft, Politik u. Wirtschaft ein neues semantisches Paradigma nur sehr verzögert (mehrere Generationen) angenommen wird. Zeitliche Verzögerungen von Jahrhunderten waren hier bisher völlig normal.

4. *Der moralische sozio-sexuelle Schaltkreis*

Der vierte Schaltkreis konzentriert sich im linken Neocortex – dem neuesten Anteil des menschlichen Gehirns. *Die Realitätsebene* ist die der konditionierten Verantwortung *im Bereich Elternschaft, Großziehen von Kindern und Sozialisierung*. Laut Wilson besteht die Hauptfunktion des soziosexuellen Schaltkreises bei den höheren Primaten (wie den Menschen) darin, daß sie eine erwachsene Persönlichkeit, ein Eltern-Ich entwickeln. In der Sprache der Primaten heißt das also Ansprüche und Pläne im Bereich Nestbau; in der Sprache der Mystiker heißt das, »an der Welt zu hängen« oder »im ewigen Rad des Karma« gefangen zu sein. Um nicht in die vielfältigen Verstrickungen dieses Universums zu geraten, haben viele der mystischen Traditionen Keuschheit praktiziert.

5. *Der neurosomatische Schaltkreis*

Dieser Schaltkreis ist in die rechte Hirnrinde (die ersten vier Schaltkreise waren alle in der linken Hemisphäre zu finden) eingebunden und neurologisch mit dem ersten Schaltkreis und den Geschlechtsorganen verbunden.

Der Zustand der neurosomatischen Prägung muß als ein ziemlich neuer Schaltkreis angesehen werden, ca. 30.000 Jahre alt (laut schamanistischen Praktiken und Höhlenmalereien). Nach McLuhan ist der fünfte Schaltkreis »nicht-linear«, d.h. nicht begrenzt wie die »Immer-nur-eins-auf-einmal-Sequenz« des semantischen Schaltkreises, sondern *in Gestalt denkend.* Deshalb assoziiert man ihn auch oft mit »Intuition«, das ist eine Art zu denken, die sich zwischen und um Einzelinformationen bewegt und spürt, zu welchem Gesamtbereich die Informationen gehören. Manche haben diesen Schaltkreis auch als *hedonistisch* bezeichnet, da er im Zustand der Aktivierung körperliche Entzückung hervorruft (siehe tantrische Erfahrung).

Große Musiker haben oft ein bemerkenswertes Feedback entwickelt zwischen neurosomatischer Erfahrung und semantischer Funktion und diese »kohärenten Strukturen« im inspirierten Symbolismus der Musik verschlüsselt. Musik, mit entsprechendem Rhythmus und mit bestimmten Frequenzen versehen, scheint die rechte Gehirnhälfte im Bereich des fünften Schaltkreises anzuregen.

6. Der neuroelektrische Schaltkreis

Der von den ersten vier irdischen Prägungen befreite Biocomputer (das Gehirn) wird nun seinen Fähigkeiten gerecht und handelt als elektronischer Sender und Empfänger. Wie wir bisher gesehen haben, schließt jeder sich neu entfaltende Schaltkreis des Nervensystems die vorhergehenden mit ein. Der sechste Schaltkreis ist *der zentrale Neurocomputer.* Er nimmt von den anderen fünf Schaltkreisen RNA-DNA-Signale entgegen. Diese erreichen das Gehirn als elektrochemische Signale. Die Fähigkeit des menschlichen Gehirns, elektromagnetische Signale auszutauschen, ist bisher fast unentdeckt geblieben. Es ist möglich, daß das Gehirn zur Entzifferung von Signalen bestimmt ist, sobald die richtige Frequenz vom jeweiligen Benutzer gewählt wird. Im Verlauf der Geschichte hat es schon immer Hellseher und Propheten sowie große Mystiker gegeben, die über außergewöhnliche Fähigkeiten wie Telepathie und andere verfügt haben. Laut Leary ist es aber auf unserem Planeten, »einem viertausend Meilen tiefen atmosphärischen Sumpf,« genauso schwierig, Telepathie zu versuchen, wie unter Wasser zu sprechen. Unter Nullgravitationsbedingungen (Weltall) könnte die neuroelektrische Kommunikationsform jedoch zum Allgemeingut werden.

7. *Der neurogenetische Schaltkreis*

Das gesamte Nervensystem, einschließlich des Gehirns, ist – wie auch der restliche Körper – durch den Gen-Code festgelegt. Die DNA sendet RNA-Botenmoleküle aus, um dem Organismus Informationen zu übermitteln. Unser ganzes geistiges Tun – Hardware und Software unseres Gehirns – existiert aufgrund dieses DNA-Mastertapes.

Bei neurogenetischem Bewußtsein werden diese DNA-Speicher auf dem inneren Bildschirm sichtbar. Die Archetypen des Jung'schen »kollektiven Unterbewußtseins« sind in diesem Schaltkreis gespeichert. Die theosophische »Akasha-Chronik« sowie Sheldrakes »morphogenetisches Feld« gehören ebenso dazu wie die »Gaia-Hypothese« der Biologen Margulis und Lovelock: sie behauptet, daß die *Biosphäre unseres Planeten ein einziger intelligenter Organismus* ist. Das sind drei moderne Metaphern für diesen Schaltkreis.

8. *Der nicht-örtliche Quantenschaltkreis*

Er wird auch neuroatomarer Schaltkreis genannt. An diesem Punkt der Evolution benötigt die Bewußtseinsintelligenz weiterhin keinen Körper, keine Neurone oder DNS-Projekte mehr. Möglicherweise ist das Universum eine Bewußtseinsintelligenzeinheit, in der subatomare Strukturen als neurale Basissignale wirken. Die Raum-Zeit-Koordinaten des vereinigten Kräftefeldes sind vielleicht von einer völlig anderen Anordnung als jene des bineuralen Systems: Zeitspannen von Milliardstel Sekunden sind dort simultan mit Milliarden Lichtjahren.

Atomphysiker sind dabei, Begriffe für subatomare Kernprozesse zu entwickeln. Das Ermitteln der semantischen Bedeutung von Bewußtseinsintelligenzeinheiten wie Myonen, Leptonen usw. bilden den ersten Schritt zum Verständnis des metaphysiologischen »Gehirns«. Das Bell'sche Quantentheorem besagt, daß es keine voneinander isolierten Systeme gibt, sondern daß jeder Teil im Universum im unmittelbaren (d.h. schneller als mit Lichtgeschwindigkeit hergestellten) Kontakt mit jedem anderen Teil steht. Das ganze System, auch die Teile, die in kosmischer Entfernung voneinander existieren, funktioniert stets als ganzes System. Nun scheint aber eine derartige unmittelbare Kommunikation, die schneller als Lichtgeschwindigkeit ist, von der speziellen Relativitätstheorie her unmöglich zu sein. Daher hat man sich auf folgende Lösung geeinigt: Die Kommunikation in Bells Quanten-Übermittlungen verbraucht keinerlei Energie.

Dr. E.H. Walker ist der Ansicht, daß das, was sich schneller als mit Lichtgeschwindigkeit bewegt und das ganze System zusammenhält, »Bewußtsein« ist.

Das psychokybernetische Modell

»Der menschliche Geist erstellt Karten und Modelle, um die Kompliziertheit in den Griff zu bekommen. Weltoffene Theologen mögen sich die oberste Gottheit als eine unpersönliche Kraft vorstellen und trotzdem zu einem Gott der Sonntagsschule mit Bart und Heiligenschein beten. Auf die gleiche Weise mögen Wissenschaftler mit Stab-Kugel-Modellen von Molekülen arbeiten anstatt mit wirbelnden Wolken von Elektronen, die ja die Moleküle eigentlich sind. Neurowissenschaftler brauchen vereinfachte Navigationskarten, um sich durch den Dschungel des menschlichen Nervensystems leiten zu lassen, durch die komplizierteste Ansammlung von Materie im Universum. Es ist oft ganz brauchbar, sich das Gehirn als Telefonvermittlung vorzustellen oder an ein festes mechanisches Gehirn zu denken, das aus Schlössern, Schlüsseln, Opiat-Toren, Schaltkreisen und Drähten zusammengesetzt ist. Ein wirkliches Gehirn besitzt weder Schlösser noch Schlüssel, sondern feuchte Proteinmoleküle, die sich fortgesetzt bewegen und die Form verändern wie der Gott Proteus. Und Bewußtsein entspricht wirklich nicht einem Schaltplan. Wir erstellen Karten, aber wir sollten doch niemals die Karten mit dem Territorium verwechseln.«

Candace Pert

Die Ordnung psychischer Phänomene kann nur gewährleistet sein, wenn sie in bestimmten Funktionskreisen, in festgelegten Bahnen mit ganz bestimmten Reaktionspartnern, ablaufen. Diese Funktionskreise werden Psycho-Regelkreise genannt. Es gibt diese Regelkreise für die Regulation der vegetativen Vorgänge, wie Nahrungsaufnahme, Sattsein, Wachen, Schlafen, Stoffwechsel, als auch für die psychischen wie geistigen Prozesse, angefangen von den Verhaltensweisen über die Gefühle bis hin zur Sprache und dem Denken. Die Disziplin, die sich der Erforschung dieser Regelkreise und ihrer gegenseitigen Verzahnung und Abhängigkeit widmet, nennt man Psychokybernetik. Man versteht darunter die Erforschung psychischer Prozesse mit den Gesetzmäßigkeiten der Informationstheorie und der Regeltechnik (Kybernetik). Diese Erforschung wird unter dem besonderen Blickwinkel der analytischen Psychologie und der Symbolforschung durchgeführt.

Durch eine hochkomplexe Organisation werden die vielfältigen psychischen Phänomene mehr oder weniger geordnet und gesteuert. Unsere »Psyche« pendelt sozusagen zwischen genetisch vorgegebenen wie anerzogenen und umweltbedingten Sollwerten in einem kaum trennbaren Wechselspiel hin und her. Eine große Bedeutung kommt der inneren Regulationstaktik zu, die es erlaubt, ein gewisses Maß an Enttäuschung und Frustration zu ertragen. Diese innere Strategie »überformt« sozusagen äußere negative Erfahrungen, indem der Mensch lernt, ohne Wertung zu akzeptieren. Andererseits ist es aber so, daß die Regulationstaktik natürlich von Mensch zu Mensch sehr schwankt. Sobald ein bestimmtes, individuell unterschiedliches Maß erreicht ist, wenn das z. B. Selbstwertgefühl zu stark verletzt wurde, stellt sich automatisch – je nach erlernter Reaktion – eine Gegenreaktion ein. So versucht es der eine ein zweites oder drittes Mal, der andere sucht eine andere Alternative und wieder ein anderer verfällt in Resignation, Traurigkeit oder Selbsthaß. Auf der Basis von Regelkreisen werden die Verhaltensweisen besser verständlich. Die Rückmeldung der erzielten Wirkung eines bestimmten Verhaltens leitet in unserem Gehirn einen Vergleich mit dem alten, bereits gespeicherten Sollwert ein. Dieser wird oder muß jetzt vielleicht korrigiert werden, wie es der neue Istwert vorgibt, vor dem keine Ausflucht mehr möglich scheint. Damit kann sich ein neuer Sollwert einpendeln – die gemachte Erfahrung, also die rückgemeldete Information, verankert sich im Gedächtnis.

Dualismus und Ganzheitlichkeit

Der Wissenschaftler J.Z.Young, der sich intensiv mit Forschungen im Bereich des Nervensystem beschäftigte, äußert die Ansicht, das Leben des Menschen werde wie das der Tiere von Programmen beherrscht. Er bezeichnet die Programme des Gehirns als Aktionspläne, die in Kraft treten, wenn besondere Situationen es erfordern. Der Programmbegriff unterscheidet sich stark von den Bestrebungen, Geist oder Bewußtsein auf die Physik der Nervenimpulse oder die Molekularbiologie der Nervenzellen zurückzuführen. Tatsächlich kommen wir an einer ganzheitlichen Sicht der Gehirntätigkeit kaum noch vorbei und müssen davon ausgehen, daß viele Abläufe im Gehirn einer Art übergreifendem Kontrollsystem unterstehen.

Die Vertreter der allgemeinen Systemtheorie sind der Auffassung, man müsse den übergreifenden und integrativen Aspekt der Gehirntätigkeit aufgrund der *Dynamik selbstorganisierender Systeme* interpretieren. Das Gehirn ist ein Kommunikationsmechanismus, der von der Information gesteuert wird. Rupert Sheldrake meint, es sei nützlich auch innerhalb des Gehirns zwischen »Hardware« und »Software« zu unterscheiden. Das Netzwerk der Neuronen stellt dann die Hardware dar und seine vielleicht mehrschichtige Selbstorganisationsdynamik die Software. »Das Mentale«, so Sheldrake, »hängt nicht von einem physischen Substrat ab, sondern von der funktionellen Organisation der Prozesse, die dieses Substrat ermöglicht.«

»Naturwissenschaftler, Philosophen, Psychologen und Theologen, die beide Weisen des Erkennens zutiefst verstanden haben, vertreten unmißverständlich und einhellig die Anschauung, daß allein das nicht-duale Erkennen zur Erkenntnis der Wirklichkeit führen kann.« Und wie ist das möglich? Ken Wilber stellt die Frage: Warum bist Du unglücklich? Weil 99,9% dessen, was Du denkst und was Du tust, für dein Ich ist – und es gibt keines. Er spricht von drei wesentlichen Faktoren:
Faktor 1: AKTIVE AUFMERKSAMKEIT. Eine intensive und doch entspannte Wachheit; die Haltung, die Benoit mit dem Satz: »Sprich, ich lausche dir« umschreibt; es ist die totale Billigung und Annahme all meiner Tendenzen, eine aktive Wachsamkeit, die auf das Entstehen von Gedanken und Gefühlen gerichtet ist, auf das, was jetzt ist, innen wie außen. Wenn aktive Aufmerksamkeit gegeben ist, führt sie zu
Faktor 2: ANHALTEN. Damit ist die Suspendierung von Denken gemeint, die Begriffsbildung und der innere Monolog. Dieses Verharren in der Stille oder der Soheit der Dinge, führt, wird es ganz verwirklicht, zu
Faktor 3: PASSIVES GEWAHRSEIN. Das ist eine besondere Art des Sehens, die sich mit dem Wort umschreiben läßt: Einsicht in das Nichts – das wahre Sehen, das ewige Sehen. Es geht um das Sehen der nicht-gegenständlichen Wirklichkeit, um reines, zeitloses Gewahrsein ohne den Dualismus von Subjekt und Objekt. Das Zitat aus Gustav Meyrinks Buch »Das grüne Gesicht« soll das Ziel umreißen: »Wie ein Januskopf konnte Hauber-

risser in die jenseitige Welt und zugleich in die irdische Welt hineinblicken und ihre Einzelheiten und Dinge klar unterscheiden: er war hüben und drüben ein lebendiger Mensch.«

Abschied vom Modell – vom Denken zum Handeln

»Wanderer es gibt keinen Pfad, der Pfad entsteht beim Gehen.«

Luc Ciompi

Der Weg von der Dualität zur Nicht-Dualität ist ein rein praktischer. Modelle, Konzepte, Symbole und Logik können zur Unterstützung sicherlich eine Hilfe sein, sofern sie auf Erfahrbarkeit ausgerichtet sind und auf das Nicht-Duale hinweisen. Die Frage kann nicht heißen, ob Modelle richtig oder wahr sind – da es sich um Konzepte handelt, können sie unmöglich wahr sein. Aber wenn sie anfangen, uns einen Weg zu weisen aus der Wirrnis einer konzeptionalisierten, dualistischen und konditionierten Art der Weltsicht, dann sind sie nützlich.

Insofern ist der Weg zur direkten Wahrnehmung das Ziel. Man kann nur die Erfahrung machen, Modellvorstellungen nicht für die Realität zu halten, aber man kann es nicht erklären. Als Antwort auf die Frage über die Natur der Realität würde ein Zen-Meister eine scheinbar irrationale Antwort geben, um auf irgendeine Art und Weise dem Suchenden die Wichtigkeit des »Hier und Jetzt« und des »So ist es« aufzuzeigen. Unkonventionelle und unberechenbare Antworten unterbrechen das Denken und die eingefahrene Vorstellung. Sie wirken verblüffend auf den Intellekt, vor allem deswegen, weil Intellekt nur eine Ablenkung von der direkten Wahrnehmung ist.

Michael Staley schreibt: »Das Ziel ist kein Ziel, und der Weg ist kein Weg. Das Ding ist kein Ding, und der Suchende ist kein Suchender. Die Realität, von der geredet werden kann, ist keine Realität, weil Realität fernab jeglicher Worte liegt. All unsere Kategorisierungen sind falsch, weil sie UNSERE Konzepte und Etiketten sind und nicht die Realität selbst.« Realität ist frei von Konzepten, frei von Unterteilungen, frei von allen Bewertungen. Direkte Einsicht in Realität ist selbst diese Realität – es gibt keine Trennung zwischen Wissendem und Gewußtem, Sehendem und Gesehenem, Wahrnehmer und Wahrgenommenem. Diese direkte Einsicht ist

ALLLES, WAS ES GIBT und der Rest ist eine konzeptionelle Hinzufügung.

»Es gibt weder Schöpfung noch Zerstörung, weder Schicksal noch freien Willen, weder einen Pfad noch Vollendung; dies ist die endgültige Wahrheit.«

Sri Ramana Maharshi

2. Das biochemische Gehirn

»Es ist offensichtlich, daß von Anfang an Geist und Materie zusammen sind. Die Moleküle haben sowohl geistige als auch psychische Eigenschaften insofern, als sie Plan und Ziel besitzen, die Attribute des Geistes sind.«

Theodore Barber

Kein Organ unseres Körpers ist so komplex und vielschichtig wie das menschliche Gehirn, der Sitz unserer seelisch-geistigen und intellektuellen Fähigkeiten. Neurobiologen in aller Welt befassen sich heute in zunehmendem Maße mit dem Aufbau und den Funktionen des Nervensystems, während Psychologen versuchen, den psychischen und geistigen Funktionen näherzukommen. Bei vielen Vorgängen wie etwa Lernen, Gedächtnis, Traum, Sucht oder Aggression sind Verbindungen geschaffen worden, die zeigen, daß geistig-seelische Phänomene auf bestimmte neurobiologische Mechanismen zurückzuführen sind. Auf anderen Gebieten ist die Kluft zwischen Hirnforschung und Psychologie noch nicht überwunden. Ob wir jemals die Umwandlung physikalisch-chemischer Prozesse in den Zustand der persönlichen Bewußtwerdung verstehen können, bleibt dahingestellt; was jedoch zum Verständnis sehr beiträgt, ist die interdisziplinäre Sichtweise, die sich in diesem Buch als der rote Faden erweisen soll. Auf kein Organ trifft die Aussage »Das Ganze ist mehr als die Summe seiner Einzelteile« besser zu als auf das lebende Gehirn und seine kreativen Ausdrucksmöglichkeiten. Denn das Gehirn und damit das Individuum leben keinesfalls in einem luftleeren Raum, sondern in einem Abhängigkeits- und Wechselwirkungsbezug zwischen Anlage (Vererbung), Umwelt, Gesellschaft, Kultur und Persönlichkeit. Nur durch die Sicht einer ganzheitlichen Wechselwirkung werden psychische Erscheinungen voll verständlich, daher auch die Vielzahl der Ansätze, die ich Ihnen darlegen möchte.

Die Neuropeptide

Körpereigene chemische Verbindungen beeinflussen Intelligenz, Gedächtnis und Stimmung. Das Rohmaterial für diese gehirneigenen Stoffe stammt aus der Nahrung. Jede einzelne Nervenzelle oder jedes Neuron kann mittels chemischer Botenstoffe, der Neurotransmitter, mit Tausenden von anderen Zellen kommunizieren. Die Botenstoffe übermitteln die Information zwischen den Neuronen im Gehirn und anderen Körperbereichen entweder *elektrisch oder chemisch.* Innerhalb eines Neurons werden die Signale hauptsächlich elektrisch (im Milliampère-Bereich) übermittelt, von einem Neuron zum anderen hingegen müssen die Signale blitzschnell einen Zwischenraum überbrücken. Dieser komplexe Vorgang findet in der *Synapse* statt

Damit ein Neurotransmitter im Gehirn wirken kann, muß er an bestimmte Rezeptoren gebunden werden. *Eine chemische Substanz und ein Rezeptor funktionieren nach dem Schlüssel-Schloß-Prinzip.* Wenn der Schlüssel paßt, geht das Schloß auf, d.h., die Substanz besetzt den Rezeptor und löst entsprechende Wirkungen aus. Zu den Erkenntnissen der Biochemie gehört auch, daß sich alle Arten von chemischen Molekülen immer nur an Rezeptoren derselben Art binden und daß diese Reizempfänger nicht nur im Gehirn, sondern auch im ganzen Körper vorhanden sind. Darüber hinaus bestätigte sich, daß die Rezeptoren nicht nur körpereigene Substanzen, z. B. die chemische Substanz Beta-Endorphin, sondern auch von außen zugeführte Drogen wie Morphium oder Valium verarbeiten können.

Der größte Hersteller und Drogenkonsument ist das menschliche Gehirn. Wir alle verändern in jeder Sekunde des Lebens unsere Gehirnchemie – und unsere Wirklichkeit, sagen die Forscher. Die Neurowissenschaftler, unter ihnen die bekannte Neurochemikerin Candace Pert, entdeckten bisher rund sechzig verschiedene Neuropeptide. Dazu gehören Acetylcholin, das Signale übermittelt und die Gedächtnisleistung stärkt, Adrenalin, das stimulierend wirkt und den Körper auf Streß vorbereitet, und Enkephaline und Endorphine, die Schmerzen stillen. Der Körper und das Gehirn stellen aus den einfachsten Aminosäurenbausteinen diese Peptide normalerweise selbst her. Wenn eine Nervenzelle die molekularen Informationsträger im Körper-Geist-Kommunikationsnetzwerk freisetzt, können diese weit entfernt auf andere Nervenzellen-Rezeptoren wirken. Das trifft auf alle Neuropeptide zu. Viele dieser Neurotransmitter können durch den Körper fließen. Eine Bindung an das richtige Rezeptormolekül ist möglich, indem sie die Spezifikation des Rezeptors erkennen und ausnutzen. Die Informationsverteilung ist äußerst flexibel.

Inzwischen hat man ebenfalls entdeckt, daß Hormone eine Untergruppe der Neuropeptide sind. Während man bisher davon ausging, daß z. B. Insulin ein in der Bauchspeicheldrüse produziertes Hormon ist, weiß man heute, daß Insulin nicht nur ein Hormon, sondern vielmehr ein Neuropeptid ist, das auch im Gehirn produziert wird. Dr. William Pardridge, Professor für Endokrinologie an der UCLA Medizinschule, arbeitet bereits daran, daß in den neunziger Jahren Diabeteskranken das notwendige Insulin über ein Nasenspray zugeführt werden kann und nicht mehr durch eine Spritze verabreicht werden muß. Das Insulin wird dabei an Trägermoleküle gebunden, die in der Lage sind, die Gehirn-Blut-Schranke zu überwinden.

Alle diese Tatsachen zeigen, daß die Neuropeptide wie die Photonen der Quantenphysik eine doppelte Funktion erfüllen. Im Gehirn wirken sie als Neurotransmitter und im Körper als Hormone. Wichtig ist, daß die Neuropeptid-Rezeptoren im ganzen Körper existieren und daß sie vermutlich die physiologische Basis des Geistes darstellen. »Ich glaube,« sagt Candace Pert, »daß wir anfangen müssen, darüber nachzudenken, wie Geist und Bewußtsein in den verschiedenen Regionen des Körpers funktionieren und wie sie dort hinkommen.« Geist existiert, Perts Argumentation zufolge, nicht nur im Gehirn, sondern im ganzen Körper. Eine strenge Unterscheidung kann wohl in Zukunft nicht mehr getroffen werden.

»Der Körper ist schon sehr schlau gewesen«, sagt der Peptidforscher Stanley Watson. »Er gebraucht dieselben aktiven Proteinstoffe immer wieder, als Hormone im Körper und als Neurotransmitter im Gehirn. Die spezielle Funktion wird von der jeweiligen Lokalisierung bestimmt. Es ist wie bei einem Telefonsystem. Wir alle benutzen die gleichen Geräte, stellen aber immer wieder andere Verbindungen her. Die Verschaltung verleiht in hohem Maße dem Gehirn seine Besonderheit.«

Bei der Vernetzung und Komplexität von neuronalen und endokrinen Interaktionen ist es grundsätzlich schwierig, mit »linearen« Methoden befriedigende Aussagen zu erhalten. Sowohl mehrere Einflußfaktoren, z. B. andere Transmitter und Modulatoren oder Situationsvariablen wie Streß als auch Rückkopplungseffekte müssen immer berücksichtigt werden. Neuroendokrinologische Befunde beim Menschen sind bisher kaum fundiert. Die meisten Untersuchungen können nur zur Hypothesenbildung, nicht jedoch zur Überprüfung der Hypothesen herangezogen werden. Schlüsse aus Tierversuchen sind dabei äußerst unsicher, besonders wegen der anatomisch-funktionalen Strukturunterschiede zwischen Mensch und Tier. Generell haben Tierversuche bisher wenig zum Verständnis der Funktionsweise des menschlichen Gehirns beigetragen. Auch aus grundsätzlichen ethischen Erwägungen sollte die Wissenschaft ganz auf Tierversuche verzichten. Moderne elektronische Diagnosemöglichkeiten und Computersimulationen können wesentlich mehr zum Fortschritt der Erkenntnisse beitragen.

Erfährt irgendeine der Neurotransmitter-Komponenten eine nennenswerte Veränderung, so wird sich im Bewußtseinszustand ebenfalls eine Veränderung einstellen. Diese kann so geringfügig sein wie die Verlagerung der Aufmerksamkeit von einem Reiz zu einem anderen. Die Wirkung kann aber auch so weitreichend sein, daß die gesamte psychologische »Gestalt« beeinflußt wird. Dann ändert sich das, was wir gemeinhin als unsere »Realität« bezeichnen. Im letzten Fall können wir von einem veränderten Wachbewußtseinszustand – im Sinne der üblichen Verwendung dieses Begriffes – sprechen. Die Wirkung kann mit Hilfe der Biochemie des Nervensystems erzeugt werden. Bei der Erzeugung von rauschartigen und ekstatischen Bewußtseinszuständen sind immer biochemische Substanzen beteiligt, entweder körpereigene (endogene) oder körperfremde (exogene) Opiate oder Rauschmittel. Wie bereits erwähnt, können die letzteren ihre Wirkung nur entfalten, wenn entsprechende Rezeptoren im Gehirn vorhanden sind.

Mit der Entdeckung des Opiat-Rezeptors begann eine neue Ära in der Wissenschaft vom Gehirn. Bis heute wurden ca. 40 Rezeptoren entdeckt. Sie spielen Schlüsselrollen bei Angst und Ruhe, Konzentration und Euphorie, Schlafen und Wachen, Lust und Entspannung. Es gibt sogar einen Rezeptor für die künstliche Straßendroge Angel Dust, obwohl niemand mit Sicherheit sagen kann, was dieser Rezeptor im Gehirn zu suchen hat. Forscher haben herausgefunden, daß sogar eine minimale Veränderung in der Dichte gewisser Rezeptoren dafür verantwortlich sein kann, ob einem das Essen schmeckt, ob einem ein Musikstück einen Schauder über den Rücken jagt oder ob man jemanden anziehend findet.

Neurotransmitter – Lust und Lernen

So verhängnisvoll die Auswirkungen der Opiate im Einzelfall auch sein mögen, so bedeutungsvoll ist ihre Hilfe in der Kartographie von Geist und Psyche und den darin ablaufenden biophysikalischen wie biochemischen Prozessen.

Ein Beispiel dafür stellt die Morphinsucht dar, die sich nach längerem Gebrauch des Alkaloids Morphin, dem Hauptwirkstoff des Rohopiums, einstellt. Bei der Bemühung um Aufklärung des Morphinismus konnten die Hirnforscher einige beachtliche Erfolge erzielen. Mit den neuen Erkenntnissen bahnt sich auch eine mögliche Interpretation der Schizophrenie an.

Begonnen hatte der Einblick in diese rätselhafte Krankheit im Jahre 1971. Damals isolierten amerikanische und schwedische Forscher Hirnzellen, die auf der Membranoberfläche der Zellen bindungsaktive Stellen für Opiate besaßen. Diese Haftstellen wurden als Opiatrezeptoren bezeichnet, nachdem schon rund sechs Jahre zuvor Eric Simon die Existenz solcher gehirneigenen Opiatrezeptoren postuliert hatte.

Natürlich waren diese Rezeptoren nicht für die Opiate gemacht worden, sondern für die körpereigenen Morphinsubstanzen. Diese wurden auch bald von den Suchtforschern entdeckt. 1975 gewannen die schottischen Neurochemiker John Huges und Hans Kosterlitz zwei sehr kleine Peptide bei der Aufarbeitung von Gehirnextrakten aus Tiergehirnen, die den Namen Enkephaline erhielten. Etwas später wurde auch noch eine Kette mit längeren Peptiden gefunden, die Endorphine genannt wurden: vom Körper selbst hergestellte Morphine. Inzwischen wissen die Neurochemiker schon recht gut über Funktion und Wirkort der geheimnisvollen Gehirndrogen Bescheid. Sicher ist, daß Endorphine und Enkephaline als »Schmerzbremse« bei starken Schmerzen, großem Streß oder schweren Unfallsituationen verstärkt ausgeschüttet werden.

Die Bindung der körperfremden wie körpereigenen Morphinsubstanzen ereignet sich nach einem Schlüssel-Schloß-Prinzip mit den körpeigenen Opiatrezeptoren. Neben der Schmerzbetäubung besitzen die Endorphine noch andere Effekte analog den Opiateffekten, wie euphorische Stimmung, angenehme und entspannende Gefühle. W. Rexrodt berichtet in seinem Buch »Gehirn und Psyche«, daß die äußerst übersteigerten rauschartigen Glücksgefühle und Erlebnisse von Anfallskranken wie Epileptikern durch Endorphine ebenso bewirkt werden können wie die erlösenden, beglückenden und entspannenden Gefühle vor dem Sterben. Die Endorphine wären dann gewissermaßen eine körpereigene Sterbehilfe, die diese letzte Lebensphase für den Menschen humaner und erträglicher macht.

Endorphine und Schmerzlinderung

Ein Mann fällt von der Leiter, schaut seine rechte Hand an, die ungewöhnlich verdreht ist und weiß, daß er sich einen Knochen gebrochen hat. Überraschenderweise fühlt er kaum Schmerz oder Angst. Beides macht sich erst bemerkbar, nachdem die Ambulanz kommt und er sich ärztlich versorgt weiß. Bei dieser physiologischen Gnadenfrist, die der Wirkung von Morphium ähnlich ist, handelt es sich um einen weitverbreiteten Überlebensmechanismus, der auch in der Tierwelt zu beobachten ist. Die Wissenschaftler sind überzeugt davon, daß die Opiate im Gehirn für diese Fälle von natürlicher Schmerzlinderung verantwortlich sind. Die Frage ist, wie sie funktionieren und, genauer, wie wir ihre Funktion für uns nutzen können. Vor einigen Jahren entdeckte der Neurobiologe John Levine von der University of California in San Francisco, daß der Placeboeffekt – eine erkennbare Wirkung, die auf nichts anderem als auf dem Glauben des Patienten beruht – seinerseits durch Naloxon blockiert werden kann und deshalb auf Endorphinen beruhen muß. 1987 gelang es ihm, den Effekt zu quantifizieren: eine Placeboinjektion kann der schmerzlindernden Wirkung von 6-8 Milligramm Morphium entsprechen. Das ist eine niedrige, aber ziemlich typische Dosis.

Forscher sind der Meinung, der Endorphinausstoß könne erklären, warum einige autistische Kinder sich selbst verletzen, indem sie sich ihre Köpfe anschlagen. Weil körperliche Aktivität ebenfalls als Mittel gilt, um Endorphine freizusetzen, wurde für autistische Kinder ein Programm erstellt, bei dem zweimal täglich Sport getrieben wurde. Die Ergebnisse dazu sind recht überzeugend und lassen Hoffnungen für die Therapie des Autismus erkennen.

Für viele Menschen stehen die Endorphine synonym für die Euphorie des Läufers, ein Gefühl des Wohlbefindens, das sich nach intensivem Lauftraining einstellt. Viele Langstreckenläufer kennen dieses Gefühl. Ein Beispiel für Unempfindlichkeit gegen Schmerz und für Endorphinausschüttung während des Laufens ist der Läufer Don Paul, der 1979 beim Marathon in San Francisco den 10. Platz erreichte. Er war einen Teil der 26 Meilen gelaufen, ohne zu bemerken, daß er sich einen ernsthaften Bruch im Knöchel zugezogen hatte. Zuschauer bemerkten anschließend, daß er die letzten 6 Meilen mit schwerer Schlagseite gelaufen war. Er selbst fühlte sich nach eigenen Aussagen großartig und wunderbar. Ist nun die Euphorie des Läufers ein echtes Phänomen, das auf Endorphinen beruht? Oder sind die Auswirkungen auf die Stimmung hauptsächlich psychischer Natur? Tatsächlich haben die meisten Untersuchungen ergeben, daß der Endorphinspiegel im Blut während eines intensiven Trainings steigt. Der Arzt und Bewegungstherapeut Murray Allen von der kanadischen Simon Frazier University ist von der Beteiligung der Endorphine überzeugt. Er führte Untersuchungen durch, bei denen er positive Stimmungen und körperliches Training korrelierte. Durch Injektion des Mittels Naloxon konnte er die positive Stimmungen der Läufer blockieren. Allen meint, diese Stimmungen seien »die Belohnung von Mutter Natur fürs Fitbleiben«, betonte aber, man werde nicht »high« dabei. Die opioiden Peptide »verlangsamen und hemmen eine zu starke Aktivität des Gehirns«, sagte er. »Viele Forscher waren auf der Jagd nach psychedelischen, erregenden Reaktionen«, die tatsächliche Wirkung ist »die Ruhe des Läufers«, die bei extremen Anstrengungen, die zu Erschöpfung führen, meist verlorengeht.

Die Kontrolle des Schmerzes

Patienten des Städtischen Krankenhauses Köln-Merheim können jetzt selbst entscheiden, ob und wieviel Schmerzmittel sie nehmen wollen. Über eine Pumpe auf dem Nachttisch kann auf Knopfdruck eine Dosis des opiathaltigen Schmerzmittels zugeführt werden. Mit dieser »Betäubung auf Abruf« kann sich der Kranke je nach individueller Schmerzempfindlichkeit selbst versorgen. Der Arzt hat nur die Maximaldosis festgelegt und liest später an einem Gerät ab, wieviel der Patient benötigte. Klinikchef Professor Hans Troidl: »Für viele ist diese Schmerzhilfe am Bett eine solche Beruhigung, daß sie ihre Pein länger ertragen. Sie brauchen im Schnitt weniger Medikamente als Leidensgenossen ohne Pumpe.« Die Sichtweise der Kontrolle über eine Situation deckt sich mit den Erfahrungen von Dr. Blair Justice an der Universität Texas, der feststellte, daß die mentale Kontrolle über eine jeweils spezifische Situation ausschlaggebend ist, ob jemand krank wird oder gesund bleibt.

Die Chemie der Selbsttötung

Bei der Hirnuntersuchung von Selbsttötungsopfern zeigte sich, daß diese einen ungewöhnlich hohen Spiegel von Proteinen, die als Opiatrezeptoren wirksam sind, aufwiesen. Die Wissenschaftler haben 14 Gehirne untersucht und mit denen von Unfallopfern verglichen, die an den gleichen Verletzungen gestorben waren. Dabei wurden nur diejenigen berücksichtigt, die keine Spuren von Drogen oder Krankheiten aufwiesen. Das Forscherteam fand nun in den Gehirnen der Suizidopfer einen speziellen Opiatrezeptor, den sogenannten Mu-Rezeptor, der bis zu neunmal häufiger auftrat als in den vergleichbaren Untersuchungen. Am häufigsten ist dieser Rezeptor in *den* Bereichen des Gehirns zu finden, die die Körpersinne und die Kontrolle der Muskeln steuern. Ungewöhnlich an diesem Ergebnis war die Tatsache, daß der Mu-Rezeptor bis jetzt für seine eher antidepressive Funktion bekannt war, denn er bewirkt unter normalen Bedingungen ein euphorisches Gefühl und befreit von Schmerzen. Man geht nun davon aus, daß der Körper mit der Vermehrung dieses Mu-Rezeptors den nutzlosen Versuch unternimmt, den Mangel an natürlichen Opiaten zu beheben. Ohne diese Endorphine wird ein Mensch sehr empfindlich für Schmerz und wird in eine Depression abgleiten. Wenn sich die Annahme bestätigt, daß Selbstmordopfer eine sehr geringe Konzentration an Endorphinen aufweisen, mag dies eine Möglichkeit ergeben, eine Depression frühzeitig zu erkennen und gezielter zu therapieren.

Endorphine und Appetit

Dort, wo sich Überleben und Vergnügen überschneiden, können die Endorphine nicht weit sein. Wissenschaftler nehmen an, daß opioide Peptide zur Kontrolle von Appetit und Sättigung beitragen. Es gibt wenig im Leben, was elementarer für das Überleben und gleichzeitig angenehmer ist, als gut zu essen. Menschen, die von Chilischoten oder Süßigkeiten in gute Laune versetzt werden, nutzen die Wirkung verstärkter Endorphinausschüttung. Und diejenigen, die einen Morphium- oder Heroinrausch haben, leiden meistens unter Verstopfung, Magen- und Darmbeschwerden oder haben Gelüste auf ganz besondere Dinge. Tatsächlich lokalisierten die Wissenschaftler Opiatrezeptoren im Verdauungstrakt und fanden bei Ratten einen Bereich im Hypothalamus, der bei Injektionen von winzigen

Mengen Beta-Endorphin den bevorzugten Verzehr bestimmter Nähstoffe auslöst. Selbst eine satte Ratte macht sich begeistert über Fette, Proteine oder Süßigkeiten her, wenn sie das Peptid gespritzt bekommen hat. Die Neurobiologin Sarah Leibowitz und ihre Kollegen an der Rockefeller University fanden außerdem heraus, daß Opiatblocker den Freßanfall verhindern. Das läßt darauf schließen, daß Endorphine zur Regulierung der Freßlust beitragen. Die Wissenschaftler benutzten bei ihrer Suche neuartige Orientierungsmittel wie z. B. Naloxon und Naltrexon. Diese Medikamente, die als Opiatblocker bekannt sind, dringen in die Endorphinrezeptoren ein und blockieren die normale Aktivität der Peptide; dadurch erhalten die Forscher eine Vorstellung davon, was der natürliche Aufbau sein könnte. Doch welche Rolle sie auch spielen mögen: sie scheint in jedem Fall sehr subtil zu sein. Menschen, denen Opiatblocker injiziert wurden, empfinden zwar eventuell etwas mehr Schmerz oder sind nicht gerade in Hochstimmung, aber keiner ringt nach Luft, erleidet einen Anfall oder fällt ins Koma. Allmählich finden die Wissenschaftler immer mehr Antworten auf Fragen der Schmerzbewältigung und bringen so allmählich Licht ins Dunkel von körperlicher Aktivität, Appetit, Fortpflanzung und Emotionen.

Endorphine und sexuelle Aktivität

In mehreren Gehirnteilen, die mit sexuellem Verhalten in Verbindung stehen, ist eine erhöhte Dichte von Opiatrezeptoren zu finden. Da der Sexualtrieb bei Opiatabhängigen vermindert ist und Opiatabhängige die Wirkung der Opiate als »Orgasmus« beschreiben, liegt die Vermutung nahe, daß bei sexueller Aktivität die Endorphine aktiviert werden. Der Opiat-Gegenspieler Naloxon führt denn auch zu einer Verminderung der sexuellen Befriedigung. Nicht nur der Orgasmus löst die Ausschüttung von Endorphinen aus, sondern auch sexuelle Aktivität im allgemeinen. Die Auslöserfunktion der sexuellen Aktivität für die Opioid-Ausschüttung wird durch die Tatsache gestützt, daß vaginale Stimulation ein ähnliches EEG-Erscheinungsbild (»pleasure rhythms«) hat, wie es bei der Verabreichung von Endorphinen auftritt. Diese beeinflussen nicht nur die Sexualität im allgemeinen, sondern verstärken auch die Wirkung und die emotionalen Komponenten des Sexualverhaltens. Durch sado-masochistische Aktivität wird das Endorphinsystem sogar doppelt aktiviert: es löst nicht nur die sexuelle Stimulation aus, sondern kann auch die Wirkung der Endorphine zusätzlich verstärken. Die Hamburger Psychologin Annette Bolz meint deshalb, daß man sado-masochistisches Verhalten nicht als »abnormes Sexualverhalten« bezeichnen sollte, da es nur die lusterzeugenden Strategien ausnutzt, die der Körper zur Verfügung hat.

Neurotransmitter und Gehirnleistung

Mehr als 60 Neurotransmitter sind bisher bekannt, und man vermutet, daß in Zukunft noch wesentlich mehr entdeckt werden. Neurotransmitter werden vom Nervenzellkörper aus Grundstoffen produziert, die in der Nahrung enthalten sind. Im folgenden sollen die wichtigsten Neurotransmitter beschrieben werden, die wesentlichen Einfluß auf unsere Gehirnleistung haben.

Serotonin

Serotonin kommt in hoher Konzentration in bestimmten Gehirnabschnitten vor und scheint evolutionär eine Rolle gespielt zu haben, da der Organismus von Primaten mehr Serotonin aufweist als der anderer Lebewesen. Serotonin steht auch mit der Zirbeldrüse in Verbindung, die in der religiösen Tradition der Hindus und auch in westlichen spirituellen Lehren als »drittes Auge« bekannt ist. Sir Alexander Cannon hat nachgewiesen, daß Menschen mit medialen Fähigkeiten größere Zirbeldrüsen besitzen als andere. Serotonin kann auch z. B. die sexuelle Entwicklung hemmen; offensichtlich besteht ein Zusammenhang zwischen einer späteren Geschlechtsreife und der Intellektualität. Colin Wilson weist auf den Zusammenhang dieses bedeutungsvollen Hormons und des Bo-Feigenbaums »ficus religiosus« hin – des heiligen Baums der Inder, unter dem Buddha erleuchtet wurde -, der außergewöhnlich viel Serotonin enthält. Ein niedriger Serotoninspiegel gilt als Anzeichen für Depression.

Genauso bekannt wie die Bedeutung des Serotonins für die Entstehung von Traumbildern ist die Wirkung einiger Halluzinogene auf das serotonerge System. Zu den sogenannten Indol-Halluzinogenen gehören Substanzen, die strukturell mit dem Serotonin verwandt sind: LSD, DMT und Psylocybin. LSD erhöht über einen regulatorischen Mechanismus die Aktivität der Neuronen, die normalerweise durch die serotonergen Neuronen gehemmt werden. Wahrscheinlich sind dabei opioide Neuronen im Spiel. Die Indol-Halluzinogene wirken vor allem im limbischen System, aber auch in allen anderen serotonergen Strukturen, besonders im Locus coeruleus, dem »Fenster zur Seele«.

Die Vorstufe des Neurotransmitters Serotonin ist die Aminosäure Tryptophan. Offenbar haben Migränekopfschmerzen mit einem Mangel an Serotonin zu tun, so daß tryptophanhaltige Nahrungsmittel oder serotoninhaltige Medikamente lindernd wirken können, weil diese die schmerzliche Überdehnung der Gefäße während des Anfalls verhindern.

Melatonin

Aron B. Lerner von der Universität Yale isolierte als erster das Hormon der Zirbeldrüse, das Melatonin. Es scheint im Zusammenhang mit unserem Biorhythmus zu stehen und eine ausgeprägte Vorliebe für die Dunkelheit zu haben. Werden Ratten ununterbrochen einer Lichtquelle ausgesetzt, verkleinert sich ihre Epiphyse, und die Geschlechtsreife setzt früher ein. Melatonin wird in der Hypophyse aus Serotonin hergestellt, und es sieht ganz so aus, als ob diese beiden Transmitter etwas mit »höheren psychischen Leistungen« zu tun hätten.

Adrenalin

Adrenalin hat stimulierende Wirkung und bereitet den Körper auf Streß vor. Die genaue Funktion des Adrenalins im ZNS hinsichtlich der endokrinen Regulation ist noch ungeklärt. Die anatomisch-strukturellen Voraussetzungen für eine Endorphin-Interaktion sind jedenfalls gegeben. Adrenalin stimuliert die Endorphin-Sekretion der Hypophyse.

Das Halluzinogen Mescalin (der Wirkstoff des Peyote-Kaktus) besitzt strukturelle Ähnlichkeiten mit dem Adrenalin. Mescalin bewirkt vor allem optische Wahrnehmungsveränderungen, die zum Teil geometrisch-abstrakt sind.

Noradrenalin

Ein weiterer wichtiger Neurotransmitter ist das Noradrenalin (Norepinephrin), das eine Vorstufe des Adrenalins darstellt und eine anregende Wirkung auf das Gehirn hat. Jeder Mensch hat schon einmal beobachten können, daß er sich an die Erfahrung, die er in Augenblicken erhöhter Erregung macht, besonders lebhaft und intensiv erinnern kann. Momente intensiver Freude, plötzliches Erschrecken, Gefahrensituationen oder auch die intensive Zeit des Verliebtseins sind beinahe unmöglich zu vergessen. Wecksubstanzen, wie die Droge »Amphetamin«, besitzen eine strukturelle Ähnlichkeit mit Noradrenalin und wirken somit auf den Wachheitsgrad ein. Studenten, die unter Zeitdruck fürs Examen büffeln müssen, behaupten oft, daß sie unter Amphetaminen einen höheren Wachheitsgrad bis hin zur Euphorie verspüren. Die Frage ist allerdings, ob es hierbei zu einem wirklichen Anstieg der Lernleistung kommt oder ob es nur eine Folge der allgemeinen Stimulation des Nervensystems ist. Einige Untersuchungen haben nun ergeben, daß die gedächtnisverbessernde Wirkung tatsächlich real ist und über die Noradrenalin-Zufuhr die Lernleistung beeinflußt wird.

Es gibt zwei noradrenerge Systeme: eins im Vorderhirn, vor allem im Hypothalamus, und eines im limbischen System. Außerdem gibt es noradrenerge Neuronen im Rückenmark und in den Zielorganen des sympathischen Nervensystems. Noradrenalin hat außer stimulierenden auch beruhigende Wirkungen.

Eine Interaktion zwischen Endorphin und Noradrenalin ist in Strukturen wie dem zentralen Höhlengrau und dem Locus coeruleus zu vermuten, da die Selbststimulationsraten sowohl durch Noradrenalin-Antagonisten als auch durch Opiat-Antagonisten reduziert werden. Die aktive Substanz des Cannabis (THC) soll sowohl einen Einfluß auf das noradrenerge System als auch auf das cholinerge System haben.

GABA (Gamma-Aminobuttersäure)

Einen allgemeinen »Abschalter« bei der Informationsvermittlung zwischen Nervenzellen vermutet man im Neurotransmitter GABA. Wenn GABA von einer Nervenzelle ausgeschüttet und diese infolge dieser Ausschüttung an den Rezeptor einer anderen Zelle angekoppelt wird, wird die Empfängerzelle daran gehindert, ihrerseits eine Botschaft auszusenden. Die Wirkung eines Muskelrelaxans wie Valium beruht vermutlich darauf, daß es die GABA dazu veranlaßt, Nerven lahmzulegen, die andernfalls Angstbotschaften übermitteln würden.

Acetylcholin

Relativ früh wurde erkannt, daß der häufigste Neurotransmitter im Gehirn Acetylcholin ist. Man stellte fest, daß diese Substanz für höhere geistige Leistungen wie Lernen und Gedächtnis notwendig ist. Wie wichtig die Substanz ist, können wir an dem unterschiedlichen Vorkommen in den Gehirnen von Tieren aus unterschiedlichen Stadien der Evolution ablesen. Wie auch Rosenzweig schon festgestellt hatte, nimmt die Substanz nicht nur in evolutionären Zeitspannen zu, sondern auch infolge von Trainingsmaßnahmen innerhalb des individuellen Tier- und Menschenlebens. Verschiedene Studien zeigen, daß eine Unterversorgung mit Acetylcholin zu Gedächtnisverlust führt und die Lernfähigkeit und Intelligenz mindert. Bei der Alzheimer Krankheit, die mit Verwirrung und Gedächtnisverlust einhergeht, nimmt man an, daß diese auf die Verminderung und den Mangel von Acetylcholin zurückzuführen ist. Aber auch gesunde Menschen mit einem durchschnittlichen Actylcholinspiegel profitieren von einer Vermehrung dieses Neurotransmitters. Normale Personen schneiden bei der Einnahme acetylcholinstimulierender Drogen signifikant besser in Gedächtnis- und anderen Intelligenztests ab. Am National Institute of Mental Health lernten zum Beispiel Menschen, denen man solche Substanzen gegeben hatte, eine Reihe von Namen oder Zahlen schneller auswendig als die Kontrollgruppe. Auch das Langzeitgedächtnis verbesserte sich deutlich unter Acetylcholin, wie ein Forscherteam am Veterans Administration Hospital in Palo Alto herausfand.

Dieser wichtige Neurotransmitter kommt in Gehirn, Rückenmark, autonomen Ganglien und in Zielorganen des parasympathischen Nervensystems vor. Acetylcholin stärkt die Gedächtnisleistung und übermittelt Signale. Außerdem wirkt es stimulierend auf die Endorphin-Ausschüttung.

- *Qualität und Quantität der Neurotransmitter hängen sowohl von den genetischen Anlagen ab, als auch von der Umwelt, von unserer Einstellung zu Problemen des Lebens und davon, wie stark oder schwach unsere neuronale Konstitution ist. Das Kommunikationsnetz von Körper und Gehirn interagiert und kooperiert mit unserem Denken und Verhalten.*

Die Biochemie der Streßbewältigung

Zur erfolgreichen Streßbewältigung gehört die Notwendigkeit des Wechsels zwischen verschiedenen Bewußtseinszuständen. Für eine effiziente und optimale Interaktion mit anderen Menschen und mit seiner Umwelt ist der Mensch unbedingt auf die Veränderung seines Bewußtseinszustandes angewiesen. Die Unfähigkeit, zwischen verschiedenen Ebenen des Bewußtseins zu wechseln und eine angemessene Ausgewogenheit und Synchronisation der Hemisphären zu stabilisieren, verursacht Streß. Häufig kommt es vor, daß für anstehende Probleme in der veränderten Umgebung, die ein günstigeres biochemisches Milieu schafft, eine Lösung gefunden wird. Das Beispiel des Geschäftsmannes, der zum Ausgleich für seine Büroumwelt zum aufregenden Fußballspiel oder auf zwei Glas Bier oder zum Golfspiel auf grünem Rasen geht, verdeutlicht diese Behauptung.

Archimedes fand die Lösung im entspannenden Bad (Heureka-Erlebnis), manche Nobelpreisentdeckung wurde im Halbschlaf gemacht (luzides Träumen als Produkt der rechten Gehirnhälfte). Dies alles sind auch Momente, wo die veränderte Biochemie dazu beiträgt, daß die beiden Hemisphären unseres Gehirns miteinander »reden«: es kommt zur plötzlichen Ideenfindung und Problemlösung.

Das Suchtentstehungsmodell

Wenn allerdings zur Streßbewältigung regelmäßig Drogen benutzt werden, so entstehen nach einiger Zeit auch Abhängigkeitsmechanismen. Wird z. B. am Anfang einer Drogeneinnahme (z. B. Opium oder Heroin) weiterhin Endorphin produziert, ist alles in Ordnung. Das Opiat wird im ersten Schritt von den körpereigenen Morphinrezeptoren im Gehirn gebunden; besonders im limbischen System und im Hypothalamus sind diese Rezeptoren zahlreich vertreten. Parallel dazu wird diese Substanz wie jeder Fremdstoff in der Leber entgiftet. Dabei erhöht die Leber bei steigender Drogenmenge durch ihre positive Rückkopplung zu den zu entgiftenden Stoffen ihre Abbauaktivität, um diesen Stoff schnellstmöglich auszuscheiden. Mit der Zeit hemmen Opiate das Abbauenzym (Adenylat-Zyklase). Die Leberzellen registrieren diese Enzymblockade und produzieren daraufhin weiter Enzyme, um den Stoffwechselprozeß nicht ins Stocken geraten zu lassen.

Auch das Gehirn reagiert auf den veränderten Stoffwechsel: werden nun laufend weitere Opiummengen konsumiert, stellen sich die Gehirnzellen auf die verstärkt auftretende Blockade des Enzyms ein und bilden mehr Enzyme, um die Blockade zu kompensiereen. Daher muß der Drogensüchtige im Laufe der Zeit ständig steigende Drogenmengen konsumieren, um den gewünschten Effekt zu erzielen. Zu dem eben genannten Suchtentstehungsmodell gibt es noch eine negative Rückkopplung mit der Hypophyse, die ja die Endorphine und Enkephaline beziehungsweise deren Vorstufe, herstellt. Durch die Drogeneinnahme ändern sich auch ihre »Herstellungsaufträge« in bezug auf die Produktion der Endorphin-Enkephalin-Vorstufe, denn die Opiate sind gewissermaßen von außen zugeführte Endorphine/Enkephaline.

Drogenentzug ist normalerweise ziemlich schwierig und mit viel Leid verbunden, da sich der Süchtige immer im unsäglichen Kreislauf von Entzugsschmerz und damit verbundenen Depressionen und der Lust durch die Droge befindet. Es gibt inzwischen erfolgreiche Versuche mit Drogenentzug durch feinelektrische Stimulation. Die Ärztin Meg Patterson fand heraus, daß Endorphine durch feinelektrische Stimulation (siehe Kapitel 7) erzeugt werden können. Durch diese Methode wird das Gehirn dazu gebracht, die Produktion der Endorphine wieder aufzunehmen, die ja durch die Opiatsucht eingestellt wurde. Dadurch fällt der Übergang von äußerer Drogenaufnahme zur körpereigenen Produktion leichter, und der Drogensüchtige kann in kurzer Zeit geheilt werden.

Die Erforschung der Neurotransmitter und ihrer Rezeptoren steckt zur Zeit noch in den Kinderschuhen. Doch das Wissen, daß es im Gehirn und im ganzen Körper Rezeptoren gibt, die bestimmte Neurotransmitter, Hormone und andere chemische Stoffe erkennen und binden können, spielt heute bei der Suche nach neuen Heilmitteln eine wichtige Rolle. Außerdem bilden diese Erkenntnisse die Grundlage für die derzeitigen Bemühungen, besser zu verstehen, wie Bestandteile unserer Nahrung das Gehirn beeinflussen.

Das Immunsystem

Innerhalb des biopsychologischen Aspektes nimmt das Immunsystem eine wesentliche Rolle ein. Die wichtigsten Komponenten des Immunsystems sind Thymus, Milz, Lymphknoten, Rückenmark und Mandeln. Ferner hat sich die Zirbeldrüse (Epiphyse) als ein Hauptknotenpunkt für die Verteilung von Hormonen und Neuropeptiden herauskristallisiert. Ernst Rossi hierzu: »Die Nachrichten-Moleküle (Neuropeptide) und deren Rezeptoren als Kommunikationssystem sind die psychobiologische Basis der Körper-Geist-Heilung, der therapeutischen Hypnose und der ganzheitlichen Medizin.« Und Candace Pert erläutert: »Das Gehirn ist nur ein kleines Kästchen, in dem die Emotionen verpackt sind. Und wir beginnen zu begreifen, daß Emotionen biochemische Korrelate haben. Wenn Menschen sich in unterschiedlichen Aktivitäten engagieren, so scheint es, als würden Neurosäfte freigesetzt, die entweder mit Schmerz oder mit Freude verbunden sind. Und die Endorphine sind sehr angenehm.«

Im Jahre 1969 veröffentlichten George Solomon und seine Mitarbeiter zum ersten Mal etwas darüber, daß Streß das Immunsystem beeinflußt. Zur gleichen Zeit entdeckten sie in diesem Zusammenhang mögliche Konsequenzen für die Immunität. Dr. Solomon prägte den Begriff der *Psychoimmunologie*, das ist die Interaktion von Emotionen und Immunsystem. Später erweiterte Dr. Robert Ader diesen Begriff auf *Psychoneuroimmunologie*. Er beschreibt die Körper-Geist-Kommunikation als Verbindung zwischen dem zentralen und dem peripheren Nervensystem, der Psyche und dem Immunsystem. Den Einfluß der Hormone auf dieses System wies Leonard A. Wisneski nach. Alle Forschungen belegen, daß Nervensystem, Immunsystem und Neuropeptide in engem Zusammenhang stehen. Deshalb kann man durchaus behaupten, daß Krankheiten immer aus der Interaktion nervlicher, genetischer, immunologischer und psychischer Faktoren entstehen.

Die neuesten Erkenntnisse der Immunologie, die durch die Verbreitung von Krebskrankheiten und neuerdings auch durch AIDS stark vorangetrieben wurden, gehen sogar noch einen Schritt weiter. Immer mehr Forscher analysieren mit immer mehr Aufwand das Immunsystem des Menschen und entdecken die großartige Intelligenz dieses komplexen Systems. Dr. Joseph Leibovich erklärte: »Das Immunsystem ist nur mit dem menschlichen Gehirn vergleichbar – so hoch ist seine Intelligenz.«

Eine sehr große Auswirkung auf das Immunsystem hat Streß. John Jemmott und Kim Magloire fanden vor kurzem heraus, daß am Tag einer Prüfung der Körper infektionsanfälliger ist als sonst. Er verfügt in einer Streßsituation über nicht genug Antikörper. Dieses Ergebnis unterstützt somit die Theorie, daß Streß und Immunität in direktem Zusammenhang stehen. Die beiden Wissenschaftler entdeckten auch, daß das Immunsystem sich kurzzeitig verändern kann. Es ist in der Lage, sofort auf äußere und innere Situationen zu reagieren.

Unsere Handlungen und unsere Vorstellungskraft haben starken Einfluß auf die Endorphine, die innerhalb des Körper-Geist-Systems eine bedeutende Rolle spielen. »Der Placebo-Effekt ist ein wahrhaft dramatisches Beispiel für die Aktivität der Imagination«, schreibt Jeanne Achterberg. »Nur aufgrund der Erwartungshaltung, die die Einnahme eines vertrauenswürdigen Medikaments begleitet, kommt es bereits zu einer Schmerzlinderung. Um dies nachzuweisen, wurden Naloxon, Morphium und Placebos an 51 Personen verteilt, denen ein Weisheitszahn gezogen worden war. Die Patienten, denen man Placebos verabreicht hatte, wurden in 'ansprechende' und 'nichtansprechende' eingeteilt. Bei den ansprechenden führte eine Nachbehandlung mit Naloxon zu erhöhten Schmerzempfindungen – Anzeichen dafür, daß die Wirkung des natürlichen Opiats blockiert worden war.«

Eine Untersuchung bei AIDS-Patienten ergab, daß Streß die Krankheit beschleunigt. Kranke mit einer eher positiven Einstellung und einer hohen Toleranz gegenüber Streß verfügen offenbar über ein widerstandsfähigeres Immunssystem als psychisch labile Patienten, besonders wenn sie nicht mit immunschwächenden Chemotherapeutika behandelt werden.

Die Schaltstellen des Immunsystems

Einige Forscher vertreten die Ansicht, daß das Immunsystem wie ein Sinnesorgan funktioniert, weil es eng mit dem Nervensystem verbunden ist. Dr. Edwin Blalocks Forschungsarbeiten haben gezeigt, daß die Hormone, die das Immunsystem bei einer Invasion von Mikroorganismen produziert, die gleichen sind, die das neuroendokrine System regulieren. Das neuroendokrine System regelt unser Wachstum, den Stoffwechsel, Appetit, Sexualität und andere Schlüsselfunktionen. Damit sind starke emotionale Komponenten verbunden. Dies ist ein weiterer Hinweis darauf, daß Krankheiten bestimmte emotionale Zustände auslösen können, und da biochemische Abläufe keine Einbahnstraßen sind, darf man vermuten, daß das Umgekehrte ebenfalls möglich ist.

Die wesentlichen Schaltstellen dafür sind der Hypothalamus und die Hypophyse im Gehirn.

Der *Hypothalamus* ist der untere Teil der Seitenwände des Zwischenhirns. In ihm liegen die wichtigsten übergeordneten Regulationszentren des vegetativen Nervensystems. Von hier aus werden Fettstoffwechsel, Blutdruck, Atmung, Wasserhaushalt, Temperatur und Geschlechtsfunktionen kontrolliert und gesteuert. Der Hypothalamus bildet weiterhin die »releasing factors«, welche die Produktion der Hormone des Hypophysenvorderlappens regulieren. In der Fachwelt wird der Hypothalamus auch als das *Gehirn des Gehirns* bezeichnet.

Die *Hypophyse* (Hirnanhangdrüse) befindet sich in einer knöchernen sattelförmigen Mulde (Türkensattel) der Schädelbasis. Die Hirnanhangdrüse sondert ihre Hormone direkt in die Blutbahn ab. Damit steuert sie fast alle anderen innersekretorischen Drüsen. Die Hypophyse gliedert sich in zwei Abschnitte, den Vorder- und Hinterlappen. Die Hormone des Vorderlappens, z. B. ACTH, somatrophes Hormon, regeln vor allem die Tätigkeit der Hormondrüsen. Die des Hinterlappens, z. B. Vasopressin und Oxytocin, beeinflussen Blutdruck, Muskulatur und Wasserausscheidung.

Wird die Hypophyse nun durch eine seelische Unausgeglichenheit beeinflußt, etwa durch Angst, berufliche Überforderung oder Streß, können schwere Störungen im Stoffwechsel und in der Hormonregulierung auftreten. Dies kann zu erhöhtem Blutdruck, zu Störungen des Adrenalinhaushaltes oder sogar zur Beeinträchtigung des Gehirnstoffwechsels führen.

Daraus wird ersichtlich, daß einer Über- oder Unterforderung des menschlichen Organismus und des Gehirns vorgebeugt werden muß, z. B. durch richtige körperliche Entspannung oder durch Körperübungen. Ein optimales Leistungsniveau von Körper und Geist kann nur dann erreicht werden, wenn der biochemische Haushalt des Körpers durch gezielte An- und Entspannung im Gleichgewicht gehalten wird.

Mindset – Heilen durch Imagination

Der Placebo-Effekt, Autosuggestion, Imagination und Visualisierung, positives Denken und Biofeedback sind Methoden, mit denen auf mentalem Wege der Körper beeinflußt werden kann. Umgekehrt wirkt sich ein verbesserter körperlicher Zustand wieder auf unsere geistige Verfassung aus. Wenn der Patient die Wichtigkeit des Körper-Geist-Zusammenspiels erkennt, dann kann dies die ganze Medizin sehr stark beeinflussen. Der praktische Wert dieser Idee ist die Pflege des »aktiven Placebos«, der entsteht, wenn wir an uns selbst arbeiten – uns selbst verändern. Es ist wie beim Laufen, wir müssen die Kontrolle über den Körper erlernen. Die richtige Auswahl – die Mindset-Methode – erlaubt dem Geist zukünftig in der Lage zu sein, den Körper zu heilen.

Mindset – Methoden

aktive Techniken:

- kognitiv: Biofeedback, Autosuggestion, Meditation, Entspannung
- körperlich: Lauf- und Muskeltraining, Kampfsport, Atemtraining
- Verhalten: Verhaltens-und Psychotherapie, Kreativitätstraining

passive Techniken:

- kognitiv: Fremdsuggestion (Hypnose), Halluzinogene, Placebo
- körperlich: Massage, Isolationstank

Direkte Auswirkungen von Meditation

Bereits seit vielen Jahren beschäftigen sich einige Forscher mit den Auswirkungen von Meditation auf den Körper. Besonders die Anhänger der Transzendentalen Meditation (TM) haben viele wissenschaftliche Untersuchungsergebnisse zutage gefördert. Die EEG-Messungen der Gehirnwellen während der Meditation sind besonders interessant. Sie zeigen, daß der Geist wach und bewußt bleibt, während der Körper einen Zustand äußerst tiefer Ruhe erfährt. Dieser Zustand ruhender, bewußter Wachheit wird subjektiv als »erweitert« bezeichnet. Während der Meditation werden die Gehirnwellen in hohem Maße geordnet und synchronisiert. Die chaotischen, wechselnden Frequenzen, die für den Wachzustand charakteristisch sind, werden durch einige klare, einfache Frequenzen ersetzt, die sich von bestimmten Regionen des Gehirns auf das gesamte Gehirn ausbreiten. Die rechte und linke Hemisphäre des Gehirns wird sowohl in der Frequenz wie in der Phase ihrer Gehirnwellen synchronisiert.

EEG-Aufzeichnungen zeigen im wesentlichen *vier verschiedene Veränderungsformen:*

1. Frequenzveränderung: Während der Meditation tritt eine Veränderung zugunsten der Alpha- und Theta-Wellen auf (zu den Gehirnwellen siehe Kapitel 7).

2. Veränderungen der Frequenzformen und der Amplitude: Während der Meditation entstehen eigene Frequenzmuster, und die Frequenzen sinken während der Meditation immer tiefer ab.

3. Variationen während der Meditation: Die auftretende Häufigkeit von einzelnen Frequenzbereichen wie Alpha- und Theta-Wellen verändert sich während der Meditation kontinuierlich.

4. Topographische Veränderungen: Die Frequenzaktivitäten verändern sich während der Meditation auch in einzelnen Regionen des Gehirns, unabhängig vom Gesamtbild.

Biofeedback und Selbstheilung

Biofeedback bezieht sich im allgemeinen auf jede Technik, die sich irgendwelcher Apparatur bedient, um Körperfunktionen in Signale umzuwandeln (ausführlich dazu in Kapitel 7). In der Regel werden mit Hilfe von Biofeedbackgeräten exakte Messungen durchgeführt und in Sekundenschnelle Rückmeldungen über die Gehirnwellenmuster, Muskelentladungen, Blutkreislauf, Hauttemperatur, Herzrhythmus, Blutdruck usw. geliefert. Die medizinische Bedeutung von Biofeedback liegt darin, daß jede auf diese Weise meßbare Körperfunktion bis zu einem bestimmten Grad *bewußt kontrolliert oder reguliert werden kann.* Allerdings kann dies auch ohne moderne Technologie gelernt werden. Erfahrungen mit Meditation und Entspannungstechniken wie Autogenes Training, schamanistische Trance-Techniken und andere Übungen können dazu führen, sich vollkommen auf innere Abläufe einzustimmen und diese zu kontrollieren. Die Biofeedbackgeräte machen das Verfahren nur genauer und kontrollierbarer.

Biofeedback hat sich bei der Behandlung zahlreicher Krankheitszustände bewährt. Dazu gehören Arthritis, Diabetes, Herz- und Kreislaufkrankheiten, Sprachstörungen und Ohrensausen. Ebenso konnten mit Hilfe des Biofeedback Erkrankungen wie Migräne und Spannungskopfschmerzen, Magen- und Darmkrankheiten, chronische Schmerzen und andere Streßkrankheiten wirkungsvoll kontrolliert werden.

Psychoneuroimmunologie – Wechselwirkungen zwischen Körper und Gehirn

Die Vorstellung, daß Leib und Seele in einer kontinuierlichen Wechselwirkung begriffen sind, ist schon in der Philosophie des Aristoteles angelegt. Erst durch die Ergebnisse der jungen Disziplin der Psychoneuroimmunologie wird diese abstrakte Liaison mit konkretem Inhalt gefüllt. Mit einer Raffinesse, von der kein antiker Denker zu träumen wagte, sind demnach Psyche, Gehirn, Hormone und Immunsystem zu einer konspirativen Vereinigung miteinander verknüpft. Doch Kritiker gab es zwischenzeitlich genug: Viele Psychiater wollten nicht einsehen, daß ihr Fach etwas mit Immunologie zu tun hätte, und die Mikrobiologen und Immunologen wollten ihre Laborarbeit nicht auch noch mit der »Psyche« belasten, zumal sich diese nicht in ihre Reagenzgläser packen ließ. Und, »positiv denken und gesund bleiben« – so einfach, wie es die einprägsame New-Age-Formel suggerieren will, ist es natürlich auch nicht. Jedoch wurde die traditionelle Anschauung der autark patroullierenden Truppen des Immunsystems inzwischen aufgegeben. Stattdessen wurde erkannt, daß sich die Immunantwort unter permanenter Verständigung mit dem zentralen Nervensystem vollzieht, nicht zuletzt wegen der direkten Nervenverbindungen zwischen dem Gehirn und dem lymphatischen Gewebe. Aber auch über das dichte Netz der Hormone, Neurotransmitter und Immunsignalstoffe werden unentwegt »Kriegsberichte« in beide Richtungen ausgetauscht.

Ursächliches Denken und mentale Kontrolle

Die mentale Seite der Krankheit – wenn das Immunsystem schwach wird – verdeutlicht: wir sind immer dann besonders anfällig für Krankheiten, wenn wir auch seelische Probleme haben. Unser Immunsystem reagiert nicht nur auf Viren und Bakterien, sondern auch auf Belastungen, Kummer und Trauer, die durch kritische Lebensereignisse ausgelöst werden. Ob wir jedoch ernstlich krank werden, hängt im wesentlichen von zwei mentalen Faktoren ab:

1. Können wir die Entwicklung kontrollieren?
2. Werden wir von anderen dabei unterstützt?

Nachdem Hans Selye die physiologischen Auswirkungen verschiedener Kräfte auf den Körper beobachtete – darunter Streßfaktoren aller Art – von chemischen bis zu emotionalen – formulierte er eine Lebensphilosophie, die er für die Grundlage von Glück und Gesundheit hielt. Da im Leben jedes Menschen nachteilige Ereignisse auftreten – Mißerfolge, Zurückweisungen, Verluste –, ist es unmöglich, diesen Streßfaktoren auszuweichen. Doch wichtig ist nicht das Ereignis selbst, sondern die Art, wie der Mensch darauf reagiert. »Nicht was geschieht ist von Bedeutung, sondern wie man es aufnimmt«, so eine seiner Thesen. In der Tat ist inzwischen durch zahlreiche Forschungsarbeiten nachgewiesen worden: die Einstellung zu Ereignissen und Lebensumständen beeinflußt, wieviel der potentiell schädlichen neurochemischen Wirkstoffe wie Adrenalin, Noradrenalin und Cortison im Körper erzeugt werden. Entscheidend ist die Kontrolle, die wir darüber zu haben glauben. Überdies hängt die Auswirkung des Ereignisses auch davon ab, welches Maß an Anerkennung und Bestätigung wir in unseren zwischenmenschlichen Beziehungen und im sozialen Umfeld genießen.

Diese Erkenntnisse von Kontrolle und Unterstützung lassen sich auch auf das Management und die Wirtschaft anwenden. In dem Buch »Auf der Suche nach Spitzenleistungen« schreiben die Autoren Peters und Waterman: »Jedes Geschöpf hat den brennenden Wunsch, etwas zu bedeuten... Nicht das Sterben fürchtet der Mensch wirklich, sondern das Vergehen in Bedeutungslosigkeit... Daher wollen sich die Menschen durch Unfreiheit ihr eigenes Fortbestehen erkaufen.« Anders ausgedrückt: die Menschen legen sich bereitwillig die Ketten des Acht-Stunden-Tages an, wenn es aus ihrer Sicht um eine irgendwie bedeutsame Sache geht. Das Unternehmen kann in der Tat dieselbe Art Bestätigung vermitteln, wie der exklusive Club oder das Ehrenamt in einem Verein. Es wurde beobachtet, daß Mitarbeiter sich über jede Verpflichtung hinaus einsetzen, wenn sie auch nur ein bißchen den Eindruck haben, ihr eigenes Geschick zu beeinflussen. In einem interessanten psychologischen Experiment wurde dies bestätigt:

»Erwachsene Versuchspersonen sollten einige schwierige Rätsel lösen und einen Text Korrektur lesen. Im Hintergrund waren laute, unregelmäßige und stark ablenkende Geräusche zu hören. Die Versuchspersonen wurden in zwei Gruppen aufgeteilt. Der einen Gruppe wurde nur gesagt, sie solle die Aufgaben lösen. Die Mitglieder der anderen Gruppe bekamen einen Knopf, mit dem sie den Lärm abstellen konnten. Die Gruppe mit dem Aus-Schalter (der modernen Variante von Kontrolle) löste fünfmal so viele Rätsel wie die Mitglieder der anderen Gruppe und übersah beim Korrekturlesen weitaus weniger Fehler. Überraschend war: »Keine der Personen in der Gruppe mit dem Aus-Schalter benutzte den Knopf auch nur ein einziges Mal. Das bloße Wissen um die Kontrollmöglichkeit hatte genügt.«

Die biopsychologische Medizin

Die strikte Teilung von Körper, Psyche und Geist ist angesichts heutiger Erkenntnisse nicht mehr aufrechtzuerhalten. Francis Crick, einer der Entdecker der Doppel-Helix-Struktur der DNA, hat die gesamte genetische und molekularbiologische Arbeit der letzten Jahre im Grunde als ein langes Intermezzo definiert. Er geht davon aus, daß die molekulare Ebene für zukünftige Erkenntnisse nicht mehr stimmt. Es ist die falsche Erkenntnisbasis, da sich Phänomene wie Sinneswahrnehmung, Gedächtnis, Schmerz, Affekte und insbesondere auch subjektive Bedeutungen, subjektive Weltbildkonstrukte und Bewußtseinsschwerpunkte nicht durch molekulare Mechanismen allein erklären lassen. Paul Weiss sagt dazu: »Es gibt in einem lebenden System kein Phänomen, das nicht molekular ist. Und es gibt andererseits keines, das nur molekular ist.«

Die Erkenntnisse der letzten Jahre weisen verstärkt darauf hin, daß der Geist mindestens genauso wichtig ist wie die Materie. Es deutet alles darauf hin, daß der Geist in der Lage ist, den Körper zu formen, die *energetischen und molekularen Prozesse* zu beeinflussen. Ein neues Weltbild setzt auf eine Körper-Geist-Einheit. Das direkte Zusammenspiel von Körper und Geist wird die gesamte Medizin revolutionieren.

Wenn wir die Schlüsselrolle der geistigen Funktion dokumentieren – bedingt durch die Rolle der Neuropeptide, die im Körper als Kommunikatoren dienen – dann wird uns klar, wie wichtig der Geist in bezug auf Krankheiten ist. Nach Candace Pert sind die drei klassischen Gebiete Neuroanatomie, Endokrinologie und Immunsystem zu entschlüsseln. Wir müssen jedoch erkennen, daß gerade hier *das Netzwerk der Informationen* durch die Neuropeptide wirkt, die die Sprache des Gehirns darstellen. Physiologische Studien zeigen, daß das menschliche Netzwerk *in beide* Richtungen arbeitet und selbst in jedem Organ vorhanden ist.

Das Wort »Netzwerk«, das in diesem Zusammenhang sehr gerne benutzt wird, kommt ursprünglich aus der Informationstheorie. Worüber wir hier reden, ist nichts anderes als Informationsverarbeitung im menschlichen Organismus. Immer häufiger kommt man in den unterschiedlichsten Forschungsbereichen zur Überzeugung, daß die Ergebnisse der Arbeit für die Psychologie sehr viel wichtiger sein werden als für die Neurowissenschaften. Daher stammt auch der Begriff »Biopsychologie«. Die Informationen, die Geist und Körper austauschen, haben zum einen ihre physikalische und zum anderen ihre immaterielle Grundlage im Energiefluß innerhalb des Körpers.

Grundvoraussetzung ist, daß der Geist nicht vom Körper zu trennen ist. Auch beim Computer ist *die Software nicht von der Hardware zu trennen.* Beide Komponenten gehören zusammen und funktionieren nicht unabhängig voneinander. Wir als Menschen können nur über den Geist einen Zugang zum Körper erlangen. Der Geist des Menschen ist eine Art höhere Regelinstanz für biochemische Prozesse und damit eine wichtige Voraussetzung für ein optimales Immun- und Selbstheilungssystem.

Viele Forschungen belegen, wie sehr die psychologische Seite mit den Körperreaktionen zusammenhängt. Menschen mit Melancholie und Depressionen, aber auch Menschen mit Schizophrenie, weisen ein deutlich geschwächtes Immunsystem auf. Die Psychiater Franz Resch und Harald Aschauer aus Wien konnten zeigen, daß die Zahl der Killerzellen durch Trübsal und Depression deutlich reduziert wird. Die Anzahl der T-Zellen gilt als ein zentrales Maß für die zelluläre, unspezifische Abwehrkraft des Körpers. Der Geist wird zur Steuerungsgröße für die körperliche Gesundheit. Versuche mit Neuroleptika (Stimmungsaufhellern) bei depressiven Patienten erhöhten automatisch die zelluläre Immunität.

Ein weiterer Beweis für die Kraft des Geistes ist der Placebo-Effekt. Er bedeutet nichts anderes als eine Wirkung auf den Körper durch ein Scheinmedikament. Bei 20 bis 40% aller Patienten wirkt ein Placebo genauso wie das eigentliche Medikament. Rund 20% der Menschen heilen sich selbst nur dadurch, daß sie zum Arzt gehen, unabhängig von der Art der Behandlung. Neuesten Erkenntnissen von Dr. Deepak Chopra zufolge sterben die meisten Menschen nicht an der Krankheit selbst, sondern an den Folgen der Diagnose. Hier wirkt der Placebo-Effekt mit negativem Vorzeichen. Die Resultate, ob positiver oder negativer Art, sind eine rein geistige Angelegenheit.

Die Psychologen Stephen Locke und Mady Horning-Rohan veröffentlichten eine kommentierte Bibliographie, die über 1300 wissenschaftliche Artikel enthält, die alle im Laufe der letzten 10 Jahre veröffentlicht wurden. Alle Artikel befassen sich mit dem Einfluß des Geistes auf die Immunität und das dazugehörige neuroendokrine System. Dr. Jeanne Achterberg faßt die Ergebnisse der Forschungen in ihrem Werk »Die heilende Kraft der Imagination« zusammen: »Wie oft bei großen Entdeckungen arbeiteten auch hier viele Wissenschaftler unabhängig voneinander und kamen zu denselben Ergebnissen. Danach dürfen wir uns die Immunität nicht mehr länger als etwas vorstellen, was sich ausschließlich im Reagenzglas oder unter einem Mikroskop unabhängig vom lebenden Organismus untersuchen läßt. Das Immunsystem ist viel schlauer. Es reagiert auf Botschaften vom Gehirn und untersteht seiner Kontrolle.«

Erst vor kurzem wurden Belege dafür veröffentlicht, daß es eine Verbindung zwischen positiven geistigen Prozessen und einer Stärkung des Immunsystems gibt. Verschiedene Wissenschaftler haben gezeigt, daß die natürlich vorkommenden Endorphine und Enkephaline, die Euphorie erzeugen und Schmerzen lindern, noch eine weitere Funktion erfüllen: sie erhöhen die Effektivität des Immunsystems. Im Rahmen einer Testreihe konnte nachgewiesen werden, daß die Beta-Endorphine die Fähigkeit der T-Lymphozyten, sich zu vermehren, erhöhen, und die Enkephaline den Angriff der T-Lymphozyten auf die Krebszellen verstärken. So kann man sich erklären, daß eine spontane Remission (Nachlassen der Krankheitserscheinungen) infolge von Ereignissen auftreten kann, die Hoffnung, ja sogar absolutes Vertrauen in einem Patienten hervorrufen, so daß er fest davon überzeugt ist, schon bald wieder gesund zu werden.

Für uns läßt sich daraus die Folgerung ziehen, daß Geist und Körper untrennbar miteinander verbunden sind und eine erfolgreiche Krankheitsabwehr durch ein körperlich wie geistig gesundes Leben möglich ist. »Vielleicht werden wir eines Tages in der Lage sein, mit Hilfe der Quantenphysik die bisher ungeklärten Zusammenhänge von Körper und Geist zu verstehen«, so Fred Alan Wolf in seinem Buch »Körper, Geist und neue Physik«.

Theorien zum Altern

»Ich glaube, daß der Mensch als Mitglied des Tierreichs zu früh alt wird. Und zu lange alt ist. Sehen Sie die wildlebenden Tiere an: Je älter sie werden, desto stärker sind sie – sie sterben in der Fülle des Lebens. Wir aber verbringen das halbe Leben in einem Zustand der Senilität und Kraftlosigkeit.«

Ivan Popov, Altersforscher

Qualität und Quantität unseres Lebens hängen hauptsächlich von unserer Lebensweise und der Sorgfalt ab, mit der wir unsere Gesundheit pflegen; mittlerweile sollte man noch hinzufügen: und inwieweit man seinem Körper die Errungenschaften der Erfahrungsheilkunde und der modernen Biochemie angedeihen läßt –, denn es sind vor allen Dingen biochemische, d. h. Stoffwechselprobleme, die neben den mentalen Programmen, unseren Körper altern lassen. Wie der Streßforscher Hans Selye betont, kann eine Kombination von Streß und ungesundem Lebensstil das Altern der Zellen stark beeinflußen, was zu Krankheit und Tod führt, noch bevor das echte biologische Potential realisiert worden ist. Bekannt geworden ist der Gerontologe Dr. Leonard Hayflick schon in den 50er Jahren, als er in einem klassischen Experiment zeigte, daß sich menschliche Zellen nur begrenzt erneuern und ersetzen lassen. Ähnlich wie die sprichwörtlichen neun Leben einer Katze hat jede menschliche Zelle fünfzig Leben, das heißt, die Zelle kann sich etwa 50mal erneuern, bevor sie sich automatisch abschaltet und stirbt.

Aus den Beobachtungen der Alternsforschung haben sich mehrere Theorien des Alterns hervorgetan, die verschiedene Teile des ganzen Alterungsprozesses beleuchten:

Die DNA-Theorie

Die DNA-Theorie besagt, daß die Ursache des Alterns im DNA-Molekül liegt, der Doppelspirale von Atomen in jedem Zellkern, von der man annimmt, daß sie den Bauplan für alle biologischen Prozesse enthält. Das DNA-Molekül produziert RNA-Moleküle, die wiederum verantwortlich für die Herstellung von Protein-Enzymen sind, von denen körperliches Wachstum und Gesundheit abhängen. Durch schädigende Faktoren, wie

Strahlen, Rauchen, Umweltverschmutzung oder ganz einfach »biologische Irrtümer«, können die DNA-Moleküle allmählich ihre Fähigkeit verlieren, sich präzise zu vermehren, wobei das RNA fehlgeformt wird, was dann die Herstellung der Proteinenzyme durcheinanderbringt. Zerfall der Zelle und Krankheit sind die Folgen: ein Prozeß, der beschleunigt wird, bis der Körper nicht mehr fähig ist, auf der erforderlichen Ebene von Ausgewogenheit und Ordnung zu funktionieren.

Die Neurotransmitter-Theorie

Sie sieht den Ursprung des Alterns in den Tiefen unseres Gehirns. Die Theorie basiert auf der Erkenntnis, es sei ein gleichbleibendes Bedürfnis des Körpers, eine Ebene der Homöostase von Hormonen und Neurotransmittern zu erhalten. Unter besonderer Beachtung der Funktionen des Hypothalamus, der viele unserer Basisfunktionen kontrolliert (Schlaf, Durst, Hunger, Sex, Flüssigkeits- und Salzhaushalt, Körpertemperatur und Blutdruck) nimmt diese Theorie an, daß der physische Verfall auf der Unfähigkeit des Körpers beruht, die Homöostase zu erhalten, die normalerweise durch das endokrine System und das Gehirn kontrolliert wird. Aufgrund der wichtigen Rolle, die der Hypothalamus in diesem Zusammenhang spielt, kann sein Zusammenbruch oder Verfall eine vollständige Störung der natürlichen Regenerationsprozesse des Körpers zur Folge haben.

Die Immun-Theorie

Laut Dr. Roy Walford, dem Befürworter dieser Theorie, sind die zwei wichtigsten Komponenten des natürlichen Immunsystems unseres Körpers zwei Arten von weißen Blutkörperchen, die B- und T-Zellen. Die B-Zellen haben die Hauptaufgabe, Bakterien und Viren zu bekämpfen, indem sie Antikörper in den Blutkreislauf abgeben, während die Aufgabe der T-Zellen darin besteht, körperfremde Zellen, wie Transplantations- und Krebszellen, anzugreifen und zu zerstören. Aus heute noch nicht geklärten Gründen bricht das immunologische System des Körpers manchmal zusammen und ist dann weniger fähig, gefährliche Zellkörper abzuwehren. Wenn das immunologische System in dieser Weise degeneriert, wird seine Unterscheidungsfähigkeit gemindert und eine Situation entsteht, in der sich das Abwehrsystem des Körpers gegen sich selbst richtet und gesundes

Zellgewebe zerstört. Dr. Walford behauptet, daß der allmähliche Zerfall und die Degeneration des immunologischen Systems die Ursache der meisten altersbedingten Krankheiten und Zusammenbrüche ist.

Die Crosslinkage-Theorie (Verknüpfungstheorie)

Sie wurde von dem Biochemiker Dr. John Bjorksten entwickelt. Während des Kopierens von Unterlagen studierte er den unvermeidlichen Zerfall des Gelatinefilms des Kopierers: er stellte fest, daß die Abnutzung dieses Films ein sehr ähnlicher Vorgang ist, wie er beim Versteifen und Altern von menschlichen Gelenken und Muskeln vorkommt. Er entdeckte, daß der Zerfall dieser Stoffe durch die Bildung von chemischen Brücken – »crosslinkages« – zwischen Proteinen verursacht wurde. Diese Brücken treten auf, wenn sich eine Aminosäure eines Moleküls mit einer Aminosäure eines anderen Moleküls verbindet und somit ein großes und extrem unbeholfenes Molekül entsteht. Das neue Molekül ist weniger effizient als jedes der beiden vorhergehenden, und die zerbrechliche Brücke, die zwischen seinen beiden Teilen besteht, stört die Produktion von RNA durch DNA erheblich und verhindert wiederum die Produktion von lebenswichtigen Proteinen. Bjorksten glaubt, daß diese crosslinkages durch eine Anzahl üblicher Umweltgifte verursacht werden, vor allem durch Blei und Zigarettenrauch.

Die Freie-Radikale-Theorie

Freie Radikale sind Bruchteile von Molekülen, die wie biologische »Triebtäter« als höchst instabile Teilchen durch das molekulare Körpersystem rasen und Unheil bringen für alles, was sich ihnen in den Weg stellt. Während sie sich fressend und zerstörend ihre Bahn durch den Körper erzwingen, zerreißen und zerteilen sie jede Art von Zellgewebe. Sie sind besonders gefährlich, wenn sie auf DNA- oder RNA-Moleküle treffen, da diese biologischen Schlüssel Störungen in den Reparaturmechanismen bewirken.

Die Mental-Theorie

Die letzte bedeutende Theorie im Alterungsprozeß ist eine, die in den letzten Jahren zunehmend populärer geworden ist. Immer wieder werden Fälle beobachtet, in denen vorzeitiges Altern, Krankheit und sogar Tod

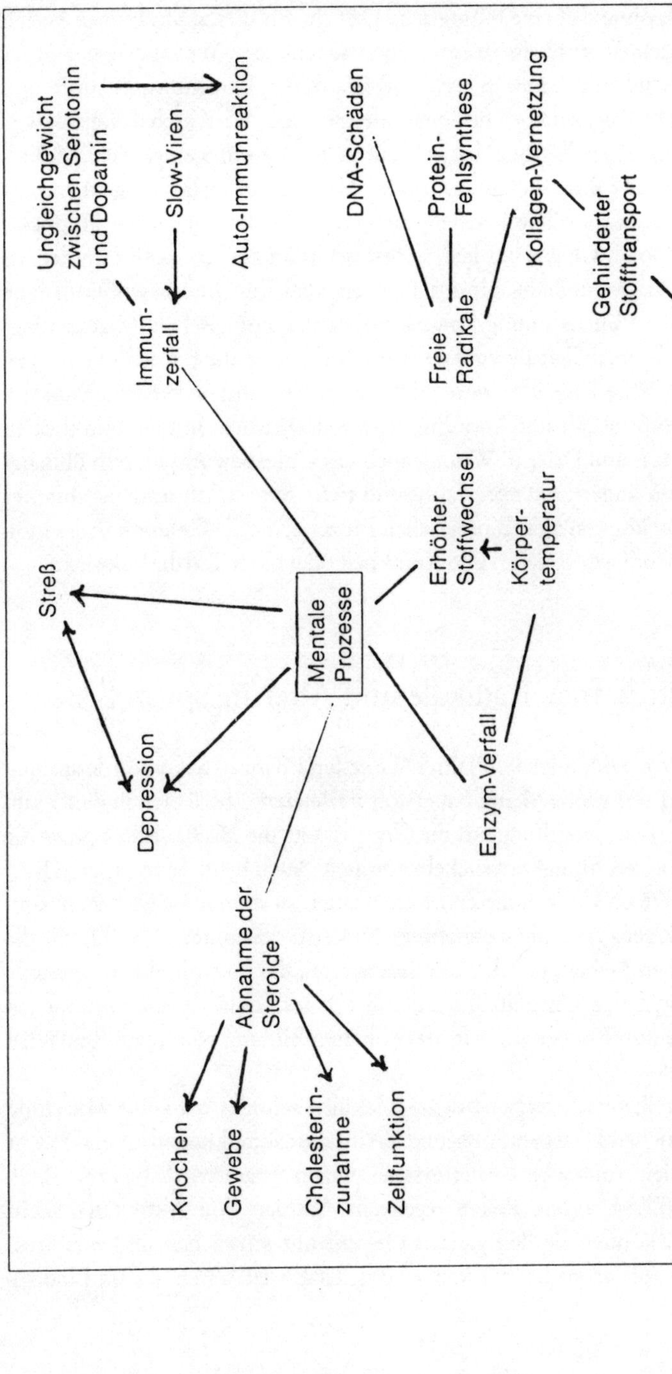

Die FAKTOREN im Alterungsprozeß des Gehirns

eintreten, ohne daß eine biologische Ursache für diesen physischen Verfall zu beobachten wäre. In diesen Fällen scheint der Verstand den Körper dahingehend zu programmieren, daß Krankheit, Funktionsstörungen und biologische Degeneration hervorgerufen werden. Wissenschaftliche Beweise für diese Theorie gibt es logischerweise noch recht wenige, da die Schulmedizin den Faktor Bewußtsein oder Mentalkraft bisher ausgeklammert hatte. In der Ethno-Psychiatrie können diese Phänomene unter Hypnose, bei Voodoo und ungewöhnlichen Ekstasezuständen beobachtet werden. In diesem Zusammenhang nimmt man an, daß im Unterbewußtsein eine Instanz die Wahrnehmungskontrolle über alle biologischen Prozesse übernimmt. In normalen Bewußtseinszuständen wird diese Kontrolle in produktiver Weise ausgeübt, wobei das Gehirn grundlegende Körperfunktionen aufrecht erhält und koordiniert, wie das Atmen und die Funktionen von Nerven und Drüsen. Wenn jedoch das Unterbewußtsein sein übliches Programm ändert, entweder aufgrund tiefer Suggestion oder psychischer Traumata, können diese biologischen Prozesse, die die Gesundheit des Individuums fördern, versagen und Krankheit oder sogar Tod die Folge sein.

Sauerstoff, freie Radikale und Alterungsprozeß

Als sich vor Milliarden von Jahren die ersten Pflanzen auf der Erde ausbreiteten und eine große Menge Sauerstoff freisetzten, überlebten in dieser sauerstoffreichen Umgebung nur die Organismen, die Mechanismen gegen die »Sauerstoffvergiftung« entwickeln konnten. Auch heute ist in unseren Körperzellen noch viel von diesen Mechanismen zu spüren: sie enthalten nämlich Schutzenzyme, die sogenannten Superoxyddismutasen (SOD), die die schädlichen Nebenprodukte des Sauerstoffes, die freien Radikale, vernichten. Ungünstige Umwelteinflüße und eigenes Fehlverhalten verursachen Störungen im Körper, die zur massenhaften Bildung von freien Radikalen führen.

Diesen chaotisch reagierenden Molekülen schreibt man eine Mitschuld an zahlreichen Degenerations- und Zivilisationskrankheiten zu und macht sie für viele vorzeitigen Alterserscheinungen verantwortlich. Freie Radikale oxidieren unsere Zellen regelrecht. Werden ihre Aktivitäten nicht gestoppt, können sie den ganzen Organismus schwächen und zerstören. Überdies spielen sie bei der Vernetzung der Eiweißketten, die im Bindegewebe und anderen Zellverbänden auftreten, eine wichtige Rolle: wenn sie ihre zerstörerische Arbeit aufnehmen, sehen wir das an dem Verlust der Elastizität des Bindegewebes am deutlichsten. Je fehlerhafter unser Organismus im Alter arbeitet, um so mehr Vernetzungen werden gebildet. Je weniger der Organismus aus mangelhafter Enzymtätigkeit in der Lage ist, diese Vernetzungen aufzulösen, um so steifer, um so starrer und funktionsuntüchtiger wird nicht nur unser Bindegewebe, auch unsere Sehnen, Muskeln, Nervenfasern und Butgefäße werden geschädigt. Wir können uns aber bis zu einem gewissen Grad von den Schäden durch freie Radikale schützen, indem wir das meiden, was zu ihrer Bildung führt. Zu den fördernden Einflüßen der Bildung von freien Radikalen und Quervernetzungen zählen:

- radioaktive Strahlung
- übermäßige UV-Bestrahlung
- Nikotin
- fette Braterzeugnisse direkt dem Grillfeuer ausgesetzt
- Industrie- und Autoabgase
- Schadstoffe aus der Umwelt
- enzym- und vitaminarme Kost

Sauerstoff kann, obwohl lebensnotwendig, im Übermaß auch zerstörerisch wirken. Die SOD-Enzyme schützen uns also vor den toxischen Wirkungen des Sauerstoffs, den freien Radikalen. Es gibt aber auch noch andere Möglichkeiten, sich gegen die freien Radikale zu schützen. Während der Evolution entstanden in den Körpern von Säugetieren Mechanismen, die durch Synthese von Vitaminen freie Radikale abfangen. Daher ist es sinnvoll, möglichst viel rohes Obst und Gemüse zu essen, um Enzyme und Vitamine sowie ungesättigte Pflanzenöle zu bekommen. Zusätzliche Substituierung mit einer gut durchdachen Kombination kann aus einer Einnahme der Vitamine E und C, von Niacin, Selen, SOD und hydrolytischen Enzymen bestehen. Strahlungen schädigen die Körperzellen durch die massenhafte Produktion freier Radikale. Hier können die Antioxidantien in Form der genannten Vitamine und Enzyme schon allein aufgrund ihres Schutzes vor Strahlungseffekten nicht hoch genug geschätzt werden. In einer von Schwermetallen, Abgasen und chemischen Giften belasteten Umwelt sind diese Nahrungszusätze eine wichtige Verteidigungslinie, um ein Mindestmaß an Gesundheit aufrechtzuerhalten.

Neben diesen Effekten liegen weitere aussagefähige Untersuchungsergebnisse vor, die die Wirkung von Antioxidantien auf die Lebensdauer von Zellen in Laborkulturen schildern. Schon 1975 erregten Dr. Lester Packer und Dr. James Smith an der Universität of California großes Aufsehen, als ihnen die Verdoppelung der Lebensdauer der Zellen durch Vitamin-E-Zusätze zum Nährmedium gelang. Noch umfassendere Ergebnisse werden erreicht, wenn neben Antioxidantien auch noch die komplementären Nährstoffe gegeben werden, die für eine gute Funktion der Lebensprozesse wesentlich sind. Im Labor an der Universität von Auckland wurden Studien durchgeführt, deren Ergebnis darauf hinweist, daß sich durch lebenslang verabreichte vollständige Nährstoffzusätze die Lebensauer von Laborratten bis zu 30% erhöht. Der Erfolg besteht wahrscheinlich darin, daß vollständige Nährstoffsupplemente das Altern nicht nur durch Verhütung von Schädigungen durch freie Radikale aufhalten, sondern auch andere Abbauprozesse verringert werden. Eine wichtige Wirkung dieser Vitalstoffe ist die des Einflusses auf unser Immunsystem.

Viele degenerative Erkrankungen werden nämlich von der Beeinträchtigung des Immunsystems begleitet. Der Zusammenhang zwischen dem Immunsystem und vorzeitigem Altern ist aus Studien hervorgegangen, die an Tierstämmen mit einem angeborenen Immundefekt durchgeführt wurden. Diese Tiere leben nur ein Drittel so lange wie andere Mäuse und sind sehr anfällig für alle »Alterskrankheiten«. Fazit: Wenn wir mit Vitaminen, Mineralien und Spurenelementen den lebenswichtigen Teil des Immunsystems aufrechterhalten können, sind wir auf dem besten Weg, das Altern hinauszuzögern. Lebendes Beispiel für diese Aussage ist Linus Pauling, der erst in diesem Jahr seinen 90. Geburtstag feierte; er nimmt täglich große Mengen an Vitamin C, Vitamin E und Niacin zu sich.

Neurotransmitter und Alterskrankheiten

Neurotransmitter übertragen – ähnlich wie die elektrischen Reize – Signale im Nervensystem. Eine quantitative Veränderung der Botenstoffe, ein Zuviel oder Zuwenig, kann sich in krankhaftem Verhalten (Antriebslosigkeit, Vergeßlichkeit, Desorientiertheit ect.) ausdrücken. Neurotransmitter wie Serotonin befinden sich hauptsächlich am Ende von Nervenfasern, an den »Umschaltstellen«, von denen Signale an Organe oder andere Nerven weitergeleitet werden. Sie werden dort durch elektrische und hormonelle Reize freigesetzt und passieren dann einen Übergang, den synaptischen Spalt. Am benachbarten Nerv verbinden sich die Neurotransmitter dann mit einem »Rezeptor«, einer Empfangsstation, in die sie hineinpassen wie ein Schlüssel ins Schloß. Dadurch wird der Reiz dann weitergeleitet.

Viele Medikamente, die heutzutage in der Psychatrie Anwendung finden, greifen in den Prozeß der Signalübertragung ein, indem sie die Menge der Neurotransmitter im synaptischen Spalt erhöhen. Andere Medikamente hemmen den ständigen Abbau von Neurotransmittern durch körpereigene Enzyme. Ein wichtiges Enzym ist die Monoaminooxidase (MAO). Arzneien, die deren Aktivität bremsen, heißen MAO-Hemmer.

Das Parkinson-Syndrom

Die Leidensgeschichte eines Drogensüchtigen lieferte möglicherweise einen entscheidenden Hinweis hinsichlich des raschen Zerfalls von Neuronen und des Parkinson-Syndroms. Der Fall: Barry Kidston hatte sich in seinem eigenen Labor eine Droge gemixt und gespritzt. Doch irgend etwas lief falsch; gleich nach der Injektion erstarrte sein Körper, Kidston konnte nicht mehr sprechen und begann plötzlich zu zittern. Die Diagnose des Arztes lautete auf Parkinson-Syndrom. Kidston hatte sich – er war Anfang Zwanzig – »eine Alterskrankheit« injiziert. Auch bei anderen Drogensüchtigen, die dieses »künstliches Heroin« als Designerdroge einnahmen, wurden dieselben Symptome beobachtet. Ein Forscher aus Silicon Valley, William Langston kam dem Geheimnis auf die Spur. Die Designerdrogen waren mit der Substanz MPTP vermischt – was an sich noch nicht giftig ist –, jedoch im Körper verwandelt es sich in das toxische MPP+. Diese Substanz tötet die Gehirnzellen, die Dopamin produzieren. Langston identifizierte auch die Substanz, der MPTP zum »Killer« macht, die Monoaminoxidase (MAO), ein Enzym im menschlichen Körper, das Dopamin abbaut. Dopamin ist für den Informationsfluß im Nervensystem verantwortlich, welcher »Motorik« generiert: klinische Studien belegen inzwischen eindeutig, daß der dopaminerge Tonus im Alter physiologisch abnimmt.

- Bei der Hirnkrankheit Morbus Parkinson besteht durch die zunehmende Verminderung des Dopamingehaltes ein besonders krasses Mißverhältnis zwischen den erregenden cholinergen und hemmenden dopaminergen Aktivitäten. Die Folge sind Störungen der Motorik – schleppender Gang und Maskengesicht – und vegetative Symptome sowie verlangsamtes Denken, Entschlußlosigkeit und depressive Verstimmungen.

Hinweise auf die oben genannte Pathogenität durch Exotoxine, wie sie im MPTP-Metabolismus entstehen, liefert die Festellung, daß einige Pestizide, wie z. B. Paraquat, eine dem MPTP sehr ähnliche Struktur besitzen. Von einer kanadischen Arbeitsgruppe konnten in einer epidemiologischen Studie entsprechende geographische Verteilungsmuster der Prävalenz des Parkinson-Syndroms gefunden werden. Die Krankheitshäufigkeit lag in ländlichen Regionen mit einem hohen Pestizidverbrauch deutlich über derjenigen in anderen Regionen.

Viele Medikamente, die heutzutage in der Psychiatrie Anwendung finden, greifen in den Prozeß der Signalübertragung ein, indem sie die Menge der Neurotransmitter im synaptischen Spalt erhöhen. Andere Medikamente hemmen den ständigen Abbau von Neurotransmittern durch körpereigene Enzyme. MAO-Hemmer wurden unter anderem wegen ihres antidepressiven Effektes entwickelt. Im Rahmen solcher Arbeiten entwickelte der ungarische Pharmaforscher Joseph Knoll ab 1964 in Budapest eine Substanz, die den – bei den bis dahin bekannten MAO-Hemmern vorkommenden – »cheese-effect« überraschenderweise nicht aufwies. Dieses Phänomen trat auf, wenn die Patienten zum Beispiel Rotwein oder alten Käse aßen, die beide viel Tyramin enthalten können. Die Folge der Kombination bei Einnahme von MAO-Hemmern können gefährlich hohe Blutdruckanstiege sein.

Bei Patienten mit Morbus Parkinson sind inzwischen mehrere biochemische Veränderungen festgestellt worden, die als Hinweise für einen sogenannten »oxidativen Streß« als pathogenetischem Faktor gelten können. Dieser »Streß« entsteht aufgrund einer metallinduzierten Oxidation von Lipiden, was die Zellmembran schädigt. Mittlerweile liegen mehrere Hinweise für eine Membranschädigung durch freie Radikale beim Parkinson-Syndrom vor:

- entgiftende Enzyme (Katalase, Peroxidase) sind in ihrer Aktivität reduziert;
- Glutathion als Substrat der entgiftenden Glutathionperoxidase ist signifikant verringert;

- zusätzlich – und damit die Radikalebildung fördernd – kann man eine erhöhte Konzentration von Eisen (in der Substantia nigra) nachweisen.

Herkömmlicher Therapieansatz

- Bisher war L-Dopa die wichtigste therapeutische Maßnahme in der Parkinsontherapie. In den an Dopamin verarmten ZNS-Gebieten kommt es zur Umwandlung von L-Dopa zum Neurotransmitter Dopamin.

»Zeit des Erwachens« – die Geschichte des L-Dopa

L-Dopa, auch Levodopa genannt, ist eine chemische Vorstufe von Dopamin. Diese Transmittersubstanz kann nur als Vorstufe die Blut-Hirn-Schranke überwinden. Von dort gelangt sie über die Blutbahn ins zentrale Nervensystem, wo sie in Dopamin umgewandelt wird. 1961 gaben Oleh Hornykiewicz und der Wiener Arzt Walter Birkmayer den ersten Parkinson-Patienten das Medikament L-Dopa. Gleich nach der ersten Injektion rief Birkmayer seinen Kollegen an: »Es ist eine Wunderdroge. Ich habe das Mittel gespritzt, und die Patienten, die nicht mehr in der Lage waren, von einem Stuhl aufzustehen, können jetzt gehen und springen.« L-Dopa war eine Revolution. Doch, wie sich herausstellte, eine Revolution, die einen hohen Tribut forderte. Zwar werden teinahmslose und apathische Menschen von L-Dopa zu neuem Leben erweckt, doch um den Preis erheblicher Nebenwirkungen. Die hohe Nebenwirkungsrate unter Levodopa konnte W. Birkmayer 1967 durch Zusatz des peripheren Decarboxylasehemmers »Benserazid beheben. Allerdings läßt der Effekt innerhalb von etwa fünf Jahren nach, Fluktuationen der Motorik werden häufiger. L-Dopa wird zwar im Hirn zu Dopamin, kann aber den Verfall der Zellen, die Dopamin produzieren, nicht aufhalten. Die fatale Konsequenz: die Wirkungsintervalle von L-Dopa werden immer kürzer. Schließlich verliert das Medikament die magische Wirkung.

Neuer Therapieansatz – Neuroprotektion und Lebensverlängerung durch Antioxidantien?

Antioxidantien finden in der orthomolekularen Medizin eine große Beachtung wegen ihrer präventivmedizinischen Bedeutung beim Alterungsprozeß und den Entgiftungsmöglichkeiten bei Schwermetallbelastungen. Als Antioxidantien in der Geriatrie finden vor allem Vitamin E, C und Niacin (B^3) Verwendung, außerdem die Spurenelemente Germanium und Selen sowie die Enzyme Katalase, Superoxiddismutase und Glutathionperoxidase sowie verschiedene Aminosäuren. Die Erkenntnis, daß bestimmten Erkrankungen des Gehirns, die mit »oxidativem Streß« einhergehen, frühzeitig wirkungsvoll zu begegnen ist, soll nachfolgend angeführt werden.

Die »Deprenyl-Story«

Die Entdeckung des Medikaments, das – nicht nur – in der Parkinsontherapie eine unvergleichlich herausragende Rolle zu spielen scheint, hat eine äußerst interessante Geschichte hinter sich, nicht zuletzt bot es Stoff für ein ganzes Buch. »The Deprenyl Story«, so heißt das Buch des kanadischen Journalisten Alastair Dow; es handelt von einem möglicherweise ersten Medikament, das den Alterungsprozeß – nicht nur bei Parkinsonkranken – aufhalten kann, und einem Porträt derjenigen Menschen, die daran beteiligt waren, die Bedeutung des Medikamentes vorauszusehen. Allerdings ist die »Deprenyl-Story«, wie sie in Amerika veröffentlicht wurde, in mancher Hinsicht lückenhaft und bedarf der Ergänzung, wozu sich Prof. Riederer von der Universität Würzburg in einem Beitrag in der Ärzte-Zeitung äußert: »Häufig ist es so, daß die Ereignisse zu einem bestimmten Zeitpunkt an einem bestimmten Ort von bestimmten Leuten vorangetrieben werden. In der Wissenschaft sind derartige Sternstunden gar nicht so selten. Im Bereich der Entdeckung der Parkinsonmittel gilt dies sicher für die Entdeckung der L-Dopa- Therapie, die Entwicklung von Deprenyl als Additivum und mit einiger Wahrscheinlichkeit auch für die Entwicklung von Dopamin-Agonisten. Der Wiener Neurologe Walter Birkmayer bezeichnet derartige Kumulationen von Ereignissen und die sie bestimmenden Menschen als 'kognitiv evolutionäre Koinzidenz'.«

Deprenyl wurde in den 60er Jahren in den Laboratorien eines ungarischen Pharmaunternehmens von dem Pharmakologen Joseph Knoll entwickelt. Da der dopaminerge Tonus im Alter abnimmt, empfiehlt Knoll, diesen selektiven MAO-Hemmer ab Mitte Vierzig einzunehmen, um die Lebensqualität zu verbessern. Bedeutenden Anteil zum erstmaligen Einsatz dieser Substanz in der Parkinsontherapie und den weiterführenden Forschungen hatten die Profesoren P. Riederer, M. Youdrim und W. Birkmayer. Daß Deprenyl über eine verminderte Bildung freier Radikale einen

»neuroprotektiven Effekt« auszuüben vermag, läßt Möglichkeiten im Bereich der therapeutischen Gerontologie und der Behandlung dementieller Hirnkrankheiten, wie der Alzheimer, nun endlich in greifbare Nähe rücken.

- Jüngst wurde »Movergan«, die deutsche Bezeichnung für das Medikament Deprenyl, mit dem Claudius-Galenus-Preis in der Kategorie A ausgezeichnet. Der Preis in dieser Kategorie würdigt ein herausragendes Arzneimittel, das sich seit mindestens zwei Jahren in Deutschland auf dem Markt befinden muß.

Die Alzheimer-Krankheit

In Deutschland leiden derzeit schätzungsweise 700.000 Menschen an der Alzheimer-Krankheit. Nach Schätzungen der Wissenschaftler kommen jedes Jahr ca. 100.000 Neuerkrankungen hinzu. Als Grund für diese Entwicklung geben die Experten eine gravierende Umschichtung der Altersstruktur in den hochindustrialisierten Ländern an. Während zur Zeit die Anzahl der 60jährigen in Deutschland um die zwölf Millionen beträgt, werden es um das Jahr 2000 ca. 14 Millionen und 2030 wohl 16 Millionen sein. Zu der »Vergreisung« der Gesellschaft kommen noch andere bevölkerungspolitische Faktoren hinzu, die das Problem des geistigen Zerfalls im Alter verstärken. Im Gegensatz zu den mittlerweile deutlich verbesserten diagnostischen Möglichkeiten (PET und brain mapping) gibt es von seiten der orthodoxen Medizin noch keinen endgültigen Erfolg, trotz vieler wirkungsvoller Therapieansätze. Am vielversprechendsten sind wohl die Bemühungen um Beseitigung der Aluminiumablagerungen im Gehirn und der Einsatz nootroper Substanzen.

Alzheimerpatienten zeigen niedrige Cholin-Acetyltransferase-Werte; die Substituierung mit Cholin wurde zwar mehrfach vorgeschlagen, jedoch nicht erprobt.

Orthomolekulare Therapiemöglichkeiten

Hinweise gibt es bei der Entstehung dieser Krankheit hinsichtlich einer unzureichenden Entgiftungsfunktion der Leber, was einen weitreichenden Einfluß auf die biologische Verfügbarkeit von Spurenelementen, Vitaminen und Aminosäuren bedeutet. J. van Tiggelen führt in diesem Zusammenhang auch die Langzeitmedikation mit Anti-Epileptika (z. B. Phenytoin) und chronischen Alkoholkonsum an. Bei diesen Gruppen werden selektive Nährstoffdefizienzen des zentralen Nervensystems beobachtet, die wohl durch eine angegriffene Leber verursacht werden. Die unzureichende Funktionsfähigkeit dieses Organs führt zu einer Beschränkung bestimmter Vitamine, die die Blut-Hirn-Schranke durchdringen und somit ins zentrale Nervensystem gelangen können. Dies zeigt sich vor allem in dem Mangel der Vitamine B^1, B^{12} und Folsäure bei der Alzheimer-Symptomatik und anderen neuropsychiatrischen Krankheiten. In Tierversuchen konnten nicht unerhebliche Veränderungen der Neurotransmitter im Gehirn nachgewiesen werden, wenn diese Tiere zu wenig Vitamin B^1, B^{12} und Folsäure erhielten. Gleichzeitig war der Acetylcholinspiegel erheblich gesunken. Dies kann man als Schlüsselresultat bezüglich seniler Demenz vom Alzheimertyp betrachten.

- *Orthomolekulare Substituierung bei Alzheimer:* Zink, Glutamin (nicht Glutaminsäure), die Aminosäure Taurin, Vitamine B^1, B^{12} und Folsäure, Lezithin, Cholin und Serin.
- *Nootrope Substanzen:* Gingko biloba.

Depression

Die medikamentöse Behandlung der Depression ist mit einer Erfolgsrate von rund siebzig Prozent immer noch unbefriedigend. Jedenfalls ist die quälende und persönlichkeitszersetzende Krankheit keinesfalls immer die Folge einer Störung des Serotonin-Transmitter-Systems. Die Bedeutung mancher Antidepressiva, die in dieses System eingreifen, wird von vielen Ärzten in der Psychatrie hochgeschätzt, so daß manche Spötter sie als Mitglieder des »Serotonin-Clubs« bezeichnen. Die Substanz »Fluoxetin« greift hauptsächlich in dieses System ein. Durch die pharmakologische Beeinflussung eines Neurotransmitters zeigt sich anhand der Nebenwirkungen, die auftreten können, wie komplex das Zusammenspiel der einzelnen Neurotransmitter untereinander ist. Der Münchner Psychiater Gregor Laakmann warnt vor der Vorstellung, daß allen Depressionskranken durch »Drehen an der Serotoninschraube« geholfen werden könne. Die Behandlung der affektiven Störungen, seien es Panikattacken, Depressionen oder Zwangsneurosen, muß individuell erfolgen.

Das Antidepressivum Fluoxetin

Viel ist derzeit über die neue Glücksdroge zu hören, über die oft in Magazinen und Illustrierten geschrieben wird. Hierbei handelt es sich um ein in den USA entwickeltes Antidepressivum, das hochwirksam und dabei weitgehend ungefährlich sein soll. Die Medien überschlagen sich mit Lobpreisungen, und ein Magazin stellt gar die Frage, ob diese Droge, die den Selbstmörder vor dem Sprung bewahre, nicht eine Art Gott sei, weil sie die Trauer abschaffe. Für die Leser solcher Blätter entsteht der Eindruck, als sei es das Natürlichste, jede aufkommende Verstimmung gleich mit einer »Gefühlsgranate« zu vertreiben. Der Wirkstoff Fluoxetin ist zwar geeignet, Panikattacken und Depressionen zu behandeln: aber sich durch dieses Präparat den Alkohol oder das Rauchen abzugewöhnen ist, als würde man mit Kanonen auf Spatzen zielen. Fluoxetin unterscheidet sich in seiner Wirksamkeit nicht von den schon lange bekannten Antidepressiva, und es hat reichlich Nebenwirkungen. Eine davon ist, daß bei entsprechender Überdosierung eine traurige Verstimmung in hemmungslose Heiterkeit umschlagen kann. Auch sind schon Nebeneffekte beobachtet worden, in denen es zu einem unerwünschten Einfluß auf den Neurotransmitter Dopamin gekommen ist und Parkinsonsymptome wie die einer »Altersschüttellähmung« hervorgebracht wurden. Fluoxetin ist also keine Wunderdroge, sie ist nicht wirksamer als andere Antidepressiva. Doch da sie weniger gefährliche Nebenwirkungen hat, ist sie für die ambulante Behandlung besser geeignet. Von der Kombination mit Movergan ist abzuraten.

Sensationell aufgemachte Berichte über »chemische Glücksbringer« sind gefährlich, denn sie wecken die Hoffnung auf eine pharmazeutische Rezeptur, unabhängig von gesunder Ernährung und der Bemühung um eigene Heilungsprozesse. Psychopharmaka bewirken neben der stoffwechselbedingten Schädigung des Körpers auch ein mentales Problem: ein Andauern der Konsum- und Anspruchshaltung des Patienten gegenüber dem Heilungsverpflichteten (Arzt) dadurch, daß eigene Heilungsbemühungen über den Umweg »Pille« häufig unterbleiben. Daher sollte neben metabolischer (den Stoffwechsel betreffender) Einflußnahme die zweite Säule, die kognitive Seite, nicht vergessen werden.

Gehirnstimulantien und Langlebigkeitssubstanzen

»Jeder will es werden, keiner will es sein: alt ...«

Nootropika (griech. noos = Geist, tropein = wachsend) nennt man die den Gehirnstoffwechsel anregenden Sustanzen. Ihre Wirkung basiert auf der Erhöhung des Sauerstoffgehaltes, der Blutzufuhr und der Glukoseversorgung des Gehirns sowie in gewisser Weise der Reparaturmechanismen.

Der Wirkstoff Cholin muß zum Beispiel erst aus der Nahrung gewonnen werden, damit er dem Gehirn zugeführt werden kann. Die Unfähigkeit des Gehirns, bei bestimmten Krankheiten und im Alter Cholin zu nutzen, macht die Zuführung von außen notwendig. Es gibt Hinweise dafür, daß menschliches Verhalten durch Ergänzung der Nahrung mit Cholin, Tryptophan und Tyrosin optimiert werden kann. Diese Stoffe erhöhen die Konzentration der Neurotransmitter Acetylcholin, Serotonin und Dopamin.

Gehirnstimulantien, sei es in Form von Vitaminen, Enzymen, Kräutern oder chemischen Derivaten sind in einer Zeit hoher Umweltbelastung und verfeinerter Ernährung von großer Bedeutung geworden. Hierzu einige Fakten, die die orthomolekulare Medizin und klinische Ökologie in ihrer wichtigen Zusammenarbeit in Diagnose und Therapie erhellen. (Dies wird immer wichtiger, da immer mehr Menschen über unspezifische Müdigkeit, über Umweltbelastungen am Arbeitsplatz und zu Hause klagen).

Piracetam und Lezithin

Neuesten Forschungen zufolge soll eine Kombination aus Piracetam und Lezithin die Gehirnenergie beeinflussen und die Lern- und Gedächtnisleistung bei alternden Ratten erhöhen. Piracetam wurde an hirngeschädigten Kindern getestet, doch scheint die Substanz in Kombination mit Lezithin besser zu wirken, als wenn einer der beiden Stoffe allein gegeben wird.

Der hohe Cholesterinspiegel bei Arteriosklerose ist ein Ergebnis komplexer Störungen im Fettstoffwechsel und geschädigter Arterienwände und nicht das Resultat äußerer Cholesterinzufuhr. Eigelb und Butter sind aus orthomolekularer Sicht nicht für einen erhöhten Cholesterinspiegel, im Sinne erhöhter LDL-Werte, verantwortlich zu machen; ganz im Gegenteil:

sie enthalten den Gegenspieler Lezithin, der sich günstig auswirkt, wie auch am Beispiel des Verzehrs von Sojabohnen bei den Japanern zu sehen ist. Nützlich ist es auch den Pektinanteil in der Kost zu erhöhen. Pektin ist ein komplexes Kohlenhydrat, das in Obst und Gemüse vorkommt.

Niacin

Niacin, auch unter dem Namen Nicotinsäureamid und Vitamin B^3 bekannt, wird in den USA erfolgreich bei hohem Cholesterinspiegel und bei Durchblutungsstörungen eingesetzt. Es hat sich bei stoffwechselbedingter Schizophrenie und bei radioaktiver Strahlenbelastung bestens bewährt. In der Geriatrie wird es als Antioxidans neben den Vitaminen C und E und dem Spurenelement Selen gerne eingesetzt.

Nachtkerzenöl

Fettsäuren in der Therapie: Nachtkerzenöl hat sich nach neuesten Erkenntnissen als Supplement bei multipler Sklerose und Hautallergien mit gutem Erfolg bewährt. Omega-3-Fettsäuren spielen in der Arteriosklerosebehandlung eine Rolle.

Die Aminosäuren Lysin und Serin

Proteine in der Therapie: die Aminosäure Lysin ist wichtig bei der Behandlung von Herpes und Serin bei der Therapie von Demenzprozessen.

Enzyme

Für die Auflösung von quervernetzenden Eiweißketten sind die proteolytischen Enzyme zuständig, die in den meisten verwendeten Enzymgemischen enthalten sind. Sie tragen, über längere Zeit eingenommen, im höheren Alter zu einer größeren Elastizität der Gewebe und damit zu ihrer besseren Funktion bei. Das Präparat Wobe Mugos erfüllt diese Ansprüche. Hier scheint der Grundsatz zu gelten: Viel hilft viel.

Manche bezeichnen sie als die am weitesten verbreitetste und doch am wenigsten erkannte Symptomenreihe: die Hypoglykämie, auch Unterzuckerung oder allgemeines Energiemangelsyndrom genannt. Als jahrelange latente Vorstufe zur Diabetes wird sie oft durch konzentrierte Kohlehydrate weiter verschlimmert. Aus orthomolekularer Sicht gibt es Möglichkeiten der vollständigen Ausheilung. Eine Mischung aus Vitamin C, B-Komplex sowie den Spurenelementen Chrom und Coenzym Q 10 erhöht die Glukosetoleranz.

Viele Krankheitssymptome unseres Nerven- und Immunsystems kommen durch kumulative und synergistische Prozesse (Distress, Intoxikation, falsche Ernährung und Luftionisation) zustande und daher erst nach Jahren zum Ausbruch. Umgekehrt kann eine auf den persönlichen Bedarf ausgerichtete Ernährung bei gleichzeitiger Entschlackung der Stoffwechselgifte einen optimalen Gesundheitszustand erhalten bzw. wiederherstellen.

Deanol

Deanol besitzt Eigenschaften, die für die Behandlung von Alterssymptomen sehr geschätzt werden. Es verbessert die Stimmungslage, wirkt gegen Kopfschmerzen und Depressionen und dient als sicheres Stimulans des Zentralnervensystems, ohne die Nebenwirkungen zu zeigen, wie sie durch Amphetamine auftreten. Überdies wird es mehr und mehr beim hyperkinetischen Verhalten von Kindern eingesetzt.

Deanol ist eine Substanz, die die Schranke zum Gehirn passieren und dort in Cholin und Acetylcholin umgewandelt werden kann. Cholin ist der einzige Neurotransmitter, der aus anderen Nahrungsbestandteilen aus der Aminosäure Serin, aber auch aus Lezithin hergestellt werden kann. Diese Vitaminvorstufe kommt natürlicherweise im Fisch vor, vor allem in jenen Arten, die einen starken Fischgeschmack aufweisen, wie Sardinen, Heringe und Sardellen. Der Volksglaube, aufgrund dessen Fisch seit jeher als Nahrung für das Gehirn betrachtet wurde, findet also durchaus seine Berechtigung. Deanol ist als Antioxidans und Inaktivator freier Radikale ein sehr wirkungsvolles Mittel gegen das Altern. Zudem ist es direkt am Bau der Zellmembran beteiligt und wirkt als Reinigungsmechanismus in der Zellfunktion mit.

Phenylalanin

Die Aminosäure Phenylalanin produziert im Gehirn einen Neuroregulator, 2-Phenyläthylamin, der von seiner Wirkung her dem Amphetamin ähnelt. Ein Lebensmittel, das Phenyläthylamin enthält, ist Schokolade, die dann empfohlen wird, wenn es gilt, über das Tief und die Niedergeschlagenheit nach einer zerbrochenen Romanze hinwegzukommen. Einige Wissenschaftler vermuten, daß der Depressionen zugrunde liegende Mechanismus vielleicht nicht in einem Mangel an Noradrenalin oder Dopamin, sondern in mangelndem Phenyläthylamin zu sehen ist. Wenn Phenylalanin in den Blutkreislauf gerät und der Blutzucker niedrig ist, wandelt die Leber es in Glukose um. Um das zu unterbinden, sollte es zusammen mit Fruchtzucker gegessen werden. So wird der Glukoseprozeß ausgeschaltet. Das zweite Problem ist, Phenylalanin aus dem Blutkreislauf in das Gehirn einzubauen. Dafür wird durch die Fruktose ein kleiner Insulinausstoß provoziert. Das schaltet die Bluthirnbarriere aus. Im Gehirn wird das Phenylalanin in Noradrenalin umgewandelt, einen Verwandten des Adrenalin, ein Neurotransmitter, der anregt und stimuliert. Im Falle des Phenylalanin wurde festgestellt, daß es das Erinnerungs- und Lernvermögen verbessert und die Motivation steigert.

Centrophenoxin

Die dunkelbraunen Flecken, welche oft auf dem Handrücken älterer Leute erscheinen, sind das Nebenprodukt des Fettabbaus in unseren Zellen. Diese Pigmentierung findet auch in unserem Gehirn statt und hat da natürlich Einfluß auf unser Verhalten. Die als Lipofuszin bezeichnete Substanz sammelt sich im Alter vermehrt in den Zellen an und kann dann bis zu 30% des Zellvolumens für sich beanspruchen. Große Mengen dieses Pigments finden sich auch in den Zellen von Progerie-Erkrankten. Progerie ist eine tragische und rätselhafte Krankheit, bei der die Befallenen schon früh im Leben Vergreisungssymptome aufweisen und dann meist noch vor dem zwanzigsten Lebensjahr an Altersschwäche sterben.

Seltsamerweiser zeigen Progerie-Patienten keine Zeichen von seniler Demenz, während sich andere Altersmerkmale immer deutlicher ausbilden. Beim normalen Altern tragen die Pigmentansammlungen in den Hirnzellen offensichtlich zum Zerfall der geistigen und körperlichen Fähigkeiten bei. Mitte der 60er Jahre wurden an der Universität in Atlanta Versuche mit Meerschweinchen gemacht, die Centrophenoxin über acht Wochen erhielten und danach eine bemerkenswerte Abnahme des Lipofuszins aufwiesen. Centrophenoxin wird beim Menschen zur Behandlung von Legasthenie, Sprach- und Bewegungsstörungen, Konzentrationsschwierigkeiten und geistiger Verwirrtheit mit Erfolg eingesetzt. Darüberhinaus hat es eine lebensverlängernde Wirkung, was auf eine Stimulierung der natürlichen Reinigungskräfte der Zellen zurückzuführen ist. Pharmakologisch ähneln sich Centrophenoxin und Deanol, da sich auch im Hinblick auf die Auswirkung im Organismus Übereinstimmungen ergeben.

Nukleinsäuren

Nukleinsäuren sind für die Bildung von DNA und RNA wichtig. Einige Wissenschaftler empfehlen Ernährungsprogramme, die reichlich Nukleinsäuren enthalten, um die Proteinsynthese anzuregen. Diese wiederum erfordert wie alle biologischen Aktivitäten, Energie. Die Nukleinsäureabnahme, wie sie in Zellen von Menschen über vierzig vorkommt, verursacht eine Proteinsynthese, welche der Zelle diesbezüglich noch mehr abverlangt. Defekte Proteine können daher im Alter leichter entstehen. Glücklicherweise werden diese aber nicht so rasch in die Zellen eingebaut wie normale. Sie sind nur für eine Weile der Wirkung des immunologischen Abwehrsystems ausgesetzt, werden zu Rohmaterialien abgebaut und wiederum einer neuen Proteinsynthese zugeleitet. Da es sich bei der DNA-Reparatur und der Proteinsynthese um ständige Prozesse handelt, ist es gut, wenn man dem Körper dauernd, bzw. kurmäßig, mit Nukleinsäuren und anderen für diese Aktivitäten benötigten Substanzen versorgt. Gerade nach überstandener Krankheit mag die Proteinsynthese erhöht sein, daher ist in dieser Zeit der Rekonvaleszenz ein Programm mit höher dosierten Aminosäuren, Nukleinsäuren, Vitaminen und Mineralien vonnöten. Im Bereich der Zelltherapie hat sich aufgrund seiner sicheren Anwendung (niedermolekularen Aufbereitung) und guten Verträglichkeit das Präparat Ney geront zur Verhütung von Alterserscheinungen bewährt. Seine Wirksamkeit wird im Zusammenhang mit Gedächtnisstörung und Demenzerkrankungen gerade klinisch getestet. Die Verbindung Zelltherapie und schädliche Auswirkungen von Strahlenbehandlung hat ergeben, daß die negativen Auswirkungen (Haarausfall, Abgeschlagenheit) reduziert werden unter Anwendung dieses Präparates.

Hydergin

Hydergin (Dihydroergotamin) ist ein Lysergsäurederivat und nicht psychoaktiv. Seine psychotrope Wirkung scheint, über längere Zeit eingenommen, einen Nervenwachstumsfaktor zu indizieren, der sich vor allem an den Synapsen und der Hypophyse ansammelt. An diesen Stellen beeinflußt es die Energieumwandlung und verbessert so die Sauerstoffnutzung.

In Amerika wird diese Substanz präventivmedizinisch in hoher Dosierung eingenommen, man verspricht sich »Intelligenzsteigerung«. Auf alle Fälle wirkt es sympathomimetisch (Scheibenwischereffekt), als ein Cognitiv-Enhancer (Wahrnehmungssteigerung). Hydergin reguliert den Metabolismus von zyklischem AMP (Adenosinmonophophat), das bei gewissen Reaktionen die Rolle eines »zweiten Boten« übernimmt: sobald ein Hormon (der »erste Bote«) sich an die Rezeptorstellen der Zellmembran bindet, wird zyklisches AMP produziert, das die hormonale Botschaft innerhalb der Zelle weiterleitet.

Movergan (Deprenyl)

Die derzeit popululärste Langlebigkeitssubstanz wurde von dem ungarischen Pharma-Forscher Joseph Knoll entdeckt. Sein Spezialgebiet sind Psychodrogen, also chemische Substanzen, die das zentrale Nervensystem des Menschen beeinflussen. Er hat eine Pille entwickelt, die gleich mehrere Effekte in sich vereint: zum einen soll sie das Altern stoppen und aphrodisierend wirken; zum anderen kommt sie im medizinischen Alltag gegen das Parkinson-Syndrom zum Einsatz, wo das Medikament bereits ausführlich behandelt wurde.

3. Das ernährte Gehirn

Leben ist ein Prozeßgeschehen. Jeder Prozeß benötigt »Brennstoff«. Der Brennstoff des Lebens ist die tägliche Nahrung. Nahrung ist alles, was unsere Person, unseren Daseinsprozeß ausmacht. So kann man alles als Nahrung bezeichnen, was für unser körperlich-geistiges Leben notwendig ist: die stoffliche Nahrung, die den Körper ernährt, die Sinnesberührung, die das Gefühl und die Empfindung ernährt, die geistige Nahrung, die unseren Willen, das Denken und Überlegen ernährt, und das Bewußtsein, als Grundlage der entsprechenden Weltanschauung. Solange körperliches Dasein besteht, ist Nahrung eine existentielle Notwendigkeit. Existenz bedeutet, auf Kosten anderer zu leben, seien dies nun Pflanzen oder Tiere und deren Produkte wie Parasiten, Früchte, Milch oder Honig.

Die Grundlage bestimmter Ernährungsrichtungen ist oftmals weltanschaulicher Natur, vielleicht deshalb, weil die Auswahl der Kost mit dem Erleben bestimmter geistiger Zustände in einem Zusammenhang steht. Daß zwischen Gehirn und Ernährung eine Beziehung besteht, ist keine neue Erkenntnis unserer Zeit. Wir wissen alle aus persönlicher Erfahrung, daß wir mit Hilfe von Nahrungsmitteln unsere Stimmungen beeinflussen können. Koffein ist die am weitesten verbreitete Droge der Welt. Aber auch eine Banane kann unsere Stimmung beeinflussen. Zwiebeln können als Schlafmittel, Kohl als Vorbeugung gegen Kater gegessen werden. Eiweißhaltige Nahrung wie Fleischprodukte erhöhen das Selbstbewußtsein bei einigen Männern: sie fühlen sich stärker.

Subjektive und objektive Wirkungen von Nahrungsmitteln sind schwer zu untersuchen. Ruth und Arthur Winter schreiben in ihrem Buch »Brain Food – Nahrung für's Gehirn«: »Obgleich zur Zeit ungeheure Anstrengungen unternommen werden, diesen Einfluß genauer zu untersuchen, sind Beziehungen zwischen Ernährung und Verhalten oft schwer nachzuweisen, weil Verhaltensänderungen sehr subtil sein können, und einige Faktoren, die das Bild stark verkomplizieren – wie kulturelle Einflüsse und Streß –, sind in einer seriösen wissenschaftlichen Untersuchung kaum sinnvoll zu erfassen.« Dennoch gibt es unzählige Versuche, festzustellen, welche Nahrungsbestandteile auf Körper und Gehirn wirken.

Im allgemeinen ist eine vollwertige Kost ausreichend, um den Bedarf des Menschen an lebenswichtigen Vitaminen, Mineralien, Fettsäuren und Spurenelementen zu decken. Diese Stoffe sorgen in jeder einzelnen Körperzelle für ein harmonisches Zusammenspiel. Tatsache ist jedoch, daß viele Menschen heutzutage unter einem Mangel an eben jenen »Bausteinen« der Zelle leiden. So brachte kürzlich ein Test der ernährungspsychologischen Forschungsstelle der Universität Göttingen in einer kontrollierten Untersuchung zutage, daß bei Vitaminmangel der B-Gruppe bei der Kontrollgruppe Leistungsschwächen auftraten. Die Hälfte der 1000 Versuchspersonen erhielt ein Scheinpräparat, die andere Hälfte ein Vitaminpräparat. Anschließend analysierte Helmut Heseker von der Universität Gießen den Vitaminspiegel ihrer Blutproben.

Das Gehirn als oberster Ordner unseres Nervensystems bekommt diesen Mangel als erstes zu spüren, da es viel Energie verbraucht und diese nicht speichern kann. Es verbraucht sofort 20% der dem Körper durch die Nahrung zugeführte Energie, obwohl es nur drei Pfund wiegt, d.h. ein Fünzigstel des Körpergewichts. Das Gehirn regelt zusammen mit dem Nervensystem die Körperfunktionen und entscheidet letztlich über unser körperliches und geistiges Wohlbefinden. Das Gehirn ist immer aktiv, nur die Bewußtseinsebenen wechseln. Selbst im Schlaf (besonders in der REM-Phase des Traumes) ist es eingeschaltet und verbraucht so ununterbrochen Nahrung. Die Gehirnchemie reguliert die sogenannten Glückshormone (Botenstoffe, Endorphine, Neurotransmitter), die aus dem Eiweiß der Nahrung kommen und die Durchblutung des Gehirns, den Sauerstoffgehalt sowie den Abbau von Giften regeln. Bei Mangelernährung leiden Antrieb, Kreativität und die Möglichkeit, neue Gedanken zu fassen, andere Menschen zu begeistern, Projekte in Angriff zu nehmen. Schlechte Ernährungsgewohnheiten führen zu niedrigem Blutzuckerspiegel des Gehirns, zu depressiven Phasen und Streß. Dieser Teufelskreis läßt sich nur durch eine Änderung der Hirnchemie durchbrechen.

Alles, was Sie in diesem Augenblick beim Lesen dieser Zeilen tun, wird vom Gehirn gesteuert. Im Hinblick auf das Lesen ist dies vielleicht ganz offensichtlich, aber es stimmt auch für alle Tätigkeiten, die damit einhergehen: das Reiben der Augen, das Übereinanderschlagen der Beine, das Zurücklehnen im Sessel oder das Kratzen am Kopf. Das Gehirn steuert all die Bewegungen in jeder Sekunde des Tages. Selbst im Schlaf verbraucht es Energie für Denk-, Entscheidungs- und Urteilsprozesse. In diesem Biocomputer wird jede Stimmung und jede körperliche Aktion festgehalten. Die meisten von uns sind sich im klaren darüber, daß die Nahrung, die wir zu uns nehmen, viel mit dem körperlichen Wohlbefinden zu tun hat. Wir wissen, daß Essen dick machen kann oder zuwenig Vitamin D zu weichen Knochen führt. Nicht soviel ist uns jedoch über die Art und Weise bewußt, wie die Nahrung sich auf das Gehirn auswirkt. In diesem Kapitel zeige ich Ihnen, daß alle Nahrungsmittel sich im körperlichen und geistigen Gleichgewicht widerspiegeln. Ferner möchte ich aufzeigen, wie Sie bei geistigen Problemen dieses Gleichgewicht wiederherstellen können. Ich wünsche Ihnen, daß Sie mit einer ausgewogenen Gehirnnahrung ein gesünderes, zufriedeneres und kreativeres Leben führen.

Die vielfältigen Interaktionen der Nährstoffe

Die Vielfalt der sogenannten Diätvorschriften verwirren den an Gesundheit interessierten Patienten im allgemeinen mehr, als sie ihm im Endeffekt tatsächlich helfen können. Nach langjährigen Recherchen zum Thema Ernährung bin ich auf zwei wichtige Grundregeln gestoßen, die ich als Basis für eine vollständige und umfassende Ernährung ansehe und folgendermaßen formulieren will:

- **Regel 1:** Die biochemische Individualität des Körpers legt den Grundbedarf fest.
- **Regel 2:** Nährstoffe wirken durch ihre vielfältigen Interaktionen.

1. Die biochemische Individualität

Die wenigsten Menschen machen sich klar, daß sich ihre Organe in Form, Funktion und Zusammenarbeit grundlegend von denen anderer Menschen oder von denen, die in anatomischen Lehrbüchern beschrieben sind, unterscheiden. Jeder Mensch ist biologisch einmalig: Größe, Gewicht, Gestalt, Lage und Funktion der Muskeln, Drüsen und Organe unterscheiden sich von denen anderer Menschen. Jeder Körper spielt eine einmalige Sinfonie, angefangen beim Haarwuchs bis hin zur Fließgeschwindigkeit des Blutes. Die Verdauungssäfte älterer oder unter Streß stehender Menschen können hundertmal stärker oder schwächer sein als die einer sogenannten Durchschnittsperson, ebenso der Hormonspiegel oder etwa die Enzyme zum Abbau von Alkohol. Die Kombinationsmöglichkeiten einzigartiger Organe und Funktionen sind endlos. Deshalb brauchen wir auch eine individuelle Nährstoffzufuhr. Für einen optimalen Gesundheitszustand benötigt jeder eine Nährstoffzusammenstellung, die sich von der anderer Menschen unterscheidet. Dr. Michael Colgan hat in seinem Buch »Ihr persönliches Vitamin-Profil« ein individuelles Programm erstellt, das die persönlichen Lebensumstände bei der Zufuhr von Nährstoffen berücksichtigt. Seine erstellte Grundformel berücksichtigt: Gewicht, Lebensverhältnisse, Gewohnheiten in Ernährung und Konsumverhalten, Haut- und Haarbeschaffenheit und vieles mehr. Aufgrund dieser Grundformel und der verfeinerten Formel, die noch mehr ins Detail geht, kann der optimale Nährstoffbedarf errechnet werden, um die individuellen Bedürfnisse zu ermitteln.

2. Die Interaktionen der Nährstoffe

Die herkömmliche reduktionistische Wissenschaft hat immer wieder Experimente im Reagenzglas (»in vitro«) durchgeführt und daraus dann Folgerungen für die menschlichen Belange abgeleitet. Die Reaktionen im menschlichen Körper laufen aber anders ab als im Laborexperiment, und Empfehlungen für die menschliche Ernährung können nicht aus Rattenversuchen oder dem Titrierkolben abgeleitet werden. Das hat vor allem einmal damit zu tun, daß wir in einer Interaktionsschleife von Körper plus Gehirn plus Geist plus Umwelt plus Innenwelt leben, also in einer Wechselbeziehung von Wechselbeziehungen, und nicht in einem »Laboreinbahnstraßenexperiment«. So wie wir äußerlich von vielfältigen Interaktionen abhängen, so hängt die Gesamtheit unserer Körperfunktionen von vielerlei Interaktionen ab. Heute wissen wir, daß es nie einen Mangel an nur einem Vitalstoff gibt: *die Kette ist immer so stark wie ihr schwächstes Glied.* So ergibt die Prüfung eines einzelnen Nährstoffs beim Menschen niemals einen aussagekräftigen Befund, wird er nicht in seinem Bezugsrahmen gesehen. Beispiel: Vitamin C braucht ein Minimum an Komplementärstoffen, um in Kooperation die entsprechende Resistenz gegenüber Erkältungen aufzubauen; diese komplementären Nährstoffe sind die Vitamine B^6, B^{12}, Folsäure und Cholin und der Mineralstoff Zink. Die notwendige Interaktion zwischen Kalzium und Vitamin D ist schon länger und hinlänglich bekannt.

Wenn zum Beispiel der Nahrung genügend Vitamin A zugeführt wird, kann es trotzdem, steht nicht genügend Zink zur Verfügung, zu Vitamin-A-Verwertungsstörungen kommen. Alkoholiker haben oft niedrige Vitamin-A-Serumspiegel und erkranken folglich leicht an Nachtblindheit. Häufig kann man ihnen mit Vitamin-A-Supplementen allein nicht helfen, doch Vitamin A in Verbindung mit Zink normalisiert den Vitamin-A-Serumspiegel und das nächtliche Sehvermögen.

Ein weiteres Beispiel für die vielfältigen Wechselbeziehungen der Nährstoffe sind die Auswirkungen zur Verhütung des Niacin- Syndroms, das aus Magen-Darm-Störungen, Hautentzündungen und geistiger Verwirrtheit besteht. Bevor die Hautsymptome in Erscheinung treten, liegt oft schon ein Defizit an B^2, B^6 und der Aminosäure Tryptophan vor, die wiederum eine Anämie hervorrufen kann dadurch, daß der B^{12}-Haushalt in Mitleidenschaft gezogen wird. Vitamin-B^6-Mangel stört den Vitamin-C-Stoffwechsel –, und das wiederum kann zu einer verminderten Eisenabsorption führen. Geringe Absorption von Eisen verursacht eine übermäßige Kupferabsorption, die ihrerseits wiederum den Zinkstoffwechsel beeinflußt. Die Verflechtungen gehen weiter und weiter; es ist daher von großer Wichtigkeit, neben den Vitalstoffen auch deren vielfältige Neben- und Gegenwirkungen zu kennen. Leider muß man dazu sagen, daß die Gesundheitsbehörden, wie der FDA in Amerika oder noch stärker das BGA in Deutschland es den Anwendern schwer machen, an wertvolle Kombinationspräparate zu kommen. Eine pauschale Verteufelung dieser Präparate als entweder wertlos oder gefährlich ist eine aus dem Nebel grauer Theorien heraus geborene Idee, die nicht gerade von praktischem Verständnis der biochemischen Gesetze zeugt.

Funktionale Lebensmittel

Unsere Bereitschaft, körperliches Unbehagen zu ertragen, ist nicht sehr ausgeprägt. Der Patient möchte sich möglichst sofort wieder fit fühlen und verlangt vom Arzt das dafür geeignetste Mittel. Oft ist das effektivste Mittel eines, das uns zwar umgehend von den mißliebigen Symptomen befreit, aber unser Immunsystem nachhaltig schädigt. Von dieser passiven Konsumhaltung einer sofortigen Heilung, einer sehr eingeschliffenen Geisteshaltung, müssen sich Arzt und Patient – die oft eine Art Verschwörung bilden – trennen, wollen beide eine auf Dauer ausgerichtete Besserung erreichen. Eine auf Vorsorge und Ganzheit ausgerichtete Medizin erkennt, daß den besten Weggefährten und Verbündeten von Arzt und Patient das Immunsystem darstellt; deshalb sollte gerade in der heutigen Zeit der Körper durch alle uns zur Verfügung stehenden Methoden dazu gebracht werden, sich seiner eigenen »Heilungsintelligenz« zu bemächtigen, um sich selbst gegen die Krankheit zur Wehr setzen zu können. Die Forderung, sogenannte funktionale Lebensmittel in unsere Ernährung mit aufzunehmen, trägt dem Gedanken der »präventiven Prävention« – der vorbeugenden Vorsorge – im vollsten Umfang Rechnung. Funktionale Lebensmittel sind Lebensmittel, die eine bestimmte Aufgabe erfüllen sollen, nämlich Nährstoff- und Energiedefizite im Körper auszugleichen oder vorbeugend Abbauerscheinungen zu minimieren.

Die Ernährung des kindlichen Gehirns

Das Gehirn eines Kindes hat üblicherweise bei der Geburt schon ein Viertel seiner endgültigen Größe, der übrige Körper aber erst ein Zwanzigstel. Untersuchungen an unterernährten Versuchstieren erbrachten ähnliche Ergebnisse wie die von Mark Rosenzweig, der Tiere untersuchte, die einer reizarmen Umgebung ausgesetzt waren. Geringeres Hirngewicht und eine geringere Zahl von Nervenzellen wurden hier genauso gefunden wie eine geringere Dicke des Cortex. Sowohl Unterernährung als auch Isolation führen zu einem Mangel an Interesse und zur Bevorzugung von Gewohntem gegenüber Neuem. Ähnlich scheint es sich auch mit den 300 Millionen Kindern in Afrika, Asien und Südamerika zu verhalten, die schon während der Schwangerschaft durch unzureichende Ernährung der Mutter eine Entwicklungsstörung des Gehirns erfahren. Wenn dann auch die Flaschennahrung die Muttermilch nicht ersetzen kann, zeigt sich das, was Prof. N. Herschkowitz von der Universität Bern erkannte: unterernährte Kinder sind im Vergleich zu normal ernährten bedeutend kleiner, ihr Gehirn ist leichter, die Zahl der Gehirnzellen und Synapsen geringer, das Myelin ist weniger ausgebildet. Selbst wenn ab einem Alter von drei Jahren die Kinder wieder normal ernährt werden, können diese Defizite nicht mehr ausgeglichen werden. Muttermilch ist für das Baby die ideale Ernährung. Der Eiweißgehalt der Muttermilch ist speziell an den Stoffwechsel des Babys angepaßt, und der Fettgehalt ist leichter verdaulich als derjenige von Kuhmilch. Da Muttermilch die Antikörper der Mutter enthält, kann sie auch gegen bestimmte Infektionen und Allergien immunisieren, obwohl sie häufig Umweltoxine enthält.

Intuitive Ernährung

Hunger ist offenbar nicht nur der sprichwörtlich beste Koch, sondern auch ein ausgezeichneter Ernährungsphysiologe. Mit erstaunlicher Zielstrebigkeit weckt der eßlustige Körper den Wunsch nach Mahlzeiten mit genau den Inhaltstoffen, an denen besonderer Bedarf besteht. Der Mensch hält nach dem Prinzip der Selbstregulation, das ursprünglich nur neurophysiologische Vorgänge erklären sollte, mit verschiedenen Mitteln sein inneres Gleichgewicht – die Homöostase – aufrecht. Auch beim Essen und Trinken scheint eine Art chemischer Selbstregulation stattzufinden. Aus einer »Weisheit des Körpers« heraus entwickelt der Mensch Appetit auf solche Kost, die einen bestehenden Mangel im Körper beseitigt, erläutert Gisela Gniech, Psychologieprofessorin an der Universität Bremen im »Report Psychologie«.

In einer Studie an drei abgestillten Kleinkindern im Alter von 6 und 12 Monaten, die aus einem großen Nahrungsmittelangebot frei auswählen konnten, wurde dies eindrucksvoll bestätigt: die Babys waren durchaus in der Lage, die passenden Menüs für sich selbst herauszufinden. Eines der drei Kinder, das an Rachitis erkrankt war, entwickelte sogar spontan eine Vorliebe für den sonst verpönten Lebertran, um der Krankheit entgegenzuwirken. Auch Menschen, die bestimmten Körperbautypen zuzuordnen sind, stellen sich in ihren Nahrungsvorlieben darauf ein. So haben die untersetzten, dicklichen Pykniker einen hohen Eiweißbedarf und bevorzugen besonders Fleisch. Die muskulösen athletischen Typen ziehen energiereiche Kohlehydrate in Form von Brot, Zucker und Stärke vor. Sportler verhalten sich häufig ernährungsphysiologisch normal, auch wenn sie keine speziellen Diätanweisungen erhalten haben, betont die Psychologin. Sie neigen zu einer abgerundeten, auf ihre Bedürfnisse abgestimmten Grundernährung. Auch bei Erkrankungen ist dieses Regelungsprinzip zu beobachten: fiebernde Patienten nehmen wenig Kalorien zu sich, verlangen jedoch salz- und mineralhaltige Flüssigkeiten, um der Bedarfslage ihres Körpers gerecht zu werden. Nach der »thermostatischen Theorie« ist das Hungergefühl in die Regulation der Körpertemperatur eingespannt. Große Hitze verdirbt den Appetit, eine volle Mahlzeit dagegen hebt die Körpertemperatur für 2 bis 3 Stunden um 1 Grad Celsius an. Allerdings wurde eingewendet, daß den Fiebernden die Weisheit des Körpers abgehen müsse, weil sie Gemüsesäfte ablehnten und lieber Bohnenkaffee trinken wollten. Wahrscheinlich gehen die einzelnen Krankheitsbilder mit einer unterschiedlich ausgeprägten Regulationsfähigkeit einher. Krebs-, Leber- und Gallenpatienten zeichneten sich durch eine ausgeprägte »Antenne für unbekömmliche Speisen« aus. Herz- und Kreislaufkranke beachten die für sie »richtigen Ernährungsvorgaben« nur halbherzig, während Diabetiker häufig eine ausgesprochene Gier nach den für sie unzuträglichen Kohlehydraten, besonders in Form von Süßigkeiten, entwickeln.

Menschen können Nährstoffe, die ihrem Körper fehlen, allerdings nur schlecht mittels Geschmack und Geruch aufspüren, gibt die Medizinerin Linda M. Bartoshuk in den »Annals of the New York Academy of Sciences« zu bedenken. Vitamine etwa sind meist so niedrig konzentriert, daß sie der Sinnesanalyse durch Nase und Gaumen entgehen. Mineralien schmecken zwar in der Regel salzig, doch läßt sich nicht zwischen verschiedenen Mineralsalzen unterscheiden. Dennoch verschafft der Körper sich meist offenbar gezielt das, was er braucht. Dies zeigt der dramatische Fall eines kleinen Jungen mit einer Nebennierenfehlfunktion, der sich selbst durch den Konsum größerer Mengen von Kochsalz am Leben erhielt. Wahrscheinlich sind wirkliche Formen von Nährstoffhunger, so Bartoshuk, auf Kochsalz und Zucker beschränkt. Es gibt auch eine besondere, vermutlich angeborene, Abneigung gegen bittere Substanzen, weil diese in der Natur meist giftig sind. Aber selbst wenn der Mensch nicht über die Fähigkeit »von Wittern« von wesentlichen Nährstoffen verfügt, kann er deren Vorhandensein doch erlernen, indem er sich die Wirkung dieser Substanzen auf den Körper einprägt. Der Geruch oder das Aussehen der Speise wird dann mit der Erinnerung an ihre Wirkung verknüpft.

Die orthomolekularen Nährstoffe zur Steigerung der Gehirnleistung

Die orthomolekulare Therapie ist ein Behandlungskonzept, das in den 50er Jahren in den USA entwickelt wurde. Sie beruht auf dem Prinzip der »Selbstregulation«. Das bedeutet, daß in einem kranken Organismus ein Zustand erzeugt wird, der eine Selbstheilung ermöglicht. Neben herkömmlichen Medikamenten – soweit diese im Notfall wirklich notwendig sind – werden von den Vertretern der orthomolekularen Medizin Nährstoffe, Mineralien, Spurenelemente und besonders Vitamine in verschieden hohen Dosen eingesetzt.

Die neuen Erkenntnisse der Ernährungswissenschaft beweisen, daß Nahrungsmittel in Körper und Gehirn wahre Wunder vollbringen können – vorausgesetzt, wir führen uns die richtigen Stoffe in optimaler Zusammensetzung und Qualität zu und sorgen dafür, daß sie an den Ort ihrer Entfaltung gelangen – die Zelle. Seit kurzem sind einige wichtige und höchst dramatische Wirkungen im Zusammenhang mit Speisen und Gehirnstoffwechsel erforscht worden, so der Zusammenhang zwischen Depression und Serotoninmenge im Gehirn, die durch das Essen gesteuert werden kann. Der Neurotransmitter Serotonin wird aus der Aminosäure Tryptophan hergestellt und entscheidet im Gehirn über Schlaf- und Wachzustand, gute Laune, Freude, Schmerz oder Unlustgefühle. Wie häufig bei Ernährungshinweisen, ist die Gefahr des Fehlverhaltens aufgrund bestimmter Untersuchungsergebnisse auch hier sehr groß. Die Vorgänge im Organismus sind zu komplex und vielschichtig. Obwohl Nahrungsmittel wie mageres Fleisch, Fisch u.a. einen hohen Gehalt an Tryptophan besitzen und man vermuten könnte, daß sie seelische Vitalität und Lebensfreude steigern, ist es gerade umgekehrt. Werden nämlich zuviele Aminosäuren zugeführt, so wirkt sich das gegenteilig aus. Tryptophan gelangt nur dann vermehrt ins Gehirn, wenn die anderen Aminosäuren, die auch bestrebt sind, dorthin zu kommen, vom Insulin zurückgehalten werden. Den »Zuckerverwerter« Insulin stellt der Körper dann her, wenn Brot, Nudeln, Kartoffeln oder Honig, also kohlehydratreiche Nahrung, gegessen wird. Tatsächlich konnte Dr. Martin Pirke vom Max-Planck-Institut in München nachweisen, daß Tryptophan in unterschiedlicher Menge das Gehirn erreicht, je nachdem, ob seine Versuchspersonen eiweißreiche oder kohlehydratreiche Speisen zu sich nahmen. Sein Ergebnis war, daß die Stimmung *der* Gruppe am höchsten war, die eine Kombination aus zuckerhaltigen und proteinreichen Nahrungsmitteln zu sich nahmen. Zusätzlich haben Vollkornprodukte noch den Vorteil gegenüber einer allgemein üblichen Mangelkost, daß sie Vitamine in ihrem natürlichen Verbund beherbergen. Sie enthalten Vitamine der B-Gruppe, die in Obst und Gemüse nicht vorkommen. Diese wiederum enthalten in erster Linie Ballaststoffe, die verdauungfördernd wirken, und Vitamin C.

Vitamin C

Als der zweifache Nobelpreisträger Linus Pauling 1968 behauptete, daß Vitamin C in hohen Dosen von großem Wert gegen Erkältung und Grippe sei, gab es großen Wirbel in der Fachwelt. Noch heute (nachdem Linus Pauling über 90 Jahre alt geworden ist) wird seine Aussage widersprüchlich diskutiert. Seine Anhänger (davon gibt es weltweit Millionen) und viele renommierte Ärzte und Professoren liegen im Streit mit Fachkollegen hinsichtlich der Frage nach der Wirksamkeit von Vitamin C und den Auswirkungen bei Überdosierung. Mittlerweile kann aber zweifelsfrei davon ausgegangen werden, daß Vitamin C segensreich bei Streß, Autoimmunerkrankungen, bei Grippe und als generelles Vorbeugungsmittel im Alterungsprozeß einzusetzen ist. Was vor allem heutzutage sehr wichtig ist: Vitamin C hat sich als *antitoxisches Heilmittel* gegen Umweltgifte wie Schwermetalle und Kohlendioxid sowie die giftigen Rückstände von chemischen Substanzen (die jahrelang im Fettgewebe eingelagert bleiben) erwiesen und erscheint vor allem in Megadosen (ab 1000 mg) die genannte Wirkung zu entfalten. Die Einwände, zu hohe Dosen von Vitamin C könnten Magen und Nieren schädigen, wurden von Linus Pauling und seinen Mitarbeitern geprüft und konnten nicht bestätigt werden. Das Gegenteil war der Fall: hohe Dosen von Vitamin C sind notwendig, um die abgelagerten Toxine (Gifte) auszuschwemmen. In diesem Fall hilft also mehr auch mehr! Das Argument der herkömmlichen Medizin, Vitamin C würde ja doch ausgeschieden, wirft unter diesen Voraussetzungen ein anderes Licht auf die Problematik und die damit verbunden Schlußfolgerungen.

Die unter dem Gesichtspunkt der orthomolekularen Erkenntnisse am häufigsten beschriebene Krankheit ist die *Unterzuckerung (Hypoglykämie) des Gehirns*. Sie geht einher mit einer Vielfalt von Symptomen, die wir alle kennen: Abgeschlagenheit, Unlust, Müdigkeit, Depression, Antriebsarmut, Schwindel und Kopfschmerz. Die Ernährung bei diesem Krankheitskomplex spielt eine zentrale Rolle für die Wiederherstellung der Gesundheit. Hier nun eine kurze Auflistung der notwendigen Schritte bei Unterzuckerung:

1. Die Nahrung muß vollwertig sein (alle Aminosäuren, Vitamine, Mineralien, Spurenelemente und Enzyme enthalten).
2. Die Nahrung darf keine raffinierten Kohlenhydrate (Zucker, Kekse, Schokolade) enthalten – entgegen der üblichen Lehrmeinung, der niedrige Blutzuckerspiegel müsse durch Zucker ausgeglichen werden; hier darf nur Zucker in Verbindung mit Obst und Gemüse sowie Protein als Träger gegessen werden.

3. Mehrere kleine Mahlzeiten am Tag (lieber fünf als drei).
4. Kein Kaffee, Tee oder Alkohol, wenig tierisches Fett.
5. Als Zusatzernährung: orthomolekulare Substanzen, vor allem die gehirnwirksamen, nervenwachstumsfördernden B-Vitamine.

Die B-Vitamine

Hier hat sich vor allem das Vitamin B^1 (Thiamin) bei der Umwandlung von Glukose in Energie bewährt. Alkoholiker z. B. haben oft einen sehr niedrigen Thiaminwert, was sie immer wieder zur Flasche greifen läßt.

Vitamin B^2 (Riboflavin) ist ein wichtiger Antistreßfaktor. Die Dosierung für eine optimale Ernährung liegt zwischen 50 und 100 mg am Tag.

Vitamin B^3 (Niacin) ist ein Vitamin, das in zwei Wirkformen vorkommt: als Nikotinsäure und als Nikotinsäureamid (diese Stoffe haben nichts mit dem Nikotin im Tabakrauch zu tun), die sich in der Wirksamkeit nicht unterscheiden. Im menschlichen Organismus wird das Nikotinamid aus der Aminosäure Tryptophan gebildet. Es ist wichtig beim Protein – und Kohlehydratstoffwechsel und bei der Bildung von Enzymen. Niacin belädt die Oberfläche unserer roten Blutkörperchen mit negativer Ladung, wodurch die Sauerstoffkapazität erhöht wird. Insgesamt führt das in unserem Gehirn zu einer bessere Funktion des Stoffwechsels, der Durchblutung und Leistung, was sich auf Stimmung und Befinden auswirkt. Niacin ist ein ausgesprochenes Nervenvitamin und wird gegen Schizophrenie, schädliche Auswirkungen radioaktiver Strahlung und anderer Toxine, gegen hohen Cholesterinspiegel und bei Durchblutungsstörungen eingesetzt.

Vitamin B^6 (Pyridoxin) wird vom Körper schnell aufgenommen und in Enzyme eingebaut. Seine Hauptaufgabe liegt im Eiweißstoffwechsel. Es ist an der Umwandlung von Leberglykogen in Glucose beteiligt und hilft bei der Bildung von Gallensäuren und Hämoglobin. Außerdem ist es ein wichtiger Faktor für die Aktivität unseres Nervensystems.

Folsäure, die auch zum B-Komplex gehört, ist vor allem in Gemüse und Obst enthalten und erfüllt im Körper zahlreiche Aufgaben. Sie ist in ihrem Wirken eng mit dem Vitamin B^{12} verbunden. Folsäure ist an der DNA- und RNA-Synthese beteiligt. Folsäure vertreibt Trübsal, vorausgesetzt, es bestand ein Mangel. Anstatt in die Apotheke zu gehen und Antidepressiva zu kaufen, sollte man das Stimmungstief lieber durch frisches Obst und Gemüse, roh verzehrt, ausgleichen. Kanadische Ärzte untersuchen Folsäu-

remangel als auslösendes Element für Depressionen. In einer Studie der McGill Universität in Montreal wurden verschiedenen Patientengruppen in Hinblick auf den Folsäuregehalt im Blut untersucht:
1. eine depressive Gruppe,
2. eine Gruppe psychisch Kranker und
3. eine Gruppe psychisch Kranker, aber nicht depressiver Patienten.

Die Wissenschaftler entdeckten, daß der Folsäuregehalt im Blut der depressiven Kranken erheblich niedriger war als bei den seelisch und körperlich kranken Patienten. Die depressiven Patienten waren zwar gesund, litten aber trotzdem an unerklärlichen Depressionen. Der Grund war, wie dieses Experiment bewies, Folsäuremangel.

Ebenso aus dem Vitamin-B-Komplex kommt die *Pantothensäure*. Dr. Szorady von der Universität in Szeged (Ungarn) ist sich mit Dr. Williams (University of New York) darüber einig, daß Pantothensäure die biochemischen Prozesse verlangsamt und dadurch Zellverlust und Degeneration vor allem in Gehirn und Nervensystem (das sich zwar regenerieren, aber nicht mehr teilen kann wie die anderen Zellen des Körpers) vermindert. Ein guter Grund mehr, zu frischem Obst und Gemüse zurückzukehren – zu gespeichertem Sonnenlicht und den damit verbundenen Vitalstoffen.

Grundsätzlich kann davon ausgegangen werden, daß, je größer der Wunsch nach Gesundheit und Leistungsfähigkeit ist, desto höher der Anteil an unverarbeiteten Nahrungsmitteln sein sollte. Dem entspricht auch ein Trend, der seit einiger Zeit in den USA zu beobachten ist: Rohkost vor dem Essen, immer mehr Vollkornprodukte und weg vom Zucker.

Lezithin

Bei einer richtig zusammengesetzten Ernährung produziert die Leber jeden Tag wachsähnliche Substanzen, die man unter dem Sammelbegriff Lezithin (Phospholipide) zusammenfaßt. Lezithin zerkleinert das Cholesterin zu winzigen Partikeln, die leicht in das Gewebe eindringen. Wird zuwenig Lezithin produziert, nehmen die Cholesterinteilchen an Größe zu und bleiben im Blut und an den Arterienwänden hängen. Lezithin besteht aus Fett, Cholin, Inositol und essentiellen ungesättigten Fettsäuren. Es kann nicht ohne die Hilfe von Enzymen, die Vitamin B6 und Magnesium enthalten, produziert werden. Mangelt es an einem dieser Nährstoffe, steigt der Blutcholesterinspiegel an, da kein Lezithin gebildet werden kann. Die medizinische Behandlung hoher Cholesterinwerte und der Arteriosklerose ist gleichsam eine Tonleiter von Diäten geworden, beginnend mit dem Verbot von Eiern, Butter und anderen Nahrungsmitteln, die ungesättigte Fettsäuren und Lezithin enthalten. Mit diesen Diäten setzt sich die Mangelsituation an Vitalstoffen stärker fort, als wenn die normale Ernährung beibehalten würde und nur zusätzlich Lezithin, Nikotinsäureamid (Niacin) und kalt geschlagene Öle eingenommen würden. Lezithin als Zusatznährstoff bietet dem Gehirn die Basis für einen reibungslosen Ablauf.

Cholin

Cholin ist eine »lipotrophe Substanz«, d.h., es kann sich mit Fettmolekülen verbinden und verhindern, daß es in einzelnen Organen zu Fettansammlungen kommt. Cholin wird im Körper zur Bildung von Acetylcholin, als Grundbaustein von Lezithin und Sphingomyelin und als Methylgruppen-Reservoir benötigt.

Die Bildung von Acetylcholin ist besonders bedeutsam, weil ein genügend großer Vorrat an dieser Substanz die Voraussetzung für das Funktionieren unseres Nervensystems darstellt. Acetylcholin ist eine Nervenflüssigkeit, die Nervenimpulse zwischen den einzelnen Nervenzellen weiterleitet. Cholin ist für eine gute Gehirnfunktion und Gedächtnisleistung sehr wichtig.

Germanium

Germanium ist ein Spurenelement, das erst seit neuestem größere Bedeutung zugesprochen bekommen hat. Pflanzen wie Ginseng und Knoblauch, die den Gehirnstoffwechsel anregen, enthalten einen hohen Anteil an Germanium. Der japanische Wissenschaftler Dr. K. Asai stellte die erste Germaniumverbindung her. Inzwischen kann man davon ausgehen, daß Germanium eine wichtige Rolle bei der Unterstützung des Immunsystems, bei der Sauerstoffverwertung und bei der Interferonproduktion spielt.

Enzyme

Enzyme verhelfen den Vitaminen zu ihrer Wirksamkeit. Doch in unseren erhitzten Speisen sind oft keine Enzyme mehr enthalten, da diese bei etwa 50 Grad Celsius zugrunde gehen. Aber nicht nur das Erhitzen der Speisen führt zum Enzymverlust, sondern auch das Sterilisieren, Pasteurisieren, chemische Konservieren und Färben der Nahrungsmittel. Ob ein Enzym wirksam werden kann oder nicht, hängt in erster Linie von seiner eigenen Beschaffenheit ab. Enzyme sind sehr komplexe Gebilde, die zunächst nicht in ihrer fertigen einsatzbereiten Form vorliegen, sondern in Vorstufen, die von sich aus nicht aktiv werden können. Meist setzt sich das Enzym aus einem größeren Eiweißkörper, dem sogenannten Apoenzym, zusammen und einem kleineren Teil, dem Coenzym. Erst wenn diese beiden Teile zusammengefunden haben, existiert die besondere Art eines aktiven Eiweißkörpers, das sogenannte Holoenzym. Forschern gelang nun in jüngster Zeit eine überaus interessante Entdeckung: das Coenzym ist manchmal ein Spurenelement, also ein Metallteilchen, oft aber auch der Abkömmling eines Vitamins. Damit wird klar, wie diese Spurenelemente und Vitamine wirken und warum oft auch eine große Zufuhr wirkungslos bleibt: gewisse Metalle und manche Vitamine können im Körper erst dann ihre Wirkung entfalten, wenn sie sich an das Apoenzym gekoppelt haben und damit zu einem Teil des Enzyms geworden sind. Das erklärt vielleicht auch, warum so viele Tests und klinische Versuche mit Vitaminen immer wieder völlig entgegengesetzte Ergebnisse brachten: das beste Vitamin nützt nichts, wenn im Körper der Partner fehlt, der mit ihm zusammen das Enzym bilden sollte. Wenn die Apoenzyme nicht vorhanden sind, werden die Vitamine ungenützt vom Körper ausgeschieden. Hiermit wird deutlich, welch große Bedeutung den Enzymen zukommt und wie stark sich die interaktive Wirkung der Enzyme auf unsere Gesundheit und unser Wohlbefinden auswirkt.

Jeder mit der Naturheilkunde vertrauter Wissenschaftler ist sich mittlerweile darüber im klaren, daß Virusinfektionen mit abwehrsteigernden Methoden begegnet werden sollte. Immer mehr Wissenschaftler bestätigen, daß die durch Immunkomplexe verursachte Zerstörung der Helferzellen der Hauptgrund für den tödlichen Verlauf eines »erworbenen Immunschwäche-Syndroms« ist. Deshalb können Viruserkrankungen und Immunschwäche-Syndrome am wirksamsten mit Hilfe einer Enzymtherapie behandelt werden. Diese bewirkt eine gezielte Mobilisierung der im Gewebe verankerten Immunkomplexe und deren Vernichtung und Abtransport. Die Enzymtherapie erfüllt zwei Forderungen, die bereits Paul Ehrlich aufgestellt hat, und die bei der Krebsentstehung von größter Wichtigkeit sind: die Abwehrkraft des Organismus und die Bösartigkeit der Geschwulst zu beachten. Genau diese beiden Faktoren sind es, die bei der Enzymtherapie berücksichtigt werden. Eine optimale Enzymmischung, die die entzündliche und degenerative Komponente abdeckt, wurde durch Professor Max Wolf und Helen Benitez an der Columbia Universität entwickelt. Man nannte die am Biological Research Institute gewonnenen Präparate »Wolf-Benitez-Enzyme«, heute unter dem Namen »Wobenzym« bekannt.

Coenzym Q

Das Coenzym Q gehört zur Stoffklasse der Ubichinone, die aus einer ganzen Reihe von chemisch ähnlichen Substanzen bestehen. Die Ubichinone sind als Enzyme am Transport von Elektronen beteiligt. Die Ubichinone ähneln in ihrer Struktur den Vitaminen E und K. Mit dem Vitamin E, einem der wirksamsten Antioxydantien, besteht eine enge Beziehung. Coenzym Q wirkt sich besonders auf den Energiehaushalt aus und zeigt eine vorbeugende Wirkung bei der Prävention von Herzkrankheiten. Auch hier scheint es eine positive Wirkung auf das Immunsystem zu geben sowie einen gerontologischen, sprich: lebensverlängernden, Aspekt.

Vasopressin

Das Peptidhormon Vasopressin ist ein antidiuretisches, d.h. ein die Harnausscheidung hemmendes Hormon. Fehlt es, so kommt es zu übermäßiger Harnausscheidung. Kliniker aus der Schweiz und Belgien haben in einem Doppelblindversuch Patienten mit schweren Gedächtnisstörungen Vasopressin verabreicht. Schon nach drei Tagen besserten sich bei den Patienten die Aufmerksamkeit, die Konzentration, die motorische Reaktion und das Gedächtnis.

»Designer Food«

Mittlerweile gibt es außer sinnvollen Nährstoffsupplementen, die eine ausgewogene Zusammenstellung von Enzymen, Aminosäuren, Vitaminen und Mineralstoffen enthalten, neue Präparate, vor allem das aus den USA kommende »Designer Food«. Diese »Gehirn-Energie«-Präparate können den Kriterien »natürlicher Reparatur- und Biosubstanzen« im Sinne eines langfristigen Rekonvaleszenz- und Vorbeuge-Effekts leider nicht standhalten. Ein kritischer Blick auf die Inhaltssubstanzen zeigt, daß der Glukose- und Koffeinanteil sehr hoch ist und daher einen kurzfristigen Energieschub bewirkt. Das kann auf Dauer das Hypoglykämie-Syndrom begünstigen; das kurzfristige »high« muß durch immer höhere Dosen dieser Stimulantien befriedigt werden, daher spricht man häufig in diesem Zusammenhang von »weißen Drogen«. Der hohe Koffeinanteil führt bei vielen zu einer Übererregung des sympathischen Nervensystems. Ähnliche Wirkungen, nämlich die eines »sympathomimetischen Effekts«, erzielen Guarana und Ephedra-Tee.

Pflanzen zur Anregung der Gehirnfunktion

Fo-Ti-Tieng

Fo-Ti-Tieng ist eine Heilpflanze, und zwar handelt es sich dabei um ein asiatisches Nabelkraut. Richard Lucas übersetzte den chinesischen Namen mit »Elixir des langen Lebens«. Der französische Biochemiker Jules Lepin entdeckte in der Pflanze eine Substanz, die auf das Nervensystem und das endokrine System verjüngend wirkt. Ähnliches wird über eine andere Pflanze berichtet mit dem Namen Gotu kola; sie wird in Sri-Lanka (Ceylon) und anderen Teilen Asiens zur Lebensverlängerung und Erhaltung geistiger Wachheit eingesetzt. Viele moderne Kräuterspezialisten setzen die Pflanze als Wirkstoff zur Stimulierung des Gehirns, Entschlackung des Organismus und Kräftigung der Abwehr ein. Es liegen jedoch noch wenig wissenschaftliche Ergebnisse über Chemie und Pharmakologie dieser Pflanze vor.

Es gibt eine Reihe von Pflanzen, die in traditionellen Medizinsystemen als bewährte Hirntonika gelten. Sie sind Stoffe, die das Gehirn gesund erhalten, die Konzentrationsfähigkeit verbessern und ein harmonisches Gleichgewicht schaffen. Dr. Christian Rätsch, Ethnologe und Autor zahlreicher Bücher, erwähnt außer den nachfolgend besprochenen Pflanzen Ginseng und Ginkgo biloba noch Kakao und Vanille. Viele der anderen gehirnwirksamen Pflanzen wie Kava-Kava, Ho Shou Wu, Tang Shen u.a. sind bei uns leider nicht erhältlich.

Ginseng

Ginseng hat schon seit längerem die Aufmerksamkeit vieler Naturheilkundiger in Ost und West auf sich ziehen können. Breite Untersuchungen haben gezeigt, daß gewisse Bestandteile dieser Wurzel die geistige Leistungsfähigkeit verbessern, Müdigkeit verhüten, gegen toxische Stoffe der Umwelt wirken und gegen radioaktive Strahlung resistenter machen. Professor Harman beobachtete, daß die Lebensspanne von Fruchtfliegen durch Ginseng nachhaltig verlängert werden konnte. Zwei weitere verwandte Pflanzen, der sibirische Ginseng (Eleutherococcus) und der amerikanische Ginseng besitzen ähnliche Eigenschaften wie die chinesische Art. Der Name Ginseng kommt von gin = Mensch und seng = Essenz. Die Wurzel gilt in der ostasiatischen Mythologie als „Kristallisation der Essenzen von Himmmel und Erde in Form eines Menschen„ (Rätsch, Lexikon der Zauberpflanzen). Um diese Wurzel rankt sich eine sagenumwobene Geschichte in der Alchemie, Zauberei und Medizin des Ostens. In alten Schriften wird immer wieder ihre Fähigkeit, geistige Lebenskräfte zu entfalten, hochgelobt. Des weiteren wird behauptet: »Wer die Pflanze ißt, wird ewiges Leben erlangen«. Die Wurzel wurde von asiatischen Heilkundigen zur Herstellung von Unsterblickeitselixieren mit anderen Zauberpflanzen (Datteln, Hanf, Ingwer, Mohn, Tee, Wein) kombiniert. Im Tao Hung-ching heißt es: »Schamanen benutzen Hanf und Ginseng, um die Zeit zu überbrücken und zukünftige Ereignisse zu erschauen.«

Man kann Ginseng durchaus als Universalmittel bezeichnen, das drei Hauptwirkkomponenten aufweist:

1. Anregung der Gehirnfunktion (Regulierung und Anregung der Gehirndurchblutung);
2. lebensverlängernde Wirkung auf den gesamten Zellstoffwechsel (gegen schädliche Toxine);
3. Aphrodisiakum.

Die genannten Eigenschaften beziehen sich vor allem auf die Originalwurzel aus China und Korea, die man auch in Deutschland bekommen kann.

Anwendung und Dosierung: Die Originalwurzel ist ihrer Eigenschaft entsprechend teuer. Früher wurde ihr Gewicht in Gold aufgewogen. Die in Deutschland erhältlichen Wurzeln sind meist 6 bis 10 cm groß und wiegen 3-5 g. Es ist ausreichend, ein- bis zweimal täglich ein kleines Stückchen von der hölzernen Wurzel abzuschneiden und zu zerkauen. Schon nach wenigen Tagen merkt man die leistungssteigernde Wirkung, vor allem, wenn vorher Erschöpfung und Depressionen durch einen zu niedrigen Blutdruck vorhanden waren. Es gibt auch eine in Nordamerika wildwachsende

Ginsengart (Panax Quinquefolium). In den entsprechenden Indianersprachen bedeutet sie jeweils »Menschenwurzel«. Sie wird als Zaubermittel, Aphrodisiakum und Heilpflanze benutzt.
Gesamtwirkung: antidepressiv, antidiabetisch, aphrodisierend, antitoxisch, kreislaufstärkend, blutdruckerhöhend, ZNS- stimulierend, stoffwechselanregend, Durchblutung und Sauerstoffversorgung des Gehirns verstärkend.

Ginkgo Biloba

Ginkgo biloba, ein Auszug aus den Blättern des Ginkgobaums, zählt zu den wirksamsten Mitteln zur Anregung der Gehirnfunktion. Der Ginkgobaum wurde der europäischen Wissenschaft erstmals 1712 von dem Arzt und Naturwissenschaftler E. Kämpfer vorgestellt. Als Heimat des Ginkgobaumes wird der ostasiatische Raum, insbesondere China, angesehen. Von dort wurde er nach Japan und Korea gebracht. Hier wird er seit Menschengedenken gezüchtet und als Tempelbaum verehrt.

Ginkgo – ein Überlebenskünstler
Der erste nach Europa importierte Gingko steht seit 250 Jahren in Utrecht (Holland). Der Ginkgobaum gilt als besonders insektenbeständig und resistent, nicht nur gegenüber bekannten Schädlingen, sondern auch gegen die Giftstoffe der Neuzeit. So mag der Ginkgobaum heute als lebender Beweis für die Effizienz von Mutation und Selektion gelten. Er kann so dem Menschen als Heilmittel gegen vielerlei Umweltgifte dienen. Das breitgefächerte Wirkspektrum läßt sich dadurch erklären, daß der Extrakt verschiedene Angriffspunkte im Organismus des Menschen hat.

Er verbessert beispielsweise die Fließeigenschaften des Blutes und ermöglicht daher eine reibungslose Versorgung des Gehirns mit Nährstoffen und Sauerstoff. Aus der orthomolekularen Medizin weiß man, daß im lebenden Organismus ständig freie Radikale gebildet werden (Ermüdungsstoffe, Übersäuerung durch falsche Lebensweise); sie verursachen Kettenreaktionen vor allem an den Zellmembranen, die mehrfach ungesättigte Fettsäuren enthalten. Dadurch kommt es zu einer Funktionsminderung an der Zellmembran. Ginkgo, als »Radikalefänger«, wirkt der Radikale-Entstehung und damit dem Funktionsverlust der Zellmembran entgegen. An der Universität Würzburg wurde die Wirkungsweise von Ginkgo biloba im Hinblick auf die Alzheimer-Krankheit hin untersucht. Die Versuche ergaben eine Veränderung der Gehirnwellen in Richtung Alpha und der subjektiven Befindlichkeit. Konzentration, Stimmung sowie Antriebslust und Motivation besserten sich.

Leistungsgetränke

Es ist sicherlich nicht jedermanns Sache, von heute auf morgen mit Kaffee oder Tee aufzuhören und stattdessen seinem Kunden oder Vertragspartner einen grünen Grassaft zu kredenzen. Da wir ja mittlerweile wissen, daß wir von liebgewonnenen Programmen und Gewohnheiten abhängig sind, ist es besonders schwer, »Rituale« aus den Bereichen Ernährung und soziales Verhalten zu modifizieren. Kaffeetrinken und Rauchen sind solche Rituale, die mit sozialem Brauchtum und gemeinsamer Essensaufnahme zu tun haben.

Pep-up-Getränk nach Adelle Davis

Das aufbauende Supernahrungsgetränk, das jeder selbst herstellen kann, sollte derjenige, der an Langzeiteffekten interessiert ist, bevorzugen. Die Inhaltsstoffe Weizenkeime, Hefe und Lezithin in Verbindung mit hochwertigen Aminosäuren und ungesättigten Fetten bilden eine wertvolle Kombination. Adelle Davis hat dieses Rezept schon seit vielen Jahren in ihren Büchern veröffentlicht:

1 Eßl. Lezithin-Granulat
1 Eßl. Weizenkeime
1 Eigelb
1 Glas Vollmilch
1 Eßl. ungesättigte Öle — Kräftig umrühren.

Kann anstelle des Frühstücks zu sich genommen werden. Variationen in den Zutaten sind möglich, wie die Anreicherung mit Hefe und Mineralpulver. Sollte Milch nicht vertragen werden, können Säfte als Basis verwendet werden. Das Getränk hat sich als nährstoffreiche Zwischenmahlzeit vor allem bei Unterzuckerung und allgemeiner Abgeschlagenheit bewährt.

Kombucha

Die Verwendung des Teepilzes Kombucha möchte ich unter der Rubrik »funktionale Lebensmittel« auch noch erwähnen, da er über einen hervorragenden Effekt bei der Vorbeugung gegen degenerative Erkrankungen und über tumorwachstumshemmende Komponenten verfügt. Er soll den Sauerstoffgehalt im Organismus erhöhen.

Weizengras

In Kalifornien konnte ich im vergangenen Jahr etwas beobachten, was ich auf dem Ernährungssektor noch nicht kannte. Die geheime Neuentdeckung hieß: Weizengrassaft! Gebraut, grasgrün, wie flüssiges Heu schmeckend, aber unheimlich gesund, wird dieses Getränk von Sportlern und Managern gleichermaßen konsumiert. Ann Wigmore, die dieses Wundermittel bekanntmachte, belegt folgende Inhaltsstoffe: Chlorophyll, Vitalstoffe, Auxone (Wuchsstoffe) und Enzyme. Am besten ist es, den Saft selbst herzustellen. Dazu läßt man Weizenkörner keimen, sät diese in Töpfe mit Blumenerde und kann nach ein paar Tagen das Weizengras abschneiden, das in einer Zentrifuge entsaftet werden kann.

Neurotoxine im Speiseplan

Wußten Sie, daß Essen im China-Restaurant unter Umständen für das Gehirn unheilvolle Folgen haben kann, ebenso wie das Essen aus der Aluminiumdose, daß Bleiablagerungen im Gehirn, vor allem bei Kindern, weit verbreitet sind und so harmlose Nahrungsmittel wie Kartoffelchips und Cola auf Dauer eine weiche Birne verursachen?

Das China-Restaurant-Syndrom

Glutamin zählt zu den »erregenden Aminosäuren«, wichtigen Übermittlersubstanzen im Zentralnervensystem. Rezeptoren für erregende Aminosäuren sind besonders im Hippocampus angesiedelt, der die Gedächtnisbildung kontrolliert, aber auch im Großhirn, im Kleinhirn und im Hirnstamm. Sie bevölkern vor allem sogenannte Pyramidenzellen und belegen die Hälfte aller Synapsen des Vorderhirns. Erregende Aminosäuren schaukeln die elektrische Aktivität ihrer Ansprechpartner hoch, was zu erhöhter Wachsamkeit führt. Es kommt natürlicherweise in Meeresalgen, Sojabohnen und Zuckerrüben vor. Aus der Aminosäure Glutamin wird Natriumglutamat (MSG) für kommerzielle Zwecke hergestellt, um Fleisch- und Gewürzgeschmack in Fleischprodukten, Würzmitteln, eingelegten Gurken, Fertigsuppen, Süß- und Backwaren zu verstärken. Da Glutamat vielfach in China-Restaurants dem Essen beigesetzt wird, um den würzigen Geschmack zu verstärken, spricht man vom »China-Restaurant-Syndrom«, weil es bei Überdosierung zu Erbrechen führen kann. Da MSG als Zusatzstoff in Nahrungsmitteln völlig entbehrlich ist, sollte man diesen Stoff völlig meiden.

Denn die erregenden Aminosäuren besitzen ein düsteres Doppelgesicht. Seit Jahren mehren sich Hinweise, daß sie als Erregungsgifte an Schädigungen im Zentralnervensystem beteiligt sind. Man weiß, daß Nervenzellen der Netzhaut und des Gehirns an zuviel Glutamat zugrundegehen. Manches deutet darauf hin, daß degenerative Erkrankungen wie die Alzheimer-Krankheit, das Parkinson-Syndrom oder die Huntingtonsche Chorea in Übererregung der Neuronen wurzeln, die durch erhöhte Glutamatmengen im Gehirn hervorgerufen wird.

Metall im Kopf

Blei und Aluminium, beides Neurotoxine, die trotz vieler Bemühungen, sie in unserer Umwelt zu reduzieren, immer noch vielfach Verwendung finden, können irreversible Schäden im Gehirn verursachen. Als Hauptquelle für chronische Bleivergiftungen gilt immer noch Farbe. Metallkonserven sind ebenfalls eine Gefahrenquelle, und man sollte berücksichtigen, daß saures Obst in einer geöffneten Konserve nach einigen Tagen das Fünffache der Toleranzgrenze übersteigt. Kinder sind besonders anfällig für Bleivergiftungen, die zu Schwachsinn führen können. Ebenso ist es mit Aluminium, dem dritthäufigsten Element auf der Erde, das in Verbindung gebracht wird mit der Alzheimer-Krankheit. Forscher entdeckten große Aluminiumansammlungen in den neurofibrillären Verflechtungen in den Gehirnen von Alzheimerpatienten. Daher sollte man es vermeiden, säurehaltige Nahrungsmittel in Aluminiumtöpfen zu kochen.

Wie man sein Gehirn »salzt«

Daß wir zuviel Natriumchlorid zu uns nehmen weiß, heutzutage jedes Kind. Was jedoch weniger bekannt ist, sind die versteckten Salzmengen in scheinbar recht harmlosen Nahrungsmitteln. Mineralwässer enthalten anorganische Salze, Früchte und Gemüse dagegen organische Mineralien. Natriumchlorid führt dazu, daß die Endkapillaren im Gehirn schmerzlos aufgelöst werden. Das wiederum bedeutet eine Minderversorgung des Gehirns mit Blut. Daher kann man davon ausgehen, daß bei alten Menschen Senilität nicht nur Ausdruck von Arterienverkalkung ist, sondern daß diese auch durch ein Übermaß an Salz in der Nahrung hervorgerufen wird. Wir nehmen im allgemeinen fünfzehnmal soviel Salz zu uns wie notwendig wäre!

Zucker und das Gehirn

Untersuchungen im Rahmen von Zucker, Verhalten und Lernfähigkeit haben gezeigt, daß Aufmerksamkeitsschwäche im Anschluß an Zuckerkonsum mit dem Absinken des Blutzuckerspiegels in Verbindung zu bringen ist. Das hört sich zuerst paradox an, weil Zucker den Spiegel im Blut zwar erhöht, Insulin jedoch als Reaktion darauf ihn sehr schnell über das übliche Maß hinaus absenkt. Die Folge ist Hypoglykämie (Unterzuckerung), was mit Abgeschlagenheit, Depression und Müdigkeit einhergeht. In einer Untersuchung, die durch ein Stipendium des National Institute of Child Health gefördert wurde, stellte R. Prinz, ein Professor für klinische Psychologie, eine Korrelation zwischen Zuckerkonsum und hyperaktivem Verhalten bei Kindern fest.

Künstliche Geschmacks- und Farbstoffe

Dr. Feingold schrieb in den USA den Bestseller »Why Your Child is Hyperactive«. Seiner Diät folgen heute schätzungsweise zweihunderttausend Familien in den USA. In dem Buch »Brain Food« von Dr. Arthur Winter berichtet der Autor von Doppelblindversuchen über die Auswirkungen der Feingold-Diät auf hyperaktive Kinder. 22 Kinder wurden auf eine Diät gesetzt, bei der alle künstlichen Geschmacks- und Farbstoffe ausgeschlossen waren. Nachdem sie dieser Diät eine Weile gefolgt waren, gab man ihnen in einem Doppelblindversuch zeitweise eine Kombination von sieben künstlichen Farbstoffen. Von den 22 Kindern reagierte eines leicht auf die Farbstoffe, ein anderes sehr heftig. Letzteres war ein drei Jahre altes Mädchen, bei dem es zu signifikanter Erregung kam. Die Forscher schlossen daraus, daß einige Kinder empfindlicher als andere auf Nahrungzusätze reagieren und eine effektive Behandlung nur unter Ausschluß aller Farb-, Geschmacks- und Konservierungsmittel erfolgen kann.

Körperfremde Substanzen stören das Nährstoffgleichgewicht

Element	Ursachen	Folgen	Therapie
Quecksilber	Amalgam, Meeresfrüchte (große Fische), Thermometer, Farbpigmente, Fungizide, Kosmetika, Merfen	Gewichtsverlust, emotionelle Störungen, ZNS-Störungen (Gehör, Sehen, Sprache, Koordination)	Schwefelhaltige Aminosäuren (Methionin), Vitamin C. Selen, Pektin
Cadmium	Rauchen, Auto- und Industrieabgase, Farbpigmente, Batterien, Müllverbrennung, Düngemittel	Nierenschädigungen, Hypertonie, Zink- und Kalziummangelsyndrome	Zink, Kalzium, Vitamin C, schwefelhaltige Aminosäuren (Methionin)
Blei	Autoabgase, Farbpigmente, Keramik, Bleiglas, Rauchen	Kopf- und Gliederschmerzen, Blutarmut, Lähmungen, Kalziummangel, Verdauungsprobleme, Verhaltensstörungen	Kalzium, Vitamin C, schwefelhaltige Aminosäuren (Methionin)
Aluminium	Alu-Kochgeschirr, Alu-Folie, Backpulver mit Aluminiumsulfat, Deodorants, Antitranspirantien, Antazida, Düngung, saurer Regen	Störung des Ca-, MG-, P-Stoffwechsels und seine Folgen, Krämpfe, Verdauungsprobleme, Hyperaktivität, Morbus Alzheimer (?)	Magnesium, Vitamin B_6
Nickel	Schmuck, Reißverschluß, Deodorantien, Keramik, Elektroden, Fungizide	Asthma, Allergien, Karzinomneigung (?), gestörte Hirndurchblutung, Fortpflanzungsstörungen	Vitamin C, schwefelhaltige Aminosäuren (Methionin)

Die verbreitetsten Genußgifte: Koffein, Nikotin und Alkohol

Nikotin

Gesundheitliche Risiken des Zigarettenrauchens sind heute jedermann bekannt: die Zeitungen berichten regelmäßig über Lungenkrebs und Herzinfarkt bei Rauchern, über die Belastung des Gesundheitswesens. Außerdem steigt die Zahl jüngerer Zigarettenkonsumenten und rauchender Frauen. Trotz aller Kampagnen und trotz besserer Aufklärung nehmen die Attraktivität und der Konsum der Zigarette weiter zu. 1987 wurden in der BRD 118 Milliarden Zigaretten verkauft, das sind bezogen auf den Pro-Kopf-Verbrauch 2000 Zigaretten. Umgerechnet auf ca. 34% Raucher der Bevölkerung sind dies 20 Zigaretten pro Tag. Und dies, obwohl 90% aller Befragten und 60-80% aller befragten Raucher das Rauchen für gesundheitsschädigend erachten.

Worin liegt nun die Attraktivität des Zigarettenrauchens? Diese Frage läßt sich nicht pauschal beantworten. Tabakrauchen läßt sich nicht alleine aus den Wirkungen von Nikotin heraus verstehen, auch wenn die psychoaktiven Wirkungen von Nikotin auf Erleben und Verhalten und das Zentralnervensystem von Bedeutung sind. Die Tabakpflanze kommt ursprünglich aus Amerika und Australien. Bei vielen rituellen Handlungen spielten Feuer (visueller Effekt) und Kräuter (metabolischer und bewußtseinsmäßiger Effekt) eine große Rolle. Es überrascht daher nicht, daß die Indianer dabei auch die Wirkung des Tabakrauchens entdeckten und in ihre Rituale aufnahmen.

Läßt sich der Beginn des Tabakkonsums bei Indianern auf mindestens 2500 Jahre zurückdatieren, so fällt die Einführung des Tabaks in Europa etwa in die Zeit der Entdeckung Amerikas durch Kolumbus. Im 16. und 17. Jahrhundert erfolgte die Ausbreitung des Tabaks rasch auf der ganzen Welt, unabhängig von den gesetzlichen Billigungen der jeweiligen Länder. Nicht einmal die Verhängung drakonischer Strafen konnte die damalige Verbreitung und den damit verbundenen Anstieg des Tabakrauchens verdrängen. Zur Popularität äußern sich die Autoren Elbert und Rockstroh in ihrer »Psychopharmakologie«: »Von großen Staatsmännern wie Bismarck und Churchill ist deren Auffassung überliefert, daß nichtrauchende Staatsmänner schlechtere Politiker seien, da sie ihre Emotionen schlechter kontrollieren könnten und momentanen Impulsen stärker ausgeliefert seien. Die psychoanalytische Lehre deutet das Tabakrauchen im Rahmen oraler Triebbefriedigung, angeregt durch die phallische Form der Zigarette oder Zigarre, die orale Natur des Verhaltens, an der Zigarette oder Zigarre zu saugen wie an der Mutterbrust, die Symbolhaftigkeit des Feuers. Sigmund Freud selbst beschäftigte sich wohl nicht von ungefähr mit der Lust und Sucht zum Rauchen, rauchte er doch selbst 20 Zigarren pro Tag und setzte dies auch später trotz Mundhöhlenkrebs fort.«

In den 30er Jahren unseres Jahrhunderts gab es dann die ersten Untersuchungen über die zentralnervösen Wirkungen des Nikotins und den tierexperimentellen Nachweis der Entstehung von Krebs durch Zigarettenrauchen (der für die Versuchstiere zur Folter wurde). In den 50er Jahren wurde erforscht, wie Rauchen Lungenkrebs und Lungenemphyseme fördert und daß weniger als 1/10 aller Lungenkrebspatienten Nichtraucher sind. In diesem Zusammenhang wurde das Rauchen als wesentlicher Risikofaktor für Bluthochdruck und koronare Herzkrankheiten erkannt. Hinweise auf eine Gesundheitsschädigung durch Passivrauchen wurden ebenfalls erkannt, kaum jedoch die metabolischen Parameter, wie etwa die Zuführung orthomolekularer Substanzen bei beibehaltenem Rauchverhalten (Beta-Karotin und höhere Dosen Vitamin C können den Schaden mindern). In letzter Zeit formieren sich vor allem in den USA die Gegner des Rauchens – oder diejenigen, die sich durch Raucher gestört fühlen.

Dies zeigt, daß umfassende Aufklärung über das gesundheitliche Risiko des Rauchens einen starken sozialen Druck bewirkt, der Einschränkung von Werbung, das Rauchverbot in öffentlichen Gebäuden und Restaurants und andere gesamtgesellschaftliche Maßnahmen zur Folge hat.

Die Wirkungsweise des Nikotins

Man kann die Zigarette als kleine chemische Fabrik betrachten, in der eine komplexe Mischung von Gasen und Teer entsteht, die Hunderte von schädigenden chemischen Substanzen enthält. Den Inhaltsstoffen können vor allem drei Gruppen von Giftstoffen zugeordnet werden: Nikotin, Kondensate (Teer) und Kohlenmonoxyd. Kohlenmonoyd behindert die Sauerstoffaufnahme des Bluts. Die Kondensate enthalten die verschiedensten Substanzen wie Cadmium, Blei, Pestizid-Rückstände, Geschmackstoffe usw.

Nikotin ist ein in der Tabakpflanze natürlich vorkommendes Alkaloid, das sehr toxisch wirkt; bereits die in einer Zigarette enthaltene Nikotindosis würde intravenös injiziert bei einem erwachsenen Menschen tödlich wirken. Die Nikotinmoleküle, die bei der Verbrennung des Tabaks freigesetzt werden, haben eine große Affinität (Anziehung) zu acetylcholinergen Synapsen im Gehirn, wobei insbesondere die nikotinergen ACH-Rezeptoren durch Nikotin beeinflußt werden. Acetylcholin wirkt als Transmitter im sympathischen und parasympathischen Nervensystem und im Gehirn. Nikotinerge Acetylcholinrezeptoren wirken durch die Öffnung von Ionenkanälen und vermitteln eine schnelle Wirkung. Die höchste Konzentration von Nikotin ist in Hirnstamm, Hypothalamus und Cortex zu finden, und es wird vermutet, daß auch andere Neurotransmittersysteme an der Wirkung beteiligt sind.

Wirkungen von Nikotin auf Erleben und Verhalten

Die zunächst stimulierende, zentralnervös aktivierende Wirkung von Nikotin äußert sich im subjektiven Erleben in dem Gefühl erhöhter Wachheit, Angeregtheit und reduzierter Langeweile. Verhaltenstests haben folgendes ergeben:

- Nikotin vermindert in Aufmerksamkeitstests den zeitlich bedingten Leistungsabfall.
- Nikotin verbessert die Lernleistung, wenn es vor der entsprechenden Aufgabe verabreicht wird.
- Nikotin verbessert die Behaltensleistung, wenn es nach der Präsentation des zu behaltenden Materials verabreicht wird.
- Nikotin verbessert die Konzentrationsfähigkeit und erhöht die Reaktionsgeschwindigkeit bei einfachen Reaktionszeitaufgaben oder Signalerkennungsaufgaben.

Unter streßhaften Bedingungen wirken die inhibitorischen (hemmenden) Effekte von Nikotin einer Übererregung entgegen und fördern damit wieder die Leistungsfähigkeit. Im EEG kommen die inhibitorischen Wirkungen von Nikotin in reduzierter Desynchronisation (= Zunahme der Synchronisation) und einer Verlangsamung der Wellen zum Ausdruck. Nikotin dämpft auch die Aggressivität. Man kann annehmen, daß die Blockade acetylcholinerger Synapsen im limbischen System zur Verringerung unangenehmer Emotionen wie Ärger, Furcht und Frustration beiträgt. Den kurzfristig stimulierenden und leistungsfördernden Effekten auf unser Gehirn und Nervensystem stehen die langfristigen Schädigungen auf das Organsystem, auf Herz und Kreislauf gegenüber. Rauchen ist zur sozialen Droge avanciert, externe (Medien) und interne (Gewöhnung) Konditionierungen tragen wesentlich zur Aufrechterhaltung des Rauchverhaltens bei.

Koffein und Tein

»Der Tee ist meiner Ansicht nach ein Phantastikum, der Kaffee ein Energetikum – daher besitzt der Tee auch einen ungleich höheren musischen Rang. Ich merke beim Kaffee, daß er das feine Gitter von Licht und Schatten zerstört, die fruchtbaren Zweifel, die während der Niederschrift eines Satzes auftauchen. Man erfährt seine Hemmungen. Am Tee dagegen ranken sich die Gedanken genuin empor.« *Ernst Jünger*

Als 900 nach Christus in der Nähe von Mocha im Südjemen die anregende Wirkung der Kaffeepflanze entdeckt wurde, entbrannte schon bald die Diskussion darüber, ob der Kaffee als Geschenk Allahs zu betrachten sei oder ob er unter das Rauschmittelverbot des Korans falle. In Form eines flüssigen Gastgeschenks von Sultan Mohammed IV. gelangte der Kaffee an den Hof des französischen Sonnenkönigs Louis XIV. Um den bitteren Geschmack zu mindern, süßten die Höflinge das Getränk mit Zucker und bereiteten so die Verbreitung des Kaffees in ganz Europa vor.

In der BRD trinken schätzungsweise 14 Millionen Bürger regelmäßig Kaffee, in den USA wird der jährliche Verbrauch an Koffein in Form von Kaffee auf etwa 50 g pro Kopf geschätzt, was etwa 500 Tassen pro Person und Jahr entspricht. Beim Koffein handelt es sich um eines von drei wichtigen Derivaten des Xanthins. Die beiden anderen Xanthinderivate sind Theobromin, das in der Kakaobohne vorkommt, und Theophyllin, das neben dem als Tein bezeichneten Koffein in den Blättern des Teestrauchs enthalten ist. Alle drei Substanzen sind nichtselektive Stimulanzien, d.h. sie wirken auf eine Vielzahl unterschiedlicher Zellen. Von diesen drei Substanzen wirkt Koffein am anregendsten auf das ZNS und die Skelettmuskulatur. Koffein kommt im Samen des Kaffeebaumes, in Teeblättern, Mate, der Kolanuß und im Guaranasamen vor. Eine Tasse Kaffee enthält durchschnittlich zwischen 100 und 150mg Koffein, eine Tasse Tee 50 bis 150mg, ein halber Liter Cola enthält etwa 50 bis 100mg.

Wirkung von Koffein auf Erleben und Verhalten

Koffein erhöht die Wachheit und wirkt der Müdigkeit entgegen, erhöht Gedankenfluß und Produktivität sowie das Gefühl der Konzentrations- und Leistungsfähigkeit. Die subjektiven Wirkungen von Koffein lassen sich in Verhaltenstests objektivieren:

- Unter Koffein sinkt die Fehlerrate in Aufmerksamkeitstests.
- Koffein wirkt einer Abnahme der Aufmerksamkeit entgegen und steigert intellektuelle Leistungsfähigkeit und Wachheit, jedoch nicht über ein extremes Niveau hinaus.
- Nach Abbau des Koffeins tritt jedoch eine zunächst unterdrückte Müdigkeit verstärkt ein, was bei aufmerksamkeitsfordernden, aber monotonen Tätigkeiten (Autobahnfahrten) zu erhöhter Gefahr des Einschlafens führen kann.

Zentralnervöse Wirkungen

Es wird diskutiert, ob Koffein das Enzym hemmt, das normalerweise CAMP zerlegt. Denn höhere CAMP-Konzentrationen führen zu mehr Glukoseproduktion und so zu größerer zellulärer Aktivität. Die deutlichste pharmakologische Wirkung läßt sich im Cortex nachweisen, gefolgt vom Hirnstamm, wo alkoholbedingte Beeinträchtigungen reduziert werden. Die Wirkung von Koffein scheint in der Hemmung von Adenosin, einer im Gehirn beruhigend wirkenden körpereigenen Substanz, zu liegen. Koffein hat neben den direkten Einflüssen auf das ZNS auch stimulierende Wirkungen auf das Herz (erhöhte Schlagkraft und Schnelligkeit), verengt die Blutgefäße im Gehirn, erhöht den Muskeltonus und wirkt anregend auf die Nieren. Außerdem stimuliert es die Magensaftsekretion und kann bei intensiver Zufuhr die Bildung von Magengeschwüren fördern.

Viele Menschen würden wohl von sich behaupten, daß sie ohne Kaffee nicht leben können oder leiden sichtlich darunter, wenn ihnen die gewohnte tägliche Kaffemenge verwehrt wird. Gewohnheitsbildung ist sicherlich ein Grund für regelmäßigen Kaffeekonsum, und Entzugserscheinungen lassen sich z.T. auf Konditionierung zurückführen. Interessanterweise korreliert Kaffeekonsum mit Zigarettenrauchen: im Mittel rauchen Kaffeetrinker 8,7 Zigaretten pro Tag, Personen, die mehr als sieben Tassen Kaffee trinken dagegen 21,8 Zigaretten.

Alkohol

»Bei Nikotin und Alkohol fühlt sich der Mensch besonders wohl. Und doch, es macht ihn nichts so hin, wie Alkohol und Nikotin.«

Eugen Roth

Alkohol besitzt eine ganze Reihe von Wirkungen auf Bewußtsein und Verhalten, die eine Beschreibung als Rauschmittel rechtfertigen. Andererseits spielt Alkohol im sozialen Gefüge eine große Rolle.

Wirkungen von Alkohol im Zentralnervensystem

Grundsätzlich kann gesagt werden, daß Alkohol die Nervenleitung hemmt. Diese depressiven Wirkungen lassen Erklärungen zu über die beruhigenden, aber auch enthemmenden Effekte von Alkohol. Man nimmt an, daß die erhöhte Erregung durch Hemmung in Hirnregionen hervorgerufen wird, die normalerweise starker inhibitorischer (hemmender) Kontrolle anderer Zentren unterliegen. Alkohol hat Auswirkungen auf das Gefühlszentrum, daher werden emotionale Ausbrüche entsprechend wahrscheinlicher. Regionen im Stirnbereich des Cortex werden gehemmt, die Alpha-Wellen im EEG verlangsamen sich, es treten vermehrt langsame Wellen auf, die in ihrer Amplitude verringert sind. Wohl die größten Probleme bereitet die unerwünschte Wirkung von Alkohol: die Entwicklung von Alkoholabhängigkeit. Diese steht an erster Stelle bei psychiatrischen Störungen und stellt heute eines der größten Gesundheitsprobleme überhaupt dar. Grundsätzlich kann davon ausgegangen werden, daß 9% aller Männer und 5% aller Frauen ein erhöhtes Risiko für die Entwicklung von Alkoholabhängigkeit aufweisen.

Rotwein gegen freie Radikale?

Alkohol ist jedoch nicht gleich Alkohol. Das zeigen Erkenntnisse der orthomolekularen Ernährungsstoffe in bezug auf die Inhaltsstoffe bestimmter Alkoholika. Ich möchte hier auf die neuen und hochinteressanten Studien von Prof. J. Masquelier vom Europäischen Institut für orthomolekulare Wissenschaft in Holland eingehen. In dieser Studie sollte festgestellt werden, inwieweit der Konsum von Wein Einfluß auf den Alterungsprozeß hat, nachdem bei Untersuchungen in bestimmten Weinbaugebieten Frankreichs und Italiens die Langlebigkeit mit dem Weinkonsum korrelierte. Prof. Masquelier kam aufgrund seiner Studien zu dem Schluß, daß der Genuß von durchschnittlich einem halben Liter Rotwein täglich den Körper vor Reaktionen freier Radikale bewahrt und damit vor Altersdispositionen. Untersuchungsresultate lassen den Schluß zu, daß im Wein (vor allem im roten) enthaltene Procyanidine nicht nur die schädliche Wirkung des Alkohols im Körper neutralisieren, sondern darüberhinaus einen Schutz vor der Reaktion freier Radikale im allgemeinen ausüben. Eine in Frankreich durchgeführte Studie über die regionale Sterblichkeit durch Alkoholkonsum wies z. B. eine größere Resistenz in Weinanbaugebieten nach, und dies bereits seit Jahrzehnten. Bereits im Jahre 1933 beschäftigte sich eine Veröffentlichung mit diesem Thema, in der das Alter der Bewohner verschiedener französischer Regionen verglichen wurde. Der Unterschied zwischen dem Gironde- und dem Calvadosgebiet ist frappierend, vergleicht man die Anzahl pro 100.000. Das Girondegebiet, in dem fast ausschließlich Weinbau betrieben wird, weist eine höhere Lebenserwartung auf. Das will nicht heißen, daß Wein als solcher die Lebenserwartung erhöht. Dies bleibt nach wie vor eine Frage der genetischen Konstitution.

Wein kann jedoch bei vielen Menschen zu einer ausgeprägten Manifestation dieses Erbfaktors führen. Auf internationaler Ebene wurde ein Profil des Gesundheitszustandes von Weintrinkern erstellt. 1978 analysierte man die Resultate einer durch die WHO initiierten Studie über die Sterblichkeit in 23 europäischen Ländern. Dabei war die geringe Sterblichkeit durch Herzinfarkt in weinproduzierenden Ländern auffallend. Die Sterbeziffer betrug pro einer Million Sterbefälle bei Männern zwischen 55 und 64 Jahren als Folge eines Herzinfarktes in Spanien 1138, in Frankreich 2145, in Schottland 8841 und in Finnland 10748. Wenn nun der in Wein enthaltene Alkohol weniger aggressiv ist als der anderer Alkoholika: worin liegt dann die Ursache begründet?

Normalerweise muß man davon ausgehen, daß Alkohol zur signifikanten Zunahme freier Radikale im Körper führt. Gegen einen aggressiven Angriff der freien Radikale aus unserer Umwelt und Nahrung kann im allgemeinen eine gezielte Ernährung helfen. Denn wie wir ja schon wissen, enthalten Nahrungsmittel auch Stoffe, die als Fänger freier Radikale wirksam sind. Diese Radikale-Fänger stellen, wie etwa bestimmte Vitamine und Enzyme, die letzte Verteidigungslinie unseres Körpers dar. Sollte etwa auch der Wein eine ähnliche Fängerfunktion ausüben? Wenn ja, könnte Wein nicht nur die Schädlichkeit von Alkohol verringern, sondern zudem zu einer unschädlichen Waffe im Kampf gegen den durch freie Radikale verursachten frühzeitigen Alterungsprozeß werden.

Unter den unzählbaren Substanzen, die aus der Weintraube in den Wein gelangen, nehmen die Polyphenole einen wichtigen Platz ein. Sie tragen immerhin zu Geschmack, Farbe und Reifung des Weins bei. Darüberhinaus verleihen sie dem Wein ein einzigartiges pharmakologisches Potential, welches von Prof. Masquelier seit Jahren in seinem Institut erforscht wird. Den größten Anteil bilden die Procyanidine, die in einigen Rotweinen mit mehr als einem Gramm pro Liter enthalten sind. In Anbetracht der hohen Wirksamkeit dieses Stoffes als Radikalefänger wird seine chemische und biologische Aktivität klar. Ein Jahr nach Abschluß der Forschungen Prof. Masqueliers wurden identische Resultate in der pharmakologischen Abteilung der medizinischen Fakultät in Nagasaki erzielt. Die in Japan untersuchten Procyanidine wiesen eine 50mal so große Aktivität auf wie das Vitamin E, das als Vergleichsmaß verwendet wurde. Es steht also außer Zweifel, daß die durch den Wein isolierten Bestandteile eine starke antiradikale Aktivität besitzen, die die Langlebigkeit unterstützt. Aus diesem Grund ist die Behauptung gerechtfertigt, daß der tägliche Konsum von Procyanidinen für den Menschen eine adäquate Methode zur Vorbeugung gegen Alterskrankheiten darstellt. Die Tatsache, daß Procyanidine im Wein enthalten sind, könnte eventuell eine Erklärung bieten für den bereits seit langem bestehenden Umstand, daß die Region Medoc der französische Landstrich mit den meisten Hundertjährigen ist.

Genußmittel	Wirkung auf das Nährstoffgleichgewicht	erhöhter Bedarf an
Alkohol	geringere Nahrungsaufnahme gestörte Resorptionsverhältnisse erhöhte Ausscheidung Mangel an Vitamin B_1, Niacin, Pantothensäure, Vitamin B_6, Folsäure, Vitamin B_{12}, Störung der Leberfunktion Störung des Kohlenhydratstoffwechsels Störung des Fettstoffwechsels (Verarmung an PGE1 – Präkursoren) Störung des Proteinstoffwechsels Störung des Hormonstoffwechsels	Vitamin-B-Komplex Magnesium, Omega-6-Fettsäuren Ausnahme: Rotweine mit hohem Gehalt an Procyanidin
Coffein	erhöhte Ausscheidung von Kalium via Urin	Kalium
Nikotin	erhöhte Cadmiumwerte	Vitamin C, schwefelhaltige Aminosäuren wie Methionin, Zink als direkter Kadmium-antagonist

Nährstoffe	erwünschte Zufuhr mit der täglichen Nahrung[1)]	Therapeutischer Dosieurngsbereich[2)]
Biotin	30 – 100 µg	300 – 3000 µg
Calzium	800 – 1200 mg	1000 – 1500 mg
Cholin	?	500 – 1000 mg
Chrom	50 – 200 µg	200 – 300 µg
Eisen	10 mg, 15 mg[3)]	10 – 50 mg
Folsäure	200 µg, 180 µg[3)]	400 – 2000 µg
Inositol	?	100 – 1000 mg
Iod	150 µg	100 – 1000 µg
Kupfer	1,5 – 3 mg	?
Magnesium	350 mg, 280 mg[3)]	300 – 800 mg
Mangan	2 – 5 mg	2 – 50 mg
Molybdän	75 – 250 µg	100 – 1000 µg
Pantothensäure	4 – 7 mg	50 – 1000 mg
Phosphor	800 mg	?
Selen	70 µg, 55 µg[3)]	200 – 300 µg
Schwefel	?	500 – 1000 mg
Vitamin A	5000 I.E., 4000 I.E.[3)]	10 000 – 35 000 I.E. (Schwangerschaft: max. 8000 I.E.)
Vitamin B_1	1,0 mg	10 – 200 mg
Vitamin B_2	1,2 mg	10 – 50 mg
Vitamin B_5	2,0 mg, 1,6 mg[3]	10 – 200 mg
Vitamin B_{12}	2 µg	10 – 1000 µg
Vitamin C	60 mg	50 – 10000 mg
Vitamin D	200 I.E.	400 – 1000 I.E.
Vitamin E	10 I.E., 8 I.E.[3)]	100 – 1000 I.E.
Vitamin K	80 µg, 65 µg[3)]	30 – 100 µg
Zink	15 mg, 12 mg[3)]	20 – 100 mg

1) Die Werte in dieser Kolonne stützen sich auf die von der RDA-Kommission (Recommended Dietary Allowances) am 24. 10. 1989 veröffentlichten Empfehlungen. Durch die RDA-Werte werden die täglichen Mengen an essentiellen Nährstoffen festgelegt, die gemäß den heutigen wissenschaftlichen Kenntnissen den Nährstoffbedarf von *gesunden* Personen abdecken. Gemäß der Definition durch die RDA-Kommission können die RDA-Dosierungen eine speziellen Nährstoffbedarf, herrührend von Stoffwechselstörungen, bereits bestehenden Mangelzuständen, akuten oder chronischen Krankheiten, Verletzungen oder medikamentösen Behandlungen jedoch nich abdecken.

2) Die in dieser Kolonne angegebenen Werte stützen sich auf die in der Fachliteratur für die Behandlung spezifischer Krankheiten beziehungsweise Mangelzustände empfohlenen Dosierungsbereiche.

3) RDA-Empfehlung für Frauen.

4. Das motorische Gehirn

Wir wissen, daß Bewegung gut für unseren Körper ist, aber daß sich das auch auf unser Gehirn auswirkt, ist den wenigsten von uns bewußt.

Ein Wissenschaftler von der Harvard Universität prägte den Satz: »Wenn Du wissen willst, wie kraftlos dein Gehirn ist, fühle deine Beinmuskeln an.« Das will uns lediglich sagen, daß die Durchblutung der Organe von der Elastizität der Beinmuskeln unterstützt wird, und daß das Gehirn von einer guten Durchblutung und einer entsprechenden Sauerstoffversorgung sehr stark abhängig ist.

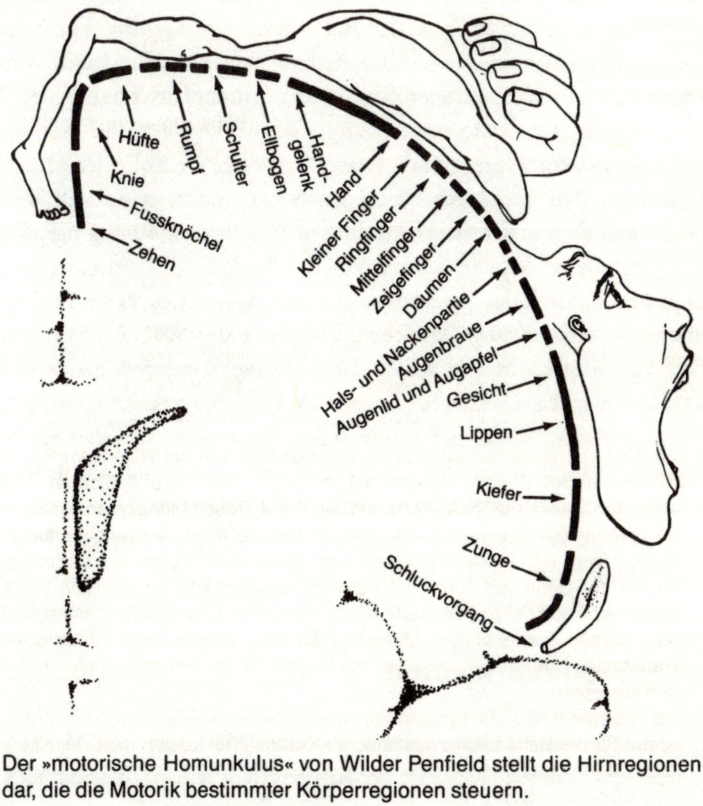

Der »motorische Homunkulus« von Wilder Penfield stellt die Hirnregionen dar, die die Motorik bestimmter Körperregionen steuern.

Abb. 8: Das motorische Gehirn (nach Wilder Penfield)

Gehirn und Bewegung

»Bewegung ist die Grundlage der Bewußtheit«, sagt Moshe Feldenkrais. »Unsere Bewegungen spiegeln den Zustand des Nervensystems. Ein Muskel zieht sich infolge einer schier endlosen Reihe von Impulsen des Nervensystems zusammen. Daraus folgt, daß die Struktur des Muskelbildes, der aufrechten Haltung, der Gesichtsausdruck und die Stimme den Zustand des Nervensystems spiegeln. Es liegt auf der Hand, daß weder Haltung noch Ausdruck noch Stimme verändert werden können, ohne daß eine Änderung im Nervensystem stattfindet. Wenn wir also von Muskelbewegung und psychophysischer Umerziehung sprechen, so meinen wir damit in Wirklichkeit die Impulse des Nervensystems, die die Muskeln betätigen. Grundsätzlich bedeutet eine Besserung körperlicher Tätigkeit eine Änderung in unserem Kontrollzentrum, dem Gehirn. Die Sinnesempfindung und unser Denken beruhen auf Bewegung, und alles Verhalten setzt sich sozusagen aus vier miteinander untrennbar verbundenen Teilen zusammen: aus Sinnesempfindung, Gefühl, Denken und mobilisiertem Muskelsystem. Unter diesen vieren überwiegt die Rolle der Muskulatur so sehr, daß keine Änderung geschehen kann, ohne daß in der motorischen Region der Gehirnrinde eine Veränderung voranginge. Wenn wir auf irgendeine Weise in der motorischen Region eine Änderung herbeiführen und dadurch das Zusammenspiel ändern können, so wird sich eine elementare Veränderung des Bewußtwerdens ergeben. Anders gesagt: innere Vorgänge können an der Änderung bemerkt werden, die sie in den Muskeln bewirken. Da nun Strukturen im Gehirn, in denen Gefühle und Denken vor sich gehen, der motorischen Region der Gehirnrinde sehr nahe sind, und da im Gehirn Erregungen und Impulse dazu neigen, sich auszubreiten und auf benachbarte Gewebe überzugreifen (Diffusion), wird eine drastische Veränderung in der motorischen Region *parallele Wirkungen* auf Denken und Fühlen haben.

Bewegungskoordination

Die psychophysische Umerziehung nach den Methoden von Moshe Feldenkrais und anderen Pionieren der Körperarbeit wie F. Matthias Alexander und Elsa Gindler wurde von der amerikanischen Therapeutin Jean Houston aufgenommen. Mit diesen Methoden kann der Körper zu einem erweiterten Bewußtsein und zu einem von Grund auf verbesserten Gebrauch umerzogen werden. Jean Houston schreibt: »Der Schlüssel zu ihrer Arbeit liegt darin, Bewußtsein zu erlangen für die Muster des falschen Muskelgebrauchs, die negativen Reflexe dann auszuschalten und sie durch die angemessenen zu ersetzen. Sobald eine Bewußtheit erreicht ist, kann eine bewußte Steuerung erfolgen, und Sie werden sich dann nicht länger eingeengt fühlen von unbewußt angenommenen schlechten Angewohnheiten, die den Körper am optimalen Funktionieren hindern.«

Das, was in einem vorgeht, bleibt meist unbewußt und verborgen bis zu dem Zeitpunkt, da es die Muskeln erreicht. Was in uns geschieht, erfahren wir über einen vorzüglichen Feedback-Mechanismus. Er zeigt sich in unseren Gesichtsmuskeln, der Haltung oder der Atemmuskulatur, um sich zu einer Gestalt zu organisieren und uns dabei ein bestimmtes Gefühl zu vermitteln. Obwohl es nur kurze Zeit dauert, die Muskeln zum Ausdruck einer Emotion zu formieren, weiß doch jeder, daß man ein Lachen, Enttäuschung oder Ärger unterdrücken kann, bis sie sichtbar nach außen dringen. Vorgänge im Zentralnervensystem werden solange nicht bewußt gemacht, bis die Änderung spürbar in den Muskeln vollzogen wurde. Der vollständige Muskelausdruck kann von uns verhindert werden, weil die Vorgänge in dem entsprechenden Teil des Gehirns viel langsamer sind als die Vorgänge in den Teilen des Gehirns, die mit primären Bedürfnissen beschäftigt sind. Gerade die Langsamkeit der Vorgänge ist es, die es einem ermöglicht zu erwägen und zu entscheiden, ob man handeln soll oder nicht.

Händigkeit und Sport

Viele Spitzensportler in Tennis und Fechten sind Linkshänder oder benutzen beide Hände zur Ausübung ihrer Sportart. Zur Frage, warum die Tendenz zum aktiven Einsatz nicht nur der rechten, sondern auch der linken Hand besteht, stellt der Neurophysiologe Luciano Meccaci folgendes fest: »Sowohl beim Tennis als auch beim Fechten wird mit Hilfe eines Gerätes gespielt, das in einer Hand gehalten wird, um damit ein vom Gegenspieler in Bewegung gesetztes Objekt abzuschlagen. Dieser motorische Vorgang vollzieht sich in einem relativ ausgedehnten Raum, in dem sich der Betreffende hin und her bewegt. Die Bewegung des Spielers im Raum ist abhängig von der seines Gegenspielers. Beim Tennis kommt noch der zugespielte

Ball hinzu. Um das betreffende Objekt zu treffen, muß das Gehirn des Spielers die Bewegung der Hand und der Beine koordinieren; gleichzeitig muß er ununterbrochen die Bewegungen seines Gegenspielers bzw. den Flug des Balles analysieren. Es bedarf also jeweils einer ganz exakten Einschätzung der eigenen Position im Raum wie auch derjenigen des anderen, um zu einem gegebenen Zeitpunkt angemessen reagieren zu können. Alle diese Vorgänge spielen sich in Bruchteilen von Sekunden ab.«

Untersuchungen ergaben, daß die räumliche und zeitliche Analyse eines in Bewegung befindlichen Objekts von der rechten Hirnhälfte durchgeführt wird. Die linke Hand wird direkt von der rechten Hemisphäre gesteuert und ist infolgedessen gegenüber der rechten Hand im Vorteil, die den von ebendieser Hemisphäre ausgearbeiteten Bewegungsablauf durch die linke Hemisphäre übermittelt bekommt, so daß sich der Übertragungsweg zwar nur minimal verlängert, aber eben eine Verzögerung um entscheidende Tausendstel von Sekunden eintritt. Erfolgreiche rechtshändige Sportler neigen so dazu, wann immer es möglich ist, die linke Hand einzusetzen, um diesen Nachteil auszugleichen. Auf diese Tatsache ist offenbar der hohe Anteil der Beidhändigkeit – zumindest bei manchen Disziplinen – zurückzuführen.

»Mehrspuriges Denken«

Eine Übung von Jean Houston *(entnommen dem Buch: »Der mögliche Mensch«, mit freundlicher Genehmigung des Sphinx Verlages):*

Wir wissen, daß wir *gleichzeitig* hören und sehen, riechen, schmecken und fühlen können. Dennoch haben wir große Schwierigkeiten, uns all diese Eindrücke im gleichen Augenblick bewußtzumachen. Wir wissen es im Unterbewußtsein, aber es fällt uns schwer, dieses Wissen über die Schwelle unseres Bewußtseins hinüberzubringen. Wenn Sie auf der Leiter der menschlichen Leistungsfähigkeit ein Stückchen hochgehen, werden Sie sehen, daß Sie ohne weiteres selbst die verschiedenen Wirklichkeiten dirigieren können und fähig sind, auf vielen Bahnen und mit mannigfaltigem Wissen zu leben. Dazu gehört, daß wir zu viel mehr fähig sind und daß wir tatsächlich lernen können, das mehrspurige Denken bewußt zu einer großen Bereicherung unseres Geistes- und Gefühlslebens einzusetzen. Den autonomen Funktionen des Nervengeflechtes im Gehirn wäre es möglich, bei vollem Bewußtsein Dutzende und vielleicht sogar Hunderte von verschiedenen Aufgaben und Gedanken voneinander zu trennen.

Bestimmte Bewußtseinszustände, besonders solche, die mit Augenblicken hoher Kreativität oder mystischer Wahrnehmung einhergehen, scheinen uns den Zugang zu öffnen zum Wissen um das Eine und die Vielzahl, in welchem alles getrennt, aber vereinigt gesehen wird, einzigartig als das, was es ist, und ein unentbehrlicher Bestandteil des verbindenden Musters. Tausende von Untersuchungen über dieses Phänomen der höheren Bewußtseinszustände untermauern diese These: Kreativität, Gedankenaustausch, Wachstum und Entwicklung erfordern ein mehrspuriges Denken und ein Offenwerden für gleichzeitiges Wissen und Handeln.

Was können wir damit anfangen? Wir können uns zu Beginn vielleicht an das drollige Spiel aus unserer Kindheit erinnern, bei dem wir kreisförmig über den Bauch strichen und gleichzeitig auf den Kopf klopften und dann den Vorgang umkehrten, nämlich über den Kopf strichen und gegen unseren Bauch klopften. Versuchen Sie es jetzt! Es ist ein Spiel, mit dem wir niemals hätten aufhören sollen, denn in seinem einfachen Schema liegt der Schlüssel zur Koordination von getrennten Bewegungsabläufen, wodurch wir gleichzeitig auf verschiedenen Ebenen ein gesteigertes Denk- und Empfindungsvermögen bekommen. Den Sufi-Meistern war das bekannt, ebenso Gurdjieff und anderen Verfechtern des erweiterten Gebrauchs unserer Fähigkeiten. Man lehre einen Menschen eine Vielfalt von ausgesprochen verschiedenen Bewegungsabläufen zu koordinieren, füge Gedanken, Geräusche, Rhythmus und Widersprüchliches hinzu, so hat man die nervliche und verstandesmäßige Grundlage errichtet für einen beweglichen multifunktionalen Menschen.

Vorbereitung

Sehen Sie diese Übung als ein Kinderspiel, das auf die Stufe des Erwachsenen gehoben wurde, und seien Sie sich klar, daß, wenn Sie diese Schritte ausführen, so unwahrscheinlich es auch scheint, Sie wirkliche neurophysiologische Arbeit verrichten, indem Sie schlafende Funktionen des Gehirns aktivieren und andere neu ordnen. Allmählich werden Sie eine Verbesserung der Funktionen bemerken und die Erfahrung machen, daß Sie viele verschiedene Aufgaben zur gleichen Zeit relativ leicht bewältigen können.

Übungsverlauf

Stehen Sie auf und sorgen Sie dafür, daß Sie genug Platz haben, um sich frei bewegen zu können. Lassen Sie Ihren Kopf und Ihre Schultern zusammen gleichmäßig von links nach rechts schwingen.

Lassen Sie jetzt Ihren Kopf und Ihre Schultern einzeln schwingen: das heißt, Kopf und Schultern bewegen sich in einander entgegengesetzten Richtungen. Ihr Kopf bewegt sich nach links, während Ihre Schultern sich nach rechts bewegen, und Ihre Schultern bewegen sich nach rechts, während Ihr Kopf sich nach links bewegt.

Jetzt schwingen Kopf und Schultern miteinander...
und gegeneinander...
miteinander...
und gegeneinander...

Lassen Sie jetzt, während Ihr Kopf sich in die Ihren Schultern entgegengesetzte Richtung bewegt, Ihre Augen den Schultern folgen.

Ärgern Sie sich nicht über sich selbst, wenn Sie das nicht können. Denken Sie daran, daß dies nur ein Spiel ist und gleichzeitig ein Versuch, Schaltkreise in Ihrem Gehirn aufzuwecken, die vielleicht noch nie vorher benutzt worden sind.

Nun kehren Sie zurück zu der Bewegung des Kopfes in der Ihren Schultern entgegengesetzte Richtung, und lassen Sie Ihre Augen tun, was sie wollen. Fangen Sie gleichzeitig mit einem Stepptanz an. Singen Sie zur gleichen Zeit ein Lied, etwa »Tea for Two«. Am Ende des Liedes halten Sie ein und ruhen sich etwa eine Minute lang aus.

Nun bewegen Sie Ihren Kopf nach rechts, aber Ihre Augen nach links. Ändern Sie jetzt die Richtung und bewegen Sie Ihren Kopf nach links und Ihre Augen nach rechts. Machen Sie damit weiter und kehren Sie die Reihenfolge jedesmal um. Fügen Sie eine leichte Laufbewegung hinzu und schnippen Sie mit den Fingern. Führen Sie zur gleichen Zeit mit den Händen kreisförmige Bewegungen aus.

Summen Sie dabei ein einfaches Lied. Gleichzeitig denken Sie an einen Bienenstock, eine Wendeltreppe und eine Schüssel mit Wackelpudding! Halten Sie ein und ruhen Sie sich eine Minute aus. Lassen Sie jetzt Ihre Hüften und Arme zusammen vor- und zurückschwingen. Lassen Sie jetzt Ihre Hüften und Arme in einander entgegengesetzte Richtungen schwingen. Jetzt wieder zusammen. Und jetzt wieder in einander entgegengesetzte Richtungen. Zur gleichen Zeit hüpfen Sie auf und nieder. Und machen eine Boxbewegung mit Ihren Händen – und pfeifen ein Lied – und denken an eine Skipiste in den Alpen und an eine Giraffe. Fügen Sie noch eine riesige Verkehrsstauung und mit Butter zubereitetes Popkorn hinzu. Halten Sie ein, und ruhen Sie sich eine Minute lang aus.

Nun zur interessantesten und schwierigsten Aufgabe in dieser Reihe: Stellen Sie sich bequem und entspannt hin, schließen Sie Ihre Augen und werden Sie völlig zentriert und ausgeglichen. Gehen Sie vier Schritte vorwärts und stellen Sie sich kinästhetisch und aktiv vor, Sie gingen vier Schritte zurück. Gehen Sie jetzt vier Schritte zurück, während Sie sich vier Schritte vorwärts vorstellen. Wiederholen Sie das einige Minuten lang, bis es Ihnen selbstverständlich vorkommt. Lassen Sie Ihre Arme und Hände jetzt beim Vorwärtsgehen Kreise im Uhrzeigersinn beschreiben. Wenn Sie rückwärts gehen, ändern Sie die Richtung Ihrer Arme und Hände. Fahren Sie eine Weile damit fort. Behalten Sie alle Bewegungen und Gedanken bei, aber denken Sie im Gegenuhrzeigersinn, während Sie mit Ihren Händen eine Bewegung im Uhrzeigersinn machen. Und denken Sie im Uhrzeigersinn, wenn Sie eine Bewegung gegen den Uhrzeigersinn machen. Zum jetzigen Zeitpunkt gehen Sie vier Schritte vor und beschreiben mit Ihren Händen einen Kreis im Uhrzeigersinn, denken sich dabei aber vier Schritte rückwärts und einen Kreis mit den Händen im Gegenuhrzeigersinn. Dann gehen Sie vier Schritte zurück und beschreiben mit Ihren Händen einen Kreis im Gegenuhrzeigersinn, während Sie sich vier Schritte vorwärts und einen Kreis im Uhrzeigersinn vorstellen.

Nach Beendigung der letzten Übungsreihen stellen viele Menschen ein starkes Gefühl von Zentriertheit und Gelassenheit an sich fest.

In dieser Übung sind Vorstellung, Bewegung, Ausdruck und oft Gelächter über den ganzen Unsinn miteinander verbunden.

Körperintelligenz

John G. Bennett, ein Exponent der Lehre des russischen Ganzheitstrainers G.I. Gurdjieff, hat viele seiner Übungen weiterentwickelt und empirisch untersucht. Gurdjieff war bekannt dafür, schwierige Koordinations- und Bewegungsübungen mit Schülern durchzuführen mit dem Ziel, alle drei

Gehirne des Menschen, das Stammhirn (Bewegungszentrum), das limbische System (Gefühlszentrum) und den Cortex (Denkzentrum) sowie die zwei Gehirnhälften zu synchronisieren, um das volle Potential des Menschen zu entfalten. Als er diese Übungen in den zwanziger Jahren im Westen einführte, waren viele geschockt. Louis Pauwels beschreibt seine Negativerfahrung: »Ich weiß, wieviel Anstrengung sie erfordern. Sie sind das Ergebnis einer Art von Kreuzigung des Wesens. Stellen Sie sich vor, daß Sie mit jedem Ihrer Glieder Bewegungen machen, die den Bewegungen des anderen widersprechen. Schon das ist schwierig und setzt eine gewisse Körperbeherrschung voraus. Und stellen Sie sich weiter vor, daß Sie sich, um diese Bewegungen rhythmisch zu vollziehen, einer komplizierten Kopfrechnung unterwerfen, die ihre Gewöhnung an die normale Arithmetik umwirft (eine Rechnung, in der 1 + 1 = 3, 2 + 2 = 5 und 3 + 3 = 7 ist, mit Additionen und Subtraktionen auf dieser umgekrempelten Grundlage). Der geringste Einzelfehler kann das ganze choreographische Zusammenspiel durcheinanderbringen. Stellen Sie sich schließlich vor, daß im gleichen Augenblick Ihre ganze Gefühlswelt einem gegebenen Thema untergeordnet sein soll, dem es im Tiefsten Ausdruck zu geben gilt. Sie sagen z. B. bei sich: O Herr, habe Erbarmen! Und Sie fühlen, was Sie sagen. Dann haben Sie eine schwache Vorstellung von der *Arbeit*, die diese Tänze versinnbildlichen, begleitet von einer Musik, von der jede Note aufgrund sehr alter religiöser Überlieferungen als Symbol für verschiedene Stellungen des Wesens im Kosmos auslegbar ist.«

Während die Übungen der modernen Amerikanerin Jean Houston tatsächlich wie ein Kinderspaß erscheinen, sind die Übungen Gurdjieffs – getragen durch große Ernsthaftigkeit – scheinbar für die meisten mit übermenschlicher Anstrengung verbunden. Doch Gurdjieff war wohl der einzige Ganzheitstrainer zu Beginn des zwanzigsten Jahrhunderts, der erkannt hatte, daß der Mensch drei Gehirne hat, die viel zu oft ungeordnet das machen, was sie wollen. Jedes der Gehirne einzeln zu beherrschen, die zwei Gehirnhälften zu synchronisieren und vielleicht noch nach einem geistigen Zentrum, dem Ich oder Willen des Menschen zu zielen, scheint eines der wesentlichen Anliegen für die Zukunft. Insofern kann man sagen, daß die meisten kalifornischen Psychotrainingsarten auf die eine oder andere Weise von Gurdjieffs Forschungen profitiert haben. Was uns heute jedoch angesichts der Schwemme von Sport und Fitness dämmert, ist die Intelligenz des Körpers, also die Intelligenz des Stammhirns, das zu Recht manchmal als Reptiliengehirn bezeichnet wird. Reptilien sind träge – und schnell. Tierforschern ist bekannt, daß sie sich ohne weiteres zwischen Krokodile setzen können, ohne daß diese angreifen. Angriff erfolgt nur aus Hunger oder Angst. Gurdjieff ordnet diesem ersten Gehirn noch Instinkt und Sexualität (also auch die Fortpflanzung) zu. Wären wir auf der Reptilienebene stehengeblieben, wäre die Erde nicht von unzähligen Kriegen heimgesucht worden. Doch dies nur nebenbei.

Uns interessiert hier vielmehr die Bedeutung des motorischen Gehirns innerhalb der gesamtmenschlichen Entwicklung. J.G. Bennett schreibt dazu: »Es ist nicht unmittelbar einsichtig, welche Form die Körper- und Bewegungsintelligenz annehmen kann. Unsere Schwierigkeit, uns die Intelligenz des Körpergehirns vorzustellen, rührt daher, daß wir annehmen, sie müsse der Intelligenz des Denkhirns irgendwie ähneln. Sie gleichen sich aber ganz und gar nicht. Das Bewegungsgehirn ist im Rückenmark mit Teilen des Nervensystems verbunden und auch in einzelnen Partien des Kopfgehirns (besonders dem Stammhirn), die aber nicht auf die gleiche Weise arbeiten wie jene Teile, die bei den geistigen Verknüpfungen eine Rolle spielen. Die Körperintelligenz ist fast völlig mit der unmittelbaren Gegenwart beschäftigt. Viele haben erfahren, daß unser Bewegungsteil bedeutend schneller reagiert als unser Denkteil. Wenn etwas vom Tisch fällt, haben unsere Hände schon längst danach gegriffen, bevor unser Denken auch nur begonnen hat, zu registrieren, was sich abgespielt hat.» Der französische Arzt Jaques Donnars schildert diesen Tatbestand noch anschaulicher: »Wenn ich mit dem Auto fahre und plötzlich stellt sich ein Lastwagen auf der Straße quer – was passiert? Zuerst reagiert das schnellste, das instinktiv-motorische Zentrum: ich bremse und fahre, wenn das möglich ist, exakt an dem Hindernis vorbei, ohne nachzudenken, ohne Angst zu haben. Erst eine Weile später, wenn die Gefahr vorbei ist, wird mein affektives Zentrum reagieren: das Herz klopft, Schweiß bricht aus, der Adrenalinspiegel steigt; gleichzeitig steigen Bilder auf, wie es hätte ausgehen können, und erst jetzt bekomme ich Angst, erst jetzt wirkt der Schock. Das intellektuelle Zentrum ist noch viel langsamer: wenn ich z. B. eine Aussage bei der Polizei machen muß, werde ich erst einmal nachdenken müssen: wie war das eigentlich? Wie viele Meter war dieser Lastwagen von mir entfernt? Wie schnell bin ich gefahren, wann habe ich gebremst?«

Der Körper verfügt über ein enormes Potential, das in der heutigen Erziehung kaum genutzt wird. Wenn Kinder zwei Stunden in der Woche Sportunterricht haben und die restliche Zeit von 30 Stunden während des Unterrichts sitzen müssen, kann man sich vorstellen, daß Lernen nicht so funktioniert, wie Lehrer, Beamte und die Industrie sich das vorstellen. Das ganze Potential der Kinder wird nicht nur vereinseitigt, sondern auch unökonomisch genutzt. »In der Natur des Bewegungsgehirns«, schreibt J.G. Bennett, »liegt es, Dinge zu tun, d.h. Veränderungen in der äußeren Umgebung zu bewirken. Wir besitzen diese Fähigkeit in weit größerem Maße als jedes Tier, da bei diesen die äußere Aktivität stark mit der Lebenserhaltung verbunden ist. Wir tendieren eher dazu, die Welt uns anzupassen als uns der Welt. Wir sind der *homo faber*, der Mensch als 'Macher'. Natürlich wird unser Denken dabei weit in die Aktivität der Körperwelt hineingezogen. Dies geht aber von einem Antrieb des Körpers aus. Dieser Antrieb führt uns dazu, daß wir uns über der Erde ausbreiten, daß wir forschen, verändern und experimentieren. Es ist nicht der Drang, zu verstehen oder zu wissen, sondern der Drang, sichtbare Resultate zu erzielen.«

Es gibt vier Felder des Gehirns, die ineinandergreifen und das Feld der koordinierten Entwicklung des Menschen darstellen: das Stammhirn mit der formatio reticularis, den Thalamus zusammen mit dem Hypothalamus. Der Thalamus ist der Kernbereich, von dem aus wir alle Sinne zusammenschalten. Der Hypothalamus lenkt unser Verhalten einerseits mit der Hormonversorgung (siehe Kapitel 2: »Das biochemische Gehirn«) durch die Hypophyse, andererseits stellt er den Kontakt des Stammhirns zum limbischen System her, zu den Gefühlen und Visionen. Dieses verbindet das Stammhirn mit allen vegetativen Prozessen wie Atmung, Verdauung, Herzschlag usw. und hilft uns, die Bewegungen des komplexen Muskelapparates zu harmonisieren. Zugleich beherbergt es aber auch unsere Fähigkeit, unser Bewußtsein zu führen.

Muskelsystem und Gehirn

Kinesiologie

Die »Kinesiologie« ist ein diagnostisch-therapeutisches System zur Beurteilung und Behandlung von Störungen im Organismus, das auf dem Gebiet der Heilkunde einmalig ist. Die Techniken der Kinesiologie erlauben es uns, auf fast jede Frage, die wir dem Organismus stellen, eine Antwort zu bekommen, vorausgesetzt, wir haben sie geschickt in der Sprache des Körpers gestellt. Eine Grundlage der Kinesiologie ist die Verwendung des manuellen Muskeltests, um über die Dynamik des Muskelsystems Informationen über Vorgänge im Gesamtorganismus zu bekommen.

Diagnoseinstrument der Kinesiologie ist einzig der Körper des Patienten, denn er »sagt« selbst, was ihm fehlt oder ihn belastet. Der Therapeut geht nicht mit einem fertigen Konzept an Diagnose und Behandlung. Die Kinesiologie beruht ursprünglich auf Erkenntnissen des Chiropraktikers George Goodheart, der bei einer Behandlung verschobener Wirbelsäulen herausfand, daß die Verschiebungen nicht von verkrampften Muskeln verursacht worden waren, sondern von den Gegenspielern dieser Muskeln, die zu schwach waren, so daß die normalen Muskeln darauf mit Verkrampfung reagierten. Goodheart stellte weiterhin fest, daß bestimmte Muskeln regelmäßig in Zusammenhang mit bestimmten Organerkrankungen schwach waren. Auch emotionaler Streß, Umwelteinflüsse und bestimmte Nahrungsmittel erwiesen sich als potentielle Auslöser für Muskelschwäche. Später wurden Elemente der chinesischen Akupunktur der Kinesiologie hinzugefügt.

Das Hauptelement der Kinesiologie ist *der Muskeltest*, da alle Muskelsysteme und Organe mit entsprechenden Meridianen in Verbindung stehen. Erweist sich beim Testen ein bestimmter Muskel als schwach, so fließt auch im zugehörigen Meridian zu wenig Energie und umgekehrt. Deshalb läßt sich über den Muskeltest einfach und schnell der energetische Zustand in den einzelnen Meridianen überprüfen. So zeigt z. B. eine Schwäche des M. psoas (Lendenmuskels) ein Energiedefizit im Nierenmeridian an. Die Kinesiologie bietet nun die Möglichkeit, auf festgestellte Störungen der Energiekreisläufe gleich therapeutisch einzuwirken. Durch einfache Berührung oder Massage sogenannter neurolymphatischer und neurovaskulärer Rezeptoren wird über eine Verbesserung des Lymphflusses und der Durchblutung eine augenblickliche Stärkung des Muskels erreicht. Abermaliges Testen bestätigt dies sofort.

Die kinesiologischen Muskeltests als Diagnoseinstrument sind einfacher zu erlernen als das System der Akupunktur, weshalb viele Therapeuten nicht mehr darauf verzichten wollen. Die Wirksamkeit der Muskeltests und der kinesiologischen Behandlung ist inzwischen tausendfach belegt. Denn wenn ein Muskel gestärkt wird, indem der Energiefluß in einem Meridian des Organismus gestärkt wird, helfen wir auch dem Organ, das zu diesem Meridian gehört. Die Kinesiologie behandelt jedoch weder das Organ noch die Krankheit noch das Symptom. Sie hilft dem Menschen als

Ganzheit. Die gesamte Körperhaltung wird verändert. Die Ausscheidungen und die Hormonproduktion werden beeinflußt und damit auch Zellen und Gehirnfunktion.

Inzwischen gibt es reichlich Kurse und Literatur zu diesem Thema (siehe Anhang), und ich empfehle dem geneigten Leser, sich intensiver mit der Kinesiologie zu beschäftigen.

Brain Gym: Gymnastik zur Verbesserung der Koordination der Gehirnhälften

Brain-Gym-Übungen sind einfache und angenehme Bewegungsabläufe aus dem Bereich der »Educational Kinesiology« (kurz: EK). Mit EK werden Bewegungsmuster im Gehirn neu gebahnt, so daß eine Verbesserung der Aufnahmefähigkeit bei Kindern und Erwachsenen erzielt wird. Brain Gym besteht aus ganzheitlichen Übungen, die das Gehirnpotential besser nutzen, weil sie die Energieblockaden auflösen oder das Zusammenspiel der Gehirnhälften verbessern. Folgende Übungen sind entnommen dem Buch »Brain Gym« von Paul und Gail Dennison, erschienen im Verlag für Angewandte Kinesiologie (Abdruck mit freundlicher Genehmigung).

DENKMÜTZE
Dient dazu, die eigene Stimme besser zu hören und aufmerksamer zu sein. Die Ohrmuscheln werden dabei sanft nach außen gefaltet.

ENERGIEGÄHNEN
Entspannt die Stimme und erhöht die Kreativität. Tun Sie so, als ob Sie Gähnen würden. Berühren Sie mit den Fingerspitzen alle angespannten Punkte, die Sie auf Ihrem Kiefer finden. Machen Sie ein tiefes, entspanntes Gähngeräusch und streichen Sie die Anspannung weg.

BALANCEKNÖPFE

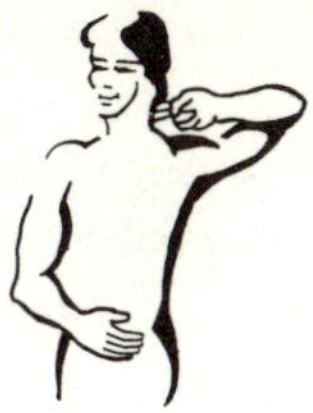

Die Übung hilft, den Körper zu entspannen und den Geist wachzuhalten. Berühren Sie mit zwei Fingern die Vertiefung am Schädelansatz hinter einem Ohr. Legen Sie die andere Hand auf den Nabel. Atmen Sie die Energie nach oben. Berühren Sie nach einer Minute die Vertiefung hinter dem anderen Ohr.

RAUMKNÖPFE

Helfen uns, schnelle Entscheidungen zu treffen. Legen Sie zwei Finger über die Oberlippe und legen Sie die andere Hand auf das Steißbein. Berühren Sie die Punkte eine Minute lang, während Sie beim Einatmen Energie entlang der Wirbelsäule hinauf führen.

Man kann auch ERD- und RAUMKNÖPFE kombinieren: Massieren Sie über der Ober- und unter der Unterlippe, während Sie mehrmals nach oben und unten blicken.

ERDKNÖPFE –
ENERGIEBEWEGUNGEN

Verstärkt die Tätigkeit der linken Gehirnhälfte. Legen Sie zwei Finger unter die Unterlippe und die andere Hand auf die Oberkante des Schambeins. Atmen Sie die Energie in der Mitte des Körpers nach oben.

GEHIRNKNÖPFE

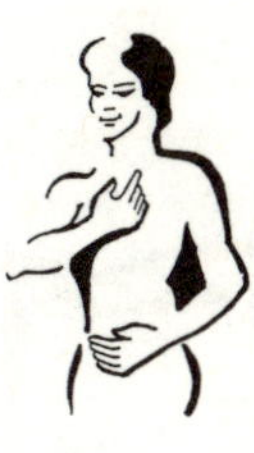

Die Übung hilft, wenn Lesen und Schauen anstrengt. Während Sie den Nabel berühren, reiben Sie die Punkte unterhalb des Schlüsselbeins, rechts und links vom Brustbein.

Die Fünf »Tibeter«

Sie leben in den Hochtälern des Himalaya in Tibet. Lange wurde ihr Geheimnis von tibetischen Mönchen gehütet. Mittlerweile ist das Geheimnis in Form von Übungen veröffentlicht worden. Die Wirksamkeit besteht in der Verbindung gehirnaktiver Übungen und mentaler Einstellung zum Alterungsprozeß, zu Langlebigkeit und Gesundheit. Denn Altern hat sehr viel mit unserer Vorstellung von Gebrechlichkeit und Krankheit zu tun.

1. Übung:
Aufrecht stehen, die Arme ausbreiten. Drehen Sie sich im Uhrzeigersinn um sich selbst, und zwar mindestens sechsmal. Ruhen Sie sich aus, sobald es Ihnen schwindelig wird. Diese Übung regt den Gleichgewichtssinn im Innenohr an und wird vestibuläre Stimulation genannt.

2. Übung:
Auf den Rücken legen, Arme am Körper, Handflächen auf den Boden. Kopf und Beine heben, dabei tief einatmen. Beim Senken ausatmen. Diese Übung regt u.a. die Gehirndurchblutung an.

3. Übung:
Aufrecht knien, Kopf erst sanft nach vorn, dann weit nach hinten beugen. Dabei einatmen. Dann den Kopf wieder gerade halten, dabei ausatmen. Diese Übung entspannt die Wirbelsäule.

4. Übung:
Hinsetzen, Hände aufstützen. Den Körper anheben, einatmen. Die Muskeln anspannen, Atem anhalten. Das Becken zurücksinken lassen, ausatmen. Diese Übung entspannt die Wirbelsäule.

5. Übung:
Hinlegen, Arme ausbreiten und Beine leicht grätschen. Das Becken langsam anheben, dabei einatmen. Wieder senken und dabei ausatmen. Diese Übung ist auch geeignet, die Gehirndurchblutung zu verstärken.

Die hier vorgestellten Übungen beruhen auf den Energieriten tibetischer Mönche, die durch Peter Kelders Buch *Die Fünf »Tibeter«* (erweiterte Ausgabe, Wessobrunn 1991, Integral) jetzt in den Ländern des Westens eine neue Popularität erlangen. Der Begriff *Die Fünf »Tibeter«* ist geschützt. Verwendung nur mit Genehmigung des Integral Verlags.

Gehirndurchblutung und Motorik

Zur Untersuchung gehirnspezifischer Veränderungen während körperlicher Aktionen werden in vielen Fällen hirnelektrische Ableitungen und Messungen des regionalen Blutflusses unternommen. Wissenschaftler konnten zeigen, daß es bei Rechtshändern durch Bewegung der linken Hand zu einer signifikanten Blutflußzunahme der gegenseitigen Hirnhälfte kam, während der Anstieg bei Bewegung der rechten Hand wesentlich kleiner ausfiel. Auch andere Forscher kamen zu dem Schluß, daß Blutfluß und Sauerstoffzunahme nur dann signifikant zunahm wenn die Aufgabe mit der ungeübten Hand durchgeführt wurde.

Aktivierung des Gehirns durch Qi-Gong-Kugeln

Bei Betrachtung des Homunculus (Schaubild, das den menschlichen Körper in der vorderen Zentralwindung des Gehirn repräsentiert, siehe Abb. Seite 159) fällt auf, wie überproportional groß die Zone der Hand auf der Rinde des Großhirns im Vergleich zu den Aktionszonen der anderen Körperteile ist. Hans Hötting beschreibt in seinem Buch »Aktiv und Gesund durch die magischen Qi-Gong-Kugeln aus China« die Arbeit von Prof. Huang Nei-Guang, der Arzt am Krankenhaus der Volksbefreiungsarmee ist. Dieser experimentierte mit 30 Patienten, deren eine Hälfte an Bluthochdruck und deren anderen Hälfte an einer Erkrankung der Halswirbelsäule litt. Diese chronischen Krankheiten ließen keinerlei Bewegungstherapie mehr zu, so daß man versuchte, mit den Qi-Gong-Kugeln noch etwas zu erreichen. Innerhalb von drei Monaten konnte man in der Gruppe der Bluthochdruckkranken eine deutliche Senkung des Blutdrucks feststellen, und auch bei den anderen Krankheitsymptomen konnten erstaunliche Verbesserungen festgestellt werden. Als Nebeneffekt stellte Prof. Huang fest, daß sich die Hirnleistung der Patienten verbesserte. Diese Erkenntnisse wurden durch Aussagen auf dem Neurologenkongreß 1989 in Berlin gestützt. Sie besagen, daß durch Fingerübungen die Gehirnzentren aktiviert werden können und sich die Gehirndurchblutung um 20% verbessert. Die Übungen mit den Kugeln erfordern Fingerspitzengefühl und eine erhöhte Konzentrationsfähigkeit. Interessant ist auch die Möglichkeit des gezielten Trainings der beiden Gehirnhälften. Es wurde nämlich festgestellt, daß sich die Stoffwechselaktivität der Handzone in der entgegengesetzten Gehirnhälfte erhöht, wenn man die dazugehörige Hand bewegt. Daher: bewegen Sie die rechte Hand, steigert dies die Aktivität der linken Gehirnhälfte und umgekehrt. Mit den Muskeltests der Kinesiologie kann man feststellen, welche Gehirnhälfte bei einem Menschen dominiert. Durch entsprechendes Training mit den Qi-Gong-Kugeln ist es möglich, die Dominanz zu verändern, um zu einer besseren Hemisphärensynchronisation zu gelangen.

Atmung und Gehirn

»Atem ist Leben, wer nur halb atmet, lebt auch nur halb.«

Durch die Atmung, vorausgesetzt, wir nutzen die volle Atemkapazität, verbessern wir die Sauerstoffzufuhr zum Gehirn und stärken dadurch unser Nervensystem. Bei der normalen Atmung nutzen wir im allgemeinen nur etwa ein Fünftel unserer Möglichkeiten. Rolf Herkert empfiehlt in seinem Buch »Sanfte Fitness für Körper, Geist und Seele« Pranayamas, das sind Atemübungen, die von vielen östlichen Lehren hochgeschätzt werden.

1. Übung (am besten mit geschlossenen Augen ausführen):

Überlassen Sie sich einfach Ihrem Atem und verfolgen Sie bewußt Ihren Atemrhythmus. Ruhig und entspannt ausatmen – einatmen – ausatmen – einatmen usw. Den Atem einfach fließen lassen, wie er kommt und geht, sich aus der Distanz beobachten, die Gedanken nicht abschweifen lassen.

2. Übung:

Atmen Sie wie bei Übung 1, doch verlängern Sie Ein- und Ausatmung, das heißt, atmen Sie tiefer ein und aus, vielleicht jeweils fünf bis zehn Sekunden lang. Beachten Sie, daß sich bei der Einatmung Bauch-, Brust- und Schulterbereich gleichzeitig durch die einfließende Energie füllen und bei der Ausatmung die verbrauchte Luft vollständig den Körper verläßt.

»Das Atmen ist eine bemerkenswerte Fähigkeit. Bevor wir geboren wurden, atmeten wir durch unsere Mutter. Nach der Geburt atmen wir selbst. Das Atmen stellt vielleicht den machtvollsten Drang dar, den wir erfahren können. Falls irgendetwas unseren Atem stört, wird alles andere zurücktreten vor unserem Willen zu atmen: Gedanken, Gefühle und alle sonstigen körperlichen Kräfte sind nichts dagegen. Wir atmen nicht, weil wir wissen, daß wir atmen müssen, sondern einfach, weil wir müssen. Der Drang zu atmen besitzt den verborgenen Charakter des Willens, und obwohl er unsere Erfahrung beherrschen kann, ist es uns doch nicht möglich, ihn als etwas zu erfahren, dessen wir uns gewahr sein können. Die Atmung stellt ein so totales Ausgeliefertsein dar, daß unser Geist unfähig ist, sie zu verstehen. Im Atmen erfahren wir den Drang zu leben.« (J.G. Bennett in: »Die inneren Welten des Menschen«).

Pranayama

Pranayama ist Atmungskontrolle. Dabei wird die Aktivität entweder auf die Einatmung oder Ausatmung gelegt, ohne daß die jeweils gegenteilige Aktivität störenden Einfluß hat. Die Übung wird so oft wiederholt, bis sie gelingt, und dann wird die Atmung so lange wie möglich angehalten, bis schließlich die Atmung wieder normal wird. Diese Übung bewirkt in beiden Ausführungsformen intensive Körpersensationen, welche die Aufmerksamkeit auf sich ziehen. Wenn die Sensationen dann zu schwinden beginnen, folgt eine tiefe Relaxation und Euphorie.

Holotrope Therapie

In dieser von Stanislav und Christina Grof entwickelten Therapieform sind kontrolliertes Atmen, evokative Musik und andere Formen der Geräuschtechnologie, fokussierende Körperarbeit und Mandalazeichnen kombiniert. Grofs frühere Arbeit mit bewußtseinsverändernden Substanzen hat seine Arbeit sehr geprägt: »Als ich allerdings begann, LSD als ein therapeutisches Werkzeug zu verwenden, wurde offensichtlich, daß nicht nur die Praxis der Psychoanalyse, sondern auch ihre Theorie drastisch revidiert werden muß. Ohne jede Vorbereitung und gegen meinen Willen transzendierten die Patienten die biographische Sphäre und sondierten die Bereiche der Psyche, die der Psychoanalyse und der akademischen Psychiatrie unbekannt sind. Die Beobachtungen von psychedelischen Sitzungen haben so eine allgemeine Gültigkeit für das Verständnis der menschlichen Psyche.« Grof konnte mit der holotropen Therapie bestätigen, daß psychedelische Zustände ohne pharmakologischer Zuhilfenahme induziert werden können – und zwar mit so einfachen Mitteln, wie erhöhter Atemfrequenz, evozierender Musik und bestimmten Techniken der Körperarbeit. »Wenn die Phänomene«, so Grof, »durch so physiologische Dinge wie Hyperventilation ausgelöst werden können, dann kann nicht bezweifelt werden, daß sie echte Eigenschaften der Psyche reflektieren.«

Sauerstoff- und Luftionisation

Die Erde ist elektrisch geladen, ebenso die Luft, die wir atmen. Ein Wetterwechsel geht oft mit elektrischer Änderung einher, was auf die Biochemie des Gehirns einen nicht zu unterschätzenden Effekt ausübt. Viele Menschen, besonders diejenigen, die unter Fön und Allergien leiden, sind sich der wohltuenden Wirkung eines Ionisators inzwischen bewußt. Der Wetterumschwung, der mit einer veränderten Ionisation einhergeht, hat häufig einen größeren Einfluß auf die Psyche eines Menschen als der Vollmond.

Unter natürlichen Bedingungen enthält die Luft um uns herum zwischen tausend und zweitausend Ionen pro Kubikzentimeter. An der See und im Hochgebirge kann sich die Anzahl der negativen Ionen beträchtlich erhöhen, was sich positiv auf unsere Gehirnfunktion und Stimmung auswirkt. Experimente russischer Wissenschaftler haben außerdem ergeben, daß hohe Dosen an negativen Ionen die Sauerstoffbeladung des Blutes und die Sauerstoffnutzung verbessern. In großen Städten ist die Anzahl der negativen Ionen oft drastisch vermindert, genauso wie in geschlossenen Räumen der Großstadtbüros und im Faradayschen Käfig der Autos. In Gebäuden mit Zentralheizung und Klimaanlage ist die Situation noch schlimmer. Luftfilter fangen Ionen, vor allem negative Ionen, ein, was bei den betreffenden Mitarbeitern leicht zu Kopfschmerzen, Abgespanntheit und Aggression führt. Auch die Reibung in Maschinen und Getrieben fängt negative Ionen ab, wie man das an der Luft von Wäschereien oder in Gebäuden mit elektronischen Geräten, wie Computer und Fernseher, spüren kann. Im Jahre 1957 begann Dr. Felix Sulman, ein Pharmakologe an der Universität von Jerusalem, seine Studien über den Scharaff, einen trockenen Wüstenwind, der bei vielen zu einer Serotoninüberproduktion führt. Eine Serotoninüberproduktion kann zu Angstzuständen, Depressionen, Hitzewallungen und Histaminüberproduktion führen; deshalb haben Scharaff-Opfer oft das Gefühl, sie seien erkältet.

Gehirnstimulation durch Schwerelosigkeit

Vestibuläre Stimulation – das »Training auf der Achterbahn«

Als Erwachsener nimmt man überwiegend eine sitzende oder stehende Körperhaltung ein. Kinder dagegen rennen und springen, schlagen Räder und Purzelbäume, rollen Abhänge herunter und fahren mit Begeisterung BMX-Rad, Skate-Board, Karusell und Achterbahn. Sobald wir älter werden, nehmen nun die Zahl der Räder und Purzelbäume, die wir schlagen, rapide ab. Das hat – man sollte es nicht glauben – Einfluß auf unser Innenohr und damit auf unser Gehirn.

Bewegung wirkt sich besonders auf den Vestibularapparat im Innenohr aus. Mit diesem Organ nehmen wir die genaue Position im Raum wahr und informieren uns über die Stellung unseres Körpers, seiner Bewegungsrichtung und Geschwindigkeit. Da unser Körper zum Großteil aus Wasser besteht, ist es einsichtig, daß Kreis- und Drehbewegungen vor allem auf die Körperflüssigkeit Einfluß nehmen. Wie wirkt sich Bewegung nun auf unser Gleichgewichtsorgan, den Vestibularapparat aus? Eingebettet in einer gelatineartigen, halbflüssigen Membran des Innenohrs sitzen Millionen winziger Haarzellen. Wenn wir ruhig sitzen oder liegen, registrieren diese Zellen nur die Schwerkraft, aber bei Bewegung verschieben sie sich. Als Reaktion auf Bewegung oder Schwerkraft senden die Haarzellen Signale direkt ans Kleinhirn.

Ein zweites Element des inneren Orientierungssystems sind drei Röhren im Innenohr: die Bogengänge. Diese schneckenförmigen Röhren enthalten eine Flüssigkeit, die sich innerhalb der Gänge bewegt, wenn wir den Kopf drehen oder neigen.

Im Alter gilt für unser Gehirn das gleiche wie für den Rest des Körpers: wer rastet, der rostet. Das Vestibularorgan, das in der Jugend durch viele äußere Reize stimuliert wird, verkalkt und versteift, sobald wir uns immer ruhiger und würdevoller bewegen. Der Neurophysiologe James Prescott, der an der Universität von Bethesda forscht, glaubt, daß der Vestibularapparat bei der Entwicklung des sozialen Verhaltens eine wichtige Rolle spielt. Er beschreibt, daß Bewegungsmangel zu einem sozialen Rückzugsverhalten führen kann, das wir im Extremfall als »Autismus« bezeichnen.

In den 60er Jahren wurden Untersuchungen an der Universität von Wisconsin durchgeführt, welche die Zusammenhänge zwischen der Entwicklung einer normalen Gehirnfunktion, normaler sozialer Fertigkeiten und körperlicher Bewegung aufzeigen. Bei diesen Untersuchungen nahm man kleinen Affenkindern die Mutter weg. Einige wuchsen isoliert auf, ohne mit anderen Artgenossen in Kontakt zu kommen. Innerhalb von drei Monaten waren die jungen Affen stark gestört und konnten auch später keine normalen Beziehungen zu anderen aufnehmen. Zuerst nahm man an, daß die fehlende Mutter der Grund für die Fehlentwicklung der Jungtiere war. Der Psychologe Harry Harlow war anderer Meinung, denn eine Gruppe von Affen, die mit Gleichaltrigen ohne Mutter in einem Käfig aufwuchs, entwickelte sich durchaus normal. Was konnte als wirkliche Ursache der geistigen Störung in Frage kommen? Offensichtlich war die Störung durch Reizentzug entstanden. Ein Kollege von Harlow, Bill Mason unternahm weitere Versuche. Er zog eine Affengruppe zusammen mit den Müttern auf, eine zweite mit einer Ersatzmutter (einer mit Fell bezogenen fest verankerten Flasche) und eine dritte Gruppe mit derselben »Ersatzmutter«, in diesem Fall aber mit einem Motor verbunden, der sie hin- und herschaukelte. Die Ergebnisse waren verblüffend: die mit der stationären Mutter aufgewachsenen Affen entwickelten dieselben Entzugserscheinungen wie die Affen, die in totaler Isolation aufwuchsen; die Affen mit der beweglichen »Ersatzmutter« entwickelten sich jedoch normal.

- *Der entscheidende Faktor bei der Entwicklung normaler Gehirne und einer Fähigkeit zu sozialer Zusammenarbeit ist die Bewegung und damit die Stimulation des Gehirns.*

Körpermotorik und Gehirnpflege

- Bei Problemen und Entscheidungsschwächen hilft Laufen, und wenn es nur für fünf Minuten um den Block ist, um die Durchblutung und die Atmung anzuregen.

- Drehübungen im Uhrzeigersinn stimulieren das Innenohr und verbessern den Energiefluß im Körper.

- Isometrische Spannungsübungen (z. B. Liegestützen, Kniebeugen) und Beine über Kopf (z. B. Kerze) verbessern die Gehirndurchblutung.

- Aufrechtes Stehen – das wußte auch schon Goethe, denn er nutzte ein Stehpult – ist besser für den Denkprozeß als langes Sitzen.

- Sitzende Denkarbeit im Büro wird am besten stündlich durch Gymnastik unterbrochen, so wie es uns die Japaner vormachen. Dabei soll Wert auf eine tiefe und regelmäßige Atmung gelegt werden, Lockerung und Dehnung von Muskeln und Gelenken sowie Koordinationsübungen.

- Ihre Haltung sollte stets aufrecht sein (siehe Feldenkrais, Alexander-Technik, alta-major-Technik).

Das Trampolin

Als Kind war man sich des Gefühls der Schwerelosigkeit noch bewußt; begeistert drehte man sich um sich selbst, schlug Purzelbäume und Räder, rollte Abhänge hinunter und stürzte sich auf Karussells, Rutschen und Riesenräder, um die Nerven im Innnenohr zu stimulieren. Natürlich tat man das nicht bewußt. Man hatte sozusagen einen angeborenen Hang zur vestibulären Stimulation. Als Erwachsener wird man dann ruhiger und nimmt überwiegend eine sitzende Körperhaltung ein. Manch einer jedoch fühlt sich zu Sportarten wie Surfen, Drachenfliegen, Fallschirmspringen oder Skifahren hingezogen, ohne daß ihm bewußt ist, daß das Gefühl der Schwerelosigkeit eine Stimulation des Gehirns bedeutet.

Als die ersten Astronauten auf dem Mond landeten, konnte jeder beobachten, wie er aufgrund der geringeren Anziehungskraft Schritte bis zu 5 Metern machen konnte. Die Berichte über die Schwerelosigkeit waren euphorisch, doch die Orientierung im Raum und die Funktionsstörungen des Körpers stellten für die Astronauten nach einiger Zeit große Schwierigkeiten dar. Zurückgeführt wurden diese Funktionsstörungen vor allem auf die nicht vorhandene Gravitationsbelastung und den Bewegungsmangel. Ebenfalls herabgesetzt wurde die Funktion des körpereigenen Abwehrsystems. Um diesen Störungen vorzubeugen, hat die Weltraumbehörde NASA eine Reihe von ausgeklügelten Fitnessgeräten installiert, darunter das Trampolin. Dieses eignet sich sehr gut für ein ausgeglichenes Training, weil sich durch die Wipp-Bewegung die Kraft auf die Körperorgane gleichmäßiger verteilt. Inzwischen gibt es zum günstigen Preis Trampoline für den Hausgebrauch (Durchmesser ca. 1 m) im Handel. Ein tägliches 10-minütiges Wippen und Hüpfen soll sogar einen besseren Effekt auf den ganzen Körper haben als 30 Minuten Joggen. Besonders wohltuend wirkt sich die Wipp-Bewegung auf das Lymphsystem und die Gehirndurchblutung aus.

Der Isolationstank

Amerikanische Manager, Sportler und Politiker wissen seine wohltuende und harmonisierende Wirkung seit Jahren zu schätzen. »Die NASA setzt ihn zum Weltraumtraining ihrer Astronauten ein, und die deutsche Fußballnationalmannschaft hat dadurch mentale und körperliche Ressourcen freigesetzt«, sagt der Experte Prof. Dr. Bernd Petersen. Zahlreiche, überwiegend in den USA erschienene, Forschungsergebnisse haben immer wieder auf die positiven Auswirkungen des Isolationstanks hingewiesen, insbesondere auf die Behandlung von streßbedingten Herzkreislauferkrankungen und psychischen Störungen, die sich in Form von Depressionen, Schlafstörungen und Ängsten zeigen. Gegenwärtig befinden wir uns in einer Situation, in der Reizüberflutung aus unserer Umwelt an der Tagesordnung und mannigfaltiges Reagieren auf unterschiedliche Situationen nicht nur in Managerkreisen notwendig geworden ist. Trotz individueller Verdrängungsmechanismen lassen sich Besorgtheit und Ängste um unsere individuelle und gesellschaftliche Zukunft nicht leugnen. Um auf diese grundlegenden Probleme adäquat reagieren zu können, ist es notwendig, unser eigenes Potential zu erschließen. Hier eignet sich der Isolationstank in ganz besonderer Weise, wie umfassendes Forschungsmaterial zum Thema sensorische Deprivation schon seit Jahrzehnten darlegt.

Das »Flotation Tank« oder »Samadhi Tank« genannte Gerät hat sich nicht nur als wirksames Instrument zur Verbesserung mentaler Funktionen bewährt, sondern ist das am intensivsten erforschte und am besten dokumentierte Gerät zur Bewußtseinserweiterung und Selbsterkenntnis. Der Tank ist 110 cm hoch, 240 cm lang und 140 cm breit. Die Schwerelosigkeit wird durch eine hautfreundliche 25 cm tiefe 20% Salzlösung erreicht, die jeden Menschen ohne Schwimmbewegung trägt. Die Lösung wird bei modernen Geräten konstant auf 34,5 Grad Celsius gehalten. Diese Temperatur entspricht genau der Außenwärme unserer Haut. Da auch die Lufttemperatur auf den gleichen Wert geregelt wird, entsteht das Gefühl, frei im Raum zu schweben.

In diesem künstlich embryonalen Umfeld stellt sich ein Zustand innerer Sammlung und erhöhter Wachsamkeit bei gleichzeitiger Tiefenentspannung ein. Beim Hineinlegen in dieses Wasser schwebt man ohne zusätzliche Bewegung ganz oben. Bei geschlossener Tür ist es im Innern des Tanks vollkommen dunkel. Da das vollständige Fehlen äußerer visueller Reize von den wenigsten je im Alltagsleben erfahren wird, ist dies für sich allein schon ein großer Reiz auf das Nervensystem.

Hinzu kommen die Schwerelosigkeit und das weitgehende Fehlen von Sinnesreizen wie Berührung, Druck und anderer Hautwahrnehmungen. Dazu der Erfinder des Tanks, der Neurophysiologe John C. Lilly: »Man ist von der Schwerkraft befreit. Der ganze Kampf mit der Schwerkraft, dem man den ganzen Tag ausgesetzt ist, ist nicht mehr da. Etwa 90% der neuralen Aktivität ist immer damit beschäftigt zu beurteilen, wo die Schwerkraft ist, in welcher Richtung sie wirkt, wie man sich bewegen kann, ohne zu fallen.« Durch den Tank erreicht man also mit technischen Mitteln ein rascheres, komfortableres und zuverlässigeres Abschalten aller Sinne, wie das etwa in der Meditation oder dem autogenen Training möglich ist.

Der Tank versetzt einen sozusagen in die Lage, mit der Entspannung dort zu beginnen, wo man außerhalb seiner erst mit Zeit und Mühe hinkommt. Man muß nicht mehr selbst die äußeren Reize reduzieren, der Tank macht das für einen. Selbstverständlich erfordert es einige Übung, um alle Vorteile der selbstgewählten »Isolations-Meditation« zu genießen.

Reizüberflutung und kinetische Trance

Kinetische Trance bezeichnet einen Trancezustand, der ausgelöst wird durch heftige Körperbewegungen, meist Rotationen, und eine unnatürliche Haltung des Kopfes, was zu einer Reizung des Vestibularapparates führt. So wie aus Pflanzen und Kräutern, die traditionell von Medizinmännern und Heilern verwendet werden, vielfältiger pharmakologischer Nutzen gezogen werden kann, so wird auch mit motorischer Stimulation, der kinetischen Trance, eine Form von nonverbaler Psychotherapie praktiziert.

Im Gegensatz zum Reizentzug, der den Körper sozusagen vergessen läßt, macht die Ekstase-Technik das Gegenteil: durch Überreizung des Gleichgewichtszentrums und des Gehirns wird eine außerkörperliche Erfahrung erzielt. Die Ekstase- oder Trance-Technik benötigt nach Felicitas Goodman, einer bekannten Trance-Forscherin, zwei Faktoren, um eine Trance oder Ekstase zu einem sinnvollen und damit wertvollen, bereichernden und inspirierenden Erlebnis werden zu lassen, das auch in den Alltag integriert werden kann:

- die Stimulation des Gehirns mit materiellen Mitteln, meist rhythmischer, monotoner Art, etwa durch Trommeln, Rasseln, Singen, Klatschen, Stampfen oder auch durch visuelle Reize wie Kerzenflackern oder Feuerflackern;
- die Vorgabe geistiger Inhalte durch Symbole, Rituale, eine damit verbundene Vorbereitung, die die Erwartungshaltung im Vorfeld anheizt und einen Placeboeffekt durch diese, verstärkt noch durch Gruppendynamik und Gruppenenergie.

Felicitas Goodmans Forschungen zeigten deutliche biochemische Auswirkungen der Trance: die Adrenalin-, Noradrenalin- und Cortison-Spiegel im Blut stiegen zunächst leicht an und fielen dann unter die anfänglichen Werte. Gleichzeitig war eine Zunahme von Beta-Endorphinen zu verzeichnen, die nach der Übung anhielt. Das EEG zeigte nicht die so oft bei veränderten Bewußtseinszuständen auftretenden Alpha-Wellen, sondern Theta-Wellen. Diese werden beim Erwachsenen im Wachzustand normalerweise nicht gemessen.

Beim Trancetanz spielen die hochgradige Erregung und eine Steigerung des Muskeltonus eine Rolle bei Phänomenen wie Besessenheit und beim Auftauchen »multipler Persönlichkeiten«. Ebenso hat die kreisende Bewegung des Kopfes im Trancetanz ihren Sinn, indem das vestibuläre Gleichgewichtssystem im Ohr gereizt wird und eine vermehrte neurale Tätigkeit im Gehirn auslöst. Chronische Muskelspannungen lösen sich auf und damit unvorteilhafte Verzerrungen der Gesichtszüge.

Die vestibuläre Stimulation wird durch rhythmische Impulse auditiver Reize erreicht: das Gleichgewichtsorgan mit seinen feinen Härchen und Nervenenden wird so sehr durcheinandergebracht, daß es zu Gleichgewichtsverlust kommt, auch wenn der Körper sich in einer stabilen Lage befindet. Es kommt so zu Sinnestäuschungen des Fallens, Schwebens und Wirbelns. *(Zitiert nach: Kaye Hoffman, »Play Ecstasy – Durch Bewegung zur Ekstase«.)*

5. Das sehende Gehirn

»Schlimmer als nicht sehen zu können, ist, nicht sehen zu wollen...«

Vom Sehen zum Schauen

Plato läßt Sokrates im Phaidon fragen: »Wie steht es nun mit folgendem, Simias? Sagen wir, es gebe ein Gerechtes an sich oder nicht und ein Schönes und ein Gutes. Selbstverständlich! Hast du nun aber schon irgendeinmal etwas Derartiges mit Augen gesehen? Nein, niemals, erwiderte er. Man kommt also der Erkenntnis am Nächsten durch Nachdenken. Und dies kann der am meisten tun, der dabei weder die Augen zuhilfe nimmt, noch irgendein anderes Sinnesorgan. Die Seele kann besser denken ohne die Ablenkung durch den Leib, oder die Augen verdecken das wahre Wesen.«

Wenn die Augen auch vielleicht das wahre Wesen vieler Dinge verdecken und uns manchmal sogar rein optisch täuschen, so geben sie uns andererseits doch während des ganzen Lebens unendlich viele wertvolle Informationen, die wir nicht missen möchten. Unsere Sinneseindrücke verbinden uns mit der Welt – trotz oder gerade wegen ihrer Relativität und Subjektivität.

Flachland

Es gibt ein fast hundert Jahre altes Buch mit dem Titel »Flachland – eine phantastische Geschichte in vielen Dimensionen«, dessen Autor, Edwin A. Abott, Direktor einer Londoner Schule war. Es ist ein ziemlich ungewöhnliches Buch, weil es viele Erkenntnisse der modernen Physik vorwegnimmt und auch nicht mit scharfsinnigen psychologischen Erkenntnissen spart. Flachland ist die Erzählung eines Bewohners einer zweidimensionalen Welt. In dieser Welt gibt es eine Wirklichkeit, die nur Länge und Breite, jedoch keine Höhe kennt, ein Ort, der nur von Linien, Dreiecken, Quadraten und Kreisen bevölkert ist. Ein Bewohner dieses Landes, ein Quadrat, bekommt eines Nachts Besuch von einer Kugel und ist völlig verwirrt über den seltsamen Anblick dieses Kreises, der sich ja ständig verändert. Nachdem die Kugel mit Worten vergeblich versucht hat, dem Quadrat die Existenz von drei Dimensionen zu erklären, nimmt sie es dann schließlich mit in ihr Land der drei Dimensionen. Das Quadrat ist so erschüttert von dem schwindelerregenden Eindruck, den es dort gewinnt, daß es voller Verzweiflung ausruft: »Entweder ist das der Wahnsinn oder die Hölle«. Die Kugel antwortet darauf: »Keines von beiden, es ist das Wissen, daß es drei Dimensionen sind. Öffne doch einmal deine Augen und versuche, ruhig hinzusehen.«

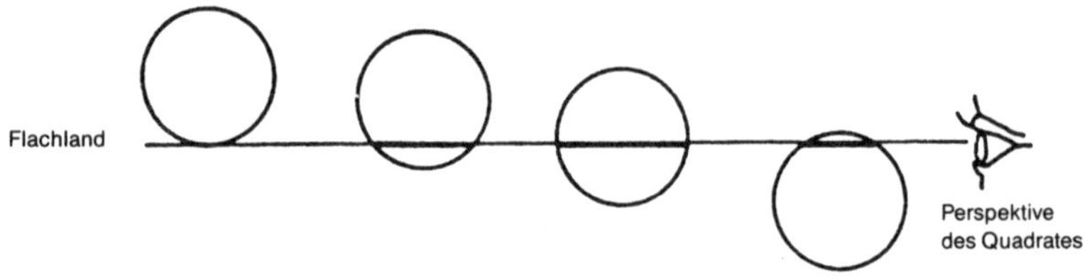

Abb. 11: Flachland

Richtiges Sehen spielt auch bei Castanedas Schamanenlehrer Don Juan eine wichtige Rolle. Was wir für wirklich halten, ist nur ein beschränkter Ausschnitt aus dem Ganzen. Erst ein verändertes Bewußtsein, das die Auflösung der gewohnten Vorstellungen mit sich bringt, läßt die Welt sich neu darstellen.

Wir sehen die Realität nicht wie sie ist, sondern wie unser Gehirn sich ein Bild seiner Umwelt schafft. Wenn wir einen Gegenstand oder einen Mitmenschen betrachten, so sehen wir nur die uns zugewandte Oberfläche, keineswegs aber das Ganze unseres Gegenübers. Man sagt, das Sehen bringt uns den Gegenständen näher. Sicherlich erlaubt es uns das Zurechtfinden und die Orientierung im Raum. Aber welchem Teil der Gegenstände bringt es uns näher? Es bringt uns in ein Verhältnis zur Oberfläche der Dinge. Dieses Entlangwandern an der Peripherie nennen wir Erkennen. Dem ist sicherlich nicht so – die wirkliche Natur der Dinge liegt nicht in ihrer ersten Erscheinung.

Im heutigen Bildschirmzeitalter, in dem man, anstatt Augenzeuge zu sein, nur noch Zuschauer bereits gefilterter Informationen ist, wird unser Sehen und Schauen im allgemeinen immer subjektiv sein. Wir vertrauen dem, was wir von den Medien tagtäglich vorgesetzt bekommen. Dementsprechend formt sich unser Weltbild. Das typische Beispiel der nahen Vergangenheit war der Krieg um Kuwait: die Fernsehbilder verschleierten regelrecht das, was tatsächlich passierte. Da sich heute durch digitale Techniken Bilder jeder Art ohne Spuren verändern und manipulieren lassen, müssen wir noch kritischer werden. Daher muß das Wissen um die Grenzen und die Objektivität unserer Wahrnehmung auch zur Relativierung unserer Ansichten und zur Toleranz anderer Welt-Anschauungen führen.

Das sehende Gehirn

Um zu einem besseren Verständnis des Vorgangs, den wir »Sehen« nennen, zu kommen, ist es hilfreich, eine Vorstellung von der Art und Weise zu bekommen, wie unser Gesichtssinn (Auge und Gehirn) Lichtreize zu sinnvollen Informationen verarbeitet. Anhand von unmögichen Objekten und mehrdeutigen Figuren kann man sehen, daß diese Wahrnehmung, nimmt sie einen nicht alltäglichen Verlauf, mehr mit unserem Gehirn zu tun haben muß.

Das Auge als solches nun arbeitet wie eine Kamera: die Linse projiziert ein umgekehrtes, verkleinertes Bild der Umgebung auf die Netzhaut – ein Netzwerk lichtempfindlicher Zellen, der Pupille gegenüberliegend, das mehr als die Hälfte der Innenseite des Augapfels belegt. Als optisches Instrument wird es seit langem als kleines Wunder angesehen. Während wir eine Kamera scharf stellen, indem wir die Linse näher an die lichtempfindliche Schicht oder weiter von ihr fortbewegen, wird im Auge die Brechkraft der Linse selbst verändert. Durch einen Ringmuskel kann die Linse verformt werden: wenn sich der Muskel zusammenzieht, wird die Linse runder, und dadurch bildet sich ein scharfes Bild näherer Gegenstände auf der Netzhaut. Auch beim Menschen ist wie bei der Kamera die Blende einstellbar. Die Pupille fungiert als Linsenöffnung, die durch Muskeln, die der Iris rund um die Pupille ihre charakteristische Färbung geben, vergrößert oder verkleinert wird. Die Netzhaut, die lichtempfindliche Schicht, hat einen sehr differenzierten Aufbau. An der Rückseite des Auges gelangt der Augennerv nach innen. An dieser Stelle, dem »blinden Fleck«, befinden sich keine lichtempfindlichen Zellen. Die Nervenzellen im Auge werden nach der Form ihrer Fortsätze Zapfen oder Stäbchen genannt. Die Zapfen sind farbempfindlich; die Stäbchen hingegen besitzen eine höhere Lichtempfindlichkeit.

Wie sehen wir nun eigentlich? David Marr, Mitarbeiter am Artificial Intelligence Laboratory des MIT (Massachusetts Instiute of Technology), beschreibt die Unzulänglichkeit der traditionellen Lehre: »Wenn wir die Perzeption zu begreifen suchen, indem wir lediglich untersuchen, was sich auf der Ebene der Nervenzellen abspielt, so ist das mit dem Studium der Detailstruktur der Vogelfedern zu vergleichen, wenn wir eigentlich etwas über das Fliegen bei Vögeln herausfinden wollen.« Marr nennt in diesem Zusammenhang J. Gibson, der sich als erster mit sinnvollen Fragen auf dem Gebiet des Sehens beschäftigt hat. Er ging von der Annahme aus, die wichtigste Funktion der Sinnesorgane sei, daß sie ein Kanal für die Wahrnehmung der Wirklichkeit außerhalb unserer eigenen Person seien und stellt die Frage: »Wie kommt man im täglichen Leben an gleichbleibende Wahrnehmungen auf der Basis sich ständig verändernder Eindrücke?« Dies läßt erkennen, daß Gibson das Problem der Perzeption als das Herausheben gültiger Eigenschaften der Außenwelt aus sinnlichen Informationen begriffen hat.

Gefühle und Augenstellung

Es wurde bereits beschrieben, daß den beiden Gehirnhälften bei bestimmten Aufgaben unterschiedliche Bedeutung zukommt. Die linke Gehirnhälfte scheint bei der Bewältigung sprachlicher Aufgaben führend zu sein, die rechte Gehirnhälfte hat dagegen eine entsprechende Führung bei den Gefühlen, und zwar hauptsächlich bei negativ getönten Gefühlen. Dazu gibt es einen Versuch, den der der Psychologe G.Schwartz von der Yale Universität durchführte: die Versuchspersonen wurden zu Experimenten über Augenbewegungen ins Labor gebeten, ohne zu wissen, daß sie an einem Gefühlsexperiment teilnahmen. Während des Augenbewegungs-Versuches wurden vom Versuchsleiter immer wieder beiläufige Bemerkungen eingestreut. Teilweise waren sie belanglos, teils aber auch gefühlsgeladen. Immer wenn eine gefühlsbetonte Äußerung fiel, schauten die Versuchspersonen nach links, bei belanglosen Bemerkungen kam es dagegen nicht zur Linksorientierung. Beim Linksblicken ist im Gehirn hauptsächlich die rechte Hälfte aktiv. Somit hatte der Versuchsleiter durch gefühlsbeladene Äußerungen die rechte Gehirnhälfte der Probanden aktiviert. Mittlerweile wurde auch bestätigt, daß mehr rechtshemisphärisch orientierte Menschen verstärkt unter Depressionen leiden, da sie wohl Gefühle verstärkt wahrnehmen, ohne sie aber entsprechend gut umsetzen und einordnen zu können.

Was ist wirklich?

Ein Beitrag von Marianne Gollub

Sehen und Wahrnehmen bilden zusammen das Erkennen, die visuelle »Wirklichkeit« des Menschen. Menschen mit physischen Sehschwächen können z. B. ihre optische »Minderfunktion«, die nicht der Normalität entspricht, teilweise ausgleichen, indem sie das, was sie schauen, besser wahrnehmen, den äußeren optischen Reiz also besser in Information umsetzen. Umgekehrt kann ein »normalsichtiger« Mensch mit »hervorragender optischer Sehfähigkeit« (der sogenannten 100%igen Sehfähigkeit) durchaus permanent oder vorübergehend Schwächen in seiner Wahrnehmungsfähigkeit haben, die ihn nicht optimal mit der Außenwelt agieren lassen.

Denken wir nur einmal an folgende Situation, die uns bestimmt allen schon einmal in ähnlicher Form passiert ist: wir suchen z. B. verzweifelt eine halbe Stunde lang nach dem Hausschlüssel und können ihn einfach nicht finden – bis jemand kommt und uns sagt: »Na, da liegt er doch, direkt vor Dir auf dem Tisch!« Genau auf diesem Tisch, um den wir seit einer halben Stunde herumlaufen und der dabei ständig in unserem Blickfeld war! Wir haben den Schlüssel einfach übersehen, d.h. die optische Information nicht wahrgenommen, nicht verarbeitet zum visuellen Erkennen.

»Sehen« ist also eine Frage der Definition: das, was wir allgemein »Sehen« nennen, ist tatsächlich viel mehr als (nach Castaneda) das »bloße Schauen der Dinge«. Es ist ein äußerst komplexer Vorgang, bei dem der optische (Licht-) Reiz, der in das Auge einfällt, von der Retina verarbeitet und weiter zum Sehzentrum im Gehirn geleitet wird. Dort wird er mit ähnlichen optischen Informationen verglichen, die wir früher bereits gesammelt haben. Aufgrund dieses Vergleiches setzen wir die bunten Flächen und Linien, die wir ja eigentlich nur »schauen«, in bereits bekannte Formen um, geben den dafür im Gehirn gespeicherten Begriff oder Namen dazu – und sagen: Aha, ich sehe einen Baum, ein Haus, einen Menschen.

Gleichzeitig sucht das Gehirn in der Erinnerung das zu dem bekannten optischen Bild gespeicherte Gefühl hervor und reproduziert es sofort. Zusammen mit dem Erkennen einer Sache oder Situation sind wir entweder erfreut, ärgerlich oder haben Angst. Unsere Einstellung zu dem, was wir sehen, bildet unsere eigene visuelle Realität.

Das heutige »Ganzheitliche Sehtraining« beweist, daß wir, tief in unserem Inneren, nicht sehen wollen, was wir nicht sehen können. Gewisse Dinge sind oder waren vielleicht irgendwann in unserem Leben zu belastend, um sie, ohne schweren seelischen Schaden zu nehmen, anschauen – und sehen – zu können, und diese Angst, den Dingen »ins Auge zu schauen«, hat das Sehvermögen vermindert.

Aussprüche wie: »Ich kann das nicht mitansehen«, »Da kann ich ja gar nicht hinschauen«, oder in einer Diskussion: »Das sehe ich aber ganz anders«, u.a. können wir nach den neuesten Erkenntnissen aus dem Sehtraining also durchaus wörtlich nehmen!

Oder, wie es in meinem Buch »Computer und Sehen – Sehtraining für Bildschirmbenutzer« und auch in John Selbys »Wieder klar sehen« sinngemäß heißt: »Der freie Fluß des SEHENS wird nicht erlernt, sondern er geschieht von selbst. Wir können nur lernen, ihn zu hindern oder ihn wieder geschehen zu lassen.«

Wahrnehmungsübungen zur Erweiterung visueller Aufnahmefähigkeit

Die vier Arten des Sehens

1. Zunächst gibt es die natürliche Neigung, Bewegung wahrzunehmen. Dies ist ein intensiver Instinkt, der wichtig zum Überleben ist, ein genetisches Erbe. Wir suchen und entdecken Bewegung, vor allem, wenn wir uns als »Jäger« oder »in Gefahr« fühlen. Die visuelle Konzentration auf Bewegung erzeugt im ganzen Körper ein Gefühl von Bereitschaft zu körperlicher Aktivität, zu wachem Handeln.
2. Das Wahrnehmen von Form beinhaltet eine aktive Bewegung der Augen, die den Linien, Kurven und Ecken folgen und diese Information an das Gehirn zur weiteren Verarbeitung, aus der das Erkennen und Benennen entsteht, weiterleiten. Das Wahrnehmen von Form wird vom geistigen und emotionalen Zustand beeinflußt.

3. Die Farbwahrnehmung: das visuelle Aufnehmen der verschiedenen Farben (unterschiedlichen Lichtenergiewellen) dieses Planeten ist im Gegensatz zum Formsehen, das erlernt wird, eine uns angeborene Eigenschaft. Während das Wahrnehmen von Form in unserer Kultur ein starkes Übergewicht erhalten hat, ist das Wahrnehmen von Farbe mit seinen mehr sinnlich empfindenden Aspekten in unserer Zeit fast völlig in den Hintergrund getreten. Diese Art des Wahrnehmens kann aber durch Training wieder zurückgewonnen werden.
4. Zusammen mit Bewegung, Form und Farbe nehmen wir auch Entfernungen, nehmen wir Raum wahr. Diese Art zu sehen unterscheidet sich grundlegend von den anderen, da wir hierbei nicht auf ein ausgewähltes Objekt blicken, sondern stattdessen die »Zwischenräume« in unserer Umgebung wahrnehmen, sozusagen die Luft selbst. Eine starke Ausprägung der Raumwahrnehmung beobachten wir bei bestimmten athletischen Sportarten ebenso wie bei den erweiterten Bewußtseinszuständen spiritueller Wahrnehmung. Umgekehrt wird der Verlust der räumlichen Wahrnehmung in Zusammenhang gebracht mit Geisteskrankheiten, Streß und allen Arten von Angstzuständen und Furcht. Raumwahrnehmung ruft einen anderen, einen wacheren Bewußtseinszustand hervor als die übrigen drei Seharten.

Auch aus der medizinischen Forschung ist bekannt, daß Furcht, (d.h. länger anhaltende, im Körper gestaute Angst bzw. im Gehirn gespeicherte negative Erfahrungen) als situationsbezogene negative Erwartungshaltung das optische Sehen beeinflußt und so das Seh- und Wahrnehmungsvermögen verschlechtert.

Die geometrische Intuition

von Arnold Keyserling

Das innere Auge hat zehn Richtungen, aus welchen die Bedeutungen entstehen. Nur wenn es auf das Raumquadrat geeicht wird, worin sich die Zeit entfalten kann, ist der Mensch in seiner Vorstellung, seiner geometrischen Intuition, vollständig. Fehlt eine der Richtungen, dann kann er nicht aus der Mitte des Schauens leben. Jegliche Erfahrung des Lebens muß in die acht Raumrichtungen integriert werden, sonst bleibt sie ein Fremdkörper und hindert den Menschen daran, seinen Raum zu entfalten und zu gestalten.

1. Blicke ich nach rechts oben, so ist meine Aufmerksamkeit, die Mitte der Vorstellung, auf das Gewahrsein, die Vision gerichtet.
2. Blicke ich nach rechts Mitte, so steht das Empfinden im Vordergrund.
3. Blicke ich nach rechts unten, so erwecke ich das Denken, das Gedächtnis steht mir zur Verfügung.
4. Blicke ich nach links oben, dann ist mein Anliegen, meine Seele, das Erreichen meiner Stellung in der Welt.
5. Blicke ich nach links Mitte, so erfahre ich die augenblicklichen Motive meines Körpers, der mir immer wieder zeigt, was als nächstes zu entfalten wäre.
6. Blicke ich nach links unten, so erlebe ich die Struktur meines Wollens, die solange karmisch leidbetont ist, bis ich sie voll im Einstehen verantworte.
7. Nach unten, Mitte, erlebe ich in Demut meinen Gefühlsgrund.
8. Nach oben, Mitte, erlebe ich die geistige Vision der Einstimmung.
9. Nach vorne bin ich zum anderen Wesen gerichtet.
10. Nach hinten zu bin ich auf die Vision gerichtet.

Abb. 12: Blickrichtungen

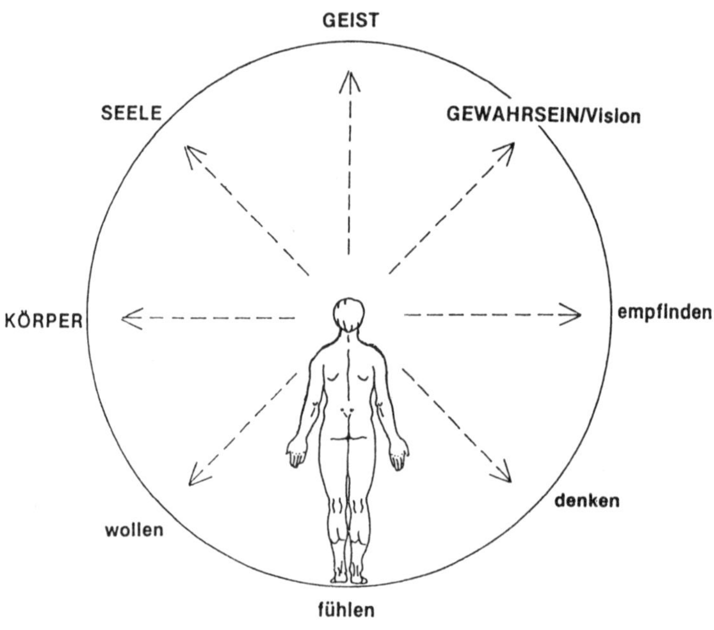

Das periphere und fokale Sehen

Nach Arnold Keyserling geschieht die erste Orientierung des Bewußtseins über das Sehen. Dieses ist auf zwei Fähigkeiten gegründet: das fokale und periphere Sehen. »Mittels des Fokus ist man imstande, einen einzigen Punkt zu betrachten. Wenn es nur den Fokus gäbe, würde man alles andere doppelt sehen. Aber die Fähigkeit des fokalen Sehens ist mit der gegenseitigen Gehirnhälfte gekoppelt, die Fähigkeit des peripheren Sehens mit der gleichen Hemisphäre. So ist das Sehen ein doppelter Vorgang: Fokus und Schauen ergänzen einander.«

Bin ich betrübt, so habe ich nur den Fokus. Eine einfache Besinnung auf das periphere Sehen kann Abhilfe schaffen. Indem man seine beiden Daumen bei ausgestreckten Armen solange nach beiden Seiten hinwegbewegt, bis man sie gerade noch sieht, fast bis 180 Grad, kann man seine Trauer beseitigen.

Zwischen Realität und optischer Täuschung

Sehen ist wie Laufen und Sprechen eine Fähigkeit, die der Mensch im Laufe der Zeit erst lernen muß. Die Verbesserung des Wahrnehmungsvermögens hängt mit der Fähigkeit zusammen, die Informationen mit bereits Bekanntem zu verbinden und deshalb besser zu erkennen. »Man sieht nur das, was man vorher schon weiß.« Der erfahrene Wissenschaftler sieht durch das Mikroskop im Präparat die kleinste Einzelheit und Veränderung, wohingegen der Student trotz besserer Sehschärfe noch wenig erkennt. Das gleiche gilt für die Kunstbetrachtung. Der erfahrene Experte sieht Dinge und Zusammenhänge, die ihm helfen, die Qualität eines Bildes oder Kunstwerkes zu beurteilen.

Es gibt nun Objekte, die zeigen, wie das Gehirn an der Betrachtung teilnimmt, indem es das zu betrachtende Bild verändert. Beispiele dafür sind Necker-Würfel, Vexierbilder und andere optische Täuschungen. Bekannt für unmögliche Objektbilder ist der Maler Escher. Das Bild eines unmöglichen Objekts ist eine flache Figur, die den Eindruck eines dreidimensionalen Gegenstands erweckt, während diese Figur so, wie wir sie räumlich interpretieren, nicht bestehen kann. Das heißt, ein Versuch, sie zu konstruieren, führt zu räumlichen Gegensätzen, die für den Betrachter deutlich sichtbar sind.

Bei der Gittertäuschung sehen wir zwischen vier Quadraten jeweils eine graue Stelle. In Wirklichkeit ist der Hintergrund aber überall gleich weiß. Die Erklärung dazu ist, daß wir die weißen Streifen dort intensiver sehen als sie sind, wo sie im Kontrast zu den schwarzen Feldern stehen. An den Kreuzungsstellen fehlt dieser Kontrast, und wir empfinden das Weiß hier als weniger hell, eben als grau.

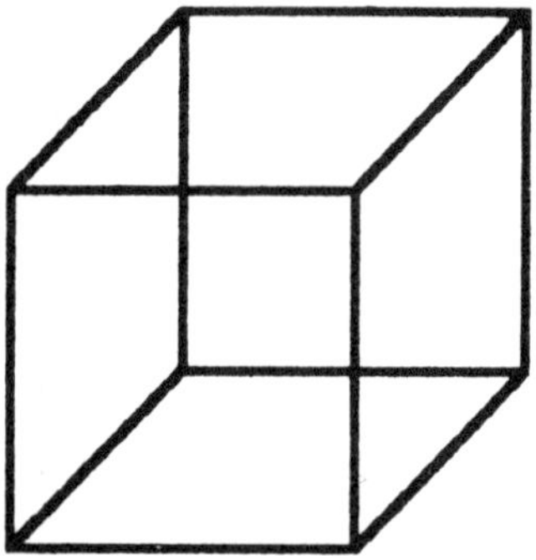

Abb. 13: Necker-Würfel

Mentales Training an Kippfiguren und Vexierbildern

In obiger Graphik ist ein Würfel zu sehen, der die Eigenschaft hat, daß er in zwei verschiedenen Perspektiven zu sehen ist. Nach dem Entdecker dieser Doppelperspektive spricht man auch vom Necker-Würfel. Nicht jedem, der den Würfel vor Augen hat, werden die zwei Sichtweisen sofort auffallen, dazu sollte man mit den Augen wandern oder blinzeln. Der erste Schritt mit dem Würfel ist, ihn willentlich hin und her kippen zu lassen. Dieses Umkippen auf Befehl mag anfänglich noch recht schwierig sein, nach einiger Zeit sind wir dann in der Lage, den Würfel in eine andere Perspektive kippen zu lassen. Dies zeigt, daß wir mit unserer Wahrnehmung offenbar gar nicht hundertprozentig einer Reizsituation ausgeliefert sind. Mit unserem Willen können wir erreichen, daß der Würfel auf eine ganz bestimmte Art und Weise zu erscheinen hat. Bei dem Versuch den Würfel immer schneller kippen zu lassen, stoßen wir an unsere Grenzen, ebenso wie bei dem Versuch, ihn möglichst lange nicht kippen zu lassen. Ein Trick hilft uns, das spontane Kippen zu unterbinden: indem man einen beliebigen Punkt auf dem Würfel starr fixiert und versucht, an etwas anderes zu denken. Wenn also der Würfel sozusagen mit leerem Blick aus unserem Bewußtsein verschunden ist, dann bleibt er stabil – denn dann ist er auch nicht mehr im Zentrum unserer Aufmerksamkeit.

In der nächsten Abbildung ist zu dem einen Würfel noch ein zweiter hinzugekommen. Der hier vorliegende Doppelwürfel gibt uns die Möglichkeit, ihn auf fünf verschiedene Arten zu sehen. Es gibt vier räumliche Interpretationsweisen, und eine nichträumliche – wie etwa ein Tapetenmuster – kann ebenfalls gesehen werden. Wenn es uns gelingt, den einen Würfel kippen zu lassen und den anderen nicht, so sind wir auf mentales Training schon recht gut vorbereitet. Man kann sich eine Folge der fünf Sichtweisen vornehmen und dann auf Befehl jede einzelne erscheinen lassen. Hiermit kann man sein räumliches Vorstellungsvermögen trainieren sowie die Konzentration schulen. Ernst Pöppel vom Institut für medizinische Psychologie in München ist der Meinung, daß die jeweilige Erscheinungsweise der Perspektive eine obere zeitliche Grenze hat. Michael D. Eschner berichtet in diesem Zusammenhang jedoch eine meditativer Erfahrung, wie sich eine Perspektive stabil halten läßt. Wie dem auch immer sei, diese visuellen Effekte scheinen eine ziemliche Herausforderung an unsere Aufmerksamkeit und Willenskraft zu sein.

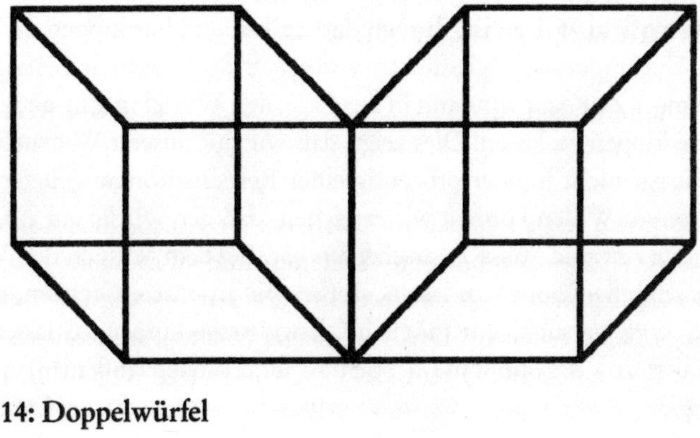

Abb. 14: Doppelwürfel

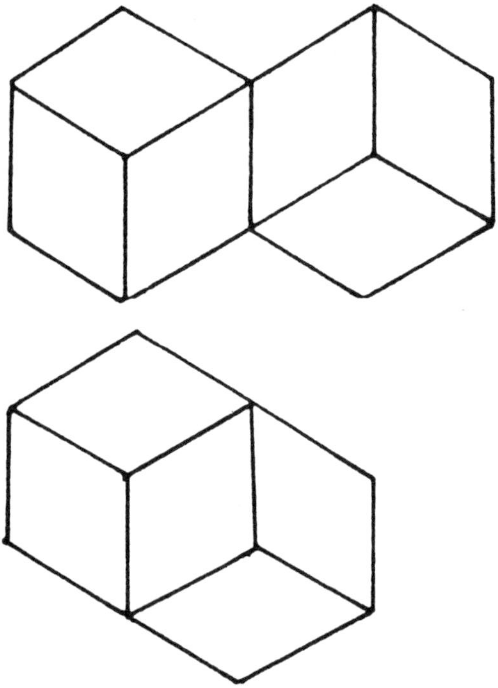

Abb. 15: Das Vexierbild: Die eine Form entsteht aus der anderen. Nimmt man die eine weg, ist das ganze weg. Normalerweise wechselt unser Blick von einer Form zur anderen. Vorher-Nachher, das Eine erzeugt das Andere, wie System-Umwelt. Wenn wir beide Formen gleichzeitig sehen, haben wir die Entsprechung des zeitlosen Zustandes.

Sehen mit der Umkehrbrille

»Man sieht nur, was man weiß.« *C. F. von Weizsäcker*

Ein Experiment zeigte sehr eindrucksvoll, wie die visuelle Rückkoppelung drastisch gestört sein kann, wenn »Sehraum« und »Wirkraum« nicht miteinander in Einklang gebracht werden können – wie im Falle der Umkehrbrille zu sehen ist. Der Amerikaner Stratton konstruierte schon im Jahre 1891 ein Linsensystem, das die ganze äußere Welt auf den Kopf stellen konnte. Nach einer Woche des Tragens stellte er fest, daß die Welt nun wieder richtig herum gesehen werden konnte, das Gehirn hatte sich den neuen Gegebenheiten angepaßt. Erst ein halbes Jahrhundert später wurden diese Experimente wiederholt und ihre Ergebnisse in eindrucksvoller Weise bestätigt; Forscher führten Veruche mit einer durch ein Spiegelsystem verbesserten Umkehrbrille durch sowie einer Prismenglasbrille, die starke Verzerrungen der Formen, Richtungen, Größen und Bewegungen hervorrief. Einer der Forscher trug die Brille, die nun alles auf den Kopf stellte, neun Tage lang, bemerkte aber schon nach wenigen Tagen, daß die Welt trotz Umkehrbrille wieder aufrecht stand. Als er am letzten

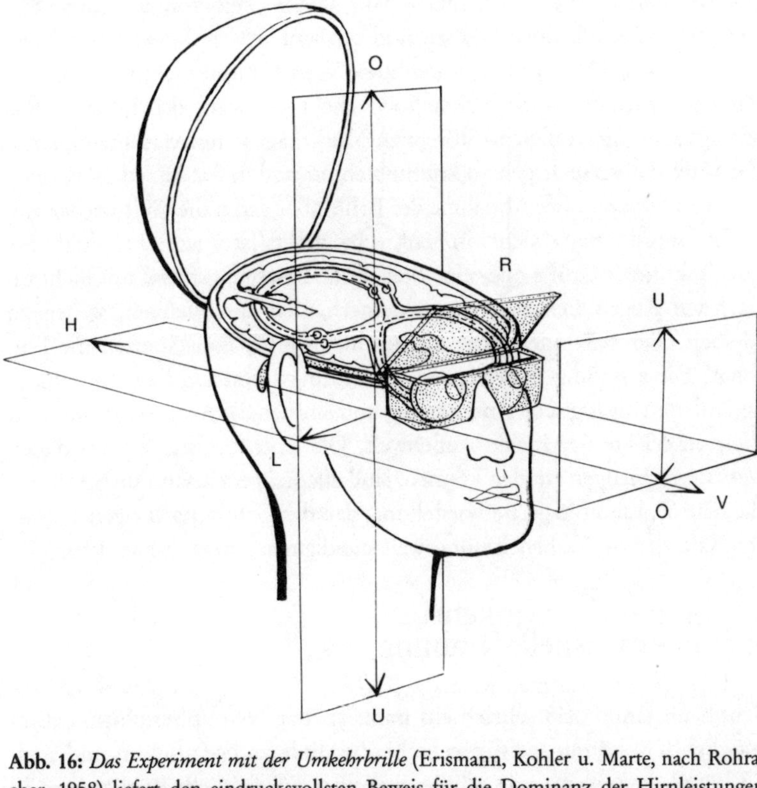

Abb. 16: *Das Experiment mit der Umkehrbrille* (Erismann, Kohler u. Marte, nach Rohracher, 1958) liefert den eindrucksvollsten Beweis für die Dominanz der Hirnleistungen gegenüber der Sinneserfahrung: Es ist das Gehirn, das aus einer minimal abgetasteten Außenwelt ein inneres Modell der Realität konstruiert, das fast eine vollkommene Neuschöpfung ist. Dieses Modell der Realität konstruiert, das fast eine vollkommene Neuschöpfung ist. Dieses Modell hat nicht den Charakter eines Abbildes, sondern den eines Reaktionsschemas. Denn für das Überleben sind nicht die richtigen Bilder, sondern die richtigen Reaktionen entscheidend.

Tag die Brille abnahm, mußte er zu seiner großen Überraschung feststellen, daß er nun ohne Brille alles verkehrt herum sah. Erst nach Stunden konnte er mit voller Deutlichkeit wieder normal sehen. Noch drastischer waren die Auswirkungen der Prismenbrille, die nun die Welt völlig in Unordnung brachte: die senkrechten Kanten waren gekrümmt, alles Rechteckige wurde rhombisch gesehen, beim Blick durch die dicke Prismenseite schien alles lang und schmal, beim Blick durch die dünne breit und dick, dazu schien sich die ganze gesehene Welt bei jeder Kopf- und Körperbewegung in die Gegenrichtung zu bewegen. Wissenschaftler, die selbst die Versuchspersonen waren, berichteten von »einer Welt von umstürzenden Häusern, schwankenden Straßen und quallenhaft sich bewegenden Menschen.« Bis zu 124 Tage lang waren diese Verzerrungen nicht vollkommen aufgehoben, die Wände waren noch leicht gebogen, der Boden etwas schräg, aber alle auffallend störenden Merkmale waren verschwunden – das heißt die Versuchsperson konnte sich normal in der künstlich verzerrten Welt bewegen. Bei Abnahme der Brille aber geriet die Welt wieder völlig in Unordnung: »Nichts ist senkrecht, nichts ist waagrecht, nichts hat eine bestimmte Größe oder eine bestimmte Bewegungsform, um nicht im nächsten Augenblick sich zu verkleinern, sich auszudehnen, stehen zu bleiben oder sich unerwartet zu beschleunigen«, konstatierten die Forscher. Diese ständigen Bewegungs-, Richtungs- und Größenunterschiede veränderten die logische Anschauung und lenkten die Aufmerksamkeit auf die nun erlebte irrationale Außenwelt. Die Erkenntnisse, die aus diesen Versuchen gezogen werden können, sind allemal bedeutsam: sie bestätigen die neuroepistemologische Vorstellung, daß das Gehirn nach eigenen inneren Kriterien die Wahrnehmungswelt ständig neu reorganisieren kann.

Das neuro-visuelle Training

Schon im Jahre 1858 schrieb ein französischer Neurophysiologe, daß es möglich sein könnte, geistig-seelische Zustände zu beeinflussen und auch zu korrigieren, wenn man wüßte, wie man auf die Nervenerregungen in denjenigen Zentren des Gehirns Einfluß nehmen könnte, die für das seelische, sinnhafte und vegetative Leben des Menschen von Bedeutung sind. Schon damals ging man also von der Ganzheitlichkeit von Körper, Geist und Seele aus, das neuro-visuelle Training kann als das Resultat einer konsequenten Weiterführung dieses Ansatzes gelten.

- Das Ziel der Übung ist die Wiederherstellung einer bioenergetisch neuro-funktionellen Balance. Das erfordert, daß die ganze Aufmerksamkeit und Motivation auf die Übung gerichtet ist. Gerichtete Aufmerksamkeit bewirkt, daß Änderungen im Erregungsmuster der neuronalen Aktivität stattfinden (Eccles, 1970).

Das neuro-visuelle Training wirkt auf das Gehirn-Seh-System. Wichtige Funktionsbereiche des ZNS, die unser neurologisches, vegetatives und sinnliches Erleben steuern, werden in diesem Training korrigiert, harmonisiert und stabilisiert. Die neuro-visuellen Zusammenhänge sind folgende: das Sehen stellt zwischen dem Menschen und seiner Umwelt eine Beziehung her. Da der Mensch mittlerweile im wesentlichen ein Augenwesen ist, sind viele bewußtseinsbildende Vorgänge ohne den Sehsinn nicht möglich. Ausnahme sind blinde Menschen, die gelernt haben, die taktilen und auditiven Fähigkeiten stärker herauszubilden.

Es ist irreführend zu glauben, das Auge sei nur eine Art hochspezialisierter optischer Apparat. Richtiger ist: unser gesamtes Denken, Vorstellen und Fühlen ist an unserer visuellen Wahrnehmung mitbeteiligt. Das Auge ist als Organ eingefügt in einen diffizilen funktionalen Komplex, ein Netzwerk psycho-neuronaler Wechselwirkungen. Unser Sehen ist also nicht nur eine biologische, sondern auch eine Gehirnleistung. Chemische, elektrische, neurophysiologische und psychische Vorgänge sind daran beteiligt – alle sind miteinander vernetzt. Deshalb haben die Augen, die man auch als eine Art nach außen verlagertes Gehirn beschreiben kann, über ihre sensorischen, motorischen, vegetativen und psychischen Funktionen Verbindungen mit anderen nichtvisuellen Funktionen des Gehirns. Im Verlauf der evolutionären Lebensentfaltung hat sich unser Sehsinn über seinen Zweck, biologisches Überleben zu sichern, hinaus entwickelt in die Realität eines seelisch-geistigen Lebens. Das Sehen ermöglicht Wissen und Kunst und führt dazu. Es ist die Grundlage unserer Selbst- und Weltkenntnis. Voraussetzung für die Vielfalt visuellen Wahrnehmens ist die Entfaltung des ZNS, seiner vieldimensionalen Strukturen mit einer zur Zeit noch unfaßbaren Komplexität ihres Ineinanderwirkens. Das gibt uns zunächst ein allererstes Verständnis dafür, weshalb das psychoneurale Sehsystem besonders dafür geeignet ist, das Gehirn wirkungsvoll zu stimulieren, zu schulen und funktionale Disharmonien zu korrigieren.

Die Tafeln von Chartres

von George Pennington

Pierre Derlon veröffentlichte in seinem Buch »Die Gärten der Einweihung« Details über eine Meditationstechnik, die von französischen Zigeunern lange Zeit im geheimen überliefert worden war. Sie basiert auf der Betrachtung von drei farbigen Tafeln, den »Tafeln der Kathedrale von Chartres«.

Zur Betrachtung werden von jeder Tafel zwei Stück benötigt, eine rote und eine blaue. Sie werden so ausgelegt wie die Abbildung zeigt. Die Augen werden zur Betrachtung der Tafeln in eine leichte Schiefstellung gebracht, so daß zwischen den senkrecht angeordneten Tafelreihen eine dritte sichtbar wird, die beide Farben enthält, da sie ja zur Hälfte mit dem rechten und zur Hälfte mit dem linken Auge gesehen wird. Auf dieser mittleren Tafelreihe ruht der Blick bei der Meditation.

Das Verfahren ist einfach: durch Schielen wird das Bild der zwei Tafelreihen verdoppelt (vier Reihen). Die beiden mittleren Reihen werden zur Deckung gebracht. Die Augen lernen bald, auf der mittleren Tafelreihe Ruhe zu finden.

Für den praktischen Gebrauch der Tafeln ist es gleichgültig, wie groß sie sind. Nur ihre Proportionen sind genau überliefert: alle drei Tafeln sind flächengleich, und die Seiten der rechteckigen Tafel verhalten sich zueinaner wie 1:2. Kurzsichtige Menschen können sich kleine Tafeln machen und sie aus nächster Nähe betrachten, um sie scharf zu sehen. Für normalsichtige Menschen ist ein Betrachtungsabstand von 1-2 Metern zu empfehlen, mit entsprechend größeren Tafeln. Anfangs ist es gar nicht so wichtig, alle drei Tafeln vor sich zu haben. Wir haben immer wieder beobachtet, daß bei Anfängern der Blick am leichtesten auf der runden Tafel zur Ruhe kommt. Erst im Laufe der Zeit werden die oberen Tafeln dem Blick wirklich zugänglich.

Die Farben rot und blau sind überliefert. Versuche haben gezeigt, daß andere Farben sich bei weitem nicht so gut eignen. Die Wellenlängen der Farben verhalten sich wie 2:3, musikalisch gesehen wie ein Quinte. So wie Quinten reich an harmonischen Obertönen sind, so sind die Tafeln sehr reich an Farben. Der Schlüssel zu den Farben der Tafeln liegt im Grau, das alle Farben enthält.

Die Augen sind direkt mit dem Gehirn verbunden. Über die Farben der mittleren Reihe kann der Meditierende klar erkennen, ob sich seine Augen und Gehirnhemisphären in einem Zustand des Gleichgewichts befinden. Ist eine einseitige Dominanz gegeben, läßt sich mit Hilfe der Tafeln, die dafür als einfache Biofeedback-Anordnung dienen, die Ausgewogenheit der beiden Seiten leicht herstellen. Die Tafeln wirken dabei wie ein unbestechlicher Spiegel, in dem der Meditierende sich selbst in vielerlei Gestalt vor Augen geführt bekommt und dadurch Zugang zu Einsichten findet, die seinem Alltagsbewußtsein in der Regel verschlossen bleiben.

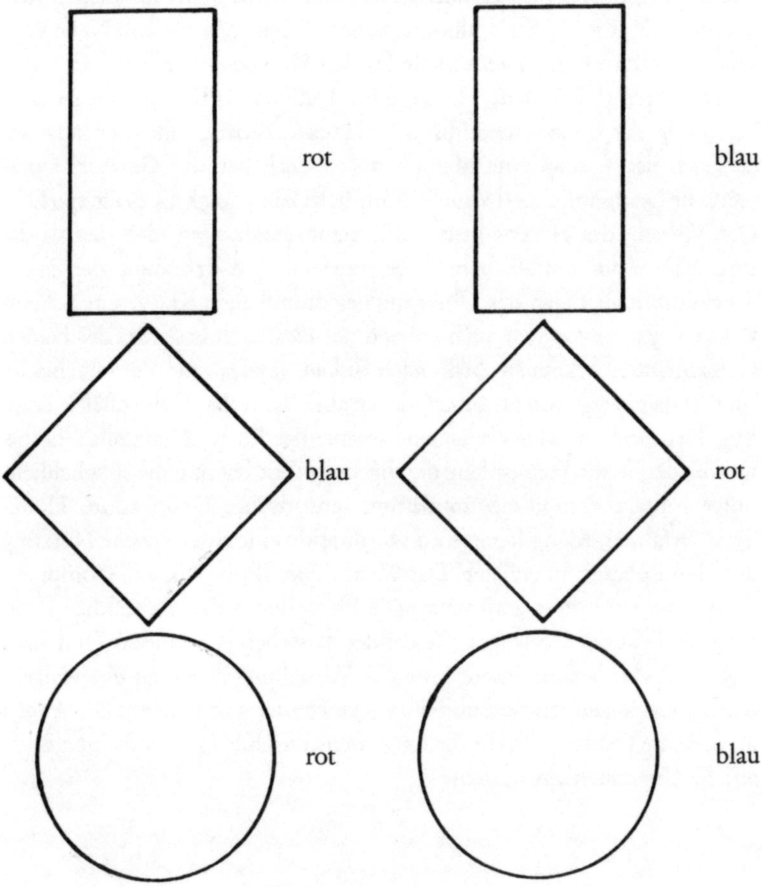

Abb. 17: Die Tafeln von Chartres (Sie können sich die Tafeln mit Rot und Blau anmalen.)

Wahrnehmung und Illusion

»Alles, was wir sehen, ist das, was vom Gehirn registriert wird.«

Jerome S. Bruner vom Zentrum für kognitive Studien der Harvard Universität glaubt nicht an eine Welt, die der »direkten Berührung« zugänglich ist. Er glaubt, daß wir uns unsere eigene Welt vorspiegeln und auf unsere Vorspiegelungen reagieren. »Im Alltagsleben ist die Illusion einer einzigen Realität das Ergebnis der konstruktiven Wechselwirkung aller möglichen Realitäten«, schreibt Michael Talbot in seinem Werk »Mystik und Neue Physik«. Das gilt in besonderem Maße für den Menschen von heute, der dem Sehen Vorrang vor dem Hören gibt. Daß das nicht immer so war, beschreibt der französische Historiker Lucien Febvre, indem er aufzeigt, daß sich der vormoderne Mensch im wesentlichen auf Geräusche und Gerüche beschränkte und visuelle Eindrücke keine so große Rolle spielten. Der Vorrang des Hörens mag damit zusammenhängen, daß damals die Information auf mündlichem Wege stattfand. Mit Erfindung der Buchdruckerkunst hat sich der Übergang der mündlichen Kultur zur Schriftkultur ergeben, was sich auch anhand des Ausnutzungsgrades der beiden Gehirnhälften erkennen ließ; nach Julian Jaynes war der arachische Mensch ja geprägt von Stimmen, die er über die rechte Gehirnhälfte empfing. Der moderne Mensch hat eine gegenteilige Entwicklung mit Überbetonung der linken Hemisphäre durchgemacht. Er hat nun die Möglichkeit, unter Einsatz von Photostimulation, sensorischer Deprivation, Hemi-Sync-Verfahren, Klangtherapie und Meditation eine ausgewogene Nutzung der Hemisphären zu erzielen. Das Wissen über Biophysik und Computer, dissipative Strukturen und neuronale Netze kann das notwendige Rüstzeug im Erkunden geistigen Neulandes darstellen. Castanedas Don Juan sagt: »Es geht darum, unsere einseitige Vorstellung davon zu überzeugen, daß unsere Augen frei sind und wirkliche Fenster sein können. Die Augen können die Fenster sein, die die Langeweile durchdringen und einen Blick auf die Unendlichkeit werfen.«

Über die Wirkung des Lichts auf das Gehirn

Schon der römische Arzt Galen wußte um sie, und der französische Philosoph Descartes vermutete den Sitz der Seele in ihr. Die Rede ist von einer tief im Gehirn liegenden Drüse, die aussieht wie der Zapfen einer Zirbelkiefer: die Epiphyse, zu deutsch Zirbeldrüse. Heute weiß man, daß sich die Epiphyse im Lauf der Stammesentwicklung von einem Lichtsinnesorgan zu einer Hormondrüse entwickelt hat. Interessant ist die Aussage zahlreicher Neurophysiologen, daß höhere Gehirnfunktionen eine Art Biolumineszenz hervorbringen, die einer optischen Veränderung entspricht. Die Zirbeldrüse als rudimentäres Wahrnehmungsorgan ist eben auch aus lichtempfindlichen Fasern zusammengesetzt, ähnlich denen in der Retina des Auges.

In Anlehnung an das holographische Bewußtseinsmodell gelangt Keith Floyd zu der Annahme, daß die Leinwand, also sozusagen die holographische Platte, ihre Funktion im Bereich der Zirbeldrüse ausübt. Doch kommt er zu dem Schluß, daß sich Bewußtsein nicht so sehr auf ein Organ beschränke, sondern vielmehr Interaktionen von Energiefeldern im Gehirn darstelle; und hierbei scheint es, daß die Zirbeldrüse den Mittelpunkt im Zentrum eines neuralen Energiefeldes besetzt. Dieser Bereich deckt sich auch mit den Beschreibungen östlicher Mythologien, die dieses Organ als drittes Auge oder den Weg zum spirituellen Bewußtsein bezeichnen. Daß hierbei allerdings eine eindeutige Funktion einem Organ zuzuordnen ist, scheint sich als Fehldeutung herauszustellen. Eher könnte man von einem Bewußtseinsprozeß sprechen, der sich in dem jeweiligen Organ abspielt. Bei dem Versuch, die Beziehung zwischen verschiedenen Organen des Gehirns zu bestimmen, stoßen Neurophysiologen auf ein interessantes Phänomen: der Mensch büßt durch die Entfernung der Zirbeldrüse lediglich die Wahrnehmung der biologischen Zeitwahrnehmung ein. Andere Funktionen scheinen nicht beeinträchtigt zu sein, was den Schluß zuläßt, daß das Wahrnehmungsbewußtsein in diesem Bereich als eine Interaktion bestimmter Enegiefelder vorhanden ist und nicht strikt an ein Organ gebunden.

Das scheint sich mit dem zu decken, was Pribram sagt, wenn er von Hologrammen als Katalysatoren des Denkens spricht. »Obwohl sie unverändert bleiben, dringen sie in den Gedankenprozeß ein und erleichtern ihn.« Keith Floyd vertritt die Meinung, daß durch die Kreuzung der Sehbahnen (das optische Chiasma), dem Sitz der holographischen Platte, die

Hypophyse und die Epiphyse am Bewußtseinsprozeß stark beteiligt sind.

Licht und Hormonspiegel

Lichtempfindlich ist die Zirbeldrüse immer noch: sie ist es, die dem Körper mitteilt, wann er sozusagen »auf Frühling umschalten muß«. Denn je mehr Licht ihr gemeldet wird, umso mehr drosselt sie die Produktion des Hormons Melatonin. Melatonin hemmt die Ausschüttung der Geschlechtshormone, was unsere sogenannten Frühlingsgefühle erklärt. Wie sehr das Gehirn auf Sonnenlicht angewiesen ist, erfahren viele Menschen im Winter. Sie bekommen eine Winterdepression, ähnlich den Menschen die viel bei künstlicher Beleuchtung arbeiten. In den USA, aber auch an Kliniken in Basel, Frankfurt und Wien beschäftigen sich daher Wissenschaftler mit Möglichkeiten der Heilung depressiver Erkrankungen durch Lichttherapie. Forschungen an der Universitätsklinik in Münster besagen, daß die Aktivität der Schilddrüse, der Nebennierenrinde, der Hirnanhangdrüse und der Keimdrüsen durch Licht beeinflußt und der Hormonspiegel verändert wird. Besonders prägnant sind heutzutage die Einflüsse am Arbeitsplatz, wenn herkömmliche Neonröhren verwendet werden. Dies führt in vielen Fällen zum sogenannten Lichtstreß mit einem beträchtlichen Anstieg der Hormone ACTH und Cortisol. Das führt dann wiederum leicht zu Aggressionen, und unterstützt durch andere streßinduzierende Faktoren, zu Depressionen. Aber auch gesunde Menschen fühlen je nach Art und Intensität des Lichts oft Stimmungsschwankungen.

Indirekt wirkt das Licht auf wichtige Stoffwechselvorgänge des Körpers ein. Prof. Fritz Hollwich hat über Jahre hinweg vergleichende Untersuchungen an Blinden und Sehenden vorgenommen. Er kam zu dem Ergebnis, daß die Aktivität der Schilddrüse, der Nebennierenrinde, der Hirnanhangdrüse und der Sexualdrüsen durch das Licht beeinflußt wird und der Hormonspiegel sich dadurch verändert. In Versuchsreihen konnte festgestellt werden, daß intensives künstliches Licht, das vom Sonnenspektrum abweicht, einen beträchtlichen Anstieg von Streßhormonen auslöst, der sich erst nach 14tägigem Aufenthalt unter normalen Tageslichtbedingungen wieder auf ein normales Maß zurückgeht. Wie wir also sehen, hat das natürliche Tageslicht eine nicht unbeträchtliche Auswirkung auf das Gehirn, die Hormone und unser Verhalten. Auch die Ausschüttung von

Melatonin, einem Hormon, das in der Zirbeldrüse gebildet wird, verändert sich unter dem Einfluß des Lichts.

Die heilende Wirkung von Licht und Farben

Goethe schreibt, es müssen drei Bedingungen vorhanden sein, damit Farben gesehen werden: Licht – Finsternis – Trübe. Diese drei werden die Urphänomene der Farbenlehre genannt. Licht und Finsternis werden durch Weiß und Schwarz repräsentiert, die Trübe drückt sich ebenfalls in der Farbe Weiß aus. Weiß steht an der Grenze, wo aus dem Nichts (der Nichtfarbe, dem Durchsichtigen) ein Etwas (nämlich die Farbe) entsteht.

Farben gehören wahrscheinlich zu den ursprünglichen Arten der Symbole, denn es scheint, am Anfang war die Farbe, danach folgte die Form. Zu den ältesten Zeugnissen der Farbsymbolik gehören die Zuordnungen bestimmter Farben zu den sieben Hauptgestirnen im Astralkult der Babylonier. Die Farbe als Symbol scheint eine eigene, ursprüngliche Form der Erkenntnis darzustellen, die unmittelbar und direkt ohne intellektuelle Vermittlung abläuft. Die Farben erfüllen auf sehr archaische Weise die Funktion, die nicht direkt zugänglichen Seiten unseres Seins anzusprechen.

Therapie mit Farben und farbigem Licht ist für die Naturheilkunde von ganz besonderem Interesse, denn sie stellen nichts anderes dar als die verschiedenen Frequenzbereiche des sichtbaren Lichts. Ein Farbtherapieverfahren hat der Heilpraktiker Peter Mandel aus Bruchsal entwickelt. Es baut auf den Entdeckungen der Biophotonenforschung des deutschen Physikers Dr. A. Popp auf, dem es nachzuweisen gelang, daß die Zellen aller Lebewesen Biophotonen ausstrahlen, das sind elektromagnetische Schwingungen. Der Mensch wurde bereits bei Schamanen und Mystikern als ein »Lichtwesen« angesehen. Das Biophotonenfeld ist dem materiellen Körper übergeordnet und nach Popp geht die Wirkung aller Mittel, die auf den Organismus einen Einfluß haben, über diesen Energiekörper.

Wir wissen aus der Homöopathie, daß selbst geringste Mengen noch Wirkungen auf uns ausüben können, weil sie die in Form von elektromagnetischen Schwingungen enthaltenen Informationen übertragen. Vom materiellen Standpunkt aus gesehen kann man allerdings sagen, daß keinerlei Substanz mehr vorhanden ist, wie in dem Beispiel mit dem berühmten Tropfen im Bodensee deutlich wird. Reine Schwingungsenergie scheint geeignet zu sein, um unseren Energiekörper zu beeinflussen, und zwar durch den Informationsgehalt, der in ihren verschiedenen Frequenzen liegt. In diesem Bereich kommt auch die Akupunktur zur Anwendung, die bekanntermaßen nicht über Nervenleitungen, sondern über sogenannte Meridiane, energetische Bahnen im Körper, erfolgt.

Die Farben selbst haben laut Marco Bischof sogenannte Temperamente, also einen Charakter, der ihrer Heilwirkung entspricht. Für langsame und träge Kinder empfiehlt es sich, die Schularbeiten unter Rotlicht zu machen. Oranges Licht sowie orangefarbene Kleidung und Nahrungsmittel haben sich erfolgreich bei Depressionen gezeigt. Schon in der Antike wußte man, daß man Schizophrenen in Räumen mit blauer Farbe Linderung verschaffen kann. Heutzutage empfiehlt es sich, zappeligen und hyperaktiven Kindern statt Beruhigungsmitteln lieber blaues Licht zu geben. J.W. Goethe beschäftigte sich in seiner Farbenlehre ausführlich mit der Wirkung von Farben und optischen Einflüssen, und in anthroposophischen Schulen wird diesen Erkenntnissen Rechnung getragen. Ein Spaziergang in der grünen Natur und im Wald kann wahre Wunder wirken. Peter Mandel, der eine Therapiebrille mit auswechselbaren farbigen Gläsern entwickelt hat, empfiehlt Gelb bei intellektueller Arbeit und Violett, um Zugang zu Spirituellem und Übersinnlichem zu bekommen.

Tageslicht und Neurotransmitter

Um noch einmal zum natürlichen Tageslicht zurückzukommen, so gibt es einiges an neuen Erkenntnissen darüber, wie Melanin auf das Gehirn wirkt. Dr. Frank Barr, ein kalifornischer Arzt, behauptet, daß Melanin, das man in erster Linie als Hautpigment kennt, das wichtigste Aufbaumolekül für lebende Organismen sei. »Melanin und seine Verbindungen stellen die Augen des Geistes dar. Es besteht aus Neurotransmittern, die fähig sind, Lichtenergie in Tonenergie umzuwandeln und dann wieder in Licht zurückzuverwandeln.« Melanin und Neuromelanin, die im Gehirn vorkommen, scheinen die Eigenschaft eines Supraleiters zu besitzen. Außerdem können sie andere Schlüsselmoleküle binden oder abspalten und scheint auch zur Selbstsynthese fähig. Aufgrund des Doppelcharakters bei der Energieumwandlung (von Licht in Ton und von Ton wieder zurück in Licht) bietet das Melaninmodell eine Begründung für Heilbehandlungen, die auf Licht, Farbe, Ton, Biofeedback, Akupunktur, Farbpunktur und deren verwandten Therapien beruhen.

Vollspektrumlampen

Licht ist nicht einfach Helligkeit. Der Regenbogen führt das in leuchtender Farbenpracht vor Augen. Winzige Wassertröpfchen brechen die Strahlung der Sonne und zerlegen das scheinbar weiße Licht in die Bestandteile, aus denen es gemischt ist: das Spektrum. Je nach Wellenlänge, die man in Nanometer (nm = millionstel Millimeter) mißt, erscheinen die Strahlen in verschiedenen Farben. Der sichtbare Bereich des Lichts reicht von ungefähr 780 bis 380 Nanometer, der Farbverlauf geht von rot über gelb, grün und blau bis violett. Unterhalb von 380 nm, jenseits von violett, beginnt die ultraviolette Strahlung. Oberhalb von 780 nm folgt auf rot die Infrarot-Strahlung, die wir als Wärme spüren. Wie hell man ein Licht empfindet, hängt von der Stärke der Strahlung im Wellenbereich um 507 und 555 nm ab. Farben aber kann man um so besser erkennen, je weniger Spektralbereiche bei der Zusammensetzung des Lichts ausgespart sind. Die Intensität der Strahlung in den verschiedenen Wellenbereichen kann sich wesentlich unterscheiden, je nachdem, welche Lichtquelle leuchtet. Bei Vollspektrumlampen (»True Lite«, »Vita Lite«) ist die Annäherung ans Tageslicht weiter verbessert. Die UV-Strahlung ist etwas stärker als bei anderen Leuchtstoffröhren. Als Nachteil der Lampen gilt ihr geringerer Wirkungsgrad.

Bei der täglichen Arbeit bieten sich, um Lichtstreß zu vermeiden, Vollspektrumlampen, die ein möglichst tageslichtähnliches Spektrum haben, an. Lichtstreß ist die Summe vieler Dysregulationen des Nervensystems, wie Gereiztheit, je nach Typ Aggression oder Melancholie, Abgeschlagenheit und Arbeitsunlust. Die amerikanische Weltraumbehörde NASA zog die Konsequenz aus diesen Erfahrungen. Sie ließ Ende der 60er Jahre die Vollspektrumlampe entwickeln, deren Spektrum in einigen wichtigen Punkten gegenüber herkömmlichen Leuchtstofflampen verbessert wurde: die Lichtfarbe entspricht dem Sonnenlicht, und die Strahlung ist viel gleichmäßiger über das Spektrum verteilt. Die Astronauten kamen damit besser zurecht, und auch normale Benutzer sprechen von verbesserter Aufmerksamkeit und gehobener Stimmung.

Photostimulation

Gehen Sie bei Sonnenschein in den Wald und achten Sie dabei statt auf die Dinge, die im Licht deutlich hervortreten, auf die Schatten, die sie werfen. Versuchen Sie die Positivform zu ignorieren und sich ausschließlich nach der negativen Schattenform zu orientieren. Nach einiger Zeit kann man feststellen, daß die Wirklichkeit tatsächlich aus beiden Erscheinungsformen besteht und die Gesamtheit des Waldes sich in ungewöhnlicher Deutlichkeit offenbart.

Experimente mit Photostimulation schildert der Neurophysiologe Grey Walter in seinem Buch »Das lebende Gehirn«. Er wies nach, daß Flimmerreize, wie sie heute von Mind Machines genutzt werden, im Gehirn ein Muster erzeugen wie die im EEG aufgezeichneten Wellen. »Das Stroboskop konnte, nachdem die Frequenz eines dominanten Musters bei der Versuchsperson durch die EEG-Analyse ermittelt worden war, so eingestellt werden, daß es einen Flimmerreiz von gleicher Frequenz erzeugte. Diese Spiegelfrequenz ist nicht immer diejenige, bei der der Flimmerreiz die größte Wirkung hat, aber mit der bereits beschriebenen Schalteinrichtung kann eine vollkommene Synchronisation erreicht werden.«

Es drängt sich die Frage auf, wieso die Wiederholung eines Lichtblitzes, der auf der Netzhaut einen Lichtfleck ohne Muster entstehen läßt, als ein bewegendes Muster gesehen wird. Das Licht ist feststehend, die Augen sind geschlossen und bewegen sich nicht. Kopf und Gehirn sind ruhig. Wir wissen, daß die Muster nicht äußerlich und wir wissen, daß sie nicht direkt auf der Netzhaut erzeugt werden. »Alles, was wir wissen, ist das, was vom Gehirn registriert wird.« Die in Verbindung mit Alpha-Wellen durch Flimmerreize hervorgerufenen Veränderungen und Muster werden im Gehirn erzeugt. Diese unterliegen allerdings stark der Einstellung und der Erwartung des Probanden sowie seiner geistigen Ausgangslage.

Was für das Sehvermögen gilt, trifft sicher auch auf andere Sinnesleistungen zu. Man könnte dies den neurologischen Relativismus nennen. Um das etwas mehr zu verdeutlichen: die Lichtstrahlen eines Objekts werden durch die Linse des Auges auf die Retina reflektiert und im Verlauf dieses Prozesses umgedreht. Brav dreht das Gehirn das Bild wieder auf die richtige Seite, korrigiert es auf andere, subtilere Weise und »entschlüsselt« es. Es entwickelt Muster und interpretiert Sachverhalte nach vorausgegangen Übereinstimmungen und Erfahrungen. Die Wirkung der Flimmerfrequenz, so resümiert Grey Walter, muß die Bewegung irgendeines bisher nicht vermuteten Mechanismus sein. Doch worin besteht dieser Mechanismus? Formelmäßig könnte das folgendermaßen ausgedrückt werden: Flimmerreiz plus X erzeugt Bewegung. Als Naturwissenschaftler fällt es einem schwer, voreilige Schlüsse zu ziehen. Man muß wohl irgendein mechanisches Prinzip annehmen, das sich mit Alpha und Flimmerreiz verbindet und ein sich bewegendes Bild hervorbringt.

Weniger wissenschaftlich, dafür aber aus mehr künstlerischen und hedonistischen Beweggründen heraus, beschreibt der amerikanische Schriftsteller William Burroughs in seinem Buch »Der Job« etwa zur gleichen Zeit wie Grey Walter seine »Traummaschine«. Sie ist nichts anderes als ein Stroboskop, ein Apparat also, der durch gleichmäßig angeordnete Löcher eine Lichtquelle unterbricht, um ein flackerndes Licht zu erzeugen. Versuchspersonen berichten von multidimensonalen Mosaiken, von Formen, die uns aus östlichen Mandalas bekannt sind und von immer wiederkehrenden Strukturen. Das blinkende Licht, insbesondere im Alpha- und Thetabereich, löste bei den Versuchpersonen einerseits tiefe körperlicche Entspannung, andererseits geistige Klarheit und Wachheit aus. Dabei wurde auch entdeckt, daß durch die Photostimulation die EEG-Frequenzen modifiziert, sozusagen trainiert, werden konnten.

In der Zwischenzeit wurde insbesondere in den 60er Jahren die Photostimulation für bewußtseinerweiternde Zwecke genutzt. In »Laws of Form« von Spencer-Brown kann man zwischen den Zeilen die Entwicklung des menschlichen Geistes herauslesen, wie er aus unendlich vielen Signalen die speziellen Konstrukte und Muster erschuf, die wir als unsere Realität bezeichnen. Erwachsene Menschen, die sich ganz im Gegensatz zu Kindern vorwiegend im Beta-Zustand, also im schnellen, desynchronisierten EEG-Zustand befinden, reagieren ausgesprochen rigide und festgefahren, was ihr Weltbild angeht. Sie werden jedoch kreativ und phantasievoll, wenn sie es wieder »lernen«, größere Kohärenz und Synchronisation der Hemisphären im Thetabereich zu erzeugen (ausführlicher dazu Kapitel 7: Das schwingende Gehirn).

6. Das hörende Gehirn

Akustische Vollwertkost

von Ingo Steinbach

Der Mensch der heutigen Zeit ist in erster Linie auf das Sehen ausgerichtet. Die allgegenwärtigen Reklamebotschaften in den Städten, die Dominanz des Fernsehens, aber auch zahlreiche Phänomene aus unserer persönlichen Erfahrungswelt belegen dies sehr deutlich. Dabei ist das Auge ein ausgesprochen langsames Organ. Im Ausgleich dafür kann es räumlich ausgedehnte Zusammenhänge erkennen und verfügt über eine sehr hohe Verarbeitungskapazität, d.h., es kann viele Informationen gleichzeitig aufnehmen.

Doch die Fähigkeit, große Mengen von Informationen aufzunehmen, wird dem Menschen nicht geschenkt. Auf der Kehrseite schlägt zu Buche, daß das Sehen den Löwenanteil der Energie verschlingt, die im Gehirn zur Verfügung steht (ein Grund, warum die Menschen eine höhere Menge an Nährstoffsupplementen benötigen, ganz abgesehen vom höheren Vitamin-A-Bedarf für die Augen). So ist der visuelle Mensch von heute häufig auch ein müder Mensch; die Menge der aufgesogenen Informationen fordert ihren Preis: Lebensenergie!

Das war nicht immer so. Unsere fernen Vorfahren waren Hörmenschen; bei ihnen spielte das Hören eine wesentliche Rolle. Die Ursachen sind leicht erklärt. Wer in den dichten Wäldern der Vorzeit überleben wollte, mußte rechtzeitig auf einen Feind aufmerksam werden. Wenn das Auge den Widersacher erkennt, ist es häufig schon zu spät. Das Ohr ist hier wesentlich leistungsfähiger. Es ist auch in der Dunkelheit und vor allem auch während des Schlafes einsatzfähig. 24 Stunden am Tage ist es aktiv und trägt mit seinen Informationen zur Orientierung und Organisation des Lebens im Raum, aber auch zu seinem Schutz bei. Dabei arbeitet es effizient und ökonomisch. Es kann sehr schnelle Vorgänge analysieren, hat dafür aber ein relativ schlechtes Ortsauflösungsvermögen.

Sehr aufschlußreich ist folgende wissenschaftliche Erkenntnis: Wenn akustische Informationen von einem anderen Sinnesorgan erfaßt werden sollen, muß dieses Sinnesorgan über eine sehr hohe Verarbeitungskapazität verfügen. So muß das Auge 30mal mehr Informationen pro Sekunde aufnehmen als das Ohr, um einen ähnlichen Informationsinhalt zu erfassen. (Siehe dazu: G. Esser, »Sprach-Farbbildtransformation«, in: K.R. Fellbaum, Hrsg., Elektronische Kommunikationshilfen, Berlin 1987).

Mit diesem Wissen läßt sich eine sehr interessante Schlußfolgerung ziehen: Entwicklungsgeschichtlich ist der Mensch ein Hörmensch. Der auditive Sinn dient der Orientierung in seinem Lebensraum. Das Ohr arbeitet in allen Lebenslagen gleichermaßen effizient und erfordert für seine Tätigkeit nicht mehr Energie als unbedingt notwendig. Die Natur geht ökonomisch mit ihren Potentialen um. Besonders innerhalb der letzten Entwicklungsstadien unserer High-Tech-Zivilisationsgesellschaft hat nun eine entscheidende Umorganisation stattgefunden. Der heutige Mensch lebt immer mehr mit den Augen. Vielleicht, weil das Gehirn »sinneslüstern« ist, vielleicht aber auch, weil aufgrund zunehmender Abstumpfung immer intensivere Informationen notwendig sind. Es gibt nicht wenige Menschen, die auf optische Reize besser und tiefer ansprechen als auf akustische. Doch »diese Umorganisation aus persönlicher Vorliebe« (oder scheinbarer Bequemlichkeit) hat ihren Preis: Streß und Desorientierung.

Die Aufnahme von visuellen Reizen geht auf jeden Fall mit einer physischen Ermüdung des Körpers einher, auch wenn die psychischen Inhalte des Gesehenen anregend wirken mögen. Beim Hören ist es jedoch anders. Hier hat es die Natur so eingerichtet, daß durch die hohen und höchsten Frequenzen eine Energetisierung des Gehirns und damit des ganzen Körpers stattfindet. Hören kann unter gewissen Umständen mehr zur physischen Energetisierung beitragen, als es an Energie kostet – unabhängig davon, daß die Inhalte des Gehörten auch eine positive Auswirkung auf psychische Prozesse haben mögen. Vorläufig können wir den Zusammenhang vereinfacht etwa so darstellen: Wird dem Ohr durch Musik oder auch durch die Klänge der Natur das gesamte Spektrum der hörbaren Frequenzen angeboten (eine Art akustische Vollwertkost also), schwingt das gesamte Gehirn im Gleichklang dazu mit. Leider sind viele Menschen in der heutigen Zeit psychisch in einer derartigen Konstitution, daß sie diesen natürlichen Klangreichtum nicht mehr konstruktiv verwenden können. Doch auch in diesen Fällen ist es durch eine besondere Aktivierung der Klänge möglich, den Genuß der akustischen Energetisierung zu erfahren.

Hörgewohnheiten

Bevor wir auf die besondere Möglichkeit der akustischen Aktivierung von Klängen näher eingehen, muß die Aufmerksamkeit noch auf einen weiteren Aspekt des hörenden Gehirns gelenkt werden: die Konditionierung. Spätestens seit den Versuchen von Ivan Petrowitsch Pawlow wissen die meisten von uns, was dies bedeutet. Um die Zusammenhänge anschaulich zu machen, verwenden wir hier das Beispiel »Lärm«. Es ist leicht vorstellbar, daß die ständigen Attacken auf unseren akustischen Sinn nicht ohne psychische Folgen bleiben können. Der aufmerksame Leser möge sich jedoch vergegenwärtigen, daß der Komplex Ohr-Gehirn auf alle Geräusche und Laute reagiert, wobei die psychologische Komponente dieses Systems nicht zu unterschätzen ist. Heute haben wir verstanden, daß wesentliche Handlungen des menschlichen Körpers auf dem Prinzip der Konditionierung beruhen (die natürlich mit geeigneten Mitteln wieder aufgelöst werden kann). Das Prinzip ist immer ähnlich: je öfter wir eine bestimmte Handlung verrichten, desto besser führen wir sie aus. Je häufiger wir einen Gedanken denken, desto besser wird er erinnert. Das bedeutet, daß wir uns an bestimmte Handlungs-, Wahrnehmungs- und Denkabläufe gewöhnen.

Anschaulich ausgedrückt: wir sind ein Leben lang damit beschäftigt, Straßen im Gehirn zu bauen, Handlungs- und Verhaltensmuster zu lernen. Das hat viele Vorteile, denn nur so können wir einen festen Lebensrhythmus finden und unsere Aufmerksamkeit wieder neuen, anderen Dingen zuwenden. Es gibt aber auch Nachteile, empfindliche Konsequenzen im Zusammenhang mit dem Körper und seinen Sinnesorganen. Auch wenn sich das Leben verändert, bleiben einmal engrammierte Verhaltensmuster erhalten. So können unsinnige Handlungen, aber auch eine Gefährdung des Köpers entstehen.

Unser Körper vergißt nichts! Beim Dekonditionieren können sich die im Gehirn angelegten Gedankenpfade als zäher Klebstoff erweisen. Das menschliche Bewußtsein hat für engrammierte Verhaltensmuster oft wenig Kontrollmöglichkeiten, die Mechanismen spielen sich im unbewußten Teil des Gehirns ab. In unseren Reaktionen sehen wir nur die Spitze eines Eisbergs, ohne im einzelnen nachvollziehen zu können, auf welchen Ursachen eine bestimmte Reaktion beruht und wie sie erlernt wurde.

Dieser komplizierte Mechanismus von angepaßten und unangepaßten Verhaltensweisen ist eng mit dem Hören verbunden. Das hörende Gehirn steht zentral in der Entwicklung des Lebens. Im übergeordneten Sinn ist

Hören auch eine psychische Orientierung im Raum. Hörend finden wir einen Standpunkt in diesem Leben (der natürlich durch die anderen Sinne ergänzt wird). Hörend nehmen wir Informationen auf, die die Grundlage zu unseren Meinungen, Lebens- und Weltanschauungen bilden. Auch Lesen ist letztlich Hören, denn ohne unser Gehör könnten wir die Klangmuster, die in den Buchstaben kodiert sind, weder im Gehirn engrammieren, noch beim Lesen wiedererkennen. In diesem Sinne kann Hören ohne Übertreibung mit Lebensorganisation und Orientierung gleichgesetzt werden.

Schauen wir uns also einmal an, wie sich die Fähigkeiten der Konditionierung, jener komplexe Mechanismus von Erinnerungen, Reaktionen und bedingten Reflexen, auf das hörende Gehirn auswirken. Es besteht ein direkter Zusammenhang zwischen der Möglichkeit der Assimilation von Lebensenergie aus dem hochfrequenten Teil des akustischen Spektrums und der Konditionierung des menschlichen Gehirns.

Jeder weiß heute, daß Lernen durch den Willen beeinflußt werden kann. Wenn wir Spaß an einer Sache haben, wenn wir uns für die Zusammenhänge interessieren, lernen wir schnell und effektiv, zumindest in der überwältigenden Anzahl der Fälle, wo der Lernvorgang über das Ohr stattfindet. Das Kind lernt sprechen, weil es den Willen hat, die noch unbekannten Laute der Eltern nachzuahmen und auszusprechen. Die Ursache ist der Drang zur Weiterentwicklung, das Bedürfnis, sich mitzuteilen oder auch schlicht »instinktive« Neugier. Diese Ausgangsvoraussetzungen, die sich zunächst einmal mit »lauschend aufgestellten Ohren« umschreiben lassen, finden ihren Niederschlag im Körper. Wie heute vielfach nachgewiesen, sind bei diesem Vorgang des lauschenden Lernens die konditionierten Vorgänge im Gehirn so intensiv, daß sich auch die Hörkurve objektiv meßbar verändert. Der Wunsch des Lernens wird auch im Gehör meßbar engrammiert. Bei einem Musiker ist es genauso. Der unbändige Wunsch, ein Instrument perfekt spielen zu lernen, der nach Aussagen vieler Musiker ihr ganzes Leben lang stimulierend anhält, prägt nicht nur die Lebensäußerungen und Denkweisen, sondern ganz konkret auch die Hörkurve des Betroffenen.

Eine positive psychische Grundtendenz des hörenden Gehirns beeinflußt also direkt das Hörvermögen. In diesem psychischen Prozeß findet der Vorgang des aktiven Lauschens seine Ursache. Unsere Hörfähigkeit ist keineswegs vom Schicksal gegeben und unabänderlich. Sie ist vielmehr das Ergebnis der psychischen Grundeinstellung unseres Gehirns.

Verminderung der Hörfähigkeit

Wird unsere Hörfähigkeit also nur vom Willen gesteuert? Genügt es, hören zu wollen, um anschließend tatsächlich besser hören zu können? Diese Aussage steht im Widerspruch zu unserer Lebenserfahrung. Wenn es so wäre, gäbe es keine Schwerhörigen mehr, denn der Wille allein würde genügen, um das Hörvermögen wiederherzustellen. Doch ganz so einfach ist es nicht. Jeder Psychologe weiß heute, daß wir überwiegend durch das Unterbewußte programmiert und konditioniert werden. Natürlich trifft das auch auf das Gehör zu. Die Fähigkeit des aktiven Hörens wird beim erwachsenen Menschen – und vor allem beim älterwerdenden Menschen – durch eine Vielzahl von Faktoren beeinflußt, die sich der bewußten Kontrolle entziehen. Die Hörfähigkeit eines Menschen ist gewissermaßen der kondensierte Niederschlag seiner psychologischen Bewältigung von Leben und Umwelt. Das geht so weit, daß erfahrene Therapeuten aus der Art der Hörkurve die psychologische und auch körperliche Konstitution des Betroffenen herauslesen können.

Alle äußeren Einflüsse, Lärm, Werbung, Informationsüberflutung, Radiomusik usw. wiederholen sich täglich, ein Leben lang. Psychologisch gesehen kann daraus ein Gefühl der Wut und Ohnmacht entstehen, das in dem Schrei endet: »Ich will nicht mehr hören, laßt mich in Ruhe!« So entsteht schnell eine psychische Barriere, die aus dem Unterbewußten heraus dem Drang nach Wissen, Lauschen und Entfalten entgegenwirkt. Für einen solchen Menschen besteht die schlechte Aussicht, daß nach einigen Jahren aus der psychologischen Schwerhörigkeit eine physiologische Schwerhörigkeit wird.

Es gehört zu unserem täglichen Leben, daß wir uns gegen die Flut der herandringenden akustischen Signale mehr und mehr abgrenzen müssen. Fast ist man geneigt, dies als Entwicklungserscheinung hinzunehmen. Das Fatale daran ist nur, daß damit auch die Fähigkeit unseres Gehirns, aus den energie- und lebensspendenden Aspekten unserer Umwelt Nutzen zu ziehen, mehr und mehr verlorengeht.

Es mag sein, daß die Attacken auf unseren Gehörsinn und damit auf das hörende Gehirn eine Ursache für die Tatsache sind, daß wir mehr und mehr zu visuell veranlagten Menschen werden – wobei wir uns auch dabei gegen allzuviele Reize abschirmen, nicht mehr »genau« hinsehen wollen. Zu der Tatsache, daß wir schlechter hören, tritt auch noch die Tatsache, daß wir jetzt noch mehr Energie zum alltäglichen Leben nötig haben und noch weniger aufnehmen können. Das führte zu Forschungen, wie das Gehirn »überlistet« werden kann, über den Hörsinn positive, heilsame Beeinflussungen anzunehmen. Selbstverständlich bleibt uns dabei nicht verborgen, daß wir mit technologischen Mitteln die Schäden der Technologiegesellschaft lindern möchten...

(Ende des Beitrags von I. Steinbach. Er ist Musikpädagoge, Musiker, Physiker und erforscht seit Jahren die Wirkung von Musik auf Gehirn und Gehör.)

Musik und Musiktherapie

Das therapeutische Potential von Musik ist immens groß und verdient eine gründliche Erforschung. Marilyn Ferguson widmete eine ganze Ausgabe ihres Brain/Mind-Bulletins der »Musikmedizin«, wie sie es nannte. Dabei ging es ihr um eine systematische, wissenschaftliche Erforschung biochemischer, physiologischer und geistiger Auswirkungen von Musik.

Die Grundlage klassischer Musiktherapie liegt im Musizieren, im Umgang mit Musikinstrumenten. Die Orff'sche Musiktherapie baut auf dem Spiel mit einfachen Klangkörpern auf, die das Kind zum Hören hinführen, wobei gleichzeitig die Bewegungskoordination, der Rhythmus und die räumliche Erfahrung der Klänge eine wesentliche Rolle spielen. Weitere therapeutische Elemente sind Atmen, Sprechen und Singen.

Im folgenden geht es uns jedoch nicht um diese zweifellos bedeutende und bekannte Form der aktiven Musiktherapie, sondern wir möchten uns vielmehr mit einigen Aspekten technologisch aufbereiteter Musik, mit ihrem Einsatz zur Verbesserung des Hörens und zum Zwecke der Streßbefreiung durch meditative Entspannung, beschäftigen.

Was macht aus Musik – die ja immer therapeutische Wirkung haben kann – gehirnwirksame Musik? Welches Wundermittel bewirkt, daß das Hören von Musik zu Musiktherapie wird? Liegt es an der Art der Musik selbst oder an der Art und Weise, wie sie wiedergegeben wird?

Man kann die Wiedergabeform der Musik verändern. Töne können weggelassen, verstärkt oder abgeschwächt werden; neue Töne und Klänge können hinzugefügt werden. Dem Erfindungsreichtum sind hier kaum Grenzen gesetzt.

Andere sehen das therapieschaffende Elixier im Inhalt der Musik. Hier werden Musikstücke nach besonderen therapeutischen Kriterien herausgesucht und aneinandergefügt. Musik wird eigens für Therapiezwecke komponiert. Auch bestimmten Instrumenten wird besondere Wirkung zugeschrieben. Die Klänge tibetanischer Klangschalen z. B. sollen auf Energiezentren (»Chakren«) des Körpers wirken; ebenfalls populär ist obertonreiche Musik, über die Joachim-Ernst Berendt in seinen Büchern schreibt: »Obertöne öffnen die Tür.«

Die Alchemie, mit der sich Musik zur Unterhaltung und Erbauung in therapeutische Musik umwandeln läßt, hat unzählige Aspekte. Musiktherapie und Therapiemusik sind sehr vielseitige Begriffe, und leider zeugen nicht alle ihre Äußerungen vom Verantwortungsbewußtsein ihrer Erschaffer.

Audio-Psycho-Phonologie nach Tomatis

Das wichtigste Organ der Menschwerdung ist das Ohr. Das Hören ist unser am frühesten entfalteter Sinn. Schon nach sechs Wochen ist das Ohr des Embryos weiter entwickelt als alle anderen Organe. Deshalb ist die Basis aller unserer Erfahrungen der Klang des Lebens, also die durch den Körper der Mutter vermittelte Welt der Geräusche. Anfang der achtziger Jahre unternahm der Psychologe Anthony DeCasper von der University of North Carolina eine Reihe von bemerkenswerten Studien, die bewiesen, daß ungeborene Kinder die Stimme ihrer eigenen Mutter wahrnehmen können. Sechs Wochen vor der Geburt wurden den Kindern von ihren Müttern Kindergeschichten vorgelesen und kurz nach der Geburt von den Müttern wiederholt. Durch besondere Testverfahren konnte festgestellt werden, daß diese Kinder besonders emotional auf die Stimme der Mutter reagierten.

Brent Logan, ein Psychologe der Universität Redmond, Washington, fand heraus, daß Kinder von Musikern nach der Geburt eine besondere musikalische Fähigkeit mitbringen. Besonders der Herzschlag der Mutter war von Bedeutung für das Rhythmus-Gefühl des Kindes. Diese neueren Forschungen bestätigen die Erkenntnisse des Pioniers auf diesem Gebiet, des französichen HNO-Arztes Prof. Alfred A. Tomatis, der seit dreißig Jahren die vorgeburtlichen Einflüsse auf den Fetus untersucht. Ausführlich beschreibt er seine Forschungen in seinem Buch »Der Klang des Lebens«. Tomatis sagt: »Durch Klänge, die an unsere Kindheit erinnern, erwecken wir die archaischste Beziehung, die wir anstreben: die Beziehung zur Mutter. Es besteht kein Zweifel. Diese Tonverbindung entsteht im Uterus. Um den gleichen Prozeß wiederherzustellen, müssen wir eine Wiederholung dieses ersten Hörens hervorrufen.«

Das Ergebnis dieser Arbeit ist eine wirkungsvolle Behandlung für Kinder mit Lern-, Sprach- und Wahrnehmungsproblemen. Der Therapeut nimmt die Stimme der Mutter auf, die eine Geschichte liest, die das Kind mag, und filtert sie zu hohen Frequenzen, so daß sie so klingt, wie das Kind sie im Mutterleib wahrgenommen hat. Diese Aufnahme wird dann dem Kind mit Hilfe eines speziellen Gerätes, dem sogenannten Elektronischen Ohr, überspielt.

Im Verlauf seiner weiteren Arbeit erkannte Tomatis, daß auch entsprechend bearbeitete und gefilterte klassische Musik (wegen seiner Vorliebe für Mozart verwendet er nur dessen Melodien) für viele Menschen den gleichen Zweck erfüllt, besonders in der Wiederherstellung des Gehörs. Hörprobleme im Hochfrequenzbereich, streßbedingte Ohrengeräusche (Tinnitus) und andere Störungen im Gehör können mittels seiner Audio-Psycho-Phonologie ebenso beeinflußt werden, wie das Lernen von legasthenischen Kindern, die in vielen Fällen – da sie ihre eigene Stimme nicht richtig hören – die Buchstaben falsch aussprechen. Tomatis: »Wenn die Möglichkeit des korrekten Hörens der Frequenzen, die verloren oder abgeschwächt wurden, im verletzten Ohr wiederhergestellt wird, werden diese Frequenzen sofort und bewußt beim sprachlichen Ausdruck wiederhergestellt.«

Jeder Mensch wird bis zu einem gewissen Grade durch Blockierungen beeinträchtigt, die von Hörschäden herrühren. Der Mensch kann sich schon in der frühen Kindheit im Bereich hoher Frequenzen taubstellen, um bestimmte unangenehme Töne nicht hören zu müssen. Das Kind sperrt seine Gehör-Membran regelrecht ab und entzieht sich so jeglicher Kommunikation, indem es unwillkürlich längere Hirnschaltungen wählt. Dabei geht ein großer Teil seines Potentials verloren, insbesondere die Fähigkeit des Hörens von Sprache. In extremen Fällen können daraus Dyslexie (Legasthenie) oder andere Störungen entstehen. Tomatis fand heraus, daß bei einem Gehörausfall an einem bestimmten niedrigen Frequenzpunkt alle Bereiche oberhalb dieser Frequenz blockiert sind. Wenn jedoch eine Umerziehung des Gehörs vorgenommen und diese Grenze angehoben wird, so werden sämtliche übrigen Bereiche sehr schnell aktiviert, und der Patient verfügt über den bis dahin ungenutzten Vitalitätsspeicher.

Der Einsatz der Tomatis-Therapie hat sich auch beim Erlernen von Sprachen bewährt. Mary Elizabeth Harrison von der Universität Port Elizabeth (Südafrika) hat eine ausführliche Arbeit darüber veröffentlicht, die zeigt, daß das ethnische Ohr jeweils auf einem anderen Frequenzband hört, d.h., ein Engländer hat z. B. große Probleme, den französischen Sprachklang richtig zu hören. »Die Spitze bei 1500 Hz des französischen Ohrs ist verantwortlich für die Nasalität dieser Sprache. Das besonders gute Hören der hohen Frequenzen des englischen Ohrs bewirkt die typischen durchdringenden Zischlaute s, sch, z, th, deren Obertöne sich bis zu 20.000 Hz erstrecken. Die zwei starken Gegensätze Englisch und Spanisch lassen erraten, daß man unter Umständen für *eine Sprache* begabt sein kann (sie 'hört') und gar *nicht für eine andere* (sie eben nicht 'hört'). Bei diesen Beispielen haben wir nur einen für jede Sprache charakteristischen Parameter berücksichtigt. Es gibt natürlich andere, wie z. B. die Latenzzeit, in der sich die Sprache – und somit das Gehör – von Land zu Land, von Gegend zu Gegend, letztlich von Individuum zu Individuum unterscheidet. Auch auf diese kann heute mit dem *Elektronischen Ohr* Einfluß genommen werden.« (Sabina Manassi in: »Beziehung Ohr – Körper – Sprache, Pädagogik des Hörens«, Vortragsmanuskript).

Die Behandlung mittels der Audio-Psycho-Phonologie besteht im wesentlichen darin, daß man über Kopfhörer hochfrequente Musik hört, die zusätzlich durch den Einsatz des »Elektronischen Ohrs« (das eine Art »Mikrogymnastik« für das Innenohr bewirkt) aufgenommen wurde. In der Praxis von Professor Tomatis in Paris wird die Musik bei jedem Patienten individuell eingesetzt.

Lambdoma Klangtherapie nach Steinbach

Aufbauend auf den Erkenntnissen von Professor Dr. A. Tomatis hat das Klangstudio Lambdoma unter Leitung von Ingo Steinbach durch eigene, jahrelange Forschungen im Bereich der Psycho-Akustik und der natürlichen Wahrnehmung eine Klangtherapie entwickelt, die mit Hilfe hochwertiger elektronischer Geräte eine hohe Wirkungsbreite und Intensität erreicht.

Das Ohr übt nicht allein die Funktion des Hörens aus. Bereits Tomatis stellte experimentell fest, daß besonders die hohen Töne eine belebende Wirkung auf den gesamten Organismus ausüben. Doch ein weiterer Punkt verdient noch besondere Beachtung. Hören ist nicht nur die Aufnahme von Klängen und Geräuschen, Hören dient auch der Orientierung im Lebensraum. Das Ohr ist der empfangende, aufnehmende Pol in unserem Leben. Wissenschaftler sprechen davon, daß der Mensch räumlich hören kann. Sie sind der Ansicht, daß dieses Vermögen auf Lautstärke und Intensitätsunterschieden basiert. Doch die psychologischen Aspekte des Hörens gehen wesentlich weiter. Interessanterweise ist gerade im Bereich der hohen Töne die Dichte der reizaufnehmenden Haarzellen auf der Basilarmembran am größten. In den hohen Tönen steckt auch die Information; wenn wir mit einem Filter die Obertöne der Sprache abschneiden würden, wäre das Ergebnis nur noch ein unverständliches Gemurmel. Je differenzierter und feiner die Information, desto höher sind die Töne, die zu ihrer Übertragung notwendig sind. Aus diesen und anderen Informationen ergibt sich schnell ein dichtes Netz von Zusammenhängen, das zwingend auf die große Bedeutung der räumlichen Orientierung im Zusammenhang mit der Obertontherapie hinweist. Bereits im Gedankengut von Tomatis sind die Begriffe Horchen und Lauschen zu finden. Auch von seinen Schülern werden sie gerne und oft gebraucht. Bei der Lambdoma Klangtherapie finden diese Gedanken ihre technische Entsprechung. Das Konzept des lauschenden Hörens in einem natürlichen Raum ist geboren. Hinter dieser Entwicklung steht eine besondere (natürlich stereophone) Aufnahme- und Verarbeitungstechnik, die durch die fortschreitenden technischen Möglichkeiten und viel Erfahrung und Wissen im Hinblick auf Einzelheiten ermöglicht wurde. Die Lambdoma Klangtherapie entsteht auf der Basis des elektronischen Hüllkurvenmodulators, eines neuen Gerätes, das nach diesen Erkenntnissen konstruiert worden ist.

Immer wieder wird gefragt: »Wozu braucht man Klangtherapie?« »Wozu mußte die komplizierte Apparatur des Hüllkurvenmodulators entwickelt werden, wenn die Energie und die das Lauschen anregende Wirkung bereits in den hohen Frequenzen an sich enthalten sind?« Es ist aufschlußreich und interessant, daß sehr viele Musiker davon berichten, daß ihnen das Anhören von Musik Energie verleiht. Ein Musiker ist beim Spielen seines Instruments auf das gute Unterscheidungsvermögen seines Ohres angewiesen, hier scheint der Prozeß der Energetisierung also noch zu funktionieren. Bei anderen Menschen ist dies deutlich nicht mehr der Fall. Wenn man nach den Ursagen fragt, muß man feststellen, daß sich im Gehirn neuropsychologische Barrieren gegen das Hören aufgebaut haben. Hier nützt die obertonreichste, mit vielen räumlichen Informationen ausgestattete Musik nichts mehr, denn der Zugang zum Körper wird ihr aus psychologischen Gründen verwehrt. Der Mensch will (unbewußt) nicht mehr hören. Der menschliche Körper ist wegen einer Blockade nicht mehr imstande, sich selbst zu regenerieren. Es muß eine Hilfe geboten werden, damit er die aufbauende Wirkung der Klänge wieder erfahren kann.

Auf der Suche nach einem geeigneten Ansatzpunkt für eine derartige Hilfestellung muß man zwangsläufig auf die drei Gehörknöchelchen im Ohr stoßen, genauer gesagt auf die beiden Muskeln, die sie verbinden. Hier sitzt die Schalt- und Regelstelle, die die Übertragung zum Innenohr und damit zum Gehirn steuert. Bei einem zu lauten Geräusch wird die Spannung beider Muskeln verringert, um das Innenohr zu schützen. Bei leisen Geräuschen kann sie verstärkt werden, um die Empfindlichkeit des Ohrs zu erhöhen. Diese Erkenntnis ist keineswegs neu; sie ist bereits in den Schulbüchern der Biologie zu finden. An diesem Punkt greift also die Psyche des Menschen. Ist ein Klang oder Geräusch aus psychologischen Gründen nicht erwünscht, kann die Muskelspannung verstärkt werden, um die Schallübertragung zu blockieren. Stellt ein Mensch lauschend die Ohren auf, um etwas besonders gut zu hören, tritt der umgekehrte Prozeß ein. Im ursprünglichen Sinn ist Hören also ein aktiver Vorgang. Doch was hat zu geschehen, wenn dieser Prozeß durch eine bereits vorher passiv gemachte oder fehlgesteuerte Gehörmuskulatur unterbrochen wird?

In diesem Fall müssen Hilfestellungen und Rekonditionierungsmöglichkeiten entwickelt werden. Wenn z. B. die Beinmuskulatur schwach geworden ist, kann durch Massage und Bewegungstherapie oft Erstaunliches erreicht werden. In genau diesem – allerdings sehr viel verfeinerten – Sinne wirkt auch die Klangtherapie. Immer dann, wenn eine Steuerung der Ohrmuskulatur wegen mangelnder Aufmerksamkeit ausbleibt, wird diese durch eine zusätzliche Verstärkung des Signals von außen unterstützt. Diese Aufgabe übernimmt der elektronische Hüllkurvenmodulator. Die übertragenen Musiksignale und Naturgeräusche werden auf sinnvolle Art und Weise immer dann verändert, wenn sich auch beim natürlichen Lauschen die Muskelspannung verändern würde. Durch *diese ständige Stimulierung*, die durch besondere, bis auf hohe Frequenzen gefilterte Musik (»High-Extension-Bereiche) auf den Tonträgern noch unterstützt wird, *entsteht eine feine Massage des Mittelohrs*, durch die der Prozeß des Lauschens reaktiviert werden kann.

Die tatsächlichen Vorgänge sind natürlich wesentlich komplizierter. Wenn oben global von einer Lautstärkeveränderung des Klanges gesprochen wurde, so ist hiermit in einer genauen Beschreibung eine differenzierte Modulation der Obertonhüllkurve zu den Momenten gemeint, in denen die Gehörmuskeln aktiviert werden müssen. Durch eine neue Technologie ist es möglich geworden, den natürlichen Klangeindruck, die Basis aller unserer Hörempfindungen, zu erhalten. Denn die Wahrung des natürlichen Zusammenhangs ist neben einer gezielten Aktivierung der hohen Frequenzen ebenso notwendig, wie durch Untersuchungen der Neurowissenschaft bestätigt wird. Die bei Lärmschwerhörigkeit im Audiogramm typisch sichtbaren Hochton-Senken (also eine Minderung der Übertragungsfähigkeit im Hochtonbereich), sind durch eine zu hohe, unnatürliche Intensität der Obertöne entstanden. Man darf die Obertöne also nicht beliebig anheben, um damit vermeintlich eine Energetisierung zu erreichen! (Einzelheiten können Sie im Buch von Ingo Steinbach, »Klangtherapie – Transformation durch heilende Klänge«, nachlesen. Siehe auch Anhang.)

Auch wenn die akustische Stimulation der Großhirnrinde in ihren vielen interessanten Implikationen noch nicht vollständig erforscht ist, so ist dennoch die aufmerksamkeitssteigernde Wirkung der hohen Töne bereits wissenschaftlich nachgewiesen. Entsprechend der besonderen Bedeutung des hörenden Gehirns sind die Wirkungen der Klangtherapie tiefgreifend und weit gefächert. Neben der Anwendung bei Hörproblemen hat sie auch eine intensive Auswirkung auf psychische Aspekte; Stimme, Körperhaltung und Persönlichkeitsausdruck werden gleichermaßen positiv beeinflußt. Wegen der besonderen nervlichen Verbindung des Ohrs mit vielen Organen des Körpers beeinflußt die Klangtherapie auch direkt vegetative und psychosomatische Beschwerden sowie das Immunsystem.

Die Wellen unseres Bewußtseins – Tiefenentspannung

Das Gehirn ist die Befehlszentrale des menschlichen Körpers. Alle von den Sinnesorganen weitergeleiteten elektrischen Sinnesreize treffen hier ein und ergeben ein komplexes Wellenmuster. Die Neurologen sprechen von Gehirnwellen. Wichtig ist an dieser Stelle, daß die Ausprägung der Gehirnwellen exakt unserem Bewußtseinszustand entspricht. Auf diese Weise werden Streß, aber auch Kreativität, Entspannung und tiefer Schlaf jeweils durch eine besonderes Gehirnwellenmuster repräsentiert (siehe auch Kapitel 7).

In gängigen Modellvorstellungen wird das Gehirn als eine abhängige Variable gekennzeichnet, d.h., es ist voll und ganz von den von außen eintreffenden Signalen abhängig. Obwohl man dies bereits eine ganze Weile wußte, war es dennoch eine bahnbrechende Entdeckung, daß durch besondere Klangmuster eine von außen induzierte tiefe Entspannung und Gelöstheit sowie vollkommen andere Bewußtseinszustände erreicht werden können.

Hemi-Sync nach Monroe

Robert Monroe, Chef einer Produktionsgesellschaft in den USA, hatte bis Ende der fünfziger Jahre ein ganz normales Leben geführt. Seinem Seelenleben hatte er bislang keine allzu große Beachtung geschenkt, bis er eines Tages immer wiederkehrende Träume hatte, die sein Leben veränderten. Über ein Jahr lang war er von den gleichen Vorstellungen geplagt: mit einem Kleinflugzeug zu starten und dann in dicken Wolken festzustecken. Ein Arzt, den er aus Angst vor einem Tumor konsultiert hatte, verschrieb ihm lediglich Tranquilizer und gab den Rat, weniger zu arbeiten. Dennoch blieb er von Alpträumen nicht verschont, bis er eines Nachts losgelöst von seinem physischen Körper über dem Bett schwebte. Während dieser Exteriorisation hatte er den Mann, der neben seiner Frau im Bett lag, bald als sich selbst erkannt, und schaffte es nach einiger Zeit wieder, in seinen Körper einzutauchen. Dieses erste Erlebnis unfreiwilliger Exteriorisation hinterließ in Robert Monroe das unbestimmte Gefühl, etwas könne mit ihm nicht stimmen.

Trotzdem ahnte er, ein riesiges unbewußtes Potential rein »zufällig« angezapft zu haben. Er sollte damit wohl recht behalten; bestärkt wurde er durch seinen Freund, dem fernöstliche Denkungsart vertraut und dem bekannt war, daß diese Phänomene von Yogis seit Jahrtausenden praktiziert werden. Monroe wußte zu dieser Zeit noch nicht, daß derartige Erlebnisse aus alten Kulturen überliefert und von vielen Menschen ausgeübt werden. Laut Umfragen haben etwa 20% der Amerikaner schon Out-of-Body-Erlebnisse gehabt.

So fing Monroe an zu »üben«. Seine eigenen Reisen aus dem Schwerefeld des Körpers hinaus beschreibt Monroe in seinem ersten Buch »Der Mann mit den zwei Leben« und gründet noch im selben Jahr das »Monroe Institute for Applied Science«. Das war 1971. Seitdem hat er viel experimentiert, um die Bewußtseinswelten auch anderen Menschen erfahrbar zu machen.

Entsprechend anderen esoterischen Lehren beschreibt Monroe unterschiedliche Bewußtseinsebenen, die er »Locals«, Orte, nennt. »Local 2«, wo konventionelle Gesetze von Zeit, Raum und Bewegung aufgehoben und nur Gedanken als Quelle des Seins vorhanden sind, durchdringt »Local 1«, unser Alltagsbewußtsein, sonst hätten wir keinen Zugang zu einer anderen Bewußtseinsebene. Monroe beschreibt allerdings auch ein »Local 3«, von dem er sagt, daß es eine Art spiegelbildlicher Entsprechung unserer materiellen Welt sei. In dieser Dimension habe er den Körper eines Mannes betreten, der eine Parallelversion seiner selbst zu sein schien und von seiner Gegenwart nicht gerade begeistert war. Monroe schreibt, daß seines Wissens sonst noch niemand von »Local 3« berichtet habe. 1972 schloß Monroe in einer neugegründeten Forschungsabteilung Versuchspersonen an Meßgeräte an und berieselte sie mit akustischen Reizen. Er glaubte, daß seine Erlebnisse unter optimalen Bedingungen jederzeit reproduzierbar seien. Zum Durchbruch kam es dann, als er entdeckte, daß das menschliche Gehirn, sagen wir, links mit 400 Hz und rechts mit 410 Hz, eine mittlere Frequenz von 10 Hz produziert (Schwebung genannt), um damit die beiden Gehirnhälften zu synchronisieren. Mit dieser Methode ließen sich nun viele unterschiedliche Bewußtseinszustände erzeugen, u.a. auch ein Zustand, der dem Probanden gestattete, im Wachzustand zu träumen. Das »Hemi-Sync-Verfahren« (auch »Frequenz-Folge-Reaktion« genannt) war entstanden. Auf dem Hemi-Sync-System beruht auch das sogenannte »Gateway-Voyage-Programm« – heute eine der Hauptdienstleistungen des Monroe Institutes. Das Gateway-Programm trainiert Leute innerhalb einer Woche darauf, eine solche »Astralreise« unternehmen zu können – falls sie es wollen. Auf einer höheren Stufe hören Raum und Zeit auf zu existieren, und auf einer anderen kann man laut Monroe »auf andere Energiesysteme umspringen«. Hier berichten Teilnehmer von Gedankenübertragung, außergewöhnlichen Glückserlebnissen und Zuständen tiefster Selbsterkenntnis. Das Programm versetzt einen in die Lage, alle mit Hilfe von Hemi-Sync induzierten Zustände später auch ganz ohne Unterstützung herbeizuführen.

Das »Hemi-Sync-Verfahren« wird inzwischen von einigen Herstellern angeboten. Das Dynamis-Institut von Harald Wessbecher bietet »Hemi-

Sync-Seminare« und Tonprogramme nach Robert Monroe an; auch die Originalcassetten aus dem Monroe-Institut, »Metamusic«, sind im Handel erhältlich (siehe Anhang).

Ultra Meditation

Außerordentlich beliebt ist das Cassettenprogramm »Ultra Meditation«. Die besondere Wirkung dieser Cassetten, die in den USA vom »Mind Research Laboratory« mit einer völlig neuen Technologie entwickelt wurden, entsteht durch die Kombination einer beinahe unterschwelligen Klangmatrix mit einer angenehmen Klangoberfläche (z.B. leise plätschernder, unterirdischer Bach, Glöckchen, Hintergrundchoräle, Meeresrauschen). Die neurologische Klangmatrix induziert vorwiegend Theta- und Delta-Wellen-Zustände. Eine Cassette der Ultra-Meditations-Reihe bietet inzwischen sogar eine »Nah-Todeserfahrung« an, die den Hörer, ähnlich wie bei einer echten Nah-Todeserfahrung (siehe Kapitel 9, Das bewußte Gehirn) durch verschiedene Erfahrungsebenen führt. Eine andere Cassette simuliert eine »Ozean-Erfahrung« mit Delphin-Gesängen (Siehe auch Anhang 2, Produkte). Die Cassetten wirken sehr entspannend und laden das Gehirn mit Energie auf.

Das Hypno-Synchron-Verfahren

Das Hypno-Sychron-Verfahren nach Lutz Mehlhorn basiert auf der hypnotherapeutischen Arbeit des schwedischen Psychologen Milton Erickson, verarbeitet Erkenntnisse des NLP und unterlegt das ganze mit Hemi-Sync-Signalen.

Die Trommeln dröhnen, im Schein der Flammen sitzt der Stamm um das große Feuer. Immer wieder läuft ein junger Mann um den Kreis seiner Stammesgenossen herum. Nach mehreren Runden heften sich zwei Krieger an seine Seite, der eine rechts, der andere links. Gleichzeitig erzählen sie ihm verschiedene Geschichten: in das rechte Ohr eine erhabene und geistig tiefschürfende Überlieferung, in das linke Ohr eine banale Geschichte. Nach geraumer Zeit wechseln sie die Seiten und erzählen weiter. Ort der Handlung: irgendwo in Südamerika; sozialer Kontext: ein Indianerstamm; Zweck des Ritus: ein junger Mann wird eingeweiht.

Szenenwechsel: Sie liegen auf der Couch und haben den Walkman aufgesetzt. Die Musik und die beruhigende Stimme lassen Sie sich entspannen. Kaum sind Ihr Herzschlag und Ihre Gehirnwellen beruhigt, trennen sich die Stimmen: gleichzeitig wird Ihnen in jedem Ohr eine Geschichte erzählt. Sie verstehen nur die Hälfte, aber irgendwie hängen die Geschichten zusammen, sie scheinen einen Sinn zu ergeben. Sie gehen in einen angenehmen Dämmerzustand über und merken kaum, wenn das Band zu Ende ist. Danach bleiben Sie noch eine Zeitlang liegen, um danach erfrischt wieder aufzustehen.

Kaum zu glauben: Sie haben soeben eine Sitzung bei einem Psychologen erlebt. Die therapeutischen Metaphern sind ungefiltert in Ihr Unterbewußtsein gedrungen und halfen Ihnen, neues Selbstbewußtsein zu entwickeln, Beziehungen neu zu erleben, Zusammenhänge klarer zu erkennen. Scheinbar mühelos, ohne Anstrengung und dennoch höchst effektiv. Diese Technik, die Bewußtseinsschwelle zu unterschreiten, entwickelte der amerikanische Psychologe Lloyd Glaubermann. Dabei halfen ihm Beobachtungen des genialen Hypnotherapeuten Milton Erickson. Unter dem Titel »Hypno Peripheral Processing« sind von ihm mehrere Kassetten erschienen, die eine interessante, auf den ersten Blick verwirrende Technik verwenden: mit spezieller Musikuntermalung werden gleichzeitig zwei verschiedene Geschichten erzählt, streng nach den Seiten des Köpfhörers getrennt: die eine Geschichte links, die andere rechts. Was passsiert? Durch die Gleichzeitigkeit der beiden Geschichten mit unterschiedlichem Inhalt wird das Gehirn zuerst einmal überfordert.

Paradoxerweise ist es aber gerade deswegen um so offener für die therapeutische Botschaft auf den Kassetten. Sie sinken sozusagen ungefiltert ins Unterbewußtsein. Durch die Überladung wird sozusagen die Zensurbehörde des Bewußtseins ausgeschaltet, wodurch die Botschaft umso intensiver verinnerlicht wird. Seit kurzem gibt es nun eine deutsche Fassung mit dem Namen »Hypno-Synchron-Verfahren« von Lutz Mehlhorn. Der amerikanische Wissenschaftler Budzynsky arbeitete bereits seit Jahren im Bereich Lernen mit ähnlichen Techniken des Überladens. Budzynsky ist eine anerkannte Kapazität im Bereich des klinischen Biofeedback. Er fand heraus, daß, wenn man die linke Gehirnhälfte mit unsinnigen Zahlenreihen überlädt, was mit Köpfhörern über das rechte Ohr geschieht, Lernstoff leichter behalten wird, wenn er über das linke Ohr etwas leiser zugespielt wird. Wichtig in diesem Zusammenhang ist die Zuordnung der Ohren zu der jeweils gegenüberliegenden Gehirnhälfte.

Der Berliner Psychologe Lutz Mehlhorn arbeitete in seiner Praxis mit vielen Versuchspersonen mit Glaubermanns »Hypno Peripheral Processing«-Cassetten. Eine der größten Schranken war hierbei natürlich die englische Sprache, daher experimentierte er mit deutschen Geschichten. In diesem Zusammenhang stellte er fest, daß die meisten Leute recht ungehalten auf die Gleichzeitigkeit der Geschichten reagierten. Es war ihnen im wahrsten Sinne des Wortes zuviel. Längere Pausen dazwischen, geschickte Überblendungen usw. und danach immer wieder das Feedback verschiedener Versuchspersonen, ließen so langsam ein Produkt entstehen, wie er sich das vorgestellt hatte. Dazu kam noch die Arbeit mit Andrzej Slawinski vom Tamas Laboratorium, einem bekannten Hemi-Sync-Forscher. Bei dieser Technik werden mit speziellen Signalen die beiden Gehirnhälften zur besseren Zusammenarbeit gebracht. Das gab nun die hervorragenden Ergebnisse, die er erwartet hatte. Der letzte Schritt war die Erweiterung der Erzählform. Während Glaubermann selbst spricht, also eine männliche Stimme die beiden Geschichten erzählt, nahm Mehlhorn eine männliche und eine weibliche Stimme, was sich als ausgesprochen hörerfreundlich erwies. Das Ergebnis ist eine echte Weiterentwicklung der Ursprungsidee von Lloyd Glaubermann.

Das Lambdoma »concept of syn-energy«

Das »concept of syn-energy« ist eine Synthese aus Tiefenentspannung und der Lambdoma Klangtherapie. Das Funktionsprinzip dieser Tonträger basiert auf den Gesetzmäßigkeiten der Hemi-Sync-Technik (u.a. Monroe) sowie auf dem Prinzip des Hypno Peripheral Processing (u.a. Glaubermann).

In seiner Art stellt es jedoch eine einzigartige und neuheitliche Weiterentwicklung dieser Basisprinzipien dar. Durch besondere, neuentwickelte Verfahren (Raum-Zeit-Transformation, Frequenztransformation) ist es möglich, die entspannende Wirkung (Frequenz-Folge-Reaktion) durch komplexe Musiksignale oder Naturklänge zu induzieren. Das erste Plus dieser neuen Technologie ist, daß mit natürlichen Klängen gearbeitet werden kann. Dadurch bleibt die Orientierung des Gehörs in seinem natürlichen Lebensraum erhalten. Der eigentliche Vorteil liegt jedoch auf einem ganz anderen Gebiet: während bei den bisherigen Verfahren immer nur einzelne wenige Frequenzen im Bereich der Alpha-, Theta- und Deltawellen angeregt werden können, gelingt jetzt die Generierung von komplexen Frequenzspektren in diesen Gehirnwellenbereichen. Dies ist außerordentlich wichtig, denn gerade Neurologen geben immer wieder zu bedenken, daß das EEG eines gesunden Menschen komplexe Frequenzmuster enthält und nicht nur einzelne Frequenzen. Die Dominanz von einzelnen Wellen im Alpha-Bereich – so die Neurologen – kennzeichnet gerade einen außerordentlich pathologischen Zustand, nämlich die Epilepsie.

Auch das Prinzip der akustischen Überladung (nach Lloyd Glaubermann) hat im »concept of syn-energy« eine neue Wendung erfahren, indem ein solcher Vorgang der Natur direkt abgelauscht wurde und durch eine besondere Aufnahmesituation und Bearbeitung eine extreme Wirksamkeit bekommt.

Wie wichtig natürliche Klänge und eine natürliche Raumkonstellation sind, stellt sich gerade bei den neuesten Untersuchungen von Klangstudio Lambdoma heraus: jeder Klang besitzt eine ihm eigene Struktur, in der Informationen über die Art des Klanges, den Ort der Entstehung, aber auch das Wesen des Musizierenden sowie dessen gesamte Umgebung enthalten sind. Durch eine spezielle Aufnahmetechnik und Apparatur können diese Informationen in nahezu unglaublicher Weise bei der Wiedergabe erhalten bleiben; die Wiedergabe wird so plastisch und räumlich, daß man den Eindruck hat, die Musiker stünden direkt im Raum.

Bei Klängen synthetischen Ursprungs fehlen all diese Informationen aus verständlichen Gründen. Es läßt sich leicht nachweisen, daß sie deshalb die energetische Konstellation des Organismus schwächen müssen.

In direktem Gegensatz dazu steht ein Tonträger des »concept of syn-energy«, in dem die Schwingungen der Erde, der Sonne und der Sterne hörbar gemacht werden. Diese auf den Obertönen der Planeten bzw. Gestirne gespielten Melodien entsprechen in besonderer Weise der Struktur von Erde und Mensch. Daher kommt ihr therapeutischer Wert (siehe dazu auch die Arbeit von Hans Cousto).

Zusätzlich zu diesen strukturorientierten und beruhigenden Elementen sind die Tonträger des »concept of syn-energy« angereichert mit der Wirksamkeit der Klangtherapie (siehe oben). Die Synergie aus diesen beiden Wirkungsprinzipien ergibt eine tiefe Entspannung und Neustrukturierung, die jedoch nicht in bewußtlosen Schlaf übergleitet, sondern gleichzeitig harmonisiert und neu energetisiert.

Nach Berichten vieler Anwender kann durch die einzigartige synergetische Kombination von Klangtherapie und Tiefenentspannung schon nach dreißigminütigem Hören (in liegendem Zustand mit geschlossenen Augen) eine tiefgreifende Erholung erreicht werden, wenn nach einem »Streßalltag« die Reserven von Körper und Geist erschöpft sind. Viele Anwender berichten von einer großen Hilfe, die sie durch diese besonderen Klänge erfahren haben.

Fraktale Computer-Meditation: das Tamas Laboratorium

Der Leiter des Tamas-Laboratoriums, Andrzej Slawinski, der aus Polen in die Bundesrepublik kam, verdankt sein Interesse für Physik und Mathematik seinen Eltern, die beide Biophysiker sind. Er studierte Physik, doch als ihm die allzu materialistische Betrachtungsweise nicht mehr gefiel, schloß er sich einer experimentellen Theatergruppe an und lernte die Ausdrucksmöglichkeiten der Kunst kennen. Politische Gründe brachten ihn nach Deutschland, wo er in Heidelberg sowohl studierte als auch eine eigene Theatergruppe gründete. Daneben verdiente er seinen Lebensunterhalt mit biophysikalischer Forschung in einem privaten Forschungsinstitut (Biophotonen-Strahlungsanalyse bei Dr. F.A. Popp.) Außer seiner künstlerischen Seite (Theater, Musik, Trance-Tanz) widmet er sich verstärkt der modernen Psychotherapie (Atem, NLP) und arbeitet mit Klienten. Seit einigen Jahren arbeitet er auch mit dem Hemi-Sync-Verfahren, das er bei Robert Monroe kennengelernt hat (er ist auch Mitglied seines Instituts), macht eigenständige Forschungen und hat es verstanden, Kunst und Technik zu verbinden.

»Fraktale Geometrie ist in erster Linie eine neue Sprache. Ihre Elemente entziehen sich aber einer direkten Anschauung und unterscheiden sich darin grundlegend von den Elementen der vertrauten euklidischen Geometrie wie etwa Linie, Kreis und Kugel,« schreiben die deutschen Experten für die fraktale Geometrie – Heinz-Otto Peitgen, Hartmut Jürgens und Dietmar Saupe – im »Scientific American«. »Die fraktale Sprache drückt sich in Algorithmen aus, das heißt in Verfahrensregeln und -anweisungen, die sich erst mit Hilfe eines Computers in Formen und Strukturen verwandeln. Zudem ist der Vorrat an diesen Elementen unerschöpflich groß... Die Essenz der Mandelbrotschen Botschaft ist, daß viele natürliche Strukturen wie zum Beispiel Wolken, Gebirge, Küsten- oder tektonische Bruchlinien,

Blutgefäßsysteme oder Bruchflächen von Materialien und vergleichbare Strukturen scheinbar uneingeschränkter Komplexität tatsächlich eine geometrische Regelmäßigkeit haben – die sogenannte Skalenvarianz. Das bedeutet: analysiert man diese Strukturen bei unterschiedlichen Größenmaßstäben, so stößt man immer wieder auf dieselben Grundelemente. Ihr Zusammenspiel in verschiedenen Maßstäben findet im Begriff der fraktalen Dimension eine angemessene mathematische Beschreibung.«

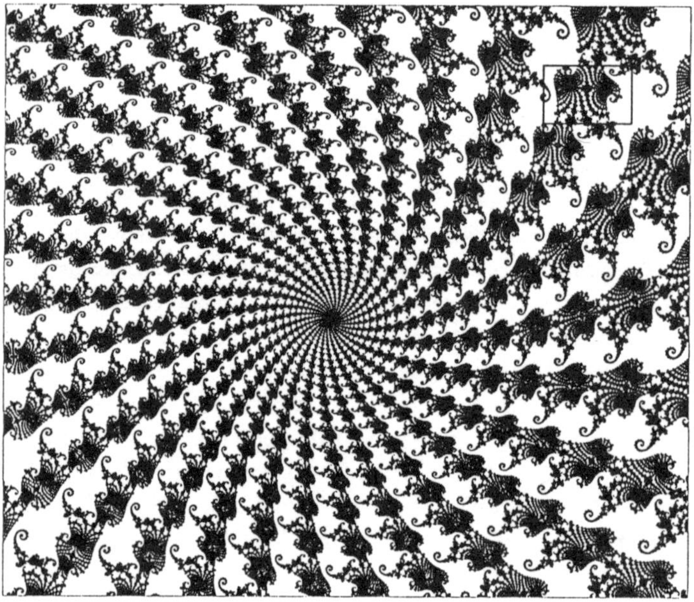

Abb. 18:

Slawinski nahm diese Mathematik auf und kreierte daraus seine transpersonale Musik. Die überraschende, manchmal auch sehr fremde Klangwelt stellt eine Spiegelung der Naturphänomene dar, deren Struktur seit ewiger Zeit das Staunen der Menschheit erregt. Zwei Beispiele: das Tropfen des Regens und das Geräusch verbrennenden Holzes im Ofen. Beide wirken entspannend auf uns, beruhigend oder anregend, da sie eine ständige Veränderung oder ein Wachstum wiedergeben. Einfache »Simulationen« solcher Prozesse wären Windharfen oder freihängende Glocken, die das Strömen der Luft in Klang übersetzen. Die Musik des Tamas-Laboratoriums wird auch nach diesem Übersetzungsprinzip erzeugt, nur werden hier, so wie auch bei den fraktalen Bildern, alle Daten in Computern ausgerechnet. Und da wir heute mehr vom kreativen Chaos verstehen, ist es uns möglich, besser, als die Glocken es können, die Daten in Klänge zu übersetzen. Die Klangfolgen sind nicht mehr so chaotisch, und die sehr komplexen Zusammenhänge können hör- und sichtbar gemacht werden. Nach Slawinski ist es möglich, »unendlich viele Prozesse zu erforschen, auch die, die nicht von dieser Welt kommen. Ist das der Anfang des Glasperlenspiels, das Hermann Hesse beschrieb?«

Zu diesen Klangstrukturen, wie die Kreation »Space Distortion«, die schrittweise immer neue und andere Räume – unsere eigenen inneren Räume – erfahren lassen, oder die Kompositionen »Vier Elemente«, die Erde, Feuer, Wasser und Luft hörbar machen, fügt Slawinski die Hemi-Sync-Signale von Robert Monroe hinzu, damit sich der Zuhörer entspannt in die Tiefen der Räume fallen lassen oder bewußt hineingehen kann. Die anfangs seltsam abstrakt klingenden Töne bieten keinen Halt – der Zuhörer ist ganz allein auf sich gestellt in einem unendlich großen oder kleinen Raum.

Subliminals: Unterschwellige Suggestionen

Die sehr verbreiteten Subliminals, die Botschaften an das Unterbewußte schicken, machen sich die Konditionierungsfähigkeit des Gehirns zunutze. Mit Musiktherapie haben sie nur indirekt etwas zu tun, doch da entspannend wirkende Musik die unterschwelligen Suggestionen transportiert, möchten wir das Thema hier kurz behandeln. Der amerikanische Forscher Dr. Hal Becker erfand in den 60er Jahren eine komplizierte elektronische Apparatur, die einfache Texte so in Musik einarbeitete, daß sie nicht mehr bewußt zu hören waren und die kritische Instanz des Bewußtseins dabei ausgeschaltet wurde. Die Methode funktionierte immer, auch wenn die Zuhörer die Botschaft nicht hören wollten. Erste kommerzielle Erfolge hatte man in Supermärkten. Man reicherte die Supermarktmusik mit einfachen Botschaften an wie: »Du bist ehrlich, stiehl nicht.« Das ganze verband man mit akustischen Angstsymbolen wie Polizeisirenen und dem Zuschlagen von Gefängnistoren. Ladendiebstähle gingen daraufhin zurück.

Die akustische Manipulation funktioniert natürlich nicht immer und bei jedem, wie einige ihrer Kritiker behaupten, die versucht haben nachzuweisen, daß sogenannte Heavy-Metal-Musik gefährliche unterschwellige Botschafen transportiert. Auch die Hintergrundmusik in Supermärkten soll angeblich Botschaften enthalten, die zum Kauf verführen. Das Münchner Institut für Hypnoseforschung fand demgegenüber heraus, daß die gängigen Subliminal-Kassetten nur vorhandene Wünsche verstärken können. Man wird keinen Menschen dazu bringen, etwas gegen seine Neigung zu tun. Vor allem müssen Subliminals positive Botschaften enthalten, damit sie wirken, denn der Gebrauch von negativen Botschaften kann nur von der linken, logischen Gehirnhemisphäre verarbeitet werden. Sätze wie »Du hast keinen Schmerz« würden in der rechten Hemisphäre den Satz aufnehmen lassen: »Du hast Schmerz!« Nach neuesten Erkenntnissen können nur positive Botschaften die rechte Gehirnhälfte erreichen. Dabei ist der emotionale Gehalt der Botschaft wichtiger als die Botschaft selbst.

Es gibt inzwischen ein Riesenangebot an Subliminals auf dem Markt, von Raucherentwöhnung bis zur Verbesserung der Kreativität. Dabei gibt es wesentliche Qualitätsunterschiede. Es reicht nämlich nicht aus, den unterschwelligen Text unter Meereswellen zu legen. Der Erfinder der Subliminal-Technik, Hal C. Becker, behauptet, daß es schon von Bedeutung ist, wie die Aufnahme gemacht wird. Seiner Erkenntnis nach muß der Text mit der Musik verwoben sein. Saubere wissenschaftliche Vergleichsuntersuchungen über die wirkliche Effektivität der Subliminals liegen bis heute noch nicht vor. Jedoch scheint die Befürchtung mancher Kritiker, daß rückwärtslaufende Botschaften (d.h., der Text verläuft gegensätzlich zur Richtung der Musik) auf Rockmusik-Platten etwas bewirken könnten, kaum rationalen Erkenntnissen der Gehirnforschung zu entsprechen.

Die Superlearning-Sprachprogramme arbeiten ähnlich wie Subliminals, nur daß die Lerntexte normal hörbar sind und die untergelegte Musik hilft, die Sprache besser zu speichern. Wenn dann anhand des Lehrbuches die Lektion noch einmal gelernt wird, geht es schneller, und der Proband kann den Stoff leichter und länger im Gedächtnis speichern. Der Musikproduzent eines Superlearning-Programms meint, daß das Ganze mit Hemi-Sync-Technik noch effektiver wäre, doch dem Anbieter des Sprachprogramms ist die Idee zu futuristisch...

Holophone Klangtechnologie

Eine verheißungsvolle Perspektive von Klängen im Rahmen der holotropen Therapie hat Stanislav Grof beschrieben: »Der Erfinder der holophonen Klangtechnologie ist der argentinische Forscher Hugo Zucarelli. Dieser hat durch sorgfältige Erforschung und Analyse von Geräuschen genau identifizieren können, daß existierende Modellvorstellungen vom Hören wichtige Merkmale der akustischen Wahrnehmung beim Menschen nicht erklären können. Die traditionelle Erklärung für die Fähigkeit zur Geräuschlokalisierung geht davon aus, daß die Intensität der Schallwellen, die das rechte Ohr treffen, mit der Intensität derer, die das linke Ohr treffen, verglichen wird. Als Zucarelli die Evolution dieses Mechanismus studierte, stellte er fest, daß Organismen, deren Kopf fest mit dem Körper verbunden ist, häufig den ganzen Körper bewegen, wenn sie Geräusche lokalisieren. Tiere hingegen, bei denen die Bewegung des Kopfes unabhängig von der des Körpers ist, benutzen nur diese, um die Schallquelle zu lokalisieren. Die Tatsache nun, daß Menschen Schallquellen ohne Kopfbewegung oder Verstellen der Ohren lokalisieren können, weist eindeutig darauf hin, daß der Vergleich zwischen der Intensität des akustischen Inputs im linken und rechten Ohr nicht der einzige Mechanismus ist, der für diese Fähigkeit verantwortlich ist. Außerdem sind Personen, die auf einem Ohr nicht mehr hören können, immer noch in der Lage, Geräusche zu lokalisieren. Aufgrund all dieser Erkenntnisse zog Zucarelli den Schluß, daß man zum räumlichen Hören das holographische Prinzip heranziehen muß. Das würde bedeuten, daß das menschliche Ohr – im Gegensatz zum Modell der traditionellen Medizin – nicht nur als Empfänger, sondern auch als Sender dient. Zucarelli ahmt diesen Mechanismus mit elektronischen Mitteln nach und entwickelt holophone Aufnahmen, die die akustische Realität mit all ihren räumlichen Merkmalen wiederzugeben vermögen. Daraus ergeben sich Empfindungen, die es ohne ständige visuelle Kontrolle fast unmöglich machen, die Aufnahmen von tatsächlichen Geräuschen der dreidimensionalen Welt zu unterscheiden« (S. Grof, Das Abenteuer der Selbstentdeckung, Kösel Verlag). Diese holophone Technik erfordert ganz spezielle Lautsprecher und CD-Aufnahmen, die jetzt eine französische Forscher-Gruppe entwickelt hat.

Klangschichttherapie

Die Psychologen und Musiker Kay Korten und Ludovika Helm arbeiten seit Jahren an interessanten Forschungen über die Wirkungen von ausgewählten Frequenzen auf Körperorgane und Akupunkturpunkte. Dabei haben sie herausgefunden, daß bestimmte Frequenzbereiche und innerhalb dieser wieder genau definierte »Wirkfrequenzen« ganz bestimmte Wirkungen auf die Gehirntätigkeit, auf Organfunktionen, Körperchemie usw. ausüben. Diese Wirkungen sind nun differenzierbar, je nachdem, ob das linke Ohr, das rechte Ohr, beide Ohren »mittig« usw. beschallt werden. Frequenzen dürfen wiederum nicht beliebig kombiniert werden, weil die Kombinationsklänge andere und zum Teil konträre Wirkungen auslösen und daher jede Kombination erst einzeln untersucht und getestet werden muß.

Bei der Entwicklung der »Klangschicht-Therapie« haben Korten und Helm herausgefunden, daß alle Bereiche des menschlichen Körpers in verschiedenen Frequenzstrukturen »schwingen« und angeregt werden können. Mit dieser Klangschicht-Methode lassen sich mehr als 22.000 Körperpunkte definieren und ansteuern. Jeder von ihnen hat ein eigenes, unverwechselbares Frequenzmuster. Wegen der Wirksamkeit dieser ausgewählten Frequenzen wird die Methode nur von Therapeuten eingesetzt.

Korten und Helm arbeiten bei all ihren Therapieformen und Klangstrukturen mit dem Prinzip der »gelenkten Aufmerksamkeit«, das besagt, daß die Filter im Gehirn jeweils aus allen Sinneswahrnehmungen nur das bewußt durchlassen, worauf unsere Aufmerksamkeit gerade gerichtet ist, alles andere aber herausfiltern. Inzwischen werdem spezielle Klangstrukturen nach dem Prinzip der gelenkten Aufmerksamkeit für Mind Machines entwickelt.

Farbklang-Therapie und Esogetische Klangbilder

Zusammen mit dem Farbforscher, Farbtherapeuten und Heilpraktiker Peter Mandel entwickelten Kay Korten und Ludovika Helm eine Kassettenreihe unter dem Titel »Farbklang-Therapie«. Farbklangtherapie ist die Umsetzung der Farbpunktur (Farbtherapie über die Akupunkturpunkte) in eine Klangtherapie – nicht zu verwechseln mit der Lambdoma Klangtherapie, von der weiter oben gesprochen wurde. Die komplementäre

Umrechnung von Farbfrequenzen in Tonfrequenzen führte dabei erstmals zur Anwendung des Polaritätsprinzips auch in der Musik. Ergänzt wird die Methode durch Hemisphären-Synchronisation des Gehirns. Die Farbklang-Therapie-Cassetten werden zur ganzheitlichen Behandlung der Patienten eingesetzt, besonders bei Migräne, Schlaflosigkeit, Lateralitätsstörungen, Immunschwäche und Konzentrationsschwierigkeiten.

Mit dem von Mandel entwickelten »Esogetischen Modell« können geometrische Figuren, Quadrate, Dreiecke, Runen und Buchstaben in Frequenzbeziehungen umgesetzt und akustisch dargestellt werden. Die »Esogetischen Klangbilder« sind aus einer Umsetzung des Esogetischen Modells (Esogetik = Esoterik plus Energetik) in Klangstrukturen entstanden. Sie basiert auf der Umrechnung von Farben in Klänge, der Anwendung des Prinzips der gelenkten Aufmerksamkeit und der empirischen Erkenntnis, mit welchen Frequenzen, Modulationen, Formanten usw. man über die Steuerungsorgane des Gehirns regulierenden Einfluß auf die informativen Energien und die Funktionen des Gehirns nehmen kann. Von herausragender Wichtigkeit dabei ist, daß wir über unseren Körper erfahren, in welcher Weise die Information, die mit unserem individuellen Grundprogramm verbunden ist, sich qualitativ verändert hat.

Musik für Gehirn und Psyche

Die Faszination und emotionale Bewegtheit, die Musik seit jeher ausgelöst hat, sollte durchaus auch vom therapeutischen Standpunkt her betrachtet werden. In diesem Zusammenhang ist in dem Buch »Musik und Psyche« zu lesen: »Bei den Urgründen der musikalischen Kommunikation könnten wir das Wort Musikament gebrauchen – im Sinne der Musik als Arznei. Musik fördert Erholung und Entspannung, denn sie richtet sich an die Verbindung und Integration von Körper und Geist, rechter und linker Gehirnhälfte, Intellekt und Emotion.«

Musik hat in diesem Sinne folgende therapeutischen Wirkungen:

- sie fördert eine archaische und infraverbale Ausdrucksweise;
- stabilisierung die tonische und emotionale Lage;
- verbessert die Bereitschaft zu einer authentischen zwischenmenschlichen Beziehung.

Musik scheint sehr gut dazu geeignet, bei der Psychotherapie als psychosomatischer Ausgleich zu wirken. Bei bestimmten psychischen Erkrankungen, wie der Abkapselung von der Umwelt durch Verweigerung der Kommunikation beim Autismus, kann der Zugang durch Musik und Berührung gefunden werden. Viele psychosomatisch Erkrankte werden oft als »emotionale Analphabeten« bezeichnet, da ihnen der Zugang zur Emotion und ihren Ausdrucksmöglichkeiten fehlt. Sie stecken oft in einer rein rationalen Welt. Doch dies Menschen sind keineswegs »Musikanalphabeten«, wie die Musiktherapeutin Mechthild Krämer bestätigt, sie können durchaus gefühlsmäßige Musikalität aufweisen, wenn ihnen durch Gongs und andere Instrumente Klänge und Rhythmen zugespielt werden.

In den USA gibt es seit einiger Zeit den Beruf des »music therapist« der mit dem Arzt zusammen oder dieser in Spezialisierung seines Berufes (z. B. gleichzeitig Anästhesist) während Operationen für den Eingriff die entsprechenden Musikstücke des Patienten auswählt. Manchen Psychiatern ist bekannt, daß die Musik von Bach eine besonders wohltuende Wirkung auf depressive Kranke ausübt. David Akstein hat, inspiriert von einigen afrikanischen und brasilianischen Tanzrhythmen, eine besondere Technik der Trancebewegung entwickelt, die von einem bestimmten musikalischen Rhythmus eingeleitet wird – von ihm »Tersicore-trance-therapy« genannt. Dieser Rhythmus soll eine emotionale Befreiung bei psychosomatischen Krankheiten bewirken.

Die Akademie für Rehabilitation der Universität Heidelberg hat in einer Studie auf die Notwendigkeit hingewiesen, eine größere Anzahl von Musiktherapeuten bei einer Vielfalt von schwerwiegenden Syndromen mit einzubeziehen, sowohl für Psychosen und Neurosen als auch für die neurologische Rehabilitation.

Gongs als Modulatoren der Körperenergie

»Der Gong fasziniert jeden Menschen, der ihm begegnet«, schreibt der Gong-Therapeut Johannes Heimrath, »sein Geheimnis und seine Kraft bringen den Menschen zur Begegnung mit sich selbst.« Gongs haben eine einfache und direkte Wirkung auf den Menschen. Der Musiker Rolf Exler arbeitet gerne mit Gongs: »Sie beeinflussen die Energie des äußeren Raumes, den sie zum Schwingen bringen. Auf diese Weise haben Gongs direkte körperliche Wirkungen über das Gehör, die Haut und die Energiezentren.

Beim konzentrierten Zuhören durchbrechen sie das Alltagsbewußtsein, öffnen den inneren Raum und wirken dadurch belebend und erneuernd. Gongs können praktisch von jedem gespielt werden, man braucht sie nur anschwingen zu lassen.« Das Ohr lernt, einen Gongklang als ein mehrstimmiges Tönen zu differenzieren, ähnlich wie bei einer eigens komponierten Fuge.

Musiktherapeutisch eingesetzt, z. B. durch Verbindung mit imaginierten Bildern, Trance-Induktionen und andere Methoden, können Gongs seelische Kräfte freisetzen. Johannes Heimrath dazu in seinem Buch »Das Sonogramm der Persönlichkeit«: »Ich kenne kein Mittel, das einen Menschen schneller, müheloser und dennoch intensiv, tiefgreifend und vor allem ganzheitlich zur reinigenden Begegnung mit sich selbst führt.«

7. Das schwingende Gehirn

»... damals sprach man von Vibrationen, guten Vibrationen, schlechten Vibrationen, alles und überall waren Vibrationen. Man machte sich vorerst nicht die Mühe, genau zu unterscheiden – das sollte sich mit dem Aufkommen der Gehirn-Technologie verändern: schlaue kleine Geräte simulieren heute exakt die Vibrationen, die im Gehirn dann die entsprechenden Gehirnwellenmuster auslösen. Man spricht von einer Bewußtseinsveränderung auf Knopfdruck – und fürchtet ihre Mechanik. Die Gebrauchsanleitungen zu den Intelligenz-Maschinen lesen sich wie Science-Fiction: Man hat eine Art Speisekarte vor sich und kann sein Menü wählen. Während unter Beta das normale Bewußtsein mit Streß, Sorgen, Ängsten verzeichnet ist, lockt Alpha mit streßabbauender Entspannung im Wachzustand. Theta gibt sich visionär und Delta besorgt die Aktivierung der Selbstheilungskräfte.«

Kaye Hoffman in: Play Ecstasy

Gehirnwellen, die Sprache unseres Gehirns

»Man müßte doch eigentlich Gedanken lesen können – nein, nicht so, wie es sich die Parapsychologen vorstellen. Gedankenlesen, ganz auf dem Boden der exakten Naturwissenschaften, mit Hilfe modernster Elektronik! Denn unser Erleben und Verhalten, daran zweifelt niemand mehr, ist ganz sicher an die Erregungsaktivität von bestimmten Nervenzellen in unserem Gehirn gebunden... Jede Erregung einer Nervenzelle wird von meßbaren physikalischen Veränderungen begleitet, vor allem von elektrischen Spannungsschwankungen, die eine ganz unerwartete Größe haben können... Man stelle sich vor: eine einzige Nervenzelle produziert, wenn sie einer anderen etwas mitzuteilen hat, Impulse von 1/10 Volt, und zwar einige Dutzend bis zu über 100 pro Sekunde! Das ergibt ein ordentliches elektrisches Gewitter – das müßte man doch mit geeigneten Geräten messen können?« (G. Guttmann)

Gedanken dieser Art haben wohl den deutschen Arzt Hans Berger 1924 bewegt, als er in Jena entdeckte, daß das Gehirn elektrische Wellen aussendet, die im Elektroenzephalogramm mittels empfindlicher Elektroden, die an der Kopfhaut befestigt sind, aufgezeichnet und sichtbar gemacht werden können. Berger stieß erstmals auf eine Kategorie von Gehirnwellen, sogenannte Alphawellen, die die mit einer Frequenz von 8-13 Hz (Schwingungen pro Sekunde) auftreten. Im Jahre 1935 wurden dann die Deltawellen (1-4 Hz) entdeckt. Und 1943 indentifizierte der Engländer William Grey Walter die Thetawellen (4-7 Hz).

Messungen des Aktionspotentials des Gehirns sind mit moderner Elektronik immer weiter entwickelt worden.

Die Darstellung des Gehirns über bildgebende Verfahren

In vielen Bereichen der Medizin ist eine zeitgemäße Diagnostik ohne bildgebende Verfahren nicht mehr denkbar. Das gebräuchlichste Verfahren ist das Elektroenzephalogramm (EEG). Um Gehirnfunktionen wirkungsvoll darzustellen, werden an manchen Forschungs- und Universitätsinstituten die aufwendigeren Verfahren der Positronen-Emissions-Tomographie (PET) und das Brain Mapping EEG (BEAM) eingesetzt. Diese haben sich vor allem in der Pharmakopsychiatrie, bewährt. Sie zeigen den Forschern, ob eine natürliche oder synthetische Substanz überhaupt zerebral verfügbar ist, wie lange es dauert, bis sie im Gehirn ankommt, wann die Wirkung wieder abfällt und wie eine Medikamenteneinwirkung im Langzeitverlauf zu beurteilen ist.

Eindimensionale Bildgebung (EEG) und Brain Mapping

Das Elektroenzephalogramm (EEG) ist das wohl älteste, wenn auch nur eindimensionale bildgebende Verfahren. Es weist alle bekannten Hirnströme nach, allerdings nur die oberflächlicher Regionen. Durch Weiterentwicklung des EEGs entstand die BEAM-Methode (brain electrical activity mapping), auch als Brain Mapping EEG bekannt. Am häufigsten wird diese Methode bei psychopharmakologischen Studien angewandt. Hierbei handelt es sich um eine Kartographie der elektrischen Hirntätigkeit. Mit diesem Verfahren kann man Veränderungen der elektrischen Aktivität der Hirnrinde ermitteln. Bei der Alzheimer-Krankheit zeigt sich eine Verlangsamung der Theta- und Deltawellen im seitlichen und hinteren Hirnareal. Mit den evozierten Potentialen (P300) lassen sich bestimmte Veränderungen nachweisen. P300 ist ein neuroelektrisches Muster, das Spannungsschwankungen in der Gehirnaktivität anzeigt. P300 wird gerne als »Überraschungswelle des Gehirns« bezeichnet, weil ca. 300ms nach einer Überraschung oder nach der Konfrontation mit etwas Neuem, Unerwartetem aus einer Serie von niedrigen Tönen plötzlich ein hoher Ton auftritt, ohne daß der Patient diese Schwankung selbst wahrgenommen hätte.

Mit dem Elektoenzephalogramm (EEG) läßt sich physikalisch gesehen ein »deterministisches Chaos«, welches Informationen enthält, über Spannungsänderungen messen. Als Ursachen der im EEG gemessenen Hirnströme werden die Schwankungen des Membranpotentials zwischen Nervenzellen angesehen, die auf die Ionenverschiebung zwischen Zellinnerem und -äußerem zurückzuführen sind. In der Pionierzeit des EEGs hatte man die Hoffnung gehegt, es würde eines Tages gelingen, den Schaltplan des Gehirns komplett aufzudecken, ein Wunschtraum, der uns heute illusorisch erscheint. Das EEG ist aber keineswegs nur ein Abfallprodukt der »Maschine Gehirn«, wie man lange dachte, eine Art Hirnlärm, sondern es enthält konkrete Informationen.

Die einzelnen Frequenzen im Gehirn:

0-3 Hz – Deltawellen: Die Deltawellen sind extrem langsam und treten hauptsächlich im Tiefschlaf auf. Die damit einhergehenden psychischen Zustände sind: tiefer, traumloser Schlaf, Trance und Hypnose.

3-7 Hz – Thetawellen: Die Thetawellen entstehen normalerweise im Schlaf und während tiefer Meditation. Sie gehen häufig einher mit gesteigertem und plastischem Erinnerungsvermögen, Phantasie, bildhafter Vorstellung, Inspiration und Traum.

813 Hz – Alphawellen: Alphawellen tauchen generell in entspannten Zuständen auf, besonders im entspannten Wachzustand mit geschlossenen Augen. Sie gehen einher mit wohliger Entspannung, ruhigem gelassenem Denken und einer guten Integration von Körper und Geist.

14-30 Hz – Betawellen: Betawellen sind dann vorhanden, wenn sich eine Person in einem wachen, gespannten und alarmbereiten Zustand befindet.

Sie gehen einher mit einem nach außen gerichteten Bewußtsein, logischer Verarbeitung von Daten, Assoziation mit Unruhegefühlen, aber auch mit plötzlicher Furcht und überraschtem Erstaunen.

Es ist erwiesen, daß im EEG Informationen über die Hirnfunktionen enthalten sind. Durch die Analyse von Leistung und Kohärenz lassen sich Veränderungen beim Lesen, Musikhören, Kopfrechnen, bei der Raumvorstellung und bei anderen Aufgaben nachweisen, die charakteristisch für die jeweiligen Aufgaben sind und Einblicke in Denkstrategien erlaubt.

Der bekannte Gehirnforscher Robert Ornstein überprüfte in Versuchen mit Studenten bestimmte kognitive Leistungen im Zusammenhang mit dem EEG. Er ließ die Probanden bestimmte sprachliche und räumliche Aufgaben ausführen, wie etwa einen Brief schreiben oder mit farbigen Bauklötzen ein vorgegebenes Muster nachlegen. Die Resultate waren sehr auffällig: beim Schreiben – einer linkshemiphärischen Aufgabe – zeigten sich im EEG über der rechten Hemisphäre Alphawellen (ungefähr 10 Hz) mit hoher Amplitude (Schwingungsweite), über der linken Hemisphäre dagegen Wellen von weit geringerer Amplitude. Diese Verteilung kehrte sich beim Musterlegen um. Nun dominierte der Alpharhythmus über der linken Hemisphäre, während er über der rechten schwächer ausgeprägt war. Der Alpharhythmus gilt im allgemeinen als Indiz für einen Rückgang der Informationsverabeitung in dem betreffenden Bereich. Man könnte auch sagen, daß der Gehirnbereich, der nicht gebraucht wurde, teilweise »abgeschaltet« war.

Gleichspannungs-EEG

Das Aktivierungsniveau, d.h. der Grad der aktuellen Wachheit und Reaktionsbereitschaft, ist nie konstant, sondern dauernden Schwankungen unterworfen: einem Wechsel zwischen höherer und niedrigerer Erregbarkeit. Selbst im Schlafzustand pendeln wir zwischen den unterschiedlichen Phasen: Halbschlaf (Theta), Tiefschlaf (Delta) und REM-Phase (Rapid Eye Movements während des Traumes) mit Alpha-Wellen.

Prof. G. Guttmann und seine Mitarbeiter griffen 1968 eine Entdeckung des Neurophysiologen R. Caton auf, der batterieartige Aufladungen an der Oberfläche des Gehirns, die Gleichspannungspotentiale, registriert hatte. Caton hatte schon 1880 in einer Veröffentlichung mitgeteilt, daß von der Großhirnrinde eine konstante Aufladung, und zwar ein elektronegatives

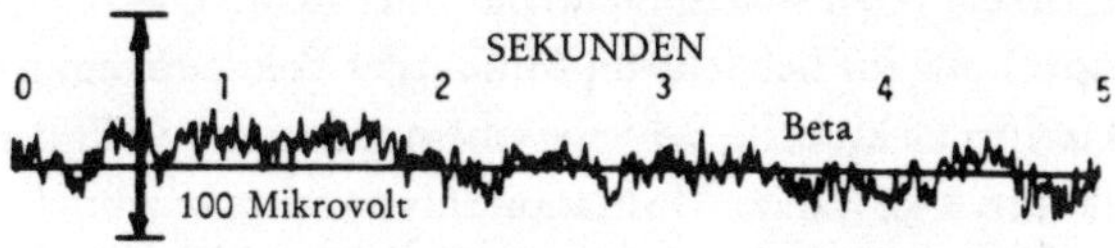

A. Beginn der Trainings-Sitzung

Wenn ein Mensch aktiv ist und die Augen geöffnet hat, zeigt die EEG-Aufzeichnung gewöhnlich die Anwesenheit von Beta-Wellen, 13 bis 26 Hz oder höher (wie in A oben gezeigt). Die Elektrode ist am Hinterkopf angebracht.

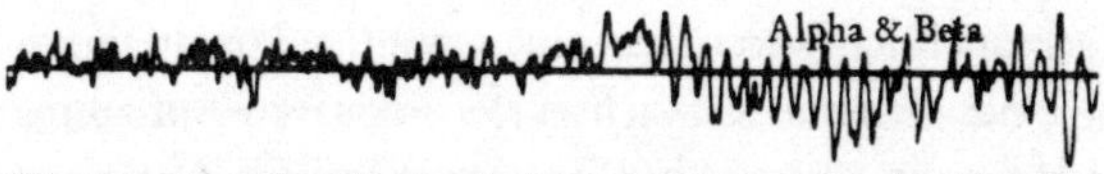

B. 2 Minuten später

Wenn die Augen geschlossen sind und der Körper entspannt ist, erscheinen oft Alpha-Wellen mit 8 bis 13 Hz. Anfangs ist Alpha manchmal ein wenig verzerrt durch die Mischung mit Beta (siehe B).

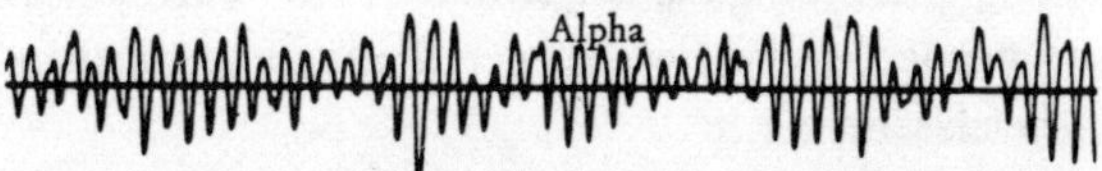

C. 10 Minuten

Wenn die Zeit verstreicht, wird Alpha oft ruhig und von gleichmäßiger Frequenz, wenn auch die Amplitude schwankt (wie in C). Wenn der Körper tief entspannt ist und der Mensch schläfrig wird, sieht man oft Theta-Wellen mit 4 bis 8 Hz (wie in D).

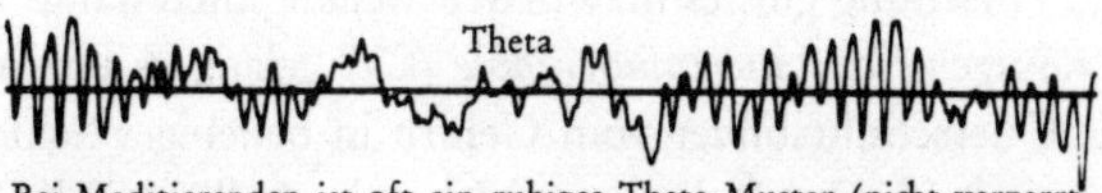

D. 15 Minuten

Bei Meditierenden ist oft ein ruhiges Theta-Muster (nicht verzerrt wie in D) mit einem ruhigen Körper, ruhigen Emotionen und einem ruhigen Geist verbunden, wobei das Bewußtsein aber nicht eingeschränkt ist.

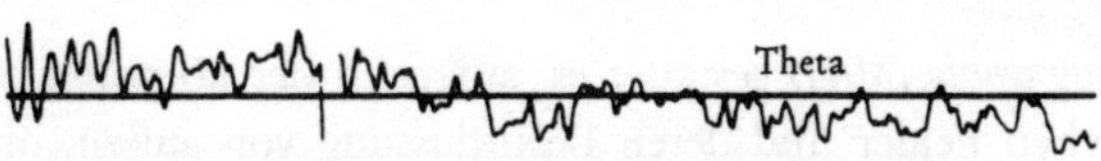

E. 20 Minuten

In diesem Stadium, das in E angedeutet ist, kann man beginnen, „sich des Unbewußten bewußt zu werden". Wenn die Versuchsperson einschläft, tauchen unregelmäßige Delta-Wellen von 1 bis 4 Hz auf (wie in F).

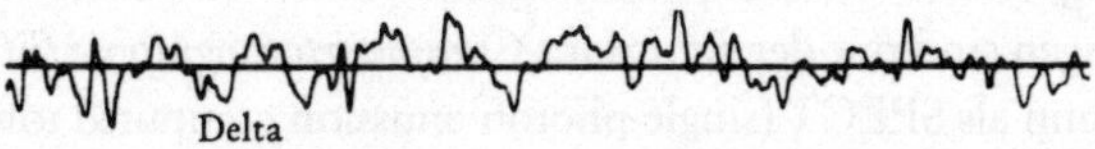

F. 25 Minuten

Abb. 19: Gehirnwellen

Potential, abgeleitet werden könne. Guttmans Mitarbeiter Herbert Bauer konnte 1980 einen besonderen Gleichspannungsverstärker patentieren lassen, der die langsamen Hirnrindenpotentiale untersucht. Die Verschiebung der Gleichspannung im Bereich von Millionstel Volt kann eindeutig nachweisen, daß es hirnelektrische Begleiterscheinungen von veränderten Bewußtseinszuständen wie Trance, Meditation, Hypnose usw. gibt.

In bestimmten Trancezuständen traten Potentialverschiebungen von mehreren tausend Mikrovolt auf. »Aber nicht nur die Größe der Potentialverschiebungen überraschte,« schreibt Guttmann. »In einem Trancezustand, der mit Verfahren induziert wurde, wie sie bei vielen südamerikanischen Indianern gebräuchlich waren, trat eine gewaltige Potentialverschiebung in Richtung eines weiteren Zuwachses der negativen Aufladung des Gehirns auf: gleichsam ein überwacher Zustand höchster Aktivierung.« Bei der Zusammenarbeit mit der Trance-Therapeutin Felicitas Goodman stellte Prof. Guttmann die Paradoxie fest, daß im Trancezustand bei hoher elektrischer Entladung gleichzeitig die langsamen Theta-Wellen auftraten. Diese Erkenntnisse werden uns später bei der Beurteilung sogenannter Mind Machines hilfreich sein.

Zweidimensionale Bildgebung

Für Diagnose und Forschung gibt es inzwischen weitere interessante Verfahren: Mit der *Röntgen-Computertomographie (CT)* gelang es erstmals, zweidimensionale Querschnittsbilder vom Gehirn in beliebiger Schichtdicke anzufertigen, wobei im Laufe der letzten Jahre die Auflösung der Bilder beträchtlich gesteigert werden konnte und krankheitsverursachende Herde in Millimetergröße nachweisbar wurden.

Die Kernspintomographie (MRI) gestattet es, aufgrund der körpereigenen elektromagnetiscchen Felder und deren Beeinflussung von außen, ohne jegliche Strahlenbelastung zweidimensionale Bilder in jeder beliebigen Ebene anzufertigen.

Messungen der regionalen Hirndurchblutung, des Hirnstoffwechsels und deren Veränderungen sind mit der *Emissions-Computertomographie (ECT)* möglich. Diese kann als SPECT (single photon emission computed tomography) durchgeführt werden.

Mit Hilfe der *Positronen-Emissions-Tomographie (PET)* ist es erstmals gelungen, Hirnstoffwechselaktivitäten des Gehirns, wie etwa Sauerstoff- und Glukosestoffwechsel direkt darzustellen.

Das noch sehr gängige EEG wird sicherlich bald durch weitere High-Tech-Entwicklungen in der Hirnstrommessung ergänzt und abgelöst werden. Hier ist die *Magnetoenzephalographie* mit dem SQUID (supraleitender Quanteninterferenz-Detektor) zu nennen. Damit kann man extrem schwache körpereigene Magnetfelder in hoher räumlicher Auflösung registrieren.

Stimulation von Körper und Gehirn

Mit Hilfe moderner Technologie ist es möglich, den menschlichen Organismus und die Gehirntätigkeit in vielfältiger Weise zu beeinflussen. Viele dieser elektronischen Geräte können dem Menschen helfen, durch elektrische, optische, akustische oder kinästhetische Reize mentale Prozesse oder die Selbstheilung zu stimulieren. Zuerst beschreibt der Biofeedbackexperte Dr.med Schenk Methoden, bei denen Mensch und Maschine zusammenarbeiten, d.h., die eine aktive Mitwirkung des Menschen notwendig machen, im weiteren Teil behandelt der Psychologe Dr. Rudolf Kapellner die Möglichkeiten der Elektrostimulation und der Mind Machines, die nur eine passive Beteiligung des Anwenders erfordern.

Biofeedback

Ein Beitrag von Dr. med. Christoph Schenk

Da wir kein Sinnesorgan für unsere Gehirnaktivitäten haben, lag es nahe, Versuchsanordnungen zu schaffen, um die Gehirnaktivität in einen wahrnehmbaren Reiz zu verwandeln. Mit Hilfe eines Biofeedback-Gerätes ist es möglich, die eigenen Gehirnwellen und körperliche Reaktionen positiv zu beeinflussen.

Über das Biofeedbackgerät, das praktisch als äußeres Nervenssystem eingesetzt wird, erhält der Mensch direkt die Informationen über seinen physiologischen Zustand in Form von Tönen bzw. Lichtsignalen und hat somit die Möglichkeit, die physiologische Reaktion zu kontrollieren. Die galvanische Hautreaktionsmessung kann dabei von der Hautoberfläche winzige elektrophysiologische Signale ablesen, die heute über einen Comuputer ausgewertet und in Töne und Graphiken umgesetzt werden. Den größten Verdienst an dieser Entwicklung hat das Ehepaar Green von der Menninger Foundation.

Biofeedback kann als ein technologischer Durchbruch in der Wissenschaft der menschlichen Psychophysiologie gelten. Beim Biofeedback-Training werden die im allgemeinen nicht wahrgenommenen Gehirn- und Körpersignale verstärkt, gefiltert und sichtbar gemacht, um diese unterbewußten Informationen ins Bewußtsein zu bringen. Das Biofeedback-Training ist ein Mittel, mit dem man die psychosomatische Selbstkontrolle

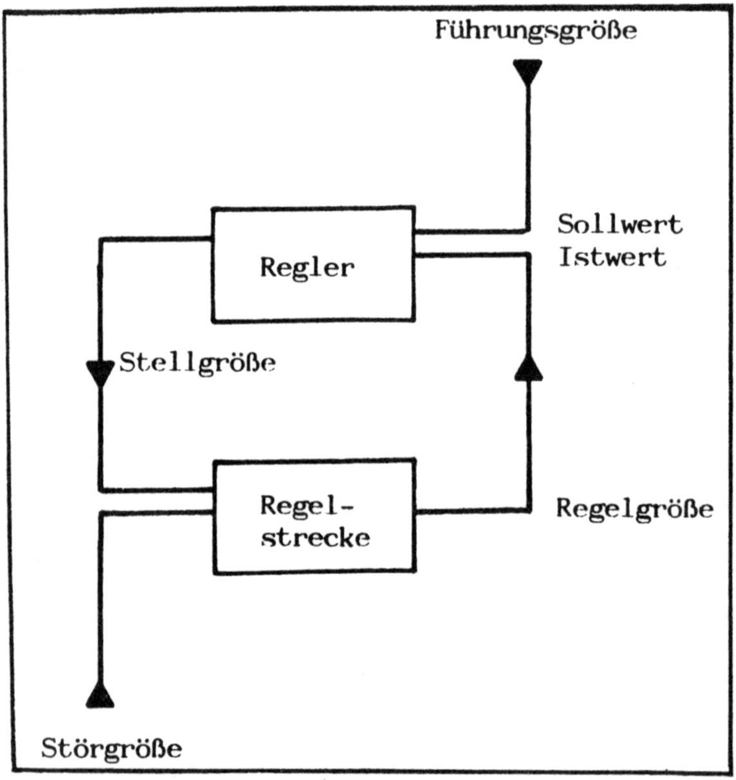

Abb. 20: Regelkreismodell (© Dr. C. Schenk)

erlernen kann. Eine Form des Biofeedbacks wurde von Johannes Schultz in Deutschland entwickelt, als er die Kontrolle des Herzschlags über autogenes Training lehrte.

Die Rückmeldung (Feedback) ist im Sinne eines Regelkreismodells von besonderer Wichtigkeit, weil die im menschlichen Körper ablaufenden biologischen und physiologischen Funktionen – wie Herztätigkeit, Verdauung, Muskelspannung usw. – kaum wahrgenommen werden. Es existiert also eine interne Kontrolle, die weitgehend unbewußt über das autonome Nervensystem gesteuert wird. Um diese unbewußten Vorgänge der bewußten Wahrnehmung zugänglich zu machen, bietet die Biofeedback-Methode die Möglichkeit der *externen Kontrolle* mit Hilfe verschiedener Geräte an. Mit diesen Geräten ist es möglich, die Biosignale (Atmung, Muskelspannung, Herzfrequenz, Hautwiderstand, Hirnwellen, Blutdruck und noch einige andere Parameter) aufzunehmen. Nach Aufbereitung dieser Biosignale können sie verzögerungsfrei optisch oder akustisch verstärkt dargestellt werden.

Eine Versuchsperson wird beispielsweise angewiesen, sich mit geschlossenen Augen entspannt hinzulegen, sich auf das Rückmeldesignal zu konzentrieren und sich passiv der Signalwirkung hinzugeben (z. B. der Muskelspannung im Arm).

Die äußere Rückmeldung ermöglicht es nach einer gewissen Trainingszeit, die rückgemeldeten Funktionen willkürlich, auch ohne Gerät, zu beeinflussen.

Die Entdeckung der willkürlichen Beeinflussung bestimmter autonomer Funktionen durch Kimmel im Jahre 1958 stellt das Dogma der Unbeeinflußbarkeit des vegetativen Nervensystems in Frage. Lerntheoretisch gesprochen sind demnach also auch vegetative Funktionen nach dem Prinzip einer instrumentellen (operanden) Konditionierung (Lernen am Erfolg bzw. Mißerfolg) beeinflußbar. Außerdem ist es möglich, über Biofeedback eine Reprogrammierung unseres Gehirns auf zwei verschiedene Arten zu erreichen:

a) durch eine Aktivierung bestimmter Regelkreise (beispielsweise nach Schlaganfall, bestimmten Lähmungen oder ähnlichem);
b) durch eine passive Verstärkung vegetativer Funktionen zur Förderung von Entspannungstechniken.

Mittels Biofeedback-Verfahren können folgende therapeutisch verwertbare Fähigkeiten trainiert werden (nach Legewie-Nusselt):

1. Wahrnehmung physiologischer Abläufe;
2. Wahrnehmung von Situationen, die diese Abläufe verändern;
3. Selbstkontrolle physiologischer Abläufe;
4. Übertragung der erlernten Selbstkontrolle auf Alltagssituationen ohne Feedbackgerät.

Warum funktioniert eine »Programmierung« unseres Gehirns?

Unser Gehirn, eine knapp 2 Kilogramm schwere grau-weiße Masse, die unsere Sinneseindrücke verarbeitet, die Bewegungen des Körpers steuert und Erinnerungen und Erfahrungen speichert, bedient sich auch autonomer Regelkreise, des sogenannten vegetativen Nervensystems, um tägliche Lebensabläufe zu optimieren und zu erleichtern. Es wäre ja auch beispielsweise recht schwierig, aktiv und bewußt sämtliche Muskelfunktionen während des Gehens steuern zu müssen. Hier und bei vielen Hunderten von Regelkreisen in unserem Körper sorgen so vegetative Funktionsabläufe für eine optimale Bewältigung (Verdauung, Herzschlag, Atemfrequenz usw.).

Es handelt sich also keineswegs um starre Regelkreise, sondern um Systeme, die sich selbst aufgrund von äußeren und inneren Einflüssen korrigieren.

Von Geburt an werden diese Regelkreissysteme noch optimiert. Sie sind lernfähig. Zentrales und vegetativ übergeordnetes System ist das Gehirn. Lernprozesse sind dabei selbstverständlich von mentalen Prozessen abhängig. Seit das Herz als Sitz der Seele ausgedient hat, ist das Organ »unser Gehirn« zudem zuständig für besondere Eigenschaften, die sowohl psychische als auch somatische Funktionsabläufe garantieren: Bewußtsein, Intelligenz, Emotionen und Gedanken.

Wenn man erkennt, wie Biofeedback funktioniert, hat dies einen Nutzen, der alle akademischen Erwägungen übersteigt: daß nämlich der Patient willentliche Kontrolle über innere Zustände erlernen kann. Damit dauerhafte Erfolge eintreten können, muß der Patient erkennen, daß weder Geräte noch Ärzte hierbei etwas bewirken. Es ist der Patient selbst, der aktiv wird!

Von großer Bedeutung für die Therapie ist, daß im limbischen System emotionale Zustände mit elektrophysiologischer Aktivität verbunden sind. Das limbische System ist durch viele Nervenwege mit der zentralen Kontrollstelle im Gehirn, dem Hypothalamus, verbunden, der einen großen Teil der automatischen Nervenmaschinerie steuert. An der Spitze der hormonellen Hierarchie steht allerdings die Hypophyse, die die Tätigkeit anderer Drüsen im Körper kontrolliert. Zusammenfassend kann man sagen, daß die Wahrnehmung von »Out-Ereignissen« zu Reaktionen des limbischen Systems, des Hypothalamus und des Drüsensystems führt und natürlich zu physiologischen Veränderungen. Wenn eine physiologische Änderung von einem empfindlichen Gerät aufgespürt und einem Menschen durch ein optisches oder akustisches Signal bewußtgemacht werden kann, erhält er dadurch sichtbare oder hörbare Informationen über Vorgänge im Inneren seines Körpers, mit deren Hilfe er wiederum diese Vorgänge steuern kann. Wir können sagen, daß der Mensch wahrnimmt, was innerhalb seines Körpers vor sich geht. Aufgrund der Erfahrung mit einigen tausend Menschen im Bereich der Forschung und privaten Anwendung wird deutlich, daß die Selbstkontrolle erlernbar ist – wenn auch mit unterschiedlichem Erfolg – und funktioniert, weil neue emotionale Reaktionen hervorgerufen werden. Die neue emotionale Reaktion ist mit einer neuen limbischen Reaktion verbunden. Sie verändert die ursprüngliche limbische Reaktion. Diese neue limbische Reaktion wiederum beeinflußt den Hypothalamus und die Hypophysensekretion, und daraus ergibt sich eine neuer physiologischer Zustand. So ensteht ein geschlossener kybernetischer Regelkreis, der die normale Lücke zwischen bewußten und unbewußten Abläufen, zwischen willkürlichen und unwillkürlichen Bewegungen schließt.

Für die Biofeedback-Technik in der Medizin ist folgende Tatsache von besonderer Bedeutung:

Wenn ein Neuron einen Impuls an seinen Nachbarn absendet, werden gleichzeitig auch kontrollierende Impulse erzeugt, die eine Schwellenwertsteuerung darstellen. Bei den Empfängern werden die eintreffenden Impulse addiert, bis sie ihrerseits den Schwellenwert überschreiten und das Neuron aktiv wird. Wenn der Wert nicht erreicht wird, hat die Nervenzelle »Feuerpause«. Neben diesem Prozeß von Aktivierung und Hemmung der Zellen spielt wahrscheinlich der Aufbau von Strukturen des Nervennetzes eine wichtige Rolle. Stark vereinfacht bedeutet Lernen also, daß der Fluß der Impulse durch ein Netz der Neuronen mit ganz bestimmtem Muster erzeugt wird und dieses schließlich unser Wissen repräsentiert. Nach heutiger Kenntnis erfolgt die Speicherung wiederum durch elektrische Impulse oder aber sogenannte Erinnerungsmoleküle (Engramme). So verstanden können auch von außen zugeführte Reize, beispielsweise die Rückmeldung eines Impulses der Muskelspannung, zur Verstärkung benutzt werden. So ist es zum Beispiel zu erklären, daß die Rückmeldung der willkürlichen Muskelspannung beim Menschen mit Teillähmungen nach einem Schlaganfall die Muskelkraft in den betreffenden Körperteilen schneller fördert als ohne Biofeedback.

Insgesamt kann also Biofeedback in beiden Richtungen (Aktivierung oder Entspannung) als Verstärker psychosomatischer Prozesse benutzt werden.

Der klassische Lernprozeß mittels Biofeedback kann in folgende Schritte eingeteilt werden:

1. Die normalerweise unbewußte Veränderung vegetativer Funktionen wird bewußtgemacht.
2. Die Veränderung der bestimmten Funktionen in eine definierte Richtung kann in mehreren Sitzungen eingeübt und gelernt werden.
3. Eine bleibende Verhaltensänderung, auch Shaping genannt, stellt dann ein positiv bleibendes Programm in unserem Gehirn dar. Bei dieser Technik wird das Erreichen des gesteckten Zieles schrittweise erschwert, indem beispielsweise die Sensibilität des Gerätes herabgesetzt wird.

Biofeedback und Schmerz

Ganz allgemein stellen in den Industriestaaten psychosomatische Störungen und das »Schmerzerleben« ein wachsendes gesundheitspolitisches Problem dar. Man geht davon aus, daß etwa 70% aller auftretenden Erkrankungen psychosomatischen Ursprungs sind. Hierbei steht insbesondere das Schmerzerleben an erster Stelle. Da Schmerzen in entscheidendem Maße von psychischen Faktoren, wie Angst und Erwartung vor bestimmten Dingen, geprägt sind, wird von therapeutischer Seite zunehmend versucht, auch hier durch Biofeedback-Verfahren Schmerzzustände günstig zu beeinflussen. Wir wissen nämlich, daß der *chronische Schmerz mit einem ständig erhöhten Erregungsniveau auf vegetativer Ebene erklärbar ist.* Gelingt es über Biofeedback, eine Selbstkontrolle zur Erregungsreduzierung durchzuführen, reduziert sich auch der Schmerz. Es liegen bislang klinische Studien zu verschiedenen Schmerzzuständen (wie z. B. Spannungskopfschmerz, Migräne, Lumbalgie und chronische Schmerzen) unterschiedlicher Genese (Ursache) vor, die zum Teil beträchtliche Erfolge im Sinne einer Reduzierung von Schmerzdauer, Intensität und Frequenz nachweisen konnten. Dabei beruhen die Wirkungsmechanismen von Biofeedback auf einer teils spezifischen, teils unspezifischen vegetativen, also autonomen Deaktivierung, die sich in körperlicher Entspannung und Dämpfung der sympathikotonen Reaktionsbereitschaft äußert. So kommt es über die körperliche Entspannung zur Dämpfung des sensorischen Inputs und zur Ablenkung von dem Grad der Schmerzempfindung.

Im übrigen ist von psychologischer Seite belegt, daß auch das Selbstvertrauen, welches der Patient aus der Kontrolle eigener physiologischer Prozesse für sich gewinnt, einen entscheidenden Einfluß auf das Schmerzerleben im Sinne einer Angstreduktion hat. Ein konsequentes Üben, beispielsweise wie im später beschriebenen EMG-Feedback, bedeutet dann eine erlernte physiologische Selbstkontrolle mit konditionierbaren Reaktionen, die auch im Alltag und ohne Biofeedback-Gerät abrufbar ist.

Biofeedback in der Medizin

Das Biofeedbackverfahren als Hilfsmittel bei der Konditionierung autonomer Regelkreise ist inzwischen in den USA vollständig anerkannt, in Europa aber noch in den Kinderschuhen. Ziel der Forschung ist es bis zum heutigen Tage, neue Anwendungsbereiche zu finden.

1. *Im motorischen System* findet Biofeedback vor allem Anwendung über die Rückmeldung der elektrischen Potentiale bei Muskelanspannung. Das sogenannte EMG-Feedback wird dabei eingesetzt bei: Spannungskopfschmerzen, HWS-Syndromen, spastischem Schiefhals, Muskelticks, Fehlhaltungen des Bewegungsapparats, spastischen oder schlaffen Lähmungen, Tremor bei Parkinson-Syndrom, angeborenen Mißbildungen mit muskulären Veränderungen.

2. *Im vegetativen Bereich* wird Biofeedback angewandt bei Bluthochdruck, Herzrhythmusstörungen, Störungen des peripheren Gefäßsystems (z. B. Migräne), bei Asthma bronchiale, bei Cholitis oder chronischer Obstipation.

3. Auch *im Zentralnervensystem* kann mittels Biofeedback eine Programmierung zentraler Prozesse erfolgen. Es wird dabei eingesetzt bei Schlafstörungen oder epileptischen Anfällen mittels Rückmeldung des Hirnrhythmus. Auch »Mind Machines« bedienen sich der optisch-akustischen Triggerbarkeit des Gehirns und nützen die Synchronisationsmöglichkeiten beider Hirnhälften, um interne Regelkreise kreativ zu beeinflussen.

Die verschiedenen Biofeedback-Möglichkeiten

Atembiofeedback

Die Rückmeldung der Atmung (respiratorisches Feedback) hat erstaunlicherweise lange keine Beachtung gefunden. Dabei nimmt die Atmung im autonomen Nervensystem eine zentrale Funktion ein. Sie ist eng verknüpft mit autonomen Regelkreisen, beeinflußt vegetative andere Funktionen und wird ihrerseits von diesen manipuliert.

So wirken Schmerz, Hormone, Chemorezeptoren und Thermorezeptoren, die Körpertemperatur, Muskelarbeit, Dehnungsrezeptoren sowie zentrale Antriebe der motorischen Funktion und das limbische System auf das Atemzentrum ein, welches an der Medulla Oblongata sitzt. Bei der Biofeedback-Möglichkeit des Atemrhythmus ist die Isolation zwischen der Atemhäufigkeit und der Atemtiefe entscheidend für die allgemeine vegetative Aktivierung. So ist z. B. eine psychische Erregung durch eine frequent flache Atmung charakterisiert. Unser Atemrhythmus stellt einen zuverlässigen Indikator für emotionale Zustände dar, den der Mensch oft nicht bewußt erlebt, der somit also unter seiner Wahrnehmungschwelle liegt, obwohl eine Änderung der Atmung meßbar ist. Mittlerweile existieren kontrollierte Studien über die Wirksamkeit (Schenk), und das Atemfeedback hat eine weite Verbreitung in Deutschland gefunden.

Die Rückmeldung der Atemexkursion erfolgt mit Hilfe eines Dehnungsmeßstreifens oder über drahtlose Rezeptoren, die die Ein- und Ausatmung registrieren und aufarbeiten können. Nach elektronischer Aufarbeitung wird die Ein- und Ausatmung in Form eines an- und abschwellenden Tones sowie eines Lichtsignales bewußt wahrnehmbar gemacht.

Mit zunehmender Entspannung sinken der Sauerstoffverbrauch des

Organismus und die Atemfrequenz, so daß sich die Versuchsperson in eine entspannte Lage begibt. Dabei werden nicht nur die Atemfrequenz, sondern auch andere vegetative Funktionen positiv beeinflußt. Blutdruck, Muskeltonus und das allgemeine Wohlbefinden bessern sich.

Anwendung:

1. Funktionelle Störungen verschiedener Organsysteme, wie Herz und Kreislauf, Atmung, Magen- und Darmtrakt;
2. Einsatz zur positiven Beeinflussung des Bluthochdrucks, der Reizgastritis, der chronischen Obstipation, von Asthma und Spannungskopfschmerzen;
3. Einsatz bei verschiedenen Schmerzzuständen der HWS und LWS, bei denen über eine muskuläre Entspannung eine Schmerzreduktion erreicht werden kann;
4. bei Schlafstörungen;
5. zur Besserung depressiver Versagenszustände, von Angstzuständen und ähnlichem.

Muskelfeedback – EMG-Biofeedback

Für die Psychophysiologie ist die Bestimmung der Muskelaktivität von großer Bedeutung, da die motorische Aktivität als Indikator für das allgemeine Erregungsniveau ebenfalls herangezogen werden kann. Eine motorische Einheit als kleinste funktionelle Muskelfunktionseinheit besteht aus einer Gruppe von Muskelfasern, einer Vorderhornzelle des Rückenmarks und dem von ihr kommenden Motorneurons. Mehrere motorische Einheiten bilden den Gesamtmuskel und dessen meßbare elektrische Spannung. Dabei ist einerseits die Entladungsfrequenz der einzelnen Amplituden und andererseits die Anzahl der aktivierten Einheiten maßgeblich. Mittels optischer und akustischer Feedbacksysteme kann es hier erlernt werden, bestimmte motorische Einheiten zu aktivieren oder passiv in Sinne einer Entspannung zu beeinflussen.

Mit Oberflächenelektroden kann die elektrische Muskelaktivität abgeleitet werden, da die aktive Muskulatur über der darüberliegenden Haut ein elektrisches Feld erzeugt. Die Spannungsunterschiede (bipolare Ableitung) werden dann als bioelektrisches Signal einem Verstärker zugeleitet, der dies wiederum in einem Feedbacksignal akustisch und optisch transformiert. In modernen Geräten kann durch Variation der Zeitkonstanten eine Feedbackdämpfung erreicht werden, die eine schnelle oder zu starke Anstiegsgeschwindigkeit dämpft, so daß der Patient ein relativ gleichmäßiges und ruhiges Muskelfeedback erhält. Ziel der Versuchsperson ist es somit, entweder bei angestrebter Muskelrelation die Anzahl bzw. die Höhe des Biofeedbacksignals zu verringern oder bei einer therapeutisch angestrebten Muskelanspannung (bei Muskelatrophien, bei Schlaganfall oder ähnlichem) für eine Amplitudenvermehrung zu sorgen. Dies kann auch in der Sportmedizin genutzt werden, um bestimmte Muskelgruppen zu koordinieren und zu optimieren.

Anwendung:

1. Spannungskopfschmerzen, Angstzustände und Depressionen, die mit Muskelspannung einhergehen;
2. HWS-LWS-Syndrome;
3. Migräne und Muskelaktivierungstraining.

Herzfrequenz-Biofeedback

In den verschiedenen klinischen Studien konnte festgestellt werden, daß die Variabilität der Herzfrequenz in eine relevante Richtung mit Biofeedback erlernbar ist. Hierbei wurden signifikante Veränderungen der Herzfrequenz in beide Richtungen möglich. Bei den Studien sowie der Anwendung sind zwei Effekte zu berücksichtigen:

1. Ein progressiver Anstieg und nachfolgender Abfall der Herzfrequenz kann beobachtet werden.
2. Auch bei dem Glauben der Versuchsperson, mittels Feedback nur die Handtemperatur zu beobachten und diese zu beeinflussen, erfolgte gleichzeitig eine signifikante Veränderung der Herzfrequenz.

Das Feedbacksignal wird über Elektroden, die die Spannungsdifferenz des Herzmuskels über die Brustwand ableiten, optisch oder akustisch erzeugt. Dabei kann der Patient lernen, den Herzrhythmus zu beeinflussen.

Weitere neuere Feedbackmethoden mit aussichtsreicher medizinischer Anwendung sind *Blutdruckfeedback* und *Temperaturfeedback*.

Biofeedback des Hautwiderstands – die Hautgalvanische Reaktion

In der Literatur finden sich eine Vielzahl synonymer Begriffe für den Hautwiderstand. Auch der Hautwiderstand verändert sich synchron zu emotionalen Zuständen, die selten direkt wahrnehmbar sind. Die galvanische Hautreaktion kann beispielsweise von zwei Fingern abgeleitet und über sich verändernde Feedbacksignale dargestellt werden. Sogenannte Lügendetektoren machen sich diese Effekte zunutze.

Das Prinzip ist einfach: zwischen zwei auf der Haut plazierten Elektroden oder auch in einer Handelektrode fließt ein konstanter schwacher elektrischer Strom, welcher von der Versuchsperson kaum wahrgenommen wird, da er mit einer Stromstärke von 10 Milliampère unter der Empfangsschwelle liegt und zu gering ist, um Gewebeschäden hervorzurufen. Minimale Veränderungen durch die erhöhte elektrische Leitfähigkeit bei psychischer Anspannung werden verstärkt und wiederum rückgemeldet. Dabei können diese Hautwiderstandsänderungen in bestimmten emotionalen Situationen sowohl durch äußere wie auch durch innere Reize hervorgerufen werden. Sie halten in der Regel nicht länger als 4-5 Sekunden an und werden auch nicht bewußt erlebt. Sie stellen keinen Indikator für Veränderungen des Muskeltonus dar, sondern sind direkt Ausdruck vegetativer Aktivierung, also des sympathischen Nervensystems. Eine Erhöhung des Hautwiderstands bedeutet also eine Senkung des Aktivierungsniveaus und wird mit jeweils sinkenden Feedbacksignalen dargestellt.

Neben der nur einige Sekunden dauernden Sofortreaktion kann der Hautleitwert jedoch auch über einen längeren Zeitraum gemessen werden, wobei er dann auch langsame Erregungstrends während der gesamten Sitzung darstellt. So kann der Hautleitwert für ein emotionales Protokoll genutzt werden.

Inzwischen gibt es Computerprogramme, die sogar in Farbe Meßkurven auf den Bildschirm bringen, um mentale und seelische Prozesse sichtbar zu machen. Fließende Kurvendiagramme und graphische Kennlinien zeigen Motivation und Hintergründe von körperlichen und emotionalen Problemen. Der Kurvenverlauf am Monitor läßt sich beeinflussen, indem man sich mit Hilfe einer beliebigen Methode bewußt entspannt.

Die Messung des elektrischen Hautleitwertes ist in der Psychophysiologie die am weitesten verbreitete Methode, um Aussagen über den inneren

Zustand des Patienten zu machen. In der Angstbehandlung können mittels Biofeedback des Hautwiderstands Erfolge erzielt werden. Es hat sich auch gezeigt, daß diese Entspannungsmethode auch zur Behandlung von Bluthochdruck eingesetzt werden kann. Auch konzentrative mentale Fähigkeiten können erhöht werden.

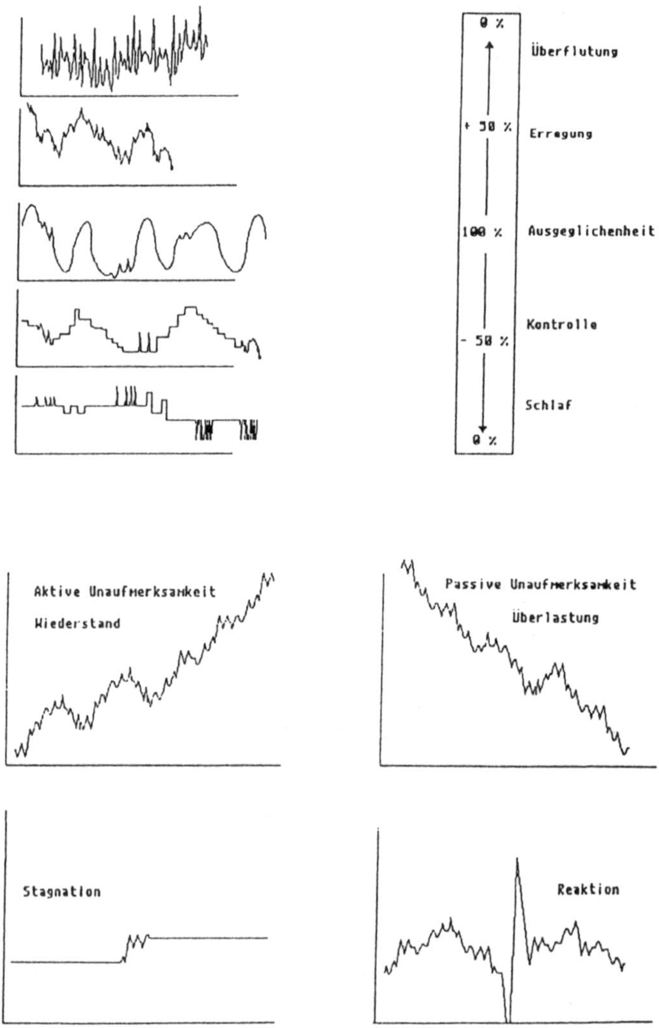

Abb. 21: Emotionsstufen im Biofeedback

EEG-Feedback

Die Kontrolle zentralnervöser Aktivität ist ebenfalls möglich. Die Hirnwellen spiegeln die elektrische Aktivität von Neuronenverbänden unter den auf der Schädeloberfläche angebrachten Elektroden wider. Sie können durch ihre Frequenz und ihre Amplitude beschrieben werden (siehe Abschnitt über bildgebende Methoden).

Die Euphorie der 70er Jahre, daß mittels EEG-Biofeedback eine Persönlichkeitserweiterung stattfinden könne, legte sich in den darauffolgenden Jahren. Ausgehend von der Beobachtung, daß Yogis bei der meditativen Übung eine Verschiebung der Hirnaktivität zugunsten der Alphawellen zeigen konnten, wurde angenommen, daß eine willkürliche Vermehrung der Alphafrequenz durch Biofeedback einen der Meditation ähnlichen Zustand herbeiführen könne. Allerdings zeigten die Studien, daß eine Alphawellenerhöhung nicht auf einen Lernprozeß, sondern auf eine Verringerung der nach außen, insbesondere auf visuelle Reize gerichteten Aufmerksamkeit zurückzuführen ist. Nach Bierbaumer wird der Alphazustand im allgemeinen als langweilig und nur in wenigen Fällen als entspannend bezeichnet.

In der Epilepsieforschung wurde dennoch in den letzten Jahren über Erfolge berichtet, die mittels Feedback eine signifikante Reduktion der Anfallshäufigkeit verzeichnen. Bei einigen Patienten kam es sogar zur Beseitigung der Anfälle. Diesen offensichtlichen und mutmachenden Erfolgen stehen allerdings einige Bedenken entgegen: der eigentliche Wirkmechanismus ist noch völlig unbekannt. Ein entscheidender Faktor wäre sicherlich, wenn die Patienten durch die erlernte Selbstkontrolle die Angst vor Anfällen verloren hätten.

Für wen ist Biofeedback nicht geeignet?

Selbstverständlich ist Biofeedback nicht für Menschen geeignet, die nicht motiviert und bereit sind, einen Lernprozeß einzugehen. Immerhin ist die Einsicht in die Lernvorgänge, die erforderlich sind, um das Ziel zu erreichen, eine Voraussetzung zum Üben.

Beim Einsatz zur Förderung von Entspannungstechniken bzw. zur Förderung der mentalen Fitneß sollten Biofeedback-Möglichkeiten auch nicht von den Menschen genutzt werden, die eine schizophrene Psychose haben oder einmal an einer solchen erkrankt waren. Hier könnte eine wahnhafte Symptomatik durch Feedbacksignale ausgelöst oder gefördert werden. Auch bei sogenannten schweren Persönlichkeitsveränderungen kann Biofeedback nicht eingesetzt werden, da eine Einsichtsfähigkeit bezüglich der Methode nicht erwartet werden kann.

Ausblick

Biofeedback, seriös und von Fachleuten angewandt, wird in den nächsten Jahren noch ausgebaut werden, wobei auch die neuen Erkenntnisse der Gehirnforschung dazu beitragen, verfeinerte Rückmeldetechniken zu ermöglichen. Hier bedeutet die Biofeedbacktechnik nicht etwa eine Abhängigkeit von einem elektronischen Gerät, sondern die Möglichkeit, über eine Selbstkontrolle eine Selbstwertsteigerung zu erreichen. Daher muß auch gegen das noch häufig vorhandene Mißverständnis angegangen werden, es handele sich um eine »unmenschliche, technisierte« Medizin, die durch durch Biofeedback ermöglicht würde.

Biofeedback kann vielmehr die kreativen Möglichkeiten mentaler Prozesse anregen und fördern. Eine erlernbare Selbstkontrolle bezieht sich da durchaus nicht nur auf die psychosomatischen Fehlsteuerungen, die reprogrammiert werden können, sondern auch auf die Tatsache, daß wir in der Lage sind, immer neuen Programmen des Gehirns näherzukommen.

Gleichsam auf spielerische Art und Weise lernen wir immer neue Möglichkeiten der Selbsterfahrung. Die dabei benutzten elektronischen Geräte sind somit zeitweilige hocheffiziente Krücken, die nicht mehr benötigt werden, wenn wir laufen gelernt haben. (*Ende des Beitrags von Dr. Schenck. Literaturhinweise im Anhang des Buches.*)

Das eigentliche und ergänzende Biofeedback aber sollte in der Begegnung mit dem täglichen Leben stattfinden. Die Art, wie wir mit den kleinen Dingen des Alltags umgehen, wie wir auf die Menschen zugehen, mit denen wir kommunizieren, das läßt sich an der Reaktion, dem Spiegel, den wir vorgehalten bekommen, also dem Feedback, ablesen. Mit anderen Worten: es ist unser Bewußtseinszustand, der die Welt anregend macht oder stumpf, und deshalb sind wir es selbst, die für die Rückwirkung und Reaktion der Umwelt auf unseren Bewußtseinszustand verantwortlich sind.

Energiemedizin

Dr. Robert O. Becker, der führende Experte für elektromagnetische Medizin, fordert in seinem Buch »Der Funke des Lebens«, daß »die Wiedereinführung der Energie in die Medizin nicht zu einer Rückkehr zu der Weltsicht des schamanischen Heilers der Vorzeit mit seiner Anrufung geheimnisvoller Mächte führt; auch darf sie sich nicht auf die unkritische Anwendung der Elektrizität und des Magnetismus, der beiden physikalischen Energien, deren Wirken im Körper bisher nachgewiesen ist, beschränken. Um den ihr gebührenden Platz als wirksame Form der medizinischen Therapie einnehmen zu können, muß die Energiemedizin ihre Grundlage in anerkannten wissenschaftlichen Prinzipien und sorgfältiger wissenschaftlicher Forschung finden.«

Elektrostimulation

von Dr. Rudolf Kapellner

Die Anwendung elektrischer Impulse von niedriger Intensität und niedrigen Frequenzen am Körper ist vielfach als transcutane neuronale Stimulation (TENS), Elektroakupunktur und Elektrostimulation bekannt. Der Fluß eines elektrischen Stromes entlang eines Drahtes wird von einem elektromagnetischen Feld begleitet. Indem man elektromagnetische Spulen verwendet, können identische Impulse auch ohne Elektroden in den Körper übertragen werden. Das ist allgemein auch als elektromagnetische Therapie bekannt.

Grundsätzlich besteht Akupunktur aus dem Einsetzen bzw. Stechen von Nadeln in bestimmte Punkte am Körper, die aus der chinesischen Akupunktur bekannt sind. Elektroakupunktur verabreicht eine Folge von Niederspannungs-Impulsen über Elektroden, die an den eingesetzten Nadeln befestigt sind.

In der konventionellen Medizin ist die TENS bereits gut bekannt. Trotz der Tatsache, daß die von den TENS-Geräten erzeugten Impulsen oft identisch sind mit denen der Elektrostimulation, betrachten die meisten Praktiker der konventionellen Medizin dies als zwei unterschiedliche Therapieformen.

Die Wirkung der Elektrostimulation beruht auf den elektromagnetischen Eigenschaften des Körpers, die u.a. durch folgende Größen beschrieben werden können: Ladungstransport, Widerstandsnetzwerk, pyro-, piezo- und photoelektrische sowie Halbleiter- und Supraleitungseigenschaften.

All dies zeigt, daß wir einen hochdifferenzierten »elektromagnetischen Körper« haben, der dem biochemischen Körper gleichermaßen zugrundeliegt. Dieser elektromagnetische Körper ist, im Gegensatz zum biochemischen, nahezu unbekannt: wir haben nicht einmal ein adäquates Modell dafür entwickelt. (Anm. des Verlags: Wichtige Grundlagen für dieses Modell sind kürzlich von Dr. Robert O. Becker in seinem Buch »Der Funke des Lebens« beschrieben worden.)

Dabei werden längst die bioelektrischen Eigenschaften zur Heilung eingesetzt. Besonders erfolgreich sind Magnetfeldgeräte zur Therapie schlecht heilender Knochenbrüche oder gelockerter innerer Prothesen. Unter Magnetfeldeinfluß bildet sich neue Knochenmasse. Die Felder erhöhen auch den Sauerstoffgehalt im Blut und verbessern die Zirkulation selbst in feinsten Kapillargefäßen. Bei schlecht heilenden Knochenbrüchen wurden Elektroden in der Nähe der Bruchstelle eingepflanzt und durch feinelektrische Impulse eine Heilung bewirkt.

Am häufigsten setzen Physiotherapeuten die Elektrotherapie ein. Reizströme sollen bei der Lähmung bestimmter Nerven verhindern, daß die Muskeln verkümmern. Der schmerzlindernde Effekt durch TENS-Geräte ist beachtlich.

Da durch feinelektrische Stimulation (die Elektroden werden auf die Haut hinter den Ohren gelegt) die Produktion körpereigener (endogener) Opiate gesteigert werden kann, konnte die englische Ärztin Meg Patterson Drogensüchtige heilen. Die Wirkung ist einfach zu erklären: beim Gebrauch von Opiaten und anderen suchterzeugenden Substanzen (Kokain, Amphetamine usw.) stoppt der Körper die Produktion eigener Endorphine. Dadurch verlangt der Süchtige immer mehr »Stoff«, der von außen zugeführt werden muß. Durch Elektrostimulation wird die körpereigene Produktion wieder angeregt, und der Süchtige kann innerhalb kurzer Zeit auf die Droge verzichten.

Klinische Beobachtungen zeigen, daß es grundsätzlich zwei spezifische Reaktionen auf Elektrostimulation gibt:

1. *Eine spontane Reaktion:* Stimulation dieser Art resultiert in einem Entla-

dungseffekt, der dem Entladen einer Batterie ähnlich ist. Er wird normalerweise von einer unmittelbaren Verbesserung in den Symptomen des Patienten begleitet. Dieser Entladungseffekt kann auch durch unspezifische Stimulation erreicht werden. Während hier die Auswahl der Punkte von Bedeutung ist, sind die Parameter des elektrischen Stromes hierbei nicht wichtig.

2. Der zweite Typ der allgemeinen Reaktionen ist *eine verzögerte Antwort*, welche in Entspannung und Schmerzkontrolle mündet, gefolgt von weiteren profunden Effekten. Dieser Response ist verbunden mit dem Anstieg der körpereigenen Endorphin-Produktion.

Die zweite Reaktionsmöglichkeit kann durch die Verwendung langsamer und extrem langsamer Frequenzen erzielt werden, wobei hier die Anzahl der spezifischen Frequenzen bedeutsam ist und weniger Auswahl spezifischer Punkte. Denn das mit den elektrischen Impulsen verbundene elektromagnetische Feld bewirkt die Induktion von Sekundärströmen im ganzen Körper.

Grundsätzlich kann gesagt werden, daß die Verwendung von spezifischen Punkten in der Anwendung ohne Elektrostimulation effektiver ist als die Verwendung beliebiger, unspezifischer Punkte. Periphere Elektro-Akupunktur ist bei Patienten mit schwerem chronischem Schmerz oft erfolgreich. Die Liquoranalyse zeigt meist einen Anstieg der Endorphin-Konzentration, obwohl manche Patienten ohne erhöhten Endorphin-Level ebenfalls von einer Linderung der Schmerzen berichten.

Nur für die Mitwirkung, aber nicht für die ausschließliche Wirkung der endogenen Opiate bei der Akupunktur-Anwendung spricht auch, daß zwar der analgetische Effekt von niedrigfrequenter Elektroakupunktur (4 Hz) Naloxon-reversibel ist (Naloxon ist das gebräuchliche Gegenmittel bei Opiaten), nicht aber der von hochfrequenter Akupunktur (200 Hz) (Cheng und Pommeranz, 1979).

Für den zweiten Typus der therapeutischen Reaktion ist deshalb die Auswahl der passenden Frequenzen zu berücksichtigen, wobei das für jedwede Anwendung langsamer Frequenzen in der Stimulationstherapie gilt.

Für die Anwendung wichtig ist, daß die Geräte Bedienungselemente zur Veränderung der Frequenz, Amplitude, Stimulationsdauer, auch Wellenform und Pulsweite besitzen. Prinzipiell muß immer ein Amplituden (-Intensitäts)-Regler vorhanden sein, um den Stromfluß durch den Körper kontrollieren zu können.

Die vielversprechende Bio-Resonanz-Therapie (Bicom) wandelt apparativ krankhafte Patientenschwingungen in Heilschwingungen um, die über Elektroden an Reflexzonen- oder Akupunkte in den Körper geleitet werden. Aus Platzgründen kann dieser Aspekt der Elektromedizin leider nicht ausführlich behandelt werden; ich verweise auf die Literatur im Anhang. (Das Resonanzprinzip wird auf S. 418 behandelt.)

Audiovisuelle Gehirntrainingsgeräte

»Während der Gehirn-Besitzer sein Gehirn vor allem im Schädel spazierenträgt, versucht der Gehirn-Benutzer, dieses phänomenale Instrument optimal zu nutzen. Zum Nutzen gehört aber auch ein wenig Wartung, oder? ... Ich weiß, daß viele von Ihnen heute noch ein unangenehmes Gefühl beschleicht, wenn Sie überlegen, ob Sie mit Hilfe der Technik in die Prozesse Ihres Gehirns eingreifen wollen. Aber ich glaube, daß ein intelligenter Gehirn-Benutzer versucht, mehr über seinen Kopf zu wissen, so daß er selbst entscheiden kann, in welcher Weise er möglicherweise eingreifen will...«

Vera Birkenbihl

»Mind Machines«

Ein Beitrag von Dr. Rudolf Kapellner

Die Traummaschine... so beschrieb der amerikanische Schriftsteller William Burroughs fasziniert das audio-visuelle Gehirntraining, das der Wissenschaftler Grey WALTER in den 60er Jahren populär machte. Das Gerät zur Photostimulation – wie diese Methode genannt wird – war in den Anfängen ein Zylinder mit Löchern, der sich um eine Lichtquelle herum drehte und ein stroboskopisches Flackern auf die geschlossenen Augenlider des Benutzers warf. Wer kennt nicht die Wirkung, die ein minutenlanges Starren ins Lagerfeuer bewirkt? Die ständig wechselnden Lichter regen zu Visionen und zum Gedankenfluß an.

Mind Machines sind heute Teil jener zeitgemäßen Technologie, die auf das Wohl des Menschen ausgerichtet ist. Mind Machines sind unmittelbare Manifestation der Begegnung von Geist und Elektronik.

Audiovisuelle Mind Machines sind elektronische Geräte, welche Signale mit bestimmten Frequenzmustern erzeugen. Diese Signale werden mittels Leuchtdioden und Lautsprechern (Kopfhörern) in Licht- und Tonimpulse umgesetzt. Die so entstehenden Frequenzmuster bilden den Grundraster für das individuelle Erleben. Die Wirkung beruht dabei auf der Schwingungsresonanz, die hier zwischen exakt getakteten Signalen und der Aufmerksamkeit auftritt. Der dabei entstehende neue Brennpunkt der Aufmerksamkeit erlaubt den Zugang zu vielen Bewußtseinslagen und Wirklichkeiten, die außerhalb des Alltäglichen liegen.

Mind Machines erlauben uns, die eigenen Realitätsgrundraster und die inneren Räume wahrzunehmen und zu erleben. Die Einbeziehung dieser anderen Wissenszustände und Bewußtseinslagen in die Gestaltung der Außenwelt entspricht den Intentionen der ökologischen und geistigen Bewegungen zur Ganzheitlichkeit.

Prinzipiell sind die beabsichtigten Erfahrungen und Erlebnisse verwandt mit jenen, die bei Meditationen, religiösen Trancen, autogenem Training oder modernen Suggestionsmethoden hervorgerufen werden. Einen bedeutenden Unterschied dazu stellt bei der Verwendung von Mind Machines das Hinführen zu Erfahrungen und Bewußtseinslagen bei einem gleichzeitigen Verzicht auf die Vermittlung von Erfahrungsinhalten dar. Es kommen weder Sprache oder assoziative akustische Signale (z. B. Musik, Meeresrauschen oder Vogelgezwitscher) noch vorgegebene Bilder oder Videos (z. B. Brain Disco) in Anwendung. Die Stimulation durch die Geräte erfolgt hauptsächlich katalytisch durch assoziationsfreie optische und akustische Frequenzmuster.

Ein anderer Pluspunkt für die Mind Machines ist der im Vergleich zu anderen Entspannungstechniken sehr geringe Zeitaufwand. Die Programmdauer variiert zwischen fünfzehn und fünfzig Minuten. Längere und kürzere Programme sind möglich. Unsere Erfahrungen der letzten zweieinhalb Jahre aber zeigen das Wirkungsoptimum bei Programmen von rund dreißig Minuten Dauer. Ausschlaggebend für eine erfolgreiche Stimulation sind die innere Haltung (Motivation), die Umgebung (Setting) und die innere Zielsetzung (Intention).

Forschung, Wissenschaft und Wirkungsmodelle

Als Mind Machines vor drei, vier Jahren vermehrt in die Öffentlichkeit kamen, stützten sich die wesentlichen Erklärungsmodelle für die vielfältigen Wirkungen vor allem auf neue Erkenntnisse der Neurowissenschaften und der modernen Gehirnforschung.

Die wesentlichen, für die Wirkungserklärung immer wieder angeführten Modelle sind:

1. Frequency Following Response (FFR)

Das Gehirn folgt mit seiner Aktivität (im EEG sichtbar gemacht) den über die Sinne eingegebenen Schwingungen und pendelt sich daher auch auf niedrigeren, langsameren Frequenzen ein; ein sehr simples, linear-kausalistisches Modell, das in der Praxis aber nicht wirklich bestätigt werden konnte.

2. Hemisphären-Synchronisation (Hemi-Sync)

Zugrunde liegend ist die Vorstellung, daß beide Gehirnhemisphären nicht synchron zusammenarbeiten und daher »synchronisiert« werden sollten. Dieses Modell hat seine theoretische Grundlage aber nahezu verloren, da Robert Ornstein, einer der Forscher, welche die »Hemisphären-Lateralisations-Theorie« popular gemacht haben, 1989 sein starres Dominanz-Modell revidierte. Statt dessen veröffentliche er ein »Multi-Mind«-Modell, das besagt, daß das Gehirn modular aufgebaut ist und die Module der rechten und linken Gehirnhälfte je nach Bedarf in Anspruch nimmt.

3. Änderungen in der Gehirn-Anatomie

Die Idee eines »Enriched Environment« als Stimulans für Wachstum und Vermehrung von Neuronen im Gehirn, Synapsen-Neubildung und ähnliches wurde von »Rosenzweigs Ratten« im Labor bestätigt. Beim Menschen fehlen dazu die Beweise, da das Zentrifugieren des Gehirns als Meßmethode beim Menschen auf wenig Verständnis stößt.

4. Neurotransmitter-Ausschüttung

Vor allem in der Akupunktur und Elektrostimulation ist die mit der Stimulation verbundene nachweisbare Ausschüttung von Endorphinen zu einem zentralen Erklärungsmodell geworden; eine Übertragung der Neurotransmitter-Stimulation auf alle Mind Machines klingt zwar plausibel, ist jedoch noch nicht bewiesen.

5. Sensorische Deprivation und Reizüberflutung

Wie beim Isolationstank (Samadhi-Tank) eine totale Deprivation innerhalb kürzester Zeit zu einer sehr tiefen Entspannung und ebenso zu einer sehr angenehmen Bewußtseinsveränderung in Richtung »Ozeanisches Fühlen« führen kann, so wird erhofft, daß die Abschirmung von Außenreizen bei Mind Machines ähnliches bewirkt; durch gezielte Reizüberflutung einzelner Sinne (Auge, Ohr) soll das Gehirn mit Reizen überfüttert werden und daraufhin seinen Aktivitätszustand verändern.

6. Retino-hypothalamische Energiezufuhr

Durch starke Lichtreizung der Augen wird neben dem Sehzentrum auch der Hypothalamus, der für Biorhythmen sowie Hormon- und Neurotransmitter-Steuerung verantwortlich ist, über eine eigene Bahn zur Erhöhung des Aktivierungsniveaus angeregt.

7. Dissipative Strukturen im Gehirn

Durch sehr hohe Energie- und Informationszufuhr ins Gehirn soll es dazu angeregt werden, sein bisheriges energie- und informationsverarbeitendes Niveau zu verlassen und in der Folge über einen chaotischen Zwischenzustand zu einer höheren Verarbeitungskapazität aufzusteigen; das Modell der »dissipativen Strukturen« von Ilya Prigogine aus der Physik wird hier analog auf das Gehirn übertragen.

Die wenigen wissenschaftlichen Daten, welche bisher mit und über Mind Machines gesammelt werden konnten, zeigen nun häufig, daß diese einfachen Modelle (insbesondere der FFR) nicht ausreichend sein können. All diese Erklärungsmodelle für die vielfältigen Wirkungsweisen beziehen sich ausschließlich auf neuronale, cerebrale Prozesse, deren Erforschung erst in den Kinderschuhen steckt. Viele dieser »Spekulationen« wandelten sich aber im Laufe der medialen Berichterstattung zu quasi gesicherten Tatsachen, wobei parallel die kolportierten Modelle immer mehr verflachten.

Bei näherer Analyse dieser neurowissenschaftlichen Erklärungsmodelle zeigte sich ein altes kartesianisches Gehirnmodell, welches strenge Linearität und Kausalität zugrunde liegen hat. Einzig das Modell vom Gehirn als »dissipative Struktur« hat aufgrund moderner Analysen mit chaostheoretischen Ansätzen einen brauchbaren Erklärungswert.

Was bei den neuropsychologischen Überlegungen ganz wichtig erscheint, ist die Tatsache, daß nur das gemessen werden kann, was bereits vorhanden und auch als vorhanden anerkannt ist. Dann müssen wir geeignete Meßinstrumente und Modelle entwickeln, um diese Phänomene auch tatsächlich erforschen zu können. Grundsätzlich können immer nur die neurologischen Korrelate, also die Begleiterscheinungen, und nicht die Substrate, das ursächlich zugrunde liegende Wesen, gemessen werden. Die zelluläre Ebene des Gehirns (13 Milliarden Nervenzellen) ist zweifelsohne von großem Interesse, und die neuen Ergebnisse sind ohne Frage aufregend und faszinierend. Doch darf diese zelluläre Ebene nicht verwechselt werden mit der Ebene des Bewußtseins, in der die Struktur ausschlaggebend ist. Um die Architektur der Kathedrale von Chartres zu erfassen, wäre es müßig, mit der Untersuchung der Ziegel zu beginnen.

Außerdem mußten wir erkennen, daß im heute vorherrschenden neurowissenschaftlichen Paradigma generell Unklarheit darüber herrscht, ob es so etwas wie Bewußtsein überhaupt gibt. Vielmehr herrscht die Ansicht vor, daß es aus neurobiologischer Sicht gar keinen zwingenden Grund für das Auftreten von Bewußtsein gibt.

Deshalb sollte man darangehen, die naturwissenschaftlichen Kriterien über Meßmethoden mit erkenntnistheoretischen und subjektiven Erfahrungen zu erweitern.

Neben der Wissenschaftstheorie und Wissenschaftskritik wurden von der Focus-Gruppe (Wien) auch eine Reihe von Untersuchungen zu diesem Thema gestartet. Dabei stellte sich heraus, daß die immer wieder behaupteten linearen Frequenz-Folge-Reaktionen und Hemisphären-Synchronisationen nicht gefunden werden konnten. Dafür traten einige andere, äußerst überraschende Daten auf, welche jedoch schwer in das herrschende Paradigma integrierbar waren. Stellvertretend soll hier die Untersuchung von Mind Machines im Zusammenhang mit dem Gleichspannungs- EEG angeführt werden.

Das Gleichspannungs-EEG ist ein sehr schwer meßbarer Anteil des Elektro-Enzephalogramms, der Aufzeichung der bioelektrischen Gehirntätigkeit. Die neuropsychologischen Erkenntnisse zeigten bisher, daß diese

Gleichspannungsänderungen mit Aufmerksamkeit, Wachheit und allgemeiner Aktivierung zusammenhängen. Dabei wurden bestimmte Grenzen gefunden, innerhalb deren sich das Gleichspannungspotential des menschlichen Gehirns während eines Tages hin- und herbewegt.

Nun wurde während der Anwendung von Mind Machines (ähnlich wie bei ekstatischen Trancen) eine signifikante, bislang unerklärbare Änderung des Gleichspannungspotentials in Richtung »hoch wachsam« und »hoch aufmerksam« gemessen. Bisher gemessene Werte wurden bis zum Hundertfachen überschritten – und das innerhalb weniger Minuten! Diese Ergebnisse lassen sich nicht in das vorherschende Neuro-Paradigma einordnen, erreichen sie doch die Grenze dessen, was sich ein traditioneller Gehirnforscher vorstellen kann.

Es gibt nun Hypothesen, welche einen Zusammenhang zwischen diesen EEG-Parametern und verschiedenen Bewußtseinslagen vermuten. Das Gleichspannungs-EEG könnte ein neurophysiologisches Korrelat für Verschiebungen der Aufmerksamkeit im Sinne von veränderten Bewußtseinslagen sein.

Mit den Mind Machines sind also nicht nur Instrumente entwickelt worden, welche neue Erfahrungen von anderen Bewußtseinsbereichen und Wissenszuständen erlauben. Sie können helfen, den so oft bemühten »Paradigmen-Wechsel« einzuleiten und Modelle von wahrscheinlichen Wirklichkeiten und individuellen »(T)Raum-Zeiten« zur Grundlage ihres theoretischen Konzeptes zu machen.

Der längst überfällige Paradigmensprung muß notwendigerweise die Erkenntnisse der Quantenmechanik und der Chaosforschung beinhalten. Daher haben Modelle wie »dissipative Strukturen« (Prigogine), die Theorie nichtlinearer Systeme mit Autopoiesis und Selbstreferenz (Maturana) und die Synergetik mit Information als ordnendem Input (Haken) die besten Zukunftsperspektiven. Kurz gesagt eröffnen sich mit den Mind Machines Möglichkeiten, in unserem Gehirn ganze Kaskaden von strukturellen Erregungsprozessen auszulösen, welche zu einer völlig neuartigen Informationsstruktur unseres Gehirns führen können.

So gesehen hat die Information, mit der das Gehirn gefüttert wird, einen ebensolchen Stellenwert wie die Nahrung, die der Körper erhält: wir sind das, was wir gegessen haben. Gleichermaßen von Bedeutung ist die Qualität und Struktur der Information, welche wir uns zuführen.

Die Zukunft der Mind Machines

Mind Machines sind Teil einer zeitgemäßen Technologie, die zum Wohle des Menschen und zu seiner Entfaltung dienen soll, wenn die Anwendung von Mind Machines aus einer erweiterten Sichtweise unserer Welt und unserer Wirklichkeit getragen wird. Erst im Kontext des sich ständig neu gestaltenden Geistigen kann das Potential dieser Technologie Anwendung finden. Die Entspannung ist die »Einstiegshilfe« in den Weg der geistigen Entwicklung, doch die »Wiederverzauberung« unserer Welt (M. Bermann) ist eine aktive und erfordert ständiges Lernen und Entlernen, erfordert ständiges Werden und die aktive Mitgestaltung von allen Menschen.

Man kann Mind Machines auch als die ersten Geräte einer »noetischen«, d.h. bewußtsseinsorientierten Technologie bezeichnen, die als Werkzeug der systematischen Entfaltung unserer geistigen und spirituellen Fähigkeiten dienen.

(Dr. RUDOLF KAPELLNER, Jahrgang 1954, ist Psychologe und Elektroniker und arbeitet am Focus-Forschungsinstitut in Wien. Sein Intressengebiet ist die Gehirn- und Bewußtseinsforschung und die Entwicklung von Gehirntrainingsgeräten. Er hält Vorträge und Seminare im In- und Ausland ab.)

8. Das erkennende und lernende Gehirn

»Die Sinne vermitteln die Wirklichkeit... Die Welt besteht nicht aus Dingen und Gesetzen, sondern aus Wahrnehmern, Tätern und Beziehungen zwischen diesen. Der Mensch kann sich vorstellen, daß das Gehäuse der Welt diese selbst ist oder die Karte das Territorium ersetzt. Offensichtlich ist das eine Illusion. Doch diese läßt sich nicht durch Lernen überwinden, denn sie ist existentiell. Sie verlangt eine Wandlung des Bewußtseins, vom Gelebtwerden zum Leben.«

Arnold Keyserling

Sinne und Gehirn

Stellen wir uns das Gehirn als eine große, in fünf Abteilungen unterteilte Zeitungsredaktion vor. Am größten ist die Abteilung Sehen, gefolgt von Hören, Tasten, Riechen und Schmecken. Jede Abteilung ist wiederum in viele Büros unterteilt, von denen jedes innerhalb seines Bereichs ein bestimmtes Spezialgebiet hat. Alle diese Büros sind mit Akten voller Informationen über die eigenen Leistungen sowie die der anderen Büros vollgestopft. Jede Abteilung arbeitet mit spezialisierten »Sinnesreportern«, die Nachrichten über Ereignisse in der Welt liefern: »Sehreporter« über die Lichtverhältnisse, Frequenzen und Farben; »Hörreporter« über Klänge und Geräusche usw... Die Leitungen zwischen den Büros gehen durch ein Sekretariat, wo der rhythmische Charakter überprüft und festgestellt wird, ob der richtige Weg genommen wurde. Ist das der Fall, so gibt die Sekretärszelle die Nachricht weiter und nimmt sie in ihre Akten auf. Wenn wieder eine ähnliche Nachricht kommt, weiß die Zelle bereits, welche ihrer vielen Leitungen dafür geeignet ist.

Obwohl jedes Büro sein Spezialgebiet hat, führt es doch Akten über fast alles, was in den anderen Büros vorgeht. Durch ein weites System von Querverbindungen und Schaltstellen nimmt jedes Büro in der einen oder anderen Weise an jeder Aktivität teil, die in der ganzen Abteilung stattfindet. Jedes Büro könnte auch kurzfristig für jedes andere einspringen. Aufgabe der Redaktion ist es nun, die von den verschiedenen Abteilungen herausgegebenen Einzelheiten zu einem zutreffenden Gesamtbericht zu verarbeiten. Folgende Tatsache ist sehr interessant: kein Büro erklärt sich dazu bereit, Informationen anzunehmen, die nicht ein Mindestmaß an Übereinstimmung mit früheren Erfahrungen aufweisen. Andererseits sind Informationen, die sich nicht ohne weiteres in schon Vorhandenes einordnen lassen, für die Aktivität und die Erweiterung des Systems sehr viel stimulierender als Routinesachen.

Bei dem rhythmischen Hin und Her der täglich eingehenden Informationen fällt den Sekretärinnen in den Büros des öfteren auf, daß die eine oder andere Information ständig wiederkehrt, und sie bearbeiten diesen Vorgang immer schneller und reibungsloser. Die Sekretärinnen in den Vorzimmern lernen, die ihnen vorgelegten Nachrichteneinheiten selbständig zu bearbeiten, ohne jedesmal erst umständlich prüfen zu müssen, wer dafür zuständig ist. Dieser Umstand tritt ein, wenn mindestens siebenmal die betreffende Information eingetroffen ist. Was eine Abteilung nun als fertiges Muster zusammenfügt, ist niemals Sache eines einzelnen Büros. Es besteht in der Übereinkunft und Kommunikationsaktivität aller beteiligten Büros und führt dazu, daß Gelerntes fest verankert wird. Das Ergebnis ist ein Muster der übergreifenden Tätigkeit, und diese übergreifende Tätigkeit wird durch Wiederholung zu einem akzeptierten editorischen Verfahren, zu einem Begriff. Kommen Nachrichten unbekannter und noch nie dagewesener Art herein, so werden sie an den schon vorhandenen Aktionsmustern (Begriffen) gemessen, die als Norm oder Standard die Grundlage aller Interpretationen bilden. Je mehr solcher Begriffe eine Abteilung hat, desto eher ist sie in der Lage, Nachrichten, für die es noch keinen Präzedenzfall gibt, zu bearbeiten.

Sinneswahrnehmungen und Lernen

Der »unterbewußte« Verstand verarbeitet unsere Wahrnehmungen auf der somatisch-sinnlichen Ebene nach dem Reiz- und Reaktionsmechanismus. Dazu gehört die Reaktion auf organisch-körperliche Empfindungen ebenso wie emotionale Reaktionen auf sinnliche Eindrücke. Auf der sinnlich-bewußten Ebene speichert und verarbeitet unser Gehirn eine Abfolge aller Ereignisse, die im Bereich seiner Sinneswahrnehmungen vom Augenblick der Empfängnis bis in die Gegenwart in jeder Sekunde stattfinden. Intensive Reize und Lernakte werden ins Langzeitgedächtnis überführt. Voraussetzung für erfolgreiches Lernen ist beim Tier wie beim Menschen eine entsprechende Motivation. Nach Pribrams Theorie der holographischen Speicherung und Reaktivierung von Erinnerungen vollzieht sich das Erinnern in Form eines zweistufigen Prozesses. Ein Reiz – Geräusch, Geruch oder Vorstellung – aktiviert die Kurzgedächtnisprozesse. Durch diese Prozesse resoniert er dann in der unendlichen Komplexität der im Gehirn gespeicherten Hologramme, bis eine Assoziation im Langzeitgedächtnis ausgelöst wird. Diese Entsprechung zwischen einem Sinnesreiz und dem Bruchstück einer gespeicherten Erinnerung setzt die Reaktivierung der vollständig gespeicherten Erinnerung in Gang. Allein durch Aktivierung eines winzigen Bits des Gedächtnishologramms kann ein Erinnerungsbild aktiviert werden. Menschen mit gutem visuellem Speichervermögen haben dabei bessere Karten als andere.

Das Gehirnhologramm

Joseph Chilton Pearce spricht sehr anschaulich in seinem Buch »Die magische Welt des Kindes« vom Hologramm im Gehirn. Wenn wir das Gehirn ein Hologramm nennen, so meinen wir damit, daß jeder Teil des Gehirns, selbst eine einzelne Zelle, die Vorgänge im gesamten Gehirn spiegelt und umfaßt. Einige Hirnforscher haben tatsächlich vorgeschlagen, die Vorstellung davon noch etwas weiter zu treiben, indem sie das Gehirn als ein Hologramm unseres gesamten Planeten ansehen. Betrachten wir das Gehirn als ein Hologramm der Erde, so ergibt sich die nächste Erweiterung dieser Vorstellung fast von selbst: unser Planet selbst muß dann auch wieder ein Hologramm sein usw. Etwas Ähnliches haben wohl Mystiker und Dichter in allen Zeitaltern empfunden, als sie »die Welt in einem Sandkorn erblickten.«

Nach Joseph Chilton Pearce hängt der Erfolg, mit dem sich ein neugeborenes Gehirnhologramm durch Interaktion mit dem Erdhologramm klärt, davon ab, wieviel es von dem gesamten Erdhologramm abbildet. Gehirne, die nur ganz spezifische Aspekte der Erde widerspiegeln (Brieftaube, Biene), werden sehr schnell selbstständig. Je größer das Fassungsvermögen des Gehirnhologramms ist, desto länger dauert der Prozeß der Klärung. Die Klarheit seines Wirkens erlangt das Gehirn in dem Maße, wie das

Neugeborene sich mit der Welt auseinandersetzt und sein Gehirn einen Anteil am Gesamthologramm abbildet. Niedere Tiergattungen können nur innerhalb enger Grenzen in Wechselwirkung mit der Erde treten. Niedere Gehirne sind keine Hologramme der ganzen Erde, sondern bilden nur jeweils ganz bestimmte Aspekte ab. Je einfacher das Gehirn, desto spezialisierter sein Programm und desto effektiver seine Interaktion mit der Erde. Ein gerade geschlüpftes Küken kann sehr schnell ein Korn erkennen und aufpicken, menschliche Säuglinge dagegen haben einen langen Weg bis zur Selbständigkeit. Die Breite seiner angelegten Fähigkeiten bedeutet, daß die Programmierung keine spezifische Information enthält und quasi jede Möglichkeit der Entwicklung offen läßt. Wären wir allein auf unsere ältesten Gehirnsysteme angewiesen (Reptilienhirn und altes Säugetierhirn), wären wir reine Instinktwesen wie die Tiere.

Durch das Neuhirn fängt der Säugling sozusagen bei Null an und hat die ersten drei Jahre noch keine willentliche Kontrolle wie der Erwachsene. Sozusagen ein innerer Antrieb treibt das Kind buchstäblich in die Auseinandersetzung mit seiner Umwelt. Entwicklung ist dann die Wechselwirkung zwischen innerem Antrieb und äußeren Inhalten. Der Übergang vom Althirn zum Neuhirn wird durch die Körperbewegungen des Kindes bewirkt. Das Wunder der Entwicklung beruht sozusagen auf der Art und Weise, wie das Potential des älteren Gehirns strukturiert und geklärt wird.

Die körperliche Auseinandersetzung mit der Umwelt setzt die besondere Erfahrung im Neuhirn des Kindes in Gang. Jerome Bruner bemerkte einmal, daß »bei Säuglingen und Kleinkindern der innere Antrieb früher da ist als die Fähigkeit zu handeln.« Jedes Kleinkind hat ein inneres Bestreben zu sprechen, zu laufen und aufrecht zu sitzen, lange bevor diese Fähigkeiten entwickelt sind. Dieser Antrieb beruht auf Prozessen im Althirn. Erstaunlich ist, daß es in der frühen Kindheit bis zu etwa drei Jahren noch keine willentliche Kontrolle im Sinne der Erwachsenen gibt. Der Antrieb treibt das Kind buchstäblich in die Auseinandersetzung mit seiner Umwelt. Der innere Antrieb der ersten Jahre ist also der Drang, mit allem, was die Welt anbietet, in Interaktion zu gehen. Jede körperliche Berührung bedeutet die Bildung eines neuen Musters im Gehirn. Die Gewinnung von Gehirnmustern aus sinnlicher Erfahrung und ihre Strukturierung bilden die Geschichte der Entwicklung der ersten fünf Jahre.

Die Entwicklung der Intelligenz unseres Geist-Gehirn-Systems entsteht, so J.C. Pearce, aus einer Reihe von Matrix-Wechseln. Matrix bedeutet Schoß und verweist auf die Quelle, aus der Leben gemacht ist. Ein harmonischer Matrixwechsel beinhaltet für das frühkindliche Gehirn »das Kennenlernen immer neuer Quellen der Kraft, der Möglichkeiten und der Sicherheit, so daß sich daraus Fähigkeiten entwickeln können.« Den im Anfang konkreten Matrizen folgen im Laufe der Zeit immer abstraktere, bis hin zur Matrix des reinen kreativen Denkens. Jeder Übergang zu einer neuen Matrix bringt unbekannte und nicht vorhersehbare Erfahrungen mit sich – das ist die Voraussetzung für das Wachstum der Intelligenz.

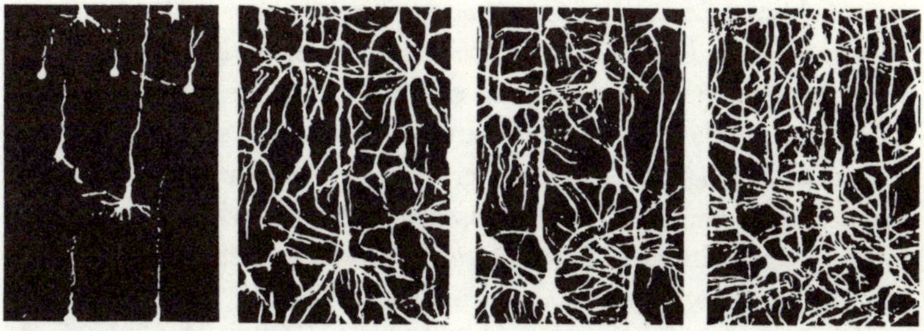

1. Bei der Geburt 2. Mit 3 Monaten 3. Mit 15 Monaten 4. Mit 3 Jahren

Abb. 22: Zunahme des neuronalen Netzwerkes im Großhirn

Informationsspeicherung

Das Gehirn besitzt die Fähigkeit, eine unglaubliche Menge an Informationen zu speichern. Nach Pieter van Heerden würde es die unvorstellbare Zahl von 3×10^{11} elementaren, binären Nervenimpulsen erfordern, um zu erreichen, daß das Gehirn nur ein Bit Information pro Sekunde ein ganzes Leben lang speichert. Tatsächlich ist das Gehirn in der Lage, viel mehr Bits als nur eins pro Sekunde zu speichern. Dies läßt sich nur durch ein Modell erklären, in dem schon mit Erfolg zehn Billionen Bits Information holographisch in einem Kubikzentimeter gespeichert wurden. Ein ähnlich holographischer Prozeß scheint für die ungeheure Speicherkapazität des Gehirns verantwortlich zu sein.

Wir haben also keinen starren, ausschließlich von genetischen Einflüssen gesteuerter Apparat, (was bei 10^{12} Synapsen auch nicht möglich ist) sondern einen stets wandelbaren und flexiblen Prozeß, der erst beim Einströmen sensorischer Informationen eine entsprechende Reaktion hervorruft. Es konnte beobachtet werden:

1. einander sehr ähnliche Sinneseindrücke werden von eng benachbarten Neuronen im Gehirn bearbeitet;
2. wichtige und ständig wiederkehrende Sinneseindrücke werden genauer, d.h. von mehr Neuronen, verarbeitet als weniger wichtige Sinneseindrücke.

Wo bleibt das Gelernte nach dem Lernen? Das Muster wird während der Lernphase in der Synapsenstruktur gespeichert, die nicht lokal, sondern holographisch ist. Durch diese Form der Speicherung können Teile, die eigentlich zum Muster gehören, bei der Eingabe aber fehlen, assoziativ ergänzt werden. Der Nutzen dieser Art der Speicherung wird sichtbar, wenn Synapsen nach der Lernphase zerstört werden. Bei einem Computer würde der Verlust von gespeicherter Information sehr schnell zum Abbruch des Programms führen. Der Bio-Computer kann jedoch auch bei einem Ausfall von 10% aller Synapsen volle Muster erkennen. Die kreisförmige Verschaltung ist für die Großhirnrinde typisch. Wenn jede Nervenzelle ihre Erregung an 5000 andere Zellen weitergibt, so wären das nach zwei synaptischen Schritten bereits 25 Millionen Zellen. Unter denen, die in zwei Schritten erreicht werden, müssen demnach viele sein, die schon einmal dran waren. Das heißt, daß von den meisten Zellen eine Zahl von synaptischen Wegen wieder auf sie zurückführt.

Mit Weiterentwicklung der digitalen Computer, Transputer usw. ist es möglich geworden, den Prinzipien der Informationsverarbeitung des Gehirns besser auf die Spur zu kommen. Daß das Elektronengehirn seinem unendlich überlegenen biologischen Kollegen dabei hilft, sich besser zu verstehen, indem es Teile davon nachahmt, ist im Moment überall auf der Erde im Gange. Dabei scheint eine Erkenntnis als gesichert zu gelten: das natürliche Gehirn macht beim Zusammenspiel seiner unendlich vielen Recheneinheiten, den Nervenzellen, von ähnlichen Erfolgsrezepten Gebrauch, wie sie die Natur bei der Selbstorganisation immer wieder einsetzt: Ordnung aus Chaos. Das Gehirn bedient sich bei der Steuerung vernünftigen Handelns als Erfolgsrezept einer konstruktiven Rolle des Zufalls.

Tatsächlich ist die Neurophysiologie des Nervensystems so beschaffen, daß sie immerzu auf Homöostase ausgerichtet ist. Der Kybernetiker Heinz von Foerster weist auf diesen Punkt hin: »Das Nervensystem organisiert sich so, daß es eine stabile Realität hervorbringt.« Dissipative Strukturen, Chaos und Reorganisation sind Metaphern, die der Physiker Dr. Uwe Gerlach verwendet, um den veränderbaren Zustand des Nervensystems zu beschreiben. Er rät zur gezielten Stimulation des Nervensystems mittels Mind Machines und fraktaler Geometrie. »In weitgehender Analogie zum Hemi-Sync-Prozeß baut man zwei komplexe neuronale Netzsysteme mit verschiedenen Lerninhalten, koppelt diese aneinander (in Analogie zum Corpus Callosum) und setzt beide einfachen Sinusschwingungen aus. Die Vernetzung der Neuronen untereinander an den Synapsen sowie die Aktivierungs-und Übertragungsfunktionen der Neuronen selbst müssen relativ plastisch gestaltet werden, damit die gespeicherten Lerninhalte leicht veränderbar bleiben.«

Inzwischen weiß man, daß der Informationsfluß im neuronalen Netzwerk auf zweierlei Arten beeinflußt werden kann: durch Veränderung der Effizienz synaptischer Signalübertragung oder durch Entfernung bestehender und Bildung neuer synaptischer Kontakte. Beide Mechanismen sind nachgewiesen, aber es ist erst seit kurzem bekannt, daß neuronale Netze ständigen Veränderungen unterworfen sind. Mentale Fitness ist deshalb davon abhängig, wie gut man es versteht, die Plastizität des Gehirns zu handhaben.

Gedächtnis und Chaos-Organisation des Gehirns

Viele der molekularen Veränderungen bei der Gedächtnisbildung finden offenbar in den Dendriten statt. Diese Dendritenbäume (Verästelungen der Zellkörper), die ankommende Signale empfangen, sind erstaunlich komplex aufgebaut. Mit 100.000 bis 200.000 Fasern anderer Nervenzellen kann der Dendritenbaum einer einzigen Zelle Kontakt halten. Biologische Gehirne können durch das parallele Wirken vieler neuronaler Netzwerke ihre Aufgabe meistern. Es besteht aber keine Übereinstimmung darin, wie komplex die Leistungen der kleinsten Recheneinheiten, der Nervenzellen, sein müssen, um sie zu solchen Leistungen zu befähigen. Hier gibt es Anknüpfungspunkte zu den Vorstellungen des Nobelpreisträgers Manfred Eigen bezüglich der Selbstorganisation von Ordnung aus Chaos. Dieselben Mechanismen, die zur Ordnung im Organismus führen, sollen die Einzelaktivitäten der unzähligen Nervenzellen des Gehirns so organisieren, daß sie zusammenwirken und vernünftiges Handeln ermöglichen. Anatomische Betrachtungen des Cortex lassen darauf schließen, daß die neuronale Verschaltung weitgehendst chaotisch und zufällig ist. Die Leistung des Gehirns besteht im Zusammenwirken zahlreicher Komponenten wie etwa

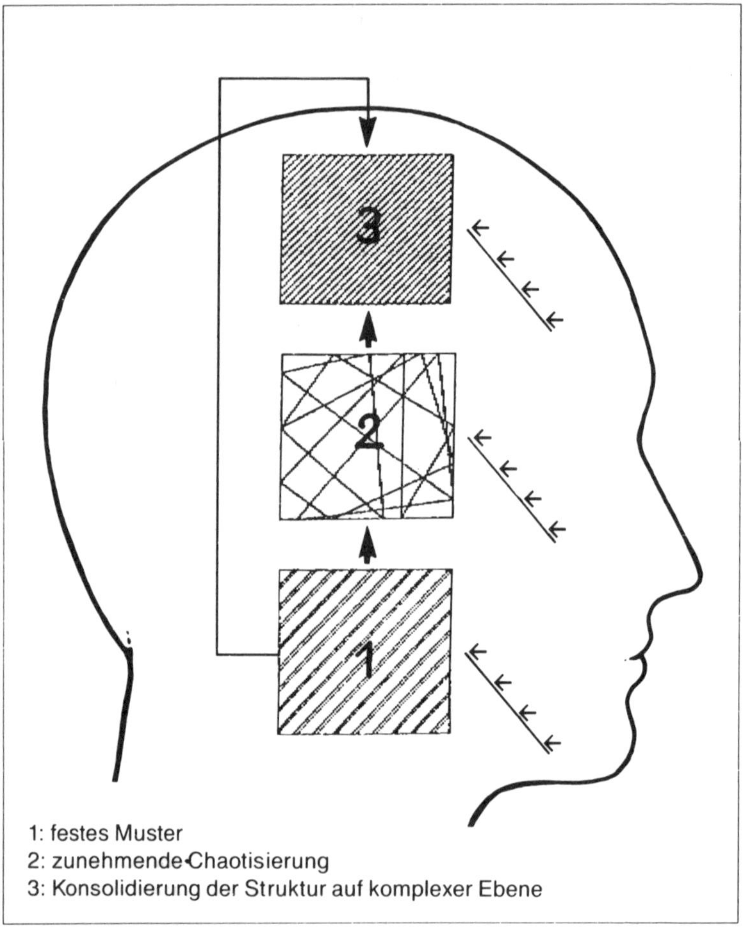

Abb. 23: Chaos-Modell vom Gehirn

der 10^{11} Neuronen und der zwischen ihnen bestehenden 10^{12} Synapsen. Nach längerem Gebrauch ordnen sich die synaptischen Verbindungen von selbst, der Zusammenhang von Informationsein- und -ausgabe wird sinnvoll – man lernt! Die Plastizität der Synapsen wird also als Grundlage für Gedächtnis und Lernen vermutet.

Beim holographischen Modell, wo jede Information ständig gegenwärtig ist, stellt sich die Frage, welche Prozesse im Gehirn an der Verbundenheit aller Teile miteinander beteiligt sind? Inzwischen gibt es Beweise dafür, daß neben den elektrochemischen Prozessen noch andere ausschlaggebend sind. Evan Harris Walker vom elektronischen Forschungszentrum der NASA nimmt an, daß dieser Prozeß nicht unbedingt chemischer Natur ist, sondern auf einen quantenmechanischen Tunnelprozeß zurückzuführen ist. Bohm und Hiley glauben, daß es verblüffende Ähnlichkeiten gibt zwischen dem Quantenpotential und den Verbindungen des Gehirns. Bei beiden wird die Organisation durch das Kollektiv bestimmt; in beiden verhalten sich die getrennten Systeme so, als ob sie miteinander verbunden wären, aber man kann keine Verbindung, sei sie chemischer, elektrischer oder elektromagnetischer Art, finden. Könnten Quantenfelder am Prozeß des Bewußtseins beteiligt sein?

Künstliche Intelligenz

Wenn Computer enorme Zahlenmengen in Sekundenschnelle verarbeiten, wenn sie bezaubernde Grafiken herstellen oder präzise Angaben machen, wie stark ein Auto gebremst werden darf, dann kann man leicht auf die Idee kommen, die Elektronengehirne seien ihren menschlichen Kollegen weit überlegen, doch dem ist überhaupt nicht so. Computer sind zwar rasche und zuverlässige Rechner, doch grundlegende menschliche Tätigkeiten wie Sehen oder Hören bereiten ihnen sehr viel Mühe. Ingenieure und Forscher versuchen seit Jahren in Gemeinschaftsarbeit, Computer nach dem Vorbild der Natur zu entwickeln. Dabei gehen sie einen völlig neuen Weg, den der neuronalen Netzwerke, die dem menschlichen Gehirn nahekommen. Das Gehirn kann eine unvorstellbare Zahl von Sinneseindrücken verarbeiten. Auf welche Schwierigkeiten die Forscher stoßen, wenn sie die Fähigkeit des Gehirns nachbilden wollen, zeigt schon die bloße Simulation des menschlichen Auges auf dem Computer. Jede Augenzelle wird durch fünfhundert komplizierte mathematische Gleichungen beschrieben. Um das Verhalten einer solchen Zelle während einer Sekunde zu verfolgen, müßte der Rechner alle diese Gleichungen rund 10.000mal lösen. Fachleute schätzen, daß eine einsekündige Simulation des Auges ca. 100 Jahre Rechenzeit benötigen würde (beim derzeitigen Stand der Forschung).

Das Nachahmen biologischer Vorgänge mit herkömmlichen Computern war bisher ziemlich zwecklos, vor allem wegen des Schrittfür-Schritt-Arbeitsprinzips. Neurocomputer bestehen aber aus einer Vielzahl von Prozessoren, die ähnlich wie menschliche Nervenzellen miteinander verbunden sind. Ihre Fähigkeit liegt nun darin – und das unterscheidet sie von herkömmlichen Rechnern – Muster zu erkennen, auch dann, wenn sie von der Norm abweichen. Ein Computer analysiert viel zu viele Details, wenn es zum Beispiel darum geht, Gesichter zu erkennen. Wenn der Mensch einmal lacht und einmal weint, ist das für den Computer nicht die gleiche Person. Daran können wir erkennen, wie wichtig beim Denkprozeß die Unterscheidung ist. Neurocomputer ignorieren Details und

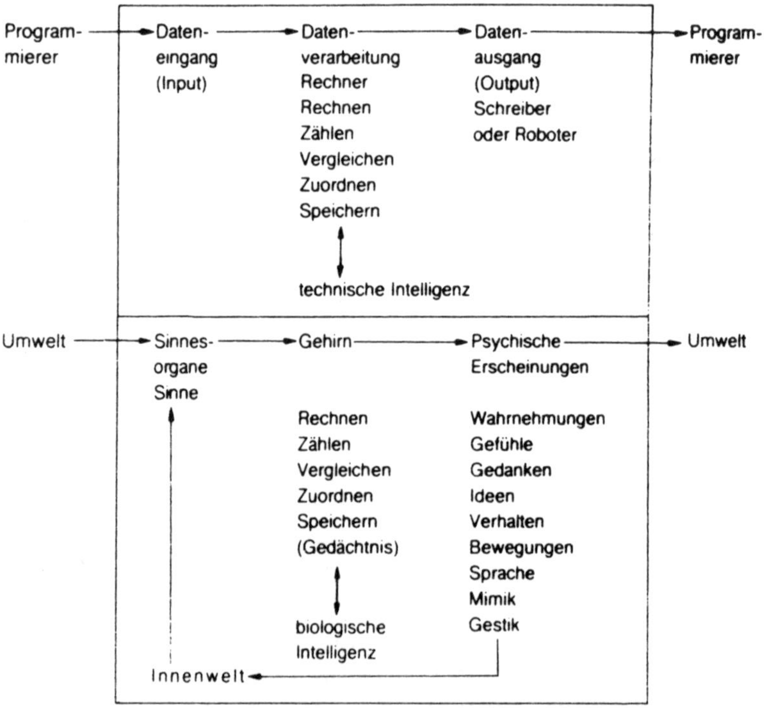

Abb. 24: Schematische Darstellung des Informationskreislaufes bei Computer und Mensch. Beim Menschen kommt die Innenwelt als wesentlicher Verarbeitungsfaktor im Informationskreislauf hinzu. Vollzieht sich dieser Kreislauf nur in der Innenwelt, entstehen nicht selten psychische Störungen, denn die psychische Gesundheit benötigt einen ausgewogenen Informationskreislauf. Ebenso ungünstig wirken sich ein Zuviel (Reizüberflutung) wie ein Zuwenig (Reizarmut bzw. Reizmonotonie) an Umweltreizen aus.

suchen nach übergreifenden Mustern. Die Beschäftigung mit Neurocomputern hat die Gehirnforschung beflügelt. Die technischen Modelle mögen zwar noch primitiv sein (auf einem Chip sind höchstens 1000 elektronische Neuronen untergebracht – soviel wie im Gehirn einer Ameise), aber sie bringen einen unschätzbaren Wert mit sich: man kann sie neutral von außen betrachten, denn bisher kam der Wissenschaftler beim Studium des Gehirns gern mal mit seinem eigenen Biocomputer ins Gehege. Metaprogramm: Gehirn studiert sich selbst.

Veränderung der sinnlichen Wahrnehmung?

Seit 19 Jahren mißt die Gesellschaft für Rationelle Psychologie die Reizverarbeitung und die Emotionen des deutschen Gehirns. Im Abstand von fünf Jahren werden 4000 Probanden einer standardisierten Testsituation mit jeweils spezifischen Reizen ausgesetzt. Hierbei werden folgende psychologischen und physiologischen Daten erfaßt: Muskelanspannung, Hautwiderstand, Blutdruck, Herz-Atem-Rhythmus, Gehirnströme, Blutvolumen und Pupillenveränderungen. Das Verfahren gilt als sehr ausgereift und kam zu folgendem Schluß: »In den 70er Jahren,« so Henner Ertel vom GRP, »haben wir beobachtet, daß es im Sinnesbereich des Riechens und Schmeckens einen starken Einbruch gegeben hat. Plötzlich hat sich das Gehirn geweigert, Reize zu verarbeiten, die früher noch anstandslos akzeptiert wurden.« Die Wissenschaftler haben dieses außergewöhnliche Ereignis registriert, waren aber nicht sonderlich beeindruckt, da die Veränderung minimal und auf unsere evolutionsgeschichtlich ältesten Sinne beschränkt blieb. Das Sehen und Hören blieb unversehrt. Anfang der 80er Jahre änderte sich jedoch die Situation: plötzlich waren alle Sinne beteiligt. Jetzt waren die Forscher alarmiert. Offensichtlich hatte sich die Organisation des Gehirns verändert: jetzt waren Aktionspotentiale notwendig, die vor wenigen Jahren noch eine Überreizung des Systems erzielt hatten.

Das GRP sagt eine Reduzierung unserer Sensibilität um jährlich 1% voraus. Feine Empfindungen werden aus unserem Bewußtsein herausgefiltert, mehr Information jedoch gleichzeitig und schneller verarbeitet. Das hat Auswirkungen auf die Intelligenz, so daß man sagen kann, daß die Kinder des Computerzeitalters zwar intelligenter und rationeller, aber auch weniger sensibel sein werden. Durch die Parallelschaltung, eine neue Variante der Informationsspeicherung des jungen Gehirns, kommt es zu einer erhöhten Dissonanzbereitschaft. »Die Jugendlichen«, sagt Henner Ertel, »sind mit Widersprüchen aufgewachsen und können damit umgehen. Früher hätte man diese Fähigkeit als Schizophrenie bezeichnet, heute ist es normal.« Die Wissenschaftler der GRP erklären sich die Gehirnveränderungen mit der Reizüberflutung. Das Gehirn wird mit einem immer breiter gefächerten Spektrum an Sinnesreizen konfrontiert, was zum Phänomen der Maximalgenüsse führt. Diese regelrechte Konsumhaltung kann das gesamte Koordinatensystem für die Einordnung der sinnlichen Erlebnisse verschieben, da man es nicht gelernt hat, aus sich heraus Phasen der Ruhe und Kreativität zu erschaffen.

Das GRP hat ermittelt: um überhaupt eine entsprechende Empfindung, z. B. für Geschmack, zu erzielen, sind doppelt so große Reize wie noch vor 15 Jahren nötig. Was das Gehör angeht, konnte das deutsche Gehirn vor 15 Jahren noch 300.000 Klänge unterscheiden, heute sind es durchschnittlich 180.000, bei regelmäßigen Discobesuchen oft nur noch 100.000 Klänge. Die Veränderungen in unserer Umwelt sind mittlerweile so kraß und schnellebig, daß sich das Gehirn nicht nur funktional, sondern auch strukturell verändert. Prof. Dr. H. Wässle vom Frankfurter Max-Planck-Institut für Hirnforschung bestätigt: Verschiedene Informationen werden nun an anderen Kortexstellen verarbeitet, die rhythmischen Muster haben sich geändert, die Inhalte werden anders abgespeichert als früher. Als ungefähre Schnittstelle wird das Gehirn nach 1949 angesehen, das den Benutzer befähigt, schneller zu denken, weniger zu empfinden und variationsreicher zu handeln. Sicherlich eine beängstigende Aussicht, wenn man nichts dagegen unternimmt.

Ganzhirniges Denken und Wahrnehmen

Das Gehirn der Japaner

Das japanische Gehirn beruht auf Kultureinflüssen von Zen, Tao und Konfuzius. Ein Volk, das Ikebana, Meditationsgärten, die Samurai und Kamikaze hervorbrachte, unterscheidet sich so grundsätzlich von der westlichen Welt, daß man die einzigartige Gehirnorganisation als Erklärung für die Besonderheit der japanischen Kultur annimmt. Diese unterschiedlichen

Einflüsse prädestinieren den Japaner mit seiner Vielzahl an Symbolen aus Sprache und Schrift, einen flexiblen Geist zu erschaffen. Was die Spezialisierung der beiden Gehirnhälften angeht, so ist hier schon einmal der erste Unterschied in sprachlicher Hinsicht zu finden. Ebenso wie bei uns analysiert die linke Gehirnhälfte zwar die Sprachinformation, allerdings nimmt sie auch eine sprachliche Verbindung zu Hintergrundinformationen auf, die bei uns keine sprachlichen Bedeutungen haben: der Gesang der Vögel, das Rascheln der Blätter, das Rauschen von Wind und Wellen, dies alles trägt zur sprachlichen Bedeutung bei. Außerdem ist die linke Hemisphäre nicht nur auf Konsonanten, sondern auch auf die Analyse der Vokale spezialisiert, die ein sehr wesentliches Element ihrer Sprache darstellen. So bedeutet zum Beispiel: »Ooo oooo o o oooo« ein im Japanischen geprägtes Wortspiel: »Der König versteckt manchmal sein Gefolge« (siehe auch: »Das einzigartige Gehirn«, Luciano Mecacci, Reihe Campus). Bei uns kann die Abfolge eines A-, U- oder O-Lautes Erstaunen, freudige Zustimmung oder Abneigung bedeuten. Diese emotionale Äußerung bringt eine Reaktion zum Ausdruck, die eine Verarbeitung in der rechten Gehirnhälfte erfordert. Bei den Japanern ist das Teil der linken Gehirnhälfte, die daher mehr Informationen, sowohl verbaler als auch emotionaler Art, auf einmal verarbeitet.

Die japanische Schrift

Bei den Japanern besteht das Außergewöhnliche beim Schreiben und Lesen in der Beteiligung beider Hemisphären, was aufgrund der äußerst komplexen Schrift zustande kommt. Die Japaner benutzen zwei Formen der Schrift: die sogenannten Kandschi- und Kana-Zeichen. Um eine Zeitung zu lesen, muß ein Japaner mindestens 3000 Kandschi-Zeichen verstehen. Für jedes Zeichen gibt es verschiedene Schrifttypen, verschiedene Aussprachen und verschiedene Bedeutungen. Wenn jemand ein Kandschi nicht kennt, kann er praktisch nicht lesen. Ein Kandschi-Zeichen entspricht einem Wort, während die Kana wie die Buchstaben in unserem Alphabet zu einem Wort zusammengesetzt werden müssen. Es gibt zwar Situationen, in denen das eine oder andere System bevorzugt wird, doch im allgemeinen kommen beide im Text gleichzeitig vor. Die Kenntnis eines Systems allein ist nicht ausreichend, um japanisch lesen zu können. Inzwischen haben Untersuchungen ergeben, daß zum Erkennen der Kandschi, wie für alle komplexen optischen Formen, die rechte Hemisphäre in

Aktion tritt, während für Kana die linke Hemisphäre zuständig ist. Somit müssen beide Hemisphären in Interaktion treten, damit man japanisch versteht (aus: »Das einzigartige Gehirn«, L. Mecacci, Reihe Campus).

Geschlechtsspezifische Unterschiede im Gehirn?

Peter Diehl, Redakteur der Beilage »Brain« des Managerdienstes *Radar für Trends* beschreibt einen funktionalen Gehirn-Unterschied zwischen Mann und Frau, wie er an der McMaster University entdeckt wurde: der Isthmus, der hintere Teil des Balkens, der rechte und linke Gehirnhälfte miteinander verbindet, ist bei Frauen doppelt so groß wie bei Männern. Das führt zu einer besseren Kommunikation zwischen den Hemisphären, jedoch bedeutet dies nicht unbedingt auch eine größere Gehirnleistung. Da dieser Bereich für das Sprachvermögen eine wichtige Rolle spielt, könnte diese Tatsache erklären, warum Frauen sprachgewandter sind als Männer. »Das bildhafte Denken von Frauen erhöht die Merkfähigkeit – da sind sie den Männern voraus,« so Henner Ertel vom GRP. »Diese minimalen gehirnbiologischen Unterschiede scheinen aber nichts anderes als eine geschlechts-biologische Programmierung zu sein. Mental gesehen sind Mann und Frau gleich.«

Neuere neurobiologische Veröffentlichungen hinsichtlich der Themen »Hormone, Neurotransmitter, Gehirn und Verhalten« behaupten, daß sich Mann und Frau aus biochemischen Gründen unterscheiden. »Warum kann eine Frau nicht so sein wie ein Mann? Diese Frage stellten sich Anne Moir und David Jessel in ihrem Buch »Brainsex«, um dann gleich mit dem gesellschaftlichen Mythos aufzuräumen, der Unterschied läge in der eigenen Einstellung, in der Erwartungshaltung der Eltern und der Gesellschaft. »Wenig Aufmerksamkeit wurde bisher hingegen der biologischen Auffassung geschenkt«, so die Autoren, »daß wir sind, wie wir sind, weil wir so gemacht sind... Heute gibt es zu viele neue Beweise für die letztere Theorie, als daß das Konditionierungsargument noch haltbar wäre. Das biologische Argument liefert endlich einen verständlichen und wissenschaftlichen Rahmen, innerhalb dessen wir anfangen können zu begreifen, warum wir sind, wer wir sind.«

Professor Dr. med. Leon Kaplan hat diese Angaben präzisiert und die neuesten medizinischen Forschungen darüber publiziert. Seine Grundaussage ist die, daß abhängig von der Konzentration männlicher Sexualhormone das Gehirn des männlichen Embryos unterschiedlich stark männlich oder ausgesprochen weiblich geprägt wird. Dieses androgyne, mannweibliche Denken und Fühlen bezeichnet er als »Mona Lisa Syndrom«. Gesteuert wird die Gehirnentwicklung im Mutterleib durch das männliche Sexualhormon Testosteron, dessen unterschiedliche Konzentration als abgestuftes Signal wirkt. Einen Beitrag liefern sowohl der Testosteronspiegel der Mutter wie auch der des männlichen Fötus. Beide »Hormonquellen« können während der Schwangerschaft durch Streß, Alkohol und eingenommene Medikamente beeinflußt werden. Je nachdem, in welchem Monat der Schwangerschaft die äußeren Einflüsse dominant sind, werden die unterschiedlichen Programme in der Gehirnentwicklung beeinflußt. Bei ausreichender Konzentration des männlichen Hormons Testosteron im fötalen Kreislauf wird in einem männlichen Embryo nur das männliche Sexualzentrum aktiviert. Die Ausbildung eines weiblichen Steuerungszentrums wird durch hohe Testosteronkonzentration verhindert. Im späteren Leben reagiert dieser Mann ausschließlich auf Frauen – er ist heterosexuell. Ist dagegen in dieser kritischen Zeit nur wenig Testosteron vorhanden, kann sich nur das weibliche Sexualzentrum in einem männlichen Embryo entwickeln. Dann fühlt sich der Betroffene zu einem Mann hingezogen. Er ist homosexuell. Soweit Professor Kaplan.

Ob ein Gehirn sich, sexuell gesehen, männlich oder weiblich entwickelt, hängt demnach entscheidend von der Konzentration des männlichen Hormons Testosteron im embryonalen Blutkreislauf ab.

Nun, das mag eine allzu männliche Betrachtung der Sache zu sein. Thomas R. Blakeslee schreibt in seinem recht einflußreichen Werk »Das Rechte Gehirn«: »Praktisch alle Tests, die die Spezialisierung der Hemisphären nachgewiesen haben, zeigten bei Frauen eine Tendenz zu geringerer Lateralisation.« Das bedeutet, daß Frauen mit beiden Gehirnhälften gleichzeitig arbeiten. Und er fährt fort: »Eines der merkwürdigen Paradoxe im Zusammenhang mit dem Unterschied zwischen Männern und Frauen ist, daß es (bis jetzt) keine Frauen gegeben hat, die »turmhoch überlegene« Genies waren... Es ist jedoch interessant, daß auf allen normalen Leistungsniveaus Frauen den Männern ebenbürtig zu sein scheinen. Ihre Ergebnisse in IQ-Tests und Schulabschlüssen sind gleich. Vielleicht liegt die Erklärung für dieses Paradox in der genetisch festgelegten schnelleren Reifung der Frau und ihrer Auswirkung auf die Gehirnorganisation. Wenn das Gehirn einer Frau dazu neigt, wie ein Generalistenpaar zu arbeiten, während das des Mannes mehr wie ein Spezialistenpaar arbeitet, so mag hierin des Rätsels

Lösung liegen.« Es ist jedoch die Frage, was man unter genial versteht – die Leistungen von Leonardo, Bach, Edison oder Einstein – oder die praktische Intelligenz, die Frauen auszeichnet. Einige Forscherinnen, die die weibliche Seite der Geschichte untersucht haben, kommen nämlich zu der Erkenntnis, daß alle Grundlagen für die Technologie unserer Zeit von Frauen gelegt wurden, seien es der Kalender oder die Mathematik, das Weben oder Stricken, Ackerbau oder Viehzucht. Diese Dinge sind viel unverzichtbarer für das menschliche Leben als Dichtungen eines Shakespeare. Wenn Männer dank ihrer Fähigkeit zur Spezialisierung aus dem einfachen Webstuhl einen maschinellen machen, sind sie weniger kreativ als innovativ. Dasselbe gilt für viele Entdeckungen: denken wir nur an die Entdeckung der Doppelhelix des genetischen Codes, für die Männer den Nobelpreis erhielten, während die eigentliche Entdeckerin, Rosalind Franklin, leer ausging, weil sie mit weiblicher Genauigkeit ihre Ergebnisse noch einmal überprüfen wollte.

Neuere Erkenntnisse weisen darauf hin, daß bei Frauen die funktionale Trennung im Gehirn eben weniger klar definiert ist – was auch biologisch von Vorteil sein kann: Männer mit linksseitigem Gehirnschaden, z. B. durch einen Schlaganfall, verlieren einen großen Teil ihrer Sprachfähigkeit, während Frauen mit der gleichen Schädigung den größten Teil ihrer Sprachbeherrschung behalten. Auch sind die Gehirnhälften unterschiedlich aktiv. Während sich bei der Lösung abstrakter Aufgaben bei weiblichen Gehirnen die elektrische Aktivität auf beide Hälften verteilt, ist bei männlichen Gehirnen nur eine Hälfte aktiv.

Unterschiedliche Denkstrategien – Frauen verarbeiten Informationen anders als Männer

Denkleistungen von Frauen stehen denen der Männer nicht nach, das ist inzwischen glücklicherweise eine Binsenweisheit. Dennoch scheint es geschlechtsspezifische Unterschiede bei der Informationsverarbeitung im Gehirn zu geben. Der Neurophysiologe Hellmuth Petsche von der Universität Wien hat 33 Männer und 35 Frauen mittels EEG-Aufzeichnungen untersucht, indem er sie in drei Versuchen eine Minute lesen, im Kopf rechnen und Photographien beschreiben ließ. Was dabei herauskam, war dies: beim Lesen und Kopfrechnen arbeiten die beiden Gehirnhälften bei Männern viel stärker zusammen, als das bei Frauen der Fall ist. Den gleichen Schluß legten die Ergebnisse über das Betrachten von Photographien nahe: im Bereich des Stirnhirns war die Wechselwirkung zwischen rechter und linker Hirnhälfte bei Frauen schwächer als bei Männern. Im Hinterhauptslappen hingegen, wo die Sehrinde liegt, war das Zusammenspiel der beiden Hirnhälften bei Studentinnen besser als bei Studenten. Die Frauen interpretierten die Photos, erzählten über den Bildinhalt Geschichten, wohingegen die Männer die Abbildungen einfach nur beschrieben. Petsche schließt daraus, daß visuelle Eindrücke aus der Umwelt Frauen stärker beeindrucken als Männer. Er kommentiert seine Ergebnisse mit den Worten: »Frauen kommen auf anderen Wegen, durch die Aktivierung anderer Hirnregionen, zu den gleichen Ergebnissen wie Männer. Frauen benutzen aber andere Strategien im Denken.«

Das Gehirn in Raum und Zeit

Raum und Zeit stehen in engem Bezug zu unserer Wahrnehmung und dem Gehirn. Ist Zeit nur eine Illusion? »Die absolute, wahre und mathematische Zeit fließt auf Grund ihrer eigenen Natur und aus sich selbst heraus ohne Beziehung zu etwas Äußerem gleichmäßig dahin.« Diese Definition von Zeit hat Isaak Newton vor etwa 300 Jahren gegeben. Zeit und Raum gehörten lange zu den Selbstverständlichkeiten, die wir als für immer gegeben zu betrachten pflegten, ohne uns weiter darüber Gedanken zu machen. Erst in jüngster Zeit ist erkannt worden, daß auch Raum und Zeit veränderlich, sogar vergänglich sind.

Um das Wesen von Zeit und Raum zufriedenstellend zu klären, müssen wir von einer individuellen Wahrnehmung von Raum und Zeit ausgehen, die man mit dem primären Zeitbegriff umschreibt, und einem sekundären Zeitbegriff, der durch den Takt der Vorgänge im Universum (Sonnenaufgang und Sonnenuntergang, Mondphasen) gesteuert wird. Unser angeborener Zeitbegriff beruht auf dem evolutionären Fundament einer Chronobiologie, und es ist zu vermuten, daß das Gefüge der biologischen Rhythmen und die Neuronennetzwerkprozesse der Zeitwahrnehmung aus demselben artspezifischen Zeitmoment konstruiert sind. In der Zeit- und Raumwahrnehmung sind vor allem die Sonderleistungen der beiden Großhirnhälften zu beachten, die man in großer Vereinfachung so unterscheiden kann: die Arbeitsweise der linken Hemisphäre entspricht einer analytisch-logischen Bearbeitung der Information über der Zeitachse, wohingegen der rechten Hemisphäre einer Bearbeitung der Information über die Raumkoordinaten zukommt. Zeit- und Raumwahrnehmung scheint aus einer Art synergetischem Zusammenwirken einer biologischen, mentalen und kosmischen Zeit und den Raumgesetzmäßigkeiten zu bestehen. Auf individueller Ebene scheint es relative Wahrheiten von »Eigenzeit« und »Eigenräumen« zu geben. Diese könnten auf einer Ent-

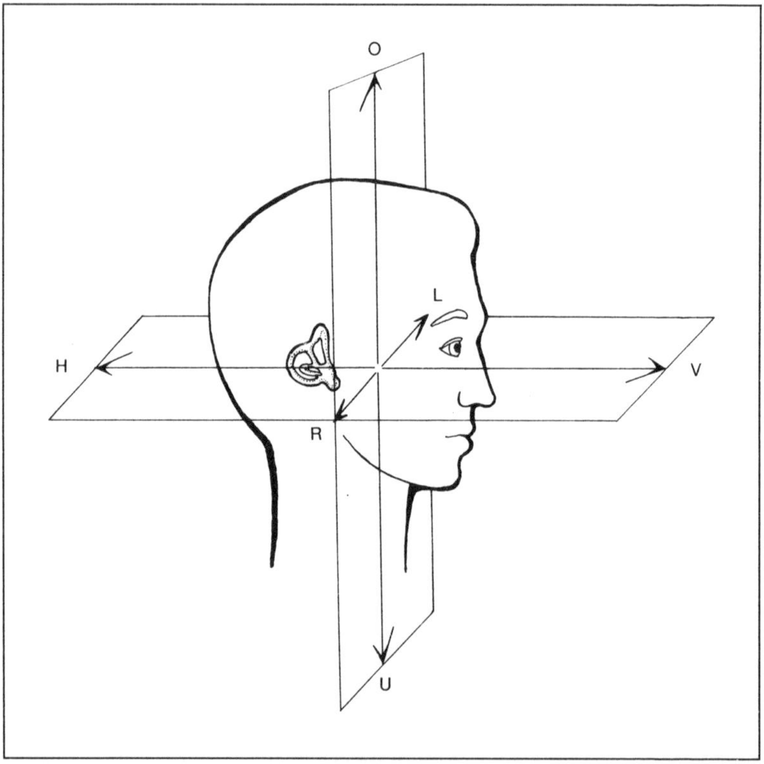

Abb. 25: Die kognitive Nische und ihre räumliche Orientierung. Vor Kant, sagt Schopenhauer, steckte unser Kopf im Raume, nach Kant aber steckt der Raum in unserem Kopf. Jakob v. Uexküll (1956) hat Kants Lehre ausdrücklich bestätigt, indem er nachgewiesen hat, daß jeder normale Mensch ein dreidimensionales Koordinatensystem, das mit dem Kopf durch die Bogengänge des inneren Ohres fest verbunden ist, mit sich herumträgt (entnommen aus: E. Oeser, Psychozoikum-Evolution und Mechanismus der menschlichen Erkenntnisfähigkeit, Paul Parey Verlag).

wicklung von mentalen und kollektiven »Übereinstimmungen« und »Übereinkünften« bestehen, da eine Modifizierung durch bestimmte Techniken (psychoaktive Drogenerlebnisse, Trance, Träume u.a.) möglich ist.

Das räumliche Gehirn

Neurobiologische Raumwahrnehmung

Die Wahrnehmung und daraus resultierend unsere Vorstellung setzt sich entsprechend der »Mehrkanaligkeit« der Sinnesorgane aus mehreren »Räumen« zusammen. Jakob von Uexküll nennt diese sich gegenseitig durchdringenden, einander vervollständigenden, aber auch zum Teil widersprechenden Umwelträume des Menschen »Wirkraum, Tastraum und Sehraum«. Der »Wirkraum« ist gewissermaßen das Modell der Außenwelt, in das wir ein dreidimensionales Koordinatensystem legen. Jeder Mensch trägt ein dreidimensionales Koordinatensystem, das mit dem Kopf durch die Bogengänge des inneren Ohres fest verbunden ist, mit sich herum. Nach Uexküll läßt sich dieses an den menschlichen Körper – oder genauer an seinen Kopf – gebundene Koordinatensystem leicht dadurch feststellen, daß man bei geschlossenen Augen mit senkrecht zur Stirn gestellten Handfläche hin und her fährt, um sofort mit Sicherheit rechts und links unterscheiden zu können, oder mit der horizontal gestellten Handfläche vor dem Gesicht auf und ab fährt, um oben und unten unterscheiden zu können, und schließlich mit frontal gestellter Handfläche seitlich des Kopfes hin und herfährt, um vorn und hinten unterscheiden zu können. Niemand kann sich dieser Orientierung im Raum entziehen, ja wir übertragen sie sogar auf ebene Flächen, wie die dreidimensionale Interpretation von gezeichneten geometrischen Figuren und Bildern demonstriert, in die wir Räumlichkeit hineintragen.

Relative Raumwahrnehmung

Die Relativitätstheorie baut auf der Erkenntnis und Berechnung auf, daß es nirgends ein feststehendes und insofern »wahreres« Bezugssystem gibt und geben kann. Im allgemeinen fällt uns diese Tatsache aber nicht auf. Was als »ruhend« oder »bewegt« betrachtet wird, ist willkürlich; entscheidend ist allein die Relation zwischen den beiden Bezugssystemen, denn Bewegung und Ruhe können überhaupt nur relativ zu einem anderen Körper oder Bezugssystem definiert werden. Luc Ciompi: »Mit anderen Worten, die ganze Zeit- und Raumdeformation ist nur eine Frage des Beobachtungsstandpunktes; sie erscheint als »wirklich« bloß aus dem Bezugssystem des »ruhenden Beobachters«, nicht aber innerhalb des relativ zu ihm bewegten Bewegungssystems selber. Und mehr noch: was »wirklich wahr« ist, läßt sich nicht entscheiden. Einstein erläutert das sehr einleuchtend am Beispiel eines Steins, den ein Reisender aus einem fahrenden Zug fallen läßt: Vom Zug aus beurteilt, fällt er in einer senkrechten Geraden, vom Bahndamm aus gesehen dagegen in einer geschwungenen Parabel; beides ist gleichermaßen »wahr«!

Erkenntnismäßige Raumvorstellung

»Dieser Raum, der uns wie eine ›Seifenblase‹, umgibt, ist der Ausgangsort der kognitiven Eroberung des Universums mit Hilfe unseres Nervensystems. Nicht durch die Verbesserung der Sinnesorgane, sondern durch die Aktivität des Gehirns, und nicht durch die eines einzigen Individuums, sondern durch die kollektive Vernunft vollzieht sich diese Eroberung.« (Erhard Oeser)

Das zeitliche Gehirn

Für viele Denker sind Zeiterlebnisse Ausgangspunkt zum Nachdenken über individuelle und menschliche Zeit sowie die Zeit im allgemeinen geworden. In einem der grundlegenden Werke der abendländischen Philosophie, in der »Kritik der reinen Vernunft«, bezieht sich Immanuel Kant auf zwei Zeiterlebnisse. Er spricht davon, daß Zeit kein empirischer Begriff ist, der von irgendeiner Erfahrung abgezogen wurde. Denn das Zugleichsein oder die Aufeinanderfolgen würden selbst nicht in die Wahrnehmung kommen, wenn die Vorstellung der Zeit nicht a priori zu Grunde läge.

Nur unter der Voraussetzung kann man sich vorstellen, daß einiges zu ein und derselben Zeit – also zugleich – und in verschiedenen Zeiten – nacheinander – ist. Als zeitliches Phänomen nennt Kant das Zugleichsein und das Aufeinanderfolgen. Doch zu dem Zeiterlebniss kommt nach Ernst Pöppel noch das Jetztgefühl hinzu. »Wenn wir über Zeit nachdenken, dann müssen wir auch dieses Jetztgefühl erklären. Nehmen wir ein einfaches Beispiel: Wenn wir jetzt das Wort 'jetzt' lesen oder hören, wird das ganze Wort 'jetzt' zum Jetzt. Wir lesen und hören nicht die Aufeinanderfolge von fünf verschiedenen Buchstaben oder Sprachlauten als j-e-t-z-t. Ganz offensichtlich wird die Folge von Buchstaben in unserem Erleben zu einer Wahrnehmungseinheit zusammengefaßt. Es ist daher anzunehmen, daß es einen Integrationsmechnismus gibt, der dafür sorgt, daß aufeinanderfolgende Ereignisse zu einer Gestalt zusammengefaßt werden.

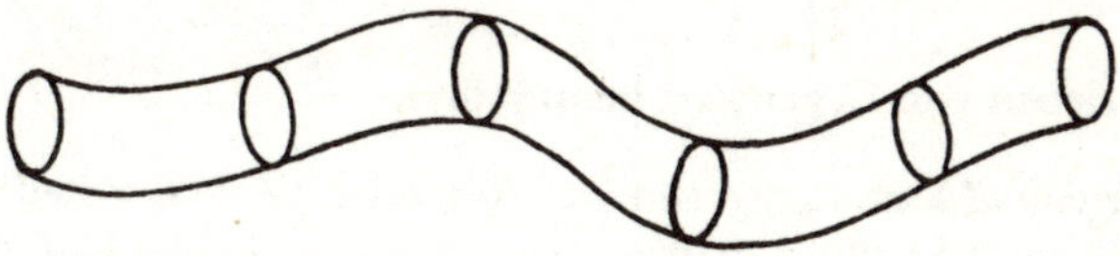

Abb. 26: Zeit und Raum

Geistige Wahrnehmung von Zeit und Raum

Die Quintessenz daraus formuliert Luc Ciompi: Geist ist Zeit, Gefühl ist Raum! Wie denn das? Ganz einfach: der Geist, d.h. das Denken, ist notwendigerweise etwas Fortschreitendes, denn das Wesen des Geistigen ist es, Abstraktion zu sein. Damit ist das Geistige gerichtet – es schreitet vom Einfachen zum Komplexen und verändert sich irreversibel, es ist selber Zeit. Das Gefühl hingegen ist umgekehrt und spiegelbildlich zum abstrahierenden Geist etwas in seinem Wesen Raumhaftes: Gefühl ist zeitlos, Gefühl ist Gleichzeitigkeit. Das Gefühl ist nicht gerichtet, nicht irreversibel, sondern fortwährend auf Ausgleich und Homöostase ausgerichtet. Noch auf eine ganz neue und wiederum sehr frappierende Weise ergänzen sich also Denken und Fühlen – in genauer Analogie zum Weltganzen, das durch Gegensätzlichkeit und Komplementarität von Zeit und Raum gegeben ist. Die Qualität der Gegenwart ist uns durch die Intensität der Sinneseinflüsse (Sehen, Hören, Riechen, Spüren, Gleichgewichtssinn etc.) realer als die Vergangenheit. Im allgemeinen hat kein Erleben nur annähernd die Qualität und Intensität wie die Gegenwart. Durch Erinnerung können wir uns höchstens ein bis zwei Sinneskanäle mit einiger Intensität vergegenwärtigen. Daher erscheint uns die Vergangenheit als blaß und inexistent – also weniger real. An der Möglichkeit der »Vergegenwärtigung« der gesamten Sensorik, also aller verschiedenen Sinneserlebnisse zugleich, erkennen wir den Unterschied zwischen Gegenwart, Vergangenheit und Zukunft.

Die Zeit der Aufmerksamkeit in der Gegenwart

Wenn wir die Gegenwart als eine Realität des Erlebens anerkennen, dann müssen wir uns fragen, welche Dauer diese Gegenwart hat. Um der Frage nachzugehen, hat Ernst Pöppel vom Institut für medizinische Psychologie Versuche angestellt, um die Dauer und den Integrationsmechanismus von Gegenwart darzustellen und aufzuzeigen, daß aufeinanderfolgende Ereignisse zu Wahrnehmungsgestalten zusammengefaßt werden:

1. Das Erleben von Gegenwart beim Hören

Mit Hilfe eines Metronoms kann man folgenden Versuch anstellen: wenn wir es auf die Zahl 120 einstellen, dann hören wir in gleichen zeitlichen Abständen von einer halben Sekunde genau gleich laute Schläge. Nun kann man versuchen, in die gleichförmige Ereigniskette einen Takt hineinzuhören, indem man jedem zweiten Metronomschlag ein stärkeres subjektives Gewicht gibt. So können wir der gleichförmigen Folge der Schläge ein stärkeres subjektives Gewicht geben. Wir können bei diesem Tempo auch jedem dritten, jedem vierten oder gar jedem fünften Schlag einen subjektiven Akzent geben und damit einen Rhythmus in die Schläge hineinhören, der objektiv nicht vorhanden ist. Ab einer bestimmten Grenze wird es unmöglich, durch subjektive Teilhabe eine zeitliche Gestaltung zu erreichen – das Gefüge zerbricht. Noch deutlicher als der Versuch, möglichst viele Schläge durch Konzentration zu einer Gestalt zusammenzufassen, können wir den zeitlichen Abstand zwischen den einzelnen Schlägen länger werden lassen. Wenn wir das Metronom auf 40 stellen, so daß der zeitliche Abstand zwischen den Schlägen 1,5 Sekunden beträgt, wird die Gruppenbildung schon schwieriger. Die Grenze für die subjektive Gestaltbildung ist letzlich für die meisten Menschen etwa zwischen 2,5 und 3 Sekunden. Wir sehen also, daß die zeitliche Grenze beim Erfassen von aufeinanderfolgenden Ereignissen bei wenigen Sekunden liegt – die Integrationsfähigkeit dazu spiegelt sich im Ausdruck des Gegenwartsgefühls.

2. Das Erleben von Gegenwart beim Sehen

Mit den doppeldeutigen Figuren kann man auf einen wichtigen Sachverhalt des Bewußtsein aufmerksam machen: auch wenn mehrere Sichtweisen möglich sind, so wird im allgemeinen immer nur ein Bild zur selben Zeit realisiert. Wir sehen den Würfel so oder so, wir sehen den Mann oder die Maus – aber wir sehen nie gleichzeitig beide Würfelperspektiven oder ein »Mann-Mausgemisch«. Das zeigt aber, daß wir im allgemeinen stets nur einen vorrangigen Bewußtseinsinhalt zulassen, wenn der eine Inhalt im Zentrum der Aufmerksamkeit steht, rückt alles andere in den Hintergrund. Dieser eine Bewußtseinsinhalt bleibt immer für höchstens drei Sekunden bestehen, um dann wieder zu versinken und von einem anderen abgelöst zu werden.

Die Dynamik des Bewußtseins kann also auf folgenden Nenner gebracht werden: Der Inhalt des Bewußtseins kann etwa drei Sekunden »überleben«; wenn danach nichts Neues aus der Umwelt geboten wird, schiebt sich eine alternative Form des inneren Bewußtseins in den Vordergrund. Der Mensch kann nur mit begrenzter Genauigkeit das zeitliche Nacheinander von Ereignissen unterscheiden. Bei welchen Meßwerten von »nacheinander« zu »gleichzeitig« übergegangen wird, hängt, wie neue Forschungen ergeben haben, von der Modalität und Komplexität der Reize ab. Für Hören, Sehen und Fühlen ergeben sich untere Grenzwerte zwischen 50 und 250 ms. Die Sinnesphysiologen nennen diesen kritischen Zeitintervall »Moment«. Der Moment stellt die untere zeitliche Grenze erfahrbarer Gegenwart dar. Und erfahrbare Zeit ist eine kontinuierliche Folge von Momenten. Wie es eine untere Grenze erfahrbarer Gegenwart gibt, so gibt es auch eine obere Grenze. Die Gegenwart kann, besonders bei intensiven Erfahrungen, verzögert und damit verlängert wahrgenommen werden.

Das vorausschauende Gehirn

»Denn es sind diese Zeiten als eine Art Dreiheit in der Seele, und anderswo sehe ich sie nicht; und zwar ist da Gegenwart von Vergangenem, nämlich Erinnerung; Gegenwart von Gegenwärtigem, nämlich Augenschein; Gegenwart von Künftigem, nämlich Erwartung.«

Augustinus

Die Feldtheorien Kurt Lewins sind wohl die fortschrittlichsten psychologischen Arbeiten zur Theorie der Wirkungskraft des zukunftsschauenden Bewußtseins. Nach Lewin denken und handeln wir grundsätzlich mit Hilfe einer Art Landkarte des Geistes. Diese Landkarte wandelt sich beständig und registriert, wo wir uns in Relation zu all jenen Umweltfaktoren plazieren, die für unsere Ziele und angestrebten »Zukünfte« relevant sind. So wie die positiven und negativen Spannungen unserer Umwelt unser Verhalten modulieren, kommt es auch darauf an, wie wir auf diese Ereignisse reagieren und gegebenfalls diese zurückweisen oder unser Verhalten modifizieren.

Die umfassenden Modellvorstellungen Lewins, die er zusammen mit seinen Schülern erstellte, bezogen sich auch auf den sogenannten »Sozialraum«, der das Denken und Verhalten von zwei und mehreren Menschen einschließt und aus denen dann die gesellschaftliche Zukunft hervorgehen soll. Ein wichtiger Beitrag war die Erkenntnis, daß es unterschiedliche Stufen von Strebsamkeit gibt, daß wir unsere Ziele hoch oder niedrig ansetzen. Dabei entdeckten sie, daß die erstrebte Zukunft im allgemeinen derjenige erreicht, der seine Ziele nur hoch genug steckt. Wer sich hingegen zu niedrige Ziele setzt, kann die Zukunft unmöglich nach eigenen Vorstellungen gestalten, ganz gleich, wie begabt er sonst noch sein mag. Lewin erkannte auch die Schubwirkung unvollendet gelassener Aufgaben. In Übereinstimmung mit dem holistischen, lückenschließenden, zukunftsbezogenen Gestaltdenken entdeckten Lewins Schüler, daß der Wunsch, die Aufgabe zu vollenden, bestehen bleibt, wenn wir unsere einmal begonnene Arbeit unterbrochen haben. Der Wunsch zur Weiterführung und Beendigung fungiert als eine Art Motor, der uns in die Zukunft treibt, bis wir unser Ziel wirklich erreicht haben.

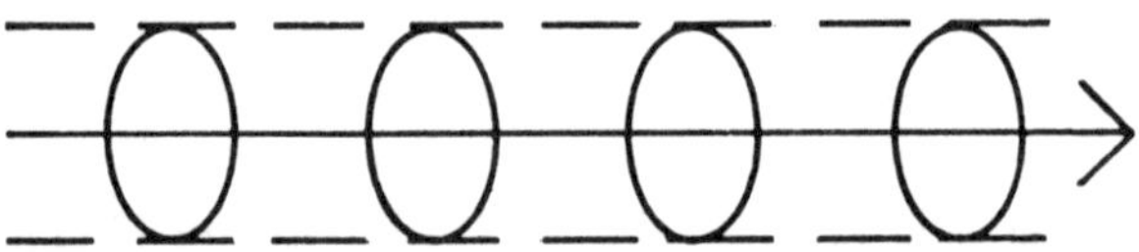

Abb. 27: Zieldenken

Die Entwicklung des Zeitgefühls

»Es scheint also, diese für Visionen, Vorauswissen, Vorhersagen und alle anderen möglichen Beziehungen zwischen Gehirn und Bewußtsein einerseits und der Zukunft andererseits so wichtige Dimensionen der Zeit besteht nicht nur aus einer, sondern gleich aus drei Arten. In der Philosophie haben Newton, Kant und besonders Bergson rudimentär für zwei, die metaphysischen Spekulanten Ouspensky und Priestley hingegen für drei Arten der Zeit argumentiert.«

David Loye

Die embryonale Phase kann vielleicht treffend als zeitlose Zeit charakterisiert werden; aus dem zeitlosen Zustand begannen wir – wie jeder Organismus nach der Geburt – uns ein Orientierungssystem aufzubauen, das wir gewöhnlich mit den Begriffen Raum und Zeit bezeichnen. Der bekannte russische Neurophysiologe Alexander Luria hat entdeckt, daß sich zur Koordination der Wahrnehmung zwei grundverschiedene Gruppen von Neuronenmechanismen entwickelten. Die erste Gruppe faßt die Sinnesreize zu gleichzeitigen Serien zusammen, die für die Erstellung eines angemessenen Bildes von der äußeren Welt wesentlich sind. Die zweite Gruppe von Neuronenmechanismen dient »der Integration individueller Reize, die nacheinander im Gehirn eintreffen. Diese Neuronengruppe faßt sie zu zeitlich strukturierten, sukzessiven Serien zusammen.« Wir haben also neben der zeitlosen Zeit auch noch eine räumliche Zeit. Mit der Verschiedenheit der Hemisphären scheint die Aufspaltung der Informationsverarbeitung erfolgt zu sein: für das simultane Verarbeiten die rechte Hälfte, die unsere räumliche Welt konstruiert, und für die serielle Verarbeitung die linke, die die Zeit absteckt. Der dritte und jüngste Zeitsinn scheint durch die Ausformung der funktionalen Unterschiede in der linken Hirnhälfte entstanden zu sein. Loye bezeichnet es als seriellen Zeitsinn. Diese Zeitwahrnehmung ist uns die vertrauteste, ja eigentlich ist es sogar die einzige, die wir als solche anerkennen. Es gibt Indizien dafür, daß sie letzlich von einem kritischen Punkt in der Kette der Evolution herrührt, wo auf das Sehen allein – z. B. in der Dunkelheit – kein Verlaß war. Bisher hatte der Gesichtssinn alles auf einmal erfaßt, es galt aber eine Serie von Eindrücken wahrzunehmen. Evolutionstheoretiker nehmen an, daß sich zur ganzheitlichen Erfassung der Klänge und Gerüche Nase und Ohr sich so herausgebildet haben, daß eine serielle Wahrnehmung möglich war.

Synergetisches Denken – unsere geistige Zukunft

Es ist beinahe eine Selbstverständlichkeit, daß die Eigenschaften und Qualitäten, die ein Ganzes ausmachen, mehr sind als die Summe seiner Einzelteile:

- *Eine chemische Verbindung* hat Merkmale, die sich von den einzelnen Bestandteilen wesentlich unterscheiden;
- *ein ökologisches System* zeigt Eigenschaften, die man bei der Untersuchung seiner Teilorganismen nicht erwarten kann;
- *eine Kultur* hat Eigenschaften, die nicht einfach die Summe der Verhaltensweisen der sie bildenden Individuen darstellen;
- *der menschliche Körper* ist nicht lediglich die Summe der Organe und Gewebearten, aus denen er besteht.

Dieses Prinzip der Synergie wurde von den Wissenschaften bisher zu wenig gewürdigt. Synergie kommt aus dem griechischen *synergia* und beschreibt die Fähigkeit von zwei Kräften, *sich gegenseitig zu optimieren*, um für beide Seiten bereichernd zu wirken. Im Bereich des Lernprozesses ist synergetisches Denken wichtig. Dies wurde in der Physik von Buckminster Fuller, in der Anthropologie von Ruth Benedict und in der Psychologie von Abraham Maslow beschrieben. Ruth Benedict hat den Gedanken der Synergie als erste in die Sozialwissenschaften eingebracht, nachdem sie Studien über Indianerstämme durchgeführt hatte. Bei einigen Stämmen bemerkte sie im allgemeinen etwas Sicheres und Liebenswertes, bei anderen wiederum etwas Furchteinflößendes. Sie konnte kein Muster dahinter erkennen, sie bemerkte aber bei den Gesellschaften, deren soziale und persönliche Ordnung positiv auffiel, daß diese sowohl dem eigenen Vorteil als auch der Gruppe dienten, »nicht, weil diese Menschen selbstlos sind und die sozialen Pflichten über persönliche Bedürfnisse stellen, sondern weil die sozialen Institutionen diese Dinge identisch machen.« Abraham Maslow erforschte zur gleichen Zeit »sich selbst verwirklichende Menschen«. Er kam zu dem Schluß, daß diese eine seltene Fähigkeit gefunden haben, Wertgegensätze zu lösen. Diese Personen sind gleichzeitig selbstlos und selbstsüchtig, spirituell und heidnisch, sinnlich und rational. Sie haben gelernt, ganzheitlich zu denken, d.h. alle Gehirne gleichzeitig einzusetzen und alle Dynamiken des Überlebens zu integrieren.

Kybernetik

Frederic Vester hat gezeigt, daß die Denkweise von und der Prozeß des Lernens in kybernetischen Regelkreisen unserer herkömmlichen Lernauffassung zuwiderlaufen. Die westliche Art zu denken und zu lernen entwickelt sich geradlinig: die Ursache wird zur Wirkung, Vergangenheit, Gegenwart und Zukunft liegen auf einer Linie. Die Kybernetik verbindet Denkprozesse in Regelkreisen, auf denen dann die Wirkung zur Ursache und die Vergangenheit zur Zukunft werden kann. Die Ursache liegt dann an beliebiger Stelle, dort nämlich, wo man in den Regelkreis eintritt. Auf einem kybernetischen Kongreß in Japan wurde deutlich, was ich schon an anderer Stelle dieses Buches gesagt habe, nämlich, daß der Japaner aufgrund seiner Tradition, Sprache und Schrift vertraut damit ist, unabhängig von geradlinigen Gedankenabläufen zu denken. Ihm fällt es leicht, in Regelkreisen zu denken, wie die Kybernetik es fordert. Das Lernen ist aber nicht nur möglich in Regelkreisen oder durch kausales Denken, sondern auch durch analoges (vergleichendes) und teleologisches Denken (eine Wirkung aufgrund eines allumfassenden Musters, das auf ein Ziel gerichtet ist). Die teleologische Denkweise wurde in der Naturwissenschaft bisher wenig beachtet und Ludwig von Bertalanffy sagt, dies sei darauf zurückzuführen, daß diese Sichtweise außerhalb des Wissenschaftlichen, nämlich im Metaphysischen, vermutet wird. Aber gerade hier begegnen sich Wissenschaft und Mystik.

Neues Lernen

Neues Lernen ist synergetisches Lernen. Alle drei Gehirne, d.h. der Körper und seine Sinneswahrnehmungen, ganzheitliches Denken, alle emotionalen Elemente und die Lebensumwelt müssen einbezogen werden. Dabei kommt es natürlich auf die jeweilige Fähigkeit an, die trainiert werden soll.

Eine der wichtigsten Erkenntnisse der neueren Lerntechniken sind die von den physiologischen Voraussetzungen, d.h., es gibt körperliche Bedingungen, die den Lernvorgang begünstigen oder hemmen. Die Großhirnrinde ist in der Evolution so neu, daß man sie häufig »das neue Gehirn« nennt. Hier setzt nun sozusagen die körperliche Voraussetzung für vernunftbedingtes Denken und höhere psychische Leistungen ein. Dieser Teil des Gehirns ist bei den Cetaceen (Delphine und Wale) und den Menschen am stärksten ausgeprägt. Dieser Bereich ist es, den man für verbesserte Lernleistung nutzen kann. McLean spricht davon, daß großhirngesteuerte Menschen eher systematische Denker mit hohem Abstraktionsvermögen sind. Das Psychologenehepaar Gur differenziert nach der Ausnutzung der Hemisphären. Es kam zu dem Ergebnis, daß die nach Fragen auftretende Blickrichtung mit der Art zusammenhängt, wie ein Problem gelöst wird und damit, ob die eine oder die andere Hemisphäre dabei benutzt wird. Menschen, welche die Augen beim Nachdenken eher nach rechts oben wenden, dürften im allgemeinen eher analytisch und intellektuell reagieren. Diejenigen mit der Blickrichtung nach links sind erwartungsgemäß mehr ganzheitlich und nicht verbal orientiert. Überdies stellte das Ehepaar Gur fest, daß die Linksblicker beinahe doppelt so oft über psychosomatische Beschwerden klagten als die nach rechts Blickenden. Man kann also die Art und Weise, wie die Augen eingesetzt werden als Hinweis dafür sehen, welche Hemisphäre bevorzugt benutzt wird und wie jemand mit Streß umzugehen vermag.

Eine weitere wichtige Untersuchung machte das Ehepaar im Hinblick auf die Platzordnung in Klassenzimmern. Sie fanden, daß Schüler, die meist nach rechts blicken, die Plätze auf der linken Seite bevorzugen und diejenigen, die meist nach links blicken, mit Vorliebe ihre Plätze auf der rechten Seite des Klassenzimmers wählen. Sogar bei der Auswahl der Fächer zeigt sich ein Zusammenhang mit der Sitzordnung. Bei Fächern wie Mathematik oder Naturwissenschaften, die mehr mit der linken Gehirnhälfte in Beziehung stehen, wollten die meisten Schüler lieber auf der linken Seite sitzen, um nach rechts zu schauen und die linke Hemisphäre zu aktivieren. Bei Kunst und Musik entschieden sie sich dagegen mehr für die rechte Raumseite. Rechts-Links-Versuche im Bereich des Hörens machte Richard McFarland von der California State University. Er ließ Personen lernen und gleichzeitig Musik hören und fand dabei heraus, daß Musik, die aus dem rechten Kopfhörer kommt, das Lernen erschwert. Kam die Musik von links, fiel es leichter. Beidseitiges Hören von Musik beim Lernen zeigte, daß die Lernfähigkeit zu der beim Linkshören keinen Unterschied ergab.

Sicherlich spielt auch die Art der Musik eine große Rolle. Beim Superlearning wird Barockmusik – meistens Largo-Partien – verwendet, mit einem Rhythmus von 60-70 Schlägen pro Minute, was unter Verwendung einer bestimmten Atemtechnik den Alpha-Zustand stabilisieren soll. Effek-

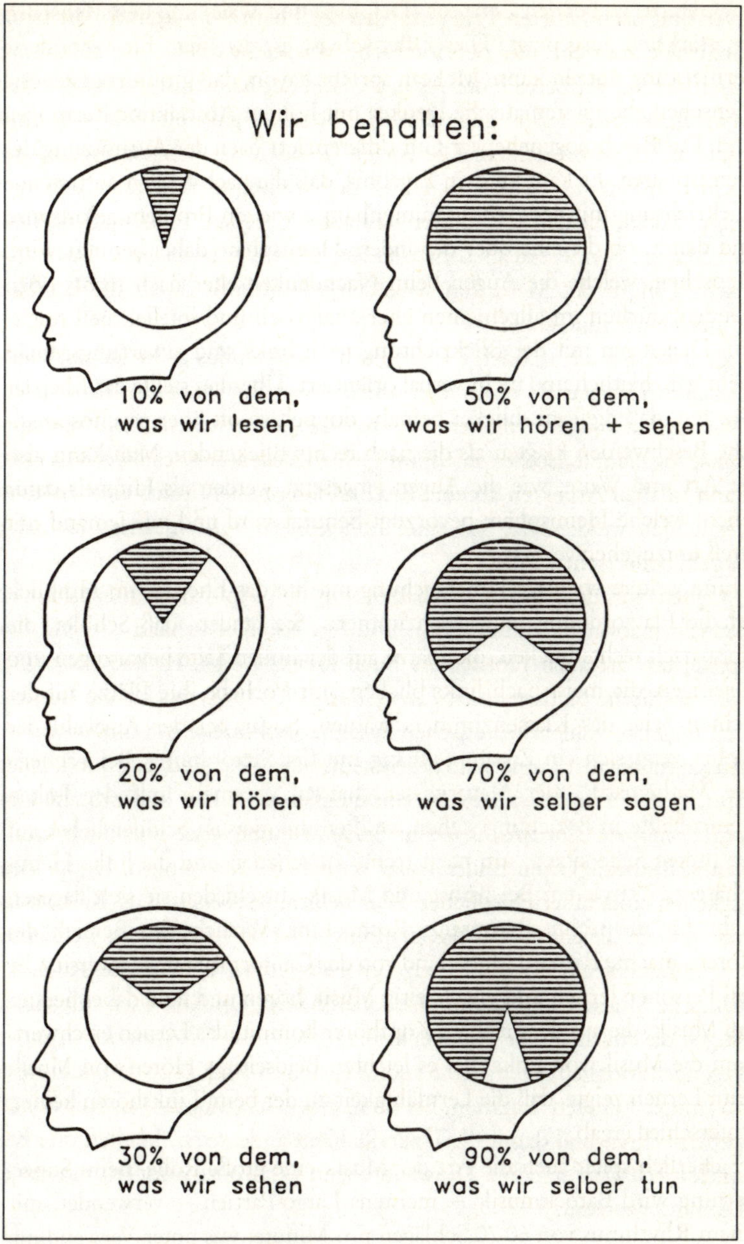

Abb. 28: Das lernende Gehirn

tiver sind nach neueren Erkenntnissen die Hemi-Sync-Technik, die beide Gehirne einbezieht, und obertonreiche Musik, die das Gehirn aufnahmebereit macht. Im Bereich der Ästhetik fand der Kunsthistoriker Heinrich Wölfflin heraus, daß es eine deutliche Tendenz gibt, ein Bild von links nach rechts zu betrachten. Die Augen beenden die Betrachtung auf der rechten Bildhälfte, so daß sich hier der wichtigste Bildinhalt befinden sollte. Bilder, die den wichtigsten Teil auf der rechten Bildseite darstellen, werden im allgemeinen als ästhetisch befriedigender bezeichnet. Das ästhetische Gefühl des Menschen wird stark beeinflußt durch die lateralen Unterschiede im Gehirn.

In seinem Buch »Gödel, Escher, Bach – ein endlos geflochtenes Band« berichtet Douglas R. Hofstadter anhand von Sprachrätseln, Paradoxien, Wortspielen und Skurrilitäten, wie »Informationserhaltene Transformationen«, sogenannte Isomorphien, im Gehirn Bedeutung schaffen. »Denken kann in allen Aspekten als eine Beschreibung hoher Stufen eines Systems verstanden werden, das auf einer hohen Stufe von einfachen formalen Regeln beherrscht wird.«

Gehen wir dem Inhalt des Satzes von den »Informationserhaltenden Transformationen« einmal nach, und tun wir dies anhand der drei Beispiele, um die auch Hofstadters Buch kreist: Gödel, Escher, Bach. Der österreichische Mathematiker *Kurt Gödel* (1906-1978) machte die Aussage, daß in jedem zahlentheoretischen System, das hinreichend umfassend ist, Aussagen, die nicht innerhalb des Systems beweisbar sind, nur durch einen Sprung in ein umfassenderes System möglich sind. Der holländische Graphiker *Maurits Cornelis Escher* ist bekannt durch seine unendlich kreativen, selbstbezüglichen Bilder voller optischer Täuschungen, Doppeldeutigkeiten und unterschiedlicher Wahrnehmungsebenen. Die Bildaussage war jeweils diejenige, daß das ursprünglich Dargestellte vom Betrachter zugunsten einer neuen Bildaussage interpretiert werden konnte. Auch der deutsche Musiker und Komponist *Johann Sebastian Bach* trieb mit seinen Fugen die musikalische Ausdrucksform bis an die Grenzen der in ihnen liegenden Möglichkeiten. Seine endlos ansteigenden Kanons modulierte er zu immer höheren Tonarten, bis sie in einer Schleife zur Ausgangstonart zurückkehren und damit die Unendlichkeit andeuteten. In allen drei Beispielen schaffen ständige Umwandlungen (Transformationen) ein neues Bedeutungsniveau.

Ganzheitliches Denken lernen

Wenn wir von der Wirklichkeit als »Ganzes« sprechen, so gelangen wir durch ein endloses Hinzufügen von Einzelteilen noch lange nicht zu einem ganzheitlichen Prozeß. Das Addieren von Fragmenten ist letztlich ebenso eine intellektuelle Spielerei wie das Aufteilen in Fragmente (das durchschnittliche wissenschaftliche Denken). Ganzheitliches Denken ist ein »nicht-duales Erkennen« und operiert da, wo noch keine Fragmente, Spaltungen und Dualitäten bestehen, wo es nichts zu addieren und zu dividieren gibt.

Das Lernen hat in den letzten Jahren eine große Veränderung durchgemacht: Man erkennt, daß die einseitige Ausrichtung auf Fakten und Information falsch war. Die Bestrebungen gehen dahin, das Lernen von der einseitigen Ausrichtung auf Kognition und Intellekt zu befreien und auf eine »gefühlsbetonte Logik« auszurichten. Das geht aber nicht von alleine, sondern indem man den Lernvorgang zum Ent-lernvorgang macht, damit »selbstbestimmtes Wissen« eingebracht, eine Gefühls-Regie praktiziert und von einer Vor-Logik (Prälogik) zur Über-Logik (Translogik) übergegangen wird. Damit richtet man sein Denken auf den Prozeß der Ganzheitlichkeit aus.

Synergetisches Lernen

Das synergetische Lernen eignet sich besonders in Bereichen, in denen viel Komplexität herrscht und das Erkennen von Prozessen innerhalb dieser Komplexität erforderlich ist. Die Lernenden lernen damit die Eigendynamik von Prozessen des Werdens und nicht mehr die Strukturen des Seins – man lernt Prozesse statt Fakten. Synergetisches Lernen vermittelt Erlebniswissen im Sinne der Emotion. Es führt dazu, daß Ratio und Emotion zu gleichwertigen Partnern werden: man kann es auch als affekt-logisches Lernen bezeichnen.

Hier wird die Präferenz auf einen gezielten Umgang mit Gefühlen gelegt, die sozusagen auch als Feedback für den Lernerfolg gelten können. Man kann davon ausgehen, daß permanentes Lernen nur möglich ist durch das Trainieren einer »optimalen Gefühlsregie«. Durch Chaotisierung und Durcheinanderbringen starrer Gefühlsmuster kann es zum nachfolgenden Aufbau positiver Gefühlszonen kommen und von gefühlsmäßigen Konditionierungen befreien.

Bewußtsein erschaffen lernen

Immer mehr erkennen wir, daß Information und Daten nicht automatisch authentische Kommunikation und Bewußtsein bedeuten. Ganzheitliches Wahrnehmen hat sehr viel mit Bewußtsein zu tun.

Verursachendes Wissen

Im Gegensatz zu Wissen, das man von außen empfängt, gibt es eine vernachlässigte Hälfte des Lernens, nämlich das selbstverursachende Erschaffen von Wissen, Daten und Gedanken, das verursachende Betrachten und das Entwickeln von eigenen Ideen.

Aktionszyklen beachten

Starten, verändern, stoppen.

Ursache und Wirkung im Kommunikationsbereich beachten – kognitive Homöostase

Fast alle Ängste, Ärgernisse und Verstimmungen im zwischenmenschlichen Bereich gründen sich auf ein unausgewogenes Gleichgewicht von Ursache und Wirkung.

Ursache und Wirkung im Spiel des Lebens

Grundsätzlich neigt man dazu, Wirkung zu sein im Spielprozeß des Lebens, kann aber die Wirkung nicht mehr konfrontieren und protestiert dagegen. So wird man nur noch zusätzlich Wirkung. Selbstbestimmung und Fremdbestimmung – Selbstreferenz und Fremdreferenz – sind nur verschiedene Anteile des gleichen Prozesses.

Metaprogramme erschaffen

Es gilt, Metaprogramme zu erschaffen, die auf hohes ethisches Niveau ausgerichtet sind, d.h. affektlogisches Lernen.

Polaritäten überwinden

Durch absichtloses Denken und Handeln können Polaritäten überwunden werden.

Der Umgang mit Wissen, Daten und Kommunikation – *Moderne Lerntechniken*

Die Grundschullehrerin Christina Buchner schreibt in Ihrem Buch »Neues Lesen, Neues Lernen«, daß wir es nicht mit »dem« Schüler zu tun haben, sondern mit einer vielgestaltigen Persönlichkeit, bei der möglichst viele Saiten zum Schwingen gebracht werden sollten. »Langsam gewinnt zwar die Erkenntnis an Boden, daß wir unserem Gehirn weit mehr an Leistung 'abluchsen' können, wenn wir es so behandeln, wie es seiner Eigenart zukommt. Ein Beispiel hierfür ist die rasche Ausbreitung und der beachtliche Erfolg, den die Methode des Lernens in der Entspannung, die Suggestopädie, in den letzten Jahren hatte... Die Konsequenz, die nun aus dem dargestellten Sachverhalt für die Schulpraxis zu ziehen wäre, ist denkbar einfach: Wir müssen gehirnfreundlich arbeiten. Nichts einfacher als das! Verbinden Sie einfach 'linke' und 'rechte' Tätigkeiten!« Im folgenden möchten wir einige Beispiele gehirnfreundlichen Lernens zeigen, die nicht nur für Schulkinder, sondern auch für alle Bereiche des Lernens zu empfehlen sind.

1. Edu-Kinestetik (EK – Educational Kinesiology)

Die Edu-Kinestetik-Übungen (siehe auch »Brain Gym«, Kapitel 4) sind zwar nur indirekt »Lern«-Techniken. Sie helfen aber sehr wirkungsvoll, das Lernen zu verbessern. Die Grundschullehrerin Christina Buchner, die erfolgreich damit arbeitet, betont in ihrem Buch »Neues Lesen, Neues Lernen«, daß bei 80% aller Menschen der neurologische Überkreuzfluß, also die Verbindungsbahnen zwischen den Gehirnhälften, nicht ausreichend gebahnt ist. Mit EK-Übungen können diese Verbindungen und damit das Lernen wesentlich gebessert werden.

»Wie wir wissen, werden von jeder Gehirnhälfte Auge, Ohr und Hand der gegenüberliegenden Körperseite kontrolliert. Wenn wir nun gleichzeitig zwei Augen oder die rechte Hand und das linke Bein bewegen, dann werden die rechtsseitigen Bewegungen von der linken Hemisphäre und die linksseitigen von der rechten veranlaßt. Die Bewegungsimpulse überkreuzen sich. Dieser Überkreuzfluß kann nun automatisiert sein und ganz natürlich erfolgen, ohne daß eine bewußte Anstrengung erfolgen muß. In diesem Fall wird das Bewegungsmuster von der rechten Gehirnhälfte gesteuert, die für Bewegungen und Körpergefühl zuständig ist, und wir verfügen über ein beidseitig integriertes, bilaterales Bewegungsmuster.

Wenn wir jedoch als Kleinkinder zu spät oder zu wenig krabbelten, blieben wir auf dem Stand des bewußten Bewegens stecken, die Automatisierung unserer Bewegungen ist uns nicht gelungen. Das heißt, daß wir unsere

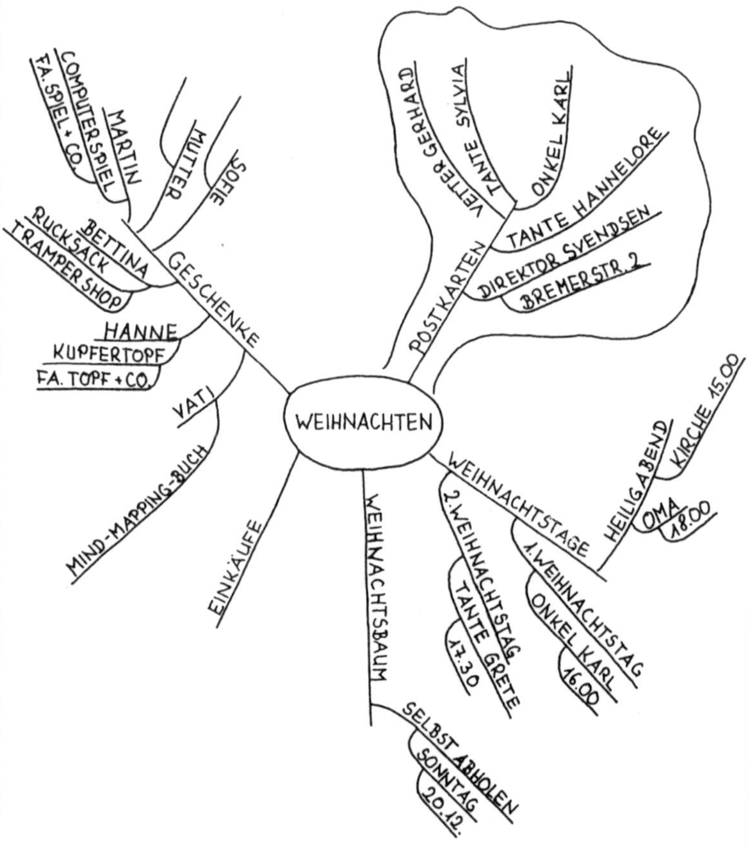

Abb. 29: Mind Mapping

bewußte – linke – Hemisphäre für deren Koordination benutzen und nicht die rechte, die dafür zuständig wäre und uns ein müheloses, automatisiertes, natürliches Bewegen ermöglichen würde.

Da die linke Gehirnhälfte aber für das Lernen neuer Dinge freigehalten werden soll, leuchtet es sicher ein, daß es Probleme geben muß, wenn sie auf diese Weise blockiert wird, während die rechte Hälfte die Aufgabe, die ihr eigentlich zukäme, nicht übernimmt. Wir befinden uns dann in einem homolateralen, abgeschalteten Modus und haben jeweils nur einen Teil unserer Fähigkeiten zur Verfügung.

Das, was für die Automatisierung so grundlegender Funktionen gilt, können wir sehr gut beim Erlernen ganz alltäglicher Fähigkeiten beobachten. Denn da wir uns alle natürlich nicht mehr daran erinnern können, wie wir eigentlich das Krabbeln lernten, fällt es uns vielleicht schwer, uns vorzustellen, daß wir zunächst die einzelnen Bewegungen bewußt, »mit Denken«, vollziehen mußten, bevor sie automatisch von selber klappten. Sie erinnern sich vielleicht daran, wie Sie das Radfahren lernten. Da war Ihre Aufmerksamkeit von den auszuführenden Bewegungen beansprucht. Sie mußten sich auf alles konzentrieren, um nicht gleich wieder umzufallen. Und dann – ganz plötzlich – konnten Sie es . Hätte man Sie aber gefragt, wieso, dann hätten Sie darauf sicher keine Antwort geben können. Es war eben so. Sie hatten eine Tätigkeit, die Sie bewußt und linkshirnig erlernt hatten, automatisiert und die Kontrolle darüber an das rechte Gehirn abgegeben.« (aus: Christina Buchner, »Neues Lesen, Neues Lernen«, Verlag Bruno Martin, 1991).

Außer den Überkreuz-Bewegungen, die Blickrichtungen, Arm- und Beinbewegungen koordinieren, hat die Edu-Kinestetik eine Reihe weiterer Übungen, die nach einigen Wochen der Ausführung jeden Lernvorgang verbessern. (Sie finden diese Übungen im erwähnten Buch und in Paul Dennisons »Befreite Bahnen« und »Lehrerhandbuch Brain Gym« erschienen im Verlag für Angewandte Kinesiologie, Freiburg).

2. Mind Mapping

Mind Mapping ist eine Synthese von sprachlichem und bildhaftem Denken. Sie ist eine einfache und wirkungsvolle Methode, etwas zu planen, zu konzipieren oder mit einer Gruppe zu erarbeiten. Als Hilfsmittel genügen Papier und Bleistift. Mind Mapping hält die Stichwörter fest, die während eines Denkprozesses in schneller Folge auftauchen und sich zu Bildern formen. Mit dieser Methode wird das Gehirn sehr schnell entlastet und gleichzeitig stimuliert. Am Ende des Denkprozesses steht ein »Ideenbaum« mit Hauptästen und Nebenzweigen auf dem Papier, der zum Handeln auffordert und nichts vergessen läßt. Insgesamt ist Mind Mapping ein ideales Lern- und Gedächtnistraining, um beide Gehirnhälften zu aktivieren.

- Mind Mapping fördert das visuelle Gedächtnis und die Integration des Wissens.
- Man sollte sich trainieren, auch Farben, Phantasievorstellungen, Augenfälliges, Formen und Gestalten, Konturen und Umrisse, Absurditäten und anderes festzuhalten.

3. Schnellesen

Beim Schnellesen ist man gezwungen, Druckseiten mit einer Geschwindigkeit, die weit über das normale Maß hinausgeht, zu lesen. Man bewegt beim Lesen seine Augen so schnell über das Papier, wie man es bisher nicht gewohnt war, ohne zu überlegen, ob man nun viel behält oder nicht. Dazu bewegt man sich mit dem Zeigefinger mit hoher Geschwindigkeit abwärts, bis man zuletzt nur noch wenige Augenblicke braucht, um die Seite zu bewältigen. Nach einer Weile geht man wieder dazu über, mit normaler Geschwindigkeit zu lesen. Trotzdem wird man feststellen, daß man nun bedeutend schneller liest als gewöhnlich.

Das Schnellesetrainig bietet folgende weitere Vorteile:
- Man wird ermutigt, nach den Schlüsselwörtern im Text zu suchen.
- Die rechte Seite des Gehirns wird in den Prozeß mit einbezogen.

Zu Anfang des Trainings, wenn man die Seite nur kurz betrachtet, scheint alles verschwommen, und nichts wird behalten. Nach einiger Zeit tritt ein interessantes Phänomen auf: man stellt nämlich fest, daß man einige Schlüsselworte – meist Haupt- und Zeitwörter – bereits mit dem ersten Blick erfaßt. Dieser Umstand deutet darauf hin, daß zwar die Druckseite nicht im einzelnen gelesen wird, daß jedoch das Gehirn einen Großteil des Inhalts bereits verarbeitet. Das Schnellesetraining entwickelt die Fähigkeit, die relevanten Worte auf einer Seite herauszufinden.

4. Superlearning

Weltweit wurde dieser Lernansatz aufgrund des gleichnamigen Buches von Ostrander und Schroeder bekannt. Die Methode selbst wurde als »Suggestopädie« vom bulgarischen Arzt und Psychologen Dr. Georgi Losanow entwickelt, der etwas gegen Lernunlust tun wollte. Dabei setzte er an vier Punkten an:

Zuerst einmal erlernt man eine besondere *Entspannungstechnik*, da optimales Lernen mit einer entsprechenden Körperphysiologie einhergeht. Im allgemeinen ist der Alpha-Bereich am besten geeignet, um gute Lernleistungen hervorzubringen.

Zweitens wurde festgestellt: Wenn wir etwas Faszinierendes hören, dann halten wir unwillkürlich den Atem an. Deshalb wurde eine *spezielle Atemtechnik* gelehrt.

Drittens hat Losanow festgestellt, daß ein *bestimmter Rhythmus*, wie etwa der Herzrhythmus von 60 Schlägen pro Minute, das Lernen besonders fördert. Deshalb wird der Lehrstoff beim Superlearning mit Musik, vor allem mit den Largosätzen der Barockmusik, gekoppelt.

Viertens ist Losanow klargeworden, daß die Information, die man hört, nicht monoton klingen darf, weil jedes gleichbleibende Klangbild einschläfert. Deshalb muß der Sprecher im Unterricht öfter abwechseln: einmal laut, einmal leiser reden, einmal mit Betonung, einmal ohne, einmal langsam, einmal schnell.

Das Fürstentum Liechtenstein entschloß sich bereits vor fünf Jahren zu einem Schulversuch mit dieser Unterrichtsmethode. Die Zeitschrift »Esotera« berichtete in ihrer Ausgabe vom August 1989 darüber: »Bereits der Eintritt in das Klassenzimmer war mit einer Überraschung verbunden. Es gab in diesem Raum keine Schulbänke. An ihre Stelle waren bequeme Stühle getreten, die zum Entspannen einluden.« Denn das schuluntypische Motto lautet: Spiel und Spaß = Lernen. Die Elemente, die das spielerische Lernen möglich machen, sind:

Aktivkonzert: ausdrucksstarker, poetischer, in der Art der Rezitation vorgetragener Text. Er wird von lebhafter klassischer Musik begleitet.

Passivkonzert: Vortrag des Lernstoffes. Die Teilnehmer befinden sich in einem Entspannungszustand.

Suggestion: Vorschlag, Andeutung, etwas mit Phantasie vor Augen führen.

Streßfreies Lernen: In gutem suggestopädischem Unterricht herrscht eine aufgeräumte Stimmung. Es wird darauf verzichtet, Fehler direkt zu korrigieren. Dies trägt dazu bei, daß sich das Kind ohne Angst vor Fehlern auf den Lehrstoff einlassen kann.

Ganzheitliches Lernen: Der Schulstoff wird veranschaulicht, in Bildern dargestellt, in Rollenspielen nachvollzogen und in Musik umgesetzt.

Stoffmenge: Im suggestopädischen Unterricht wird eine Stoffeinheit als Ganzes dargeboten. Man lernt den Stoff nicht nach und nach, sondern hat von Anfang an einen Überblick über ein Gebiet; mit der Zeit vertieft man die Details.

Konzertphasen: Sie tragen wesentlich zu einem entspannten, streßfreien Lernen bei. Sie geben die Möglichkeit, den Stoff aufzunehmen, während der Schüler entspannt und ruhig in einem Sessel liegt.

Der Einsatz lohnt sich. »Das Engagement der Schülerinnen und Schüler war groß. Nicht zuletzt erlebten die Lehrer eine Überraschung. Sie konnten feststellen, daß der suggestopädisch vermittelte Schulstoff außerordentlich gut behalten wird. Auch fast ein Jahr später hatten die Schülerinnen und Schüler fast den gesamten Stoff präsent.«

Schematische Darstellung des Gedächtnisses

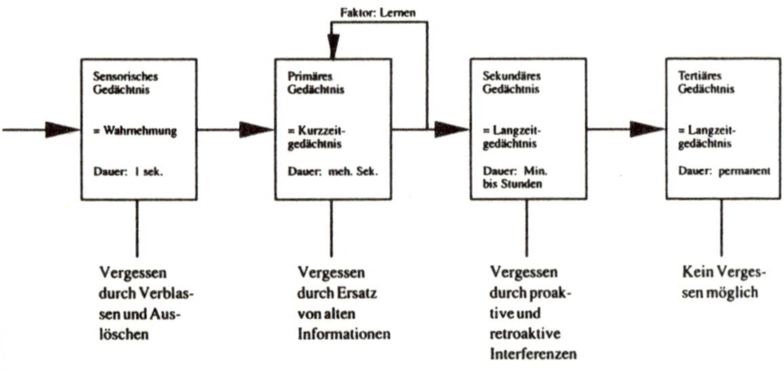

Es erreicht immer nur ein Bruchteil der aufgenommenen Reize/Informationen die nächste Gedächtnisebene.

5. *Gehirn-Jogging*

Der Ausdruck Gehirn-Jogging soll an das körperliche Jogging erinnern, bei dem man längere Zeit läuft, ohne sich zu stark zu belasten. Gehirn-Jogging unterscheidet sich demnach vom geistigen Hochbelastungstraining und dem geistigen Intervalltraining. Bei den Hochleistungsübungen werden über kürzere oder längere Zeit durchgehend extreme geistige Anforderungen gestellt. Beim Intervalltraining tritt ein Wechsel zwischen höchster und sehr geringerer Belastung auf. Das Gehirn-Jogging ist eine weniger anstrengende Übung, die in vielen Fällen nicht weniger wirksam ist, aber den meisten mehr Spaß bereitet.

Das Gedächtnis reagiert sehr sensibel auf zu geringe Beanspruchung. So belegen Forschungen, daß bereits eine Bettlägerigkeit von wenigen Tagen zu einer deutlichen Minderung von Intelligenzleistungen führt. Dauert der Mangel nur kurz, läßt sich wahrscheinlich bei nachfolgender Aktivierung das alte Niveau wieder erreichen. Halten die zu geringen Anforderungen jedoch jahrelang an, so sind die dabei entstandenen Minderungen nur über optimales Training und längere Zeitdauer wieder auf den persönlichen Stand zu bringen. Nach verschiedenen Studien erreichen 15 bis 16-jährige die besten Lernleistungen. Bei Personen, die ein geistig wenig aktives Leben führen, kann sich schon im Alter zwischen 35 und 50 Jahren die Leistungsfähigkeit absenken. Gehirn-Jogging kann dazu beitragen, ein einmal erreichtes geistiges Niveau zu erhalten. Außerdem erhöht es die Hirndurchblutung, was vorbeugend gegen den Alterungsprozeß des Gehirns wirkt.

Was soll geübt werden? Kreuzworträtsel können nützlich sein, jedoch wird die Gehirnfunktion des unmittelbaren Behaltens meist unterbeansprucht. Aus informationspsychologischer Sicht ist es wichtig, drei Grundgrößen zu üben:

- die Geschwindigkeit der Wahrnehmung und des Vergleichs von Informationen;
- die Fähigkeit, Informationen mehrere Sekunden lang im Bewußtsein gleichzeitig verfügbar halten;
- die Fähigkeit, Informationen im Gedächtnis zu speichern und wieder daraus hervorzuholen. Zeitlich ist es besonders ökonomisch, nur diese drei Grundgrößen zu trainieren. Zu diesem Zweck wurde ein Basistrainingsprogramm erstellt.

Beispielübung zum Gehirnjogging-Basisprogramm:
Die Sterne bilden ein Muster, das in den folgenden Buchstabenreihen wiedererkannt werden soll.

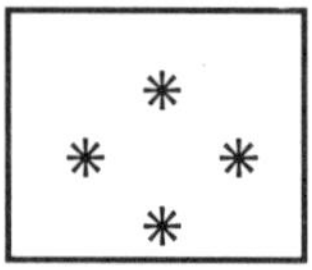

Spalte 1			Spalte 2			Spalte 1			Spalte 2		
R	J	T	K	H	H	U	D	N	X	J	X
N	A	F	D	M	R	S	O	D	Q	X	U
A	N	N	N	D	D	S	E	T	X	O	X
X	A	A	Q	R	S	H	T	R	O	V	O
R	C	L	C	J	Z	G	J	L	G	O	Q
L	G	C	P	C	L	I	P	D	Q	L	K
S	L	L	M	H	W	O	Y	N	T	C	N
E	X	P	S	M	M	S	Y	F	C	F	C
R	W	W	J	C	G	Y	D	Y	F	C	F
A	K	Y	R	X	V	D	Y	D	F	M	D
G	A	A	O	R	R	Z	D	Z	C	V	Z

6. Bildhaftes Denken

Gehen Sie mit mir auf eine Reise. Man schreibt das Jahr 10 v. Chr. Sie schlendern gerade durch einen Tempel auf dem Forum Romanum. Nun bleiben Sie stehen, um eine Marmorstatue des Jupiter zu bewundern, doch schon bald werden durch ein leises Gemurmel abgelenkt. Es kommt von einem jungen Mann ganz in ihrer Nähe, der die Statue aufmerksam betrachtet. Zehn Meter weiter bleiben Sie bei einer anmutigen Minerva stehen, um Sie eingehend zu studieren. Wieder ist der junge Mann nahe bei Ihnen. Plötzlich sehen Sie ein Marmorbecken schimmern und Sie gehen und setzen sich an seinen mit Skulpturen geschmückten Rand. Während Sie die Bewegungen eines Fisches verfolgen, werden Sie erneut von demselben murmelnden Burschen abgelenkt. Ab und zu sieht er auf eine Wachstafel, die er bei sich trägt. Sie gehen näher an ihn heran, um zu verstehen, was er sagt und entdecken zu Ihrem Erstaunen, daß er von Steuerreform spricht. Der junge Mann, der noch immer vor dem Fischbecken verweilt, fuchtelt aufgeregt mit seinen Armen und Sie entfernen sich. Überall in den Tempeln, in den Vorhöfen und öffentlichen Gebäuden begegnen Sie anderen ziellos umherwandernden murmelnden Burschen, die allem Anschein nach weder Priester noch Gemeindemitglieder sind. Ebensowenig gehören Sie zum Personal oder zu den Stammgästen der Gebäude.

Wer sind Sie und was tun Sie also?

Sie lernen und praktizieren die Rhetorik, und Sie benutzen die verschiedenen Plätze der öffentlichen Gebäude, um die einzelnen Abschnitte ihrer Reden in Ihrem Gedächtnis festzuhalten.

Der Redner, dem noch keine Buchdruckerkunst und kein Papier für Stichworte zur Verfügung standen, mußte ein Meister der Mnemotechnik werden, d.h. er mußte die Gedächtniskunst beherrschen.

Im Jahrhundert vor Christus ersannen die Meister der Rhetorik – Cicero, Quintilianus, der unbekannte Verfasser des Ad Herennium – bemerkenswerte Schriften und Abhandlungen, nach denen der gewissenhafte Schüler starke visuelle und verbale Erinnerungen ausarbeiten konnte, und zwar unter Verwendung ähnlicher Techniken, wie wir sie soeben bei unserem murmelnden Freund gesehen haben. Der angehende Rhetoriker ordnete die Reihenfolge seiner Rede der Reihenfolge der Räume, Statuen und Ornamente der bekannten Gebäude zu. Mit zunehmendem Können kam es zu bemerkenswerten und phantastischen Gedächtnisleistungen. Seneca der Ältere konnte zweitausend Namen in der vorgegebenen Reihenfolge wiederholen. Wenn er einer Klasse von über zweihundert Schülern zuhörte, von denen jeder abwechselnd eine Gedichtzeile vortrug, konnte er sämtliche Zeilen in umgekehrter Reihenfolge rezitieren, das heißt, er begann mit der letzten Zeile und arbeitete sich zur ersten vor. Der heilige Augustinus berichtet von einem Freund namens Simplicius, der den »Vergil« rückwärts aufsagen konnte. Solche enormen, wenn auch wertlosen Leistungen sind ein Beweis für die Lehren der alten Schriften, in denen es heißt, daß wir mit einem guten visuellen Erinnerungsvermögen an architektonischen Gedächtnisplätzen nach Belieben entlangwandern können und dabei unsere Erinnerungen durch eine Technik zurückbekommen, die wohl eher eine Kunstfertigkeit als eine Kunst ist, die sich aber während der letzten 2500 Jahre in ihrer Methode kaum verändert hat. Auch heute bedienen sich moderne Lerntechnologien der bildhaften Vorstellung. (Text aus: Jean Houston, »Der mögliche Mensch«, Basel 1984; Abdruck mit freundlicher Genehmigung des Sphinx Verlages.)

Lernen auf der Meta-Ebene

Ein Beitrag von Vera F. Birkenbihl

Es ist eine relativ unbekannte Tatsache, daß man umso leichter lernt, je mehr man lernt. Dies klingt vor allem für den unglaubwürdig, der in den letzten Jahren (Jahrzehnten?) wenig aktiv gelernt hat! Aber es stimmt. Fragen Sie einen Erwachsenen, der noch regelmäßig lernt. Das hat damit zu tun, daß Informationen im Hirn zu Info-Bündeln und diese zu mehrdimensionalen Info-Netzen verbunden werden. Diese unglaublich komplexe Datenstruktur im Kopf bewirkt, daß man sozusagen auf einer höheren Ebene den Lernprozeß als solchen »begreift« und seine »Spielregeln« ableitet, wiewohl man diese (zumeist) bewußt überhaupt nicht in Worte fassen könnte. So wird Chinesisch als siebte Fremdsprache weit leichter sein als die erste (z. B. Englisch) es war, wiewohl Chinesisch (von einer indo-europäischen Sprache kommend) weit schwieriger ist. Fachsprachlich sagt man, daß jemand auf der Meta-Ebene gelernt habe, wie er eine Sprache »angehen« müsse. Sie kennen den Ausdruck Meta-Ebene (nach Gregory Bateson) vielleicht aus der Kommunikation: Man geht davon aus, daß wir auf zwei Ebenen miteinander sprechen: der Inhaltsebene (eher linkshirnig) und der Beziehungsebene (welche weitgehend vom rechten Hirn »gemanagt« wird), auf welcher wir mitteilen, wie wir etwas gemeint haben. Wenn wir hingegen über Kommunikation sprechen, wenn wir z. B. sagen, daß sie auf zwei Ebenen abläuft, dann befinden wir uns auf der Meta-Ebene. Sollten wir über diese sprechen wollen, wäre dies dann die Meta-Meta-Ebene usw.

Nun ist es beim Lernen ähnlich: Wir lernen detaillierte Inhalte (links) und begreifen Zusammenhänge (rechts); aber auf einer übergeordneten Ebene lernen wir, wie man lernt.

Stellen Sie sich vor, jede Information, die Sie hören oder lesen, käme mit eingebautem Angelhaken (in alle Richtungen) auf Sie zugeflogen. Wenn diese Info bei Ihnen ein Netz vorfindet (weil Sie Vor-Informationen besitzen), dann »hakt« sie sich sofort vollautomatisch dort ein. Ist kein Netz vorhanden, dann »fliegt« sie an Ihnen vorbei, und dann sagen Sie: Ja,ja, ich weiß, ich habe ein schlechtes Gedächtnis! Falsch! Sie hatten nur noch kein Wissensnetz für diese Art von Info! Je mehr man lernt, desto ausgebreiteter werden die Netze.

(Auszug aus: Vera F. Birkenbihl, Stroh im Kopf? – Gebrauchsanleitung fürs Gehirn, Gabal Verlag, mit frdl. Genehmigung der Autorin.)

Leben als Prozeß der Kognition

»Lebende Systeme sind kognitive Systeme, Leben als Prozeß ist ein Prozeß der Kognition. Mit Nervensystemen ausgestattete lebende Systeme erzeugen durch Selbstbeobachtung Selbstbewußtsein.« Diese aktuelle Erkenntnis des chilenischen Biologen Humberto R. Maturana führt die Bewußtseinsforschung ein ganzes Stück weiter. In seinem zusammen mit Francisco J. Varela verfaßten Werk »Der Baum der Erkenntnis« hat er aufgezeigt, daß Geist und Bewußtsein als Teil der menschlichen Dynamik wirken. Die Geschlossenheit lebender Systeme bedingt ihre Autonomie gegenüber ihrer Umwelt. Das Nervensystem erweitert den Kognitionsbereich lebender Systeme, indem es ihnen Interaktionen erlaubt, durch die ihre internen Zustände in relevanter Weise mittels sogenannter reiner Relationen, also nicht durch physikalische Ereignisse, modifiziert werden. Dadurch können Organismen mit eigenen internen Zuständen so interagieren, als ob diese von Ihnen unabhängige Gegenstände wären: »Sie schaffen damit das scheinbare Paradoxon, ihren kognitiven Bereich innerhalb ihres kognitiven Bereichs zu enthalten.«

Nach Maturana ist »Verhalten daher ein funktionales Kontinuum, das dem Leben des Organismus durch alle seine Transformationen in seinem selbstreferentiellen Interaktionsbereich hindurch Einheit verleiht.« Und er folgert daraus: »Die anatomische und funktionale Organisation des Nervensystems sichert die Synthese von Verhalten, nicht eine Repräsentation der Welt.« Denn: »Der Beobachter ist ein lebendes System, und jede Erklärung der Kognition als eines biologischen Phänomens muß eine Erklärung des Beobachters und seiner dabei gespielten Rolle beinhalten.« Wir sehen und erkennen die Welt nicht so, wie sie ist. Wir erzeugen sie vielmehr mit unserem Gehirn und unserem Nervensystem. So lauten die Schlußfolgerungen Maturanas.

Nach Timothy Leary weist die Neurologie dem Nervensystem den ursächlichen Quell von Bewußtsein, Erinnerung, Lernen und Verhalten zu. Wenn wir unseren »Bio-Computer«, unsere geistigen, gefühlsmäßigen und verhaltensbedingten Funktionen, verbessern wollen, müssen wir das Nervensystem untersuchen und besser kennenlernen. »Ein Mensch, der die aufnahmefähigen, ergänzenden und weiterleitenden Schaltkreise des Nervensystems wählen und genau einstellen kann, ist nicht nur intelligenter, sondern man darf von ihm sagen, daß er auf einer höheren und komplexeren Entwicklungsebene handelt.«

9. Das bewußte Gehirn

»Wir sind aufgerufen, durch unseren Geist (Mind) den Geist (Spirit) so zu formen, daß wir dasjenige Bewußtsein erfinden, das wir gerne haben möchten.«

Gerd Gerken

Bewußtsein – die Software des Gehirns

Ähnlich wie beim Computer ist die »Hardware« – Gehirn und Nervensystem – zwar Voraussetzung für seine geistige Arbeit, doch ohne geeignete »Software« kann der beste und schnellste Rechner nichts hervorbringen. Was ist die »Software« des Gehirns? Analog zum Computer könnte man sagen, daß die Verarbeitung sinnlicher Eindrücke und jeglicher Informationen dem Betriebssystem eines Computers entspricht, da dieser Vorgang weitgehend automatisiert ist. Aktives Lernen, gezielte Verknüpfungen der Informationen, das Erkennen von Zusammenhängen, Nachdenken und Kommunikation sind Vorgänge auf höherer Bewußtseinsebene, die eine entsprechende »geistige« Software benötigen. »Obwohl Bewußtsein nichts ist, was man kontrollieren könnte oder an- und ausschalten wie eine Lampe, so können wir doch lernen, uns selbst auf die bewußte Erfahrung einzustellen. Bewußtsein läßt uns wahrnehmen, was wir sind, und befähigt uns zu denken, was wir denken wollen, und zu fühlen, was wir fühlen wollen, und unseren Körper so zu bewegen, wie wir es beabsichtigen. Bewußtsein versetzt uns in die Lage, alle unsere Zentren (Gehirne) gleichzeitig zu erfahren«, erklärt der Bewußtseinsforscher John G. Bennett.

Wie kommt Bewußtsein zustande? Viele überlieferte Praktiken wie »Beruhigen des Geistes«, Reizentzug, intensive »work-outs«, körperliche und psychische Anstrengungen, rhythmisch-akustische Stimulation und Trance-Techniken haben zum Ziel, das Bewußtsein von der sinnlichen Wahrnehmung zu trennen. Das sei erläutert am Beispiel der Tranceerfahrung: »In der Trance verlieren wir nicht das Bewußtsein, wir gewinnen es wieder«, meint der französische Arzt und Tranceforscher Jaques Donnars. »Trance ist ein psychophysisches Phänomen, das jeder erreichen kann, wenn seine Angst nicht zu groß ist. Nachdem er sich auf seine Achse ausgerichtet hat, beginnt er zu tanzen. Jeder tanzt seinen Tanz, zu seiner Musik... Niemand verliert das Bewußtsein. Jeder weiß genau, was er tut, aber er beobachtet nur, was geschieht, erlaubt es, geschehen zu lassen, läßt sich ein, statt wie im Normalbewußtsein, zu kontrollieren und zu lenken.«

Die Qualität des Bewußtseins

»Unter den vielen am Menschen hervortretenden Funktionen, ist auch eine, die wir das Bewußtsein nennen. Dies ist ein einfacher Grundbegriff, der eben um seiner Einfachheit willen, weder einer Definition, noch einer Erklärung fähig ist. Wer Bewußtsein hat, für den bedarf es keiner Erklärung, dem der es nicht hat, würde sie nichts helfen.«

Heinrich Neumann (1818-1884)

Bewußtsein hat eine viel größere verbindende oder integrierende Kraft als die Verarbeitung von Sinneseindrücken. Um Dinge in größerem Zusammenhang zu sehen oder Verbindungen und Bedeutungen zu erkennen, die wir vorher nicht bemerkten, um zu »verstehen«, muß Bewußtsein von der sinnlichen Ebene des Nervensystems wenigstens kurzzeitig getrennt werden. Intensive Erfahrungen in außergewöhnlichen Situationen (Trance-Zustände, tiefe Entspannung, psychedelische Drogen) können diesen Zustand hervorbringen.

Erst zum jetzigen Zeitpunkt, da sich die Untersuchung unseres Gehirn-Geist-Systems an der Physik orientiert – unter Zuhilfenahme von Prinzipien aus Chaostheorie, Mathematik, bis Chemie und Soziologie – wurde eine Erklärung möglich, was Bewußtsein ist. Bisher lenkte die Forschung das Augenmerk meist auf die Phänomenologie und die Symptome und nicht auf das Wie und Warum des Bewußtseins. Das Bewußtsein selbst hat ganz bestimmte Eigenschaften, wie z. B. Qualität und Fähigkeit. Hier stoßen wir auf die zentrale Tatsache unserer eigenen Individualität. »Das Bewußtsein eines Menschen besitzt die Möglichkeit, über sich selbst zu reflektieren und sich selber und das Universum, dessen Teil es ist, zu erkennen«, definiert Kenneth R. Pelletier diesen Tatbestand. Bewußtsein ist immer etwas größer als wir, weil es überall ist und wir nur daran teilhaben oder in das Bewußtsein eintauchen können.

Bewußtsein kann Partikel erschaffen (einen Flow von a nach b schicken),

Masse verändern (die Quantität der Materie) und postulieren und wahrnehmen. Fälschlicherweise wird meist das Bewußtsein vom Leben mit dem Ausdruck vom Leben verwechselt. Der Ausdruck des Lebens durch Stoffwechsel, Bewegung usw. stellt nicht das Leben selbst dar. »Die des Bewußtseins bewußte Einheit« ist vielmehr das Ding, das Betrachtungen anstellt und beobachtet, das aus dem Nichts etwas erschafft, Ziele setzt, Erfahrungen macht und Programme erzeugt.

Raum, Materie, Energie und Zeit sind lauter Nebenprodukte des Bewußtseins und werden allesamt von demselben kontrolliert. Bewußtsein ist eine Statik (d.h. ein Etwas ohne Masse, ohne Wellenlänge, ohne Position im Raum, ohne Bezug zur Zeit – jedoch mit der Fähigkeit begabt, Masse oder Energie zu erschaffen oder zu zerstören) und es hat Qualität.

Bewußtsein drückt sich qualitativ und dynamisch aus. Die Fähigkeit des Bewußtseins ist die der Beobachtung. Dazu benötigt man keinen Sehapparat (Auge, Photostimulation). Um dort zu sein, wo immer man sein möchte, benötigt man kein Fortbewegungsmittel (Muskelsystem, Auto). Das Bewußtsein muß nur seine Existenz an einem bestimmten Ort postulieren und dann, von diesem Punkt aus, schauen. Es muß nur die Bereitschaft haben, Ursache zu sein und Verantwortung zu tragen.

Der Schaltplan des Bewußtseins

Höhere Lebewesen besitzen ein Nervensystem, in dem sich Sequenzen elektrischer Erregungsimpulse in einem vieldimensionalen, komplex aufgebauten Neuronennetzwerk fortpflanzen. Zunächst entstehen aus Umwelt- und Innenweltreizen (Signalen) Erregungspotentiale (axonale Erregungsleitung), die in Form von verschlüsselten rhythmischen Impulsmustern in den Nervenbahnen fließen. Diese Impulsmuster werden durch den Vorgang der Synapsentransmission anderen Nervenzellen mitgeteilt. Auf diese Weise bilden sich aus den individuellen Impulsmustern Schaltkreismuster, die eine bestimmte Bedeutung, einen bestimmten Effekt, am Ende des Musters bewirken. Am Ende des Reizweges ergibt sich stets ein bestimmtes Reizmuster, das im jeweiligen Bereich des Gehirns oder des Rückenmarks eine ganz bestimmte Bedeutung besitzt und einen bestimmten Effekt erzielt. Damit entsteht auf der Ebene der Nervenzellen durch das Träger-Muster-Bedeutungs-Gesetz eine Vorstufe psychischer Phänomene.

Je komplizierter die Muster, um so komplexer ist auch deren Bedeutung. Diese riesige Komplexität bringt dann noch die nur recht vage beschreibbaren psychisch-seelischen Phänomene hervor. Diese Fähigkeit ist aber nur durch eine straffe systematische Ordnung möglich. Neben Rhythmus, Muster, Gestalt und Struktur, welche die Bedeutungsinhalte darstellen, ist noch ein weiterer wichtiger Faktor erforderlich: die Organisation. Durch die Art und Weise der Organisation der Nervenzellen konnten sich die menschlichen Nervenzellen herausbilden und deren Gegenstück: das Bewußtsein. Aus der Phase der bewußtlosen, reflex- und instinkthaften Beziehungen zur Welt entsteht dann in langsamen Entwicklungsschritten eine individuelle Subjekt-Objekt-Beziehung. Diese Beziehung legt ihrerseits wieder die Basis für andere, qualitativ hochwertigere Leistungen des Nervensystems: für die Anwesenheit des Geistigen.

Orte des Bewußtseins – das SMA-Feld

Der Neurophysiologe John Eccles glaubt, daß Bewußtsein ein »nichtstoffliches Etwas« ist, das in der Tat getrennt von unserem biologischen Selbst existiert und kausal bestimmt, welche unserer Neuronen abgefeuert werden und welche nicht. Darüberhinaus ist Eccles in der Lage, den Ort der neurophysiologischen Interaktion zwischen Gehirn und Geist genau zu lokalisieren – er nennt ihn das »ergänzende motorische Feld« (SMA = supplementary motor area), das sich an der oberen Spitze des Gehirns befinden soll.

Die Entdeckung des SMA-Feldes wurde bereits in den 60er Jahren gemacht, als der Neurophysiologe Hans Kornhuber eine Methode zur Messung von winzigen elektrischen Potentialen entwickelte, die in verschiedenen Schädelregionen auftauchten. Kornhuber entdeckte das, was heute als Bereitschaftspotential bekannt ist; die Tatsache also, daß das menschliche Gehirn fast eine Sekunde, bevor eine einfache willentliche Bewegung ausgeführt wird, eine allmähliche Zunahme eines negativen elektrischen Potentials aufweist. Diese Zunahme stellt die Art und Weise des Gehirns dar, sich für eine willentliche Bewegung bereitzumachen. Kornhuber stellte fest, daß das Potential in der SMA am größten war. Daraufhin wurden neue Techniken verwendet, die es erlaubten, am lebenden Gehirn den Beweis für eine Beziehung zu mentalen Prozessen zu erbringen: da man davon ausgeht, daß die Gehirnaktivität Energie und Sauerstoff verbraucht – genauso wie jede Muskelaktivität –, wurde der Blutstrom aufgezeichnet, der durch das Gehirn fließt, wenn Teile des Gehirns bei verschiedenen Übungen aktiv sind. Hierzu wurden die Patienten aufgefordert, den sogenannten »motor sequence test« zu machen. Dabei berührt der Daumen in rascher Aufeinanderfolge Finger 1 zweimal, Finger 2 einmal, Finger 3 dreimal und Finger 4 zweimal. Nach einer kurzen Pause wurden die Patienten gebeten, die ursprüngliche Reihenfolge nun umzukehren, dann wieder in der ursprünglichen Reihenfolge, dann wieder in der umgekehrten Reihenfolge usw. Die Patienten durften die Reihenfolge vor dem Test üben, aber die Reihenfolgen waren absichtlich so schwierig, so daß die Bewegungen eine ständige, bewußte Aufmerksamkeit erforderten und niemals automatisch wurden. Nach den »motor sequence tests« wurde eine Variation durchgeführt, die »internal programming test« hieß, und wo der Patient gebeten wurde, diesselben Reihenfolgen auszuführen, aber nur im Geiste und ohne eine damit verbundene Bewegung. Zwar konnte zu den motorischen Feldern des Gehirns kein verstärkter Blutstrom festgestellt werden, jedoch war das SMA-Feld fast genauso stark aktiviert worden, als ob die Bewegung tatsächlich ausgeführt worden wäre. Eccles spricht davon, daß verschiedene Akte mentaler Intention verschiedene Muster von neuraler Entladung in der SMA auslösen. Er schließt daraus, daß irgendein komplexer Code daran beteiligt ist und der nichtphysische Geist tatsächlich auf den ungefähr 50 Millionen Neuronen im Bereich der SMA »spielt«, als wären sie die Tasten eines Klaviers.

Der Hirn-Check: Praktische Anleitung für das Drei-Eine-Gehirn

In der Personalführung kursiert seit einiger Zeit ein Test, von dem Experten begeistert erklären, daß er neue Möglichkeiten biete, um Individualität anhand der Verteilung der drei Hirnbereiche zueinander besser zu definieren. Die Begeisterung der Personalchefs erscheint verständlich, enthüllt doch zum ersten Mal ein relativ simpler Test das Rätsel Mensch mittels des Zusammenspiels der drei Gehirnregionen: Stammhirn, Zwischenhirn und Großhirn. Dies läßt sich in Form von drei farbigen Kreissektoren darstellen, wobei grün für den Stammhirnbereich steht, rot für den Zwischenhirnbereich und blau für den Großhirnbereich. Je größer der jeweilige Flächenanteil am ganzen Kreis ist, umso durchschlagender macht sich die entsprechende Hirnregion im Leben des Individuums bemerkbar. Nimmt also der grüne Sektor den meisten Raum ein, dann ist der Betreffende vorwiegend stammhirnorientiert, zeichnet sich durch Kontaktfreudigkeit und Sensibilität aus. Ist der rote Sektor am größten, dann prägt das Zwischenhirn das Erscheinungsbild, und der Mensch zeigt Leistungswillen, Risikobereitschaft, Profilierungsdrang und mitreißenden Schwung. Der blaue Sektor spiegelt das Großhirn wieder. Personen mit hohem Blauanteil werden von Scharfsinn, Qualitätsehrgeiz, intellektueller Überzeugungskraft, aber auch von einem Bedürfnis nach Distanz beherrscht. Die Bildungsexperten loben nicht nur den Aussagewert dieses Diagramms. Ebenso beeindruckt sie die Einfachheit, mit der er angefertigt werden kann. »Wir haben eine neue Möglichkeit gewonnen, Individualität zu definieren, nämlich als unterschiedliche Verteilung der Stärken der drei Hirnbereiche«, erläutert Rolf W. Schirm, der Urheber des »Strukturogramm« genannten Tests. Vor allem aber: »Wir können diese Unterschiede zum ersten Mal nicht nur beschreiben, sondern auch messen.«

Vor sechs Jahren begann der »beratende Anthropologe« Schirm, der in Zürich ein Institut für Biostrukturanalyse leitet, mit der Entwicklung des Verfahrens. Bei dem Versuch, die Eigenschaften besonders erfolgreicher Menschen ausfindig zu machen, hatte er festgestellt, daß es weder den idea-

Struktogramm des Unternehmens: Hilfe für das Marketing?
»Biostruktur« von drei Mineralölfirmen

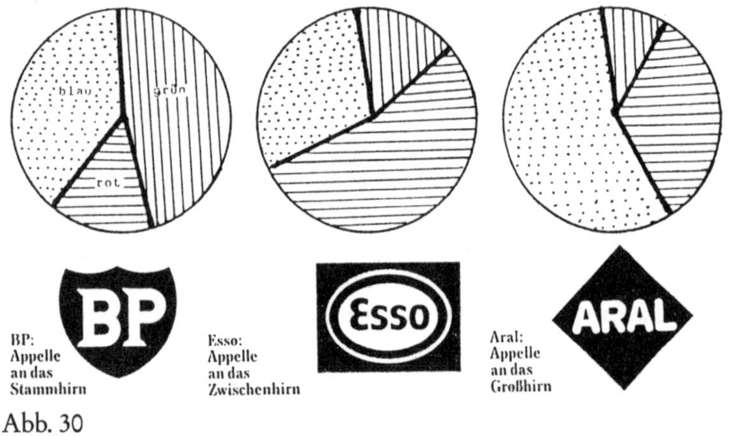

Abb. 30

len Vorgesetzten noch den richtigen Führungsstil oder die optimale Verkaufstechnik gebe. Erfolgreich seien vielmehr jene, deren Manieren und Tätigkeiten mit ihrer Persönlichkeit in Einklang stünden; solche, die durch »Stimmigkeit« und »Echtheit« imponierten. Deshalb, so überlegte der studierte Psychologe und Anthropologe damals, sei es notwendig, ein Instrument zu schaffen, das jedermann erlaube, seine individuellen Möglichkeiten, aber auch Begrenztheiten zu erkennen.

Da Schirm in der Psychologie keine überzeugende Lehre von der Persönlichkeit des Menschen vorfand, machte er sich die Erkenntnisse des Hirnphysiologen Paul McLean zu eigen. Dieser hatte – wie wir bereits erfahren haben – entdeckt, daß für den Menschen nicht nur ein, sondern drei Gehirne maßgeblich seien. »In seiner Entwicklung hat das menschliche Gehirn an Größe erheblich zugenommen, dabei aber die menschlichen Züge von drei Systemen beibehalten, die unsere angestammte Verwandtschaft mit den Reptilien, den frühen und späteren Säugetieren deutlich wiederspiegeln«, stellte McLean fest. Völlig verschieden in Aufbau, chemischen Reaktionen und – gemessen an der Gesamtzeit der Evolution – unzählige Generationen voneinander entfernt, bilden diese Systeme eine Hierarchie von drei Gehirnen. Daraus ist zu folgern, daß wir psychologisch betrachtet eine Verbindung von drei völlig verschiedenen Mentalitäten sind.

Im Strukturogramm sind nun eine Anzahl von Fragen zusammengestellt, um auf der Basis des Hirnmodells in dem Zusammenspiel der Nervenzellen die Gesetzmäßigkeiten erkennen zu können, die menschliche Reaktionen verständlicher machen. Interessant ist vor allem: welchen Anteil hat jeder Hirnbereich am Verhalten eines Menschen?

- Dominiert das Stammhirn, der Sitz der Instinkte, der biologische Erfahrungen von Millionen Jahren beherbergt, oder
- das Zwischenhirn, das den starren, vergangenheitsorientierten Programmen des Stammhirns die Emotionen hinzufügt und die Fähigkeit, in der Gegenwart spontan zu handeln oder
- das Großhirn, der entwicklungsgeschichtlich jüngste Teil mit den Fähigkeiten des planenden Handelns, des abstrakten Denkens und der Sprache?
- Jeder Hirnteil ist jedoch wichtig! Ohne Stammhirn würde der Mensch nicht überleben, ohne Zwischenhirn antriebslos dahinvegetieren, ohne Großhirn ziel- und planlos reagieren. Nur dominiert im Regelfall ein

Hirnbereich, ein zweiter hat eine korrigierende Funktion, während der dritte kaum in Erscheinung tritt. Die drei Gehirne sind selbständige, eigenwillige Organe, die bei ihrem notwendigen Zusammenspiel oft in Widerstreit geraten – hieraus erklären sich manche Komplikationen und Widersprüche im menschlichen Verhalten.

Schirm ermittelte 102 Fragen, welche die Wirkungsweise der drei Hirne erfassen. 24 stellte er für die Selbstanalyse zusammen. Mehr als 60.000 Mitarbeiter haben inzwischen herausgefunden, ob sie ein Grün-, Rot- oder Blautyp sind, und müssen daher nicht mehr im Widerspruch zu ihrer »neurophysiologischen Natur« leben und arbeiten. Die Wirklichkeit, die der Mensch für wahr hält, ist nicht das Ergebnis rationaler Einsicht. Die Inhalte des Bewußtseins werden vielmehr vom Stammhirn selektiert, vom Zwischenhirn vorzensiert und vom Großhirn manipuliert. Die Wirklichkeit sieht deshalb aufgrund der Wirkungsweise des Nervensystems bei jedem Menschen anders aus.

Das Gehirn und der sich selbst bewußte Geist

Der Neurophysiologe und Nobelpreisträger John Eccles hat ein Modell vorgestellt, das sich mit der Interaktion des »sich selbst bewußten Geistes« und dem menschlichen Gehirn befaßt. Er erklärt hierin, daß »den Neuronenmechanismus überlagernd – an bestimmten Stellen der beiden Hemisphären, nämlich den sogenannten Liaisonarealen, eine Wechselbeziehung zwischen dem bewußten Geist stattfindet, und zwar sowohl aufnehmend als auch abgebend.«

Die Idee einer dualistischen Wechselbeziehung hatte in der Frühzeit zuerst der französische Philosoph Rene Descartes formuliert. Diese Vorstellung litt jedoch unter der primitiven und irrtümlichen Vorstellung, die man sich in der damaligen Zeit von der Nerventätigkeit machte. Man glaubte, die Zirbeldrüse sei der Sitz der Seele, und durch ihre Bewegung werde der Strom der Lebensgeister nach außen geregelt, um die Körperbewegungen hervorzubringen. 1940 entwickelte der britische Neurowissenschaftler Charles Sherrington eine sehr viel genauere Interaktionstheorie, in der er versuchte, die Region des Gehirns, die in unmittelbarer Verbindung mit dem bewußten Erleben der Person steht, zu bestimmen. Seit 1975 trat auch der Neurochirurg Wilder Penfield, der sich sein ganzes Leben lang mit dem Gehirn beschäfigte, für die dualistische Theorie ein.

Das aktuellste Denkmodell zur Geist-Gehirn-Beziehung hat aber John Eccles aufgestellt und auch experimentelle Beweise für dessen Gültigkeit geliefert. Er benutzte dabei die Terminologie Karl Poppers, der von drei Welten spricht:

Welt 1 besteht danach aus der Erscheinung des physikalischen Universums, der Gegenstände und Materie;

Welt 2 aus dem eigenen Universum, dem der Bewußtseinszustände und des subjektiven Wissens;

Welt 3 aus den kulturellen Errungenschaften, einschließlich der Gesamtheit des Wissens in objektiver Form.

Welt 1		*Welt 2*		*Welt 3*
Physische Objekte und Zustände	⇐ ⇒	*Bewußtseinszustände*	⇐ ⇒	*Wissen im objektiven Sinn*
1. Anorganische Materie und Energie des Kosmos 2. Biologie Struktur und Wirkung aller lebenden Wesen – menschliches Gehirn 3. Artefakte Materielle Substrate menschlicher Kreativität: Werkzeuge, Maschinen, Bücher, Kunstwerke, Musik		Subjektive Erkenntnise Erfahrung von: Wahrnehmung, Denken, Emotionen, zielgerichtete Strebungen, Erinnerungen, Träume, schöpferische Phantasie		1. Aufzeichnungen intellektueller Arbeiten: philosophische, theologische, wissenschaftliche, geschichtliche, literarische, künstlerische, technologische 2. Theoretische Systeme: Wissenschaftliche Probleme, kritische Argumente

Tabelle der drei Welten.

Dazu Eccles: »Am Anfang sei kurz festgestellt, daß der ›sich seiner selbst bewußte Geist‹ eine selbständig bestehende Einheit herstellt und aktiv damit beschäftigt ist, aus den vielfältigen Aktivitäten des Neuronenapparates der Hirnrinde, entsprechend seiner Aufmerksamkeit und seinem Interesse, abzulesen, wobei er diese Auslese integriert, um von Augenblick zu Augenblick die Einheit des bewußten Erlebens zu bieten. Dabei wird angenommen, das Bewußtsein arbeite wie eine Filmkamera, wobei die von Augenblick zu Augenblick getätigten Momentaufnahmen derart aufeinanderfolgen, daß – wie im Film – ein kontinuierlicher Eindruck entsteht. Der sich seiner selbst bewußte Geist wirkt aber auch in selektiver Weise zurück auf den neuronalen Apparat. Infolgedessen wird behauptet, daß der sich seiner selbst bewußte Geist bei den neuronalen Vorgängen eine übergeordnete, interpretierende und kontrollierende Funktion ausübt, und zwar aufgrund einer Wechselwirkung zwischen Welt 1 und Welt 2...«

Die Verbindungsstellen zwischen Gehirn und Geist sind bestimmte kortikale Module: Säulen, die aus Pyramidenzellen bestehen, welche hochkomplexe Neuronenschaltkreise bilden. Dazu Eccles: »Aufgrund unseres derzeitigen Verständnisses der Arbeitsweise des neuronalen Apparates betonen wir nachdrücklich, daß es ganze Gruppen von Neuronen (viele Hunderte) sind, die in einer aufeinander abgestimmten Anordnung arbeiten. Nur in solchen Verbänden, wie sie die Module der Hirnrinde bilden, kann es Zuverlässigkeit und Wirksamkeit geben. Das Modul, bestehend aus bis zu zehntausend Neuronen verschiedener Typen, hat bis zu einem gewissen Grade ein kollektives Leben von einiger Selbständigkeit und ist mit einem funktionellen Wechselstil hin- und herlaufender Exzitation und Inhibition ausgestattet.«

Die neuronale und soziale Interaktion, die sich in diesem Zusammenhang anbietet, läßt folgenden Vergleich mit dem eben Gesagten und mit »sozialen Spielen« zu: Zwischen der Selbständigkeit des Neurons einerseits und der Flexibilität in der Wechselbeziehung der Neuronenverbände (Module und Schaltkreise) andererseits und nicht zuletzt in der Synchronisation der Hemisphären und der Geist-Gehirn-Interaktion können wir auf neurophysiologischer Ebene verstehen, was auch auf sozialer Ebene stattfindet: die Bereitschaft, Integrität und Autonomie des einzelnen zu bewahren und andererseits die harmonische Einbindung in die Familie, Engagement in der Gruppe und Teilnahme am gesellschaftlichen Leben anzustreben, um letztlich ein Verbundenfühlen mit anderen Kulturen und Rassen zu empfinden. Zum einen ist die Autonomie des einzelnen Neurons – wie die des einzelnen Menschen – wichtig, andererseits ist die flexible Interaktion, das dynamische Wechselspiel untereinander geradezu überlebensnotwendig. Das ist, wie Sie sehen, kein Hierarchiemodell (wie etwa der strukturelle Aufbau des Nervensystems zeigt), sondern es stellt die dynamische Zwei-Wege-Kommunikation auf der Basis des vernetzten »Empfangens«, des »Verarbeitens« und »Weiterleitens« einer neuronalen Einheit (mikroskopisch gesehen) und eines sozialen Gefüges (makroskopisch gesehen) dar. Die Information kann mäßig, gut oder sehr gut fließen – je nach Zustand von Empfänger und Sender und der damit verbundenen Kommunikationsverzögerung. Es gibt dann Zustandsqualitäten, die ich dem »Geist« (der sich des Bewußtseins bewußten Einheit) zuschreiben möchte, nämlich die einer spiralförmigen, vertikalen Entwicklung, eines evolutionären Werdeprozesses mit dem Ziel, sich seiner selbst sowie der anderen immer bewußter zu werden.

Das werdende Gehirn

»Wer vom Leben spricht, ohne den Kontext von Leben zu beachten, in dem es wird und werden kann, der definiert nicht das Leben, sondern den Tod.«

Eugen Drewermann

Nicht die Entwicklung des rein physischen Lebens ist ausschlaggebend, sondern die Entstehung des Menschen als einer Person im ganzheitlichen Sinn. Unter diesem Aspekt soll die Ontogenese betrachtet werden, um die Ursprünge des menschlichen Lebens zurückzuverfolgen. Für viele beginnt das menschliche Leben mit der Befruchtung der Eizelle, für manche mit der Aktivität einiger Neurone oder der embryonalen Zellteilung, für andere beginnt es mit der Geburt.

Das zeigt, daß es keine einheitliche Definition für das Entstehen des Lebens gibt. Das embryonale Alter fängt im Moment der Befruchtung an und die Entwicklung des Fötus fällt mit der Ausbildung des kritischen Systems des Gehirns zusammen. In der frühen Phase der Menschwerdung sind schon große Teile des Organismus zusammengefügt, doch besteht noch keine Ähnlichkeit zu einem Menschen; erst im weiteren Verlauf der Zellreproduktion organisiert sich ein morphogenetisches Feld, das den Organismus innen und außen formt. Proteinenzyme und DNA entwickeln zusammen den Organismus zu einem dreidimensionalen, rechts-links symmetrischen Körper, an dem eine horizontale sowie eine vertikale Achse erkennbar sind. In der Vertiefung, welche auf der Rückseite des

Kopfes abwärts erkennbar ist, entwickeln sich die ersten Stadien des Nervensystems. Diese Rinne wächst nun weiter zu den frühen Strukturen, die später das Gehirn und das Rückenmark bilden. Drei Wochen nach der Befruchtung beträgt die Länge des Embryos ca. 3 mm, in der achten Woche im Übergang von der embryonalen zur fötalen Phase ist er 3 cm groß. Bis zur sechsten Woche findet die Teilung des Gehirns in zwei Hälften und die Ausformung der Tiefenstrukturen statt. Die Entwicklung der Neuronen in Rückgrat und Hirnstamm ist nun bereits zu einem bedeutenden Stadium vorangeschritten, während sie im Großhirn noch zurückbleibt. Zwischen der zehnten und zwanzigsten Woche findet die entscheidende Reproduktion der Neuronen im Bereich des Großhirns statt. Es kommt nun zu einer Art »Tanz«, indem Reproduktion, Wanderung und Rückkehr solange stattfindet, bis auf dem Niveau der Hirnrinde genug Neuronen versammelt sind, was etwa nach der zwanzigsten Woche der Fall ist. In der Entwicklung sämtlicher Bestandteile des Nervensystems ist eine große Überproduktion von Neuronen zu sehen, von denen aber später wieder viele absterben, was von der gegenseitigen Verbindung verschiedener Neuronengruppen abhängt. Professor Julius Korein, Neurobiologe am medizinischen Zentrum der New York Universität, spricht das Kriterium für eine zuverlässige Bestimmung des menschlichen Lebens an. In diesem Zusammenhang könnte als Maßstab, so Korein, »die Entwicklung des kritischen Systems unseres Gehirns dienen«. Angesichts seiner Beobachtungen zu Verhalten, Lernvermögen und Reaktionsfähigkeit des Fötus wird offensichtlich, daß es bis zur zwanzigsten Woche keine Anzeichen für eine umfassende Ausbildung und Funktionstüchtigkeit des kritischen Systems gibt. »Zwischen der zwanzigsten und dreißigsten Woche wird offensichtlich, daß die Entwicklung einen gewissen Grad der Vollständigkeit erreicht hat, und das Gehirn wichtige Aufgaben erfüllen kann. Nach der dreißigsten Woche herrscht dann kein Zweifel mehr über ein fortgeschrittenes Stadium der Strukturierung. In dieser Phase sind Schlaf- und Wachzyklen und Bewegungen der Augen ebenso zu beobachten wie die Kapazität, komplexe Informationen der Umwelt zu registrieren und auf sie zu reagieren. Man kann das Anfangsstadium der Entwicklung einer Person auf die zwanzigste Woche datieren.«

Die aufgeführte Darlegung der menschlichen Entwicklung greift also nicht auf die Fixpunkte der Geburt oder der Empfängnis zurück – als Maßstab gilt die Entwicklung des kritischen Systems des Gehirns. Das Problem der Frühgeburt und der Abtreibung wird unter dieser Fragestellung wichtig: vor der zwanzigsten Woche würde nach dem dargelegten Konzept kein Menschenleben zerstört, erst nach dieser Frist müßte man dies beachten. Die Entwicklung des kritischen Systems unseres Gehirns kann also die ethischen Aspekte bei der Menschwerdung neu beleuchten.

Das sterbende Gehirn

In der Medizin gilt der Gehirntod als klinisches Zeichen für den biologischen Tod. Doch bis dahin steht auch im Leben jedes Menschen das Problem des Todes im Mittelpunkt, auch wenn es meist sehr erfolgreich verdrängt und rationalisiert wird. Der Grund dafür liegt vermutlich darin, daß die Erfahrung des Sterbens etwas höchst Irrationales und absolut Endgültiges zu sein scheint – etwas, mit dem wir im allgemeinen keine Erfahrung im Leben geschöpft haben. Der westlich geprägte Mensch mit seinem Anspruch »alles sei machbar« hat besondere Schwierigkeiten, die Vorstellung des Todes und des damit verbundenen Kontrollverlustes zu akzeptieren, wohingegen der östliche Mensch durch Meditation und der Erfahrung des Egoverlusts besser vorbereitet ist. Aber auch bei uns scheinen vor allem bestimmte Verhaltensweisen die Angst vor dem Tod entweder zu begünstigen oder zu vermindern.

Der Versuch, eine Verbindung zwischen der Einstellung zum Tod, dem subjektiven Erleben im allgemeinen und den neurophysiologischen Komponenten herzustellen, wurde von dem Psychiater Arthur Deikman von der University of California in San Francisco erstellt. Aus seiner Sichtweise gibt es zwei grundsätzlich verschiedene Formen menschlichen Erlebens: die aktive und die rezeptive Form, mit ihren jeweils psychischen und biologischen Ausprägungen. Die Art und Weise, wie sich ein Mensch im Leben verhält – ob mehr aktiv strebend oder passiv empfangend –, hat Einfluß auf unsere Einstellung zum Tod und die Erfahrung, die wir damit machen.

Nach Deikman strebt derjenige, der die aktive Daseinsform zu verwirklichen sucht, danach, die Umwelt nach seiner Vorstellung zu gestalten. Physiologisch dominieren bei ihm die quergestreifte Muskulatur und das sympathische Nervensystem, im EEG dominieren die Beta-Wellen, das Denken ist gegenständlich-logisch, formale Merkmale dominieren über konkret-sinnlichen Merkmalen. Das Streben nach Verwirklichung persönlicher Ziele steht bei diesem Menschen im Mittelpunkt, sein Denken und Handeln sind auf die Zukunft ausgerichtet.

Im Gegensatz dazu besitzt die rezeptive Daseinsform rechtshirnige Merkmale. Es besteht die Neigung, sich optimal auf die Umwelt einzustellen. Physiologisch dominieren die Sinne und das parasympathische Nervensystem. Die Aufmerksamkeit wird diffus verteilt, im EEG dominieren Alpha-Wellen, das Denken hält sich nicht an die Gesetze der Logik, konkret-sinnliche Merkmale dominieren über formale Merkmale. Die rezeptive Daseinsform macht sich am ausgeprägtesten in der Kindheit bemerkbar. Sie wird nach und nach aufgrund der Entwicklung zielstrebigen Handelns durch die aktive Daseinsform ersetzt. Denken und Handeln sind auf das Hier und Jetzt ausgerichtet.

Der westliche Mensch wird, von dieser Auffassung her betrachtet, in seiner Einstellung zum Tod eher eine aktive Daseinsform wählen, was weitreichende Auswirkungen in der Lebenseinstellung zur Folge hat. Jede wahrgenommene Beeinträchtigung der eigenen Fähigkeit, die Umwelt nach seinen Vorstellungen zu gestalten, wird ängstlich als Verlust der Selbstkontrolle und der Bedrohung der persönlichen Integrität gewertet. In unserer Kultur macht der Tod deutlich, daß die aktive Daseinsform letztlich versagt – der Tod muß geleugnet werden, denn man kann nicht ohne Furcht an ihn denken.

Da es – nach Kenneth R. Pelletier – den Anschein hat, daß die geistige Auseinandersetzung mit dem Tod das Entscheidende für die Überwindung der Todesangst ist, möchte ich nun vor allem auf die geistig-seelischen und neurophysiologischen Möglichkeiten in der Sterbevorbereitung eingehen. Die Tatsache, daß Persönlichkeitsfaktoren und Lebenserfahrungen wesentliche Bedeutung zukommt, läßt vermuten, daß veränderte Bewußseinszustände ein Weg sein könnten, wie ein Mensch noch vor der Konfrontation mit seinem wirklichen Tod eine todesähnliche Auflösung seines Ichs erleben könnte. Die neurophysiologische Erlebnisgrundlage wird kulturell verankert zum Beispiel im ägyptischen und tibetanischen Totenbuch vermittelt, wohingegen in unserer Kultur diese Erfahrungsmöglichkeit nicht angeboten wird. Allerdings zeigen Berichte über die Nah-Todeserfahrung, daß auch bei uns ein Umdenken geschieht. Denn die eigentliche Ursache, warum man im Westen den Tod verleugnet, ist der Umstand, daß man sich vor der Auseinandersetzung mit Widersprüchen scheut – »und der Tod ist die widersprüchlichste und unlogischste aller menschlichen Erfahrungen« (Pelletier).

Die Nah-Todeserfahrung

Einen bedeutenden Einblick in die Kapazität des Gedächtnisses bekommt derjenige, dem sich angesichts des Todes sein zurückliegendes Leben im Zeitraffer ablaufend offenbart. Menschen, die zum Beispiel kurz vor ihrem Tod noch gerettet werden konnten, wissen zu berichten, daß ihr ganzes Leben blitzartig an ihnen vorüberzog. Dabei scheint vor allem die Zeitqualität verändert zu sein, manchmal auch das Raumerleben. Analysen von Nah-Todeserfahrungen zeigen eine ausgesprochene Übereinstimmung in ihrer Qualität. Dabei heben sich vor allem die Erfahrungen intensiver Bilder, der Zeit-Tunnel-Effekt, Lichterlebnisse und biographische Rückblenden hervor. Das Letztgenannte muß dabei nicht immer linear und sequentiell vonstatten gehen, sondern kann auch parallel oder holarchisch ablaufen. »Alles war plötzlich gleichzeitig gegenwärtig, das heißt, nicht jeweils nur ein Ding oder ein Ereignis, sondern alles zur selben Zeit.«

Die neurophysiologischen Komponenten während eines Sterbeprozesses, wie etwa großer psychischer Streß vor einem Unfall, scheinen über die Neurotransmitterausschüttung Einfluß auf die Art der Erfahrung zu haben. Bisher ist dies allerdings noch spekulativ, da sich Untersuchungen auch aus ethischen Gründen verbieten. Was allerdings in vielen Kulturen – siehe etwa Tibet und Ägypten – praktiziert wurde und wird ist die bewußte und entspannte Anleitung im Sterben. Das wirkt sich in mehrfacher Hinsicht aus. Der Sterbende hat nicht das Gefühl der sozialen Isolation, sondern fühlt sich mit der Familie und Sippe verbunden (anders dagegen bei uns, wo der Sterbende ins Krankenhaus abgeschoben wird und alleine stirbt). Durch direkte Anweisungen – wie etwa im tibetanischen und ägyptischen Totenbuch – ist eine individuelle Führung durch die Gefilde der geistig-psychischen Verirrung möglich. Bei uns dagegen wird die Krönung des Lebens, der Tod, oft zum irrationalen Erlebnis, das kognitiv und emotional verdrängt wird. Sterbeseminare können uns vorbereiten, mit der eigenen Sterblichkeit und der unserer nächsten Verwandten und Freunde umzugehen. Den Prozeß erlebbar zu machen, heißt, daß das, was emotional erfahrbar ist, in gewisser Weise real, weniger geheimnisvoll und bis zu einem gewissen Grad kontrollierbar ist. Der »Hospizgedanke« bekommt bei uns eine neue Bedeutung. Elisabeth Kübler-Ross, die sich zeitlebens der Sterbeforschung gewidmet hat, gründete in Amerika ein nach ihr benanntes Zentrum für Sterbende, das auch eine Begegnungsstätte für Gesunde, Lehrende und Lernende darstellt.

Abschließend möchte ich Bertrand Russel zu Wort kommen lassen, der die Thematik wie kaum ein anderer treffend zu beschreiben vermag: »Die Existenz eines Menschen sollte sein wie ein Fluß, der zu Anfang klein ist, sich in eng beeinander liegenden Ufer einbettet, überschäumend an Geröllblöcken vorbeifließt und tosend Wasserfälle hinabstürzt. Nach und nach verbreitert sich der Fluß, die Ufer treten auseinander, die Wasser fließen ruhiger und am Ende schließlich, ohne sichtbaren Übergang, vereinigen sie sich mit dem Meer und verlieren schmerzlos ihre Individualität.«

Synchronizität und kollektives Unbewußtes – wie ist Vorauswissen möglich?

»Wer den modus operandi der Voraussage schlüssig erklären kann, würde eine geistige Transformation auslösen, die noch weit über die Konsequenzen der kopernikanischen, newtonschen, einsteinschen und freudschen Revolutionen hinausreicht.« *David Loye*

Der Psychoanalytiker C.G. Jung trug aus den verschiedenen Kulturen und Geschichtsepochen eine unglaubliche Menge an Mythen, Legenden und Kunstwerken dokumentarisch zusammen, um damit die Existenz der Archetypen nachzuweisen. Er konnte daran zeigen, daß es gewisse universale Urbilder gibt, die von Kultur zu Kultur zwar hinsichtlich ihrer Detais, ihrer Erscheinung oder ihres Inhalts variieren können, im Grunde genommen aber jedoch dieselbe Form aufweisen, dieselbe Gestalt sind. Dazu gehören Figuren wie der Held, der alte Weise, die große Mutter, das Selbst, der Sonnengott, der Dämon, und Ereignisse wie Geburt, Tod, Initiation und die heilige Hochzeit. Mit diesen Bildern sind Gefühle verbunden, wie Ehrfurcht, Sehnsucht, Furcht oder Entsetzen; sie scheinen demnach die Aufgabe zu haben, Erfahrungen zu strukturieren und zu benennen, um sich damit zu konfrontieren und sie zu bewältigen. Ähnliches ist auch in der Märchen- und Fabelwelt zu finden, wobei es nicht darum geht, die Kinder zu erschrecken, sondern sie mit den Gegensätzlichkeiten zu konfrontieren, um sie zu einem größeren Ganzen zusammenfügen zu können.

Mehr als alle anderen Psychologen spürte Jung während seines Lebens den Drang, die Dimensionen des zukunftsschauenden Geistes zu ermessen. Er ordnet seinen Persönlichkeitstypen Zeitwahrnehmungen zu. Der Gefühlstyp ist hauptsächlich auf die Vergangenheit, der Empfindungstyp auf die Gegenwart, der Denktyp gleichermaßen auf Vergangenheit, Gegenwart und Zukunft und der Intuitive mehr auf die Zukunft ausgerichtet.

Für Jung ist unser Bewußtsein vielschichtig: Auf der Oberfläche schwimmt unser Ich-Bewußtsein, an das sich unmittelbar »darunter« das persönliche Unbewußte anschließt. Zusammen bilden sie die bewußte und die unbewußte Hälfte jenes typischen Selbstbildnisses, durch das wir uns selbst als unabhängige und separate Wesenheiten sehen. Demnach halten sich die meisten Menschen in Übereinstimmung mit Freud für ein bewußtes Ich und ein unbewußtes Es. Doch unter dem persönlichen Unbewußten liegt nach Meinung Jungs das kollektive Unbewußte, ein grenzenloses Reich, in dem unser individuelles Bewußtsein mit anderen Bewußtseinen verknüpft ist; dieses Verwobensein schließt Gegenwart und Vergangenheit ein, weil das kollektive Unbewußte nach Jung der Speicher unseres evolutionären Gedächtnisses ist. Das kollektive Unbewußte enthält den Erfahrungsschatz, den die Menschheit im Laufe ihrer Evolution angesammelt hat und der unser gegenwärtiges Leben formt, wie die DNS des genetischen Codes aus der Vergangenheit unsere Gegenwart und Zukunft mitbestimmt. Unter dem kollektiven Unbewußten liegt dann ein Bewußtsein, das sich gewissermaßen in der Natur auflöst und mit ihr eins wird.

Doch wie kommt nun Vorauswissen zustande? Hier ging Jung davon aus, daß dazu ein Abstieg in die tieferen Bewußtseinsschichten mit gleichzeitiger Schärfung des Bewußtseins gehört. Menschen, die bereits Meditations-, Hypnose- oder Traumerfahrung haben, sind damit mehr oder weniger vertraut, sie können sich leichter in andere Bewußtseinsschichten tragen lassen, streben eher nach innen und unten und fühlen, wie sie immer tiefere Schichten berühren. Auch das Tun im Alltag wird ihnen bewußter und richtet sich mehr auf die Werte der Innenwelt. Sicherlich ist es nicht ganz unproblematisch, das Vorauswissen mit Hilfe der Archetypen zu erklären. Wird dieses Modell auch einigen Formen des Vorauswissens gerecht, so bleibt doch die Frage der präzisen Einzelheiten unerklärt. David Loye schließt daraus: »Je mehr Fälle von Vorauswissen man untersucht, desto näher drängt sich der Schluß auf, daß die gewichtigen Archetypen als Mittelsmänner zwischen Quelle und Empfänger eigentlich überflüssig sind. Man bekommt das Gefühl, daß die Hauptsache im Wegfallen der Zeitschranken zu suchen ist. Etwas, das unmittelbarer als die Archetypen ist, muß hier den Ausschlag geben.«

Jung bemühte sich später auch mehr um das Problem der Synchronizität, Ereignissen, denen zwei charakteristische Eigenschaften typisch sind: sie stellen entweder eine Häufung derselben oder ähnlicher Dinge dar oder ein physikalisches Ereignis, das ein Bewußtseinsereignis reflektiert. In beiden Fällen können wir nicht erklären, was geschieht. Meistens bezeichen wir es als *Zufall*. Jung kam nun zu dem Schluß, daß Vorauswissen und alle anderen außergewöhnlichen Phänomene als *sinnvolle Zufälle* betrachtet werden können. Telepathie ist ein Phänomen, bei dem dasselbe Bild im Bewußtsein zweier Individuen auftaucht, die räumlich voneinander getrennt sind; Präkognition ist ähnlich, nur daß in diesem Fall zwischen Sender und Empfänger auch noch ein zeitlicher Abstand besteht. Jung erkannte, daß es neben der Kausalität aus vergangenen Ereignissen auch so etwas geben mußte wie reine teleologische Kraft, ein Sog, der uns zu unseren Zielen und Möglichkeiten bringt. Er erklärte schließlich, daß die Synchronizität jene Wandlungen betrifft, die auch im chinesischen Weisheitsbuch, dem I Ging, beschrieben sind. Da Kausalität nur eine statische und keine absolute Wahrheit enthält, ist sie eine Art Arbeitshypothese für den Vorgang, wie sich ein Ereignis aus dem anderen entwickelt; während Synchronizität die Koinzidenz von Ereignissen in Raum und Zeit als etwas beschreibt, das mehr bedeutet als nur reinen Zufall, nämlich eine eigenartige Verkettung objektiver Eereignisse und deren Verknüpfung mit subjektiven Zuständen des Beobachters oder eines kollektiven geistigen Feldes.

Evolutionsprinzip: Vom Sein zum Werden – die vertikale Zustandsentwicklung des Bewußtseins

Eine transformative Entwicklung des Bewußtseins findet statt, wenn der Geist die Identifikation mit seinem Nervensystem aufgibt – etwa während kathartischer Prozesse (halluzinogene Drogen, invasive Atmung, Ekstase, Trance, etc., siehe Stan. Grof), stark traumatischer Erlebnisse, im Bewußtsein des Sterbens oder in Form von Syntheseprozessen und Aha-Erlebnissen. Einher geht der »höhere Bewußtseinszustand« mit höheren zerebralen Prozessen, die im EEG und durch Biofeedback meßbar sind. Die oberen Schaltkreise wurden sehr gut von Timothy Leary und John C. Lilly klassifiziert.

Subjektiv geschildert als ozeanisches Verschmelzen oder mystische Einsicht werden in diesem Zustand die biologisch angelegten Reduktionsmechanismen des Gehirns außer Kraft gesetzt – hier offenbart sich nun ein nicht konstruiertes und verzerrtes Bild zwischen Außen- und Innenwelt. Denn – die Errechnung einer Errechnung einer Errechnung ist das, was die »Software« Geist normalerweise im »Biocomputer« (dem Liaisonhirn) abliest – dann, wenn die Sinneszellen im normalen Funktionszustand (Homöostase) mit den Daten der Außenwelt interagieren: ein Konstrukt, wie wir mehr oder weniger nun naturwissenschaftlich feststellen können. Um den Weg zu einer unmittelbareren Realität mit umfassenderem Informationsgehalt freizumachen, werden heutzutage Techniken aus dem Bereich des neurolinguistischen Programmierens, der sensorischen Deprivation und der kognitiven Dissonanz sowie der persönlichen Reflexion und Selbsterkenntnis angewandt.

Die Evolution des Bewußtseins – Vom Sucher zum Forscher

In seinem Buch »Gehirn, Geist und Vision« bedient sich David Loye eines treffenden Vergleichs. Er spricht davon, daß sich der Mensch einerseits durch »Suchverhalten«, andererseits aber auch durch »Forscherverhalten« als aktiven Drang des Bewußtseins äußert. Der Drang zum Überleben kommt im Suchverhalten, im Bestreben, primäre Bedürfnisse zu erfüllen – Nahrung, Schlaf, Sexualität und Einbindung in Familie und Gruppe – zum Ausdruck. Das Forscherverhalten ist ein nicht am kulturellen und sozialen Status festzumachendes Verhalten. Es kann recht unorthodox und chaotisch erscheinen, da es eine andere Triebfeder hat: sich und sein Bewußtsein auf höherer Ebene zu erleben und geistige, bewußtseinserweiternde und stabilisierende Reize zu erfahren. Auf neuraler Ebene ist das so zu verstehen, daß die Nervenzelle eine Erwartungshaltung im Hinblick auf einströmende und zu verarbeitende Stimuli hat, ganz wie eine Muskelfaser, die trainiert werden will. Fehlen diese Reize, setzt dieses Defizit zwangsläufig das Forscherverhalten in Gang. Ich glaube, daß dies auch ein Hinweis auf das gegenwärtige Verlangen in unserer Kultur nach immer mehr künstlicher Reizüberflutung ist. Nach dem Forscher Jerzy Konorski gibt es sogar eine körperliche Bezugsstelle für den Vorwärtsdrang des Suchens und Forschens: den Stirnlappenbereich.

Gibt es tatsächlich eine materielle Schnittstelle, ein körperliches Korrelat für Visionen? Kann das Trainieren dieses Bereichs die Imaginationsfähigkeit merklich steigern?

Eine Antwort darauf gibt Grey Walter, als er Mitte der 60er Jahre mit Hilfe eines EEGs die von ihm so benannten »Erwartungswellen« entdeckte. Sie waren vor allem in den Stirnlappen festzustellen. Diese Gehirnwellen nahmen zu, wenn die Versuchperson erwartete, daß etwas passieren würde, und gingen zurück, sobald die Erwartung nachließ. Der russische Neurophysiologe Alexander Luria schätzte den Wert dieser Entdeckung als immens wichtig ein. Er glaubt, sie werde die Aufmerksamkeit der Physiologie in Zukunft zwangsläufig in eine neue Richtung lenken. Er spricht davon, daß eine neue Sichtweise die Gehirnforschung präge. Die Erkenntnis, daß mit einem auf die Gehirntätigkeit aktiv einwirkenden Bewußtsein gerechnet werden muß, führt sozusagen zu einer neuen »Physiologie des Tätigseins«.

In der Gehirnforschung kommt man leicht in Versuchung, bestimmte Gehirnabschnitte mit bestimmten Bewußtseinsprozessen zu verbinden. Dies rechtfertigt sicherlich Einwände gegen die oberflächliche Darstellung und Popularisierung der Unterschiedlichkeit der beiden Gehirnhälften. Andererseits ist aber auch zu bedenken, daß ein Abschnitt oder eine ganze Hemisphäre tatsächlich die dominierende und kontrollierende Rolle spielt, um einem anderen Teil Weisungen zu erteilen. Den Stirnlappenbereich kann man in diesem Zusammenhang als den für den Zukunftssinn zuständigen Teil ansehen. Bei der Untersuchung der Gehirntätigkeit muß also auch dem Bewußtsein Rechnung getragen werden. Das Gehirn reagiert ja nicht nur auf eingehende Informationen (»Setting«), sondern es belebt auch Vergangenes wieder und formuliert Absichten, Pläne und Vorstellungen (»Set«). Schließlich überprüft es seine ursprünglichen Absichten, indem es sie an den erfolgten Handlungen mißt. Es kommt zum Feedback, was mitunter zur Chaotisierung und folglich wieder zur Stabilisierung des Systems führt. Hier taucht dann die Vorstellung der Rückkopplungsschleife auf. Sie besagt, daß alle Informationen, die dem Gehirn zugeführt werden, dieses auch formen. Das ist das kybernetische Prinzip. Es funktioniert bei niederen Lebenwesen wie Amöben, bei höheren Lebewesen wie Hunden und Affen. Doch sollten wir etwa nach dem gleichen Prinzip funktionieren? Sicherlich sind wir auch über unseren Körper und unser Gehirn als ein offenes System mit Millionen von Rückkopplungsschleifen an unsere Umwelt angeschlossen. Wir unterscheiden uns andererseits gerade dadurch von Tieren, daß wir ein Bewußtsein mit variabler und stufenweise ansteigender Interaktions- und Programmierungsfähigkeit haben.

Der Gehirnforscher Karl Pribram ergänzt diese Beobachtungen, indem er von »Vorkoppelungsschleifen« spricht. Rückkoppelung ist also nichts anderes als die mechanische Reaktion auf eingegebene Information und Vorkoppelung ist die Energie, die sich Informationen oder Stimuli sucht. Das Vorderhin ist in diesem Falle sozusagen die Schnittstelle für diese beiden Tätigkeiten, also ein Koordinator, der »sich Öffnen« oder »Zumachen«, Fremdbestimmung oder Selbstbestimmung, Ursache oder Wirkung, zum regulierbaren Maß macht.

Wirklichkeit und Konstruktion

In Platos Höhlengleichnis ist von Menschen die Rede, die in einer Höhle gefangengehalten werden und so festgebunden sind, daß sie nur die Rückwand der Höhle sehen können. Hinter ihnen brennt ein großes Feuer. Zwischen dem Feuer und ihnen ziehen Gestalten vorbei, die Gegenstände tragen. Von diesen Gestalten und Gegenständen sehen die Gefangenen nur die Schatten, die auf die Felswand fallen. Sie nehmen diese Schatten für die einzige Wirklichkeit und stellen darüber Mutmaßungen an, die zwangsläufig unvollkommen sind. In gleicher Weise, so David Bohms Gedanken, ist das, was uns als stabile, greifbare, sichtbare und hörbare Welt erscheint, eine Illusion.

Was ist Erkenntnis, was ist Wahrheit? Wie können wir erkennen, was wahr ist, wenn schon der Prozeß des Fragens unser Wahrnehmungsvermögen auf bestimmte neurologische Schaltkreise oder eine Gehirnhälfte determiniert unter Ausschluß aller Schaltkreise und beider Gehirnhälften? Gibt es günstigere biochemische Voraussetzungen für unser Denken, wo wir ja wissen, daß der Prozeß des Erkennens neuroelektrisch und biochemisch vonstatten geht?

Der österreichische Psychotherapeut Paul Watzlawik spricht davon, daß unsere sogenannte Wirklichkeit das Ergebnis von entsprechender Kommunikation ist. Diese These scheint den Wagen vor das Pferd zu spannen, denn die Realität ist wohl offensichtlich und die Kommunikation nur dazu da, sie zu beschreiben. Dem ist aber nicht so. Anstatt unsere Weltanschauung den offensichtlichen Tatsachen anzupassen, verdrehen wir fortwährend die Wirklichkeit...

In diesem Zusammenhang wurde der Begriff Konstruktivismus geprägt, das bedeutet: ein wahrnehmungstheoretisches Reflexionsvermögen. Dieser Begriff hat der Kommunikationsforschung eine neue Perspektive eröffnet. Kurz gesagt, bedeutet das nichts anderes, als daß keine von uns annehmbare absolute Realität existiert. Vielmehr erzeugen wir sie selber, machen uns in unserem Kopf (oder wo auch immer) ein Bild von ihr, in das alle Erfahrungen konstruierend eingepaßt werden, bis die sich selbst erfüllenden Prophezeihungen eintreten. Ziemlich deutlich erkennen wir, wenn ein und derselbe Sachverhalt mit zwei verschiedenen Definitionen, wie z. B. das Glas ist halb leer bzw. halb voll, auf die polare Gegensätzlichkeit innerhalb unseres Bewußtseins hinweist. Mittlerweile haben wir gesehen, daß viele Geschehnisse der subjektiven Bewertung des Menschen unterliegen. Grundlage dessen dürfte, wie so oft, die Gespaltenheit unseres Gehirns in zwei gegensätzliche Pole sein. Durch sie steht sich der Mensch selbst bei der Wahrnehmung von objektiver Realität im Wege. Aufgrund seiner mangelhaft ausgeprägten Wahrnehmungsfähigkeit konstruiert er sich die Welt so, wie sie für ihn sein soll.

Wie können wir erfahren was wirklich ist? Die Antwort muß lauten: Wir können nicht wissen, ob wir es wissen! Es gibt verschiedene Modelle der Wirklichkeitswahrnehmung:

- *Kritischer Realismus:* Wir können zwar nicht feststellen, ob eine Theorie wahr ist, aber feststellen, ob eine Theorie falsch ist. So kommen wir im Endeffekt doch irgendwie der Wahrheit näher (nach Popper).

- *Evolutionäre Erkenntnistheorie:* Unsere Erfahrungswirklichkeit beruht auf den genetischen Strukturen unseres Gehirns. Da diese in der Auseinandersetzung mit der ontologischen Wirklichkeit entstanden sind, muß die Erfahrungswirklichkeit in irgendeiner Weise die ontologische Wirklichkeit repräsentieren (nach Konrad Lorenz).

- *Radikaler Konstruktivismus:* Postuliert eine strukturelle Koppelung zwischen Erfahrungswirklichkeit und ontologischer Wirklichkeit. Dies zeigt sich daran, daß die »wirkliche« Welt (ontologische Wirklichkeit) sich ausschließlich dort offenbart, wo unsere Konstruktionen (die Erfahrungswirklichkeit) scheitern (Maturana, von Glasersfeld).

- *Hypothetischer Realismus:* Er erkennt an, daß jede realistische Position in unauflösbare Schwierigkeiten führt. Er betrachtet Realismus deshalb nicht als ontologische Feststellung, sondern als Hypothese, die verwendet werden sollte, weil sie die nützlichste sei (Putnam).

- *Radikaler Plastizismus:* Postuliert, daß die Wahrheit der ontologischen Wirklichkeit plastisch ist. Der radikale Plastizismus fügt ein zweites Postulat hinzu: das Postulat des Plastizismus ist plastisch. Der radikale Plastizismus ist die logische Fortführung des Plastizismus, da er ihn ernst nimmt und auf sich selbst anwendet. Anders ausgedrückt: Für den radikalen Plastizismus ist alles kontingent, auch er selbst (nach Eschner).

Metaprogrammierung des Bewußtseins

Ein Beitrag von Gerd Gerken

Das neue Weltbild geht davon aus, daß es kein stabiles Sein gibt, sondern nur ein stabiles Werden. Das einzige, was wirklich ist, ist das Werden.

Damit übernimmt der Mensch endgültig die volle Verantwortung für sein Bewußtsein. Er erkennt, daß es weder Götter gibt, die ein »besseres Bewußtsein« haben, noch blinde Flecken im Bewußtseinsprozeß.

Entscheidend für diesen Schritt ist, daß besonders der Westen aufhört, die Mythen und die esoterischen Lehren der letzten Achsenzeit und die attraktiven buddhistischen Theoreme weiter in die Neuzeit zu verlängern. Denn wenn sich das Meta-Bewußtsein entwickeln soll, dann benötigt man nicht nur ein vertieftes Wissen über das Gehirn und die Formung von Bewußtsein, sondern auch ein stabiles Ich. Das Ich wird dabei zum aktiven Instrument der Bewußtseinsformung. Warum?

Das Meta-Bewußtsein ist ein doppeltes Bewußtsein. Es ist das Bewußtsein, das weiß, daß alle Wahrheiten nicht wahr sind und daß das jeweils aktuelle Bewußtsein nur eine *fließende Erfindung* ist.

Durch psychoaktive Substanzen gelingt es dem einen oder anderen, in dieses »multiple Bewußtsein« einzusteigen. Er kann dann beobachten, wie sich das Bewußtsein selbst erfindet und formt. Es ist klar, daß dieser *Trend zu mehreren Bewußtseinen* nur für denjenigen machbar ist, der ein kraftvolles instrumentelles Ich besitzt. Die nächste Epoche der Brain- und Bewußtseinsformung wird eine neuartige Verherrlichung des Ichs mit sich bringen.

Die aktuellen Signale zeigen, daß sich diese Meta-Ebene langsam in unserer Kultur entfaltet. Man sieht das z. B. daran, daß im Lager der jugendlichen *Hyper-Realisten* die Tendenz, mit mehreren Bewußtseinen zu jonglieren, deutlich zunimmt. Und es ist auch richtig, wenn Pater Lasalle immer wieder betont, daß gerade die Jugend große Teile des neuen Bewußtseins schon entfaltet hat. Aber es ist eben doch ein anderes Bewußtsein, als es die Esoteriker erwarten. *Es ist ein Bewußtsein, das mit Bewußtseinen spielt.* Dieses neue Bewußtsein wird vier Dimensionen umfassen:

1. **Die Transzendenz des Zeitlichen**
   Alles ist irreversibel. Wir tragen die volle Verantwortung.
2. **Die Mit-Repräsentanz des Gegenteils**
   Das Bewußtsein kann nur fließen, wenn das Gegenteil präsent ist. Weisheit ist die Verstärkung des Neutralen.
3. **Die Bereitschaft zur Meta-Programmierung**
   Es gibt nur den Glauben an den Glauben. Glauben kann man programmieren.
4. **Der Mensch wird nur durch sich selbst zum Menschen**
   Wir sind das, was wir an Liebe zu schenken vermögen.

Das neue Bewußtsein gibt, wie man sieht, Antworten auf die Dimensionen *Verantwortung, Weisheit, Glaube und Liebe*. Und das sind auch in der alten Philosophie und klassischen Esoterik wichtige und zentrale Dimensionen.

Aber die Inhalte des neuen Bewußtseins sind trotzdem ganz anders als in der alten Lehre:

1. **Wahrheit ist nur Kontext**
   Alles ist fließende Neuinterpretation des Bewußtseins.
2. **Das Paradoxe beherrscht das Leben**
   Der Witz ist die Energie des Fließens.
3. **Alles ist Konstruktion und Erfindung**
   Der Mensch ist ein One-Input-System: Er lebt im »Fluß seiner eigenen Metaphern« (Varela).
4. **Auch der Geist wird:** Überall herrschen Instabilität, Expansion und Werden. »Ewigkeit und Zeitlichkeit sind sehr nah beieinander« (Prigogine).

5. Es gibt eine kosmische Absicht
Es ist die Absicht dieser Absicht, sie zu nutzen.

Fassen wir an dieser Stelle zusammen: wir steigen ein in eine Kultur mit Meta-Bewußtsein und spielerischem Umgang mit den unterschiedlichen Bewußtseinen. Das jetzt so heftig erwachte Interesse an psychedelischen Substanzen, Brainforschung, Neuro-Biologie und Brain-Machines signalisiert, daß die Phase, in der es fast ein Skandal war, wie Maturana einmal schrieb, darüber nachzudenken, durch welche Denk-Prozesse welches Bewußtsein entsteht, langsam zu Ende geht. Wir dürfen und wir können unser Bewußtsein beobachten, um es dadurch instrumentell machen zu können.

Die wichtigste Voraussetzung für diese neue Epoche ist ein anderer Umgang mit dem Ich. Die Zeit geht zu Ende, in der die Suchenden, diejenigen also, die ihre Reise nach innen angetreten haben, sich bemühten, ihr Ich aufzulösen oder zu überwinden.

Eine andere Voraussetzung ist der Abschied von Wahrheit, also auch von höherer, göttlicher Wahrheit. Wenn alles nur Erfindung ist, dann ist alles nur unsere Erfindung. Zwar gibt es eine kosmische Absicht, aber die ist offen, werdend und irreversibel. Eine gesteigerte Verantwortlichkeit ist die Voraussetzung für das neue Bewußtsein.

Meta-Programmierung

Ganz offensichtlich ist unser Gehirn als geschlossenes System in der Lage, sich so zu programmieren, daß wir persönliche und kollektive Transformationen entwerfen und vollziehen können.

Betrachten wir nun etwas näher, wie wir mit unserem Brain und unserem Bewußtsein diese Meta-Programmierung vollziehen können. Wenn man davon ausgeht, daß alle Wirklichkeiten unsere Erfindungen sind, dann muß man zuerst einmal sein Gehirn darauf programmieren, daß es Abschied nimmt vom tiefverwurzelten Glauben an echte Wahrheiten. Eine erste wesentliche Voraussetzung für die Transformations-Arbeit ist also der wahre Glaube an folgenden Glauben: **Alles ist nur Erfindung und Spiel.**

Eine nächste Ebene ist das *Meta-Programm der Mind-Formung*. Wir müssen lernen, daß es kein Schicksal und keine Götter gibt, sondern eine permanent fließende kosmische Absicht, also einen Geist, der alles mitmacht, weil alles, was gemacht werden kann, nur in ihm und durch ihn gemacht werden kann. Der Geist steigt hier quasi vom Thron einer imaginären Vernunft und wird zu einem Mitspieler des Werdens. Wir können ihn »Potentialität« nennen.

Nunmehr ist es wichtig, auch eine andere Einstellung zu unserem Mind aufzubauen. Mind ist nicht das Denken, sondern ein affektiv-kognitives System, das »Idealität« entwirft, um diese im Strom der *Potentialität* zu plazieren. Mit anderen Worten: das, was wir erfinden, ist die Form, über die Potentialität zur »Realität« wird.

Damit haben wir das wichtigste Instrumentarium für die kommende Mind-Formung skizziert:

1. unsere Idealität entwickelt die Form, in der
2. die Potentialität sich so sehr finden und manifestieren kann, daß daraus
3. unsere Realität wird. Wir schaffen uns buchstäblich unsere eigene Welt durch unseren Glauben an unsere Welt.

Im Rahmen der Meta-Programmierung ist es nun wichtig, wie denn der Mind die Idealität formen kann. Mit Meditation, Brain-Machines oder Drogen allein ist das kaum zu machen. Dazu gehört ein genaueres Wissen darüber, **wie der Geist arbeitet.** Aber wie arbeitet er denn?

Auf jeden Fall nicht logisch, sondern analogisch, also: Gleiches zu Gleichem. Wichtig ist in diesem Zusammenhang, daß es zwei Wirkungs-Gesetze gibt, die man immer wieder sehen kann, wenn man sich in der außerordentlichen Lage befindet, sich bei seinem eigenen Bewußtseins-Tanz zu beobachten. Und diese zwei analogischen Gesetze lauten: **Energie zu Energie** und **Form zu Form.** Ganz offensichtlich arbeiten wir in unserem Brain eher quantenphysikalisch als logisch-vernünftig. Und so ist es auch kein Wunder, daß einer der großen Quantenphysiker, George Spencer-Brown, in seinem Buch »Laws of Form« zu ganz ähnlichen Gesetzmäßigkeiten kam:

1. Das Gesetz: Mach einen Unterschied!

Nur das, was unterschieden werden kann, kann im Raum des Geistes zu einer festen Form werden. Ohne Idealität kann es keine Prozesse geben, die aus Potentialität spätere Realität machen. Da das Denken aber – wie David Bohm in seinem Buch »Die implizierte Ordnung« schreibt – die Tendenz hat, sich vor sich selbst zu verstecken, geht es darum, unsere Individualität so aufzuteilen (= die Schaffung von *Teilpersönlichkeiten*), daß wir trotz dieses Versteckspiels schneller und gezielter solche innovativen Unterschiede entwickeln, die für eine gute Idealität wichtig sind. Das ist die mentale Arbeit mit geteilten Persönlichkeiten.

Ein anderer Aspekt kommt dazu: Man kann seinen Mind so metaprogrammieren, daß er fähig wird, ins Vorbewußtsein einzusteigen, und zwar ins kollektive Vorbewußtsein, den psychischen »Ort« der *morphogenetischen Felder* (Sheldrake) oder der Archetypen (Jung). Dadurch kann man das abzapfen, was im Raum des Geistigen im Werden ist, ohne daß es einem persönlich bereits bewußt geworden wäre.

2. Das Gesetz des Rufens

Man kann einen Unterschied erst dann einen wirklichen Unterschied nennen, wenn er sozial geworden ist, d.h., wenn ihn andere Wesen mit ihrem Bewußtsein widerrufen, zurückrufen, bestreiten oder bestätigen. Erst durch diese *zirkuläre Ruf-Arbeit* wird der Unterschied zu einer Mind-Form gefestigt. Und erst durch die Festigkeit und Verbindlichkeit dieser Mind-Form kann der ewig fließende Spirit (Potentialität) sich durch die Form zu Realität prägen lassen.

3. Das Gesetz des Überschreitens

Je fester die Form, um so verbindlicher die Wirklichkeit, die aus ihr entspringt. Bei der materiellen Wirklichkeit mag das viele Vorteile haben. Im Raum des Geistes ist aber jede Verfestigung, die ins Prinzipielle und Starre abgleitet, von Nachteil. Man kann dann mit starrem Geist den fließenden Spirit nicht mehr mitfließend formen.

Denn der Geist kennt keine Standpunkte, sondern nur Fließpunkte. Deshalb ist es wichtig, daß man seinen Mind immerzu metaprogrammiert auf Auflösung. Das geschieht am besten durch das *Meta-Programm des Spiels* und durch das Meta-Programm des »Glaubens an den Glauben«. Dadurch wird unser Mind befähigt, sich von Wahrheiten zugunsten von »Brauchbarkeiten« (Heinz von Foerster) zu trennen.

Unser Mind spielt dann mit Wahrheiten, ohne an sie als Wahrheiten zu glauben. Dadurch kommt es zu einer verbindlichen Formung, die aber gleichzeitig auch auf Auflösung programmiert ist. *Prägung und Fließen* vereinigen sich.

Nun haben wir in Umrissen erkannt, daß die nächste Epoche eine Epoche der Meta-Programmierung sein wird, gekennzeichnet durch die Fähigkeit des Menschen, das Spiel des Erfindens zu erfinden. Es ist klar, daß in diesem Rahmen nicht alle Meta-Programme ausführlich beschrieben werden können. Aber es zeigt sich doch, daß alle Meta-Programme folgendem Credo folgen: **Wir handeln, genießen oder leiden nicht aufgrund von Wirklichkeiten, sondern aufgrund unserer Erfindungen, die wir für wirklich halten.**

Das ist das, was man in der Synergetik »den obersten Ordner« nennt. In meinen Coachings mit Managern ist das auch immer der wichtigste und zugleich schwierigste Punkt. Wenn es gelingt, dieses zentrale Meta-Credo voll in den persönlichen Glauben zu integrieren, dann ist schon ein Großteil des Weges zur persönlichen Transformation gegangen. Es ist sozusagen die Quintessenz der Selbstreferentialität des menschlichen Minds.

Die nächste Ebene darunter ist die *Ebene der Identität.* Auch hierfür gibt es ein Meta-Programm. Im Kern besagt es, daß man nicht das ist, was man derzeit geworden ist, sondern das, was man werden kann. Das ist ein Programm, um die fixe Persönlichkeit zu einer transformativen Größe umzuformen: von der statischen Persönlichkeit zur fließenden Persönlichkeit.

Andere Meta-Programme konzentrieren sich auf den inneren Frieden, auf die Eigenverantwortung, auf die Demut zum Neuen Selbst, auf die »gleichgültige Leichtigkeit« und auf den Jubel des Lebens.

Halten wir an dieser Stelle fest: Ganz offensichtlich gibt es im Raum des Geistes, so wie wir ihn erfunden haben und erleben, Gesetzmäßigkeiten, die wir erkennen und nutzen können. Diese Nutzung können wir Meta-Programmierung nennen. Es ist wichtig zu begreifen, daß der Spirit und unser Brain im Prinzip alle Meta-Programmierungen mitmachen können, wie z. B. John C. Lilly durch seine Forschungen eindrucksvoll bewiesen hat. *Es gibt keine Grenzen.* Auch keine Grenzen hinter den Grenzen. Das einzige, was es gibt, ist unsere Angst vor dem Unbekannten.

Deshalb ist es wichtig, diejenigen Meta-Programme in unserem Brain zu verankern, die uns helfen, besser zu erfinden, fließender zu werden und offener zu lernen, kurzum: weniger an erfundenen Bedeutungen zu leiden.

Das führt uns nun zu den Stichworten »Selbstkonzept und Leiden«. Ganz offensichtlich gibt es Krisen, Depressionen, Irritationen und Störungen in uns selbst. Also ist das, was wir das Ich und das Selbst nennen, keineswegs eine statische Dimension, die unberührt von unseren Bewußtseins-Prozessen existiert.

Ganz im Gegenteil: es scheint so zu sein, daß unser Ich und unser Selbst geradezu Kinder unserer eigenen Erfindungen sind, also auch durch unsere Bewußtseinsprozesse direkt verletzt und gestört, aber auch kultiviert werden. Leiden und Glück sind aus dieser Sicht Ergebnisse unserer Meta-Programmierungen und Programmierungen.

Was ist nun das Ich? Und wie könnte man das Selbst definieren? Das Ich ist ein Verhaltens-Konzept, um das eigene Werden im Leben zu schützen. Das Selbst ist ein Identitäts-Konzept, das durch das Leben erfunden wird.

Betrachten wir diese beiden Definitionen etwas genauer, so stellt man fest, daß es hier um zwei erfundene und auf der Zeitachse gelernte Konzepte geht. Nicht mehr und nicht weniger. Es ist für die Meta-Programmierung – insbesondere für die Selbsterleuchtung – sehr wichtig, sich diese »durchlüfteten« Einstellungen zum Ich und zum Selbst zu eigen zu machen.

Interessant ist, daß einer der führenden Konstruktivisten, Gerhard Roth, das Ich ebenfalls als Erfindung definiert: »Das Ich ist eine Fiktion, ein Traum eines Gehirns, von dem wir, die Fiktion, der Traum, nichts wissen können.«

Wenn man das Ich und das Selbst nicht mehr als spirituelle oder heilige Größen mißversteht (man denke an den Reinkarnations-Rummel in diesen Zeiten), dann hat man eine ganz gute Plattform, um auch die Erleuchtung zu erfinden – Selbsterleuchtung genannt.

Bei diesem Prozeß ist es wichtig, wiederum vom neuen Paradigma auszugehen, das wir eingangs gestreift haben, also: der Geist wird. Und im Rahmen dieses Werdens kann auch unser Geist (Mind) werden.

Wenn es uns also gelingt, Erleuchtung so zu erfinden, daß sie zum integrierten Element unseres Selbstkonzeptes wird, dann erfinden wir die Brücke, auf der sich Spirit und Mind begegnen und umarmen können. Und das ist mit schlichten Worten Erleuchtung.

Dieser Prozeß verlangt aber eine sorgfältige Vorarbeit. Die neuen Brain-Machines allein bringen das nicht. Auch die asiatische Meditation erreicht das im Prinzip nur in seltenen Ausnahmefällen. Wichtig ist deshalb zuerst eine möglichst komplette Meta-Programmierung unseres Gehirns.

Permanente Instabilität

Das Credo dieser Wandlung, die selbstinitiiert ist, lautet: **Nur im Zustand der Instabilität kann man neu lernen und eine neue Identität finden.**

Deshalb ist *eine permanente Instabilität das Ziel* der persönlichen Mind-Arbeit. Man erkennt nun sehr schnell, wie weit dieses Credo entfernt ist von der klassischen Esoterik, bei der die Gurus immer mit Metaphern arbeiten, die auf Sein und auf Harmonie ausgerichtet sind, z. B. »Sei in Deiner Mitte!«

Die persönliche Transformation geht von einer ganz anderen Auffassung aus, dem *Modell der Shifts und Drifts*. Es handelt sich also um einen evolutionären Ansatz. Das persönliche Werden wird als eine gewollte Instabilität gesehen. Shifts sind Bewegungen durch Impulse. Und Drifts sind die Abweichungen von den letzten Abweichungen.

Transformation ist ein Prozeß des gewollten Fließens auf der Basis der kosmischen Absicht, jedoch irreversibel, offen und instabil statt harmonisch. Und dieses Fließen wird in dem neuen Paradigma aufgefaßt als ein Voneinander-Abrutschen von geistigen Kräften, die voneinander leben.

Persönliche Transformation ist deshalb eine Mischung aus persönlicher Fließ-Organisation und der Selbstreferentialität des Gehirns. Wie die Arbeiten von Maturana und Varela gezeigt haben, *ist das Gehirn ein One-Input-System*. Es kann also im Prinzip immer nur das wahrnehmen, was es selbst erfunden hat. Und es kann nur das erfinden, was durch Störung und Instabilität (Perturbation) provoziert worden ist.

Kombiniert man den Faktor des Fließens mit dem Faktor der Selbstreferentialität, so erhält man ein Mind-Modell der persönlichen Transformation, das in erster Linie dadurch funktioniert, daß der Mensch mit seinem eigenen Bewußtsein diejenige Perturbation – also Störung – erfindet und mit Energie versorgt, die der Prozeß-Dynamik der Selbstreferentialität entspricht (also sich aus sich selbst heraus neu erfindet) und die zugleich eine permanente Instabilität gewährleistet. Was kann das sein?

Die Erfindung des Neuen Selbst

Das Neue Selbst wird definiert als unsere Erfindung unseres Werdens, die wahr wird durch unseren Glauben daran.

Die alte Esoterik hatte mit dem Begriff des Selbst oder der Seele so ihre

Schwierigkeiten. Im Prinzip war man darauf ausgerichet, Erleuchtung und Glückseligkeit anzustreben durch den Prozeß des *Sich-selbst-Vergessens*.

Der neue Weg ist ganz anders: er zielt auf *Sich-selbst-Erleben*. Dafür ist es wichtig, das normale Selbst vom Neuen Selbst zu unterscheiden. Das Neue Selbst ist eine Erfindung, die vom Ich und vom Selbst stammt, um im Mind eine permanente Störung und Instabilität zu organisieren. Das Neue Selbst ist im Prinzip ein Trick, mit dem das bisherige Identitäts-Konzept (das alte Selbst) vom gespeicherten Leben abgelöst wird, um Spirit oder – besser gesagt – unsere Erfindung von Spirit, erleben und genießen zu können.

Was geschieht dann eigentlich in unserem Brain? Wie wir gesehen haben, ist das Selbst ein Identitäts-Konzept, das durch das Leben selbst erfunden und im gelebten Leben gelernt worden ist. Entsprechend den Laws of Form von Spencer-Brown ist es das Leben, das sich selbst zur Form gerufen hat: Identität als Ruf und Rückruf.

Deshalb repräsentiert unser Selbst die vielfältigen zufälligen und gewollten Verletzungen, Störungen und Highlights. Da es nun keineswegs sicher ist, daß dieses so geformte Selbst automatisch den Weg zum Spirit findet, geht es darum, während des Lebens ein zweites Selbst zu erfinden, das spiritueller oder essentieller ist.

Dieses Neue Selbst muß nun aber ebenfalls in unser Selbstkonzept integriert werden. Es darf keine abstrakte Größe bleiben. Das geschieht z. B. durch psycho-aktive Substanzen, durch Atemübungen, durch spezielle Mantras oder Imaginationen, durch Brain-Machines oder Samadhi-Tanks. Aber das alles sind keine Wege, sondern nur prozeßbegleitende Techniken, die das Gehirnstrombild so verändern, daß das **erfundene Neue Selbst in unserem Leben wie eine echte Wirklichkeit erlebt werden kann. Dadurch wird das Neue Selbst zu unserem höheren Identitäts-Konzept.**

Der Prozeß der Transformation

Dieser Prozeß der Transformation läßt sich auch wie folgt beschreiben: Das Ich und das Selbst werden zum Neuen Selbst geführt, nachdem dieses durch Brain-Übungen zur Identität aufgebaut worden ist. Dann erleben das Ich und das Selbst, wie das Neue Selbst die Selbst-Erleuchtung einleitet. Alle Beteiligten genießen schließlich ihre gemeinsame kooperative Arbeit.

Das bedeutet: **Selbst-Erleuchtung ist die Lenkung des Mind zum Spirit – mit den Methoden des Mind.**

Am besten hat E.J. Gold in seinem Buch »Die Menschliche Biologische Maschine als Apparat der Transformation« einige der notwendigen Mind-Techniken für diese Selbst-Erleuchtung beschrieben. Seine Kern-Idee ist die der unerwachten »biologischen Maschine«, also unseres Körper, der unser Ich und unser Selbst zu einer Art wachem Schlaf verpflichtet hat.

Es geht nun darum, das Bewußtsein so zu manipulieren, daß ein Neues Selbst im Identitäts-Konzept verankert wird, wie wir es oben beschrieben haben. Dann geht es darum, diesem Neuen Selbst die Aufgabe zu übertragen, die schlafende Maschine zu erwecken und ihm dabei zu helfen.

Das Ich, das Selbst und der Körper werden durch diese Meta-Programmierung also verpflichtet, dem Neuen Selbst bei seiner Reifung zu helfen. Das Instrument dafür ist »gerichtete Aufmerksamkeit«. Auch das ist kein göttliches Geschenk, sondern nichts anderes als eine *Dissoziations-Leistung*, die unser Gehirn vollzieht, wenn man sein Bewußtsein auf Meta-Bewußtsein oder mehrere Bewußtseine programmiert.

Durch die Dissonanzen zwischen dem gelebten Leben (Gold nennt dies die »Chronik«) und dem parallel gelebten Neuen Selbst kommt es zur gewünschten Instabilität und Perturbation (Störung). Bei diesen krisenhaften Prozessen geht es dann darum, dem Neuen Selbst ein Maximum an Ergebenheit und Liebe zu schenken, damit es sich auf Spirit und Licht ausrichtet.

Dadurch aktiviert sich die Kluft zwischen gelebter Realität und gelebter Idealität, die Chronik des Lebens meldet sich. Durch die Innen-Arbeit (psycho-aktive Substanzen, Meditation, Brain-Machines etc.) läßt man nunmehr die Maschine, also hauptsächlich unseren Körper und unser Nervensystem, lernen, daß sie keine Angst zu haben braucht vor der neuen und *erhöhten Wachheit des Bewußtseins.*

Das alles ist ein zirkulärer Prozeß, der wie folgt beschrieben werden kann: Unser Ich und unser Selbst (also unsere Instrumente des Mind) erfinden und pflegen das Neue Selbst, das wiederum unser Ich und unser Selbst neu ausrichtet auf Spirit und Licht. Dieser gleitende, sich wiederholende Prozeß ist Selbst-Erleuchtung.

Ganz am Ende dieser neuartigen Möglichkeiten, die jetzt durch Neuroforschung und Braintechnologie sichtbar werden, wird sicherlich eines Tages ein verbesserter Umgang mit unserem Kopf stehen: *weniger Angst vor der Manipulation unseres Bewußtseins.* Und mit hoher Wahrscheinlich keit wird auch eine neue Verantwortlichkeit für unser Werden heranreifen, verursacht durch unser geistiges Werden.

(Ende des Beitrags von Gerd Gerken, der als Zukunftsberater und Coach für das Top-Management sowie als Autor zahlreicher Bücher wie »Management by Love« und »Geist« tätig ist.)

Das neue Denken – Wege zu einer ganzheitlichen Integration

Transrationales Denken

Diese Art des Denkens basiert auf Ken Wilbers Unterscheidungen von rational, prärational und transrational. »Prä« heißt vor und »trans« heißt über; dem ungeschulten Beobachter und Kritiker kann es daher leicht passieren, daß er alles, was nicht rational ist, als prärational abqualifiziert und das Transrationale, das über das Rationale hinausgeht vergißt.

Sicherlich spüren wir intuitiv, daß der Begriff »Transrational« genau in Richtung New Age weist, da es auch die Hoffnung zur Überwindung des technisch-rational-reduktionistischen Denkens in sich birgt. Doch »Rückwärts-Sehnsüchte« (Gerken) und Sichtweisen der alten Esoterik bringen uns keinesfalls die Komplexität und Synergie, die ein neues Zeitalter auszeichnen und eine mentale Kompetenz der Ganzheitlichkeit im evolutionären Sinne fordern würde. Eine geistige Innovation würde bedeuten, systematisch die synergetische Richtung der Ganzheitlichkeit zu verfolgen. Daß es auch da deutliche Begriffsunschärfen gibt, zeigt Gerd Gerken auf, der zudem den wachsenden Konflikt um den Inhalt von »Ganzheitlichkeit« prognostiziert. »Die Bewegung zum ganzheitlichen Management beginnt sich aufzugabeln in eine prä-personale, in eine personale und in eine trans-personale Strömung. Diejenigen, die die rationale Richtung der Ganzheit verfolgen, folgen der Doktrin des vernetzten Denkens; sie sind hauptsächlich gekennzeichnet durch Methoden-Fortschritt und basieren auf der rationalen Logik. Für sie ist Ganzheit die Qualifizierung der Denk-Strategien. Die esoterische Richtung von Ganzheit erwartet vom ganzheitlichen Management mehr Ethik und mehr »Religio«, also mehr Sinn durch esoterische Praxis. Der dritte Weg – nach Wilber das Trans-Personale – ist das evolutionäre Prinzip der Synergetik und wird in der Wissenschaft das systemische Denken genannt. Manchmal heißt es auch das 'synergetische' und 'evolutionäre Denken' – es ist das Konzept, durch das sich Evolution planen läßt.«

Das neue Denken, dessen Metapher ich hier vorstellen möchte, zeigt, daß die »positivistische Logik« (Ursache-Wirkungsdenken) ebenso ausgedient hat wie »Bauchintuition«. Beide Wege sind nicht umfassend rational! Das evolutionäre Denken zeichnet sich also dadurch aus, daß sich eine »Abkehr von der Logik« genauso fatal auswirkt, wie die »Wiederentdeckung des Bauches«. Erst das Prinzip der Synergetik macht aus Denken, Fühlen und Handeln eine Einheit – im Sinne des Transpersonalen (Wilber), der Affektlogik (Ciompi) und des Hyperrealismus (Gerken).

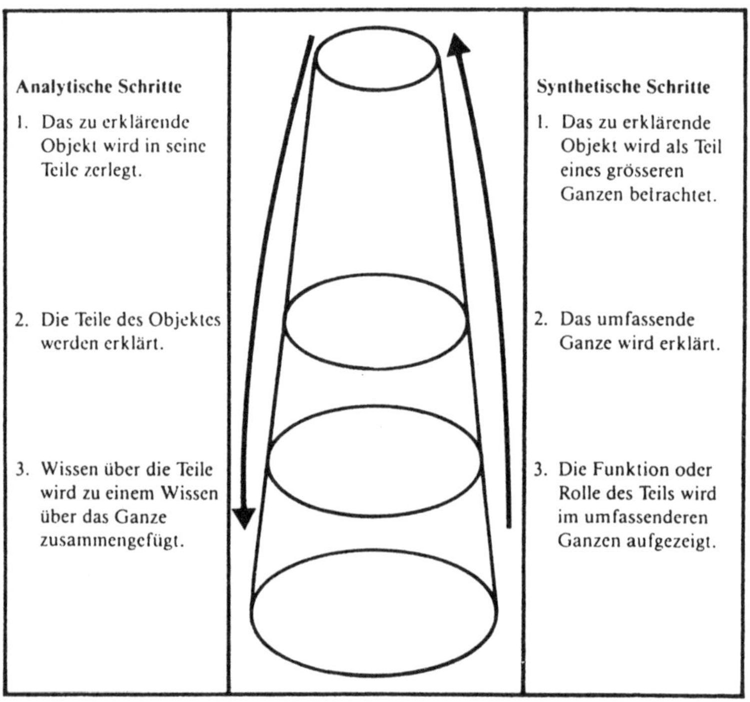

Abb. 31: Synergetisches Denken (aus: Ulrich/Probst: Anleitung zum ganzheitlichen Denken, Haupt-Verlag, Bern.).

Systemtheorie – der Geist zwischen Feedback und Feedforeward

Ludwig von Bertalanffy, Biologieprofessor in Wien, begründete die allgemeine Systemtheorie. Er ging davon aus, daß das Leben zuallererst ein System der Selbststeuerung ist, eine Entwicklung, die sich auf zunehmend höheren Ebenen der Differenzierung und organisierten Komplexität entfaltet. Diese Ganzheiten lassen sich nicht auf ihre Teile reduzieren, und ihre fortgeschrittenen Formen sind qualitativ andere als die vorausgegangenen. Außerdem ist der Organismus eher dynamisch als statisch, eher offen als geschlossen, und sucht aktiv die Stimulation, statt passiv auf Reaktionsmöglichkeiten zu warten. Die Evolution geht anscheinend von einfachen zu komplexen Strukturen, wobei die äußere Komplexität (chaotische und multi-modulare Erscheinungen) vom Bewußtsein modellhaft vereinfacht wird, damit es zurechtkommt.

Die allgemeine Systemtheorie ist interdisziplinär mit besonderer Berücksichtigung der Psychobiologie und der Ökologie. Das kybernetische Modell geht von folgender Vorstellung aus, wie in der Graphik (auf S. 348) zu sehen ist: Die Reize werden von einem Rezeptor (R) registriert, der speziell dafür eingerichtet ist. Von R aus geht der Informationscode zum Steuerungszentrum (S), das durch Weiterleitung, Blockierung oder andere Steuerungsmechanismen im Handlungsorgan, dem Effektor (E), eine Handlung auslöst. Von hier aus fließen zwei Botschaften: die eine enthält eine Antwort, die auf den Reiz einwirken kann, die andere ist eine Rückmeldungsschleife zum Rezeptor, die ihn über die vom Effektor vollzogene Aktion unterrichtet. Dadurch wird das sich selbst korrigierende System vollendet. Im Falle einer wärmegesteuerten Rakete, würde der Effektor den Rezeptor darüber informieren, daß eine Richtungsänderung stattgefunden hat, um das Ziel verfolgen zu können, das sich im Raum bewegt.

Will man dieses System auf lebende Organismen anwenden, dann muß man eine sich selbst organisierende Fähigkeit (SO) hinzufügen. Dazu würde einerseits der genetische Code gehören, der die Entwicklung des Organismus bestimmt; beim Menschen würden dazu auch die verschiedenen geistigen Fähigkeiten des Gehirns und seines multi-modularen Bewußtseins gehören, das analog dazu ein multidimensionales Universum abbildet, um es zu einem Einheitsbewußtsein (»One Mind«) zu integrieren. »Danach machen die Eigenschaften des menschlichen Geistes aus den

Zielen Werte und aus bloßen Reaktionen ethische Absichten.« (Charles Hampden-Turner)

Die Integration der Gegensätze

Die Integration des notwendigen Gegenteils spielt offensichtlich auf allen Stufen der geistigen Entwicklung eine zentrale Rolle. Die psychische wie die physische Welt scheinen aus lauter Gegensätzen und radikalen Dualismen zu bestehen, angefangen bei Materie und Antimaterie, positiven und negativen Teilchen, Wellen und Korpuskeln des Lichts bis hin zu Raum und Zeit. Doch diese polar entgegengesetzten Einheiten scheinen sich irgendwie einander zu ergänzen, ja geradezu untrennbar miteinander verbunden zu sein. Sie sind nicht nur gegensätzlich, sondern auch komplementär. Entsteht Ganzheit also dadurch, daß das Zusammenwirken polarer Gegensätze etwas Umfassenderes hervorbringt?

Für die Gehirn- und Bewußtseinsforschung waren die »Gegensätze« von Fühlen und Denken, rechtem und linkem Gehirn, Autonomie und Kooperation, Lebenstrieb und Todestrieb, Geist und Gehirn hilfreiche Arbeits-

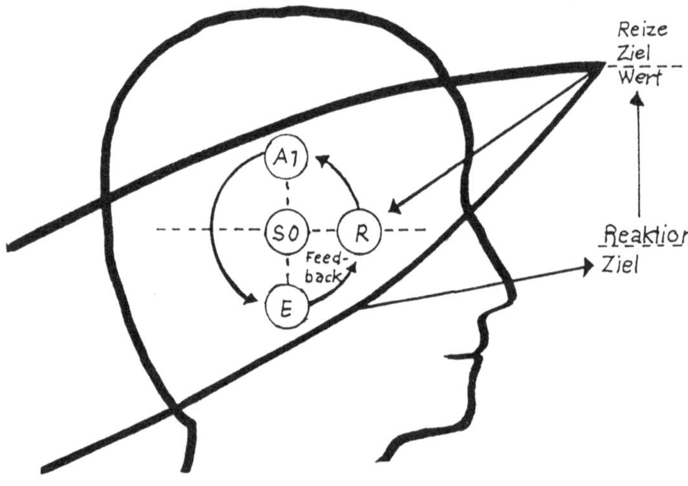

Abb. 32: Systemtheorie

hypothesen. Inzwischen zeigt sich jedoch, daß ein besseres Verständnis der dynamischen Natur der Dinge eines komplexeren Modells bedarf, vor allem eines, das mit der Praxis und dem Wesen der Dinge mithalten kann.

Im folgenden sind die wichtigsten Begriffe des neuen Denkens zusammengestellt, die für ganzheitliches Denken, Handeln und Fühlen unabdingbare Werkzeuge darstellen.

Assimilation und Akkomodation

Piaget konnte zeigen, daß die formale (nicht die inhaltliche) Vollendung der psychischen Entwicklung des Kindes mit einem ausgewogenen Gleichgewicht zwischen Assimilation und Akkomodation zusammenfallen. Unter Assimilation ist der Einbau von Elementen aus der Außenwelt in bereits bestehende innere Strukturen zu verstehen, unter Akkomodation dagegen die Anpassung dieser vorbestehenden Strukturen an die neu aufgenommenen Elemente. Es handelt sich also um zwei gegensätzliche Elemente der Beziehung zwischen Außenwelt und Innenwelt, was auch dem entspricht, das Maturana strukturelle Koppelung nennt.

Strukturelle Koppelung

Körper, Geist, Psyche und Umwelt (Gruppe, Menschheit, Universum) sind miteinander eng gekoppelt. Psychosomatische und noosomatische (geistig-körperliche) Funktionen entwickeln sich in einem ständigen gegenseitigen Bezug. Das psychische System ist, genau wie das Nervensystem und das Gehirn, auf Plastizität hin ausgerichtet. Diese flexible Formbarkeit garantiert unser Überleben.

Affektlogik – Die strukturelle Koppelung zwischen Fühlen und Denken

Affektlogik ist ein Begriff von Luc Ciompi, der damit die Verbindung von Denken und Fühlen ausdrückt, die als »Kombinationscode« zweifellos leistungsfähiger ist als die einzelnen Komponenten. Das Zusammenspiel zwischen Limbischem System (Gefühle) und Neocortex (Denken) vermag gerade das Wesentliche jeder realen Struktur präzise zu erfassen, besonders wenn eine charakteristische Kombination zwischen dem Ganzen und Teilen, Gemeinsamkeiten und Unterschieden vorliegt. »Auch die Gefühle besitzen ihre Rationalität; Denken ohne Fühlen ist irrational«. Hier geht es darum, das Bewußtsein für die Komplementarität zwischen Fühlen und Denken zu schärfen. Neben dem Vorteil der Ganzheitlichkeit hat das Fühlen den Nachteil der mangelnden Präzision, zumindest im Vergleich mit der linearen Logik. Umgekehrt bezahlt das klare Denken die evidenten Vorteile mit der Gefahr des Reduktionismus. Ein ausgewogenes Zusammenwirken beider aber kann ähnlich wie das binokulare Sehen im optischen Bereich zu jener optimalen Tiefenschärfe in der Realitätswahrnehmung führen. Diese ganzheitliche Sichtweise ist offensichtlich als wunderbare neue Möglichkeit in der menschlichen Psyche angelegt. Jean Piaget sagt: »Gefühle sind der Motor der kognitiven Entwicklung.«

Zwischen Denken und Fühlen gibt es ausgeprägte Wechselwirkungen. Wie bei der Annahme der strukturellen Koppelung bedeutet dies, daß beide Anteile sich durch gegenseitige Strukturmodifikation evolutionär verändern. Neurophysiologisch wird das durch den Umstand möglich gemacht, daß phylo- und ontogenetisch sich das jüngere »Denksystem« dem älteren »Fühlsystem« anzupassen hat. Beide müssen sich assimilieren und akkomodieren. Die daraus entstehende Spannung trachtet im allgemeinen immer danach, ein spannungsarmes Gleichgewicht herzustellen.

Das Problem von Determinismus und freien Willen

Die Vorstellung einer Ganzheitlichkeit als allgemeine Weltanschauung ist für die Gesamtordnung des menschlichen Bewußtseins selbst ausschlaggebend. Stellen wir uns vor, die Totalität sei aus unabhängigen Bruchstücken zusammengesetzt, wird unser Bewußtsein dementsprechend reagieren; können wir uns jedoch alles einheitlich und harmonisch in ein Ganzes eingefügt vorstellen, das ungeteilt, bruchlos und ohne Grenzen zu uns existiert, können wir unser Bewußtsein entsprechend lenken, damit ein geordnetes Handeln innerhalb des Ganzen erwachsen kann. Die Vorstellung einer holographischen Ordnung können wir uns als Hierarchie (siehe Koestler's Holarchie) denken, weil sie immer kleinere Welten – atomar, molekular, zellulär – mit immer größeren makroskopischen Welten – Organismus, Gruppe, Menschheit, Universum – verbindet. Aus solch einer Ordnung könnte man nun folgern, das holographische Modell sei ein

Beweis für den »Determinismus« – in dem alles Karma, alles vorbestimmt sei und der freie Wille nichts zu suchen hätte.

Wäre die Zeit auch holographisch zu verstehen, würde das bedeuten, daß wir, könnten wir in bestimmten Situationen Einsicht erhalten, das Ganze dechiffrieren und wie in den Seiten eines rießigen Buches lesen, das schon längst geschrieben worden ist. Müssen wir die holographische Interpretation einer östlichen Philosophie von Vorbestimmung und Determinismus zulassen und erkennen, daß alles für alle Ewigkeit festgelegt wurde, oder gibt es eine Vorstellung, die den freien Willen des Menschen, seine Individualität und Autonomie berücksichtigt? David Loye stellt dazu folgende Frage: »Könnten wir unser Leben im Gegensatz zum ›vertikalen‹ Determinismus des Sinnbildes von ›der einen Perle, die alle anderen reflektiert‹ vielleicht auch eine horizontale Stellung und Bewegung diese holographischen Einheiten betrachten, die nebeneinander herlaufend selbstständig arbeiten, anstatt ausschließlich in einer senkrechten Rangordnung zu existieren?«

Eine Schlußfolgerung aus diesen Überlegungen ist: es gibt nicht nur ein einziges gigantisches Hologramm – nebst Holomovement in einer Holarchie – in dem gefangen wir wie Spielzeuge durcheinandergewirbelt werden. Vielmehr gleichen alle existierenden Dinge der Bewegung von Amöben im Riesentümpel des Himmelszelt. An welchem Punkt greifen nun freier Wille und ursächliches Handeln ins System ein – wo liegt die Öffnung oder das Bindeglied? David Loye gibt dazu folgende Erklärung: »Nehmen wir einmal an, daß in jeder einzelnen holographischen Einheit für eine gewisse Zeit alles festgelegt, in deterministischem Sinne vorherbestimmt ist. In diesem Sinne würde Vorauswissen nach deterministischer Anschauung intraholographisch arbeiten: wir erkennen Strukturen und machen uns Einzelheiten bewußt, die allesamt innerhalb der Grenzen der augenblicklichen holographischen Einheit liegen, also in einer Sinneinheit zusammengefaßt sind, welche alle einschließt – uns selbst, alle anderen und alles, was mit uns in Beziehung steht und für uns bedeutsam ist. Sobald nun aber die verschiedenen holographischen Einheiten aneinanderstoßen und sich gegenseitig verschlingen, ergeben sich Veränderungen, die uns von Zeit zu Zeit erschüttern. In diesem Fall ist Vorauswissen interholographisch – ein Sprung, der die Lücke zwischen den aneinanderstoßenden Hologrammen A und B überwindet; oder ein Erregungsschub, der uns aus A in B hineinkatapultiert, daß wir seine einschließende Masse durchdringen können. Sinn und Zweck davon wäre, herauszubekommen, in welcher Hinsicht die einschließende Masse (die persönlich und gesellschaftlich wichtigen Anteile von B) für das aus A kommende Subjekt (das nun für einen Augenblick von B umschlossen wird) relevant sind. Wir können diese Überbrücken und Durchwandern, vielleicht als ein Holomovement im Sinne eines Ganzheitssprunges bezeichnen, womit naturwissenschaftliche und gestaltpsychologische Erkenntnisse zusammengefaßt erklärt wären.«

»Demnach ist das Bewußtsein für sich selbst keineswegs in Stückchen oder Augenblicke zerhackt. Worte wie ›Kette‹ oder Reihenfolge charakterisieren es nicht zutreffend. Das Bewußtsein ist nicht zusammengefügt: es fließt. Deshalb sind ›Fluß‹ oder ›Strom‹ die natürlichen Bilder, wenn es um seine Beschreibung geht. Wir wollen es von nun an folglich als Bewußtseinsstrom, als Strom des Denkens oder subjektiven Lebens bezeichnen.«

William James

Ein Meta-Modell des Bewußtseins

von Bruno Martin

Die interdisziplinäre, horizontale Vernetzung der Erkenntnisse und Sichtweisen mit den vertikalen Bewußtseinsebenen wird in Zukunft die neue Sicht des Geistes prägen.

Transpersonal, transrational, affektlogisch, ambivalent-komplementär, autonom-dynamisch, das sind die Begriffspaare mit denen wir uns in Zukunft auseinanderzusetzen haben. Denn: »Gegensätze sind kein Widerspruch, sondern eine Herausforderung«, wie Luc Ciompi treffend darlegt. Was auch impliziert, daß Modelle nur als Werkzeug zu verstehen sind: »Die Landkarte ist nicht das Gelände, genausowenig wie die Speisekarte das Menü darstellt.«

Auch wenn die »harten« Neurowissenschaften aufgrund eines selbstbeschränkten wissenschaftlichen Paradigmas bisher kein Modell des Bewußtseins bieten können, weil sich das Bewußtsein selbst nicht messen läßt, können Forscher zahlreiche psychophysiologische Begleiterscheinungen aufzeichnen. Wir können nur die Wirkungen der »Software« geistiger Prozesse wissenschaftlich erfassen, die Abgrenzung der einzelnen Bewußtseinszustände kann jedoch nur durch geschulte Beobachtung des eigenen

Erlebens erfolgen. Deshalb soll im folgenden analog zur neurobiologischen Evolution ein Modell der Bewußtseinsbereiche vorgeschlagen werden, mit dem operativ gearbeitet werden kann:

1. die genetisch-biochemische Ebene (zelluläre Lebensgrundlage)
2. die neuronale Ebene (neuronales Netzwerk des Nervensystems);
3. die instinktiv-motorische Ebene (entspricht dem Stammhirn);
4. die sozio-emotionale Ebene (entspricht dem limbischen System);
5. die sinnlich-bewußte Ebene (entspricht dem Neocortex mit seiner Verarbeitung der sinnlichen Inputs);
6. die bewußt-intelligente Ebene (entspricht der optimalen Zusammenarbeit der Gehirnhälften, dem »integralen Bewußtsein«);
7. die kreativ-geistige Ebene (beinhaltet Vorstellungen wie »Gaia-Bewußtsein« nach Lovelock und Margulis, morphogenetisches Feld nach Sheldrake, Feldtheorie nach Lewin, holographisches Universum);
8. die geistig-transzendente Ebene (die selbstorganisierende Intelligenz des Universums).

Jede dieser Ebenen besitzt ein eigenes »Bewußtsein«. Die Arbeit der genetisch-biochemische Ebene dringt zwar nicht in unser Wachbewußtsein, besitzt aber eine eigene Intelligenz (man weiß inzwischen, daß das Immunsystem ein eigenes »Gedächtnis« hat) und steht vertikal wahrscheinlich mit der geistig-transzendenten Ebene in direkter Verbindung. Die neuronale Ebene ist Voraussetzung für körperliche Aktivitäten von Tier und Mensch, sie verarbeitet die Inputs aus den weiteren Ebenen, damit sie dem Wachbewußtsein zugeführt werden können. Die instinktiv-motorische Ebene besteht in der Koppelung zwischen Sinneseindrücken, Muskelsystem und neuronalem Netzwerk und hat gewisse Erfahrungen als Instinkte gespeichert. Die sozio-emotionale Ebene reagiert auf Reize der unteren wie der oberen Ebenen gleichermaßen, während die sinnlich-bewußte Ebene unser Wachbewußtsein ausmacht, das die Sinneseindrücke interpretiert und in logische Handlungsmuster überführt. Selbsterkenntnis bedarf der horizontalen und vertikalen Vernetzung aller Ebenen und ihrer Informationen, im Prinzip ist diese bewußt-intelligente Ebene das eigentliche Steuerzentrum, das die multi-modular organisierten Teile des Gehirns koordiniert und damit arbeitet. Die weiteren zwei Ebenen sind nur in außergewöhnlichen »Bewußtseinszuständen« erfahrbar, können in diesem Zustand jedoch die anderen Ebenen beeinflussen. Insofern sind alle »Ebenen« zwar miteinander vernetzt, aber selten in optimaler Zusammenarbeit.

Die Unfähigkeit, einen angemessenen Bewußtseinszustand zu erlernen oder nur zwischen den Ebenen flexibel zu wechseln, erzeugt Streß. Unter Streß kommt es dann leicht zu einer Fehlnutzung des Potentials und über Verhaltensmuster zu persönlichen und sozialen Konflikten. Aber auch die Evolution des persönlichen Potentials, die bewußte und kreative Gestaltung unseres Lebens und der Umwelt wird ohne genaue Kenntnis dieser Möglichkeiten nicht genutzt oder vernachlässigt.

10. Das kreative Gehirn

»Der Mensch würde den Naturgesetzen vollständig unterworfen sein, und sein Leben und seine mögliche Evolution würden vollständig von äußeren Kräften abhängen, wenn er keine Macht zur kreativen Aktion hätte, wodurch Einflüsse von einer höheren Ebene ins menschliche Leben gelangen können. Sie können Richtungsveränderungen auf jeder Ebene hervorrufen, angefangen bei der individuellen menschlichen Erfüllung bis hin zur Beeinflussung der ganzen Menschheitsgeschichte.«

John G. Bennett

»Das erleuchtete Gehirn« – AHA-Erlebnis und Intuition im Hirnstrombild

Der König von Syrakus hatte eine herrliche Krone aus Gold bekommen, aber er war mißtrauisch und glaubte, daß dem Gold Silber beigemischt sei. Er beauftragte Archimedes damit, dies herauszufinden. Archimedes kannte das spezifische Gewicht des Goldes. Das Problem bestand darin, das Volumen einer Krone herauszufinden, die mit Filigranarbeit verziert war, ohne sie einzuschmelzen. Tagelang dachte er im Kreise und endete immer wieder in der gleichen Sackgasse. Eines Tages nahm er ein Bad und beobachtete entspannt, wie das Wasser um seinen Körper herum hochstieg, als er in das Becken stieg. In diesem Augenblick kam ihm blitzartig die Lösung: ein fester Körper verdrängt eine Wassermenge, die seinem eigenen Volumen entspricht. Man kann die Krone ins Wasser legen und die verdrängte Wassermenge messen. »Heureka!«

Logisch gedacht käme man wohl kaum auf die Idee, eine ernsthafte Angelegenheit wie das Messen des Volumens einer Krone und ein heißes Bad miteinander zu verbinden. Man muß Begriffe wie »transrationales Denken« einführen, um darzustellen, wie sich kreative Lösungen ergeben, die sich in Träumen, bei entspannter Muße, aber auch in besonders chaotischen Situationen ereignen können. Sicher ist: eine Lösung wird blockiert, wenn man sich übermäßig und einseitig auf eine einzige Matrix oder einen Bezugsrahmen konzentriert.

Wie läßt sich nun Kreativität wissenschaftlich messen? Es gilt eine kognitive Situation herzustellen, die von den Wahrnehmungspsychologen mit »Aha-Erlebnis« umschrieben wird. Hier ist in erster Linie die Würzburger Schule zu nennen, die verschiedene Faktoren fand, die für das Zustandekommen plötzlicher Erkenntnis maßgeblich sind: es sind demnach vor allem die situative Notlage, aber auch die Entspanntheit, die Gestimmtheit, die Lösungszuversicht; weniger wichtig sind die Willensanspannung oder Intelligenz. Daher hat man einen Begriff eingeführt: »disziplinierte Naivität«.

Als Bewertungskriterium wird das für kreative Lösungsvorgänge gebräuchliche 4-Phasenschema nach Wala verwandt:

1. **Präparation:** Erkennen des Problems und Analysieren der Problemstruktur in vielerlei Richtungen. Formulieren und Entwicklung vorläufiger Lösungen.
2. **Inkubation:** Die lineare Strategie wird beiseite gelegt, unbewußtes und ungesteuertes Denken am Problem herrschen vor.
3. **Illumination:** Plötzliche Einsicht oder das Gefühl, auf dem richtigen Weg zu sein. Das Denken ist zielgerichtet.
4. **Verifikation:** Ausarbeiten der Lösung.

Die wissenschaftliche Vorgehensweise zur Messung eines AHA-Erlebnisses sieht folgendermaßen aus:

Das AHA-Erlebnis wird mittels einer vierkanaligen EEG-Ableitung nachgewiesen:

Beim Versuch einer Zuordnung der einzelnen Phasen entspricht der Zeitpunkt von Thetawellen der Phase 3 und die Prä-Theta-Situation hoher Alpha-Ausprägung der Phase 2, d.h. der Stufe der Inkubation. Die Phase 4, die Verifikation, beginnt mit dem Zeitpunkt des Tastendrucks, je nachdem, wie die innere Lösungsüberprüfung stattfindet. Die Phase 2, welche im kognitiven Sinne gekennzeichnet ist durch eine Zunahme der Wechselwirkung zwischen Bewußtem und Unbewußtem, läßt flexibles Umstrukturieren über lineares zielorientes Denken dominieren. Die Gedanken schweifen, vollziehen sich nicht wie in Phase 1 der hohen Beta-Ausprägung gerichtet, sondern flexibel, wodurch neuen Lösungswegen Raum gegeben wird. In dieser Phase ist der Alpha-Anteil deutlich höher als in den übrigen Phasen. Irgendwann, plötzlich, und ohne daß dies willentlich zu beeinflus-

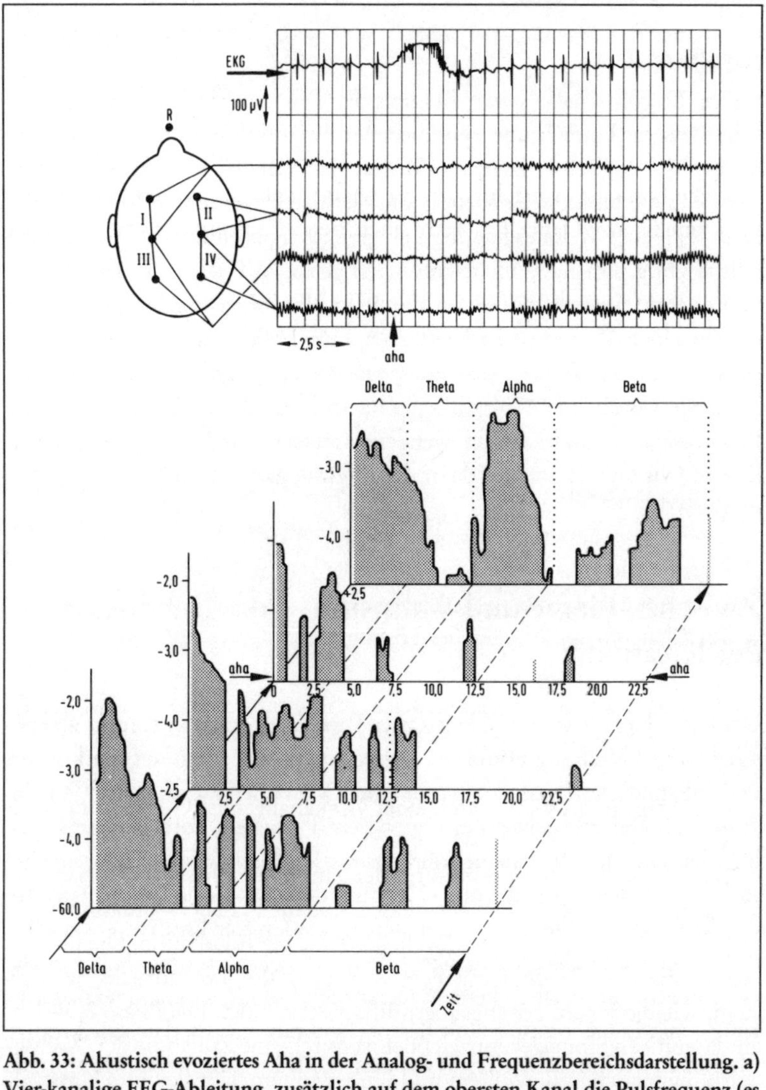

Abb. 33: Akustisch evoziertes Aha in der Analog- und Frequenzbereichsdarstellung. a) Vier-kanalige EEG-Ableitung, zusätzlich auf dem obersten Kanal die Pulsfrequenz (es ist eine deutliche galvanische Widerstandsänderung der Haut während des Ahas zu sehen). b) Darstellung der Powerspektren gegen die Zeitachse zu verschiedenen Zeitpunkten vor, während und nach dem Aha. Die Gesamtleistung konzentriert sich in den 2,5 sec vor dem Aha deutlich im T- und D-Band, während sie zum Zeitpunkt des Ahas in allen Bändern minimal ist (aus: Zugang zum Verständnis höherer Hirnfunktionen durch das EEG, Hrsg. Weinmann, Zuckschwerdt Verlag).

sen wäre, kommt es dann zum Sprung in die Erkenntnisebene; die bisherige Strategie wird schlagartig ersetzt, und die Lösung des Problems ist auf einmal offenkundig.

Der Bewußtseinsforscher Kennett R. Pelletier schlägt vor, daß die »gleichzeitige Betrachtung verschiedener Bewußtseinszustände und ihrer neurophysiologischen Begleiterscheinungen wesentlich ist für den Nachweis, daß die biologische Materie und geistige Prozesse wie Aufmerksamkeit, Wille und Weltanschauung sich gegenseitig beeinflussen. Sie ist ebenfalls wichtig, um diese nicht greifbaren geistigen Prozesse in feststellbare und quantifizierbare Indizes für die neurophysiologische Funktionsweise des einzelnen Menschen zu übertragen.« Für Pelletier gibt es auch zunehmend Hinweise darauf, »daß ein produktiverer Forschungsansatz darin bestehen würde, nicht physiologische Indizes für die Definition eines Bewußtseinszustandes zu verwenden, sondern zunächst einen solchen Zustand zu definieren und dann die physiologischen Meßwerte zu interpretieren.«

Zwischen Genie und Wahnsinn – das Paradoxum der Kreativität

Über drei Jahrzehnte wurden kreative Persönlichkeiten in Kunst, Wissenschaft und Erziehung erforscht. Dabei konnte man sich auf die kreative Persönlichkeit festlegen, sozusagen einen Menschen »scheinbaren Paradoxons und Widerspruchs«. Jan Ogilvy, ein Philosoph vom Williams College, hat ein Modell des »mehrdimensionalen Menschen« entworfen und Robert Ornstein spricht vom »Multimind« wenn es darum geht auszudrücken, daß der Mensch – und ganz besonders der kreative – verschiedene Teilpersönlichkeiten in sich vereint und damit umzugehen vermag. »Gegensätze sind dabei kein Widerspruch, sondern eine Herausforderung«, sagt Luc Ciompi. Frank Barron fand nun heraus, daß sehr kreative Menschen bei klinischen Tests (wie dem MMPI = Minnesota Multiphasic Personality Inventory) sowohl schlechter als auch besser als der Durchschnitt abschnitten. Sie erschienen leicht neurotisch in den Skalen Angst, Depression, Schizophrenie und abweichendes Verhalten, doch zeigten sie sich überdurchschnittlich gut im Bewältigen von Mißgeschick und der Kraft, sich von Rückschlägen zu erholen. Dieser scheinbare Unterschied löst sich auf, wenn man berücksichtigt, daß sich sehr Kreative absichtlich »herausfordern, erschüttern, destabilisieren, frustrieren und desintegrieren«, um dann die Persönlichkeitsanteile wieder besser zusammenfügen zu können. Im Sinne moderner Termini von »strange attractors« verhielten sie sich zugleich logisch und chaotisch, emotional und rational, maskulin und feminin und pendelten immer zwischen diesen Polen hin und her. »Kreative Menschen genießen und bevorzugen«, so Charles Hampden-Turner, »das Ungleichgewichtige, das Asymmetrische und Unvollständige in der Kunst und in der Symbolbildung, doch genießen sie es auch, Dinge zu vervollständigen und ins Gleichgewicht zu bringen.« Vielleicht ist das der Grund dafür, daß sie hohe Testwerte bei der Flexibilität erreichen. In Glaubensfragen verbinden sie Skepsis gegenüber fundamentalistischen Dogmen mit einer oft leidenschaftlichen Suche nach symbolischen Bedeutungen. Offensichtlich können sie stärkere Zweifel ertragen und erreichen eine hohe Frustrationstoleranz, andererseits können sie überzeugter glauben und Visionen entwickeln.

Deterministisches Chaos und Kreativität

Für ein besseres Verständnis der Wechselwirkungen zwischen Geist und Gehirn würden wir gerade im Bereich der Kreativität durch das einfache Modell der Links-Rechts-Dualität des Gehirns gehemmt werden. Beide Gehirnhälften stehen nach Ornstein und anderen bei einem kreativen Prozeß in enger Kommunikation, deutlich gemacht durch synchrone Gehirnwellen. Hinzu kommt das außerordentlich komplexe Netzwerk der Nervenzellen, die mit mindestens 10^{14} Kontakten (Synapsen) verknüpft sind. Die Neurowissenschaft verfolgt deshalb heute ein dynamisches Konzept des Informationsflusses und der Datenspeicherung. Neuere Erkenntnisse sprechen dabei von einem plastischen Nervensystem, denn die neuronalen Netze sind nicht starr und fixiert, sondern ständigen Veränderungen unterworfen, da das neuronale Netzwerk auf mehrere Arten beeinflußt werden kann: durch die Veränderung der Effizienz synaptischer Signalübertragung oder durch Entfernung bestehender oder Bildung neuer synaptischer Kontakte. Die Forschungen von Walter Freeman von der University of California in Berkeley weisen darauf hin, daß erst durch »Chaos im Gehirn« neue Eindrücke möglich sind, denn sonst würde das neuronale Netzwerk in einen bereits gelernten Schwingungszustand fallen: wir wären lernbehindert.

Deterministisches Chaos in neuronalen Netzwerken – und damit im Gehirn – hat nach Ansicht der Forschergruppe um Walter Freeman wesentliche Vorteile:

- Das Gehirn kann durch leichte Veränderung von Parametern einen Attraktor ohne langwieriges Suchen ansteuern. Ein Sinneseindruck kann eine derartige Veränderung bewirken.
- Chaos im Gehirn ermöglicht erst, einen periodischen Attraktor auch wieder zu verlassen. Ohne diese Fähigkeit würde ein festes Neuronenmuster gebildet, und man würde immer denselben Geruch, dieselbe Farbe usw. sehen.
- Ohne diese chaotische Unordnung würden neue Eindrücke nicht als neu erkannt und gelernt werden.

Die mentale Einstellung

Ein besonders hervorstechendes Merkmal kreativer Menschen ist fehlendes Selbstmitleid. In der Literatur wird von herausragenden Persönlichkeiten immer wieder das fehlende Selbstmitleid betont, und so schreibt z. B. Hildesheimer über Mozart, daß er Sentimentalität und Selbstmitleid nicht kannte, obwohl er wahrlich kein leichtes Leben hatte. Margarete von Trotta charakterisiert Rosa Luxemburg als eine Frau, die nie in Jammern über ihr Schicksal oder die Weltgeschichte verfiel. Wenn Versagen nicht mit Selbstmitleid und Unrechtserklärungen kaschiert wird, kommt noch eine weitere Komponente hinzu, nämlich die der Verantwortung für die eigene körperliche und geistige Gesundheit. Dr. med. Bernie Siegel hat in seinem Buch »Liebe, Medizin und Wunder« Menschen vorgestellt, die in schier ausweglosen Situationen überlebt haben, und auf ein Verhalten hingewiesen, das besonders erfolgreich scheint, schwierige Situationen zu meistern: Menschen, die nicht dramatisieren und ihr Selbstmitleid hegen, sondern immer wieder aufstehen und versuchen, den Dingen eine positive Seite abzugewinnen, haben eine ungleich höhere Chance, gesund zu bleiben und alt zu werden – und neue kreative Wege zu finden. Sie bauen bewußt oder unbewußt eine »positive Illusion«, »eine idealtypische Dynamik des Überlebens« auf; sozusagen als Kontrapunkt zu den mentalen Todesprogrammen kranker und sich aufgegebender Menschen und den überlebensfeindlichen Institutionen unserer Zeit zum Trotz. Auch das kreative Handeln selbst scheint einen Feedback-Effekt zu kreieren:

schöpferisches Tun hilft, sich von überwältigenden Gefühlen zu distanzieren, und das steht eigentlich allen Menschen zur Verfügung. Die Qualität des Produkts steht dabei nicht im Mittelpunkt. Einem anderen Menschen konkret zu helfen oder kreativ sein, wie z. B. ein Bild zu malen, kann einen dazu bringen, aus der Wirkungsposition herauszukommen und die Ursachenposition einzunehmen. Das wäre die mentale Seite. Im neurobiologischen Bereich gilt es, durch gehirngerechte Verhaltensweisen – Ernährung, Bewegung, mentale Konzepte usw. – von der Neuroinsuffizienz zur Neurokompetenz zu gelangen.

Intelligenz und Kreativität

Intelligenz wird im allgemeinen als die Fähigkeit definiert, aus früheren Erfahrungen zu lernen und sich an eine veränderte Umwelt anzupassen. Außerdem kann ein intelligenter Mensch ein Ziel auf dem direktesten Weg verfolgen, ohne vorher offensichtlich unproduktive Wege ausprobiert zu haben. Ferner ermöglicht Intelligenz, gemeinsame Eigenschaften in verschiedenen Erfahrungswelten zu integrieren. Intelligenz drückt sich im Menschen als Bedürfnis nach Fortschritt aus. Ganz gleich, in welchen Schwierigkeiten ein intelligenter Mensch sich befindet, er wird immer versuchen, diese Situation zu bewältigen und sie voranzubringen.

Kreativität bedient sich der Intelligenz, geht aber über sie hinaus. Mit Kreativität können vorher unerkannte Beziehungen zwischen verschiedenen Erkenntnissen wahrgenommen und umgesetzt, aber auch völlige neue Erkenntnisse gewonnen werden. Kreativität kann »Etwas aus Nichts« erschaffen.

Es existiert allerdings keine Abhängigkeit zwischen dem meßbaren IQ und der Kreativität. Intuition ist das Fundament für die Vielfalt des kreativen Denkprozesses. Intuition wird normalerweise der rechten Gehirnhälfte zugesprochen. Dabei wird natürlich unterschätzt, daß wir neue Dinge zuerst mit dem linken Gehirn lernen. Erst die Zusammenarbeit der Gehirnmodule ermöglicht eine Integration des Gelernten zu einem vernünftigen Ganzen.

Wir wissen mittlerweile, daß Intuition und Kreativität die Kraft der Intelligenz beeinflussen. Intuition bezieht sich weniger auf verbales und kognitives Denken, als vielmehr auf Gefühle und selbsterschaffene Ziele.

Der Psychologe David Perkins geht davon aus, daß es keine generelle Klassifizierung von Musik und Mathematik für die rechte und linke Gehirnhemisphäre gibt. Beide Hemisphären kooperieren auf sehr komplexe Weise miteinander, die bisher noch nicht vollständig entschlüsselt ist.

Karl Pribram, der als einer der ersten Wissenschaftler mit der Gehirndominanz arbeitete, hat seine Theorie ebenfalls erneuern müssen. Kreativität läßt sich nicht in Rechts oder Links einordnen, sondern hat anatomisch gesehen vermutlich mit den vorderen und hinteren Gehirnregionen zu tun. Candace Pert vom National Institute of Mental Health hat in ihren Forschungen Bestätigungen dafür gefunden, daß der frontale Schläfenlappen die Sektion des Gehirns ist, die für Kreativität am bedeutungsvollsten ist. Dies deckt sich mit den Erkenntnissen von Pribram. In diesem Bereich des Gehirns existieren bis zu 30mal mehr Opiatrezeptoren als in den übrigen Schläfenlappen. Sie hält den biochemischen Aspekt für die Kreativität viel wichtiger als die Unterteilung in rechte und linke Hemisphäre. Schließlich filtern die Rezeptoren die ankommenden Informationen. Solch eine subjektive Realitätsfilterung ist vermutlich sehr hilfreich und wichtig für die Kreativität. »Kreativität«, so vermutet Pert, »kommt aus dem sprirituellen Bereich, dem kollektiven Bewußtsein. Das Gehirn ist nur der Empfänger und nicht die Quelle aller Informationen aus dem Universum.«

Modelle schaffen Realitäten

Die Voraussetzungen für Kreativität sind sicherlich ebenso erlernbar wie die Logik, wenn wir lernen, alte und eingefahrene Denkstrukturen aufzugeben. Kreativität setzt das Ent-Lernen alter Inhalte und das Ent-Wissen alter Überzeugungen voraus. Sie ist spielerisch, herausfordernd, wagt und nimmt in Kauf, sich zu blamieren. Der kreative Mensch »spielt« mit dem Zweifel, der Unordnung und der Angst, um neue Informationskreise zu erschließen. Neue Denkmodelle tragen dazu bei, unsere Wahrnehmung von der Welt zu verändern. Umgekehrt verändert diese neue Sichtweise unsere äußere Realität.

Am deutlichsten zeigt sich die veränderte Realitätswahrnehmung in der heutigen Kunst. Da Innovationen kaum mehr machbar sind, zeichnet sich die moderne Kunst durch eine stilistische Breite aus, wie sie bislang selten zu finden war. Es gibt eine neue Offenheit, ein Interesse, das sämtlichen

Richtungen und Disziplinen gilt. Von der konkreten bis zur abstrakten Kunst, von der klassischen Tafelbildmalerei bis zur Videoskulptur. Alles ist möglich, individuelle Mythologien stehen neben Simulationen, konstruktive Formensprachen finden sich in der Nachbarschaft von Raumobjekten. Die Kunst hat dabei keineswegs den Anspruch, »die Welt zu verändern«, sie verändert vielmehr unsere Wahrnehmung von Welt.

»Die Erfahrungsprozesse einer Kultur prägen die Weise, wie mit Themen, die uralt sind, in immer neuer Weise umgegangen wird. Es macht die Souveränität des Ästhetischen aus, daß ein Form, wenn ein bestimmter Erfahrungsprozeß durchlaufen ist, unbrauchbar wird und nach einer Neuformulierung verlangt. Beim Auftauchen einer neuen Form fragt man vielleicht noch nach der Bedeutung, nach einer gewissen Zeit wird die Bedeutung unbedeutend. Sie hat sich, wenn sie für einen bestimmten Erfahrungsprozeß stimmt, etabliert und es kann unhinterfragt weiter mit ihr umgegangen werden. Sie macht so immer ein Angebot ans Gegenwärtige. In diesem Angebot, sich zu verwandeln, liegt eine entscheidende Qualität des Ästhetischen, die ihm allen Deutungs- und Erklärungsanstrengungen gegenüber eine Souveränität gibt.« (Martina Sander in: Zeitraum – Traumzeit)

Das gleiche Nebeneinander verschiedener Modelle findet sich in den Wissenschaften, in der Physik, Mathematik, Neurologie oder Psychologie. »Konstruktivismus, Chaosforschung, Fraktale und die evolutionäre Biologie der Erkenntnis ragen zur Zeit in den Wissenschaften weit heraus, verändern Sichtweisen und die Modelle der Wahrnehmung, die durch die sich steigernde Hochgeschwindigkeitsvernetzung rascher und nachhaltiger Auswirkungen auf unser alltägliches Handeln haben werden. Die sich daraus ableitenden Konzepte der Realität eröffnen völlig neue Möglichkeiten und ändern eine gesicherte Wahrnehmungswelt von Wahrheit, Eindeutigkeit und Sicherheit zu Wahrheiten, Unsicherheit und multiplen Realitäten. Jede Wissenschaft und letztlich jede Form der Wahrnehmung operiert mit einem Modell, das in der 'Realität' durch systematische Anwendung ('Forschung') versucht wird zu bestätigen. Erfolgreiche Modelle sind dann lehr- und erlernbar, werden schließlich ritualisiert, geraten dann aber mit zunehmender Benutzung an Grenzen, die eine Modifikation oder ein Umspringen auf andere Modelle erfordert. Die neuen Modelle bieten mehr Möglichkeiten, weil sie zunächst weniger inhaltlich orientiert, sondern mehr auf einer Meta-Ebene angesiedelt sind, d.h., sie erfassen kybernetisch übergeordnete und damit wirksamere Stufen. Sie greifen zentrale Dreh- und Angelpunkte eines Systems auf.« (Dr. Hans Hein)

Das träumende Gehirn

Schon immer wollten die Menschen die Bedeutung ihrer Träume begreifen. Für die Ägypter des Altertums waren sie Orakel, wie es etwa auch die Bibel in der Geschichte von Joseph überliefert. In anderen Kulturen sind Träume als erleuchtete Eingebungen, heilkräftige Erfahrungen oder Spiegelungen einer anderen Wirklichkeit interpretiert worden. In den letzten hundert Jahren hat es von Seiten der Wissenschaft psychologische und neurobiologische Erklärungen für das Traumgeschehen gegeben, denen allerdings die sinnvolle Verbindung miteinander fehlt.

Die Neurobiologie der Träume

Die ersten Anhaltspunkte über die physiologischen Vorgänge beim Träumen erhielt man 1953, als der menschliche Schlafzyklus erstmals eingehend untersucht worden war, und sich herausstellte, daß mehrere Phasen zu unterscheiden waren. Die erste nannte man den hypnagogen Zustand; er dauert mehrere Minuten, während die Gedankenwelt nur mehr aus bruchstückhaften Bildern und ganz kurzen Ereignis-Episoden besteht. Die nächste Phase wurde als langsamwelliger Schlaf bezeichnet, weil dann der Neocortex niederfrequente Wellen hoher Amplitude erzeugt. Es stellte sich heraus, daß das EEG des Menschen während des Schlafs immer wieder Phasen mit unregelmäßiger Frequenz und geringer Amplitude zeigt, etwa wie das einer wachen Person. Eben diese Phasen lebhafter geistiger Aktivität sind die REM-Phasen (Rapid Eye Movement = schnelle Augenbewegung), die ausschließlich auf den Traumschlaf hindeuten. Die Augen gehen trotz geschlossener Lider schnell hin und her, die Atmung wird unregelmäßig und der Herzschlag schneller. Während der Nacht werden die langsamwelligen Phasen immer kürzer und die REM-Phasen immer länger. Die erste langsamwellige Phase dauert noch 90 Minuten. Die darauf folgende erste REM-Phase ist schon nach 10 Minuten zu Ende; die vierte und letzte aber erstreckt sich über 20 bis 30 Minuten, und gleich darauf erwacht man. Falls man sich überhaupt – ohne Übung – einmal an einen Traum erinnert, dann meist an einen aus dieser Phase.

Wir alle träumen jede Nacht, was bedeutet: wir befinden uns jede Nacht in alternativen Wirklichkeiten, auch dann, wenn wir uns nicht daran erinnern. Träumen ist also eine Methode, mit der wir alternative Wirklichkeiten erschaffen können. Verschiedene Wirklichkeitsebenen werden durch folgende Faktoren bedingt:

- die Erzeugung der Alltagsrealität – durch Konditionierung;
- die Erzeugung der Traumwirklichkeit – durch Emotionen;
- die Erzeugung alternativer Wirklichkeiten – durch Wille und Absicht.

Bei jeder Form der Erschaffung von Realität sind diese Faktoren beteiligt. Die Alltagswirklichkeit besteht zum überwiegenden Teil aus Konditionierung, zum kleineren Teil aus Emotion und zum verschwindenden Anteil aus wahrem Willen. Die Traumwirklichkeit läßt ein anderes Verhältnis zu: Konditionierung und Emotion halten sich die Waage. Hier gibt es nun die Möglichkeit, in die Traumwirklichkeit den Willen einzubringen.

»Träume sind auch deshalb dazu geeignet, alternative Wirklichkeiten zu erzeugen, weil Traumwirklichkeiten plastischer und formbarer als die Alltagswirklichkeit sind. Aber sie sind,« so Michael D. Eschner, »nur die Basis der Arbeit – das Ziel ist die Konstruktion alternativer Wirklichkeiten.«

Klarträume

Die Forscher streiten sich noch um die Terminologie, doch über die fünf Kriterien, die ein Klartraum (lucid dream) erfüllen muß, herrscht Einigkeit:

- die träumende Person ist sich vollständig darüber im klaren, daß sie träumt;
- der Bewußtseinszustand ist in keiner Weise getrübt und liegt nicht selten sogar über dem Niveau des normalen Wachzustandes;
- dem subjektiven Erleben nach funktionieren alle fünf Sinne genauso gut wie im Wachzustand;
- es existiert dabei sowohl eine uneingeschränkte Erinnerung an das bisherige Wach- und Klartraumerleben als auch
- ein klares Bewußtsein der eigenen Entscheidungsfreiheit.

Klarträumen heißt mit anderen Worten, daß sich die träumende Person vom Hauptdarsteller eines chaotischen Traumgeschehens zum Regisseur einer bewußten Inszenierung wandelt, in der sie gleichwohl immer noch die Hauptrolle spielt. Matthias Bröcker schrieb dazu in der TAZ: »Im ersten Somnambulen Salon, zu dem Micky Remann zu nächtlicher Stunde geladen hatte, stand einer der raren Fachkundigen auf diesem Gebiet, Dr. Thomas Metzinger, Rede und Antwort. Der Klartraumforscher, der an der Universität Gießen dem ontologischen Pingpong zwischen Gehirnstruktur und Bewußtseinszuständen auf der Spur ist, begann mit einer äußerst ermutigenden Eröffnung: Das luzide, bewußtseinsklare Träumen ist ein seit Jahrtausenden bekanntes Phänomen, und jeder kann es lernen. Die einfachste Methode ist die, sich anzugewöhnen, täglich 8-15mal einen Realitäts-Check durchzuführen: Ich bin wach, es ist Sonnabend 17 Uhr, ich sitze am Schreibtisch und schreibe einen Artikel, usw... Wenn mir das nach einiger Zeit der Übung in Fleisch und Blut übergegangen ist, besteht die Möglichkeit, daß ich einen solchen Realitäts-Check einmal während eines Traumes durchführe – und dann eben plötzlich feststelle, daß ich nicht wach bin, sondern träume. Mit dem Bewußtwerden dieses Zustandes – ohne daß damit ein Aufwachen des Körpers verbunden wäre – beginnt der Klartraum, und damit die Möglichkeit, das Traumgeschehen selbst zu bestimmen.

Kunst und Traum

»In der visuellen Kunst, aber auch in anderen Bereichen der Kunst, hat sich eine fragmentarische, offene, den Betrachter zur Fortsetzung bewegende Sprache entwickelt, die ihre Referenz zum Traumhaften hat. Fragmentarisch ist die Traumrealität zumindest in der Weise, wie wir sie im Wachbewußtsein zu erinnern vermögen. Aus unserer Erinnerung erscheint das Traumgeschehen bruchstückhaft, aus scheinbar unzusammenhängenden, nicht logisch nachvollziehbaren Geschehnissen zusammengesetzt.

Etwas davon, wie wir im Wachbewußtsein auf das Traumerleben schauen oder zurückschauen, ist in immer perfekteren Nachahmung in der Kunst oder im Bereich des Künstlichen vertreten. Als fortschrittlichste Vertreter stehen dafür der Film und die neuesten technischen Entwicklungen der Simulation. Mit diesen Mitteln simulieren wir uns selbst im alltäglichen Wachbewußtsein ein Erlebnis von Zeit, das durch Raffung, Dehnung sowie auch von plötzlichen Schnitten gekennzeichnet ist, wie es uns früher nur im Traum oder im Rückblick auf das Traumerlebnis möglich war.

Man kann sich fragen, ob die Erfahrung simulierter Welten als eine Zusatzerfahrung zum Traumerleben dazugekommen ist, oder ob das Traumereignis selbst im Zuge der perfektionierten Simulations- und Illusionswelten zunehmend verschwindet, weil wir den Bruch zwischen verschiedenen Wirklichkeiten allmählich gar nicht mehr wahrzunehmen vermögen.« (Martina Sander in: Zeitraum – Traumzeit)

Sexualität und Kreativität

Der Bewußtseinsforscher John G. Bennett sieht die sexuelle Energie als eine Ausdrucksform der Kreativität. Die meisten Menschen verlieren während des Orgasmus für einen kurzen Augenblick ihr Bewußtsein, weshalb man den Orgasmus auch als »kleinen Tod« bezeichnet. Durch Sexualität kommt jeder Mensch mit Kreativität in Berührung, da sie eine wesentliche Rolle in unserem Leben als die Quelle spielt, durch die das Leben erzeugt wird: »Kreativität wirkt durch die Sex-Funktion des Menschen, obwohl wenige Leute wahrhaben, daß die Macht des Sex jenseits der sinnlichen und sogar über dem Einfluß des Bewußtseins liegt. Es könnte angenommen werden, daß diese Energie uns nicht nur bewußt, sondern auch vertraut ist; aber wir verwechseln die sensible Energie, die mit der sexuellen Erfahrung verbunden ist, mit der kreativen Energie, die die sexuelle Kraft überträgt. Die kreative Energie ist die wesentliche Quelle aller menschlichen Kreativität, von der die Fortpflanzung nicht mehr als ihre vitale Manifestation ist. Alles, was der Mensch in praktischen Angelegenheiten, in der Wissenschaft und Kunst schafft, hängt von der Wirkung der kreativen Energie ab. In einem höheren Sinne ist die kreative Energie die große Lebenskraft, die die gesamte Existenz durchdringt.« (J.G. Bennett)

Tatsächlich erfahren wir Kreativität erst auf der sinnlichen oder bewußten Ebene, nachdem sie eine Wirkung hinterlassen hat. Hier gibt es nichts, was wir objektivieren könnten oder als etwas betrachten können, dessen man sich bewußt sein kann.

Morphogenese – die Kreativität der Natur

Wie kommt es, daß die Form eines Systems, wie etwa des Körpers, im allgemeinen über einen längeren Zeitraum stabil bleiben kann, obwohl seine materiellen Bestandteile ständig wechseln? Der Prozeß der Selbstresonanz, der Resonanz mit den eigenen, vergangenen Zuständen, hilft, die Form zu bewahren und aufrechtzuerhalten. Offenbar hat die sich »des Bewußtseins bewußte Einheit« die Erinnerung, die Fähigkeit der Wahrnehmung und das Postulieren nicht im Gehirn gespeichert. Das Gehirn kann sowohl als Empfänger oder als Speicher funktionieren. Zusätzlich zu unseren persönlichen Erinnerungen könnten wir auch noch die zusammengefaßten Erinnerungen der ganzen Spezies empfangen, eine Art kollektives Gedächtnis. In diesem kollektiven Gedächtnis, das Rupert Sheldrake »morphisches Gesamtfeld« nennt, würden wir keine spezifischen Details erwarten, sondern Zusammenfassungen. Die individuellen Details bestimmter Erfahrungen würden in den Hintergrund treten, während das allgemeine Erfahrungsmuster verstärkt würde.

Helmut Bodenstein kommentiert diese Theorie in seinem interessanten Werk »Das Alphabet des Lebens«: »Sheldrake macht nun die Annahme, daß die morphogenetischen Felder umso machtvoller werden, je öfter sie realisiert worden sind, es somit eine echte Wechselwirkung gibt: das morphogenetische Feld eines bestimmten Tieres bestimmt dessen Form, die Realisation dieser Form hat wiederum eine Rückwirkung auf das Feld selbst: es kommt zu einer Art kreuzkatalytischem Verstärkereffekt. Diesen Effekt kann man nach Sheldrake anhand recht einfacher chemischer Strukturen (z. B. der von Kristallen) ebenso demonstrieren, wie anhand von quantitativ erfaßbaren Verhaltensmustern oder komplexen phänotypischen Formen. So sagt diese Theorie etwa voraus, daß die Kristallisation neuer Substanzen, die zunächst nur sehr zögernd vor sich geht, allmählich auf der gesamten Welt immer leichter und schneller abläuft, eine Voraussage, die durch Erfahrung bestätigt wird.... Der Punkt, der hier vornehmlich von Interesse ist, ist jedoch der: die morphogenetischen Felder dieser Theorie morphischer Resonanz scheinen zwar durchaus ein Reich sui generis darzustellen, andererseits handelt es sich hier klar um einen nichtkreativen Typ morphischer Resonanz... Wird immer wieder dasselbe Feld verstärkt, findet kein kreativer Prozeß statt. Ebensowenig werden bestimmte Muster in einem kreativen 'Übersetzungsprozeß' auf unterschiedlichen Ebenen materieller Organisation inkarniert. Dennoch ist diese Theorie ein entscheidender Schritt in Richtung auf ein besseres Verständnis der Teilhabe eines eigengesetzlichen kreativen Prinzips am Evolutionsspiel...«

Wir würden also etwas sehr Ähnliches wie die Archetypen des kollektiven Unterbewußtseins bekommen, von denen C.G. Jung sprach. Was die formgebende Verursachung der morphogenetischen Felder ausmacht, muß man sich folgendes denken: Der Organismus entwickelt ein neues Verhalten; dadurch setzt er automatisch ein morphogenetisches Feld in Bewegung, das die neue Struktur an andere Organismen »schickt«. Es ist anzunehmen, daß sich Veränderungen im Denken und Verhalten auf diese Weise häufen und die Evolution des Geistes kräftigt beeinflußt wird.

Janusdenken und Kreativität

Eine der interessantesten Verbindungen zwischen den neurophysiologischen Vorgängen und Bewußtseinszuständen ist die Beziehung zwischen den Funktionen der beiden Hirnhälften und der Kreativität. Der Psychiater Albert Rothenberg von der Yale University School of Medicine analysierte die Fähigkeiten von Menschen mit kreativen Einsichten, unähnliche Erfahrungselemente miteinander in Einklang bringen zu können. Die

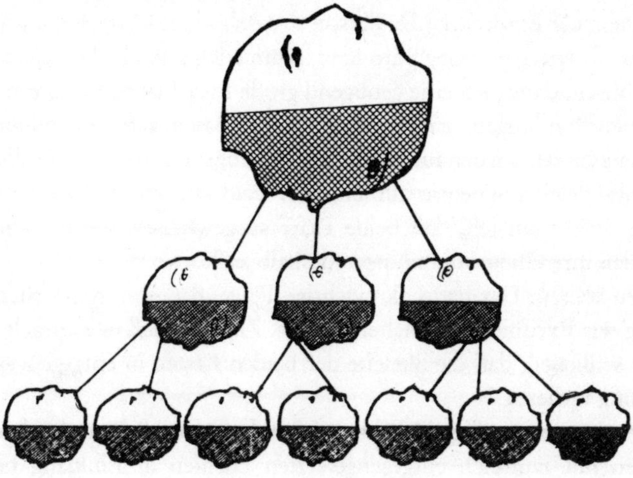

Abb. 34: Das Janusdenken

wesentlichen Elemente bei allen zitierten Beispielen waren die Notwendigkeit, neue Zusammenhänge zwischen Daten wahrzunehmen und die Fähigkeit der kreativen Person, diese Einsichten klar und deutlich zu artikulieren. Rothenberg schreibt: »Das gleichzeitige Vorhandensein widersprüchlicher und miteinander im Konflikt stehender Elemente im Bewußtsein des kreativen Menschen ermöglicht neue Integrations- und Lösungsversuche. Das Janusdenken muß diesen Lösungsversuchen mehr als nur den Charakter logischer Absurdität verleihen.« Janus war der römische Gott mit den zwei Gesichtern, der gleichzeitig in entgegengesetzte Richtungen schauen konnte.

Einer der berühmesten Physiker, Eugene Wigner, weist ebenfalls darauf hin, daß eine Voraussetzung für die Kreativität die Vereinigung von »scheinbaren« Gegensätzen ist. Wigners Theorie ist unter der Bezeichnung »Erhaltung der Parität« bekannt. Sie besagt im wesentlichen, daß jedes Objekt oder jeder Prozeß sowie dessen exaktes Gegenstück mit der gleichen Wahrscheinlichkeit existieren könnte. Vielleicht bildet eine solche Erhaltung der Parität eine Bedingung für kreative Einsichten, werden doch solche Erfahrungen vielfach als notwendige Voraussetzung angesehen, sich auf eine höhere Ebene des Denkens zu begeben: dann, wenn zwei offensichtlich widersprüchliche Tatsachen gleichermaßen wahr sind.

Ein anschauliches Beispiel für dieses Prinzip ist die Entdeckung der Struktur des DNS-Moleküls, das sich aus zwei ähnlichen, aber räumlich entgegengesetzten Formen zusammensetzt. Die erkennende Einsicht wird von einem der Entdecker J.D. Watson so geschildert: »Als ich am nächsten Morgen als erster in unser Büro kam, räumte ich schnell alle Papiere vom Schreibtisch, damit ich eine genügend große leere Fläche hatte, um durch Wasserstoffbindungen zusammengehaltene Basenpaare zu bilden. Zu Anfang kam ich wieder auf meine alte Voreingenommenheit für die Gleiches-mit-Gleichem-Theorie zurück, aber bald sah ich, daß sie zu nichts führte. Später sah ich, daß beide Paare ausgewechselt werden konnten, ohne daß ihre Glykosidbindungen deshalb aufhörten, in die gleiche Richtung zu weisen. Das hatte die wichtige Folge, daß eine Kette ebensogut Purine wie Pyrimidine enthalten konnte. Zugleich ließ es ziemlich sicher darauf schließen, daß die Skelette der beiden Ketten in entgegengesetzter Richtung verliefen.«

Der erkenntnismäßige Durchbruch erfolgte also, als Watson identische Formen mit räumlich entgegengesetzten Formen in Einklang bringen konnte.

Kreative fühlen sich zu dem jahrtausendealten Paradoxon hingezogen, mit dem sich die Philosophie herumschlägt, nämlich dem Problem von Einheit und Vielheit. Ein kreativer Mensch kann Unordnung verursachen und gleichzeitig die neue Ordnung konzeptionell in seinem Kopf verankern sowie systematisch zweifeln, um zu größerer Gewißheit zu gelangen. Gut und Böse, Determinismus und Freiheit, Gewißheit und Zweifel – diese scheinbaren Gegensätze können im Kopf eines Kreativen sehr gut gleichzeitig koexistieren. Für diese mehrdimensionale Persönlichkeit, die auf der Basis des Multi-Minds agiert, kann am ehesten ein kybernetisches Modell angenommen werden, das auf der Basis der Rückkopplungssysteme nach einem Muster der Kontrolle und Koordination arbeitet, um aus dem Paradoxon der Unordnung Ordnung zu schaffen.

Der Weg für eine kreative Einsicht muß in zweierlei Hinsicht vorbereitet sein: einmal durch die genaue Kenntnis eines Bereichs und zum anderen durch die Kenntnis allgemein anerkannter Fakten, die wichtig sind, sich aber in der einen oder anderen Hinsicht widersprechen. Konflikt und Gegensatz machen noch nicht die wesentlichen Elemente der Kreativität aus. Die Kreativität ergibt sich vielmehr aus einer Neuordnung von, oberflächlich betrachtet, ungleichartigen oder trennenden Fakten, die selbst zuvor in logischer, rationaler und analytischer Basis erarbeitet worden sind. Die Kreativität muß nicht auf die Ratio verzichten, sondern benötigt eine gewisse intellektuelle Demut, eine Verhaltensweise der »disziplinierten Naivität«, einer gewissen Demut des Intellekts.

Die Bedingungen der Kreativität

von Bruno Martin

Kreative Menschen berichten von Bedingungen, die überhaupt erst kreative Einsichten möglich machen. Zuallerst: man muß mit dem Medium zu tun haben, d.h., mit einer Sache arbeiten, zutiefst im Denkprozeß stecken. Manche sagen, Kreativität sei zu 99% Transpiration und zu 1% Inspiration, d.h., Kreativität erfordert harte Arbeit.

Ein zweites Element kommt hinzu, eine gewisse Spontaneität, etwas, über das man keine Kontrolle hat. Hier kommt die bereits angesprochene »Demut« ins Spiel. Ein klassisches Beispiel ist Lawrence Braggs Bericht über sein Verstehen der Kristallstruktur. Obwohl viele daran arbeiteten, Ergebnisse verifizierten, neue Versuchsanordnungen planten, irgendetwas paßte nicht. Als Bragg schließlich durch die Nebenstraßen von Cambridge nach Hause ging, kam es ihm wie ein Blitz in den Geist, und er sah die richtige Struktur. Natürlich mußten die mathematischen Parameter noch herausgefunden werden, doch das war nicht mehr das Problem.

Der tatsächliche kreative Schritt kommt in den meisten Fällen beinahe »zufällig«, unerwartet. Doch es kommt noch ein weiterer Faktor hinzu, die Technik. Nehmen wir einen Künstler: er kann begabt sein, Ideen haben, die richtige Umstände. Doch wenn er nicht die Technik, das Handwerkszeug, beherrscht, kann er seine Ideen nicht umsetzen. Das gleiche gilt für Wissenschaftler oder Schriftsteller.

Wichtig ist im Prozeß der Kreativität, daß man sich nicht mit zweitrangigen Ergebnissen oder Ideen zufrieden gibt. Besonders hier ist ein gewisser Ehrgeiz von Bedeutung, wie es im Olympia-Song zum Ausdruck kam: »Reach out for the Medal«. Wenn man zu früh mit seiner Anstrengung nachläßt, kann der ganze Prozeß zunichtegemacht werden. Man muß die richtigen Fragen stellen – und einen klaren Wunsch haben, die richtige Antwort zu finden!

Diese Vorgehensweise wird sehr anschaulich durch die sokratischen Dialoge zwischen dem Zen-Meister und seinem Schüler illustriert. Der Schüler stellt eine Frage in den Raum, die nicht auf rationale Weise beantwortet werden kann: »Ein Mönch fragte Dschau-dschou: Alle die Zehntausende von Dinglichkeiten gehen zurück auf Eines. Welches ist der Ort, auf den das Eine selbst zurückgeht? Dschau-dschou sagte: Als ich in Tjing-dschou lebte, machte ich mir einmal einen Leinenrock, der hatte ein Gewicht von sieben Pfund.« Einer der Kommentare dazu: »Er wirft einen hohen Hügel auf und setzt obendrauf noch einen Berg!« Denn der Meister hält sich absolut nicht an die Linie, die ihm die Frage des Mönchs vorschreiben möchte.

Um die Möglichkeit zu schaffen, daß Kreativität in uns wirken kann, müssen wir in der Lage sein, uns leer zu machen. Solange die Tasse voll ist, kann kein Tee nachgefüllt werden. Man kann diesen Geisteszustand als »Vakuum« bezeichnen. Meistens entsteht dieses Vakuum oder eine Leere dann, wenn wir an einem Problem arbeiten und nicht mehr weiterkommen. Müdigkeit, Unlust, Nervosität kommt auf. Viele Menschen greifen dann zur Zigarette oder einer Tasse Kaffee. Manche gehen spazieren. Viele Unternehmen haben erkannt, daß sie ihren Kreativen viel Freiraum geben müssen. Sie finanzieren das scheinbare »Nichts-Tun«. Die sogenannten

»Think-Tanks« sind ein gutes Beispiel für diese Strategie. Brain-Storming ist ein anderes Beispiel, doch gerade hier wird Kreativität nicht selten wegdiskutiert.

Eine Marketing-Fachmann erzählte mir kürzlich, wie die Deutsche Bundesbahn ihren berühmten Slogan fand, der später zum gängigen Spruch wurde. Die Werbeleute saßen Tag und Nacht unter Termindruck zusammen, rauchten, tranken Kaffee, machten Brain-Storming, diskutierten, entwickelten und verwarfen Ideen. Schließlich wurde es einem Lehrling zu bunt und er sagte ärgerlich: »Alle reden nur vom Wetter«. Der Satz zündete, und so kam der Slogan in die Welt: »Alle reden vom Wetter, wir nicht.«

Der Erzähler der Geschichte von Dschau-dschou erläutert, wie dieser zu seiner Erwiderung gekommen ist: in seiner Jugend hatte er sich nämlich einen Leinenrock geschneidert, der Wind und Wetter trotzen mußte. Doch weil er keine Erfahrung mit dem Schneidern hatte, wurde der Rock zu schwer. »Wie nun zu dem vielleicht schon Neunzig- oder Hundertjährigen der Mönch mit seiner Frage kommt, die über jenes Letzte, was dem Geist erreichbar ist, das einzig Eine, noch hinaus will, da stellt sich bei dem greisen Meister alsbald die Erinnerung an seine Jugendtorheit ein. Wie jener sich, dem Vorwärtsdrang des Denkprozesses blindlings hingegeben, in Richtung auf das Eine, in dem alle Dinge aufgehen, übernimmt, so hat er selbst sich einst in umgekehrter Richtung übernommen, nämlich in dem blinden Eifer um ein Einzelding, um einen Hanfrock.« Der Erzähler fährt fort: »Dem alten Meister aber fiel es überhaupt nicht ein, den Boden theoretischer Erörterung nur zu betreten. Er erzählte einfach eine eigene Jugendtorheit. Was sollte der in seiner Einbildung Befangene darauf erwidern? Er war entwaffnet. Und dachte er nun weiter nach, so lag in der Geschichte, die der Alte ihm erzählte, ein verborgener Stachel, gegen den zu löcken ihm der Ansatz fehlte. Letztlich hatte dieser Meister ihm gesagt: Ich habe seinerzeit mich mit den Dinglichkeiten übernommen. So übernimmst du dich mit dem Einen.« (Aus: BI-YÄN-LU, verdeutscht und erläutert von Wilhelm Gundert.)

Um kreativ zu sein, brauchen wir das ganze Gehirn

Selbstverständlich kommt es in der Wissenschaft auf exakte Fragen und exakte Lösungen an. Hierbei hilft uns das folgende Modell von Spinola und Peschanel, das den Phasen des »Aha-Erlebnisses« nach Wala am Anfang des Kapitels entspricht. Allerdings sind die einzelnen Phasen – wie aus Abildung 35 zu ersehen – auch quer vernetzt, da Kreativität eben nicht linear »geplant« und in vier aufeinanderfolgenden Schritten erreicht werden kann. Das »Aha-Erlebnis« unterliegt nicht unserer Kontrolle. Damit es auftreten kann, muß – nachdem die vier Bereiche des Gehirns aktiviert, vernetzt und alle notwendigen Schritte unternommen wurden – das Gehirn wieder »leer« werden. An diesen Punkt gelangen wir nur mit einer Haltung der »Demut«, d.h., wir müssen innerlich so »weichgekocht« sein, daß wir das Gefühl haben, es nicht alleine zu schaffen, sondern nur der »Kosmos« uns die Lösung geben kann. Denn wir suchen das Wertvolle, Bedeutungsvolle, nicht irgendeinen Einfall. Die richtige Lösung hat denn auch den Flair des Besonderen: das »Aha-Erlebnis«, das alles an seinen richtigen Platz fallen läßt.

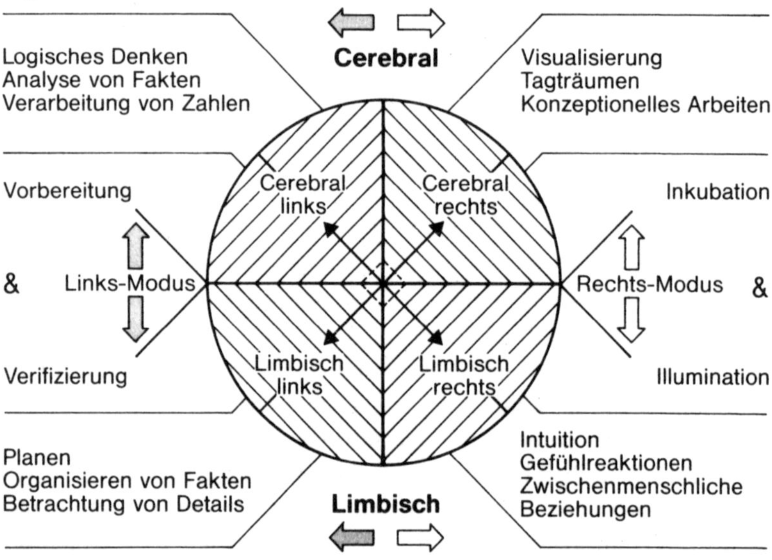

Abb 35: Um kreativ zu sein, brauchen wir unser ganzes Gehirn (aus: Spinola/Peschanel: Das Hirn-Dominanz-Instrument, Gabal Verlag.). Dieses Modell bringt die geschilderten Stufen zur kreativen Erkenntnis in einen ganzheitlichen Zusammenhang. Erst im Zusammenwirken aller Elemente kann die kreative Einsicht entstehen. Dennoch darf das Element des »Vakuums« nicht außer Acht gelassen werden, weil hierbei etwas hinzutreten kann, das über alle die genannten Elemente hinausgeht.

11. Das soziale Gehirn

»Bei der Ausführung des Termitenbaus scheint es keinen beherrschenden Gedanken zu geben. Wir können sogar fragen, ob es ein Bewußtsein von dem System als Ganzem gibt.«

I. Prigogine

Die kybernetische Gesellschaft

Vielleicht sind wir Menschen wirklich Teil eines globalen Nervensystems, machen derzeit nur eine besonders schnelle Entwicklungsphase durch und vermögen dem Planeten alles das zu sein, was uns unser eigenes Gehirn ist. Allerdings stellt sich hierbei die Frage, ob wir Neurokompetenz (den erfolgreichen Umgang mit unserem Nervensystem) erlangen oder in einem neuroinsuffizienten (unzureichende Versorgung) Zustand herumtaumeln. Denn derzeit scheint es eher so zu sein, als sei unser Nervensystem in einem sehr kritischen Stadium außer Kontrolle geraten und drohe den Körper zu zerstören, der seine Existenzgrundlage ist.

Der Organismus ist evolutionsgeschichtlich als eine physikalische, chemische, biologische, soziobiologische und metabiologische Einheit konzipiert worden. Das Problem dabei ist, daß der Mensch der Vorzeit zu wenig Autonomie und Selbstbehauptung besaß und deshalb evolutionär abgelöst wurde, nun aber an einem Zuviel an »linkshirniger Intelligenz« (Machbarkeitkeitswahn und Selbstüberschätzung) zugrunde gehen könnte. Unsere genetischen Potentiale und Grenzen sind überlagert von »rationalen Kalkulationen«, die die Weisheit der biologischen Evolution und der kosmischen Intelligenz ignorieren. Verantwortungsbewußte Forscher aus verschiedenen Bereichen betonen, daß es biologische Grenzen unseres Körpers gibt, auch wenn unsere kognitiven Fähigkeiten über das Gehirn und den Körper hinausgehen. Robert Ornstein illustrierte diesen Tatbestand so: »Wir leben in einer modernen Welt, aber unser Gehirn ist noch archaisch strukturiert.«

Metabiologisch gesehen griff Darwin zu kurz, wenn er vom Überleben des Tüchtigsten ausging. Das mag zwar unter grober Verallgemeinerung und unter Ausschluß von Kreativität gelten, doch die Evolution begünstigt mehr die »biologische Mitte«. Wir wissen heutzutage genug über biologische Strukturen, um die darin enthaltene Botschaften zu verstehen. Nach Jonas Salk sind das »die Wertesysteme, die sich um dynamisches Gleichgewicht kümmern, um Ästhetik, Komplementarität, gegenseitige Unabhängigkeit und Versöhnung.« Die Sprache der Biologie ist die kreative, optimale Synthese und die Intuition von Wahrheit und Schönheit. Die Mythen mit ihren Transformationen und Metaphern sind nach Auffassung Salks Formen, die eine evolutionäre Weisheit verkünden und sich weniger mit dem Überleben des Tüchtigsten beschäftigen, sondern mit dem Überlebenswert der sozialen Mitte zwischen den Dualismen des Lebens. Robert Augros und George Stanciu bringen die Ergebnisse der neuen Biologie auf den Punkt: »Daß sich Populationen selbst regieren, paßt gut in das Konzept des Lebens als einer gerichteten Selbstbewegung. Die Natur befindet sich nicht im Kampf Lebewesen gegen Lebewesen. Die Natur ist eine Allianz, die auf Kooperation gegründet ist.«

Eine kooperative, kybernetische Gesellschaft würde dynamische Felder des gegenseitigen Vorteils bieten, und Handlungen und Ziele fördern, welche die Mehrzahl der konstruktiven Möglichkeiten für dynamischen, wechselseitigen sozialen Austauschs beinhalten. Diese Dynamiken können als konzentrische Kreise betrachtet werden, die miteinander in einem systemischen Bezug stehen. Abraham Maslow und Ruth Benedict haben Synergie als »sozial-institutionelle Bedingungen« definiert, die Eigennützigkeit und Uneigennützigkeit verschmelzen läßt; die Bedingungen werden so arrangiert, daß wenn jemand »eigennützig« Geschenke verteilt, damit automatisch anderen hilft und sich selbst durch sein altruistisches Verhalten belohnt. Die Gesellschaft befände sich auf einem höheren Niveau, wenn das Überlebensniveau in allen Beziehungen (biologisch-sozial-ethisch-kosmisch) auf dynamischen Austausch und Ausgleich ausgerichtet wäre.

Diese Form des Handelns entspricht in wesentlichen Zügen der Kreislaufnatur des Geistes, die Gregory Bateson folgendermaßen beschreibt: »Wir erhalten ein Bild vom Geist, nach dem dieser mit einem kybernetischen System gleichbedeutend ist – die relevante, totale, informationsverarbeitende, Versuch und Irrtum durchlaufende Einheit. Und wir wissen, daß sich innerhalb des Geistes im weitesten Sinne eine Hierarchie von Subsystemen finden wird, von denen wir jedes einzelne als individuellen Geist bezeichnen können... Etwas, das ich als Geist bezeichne, siedle ich nun dem großen biologischen System immanent an. Oder wenn ich die Grenzen des Systems auf einer anderen Ebene ziehe, dann ist der Geist der gesamten Evolutionsstruktur immanent.«

Die Neurowissenschaft benötigt dringend ein Modell des »Sowohl-als-Auch« um das gegenwärtige »Entweder-Oder« zu verbessern. Einst ging es entweder um unser Überleben oder das Überleben anderer Reiche der Natur. Heute stehen wir einem Produkt gegenüber, dessen konkurrierende Wesensart aus Intellekt und Moral, Gewinnen oder Verlieren, dringend der Versöhnung bedarf mit Werten wie Intuition, Affektlogik, Synthesedenken und der Fähigkeit, zu kooperieren, zu differenzieren und zu integrieren. Die Prinzipien der Komplementarität und der Relativitätstheorie in der Physik, die Feldtheorie, die Doppelhelix in der Biologie und die Gleichgewichtssysteme in der Ökologie – sie alle erinnern daran, daß Muster und Beziehungen für bestimmte Zwecke als vorgegeben betrachtet werden müssen, damit sich ein »Ganzes« organisieren kann. Wenn wir die Werte des sich »gegenseitig Bedingens und Durchdringens« nicht verstehen und entsprechend damit umzugehen lernen, dann ist die menschliche Spezies sicherlich dem Untergang geweiht. Andererseits erkennen doch immer mehr Menschen, daß es miteinander verflochtene, zyklisch wiederkehrende Polaritäten sind.

Wenn wir irgendein Phänomen oder einen menschlichen Wert bis zu ihrem logischen Extrem führen, dann verwandeln sie sich in ihr Gegenteil. Ferner birgt das Ende jeder Polarität den Keim ihres Gegenstücks in sich, so wie Mann und Frau die Keime beider Geschlechter enthalten. Das Schema eignet sich auch für die menschlichen Eigenschaften.

Metamodell der Bedürfnisse

»Handle stets so, daß Du die Anzahl der Möglichkeiten vergrößerst.«

Heinz v. Foerster

Abraham Maslow, einer der Gründerväter der »Humanistischen Psychologie« entwarf eine positive Theorie der menschlichen Motivationen, die von einer hierarchischen Abfolge von fünf abwechselnd auftretenden Bedürfnissen organisiert sind. Es scheint so, daß Maslows »Metamodell der

Bedürfnisse« Sigmund Freud mit seinen Schülern versöhnt: Freud hat die Physiologie und die Sicherheit in den ersten Lebensjahren betont, Wilhelm Reich die Liebe und Bindung, Alfred Adler das Bedürfnis nach Selbstachtung und Respektiertwerden und Carl Gustav Jung die Suche nach Selbsterfüllung. Maslows Vision ist synergistisch. Auf die Entwicklung der menschlichen Persönlichkeit hin angewandt, bedeutet dies, daß während der psycho-sozialen Entwicklung fünf Stadien einer jeweils bestimmten Gruppe von Bedürfnissen vorherrscht:

1. *physiologische Bedürfnisse*, wie Hunger, Durst, Schlaf und körperliche Aktivität;
2. *Sicherheitsbedürfnisse*, wie Ordnung und Schutz;
3. *Zugehörigkeitsbedürfnisse*, wie Geselligkeit, Anerkennung und Geliebtwerden; und
4. *Bedürfnisse nach Achtung*, wie Anerkennung, Status und Ansehen;
5. *Bedürfnis nach Integrität und Transzendenz.*

Dieses Modell zeigt, daß erst der Gipfel des vorhergehenden Modells erreicht werden muß – eine Autonomie auf der jeweiligen Ebene – damit das »höhere« Bedürfnis auftaucht und integriert werden kann. Soziologische Untersuchungen zeigen: Der alte Narzißmus war geprägt von »Ich-Verliebtheit« – was in vielen Fällen zur sozialen Isolation führte. Das neue Verhaltensmuster besteht darin, ein »symbiotisches Ich« zu schaffen, das möglichst viel positive Reaktionen aus seinem Umfeld zurückgemeldet bekommt. Der autonom-dynamische Narzißmus sorgt für das Wohl der größten Anzahl der Dynamiken – schafft also im Idealfalle ein »sozio-neurolinguisto-morpho-resonantes Feld«. Diese Aufgabe kann der einzelne erfüllen, man erwartet sie aber vom charismatischen Führer (Politiker) oder, wie manche Manangementtrainer glauben, vom mentalen Manager.

Ko-Evolution

Martin Buber hat sich mit der Frage beschäftigt, inwieweit das Ich erst in der Begegnung mit einem Du, in der Gegenseitigkeit einer konkreten menschlichen Beziehung wird. »Beziehung ist Gegenseitigkeit. Mein Du wirkt an mir, wie ich an ihm wirke. Unsere Schüler bilden uns, unsere Werke bauen uns auf. Menschsein heißt, das gegenüberseiende Wesen sein.« Mehr und mehr wird derzeit der Wert des »spirituellen Egotrips«

angezweifelt und die Ziele um Selbstverwirklichung werden wieder relativiert. Wenn »Erleuchtung« zum Selbstzweck wird, wie häufig zu beobachten ist, führt dies zum Verhaftetsein, für Buddha die Ursache allen Leidens. Jürg Willi sagt: »Die Erkenntnis der mitmenschlichen Vernetzung von Bewußtsein könnte zu derselben Konsequenz führen, die wir heute für die Beziehungen des Menschen zur Natur anerkennen: Jeder Mensch, der seine eigene Selbstverwirklichung oder Evolution anstrebt, ohne die Ko-Evolution seiner seelisch-geistigen Umwelt in gleicher Weise in sein Streben miteinzubeziehen, schädigt diese Umwelt.«

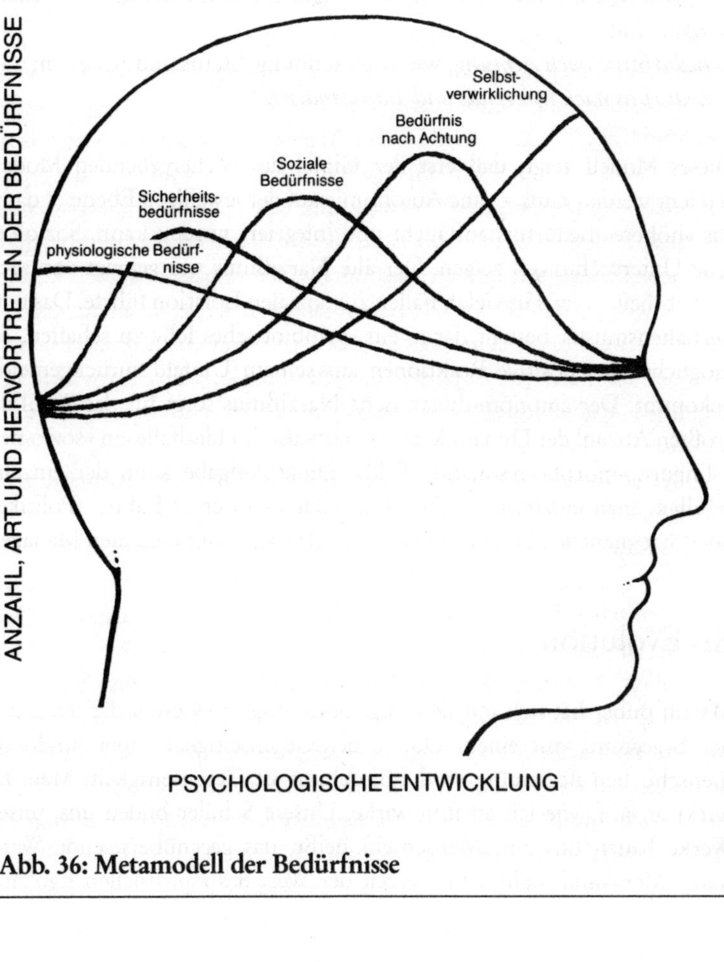

Abb. 36: Metamodell der Bedürfnisse

Prinzip Verantwortung – evolutionäre Ethik

Unterliegen moralische Werte einer Evolution, und welchen Einfluß haben sie auf Kognition und Verhalten? Bewußtseinsforscher wie Piaget, Hubbard und Kohlberg haben Untersuchungen angestellt, die zeigen, daß die moralische Entfaltung mit der kognitiven Entwicklung gekoppelt ist. Bei diesem Modell stoßen wir auf den Strukturalismus, der zuerst nach den Prinzipien sucht, nach denen ein Gesamtphänomen organisiert ist, und dann erst die Elemente innerhalb dieser Struktur entsprechend ihrer Beziehungen zum Ganzen interpretiert.

Piaget wurde berühmt durch seinen Entwurf der drei großen Entwicklungsstadien der Intelligenz beim Kind. Der Übergang von einem Stadium zum nächsten erfolgt über Konflikte und Störungen des Gleichgewichts, denen dann das Gleichgewicht (Äquilibration) folgt, wenn das Kind einerseits die Umwelt aufnimmt (assimiliert) und sich andererseits an sie anpaßt (akkomodiert). Dieses Modell beschreibt eine Interaktion von Organismus und Umwelt; es handelt sich um eine biologische Entwicklung, die gepaart mit sozialer und kognitiver Entwicklung eine Transformation vorausgegangener Stufen darstellt. Anders als die sozialen Lerntheorien beschäftigen diese Theorie weniger die Lerninhalte, die vergessen werden können, als vielmehr die sich entwickelnden moralischen Werte, die nicht vergessen werden. Ungefähr ab dem zweiten Lebensjahr durchläuft das Individuum etwa bis zum Alter von 25 Jahren (danach ist die kognitive Entwicklung in der Regel abgeschlossen) etwa sechs Stufen der moralischen Urteilsfähigkeit.

Untersuchungen mit moralischen Problemsituationen ließen erkennen, daß die Reihenfolge der Entwicklung immer die gleiche, und irreversibel ist. Das Messen moralischer Problemsituationen besteht nicht darin, ob die Antwort »richtig« oder »falsch« ist, sondern die Struktur und die Ebene des moralischen Denkens, die bei der Rechtfertigung der Lösung sichtbar wird, ist entscheidend.

Kohlberg unterscheidet drei Ebenen »vor-konventionelle, konventionelle und nach-konventionelle Ebene« mit jeweils 2 Stufen: auf Ebene 1 werden moralische Wertvorstellungen nach egozentrischen Bedürfnissen definiert. Auf der zweiten Ebene wird die konventionelle Stufe erreicht, wo sich die moralischen Werte als Konformität gegenüber traditionellen Rollenerwartungen darstellen und auf die Erhaltung der bestehenden sozialen Ordnung zielen. Die nachkonventionelle Ebene stellt die höchste

Stufe der moralischen Entwicklung dar. Die Entscheidungen orientieren sich hier eher an der Betrachtung gemeinsam geteilter Werte als an egozentrischen Interessen oder blinder Konformität mit gesellschaftlichen Normen. Auf der obersten Stufe verläßt sich der Mensch vorwiegend auf sein eigenes Gewissen und auf den Respekt für andere, der erwidert wird. Er erkennt das universelle Prinzip, das hinter sozialen Abmachungen liegt, und versucht, es als Prinzip des moralischen Handelns anzuwenden. Die Forschung hat nun einige Muster der moralischen Urteilsfähigkeit herausgefiltert und gezeigt, daß sich nur wenige Menschen auf der obersten Stufe der Moral bewegen.

In einem Experiment wurde den Versuchspersonen im Namen psychologischer Forschung befohlen, einem »Freiwilligen« gefährlich hohe Stromstöße zu verabreichen – Schreie und Stromstoß wurden von einem Schauspieler vorgetäuscht. Es zeigte sich, daß 75% auf der hohen Stufe, aber nur 20% auf den übrigen Stufen den fürchterlichen Gehorsam verweigerten. Kohlbergs Untersuchungen haben gezeigt, wenn die Versuchspersonen aufgefordert werden, sich im Konflikt zwischen zwei Stufen zu entscheiden, dann ist die Wahrscheinlichkeit groß, daß sie sich auf die höhere Stufe des moralischen Bewußtseins begeben. Das belegt, daß das Bewußtsein auf der Ebene des moralischen Urteils angehoben werden kann durch Diskussion und sokratische Dialoge. Der Aha-Effekt kognitiver Erkenntnisse scheint mit dem moralischen Verständnis gekoppelt zu sein, da der Mensch im allgemeinen selten moralische Äußerungen versteht, die um mehr als eine Stufe über seiner eigenen gewohnheitsmäßigen Stufe liegen.

Ethik als Metamodell – vom Denken zum Handeln

Die Frage nach Tugend und Untugend ist eine empirische und pragmatische Frage. Charles Hampden-Turner unterscheidet im Menschen drei Arten der Bewußtseinsmoral in bezug auf die Natur: »Der menschliche Organismus hat zu seiner Umwelt entweder eine ökologische, ko-evolutionäre oder aber katastrophale Beziehung, letztere ist gekennzeichnet durch gewaltsame Eroberung und Rückschlag.« Synergetische Modelle haben gezeigt, daß Urteile über Tugenden dann gerechtfertigt sind, wenn sie zur Festigung beitragen, die einen Wert mit seinem notwendigen Gegenstück verbinden. Ein ethischer Maßstab kann immer erst auf der »Meta-Ebene« angesetzt werden: Loyalität oder Widerstand können erst dann jeweils positiv eingeschätzt werden, wenn sie der Steigerung oder dem Schutz der gesamten Dimension Loyalität-Widerstand dienen oder eben dem größeren kybernetischen Wertesystem und den damit verbundenen Dynamiken. »Ähnlich werden patriotische oder rebellische Haltungen zu Recht als Tugenden aufgefaßt, wo sie des Patrioten Fähigkeit zur Rebellion und die des Rebellen, sich patriotisch zu verhalten, schützen und fördern.«

Wenn Werturteile in Handeln umgesetzt werden, dann verstärken sie die Auffälligkeit und Synergie der Elemente in dem jeweiligen Wertsystem oder sie spalten die Elemente auf und schmälern ihren Wert – wir können dieses Wachstum oder die Rückentwicklung anhand unserer gegenwärtigen Lebensqualität messen.

Inner Work:

Solange wir damit fortfahren, die Menschen hauptsächlich durch äußere Belohnungen zu motivieren, wie etwa Geld und Status, verlassen wir uns auf Nullsummen-Lösungen, die zu Ungleichheiten wie zur Erschöpfung knapper Resourcen führen. Es ist daher wichtig, etwas von inneren Belohnungssystemen zu wissen.

Gewahrwerden:

»Wenn du dich völlig auf etwas einläßt – indem du deinen Geist, dein Herz, alles hineingibst – so kommt kein Gedanke hinein. Dies ist vollständiges Gewahrsein und geschieht nicht oft, denn wenn wir versuchen, uns gewahr zu sein, dann ist die Dualität da: So wie wir sind und so, wie wir zu sein versuchen, und dieser Konflikt bringt Gewalt hervor. Gewalt zerbricht die Welt in das Innere und das Äußere und behandelt den anderen als 'Nicht-Ich'. Das tun wir sogar mit uns selbst. Was also tun? Sei dir deiner Unaufmerksamkeit bewußt. Siehe, daß du nicht achtgibst, aber beobachte es sehr sorgfältig. Versuche nicht es zu ändern, beobachte es lediglich.«

(Krishnamurti)

Nicht-Werten:

Krishnamurti sagt, daß die Beobachtung der Bewegung unseres Geistes einen freien Geist erfordert, nicht einen, der ständig urteilt.

Das wilde Denken:

»Wildheit ist der Zustand völligen Gewahrseins«; um das zu verdeutlichen, schaue man auf die Schamanen, die erlernen Gegensätze zu integrieren; wer das eine kennt und ungezwungen damit umgehen kann, wird auch im anderen zuhause sein.

Beziehungen herstellen:

Mihaly Csikszentmihalyi erwähnt den Erfahrungszustand »In-Fluß-Sein«. Er betont, daß die Flußerfahrung nur aufzutreten scheint, wenn eine Person aktiv mit einer Form einer klar bestimmten Interaktion mit der Umwelt beschäftigt ist.

Beziehungen aufrechterhalten:

Die Verschmelzung von Gewahrsein und Handlung zeigt sich in der Verschmelzung von Beobachter und Objekt. Dies wird innerhalb einer Gruppe installiert, wenn das gemeinsame Ziel klar definiert und gemeinsam erarbeitet wird. »Es zeigt die Tatsache auf, daß der Mensch ein Wesen-in-Verbundenheit ist, die dem engen, antropozentrischen Denken des linken Gehirns entgegensteht und zu einem Denken mit dem ganzen Körper, und vielleicht sogar mit dem ganzen Geist, führen wird.« (Dolores La Chapelle)

Die Praxis des Handlungsdesigns

Ganzheitliche Lebensorientierung:

Die gegenwärtige Sinn-Leere in Beruf und Freizeit verlangt nach der Entdeckung neuer Innenwelt-Werte. Diese können darin bestehen, Sinn und Hedonismus zur ganzheitlichen Lebenserfahrung (Feedback-Orientierung) zusammenzuführen – Beruf zum Spiel und Spiel zur Berufung zu machen.

Kooperativer Individualismus:

Persönlichkeit und Gesellschaft bilden ein System, das in dynamischer Harmonie zueinander stehen sollte. Das bedeutet, daß zwischenmenschliche Beziehungen und gesellschaftliche Kooperation das Persönlichkeitsbild mitprägen. Die Entwicklung der Gesellschaft fordert immer mehr ein »Narzißmus« der intensiven Kooperation, der die Dynamik der Beziehungen vergrößert.

Symbiotisches Ich:

Dies ist die Steuerung eines Verhaltens, das darauf ausgerichtet ist, möglichst viele positive Reaktionen aus dem sozialen Umfeld zurückzuerhalten. Der Effekt, der daraus entsteht, ist der, daß das Ich überlagert wird von einem Gruppen-Ich: eine neue Identität des »symbiotischen Ichs« entsteht.

Gefühls-Fundamentalismus:

»Wahre Liebe ist nicht in einem, sie liegt im Dialog zwischen Menschen« (Martin Buber). »Die jungen Erwachsenen sind also nicht in ihr eigenes Ich verliebt, sondern in die positiven Gefühle, durch positive Reaktionen der anderen Menschen verursacht werden. Sie sind sozusagen reaktionssüchtig. Ihre Identität ist damit abhängig von der Anzahl der sozialen Reaktionen und von der Qualität der sozialen Reaktionen« (Gerken). Ergo: Handlungs- und Gefühlsdesign fallen zu einem affektlogischen Handlungsbewußtsein zusammen. Martin Buber geht aber noch weiter, indem er »Selbstverwirklichung als Selbstzweck« anprangert und zurückweist, sobald man es sich zur Vorschrift macht.

Selbstverwirklichung und Begegnung:

»Mit sich beginnen, aber nicht bei sich enden, bei sich anfangen, aber nicht sich selbst zum Ziel haben... Jeder soll sich erkennen, soll sich vervollkommnen, aber nicht um seiner selbst willen – auch nicht um eines vorübergehenden Glücks willen oder um ewige Seligkeit zu erlangen – sondern um der Arbeit willen, die er auf dieser Welt ausführen muß.« (Buber)

Synergetisches Planen:

»Affinität von Bewußtsein und Werk gilt auch für die Wirtschaft« (Hans Klawatsch). Modernes Management und Psychotherapie gehen immer mehr aufeinander zu: Beide lernen gerade, dasjenige strategisch zu planen, was man »evolutionäre Rationalität« – die Planung von shifts und drifts –

nennen könnte. Auch hier steht immer mehr die Sichtweise der Ganzheit im Vordergrund – weniger allerdings das Weltbild von Ratio und Intuition sondern das Paradigma der »Synergetik«. Auch hier geht es nicht darum, setze ich entweder Ratio oder Intuition ein, oder gehe ich strategisch oder visionär vor, sondern beide Anteile sind nach wie vor gefragt – nur eben strategisch und geplant umzusetzen. Es ist besonders gut geeignet, die eigene Fähigkeit zur Komplexität zu steigern und mit turbulenten Prozessen und chaotischen Strukturen umzugehen.

Im Management ist es die ideale Strategie für die Situationen, die wir gerade auf den fluktuierenden Märkten vorfinden. Das synergetische Prinzip kann nur derjenige erfahren, der das mechanistisch – kartesianische Weltbild überwunden hat, und erkennt, daß nicht alles eine große Maschine ist – weder die Innenwelt des Managers (Geist, Gehirn), noch seine Außenwelt (Betrieb, Universum) ist ein mechanistisches Gebilde. Das »Management by Love« (wie Gerd Gerken es nennt) nimmt Abschied vom Maschinen-Weltbild, das implizit den intelligenten Maschinen-Führer verlangt; die systemische und synergetische Denkweise verabschiedet sich auch von der herkömmlichen Psychotherapie (»von Freud wird so gut wie nichts mehr übrigbleiben« meint Fritz B. Simon), und fordert ein Denken, das Frederic Vester so umschreibt: »Früher fragte man sich, wie führe ich das Unternehmen, dann fragte man sich, wie führen wir das Unternehmen, heute fragt man sich, wie führt sich das Unternehmen«.

Ganzheitliches Management:

»Ganzheitlich ausgerichtete Manager haben einen fragende Grundhaltung. In den alten, militaristisch geführten Unternehmen ist das Management in einer vermeintlich wissenden Grundhaltung. Sie glauben, sie haben all die Antworten. Und weil sie das glauben, sind sie nicht mehr offen für Kritik. Sie fühlen sich angegriffen und hören nicht mehr zu. Und wenn da einer kommt und sagt: Herr Lehrer, ich weiß was, dann berufen sie sich auf ihr hierarchisches Denken, das ja gleichzeitig defensives Denken ist. Das kann für ein Unternehmen tödlich sein. Sie werden sehen, in den nächsten zehn Jahren wird es viele so strukturierte Betriebe, die heute noch mächtig sind, nicht mehr geben.« (John Hormann)

Die kommunizierende Gesellschaft

Die Praxis der Kommunikationsstrategie

Der erfolgreiche Kommunikationszyklus besteht aus Affinität (Zuneigung zum Gesprächspartner), Realität (das Weltbild oder die Wirklichkeit des anderen verstehen) und schließlich aus Kommunikation, dem Austausch von Ideen mit der Absicht, die »Verdoppelung« des Gedankens zu erreichen. Besteht an einem Punkt dieses Zyklus ein Mangel, so ist Kommunikation schwer zu erreichen.

Der dynamische Kommunikationsfluß besteht darin, entweder eine Kommunikation zu beginnen, fortzuführen oder willentlich zu beenden. Auch in diesen drei Punkten können jeweils die Schwierigkeiten liegen oder die Möglichkeiten, die Defizite zu erkennen und zu beheben.

Analoge und digitale Kommunikationsformen

Der Mensch kennt mehrere Kommunikationsformen. Je nach Kulturkreis ist die eine oder die andere Form vorherrschend. Neben Körpersprache, Gebärdensprache usw. gibt es zwei Formen, die ganz besonders unterschiedlich unsere äußere Umwelt abbilden: die digitale Kommunikation (d.h. durch Kodierung, wie Name oder Zahl) und die analoge Kommunikation, (die sich der bildhaften Darstellung, der grundsätzlichen Ähnlichkeit, bedient). Die analoge Kommunikation besitzt eine weitaus allgemeingültigere Aussagekraft. Denken wir nur einmal an Gestik und Mimik! Die wesentlich jüngere und abstraktere digitale Kommunikation besitzt eine weitaus höhere Perfektion und Genauigkeit und ist für einen zivilisatorischen Fortschritt ausgesprochen lebensnotwendig, da eine Übermittlung von Daten von einer Generation zur nächsten nur digital möglich ist. Das Wesen der analogen Kommunikation liegt also im Bildhaften und Ähnlichen, wobei naturgemäß eine gewisse Ungenauigkeit und Auslegbarkeit nicht zu vermeiden sind.

Maturana und Varela heben in ihrem Werk »Der Baum der Erkenntnis« die besondere Bedeutung der Sprache für unsere Erfahrung hervor. »Ein lebendes System ist auf jeder Ebene so organisiert, daß es innere Regelmäßigkeiten erzeugt. Das gleiche geschieht in der sozialen Koppelung durch die Sprache im Netzwerk der Gespräche, das die Sprache hervorbringt, und durch seine Geschlossenheit die Einheit einer bestimmten menschlichen Gesellschaft konstituiert. Diese neue Dimension der operationalen Kohärenz unseres gemeinsamen In-der-Sprache-Seins ist das, was wir als Bewußtsein oder als ›unseren Geist‹ und ›unser Ich‹ erfahren.

Wörter sind, wie wir wissen, Zeichen für sprachliche Koordinationen von Handlungen und nicht Dinge, die von hier nach da weitergegeben werden... Sprache wurde niemals von jemandem erfunden, nur um damit eine äußere Welt zu internalisieren. Deshalb kann sie nicht als Mittel verwendet werden, mit dem sich eine solche Welt offenbarmachen läßt. Es ist vielmehr so, daß der Akt des Erkennens in der Koordination des Verhaltens, welche die Sprache konstituiert, eine Welt durch das In-der-Sprache-Sein hervorbringt. Wir geben unserem Leben in der gegenseitigen sprachlichen Koppelung Gestalt – nicht, weil die Sprache uns erlaubt, uns selbst zu offenbaren, sondern weil wir in der Sprache bestehen, und zwar als dauerndes Werden, das wir zusammen mit anderen hervorbringen. Wir finden uns in dieser ko-ontogenetischen Koppelung weder als ein bereits vorher existierender Bezugspunkt noch in Bezug auf einen Ursprung, sondern als eine fortwährende Transformation im Werden der sprachlichen Welt, die wir zusammen mit anderen menschlichen Wesen erschaffen.«

Authentische Kommunikation

Authentische Kommunikation ist etwas anderes als das bloße Austauschen von Worten, das versucht, die Wahrheit aus dem herauszustellen, was nicht wahr ist. Auch ist es etwas anderes als Kommunikationswissenschaft oder EDV. Die einzige Art, wirklich zu kommunizieren ist, sich am Verstehen zu orientieren. Verstehen löst alle geistigen Barrieren auf und bringt den anderen dazu, im Idealfall den gleichen Raum einzunehmen wie sein Gegenüber. Similia Similibus Curantur – Ähnliches wird durch Ähnliches geheilt. Dieses Gesetz der Naturheilkunde gilt auch in der modernen Kommunikationstechnologie. Wir müssen uns nur einer Sache bedienen, und die heißt: Duplikation. Definitionsgemäß bedeutet Duplikation nichts anderes als Verdoppeln, was bedeutet, daß bei jemand anderem ein Sachverhalt »wiedererschaffen« wurde, also so angekommen ist, wie er »abgeschickt« wurde und ursprünglich gedacht war. Dies zu erreichen ist nicht schwer. Man braucht nur seine Wahrnehmungsfähigkeit für sein

Gegenüber zu erhöhen, um festzustellen, wie wichtig beim Beginn jeglicher Kommunikation die Bereitschaft ist, mit dem anderen in Kontakt zu treten. Das setzt zumindest mildes Interesse, besser wäre natürlich Zuneigung, voraus. Hier haben wir schon einen ganz wichtigen Eckpfeiler guter Kommunikation, den ich hier mit Affinität umschreiben möchte. Sicherlich hat jeder von Ihnen schon einmal diesen Zustand authentischer Kommunikation erlebt, als er sich mit jemandem in einem besonders guten Gespräch befand. Plötzlich wurde ein Zustand der Einheit hergestellt, ohne daß man das eigentlich geplant hatte. Dieser Zauber geht im allgemeinen von dem aus, was ich eingangs betont habe, nämlich der Sympathie, die man dem anderen gegenüber empfindet. Aber da gibt es noch eine andere Qualität und die stellt sich meist erst im Laufe eines Gesprächs ein: das ist die Fähigkeit, Übereinstimmungen herzustellen. Das ist im allgemeinen das, was erfolgreiche Verkäufer gut beherrschen, indem sie eine gemeinsame Übereinstimmungsgrundlage anhand eines belanglosen Gesprächs mit dem Kunden finden. »Die Sprache, die wir gebrauchen, beeinflußt die Gedanken, die wir denken, weitaus mehr als unsere Gedanken unsere Umgangssprache beeinflussen.« (R.A.Wilson)

Und so kann man sagen, daß jede Kommunikation auch ein Stück Manipulation ist. Wenn wir aber Sorge tragen, daß unsere »ausströmenden« Gedanken beim anderen auch so ankommen, wie wir sie meinen, so wird die Manipulation nicht zum Nachteil des anderen gereichen. Hier kommen wir zu dem, was man mit Verantwortung umschreiben könnte: eben zu schauen, was meine Worte im anderen hervorrufen. Die Medien sind im allgemeinen darauf aus, den Sensations- und Angstknopf ihrer Leser zu betätigen. Und dieser sogenannte Knopf ist in der Psychologie schon lange bekannt als etwas, das bei vielen Menschen zu einem genau voraussagbaren Verhalten führt mit genau vorherbestimmbaren endokrinologischen Reaktionen. Es gibt zum Beispiel Untersuchungen anhand von Elektrometern, die Auswirkungen von Worten und ihre Einflüsse auf den Geisteszustand messen. Wer gut mit Worten umzugehen weiß, und das ist mehr als Eloquenz, kennt auch die Reichweite der Kommunikation. Authentische Kommunikation ist nichts anderes als das genaue Abbild des gedachten Inhalts. Sie schließt das Schaffen von Realität (Übereinstimmung) und das Erzeugen von Affinität (Sympathie) ein. So ist Kommunikation auch zwischen Nicht-Gleichen möglich, ohne von Dominanz-Unterwerfungsstrategien geprägt zu sein. Meta-Kommunikation erschafft Meta-Kognition (Verstehen) und umgekehrt.

Kontrolle lernen, De-Kontrolle üben

Eine Streßquelle in Großstädten wird oft durch die Masse Mensch hervorgerufen. Die Wahrnehmung der Kontrollmöglichkeit und der emotionale Bezug zum Menschengedränge und anderen Störfaktoren spielen eine erhebliche Rolle in der mentalen und körperlichen Bewertung. Frühere Studien gaben der Menschenansammlung die Schuld für psychosomatische Beschwerden, jetzt erkennt man, daß man differenzieren muß zwischen Bevölkerungsdichte und Massengedränge, je nach mentaler Ausgangslage. Ein Gefühl von Gedränge hängt davon ab, ob die Dichte eines Raumes störend auf unsere Zielvorstellung oder unser Verhalten wirkt. Empfinden wir eine von hoher Dichte geprägte Situation unangenehm oder unbeherrschbar – wie etwa in einem U-Bahn-Abteil zu Stoßzeiten – dann werden wir diese wahrscheinlich als Gedränge definieren. Wäre die gleiche »Masse« von Personen auf einer Cocktail-Party oder in einer anderen Situation gegeben, die wir als angenehm betrachten, wären wir wahrscheinlich weniger geneigt, negativ zu reagieren und dies überhaupt auch nur als Gedränge zu empfinden.

- Je höher die Bevölkerungsdichte, desto größer der Filtereffekt, der eintritt. Großstadtmenschen erzeugen einen stärkeren »kognitiven Reduktionsfilter«, indem sie peripheren Erscheinungen, wie anderen Menschen, Geräuschen und Reizen, weniger Aufmerksamkeit schenken.

Non-verbale Kommunikation

Es gibt viele Möglichkeiten, sich auf den nicht-sprachlichen, den non-verbalen, Bereich zurückzubesinnen. Die Ebene der Sprache ist auch eine des linguistischen Denkens. Man darf nicht vergessen, daß das linguistische Denken die Evolution der Intelligenz auch behindern kann. »So wie wir vielleicht unseren Augen beibringen können, das Tonal (die materielle Wirklichkeit) loszulassen, können wir unseren Geist vielleicht lehren, das Universum der Worte loszulassen« (M. Talbot). Da der semantische Schaltkreis eine äußerst beliebte Methode darstellt, seine Umwelt darzustellen und zu beeinflussen, gibt er die trügerische Sicherheit, daß keine Kommunikation und Wahrnehmung jenseits des sprachlichen Ausdrucks möglich ist.

Die Hirngröße eines Organismus hat sowohl absolute wie relative Bedeutung. Je größer und daher komplexer ein Gehirn ist, desto komplexer und reichhaltiger sind natürlich auch seine Funktionsmöglichkeiten. Diese Zunahme an Komplexität ist aber nicht stetig. Neue und höhere Funktionen treten vielmehr diskontinuierlich auf. So liegt z. B. eine kritische Grenze bei einem Gewicht von 1000 Gramm. Über dieser Grenze ermöglicht der Reichtum der Gehirnorganisation die spontane Verwendung von Symbolen und damit die Entwicklung von Sprache im eigentlichen Sinne. Das Gehirn des erwachsenen Menschen wiegt ca. 1450 Gramm. Das Gehirn der Delphine wiegt mit 1700 Gramm nicht nur absolut, sondern auch relativ mehr als das des Menschen. Ist dies ein Hinweis für eine differenzierte Sprache der Delphine? Wir wissen über die Lautäußerungen von Delphinen, daß sie Frequenzen zwischen 3.000 und 20.000 Schwingungen pro Sekunde (Hz) aussenden. Menschliche Sprache liegt zwischen 100 und 5.000 Schwingungen. Außerdem besteht ein großer Teil der akustischen Signale der Delphine nicht in Kommunikation, wie wir sie kennen, sondern vor allem in einem hochdifferenzierten Echosystem. Daher verfügt der Delphin jederzeit über ein akustisches Bild seiner Umwelt. Mit ungleich höherer Präzision als wir Menschen ortet er ein Objekt aufgrund eines minimalen Unterschiedes in der Ankunft des Echos in seinem rechten und linken Ohr. Es scheint sogar, daß sein Echolotsystem ihm akustische »Röntgenbilder«, d.h. Information über die Innenbeschaffenheit von Objekten, vermittelt. Der Delphin lebt also in einer überwiegend akustischen Welt, während unser Bild der Wirklichkeit hauptsächlich auf visuellen Wahrnehmungen beruht.

Kommunikations-NLP

Ein Beitrag von Klaus Marwitz

John Seymour beginnt sein Buch »Introducing Neuro-Linguistic Programming« mit einer kleinen Episode, in der er von einer Begegnung mit einem alten Freund berichtet, den er schon lange nicht mehr gesehen hatte. Nach den üblichen Begrüßungssätzen fragte er Seymour, was er denn zur Zeit so treibe. »Ich schreibe ein Buch«, antwortete Seymour. Der erstaunte Freund wollte natürlich wissen, wovon das Buch denn handele. »Vom neuro-linguistischen Programmieren« war Seymours Antwort. Kurzes bedeutungsvolles Schweigen...»Ebenso! Und wie geht's der Familie?«, fragte der Freund weiter.

Was in diesem Falle Kopfschütteln hervorrief, ist für Journalisten manchmal »Magie«, in deren »Bann« man sich befinden kann und die von »Gurus« ausgeübt wird. »Sie müssen wissen«, schrieb mir kürzlich ein potentieller Kunde, »daß NLP in letzter Zeit in der Öffentlichkeit kritisch und ablehnend betrachtet wird.« Auch ist zu hören, daß »NLP in den Staaten in, bzw. langsam out ist«. Ein Laie könnte daraus schließen, daß es sich bei dem NLP – also dem neuro-linguistischen Programmieren- um eine Geheimbündelei handelt, um die man besser einen Bogen machen sollte, solange noch Zeit dazu ist. Als wenn das nötig wäre! Handelt es sich bei diesen drei Buchstaben doch um etwas, was dem Menschen und nur dem Menschen ureigen ist: um Kommunikation.

»Man kann nicht nicht kommunizieren« sagt Paul Watzlawik, einer der prominentesten Kommunikationsforscher. Diese These sagt aber noch nichts über die Qualität, die Quantität, die Zeit, den Ort und die Art und Weise aus, wie die Kommunikation entsteht und geführt wird. Darüber und wie Kommunikation auf ein Höchstmaß an Effizienz gebracht werden kann, sagt nun das NLP etwas.

Übrigens: die Bezeichnung »neuro-linguistic programming« erfanden die beiden Entwickler des NLP, Richard Bandler und John Grinder im Frühjahr 1976, nachdem sie in endlosen Sitzungen hoch in den kalifornischen Bergen das Programmatische ihrer Entdeckungen auf einen Nenner bringen wollten:

- »neuro« steht für die Erkenntnis, daß jede Art von Kontakt mit der Umwelt über unsere Sinne und dann weiter über die neuronalen Netzwerke unseres Gehirns stattfindet;
- »linguistic« weist darauf hin, daß die interne Verarbeitung der Informationen, die uns die Umwelt gesandt hat, und alle Gedanken sprachlich verarbeitet werden;
- »programming« bedeutet, daß wir Menschen die Wege zu einem Ziel planen können und daß wir fähig sind, Veränderungen in unserem Wesen vorzunehmen.

Der Linguist Grinder und der Psychologe Bandler stellten an den Anfang ihrer Arbeit die Fragen: »Was ist es, das gute Kommunikatoren zu guten

Kommunikatoren macht?« und, vorausgesetzt, daß dies herausgefunden würde: »Kann man diese Fähigkeiten anderen Menschen beibringen, damit diese genauso gute oder sogar noch bessere Kommunikatoren werden können?«

Und weil Richard Bandler sehr an Psychotherapie interessiert war, wählte man drei wesentliche Vertreter dieser Richtung aus, und zwar Fritz Perls (Gestalttherapie), Virginia Satir (Familientherapie) und Milton Erickson (Hypnotherapie), die als außerordentlich wirksame Kommunikatoren galten. Die Ergebnisse waren frappierend. Bandler und Grinder waren tatsächlich in der Lage, die Essenz der Wirkung dieser drei Therapeuten herauszuarbeiten und so umzugestalten, daß sie diese Fähigkeiten anderen Therapeuten beibringen konnten.

Es entstanden in kürzester Zeit eine große Anzahl von Übungen, die auf die Herausarbeitung und Vermittlung der »Effizienz-Faktoren« zielten. Dieses Übungspaket, gemünzt auf die Pychotherapie, ging als »NLP« hinaus in die Welt und brachte in Form von Motivation und Befürchtungen Wind in die Therapeutenszene. Den beiden »Importeuren« für das deutschsprachige Europa, Gundl Kutschera und Thies Stahl, gelang es, NLP hier fast zeitgleich mit den USA zu verbreiten. Die Motivation entstand durch die Tatsache, daß mit »NLP« Fälle erfolgreich behandelt werden konnten, die bislang resistent waren, dies darüberhinaus in außerordentlich kurzer Zeit und obendrein noch dauerhaft (fast phobia cure). Das Zusammentreffen dieser drei Faktoren im psychotherapeutischen Bereich gab dem NLP den Touch des Magischen, der bis heute in den Hirnen der Kritiker herumspukt. Hier verbergen sich die Befürchtungen. Und weil das »NLP« so wirksam ist, wurde sehr früh das Schlagwort »Manipulation« ins Spiel gebracht.

Übersehen wurde die Tatsache, daß »NLP« als allgemeinmenschliches Kommunikationsmodell zu verstehen und nicht begrenzt ist durch den therapeutischen Ansatz des Anfangs.

NLP hat die Fähigkeit, immer wieder aufs neue zum Bilden neuer Kommunikationsmodelle zu motivieren. Als zur Zeit einziges umfassendes Modell ist es in der Lage, auch frühe Gedanken zur Kommunikation, zur Linguistik und zur Therapie in ein Gesamtbild zu integrieren. Auf diese Weise zeigt es sich, daß ältere lineare Modelle – Reiz-Reaktion (Pawlow), Sender-Empfänger (Sahnon, Watzlawik, Schultz von Thun) und andere – inzwischen nicht mehr ausreichend scharfe Aussagen machen, ohne dabei falsch zu werden. Das Buch »Science and Sanity« von Afred Korsibsky ist die älteste (neuro-) linguistische Quelle (1933). Zum Thema »interne Steuerprogramme«, den sogenannten Metaprogrammen, hat C.G. Jung Entscheidendes beigetragen (vor 1964). Pavlov (dessen Glockenton den Hunden das Wasser im Maul zusammenlaufen ließ) ist Pate einer wirksamen NLP-Technik (anchoring).

Effektive Kommunikation

NLP ist das heute (1991) am höchsten entwickelte Praxismodell, das den Menschen in die Lage versetzt, durch Kommunikation mit anderen und mit sich selbst ein hohes Maß an Effektivität zu erreichen. Die Effektivität wird dadurch vergrößert, daß die Ressourcen, die jeder Mensch von Natur aus besitzt, aber nicht benutzt, bzw. im Verborgenen blühen läßt, freigesetzt werden können, um in bestimmten (zum Beispiel kritischen) Situationen zur Verfügung zu stehen. Dadurch wird die Aufmerksamkeit des Menschen zunächst auf seine eigenen Entfaltung gelenkt. Er lernt zu leben. Fast gleichzeitig erweitert sich die Aufmerksamkeit darauf, auch anderen diese Möglichkeiten zu schaffen. Und im nächsten Schritt wird der Mensch, der über seine ganzen inneren Möglichkeiten verfügt, Situationen schaffen, die es anderen Menschen ermöglichen, zunächst ihre eigenen Ressourcen zu entdecken, damit sie wiederum anderen Menschen dies ermöglichen können usw. – ein zutiefst humanistisches Modell.

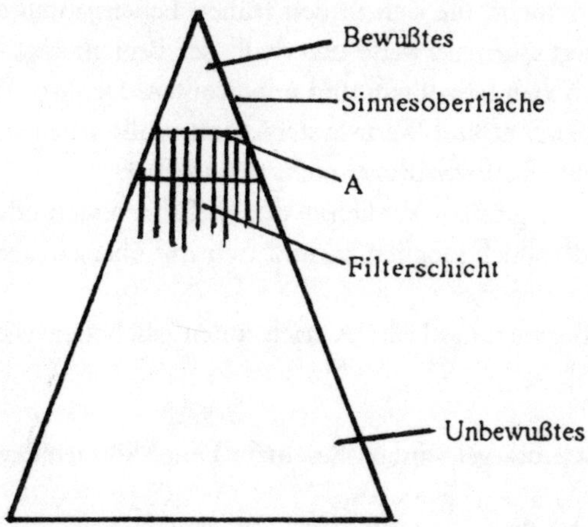

Abb. 37: Der Kegel des Bewußtseins

Die Möglichkeiten des NLP lassen sich am besten an meinem »Kegelmodell« erläutern. Die Persönlichkeit des Menschen wird durch einen Kegel symbolisiert, eine Vereinfachung, die daher zulässig ist, weil sie komplexe, schwer beschreibbare Zusammenhänge optimal illustriert. (Abb. 37).

Der kleine Kegel oberhalb der Trennfläche A stellt den bewußten Teil der Persönlichkeit dar, der Kegelmantel die Sinnesoberfläche. Die einzige Möglichkeit, unsere Umwelt wahrzunehmen, ist die über unsere Sinne. Wir können sehen, hören, fühlen, riechen und schmecken. Die entsprechenden Informationen wandern nach bewußter gedanklicher Verarbeitung durch die Trennfläche A, die als Filter angesehen werden kann, in den unbewußten Teil der Persönlichkeit, der auch als Langzeitspeicher bezeichnet wird. Auf dem Wege dahin müssen die Informationen aber durch die Filterzone, wo sie Veränderungen erfahren (Deletion, Distortion, Generalization). Diese werden durch die sogenannten Meta-Programme (z. B. Intro- und Extraversion), Werte- und Glaubens-Systeme (ich glaube, ich kann das nicht) bewirkt. Je unflexibler ein Mensch ist, desto stärker werden die Informationen »gefiltert« (was sich beispielsweise durch langsames Lernen zeigen kann). Je flexibler und damit toleranter ein Mensch ist, je divergenter und kreativer er denkt, desto »lockerer« ist die Filterschicht und desto geringer ist die Veränderung der Informationen.

Das gilt auch, wenn Informationen aus dem Unbewußten »hochgeholt« werden, um ins Bewußtsein zu gelangen (beim Sich-Erinnern).

Diese Filterschicht, die sich in den frühen Lebensjahren am stärksten entwickelt, liegt normalerweise unterhalb der Begrenzungsfläche A, der Trennung zwischen bewußtem und unbewußtem Denken. Das bedeutet, daß Meta-Programm und Werte-Systeme unbewußt arbeiten. Daher sind sie im allgemeinen schwer bis gar nicht veränderbar.

Es ist eines der größten Verdienste des NLP, herausgefunden zu haben, daß und wie dies doch möglich ist, und zwar mit überschaubaren Mitteln. Dazu diese Überlegung:

Wenn die Begrenzungsfläche A nach unten geschoben wird, geschieht folgendes:

1. der Bewußtseinskegel wird größer, mehr Dinge können bewußt gedacht werden;
2. die Sinnesoberfläche vergrößert sich, die Wahrnehmungsmöglichkeiten steigen, die Sinne werden verfeinert;

3. die Filterfläche A vergrößert sich, die Durchlässigkeit für Informationen steigt;
4. einige Meta-Programme und bestimmte Werte tauchen aus der unbewußten Zone auf und können bewußt verändert werden, die Filterschicht kann umgruppiert werden, unbewußte Informationen sind leichter zugänglich.

Metaprogramme

Um diese Fläche A abzusenken, stellt NLP zwei Wege zur Verfügung:

1. die Entspannung, die Trance, die Hypnose etc. mit Hilfe des sog. Milton-Modells. Nach jeder Entspannung kehrt die Fläche A nicht mehr ganz in die alte Position zurück, so daß ein Trainingseffekt entsteht: Gelassenheit, Toleranz, Ausgeglichenheit, die sich zum Beispiel aus den erwähnten Gründen in besserem Lern- und Erinnerungsverhalten am deutlichsten ausdrücken (ein Effekt, der beim Superlearning ausgenutzt wird).
2. die Wahrnehmungsverfeinerung, dadurch wird die Fläche A nach unten »gedrückt«. Dies geschieht durch das Anwenden bestimmter Beobachtungskriterien, z. B. des Augenbewegungsmodells, der Sprachanalyse (Verwendung von sinn-spezifischen Wörtern, Analyse des non-verbalen Anteils der Sprache wie Stimmführung, -färbung etc., der Muster der ideomotorischen – unbewußt gesteuerten, nicht fälschbaren – Bewegungen des Körpers, die besonders im Gesicht gut erkennbar sind, und so weiter.) Unterstützt werden diese Verfeinerungen der Wahrnehmung durch Üben im »mentalen« Bereich. Damit ist gemeint, daß die Fähigkeit, sich »innere« Bilder zu machen, erinnerte oder erfundene Töne mit den »inneren« Ohr zu hören, Gefühle, Gerüche und Geschmack innerlich empfinden zu können, zur Höchstform entwickelt wird. Da diese Erkenntnisse nicht wieder verlernt werden, bleibt die »Absenkung« der Fläche A erhalten, mit allen schon geschilderten positiven Auswirkungen.

Dadurch entstehen jetzt zahlreiche Möglichkeiten, innerhalb der natürlichen Grenzen Änderungen in den Meta-Programmen (in natürlichen Grenzen) und vor allem im Wert- und Glaubenssystem vorzunehmen. Durch Aufstellen von Wert-Hierarchien lassen sich Schwachstellen erkennen. Ungünstige Glaubens-Systeme können behutsam modifiziert werden, so daß die vollen Möglichkeiten der Person wirksam werden können.

Besondere »ecology«-Übungen stellen sicher, daß die Veränderungen im Einklang mit der Gesamtpersönlichkeit bleiben.

NLP hat drei wichtige Säulen:

1. Wissen, was man will;
2. Schärfe der Wahrnehmung (verbal, nonverbal)
3. Flexibilität.

Die eben geschilderte »Kegel«-Persönlichkeit kann sich aufgrund der optimierten inneren Vorstellung klare Bilder von einem Ziel machen: sie weiß, was sie will und verfolgt nicht das, was sie nicht will. Wegen der vergrößerten Wahrnehmungsfähigkeit kann sie auf dem Wege zum Ziel fördernde Hinweise erkennen und demgemäß nutzen, deren Vorhandensein sie früher überhaupt nicht bemerkt hätte. Und die Flexibilität läßt sie nicht in Sackgassen verweilen. Wenn etwas nicht geht, macht sie eben etwas anderes, und ohne sich unterwegs zu verfahren, bis das Ziel erreicht ist. Dabei werden immer zwei Grundsätze der Kommunikation beachtet:

1. Es ist wichtiger, Informationen zu erhalten, als Informationen zu geben. Die zweite Hälfte eines Satzes richtet sich nach der Reaktion auf die erste Hälfte des Satzes. Das heißt, daß diese kurzen Rückkopplungsschleifen eine besonders hochentwickelte Wahnehmung erfordern.

2. Wenn in der Kommunikation sprachliche und nichtsprachliche Botschaften einer Person voneinander abweichen (Inkongruenz), so wird vom anderen Partner unbewußt die nichtsprachliche Botschaft bevorzugt empfangen. Diese beeinflußt früher oder später das sprachliche und sonstige Verhalten. Wenn also jemand etwas anderes sagt, als er meint (Manipulation), erzeugt er im Partner negative Gefühle, die unbewußt auf den Manipulator zurückschlagen. Die Kommunikation verarmt und versiegt früher oder später unter traurigen Begleiterscheinungen. Auf den Manipulator lauern, so Seymour in seinem Buch »Introducing NLP«, vier Drachen: Gewissensbisse (remorse), Übelnehmen (resentment), Gegenbeschuldigung (recimination) und Rache (revenge).

Es ist leicht nachvollziehbar, warum heute Kommunikation in den meisten Fällen noch so uneffektiv, qualvoll und zeitaufwendig verläuft: unklare Vorstellungen von dem, was man will, kleines Gesichtsfeld, Intoleranz und Besserwisserei sind einige der Hauptfaktoren.

NLP bringt eine ungeahnte Ordnung in ein Gebiet voller Unwägbarkeiten. Einige Beispiele seien genannt:

- Sortierung der äußeren und inneren Welt nach sinnes-spezifischen »Submodalitäten« (Bandler);
- das sprachliche Milton-Modell zum Geben von Informationen (nach Milton Erikson);
- das sprachliche Meta-Modell zum Erhalten von Informationen (Bandler/Grinder);
- Meta-Programme (James);
- Wert-Hierarchien und Glaubenssysteme;
- neuro-logische Ebenen (Dilts).

Für Dilts ordnet sich die Persönlichkeit in die Ebenen

- Identität
- Wert- und Glaubenssysteme
- Fähigkeiten
- Verhalten, Tun, Handeln
- Umwelt, Körper, Sinne.

Macht jemand zum Beispiel einen Fehler (Ebene des Handelns), wird er möglicherweise als Dummkopf (Identitätsebene) beschimpft. Er wird sich dann auf der Identitäts- (»bin ich nicht«) oder der Glaubensebene (»ich dachte aber...«) verteidigen, ohne daß der Vorgesetzte ihm eine Gelegenheit gibt, auf der Fähigkeitsebene nachzurüsten.

Ein anderes Beispiel: Die Gesamtschulreformer hatten die Vision von der Chancengleichheit (Identität) und den Glauben (Glaubenssysteme), daß diese durch Änderung auf der untersten Ebene (bauliche Maßnahmen, Veränderung des Äußeren, Kurssysteme) erreicht werden könne. Ein Gesamtschullehrer muß aber eine andere Lehrer-Identität haben als ein Lehrer des »alten« Systems, sein Wert-System unterscheidet sich von dem »konventioneller« Lehrer. Es sind auch andere Fähigkeiten erforderlich, um in den Großschulen Unterricht unter anderen Aspekten abzuhalten (Verhaltensebene). Die Veränderung des Äußeren brachte also nicht den Umschwung, da die Veränderung der anderen Ebenen nicht für wichtig gehalten wurde.

Die Einbettung einzelner Modelle in ein großes und umfassendes Kommunikationsmodell sollte zweierlei Erkenntnis bewirken:

1. NLP ist kein Sammelsurium einzelner Übungen mit zum Teil magischen Wirkungen, die man benutzen kann wie einen Schraubenzieher.

NLP ist auch kein Buch mit sieben Siegeln, das nur von besonders Kundigen geöffnet werden kann. NLP kann man aber auch nicht willkürlich ein- oder ausschalten in seinem Verhalten.

2. NLP zeigt dem interessierten Menschen, wie er ist und was er eigentlich könnte. Es sagt ihm auch sofort, wie er das alles erreichen kann. NLP hilft dem Menschen, außer dem einen Standpunkt gleichzeitig eine Anzahl anderer zu berücksichtigen, so daß kein Stillstand eintreten muß. Kommunikative Gewinne gehen nie zu Lasten des anderen, der Endzustand ist immer eine Win-win-Situation.

Professionelle Kommunikation kann heute nicht mehr auf die fundierten NLP-Fakten verzichten. Dies betrifft die Wirtschaft, das gesamte Aus-, Fort- und Weiterbildungssystem auf allen Ebenen, die sozialen und medizinischen Bereiche, die Politik, um nur einige zu nennen.

Vor allem aber wird es den ganz persönlichen Menschen in völlig neuer und ungewohnter Weise zu einem besonders toleranten und schöpferischen Denken führen. Dieser Mensch wird Denkgebäude aufrichten, von denen er heute noch keine Ahnung hat. (*Ende des Beitrags von Klaus Marwitz; Dipl.-Pädagoge, Leiter des »Instituts für dynamisches Lernen« in Kiel und Mitautor des Buches »Happy Selling«.*)

Die visionäre Gesellschaft

Die telematische Gesellschaft ist, wie Vilem Flusser sie nennt, an Zielen (griech. »telos«) der Selbststeuerung orientiert: historisches Denken wird abgelöst durch Zukunftsdenken, rationales Denken entwickelt sich zum mutigen Bewußtseinsprozeß des Ent-lernens und Ent-wissens. Wie Trendanalysen zeigen, gibt es schon Menschen, die diese Gesellschaftsform bereits modellhaft versuchen. Es sind vor allem junge Menschen, die die neuen Zukunftswerte der geistigen Veränderung praktizieren – eine Mischung aus »diziplinierter Naivität« und »lässigem Mut«. Geistiger Vorreiter ist dabei weder der »Zynismus der Alt-Linken« noch die aufgeregte Verantwortlichkeit der grünen Ökologen; auch die Repressivität der Konservativen spielt keine Rolle, sondern wichtig wird die bewußte Absichtslosigkeit im Handeln, gepaart mit mutiger visionärer Teilhabe am Bewußtseinsprozeß.

Die Kennzeichen dieser »integralen Kultur« können mit dem Wandel umschrieben werden, der sich vom »Entweder-oder-Denken« über das »Sowohl-als-auch-Bewußtsein« zur unscharfen »Fuzzy-Logik« vollzieht, die sich an der menschlichen Art zu denken orientiert, nämlich der ganzen Bandbreite vager Abschätzungen, von »ziemlich wahr« bis »fast nicht mehr wahr«. Es ist genau das Gegenteil von Anti-Politik, von Macht durch Struktur, von Distanzierung durch Intellektualismus und von Katastrophen-Drohungen. Diese Bewußtseinskultur nimmt chaotisch-kritisch teil am Gesellschaftsprozeß, anstatt ständig zu opponieren. Das ist die Basis der neuen Lebensform. Kennzeichnend für diese visionäre Bürgerlichkeit ist ihre Unaufgeregtheit, ja fast Absichtslosigkeit. Es ist das Gegenteil von kritischer Verneinung im Sinne von »no future«, die typisch für die antisoziale Ära war. Man will an der Selbststeuerung teilhaben, ohne jedoch in den Fanatismus von Idealen zu verfallen. Es gibt in diesem Sinne auch kein Kampf, keine Organisation und Ideologie, sondern eher ein spielerische Teilhaben am Erfinden und Entwickeln von neuen Ideen. Nicht Organisation, sondern Vision wird die Gesellschaft der Zukunft leiten.

Praxis: Sozialdesign

Vom »Lifestyle« zum »Mindstyle« – die Bipolarität von Askese und Genußsteigerung

Weder Beruf noch Freizeit-Kultur sind derzeit in der Lage, eine neue Identität zu vermitteln. Deshalb wird der Trend zum Lifestyle mehr und mehr ein Identitäts-Trend. Sozusagen das Entwickeln von neuen Selbst-Konzepten für persönliche Sinn-Inhalte und Glücks-Strategien.

»Man muß sich beschränken, nicht um sich zu bescheiden, sondern um sich das jeweils Beste gönnen zu können, eine Begrenzung der Quantität um der Qualität willen.« (Lutz/Koppenhöfer) Askese ist eine Schulung im Unterscheidungs-Vermögen – eine entscheidende Voraussetzung für jeden wirklichen Genuß. Erkennen und unterscheiden zu können, was gut für einen ist, zu begreifen, daß Zufriedenheit nicht an Quantität gekoppelt ist, kann ein Lernziel sein. Die Koppelung von Askese und Genußsteigerung ist in einem ungeahnten Maße funktional – weil es darauf ankommt, dauerhafte Verhaltensänderungen bei einer Mehrheit der Menschen zu erreichen, um das psychische und ökologische Gleichgewicht zurückzugewinnen.

Der alte Weise Laotse formulierte diese neue Erkenntnis mit den Worten: »Wer an Haben gewinnt, verliert an Sein.« Folglich irrt ein Mensch in der Vielheit herum, wenn er nicht lernt, geistig teilzuhaben, anstatt nur materiell zu besitzen.

Der ungarische Psychologe Mihaly Csikszentmihalyi beschreibt ein Programm zur Steigerung der Lebensqualität: Nicht passiv konsumierte »pleasures« (Vergnügungen wie Fernsehen, Essen, Trinken) machen uns wirklich glücklich, sondern das »enjoyment«, die Freude, die einer unter Mühe gemeisterten Herausforderung entspringt. Verzicht als Lebensprinzip könnte so bedeuten: von dem was Spaß macht, zu dem was Sinn macht – und damit zum Sinn, der Spaß macht.

Anregung zur Diskussion – Entwurf eines ganzheitlichen Ansatzes in Wissenschaft und Gesellschaft

Bei der Evolution unseres Gehirns zeigt sich, daß das Auftreten der höheren Tierarten und schließlich des Menschen die Ausbildung eines jeweils komplexeren Gehirns zeigte. Diese Beobachtung wird mit der Einschätzung verbunden, daß der Verstand oder das Bewußtsein eine Organfunktion eines Gehirns sei. Daraus ergibt sich die These, daß mit der Zunahme der Komplexität des Gehirns sich auch die allmählich stammesgeschichtliche Herausbildung des Verstandes ableiten ließe. Die Gefahr dieser Modellvorstellung liegt nicht so sehr im empirischen Befund als solchem, sondern darin, daß ihre Aussagekraft überschätzt wird. Der erweiterte Ansatz in der Gehirnforschung bezieht die Koevolution von Gehirn, Bewußtsein und Umwelt mit ein. Das Modell der evolutionären Erkenntnislehre lautet, daß unser Erkenntnisapparat ein Ergebnis der biologischen Evolution sei. Dagegen vertritt die koevolutionäre Erkenntnislehre die erweiterte These, daß unser Erkenntnisapparat teilweise das Ergebnis einer Koevolution von Gehirn und Geist sowie von Genstruktur und Kultur sei.

Das Bewußtsein steht in Verbindung mit den anderen Schaltkreismodulen, die vom Organismus zum Gegenstand der Aufmerksamkeit und von dort zum Organismus zurückgehen. Gregory Bateson nennt in diesem Zusammenhang das Beispiel eines Mannes, der mit einer Axt einen Baum fällt. Seine Aufmerksamkeit ist zwar dem Baum zugewandt, aber eigentlich bildet der geistige Prozeß hier eine geschlossene Schleife: vom Axtstiel über Hände und Arme, Muskel- und Nervensystem zu den Augen und von dort zum Kopf der Axt, wie er ins Holz dringt. Es hat keinen Sinn, die Bewußtheit an irgendeiner Stelle dieser Schleife zu lokalisieren, in einer bestimmten Hirnregion, und den Rest auszuschließen. Bateson: »Die gesamte selbstregulierende Einheit, die Informationen verarbeitet oder wie ich sage, denkt, handelt und entscheidet, ist ein System, dessen Grenzen keineswegs mit den Grenzen des Körpers oder dessen, was man gewöhnlich als Ich oder Bewußtsein bezeichnet, zusammenfallen. Und es ist wichtig darauf zu achten, daß es vielfältige Unterschiede zwischen dem denkenden System und dem Ich gibt, wie es gemeinhin aufgefaßt wird. Der individuelle Geist ist immanent, aber nicht nur dem Körper immanent, sondern auch den Bahnen und Botschaften außerhalb des Körpers; und er ist nur Subsystem eines größeren Geistes, welcher dem sozialen System und der planetaren Ökologie in ihrer durchgängigen Verflochtenheit immanent ist.«

Für Whitehead, Polanyi und Hayward ist die Verkörperung des Gewahrseins in der Natur jener Faktor, den wir bei unserer einseitigen Ausrichtung auf die bewußte Wahrnehmung vergessen haben. Dies führt uns zurück zu dem Begriff des »partizipierenden Bewußtseins«. Mit Verbreitung des Newtonschen Weltbildes ging nun ein elementares Element verloren, das des teilnehmenden Bewußtseins. Mit der Abspaltung des Geistes von der Natur kam es noch zur Verdrängung der nicht rationalen Aspekte von Intuition und Gefühlen. Alles andere als das Rationale wurde zum Irrationalen abgestempelt, ohne zu wissen, daß es noch das Transrationale gibt. Auch die Verbindung Gefühl mit Ratio sollte zu einer neuen Bewußtseinsqualität der Affektlogik werden und statt Kausalität Wirk- und Beziehungsgefüge sein.

Die Grenze zwischen biologisch Ererbtem und geschichtlich Überliefertem bzw. gesellschaftlich Erworbenen ist nicht leicht zu ziehen. Angeborene kognitive Fähigkeiten sind auf kulturelle Auslöser angewiesen, die im richtigen Augenblick wirksam sein müssen. In vielen Fällen ist nicht zu entscheiden, ob die Anlage fehlt oder nur die Exposition an auslösendem Reizmaterial während der kritischen Phase ausgeblieben ist. Wo verläuft die Grenze zwischen biologisch Angeborenen und kulturell Erworbenen? Obwohl wir seit bald vier Jahrhunderten »Kopernikaner« sind, sehen wir nach wie vor, daß die Sonne am Horizont aufsteigt und nicht, daß die Erde sich um ihre eigene Achse dreht. Ebenso spontan und natürlicherweise sehen wir bei einer bestimmten Reizkonstellation den Raum tiefendimensional, bei einer anderen ein menschliches Gesicht und bei einer dritten einen kausalen Zusammenhang.

- Aufgabe und Ziel einer ganzheitlichen Forschung sollte der synergetische Ansatz sein und der dynamische gesellschaftliche Bezug – im besten Falle im Sinne einer integralen Kultur. Viele Wissenschaftler weisen mehr und mehr auf die Art des Erkennens hin, die auf der Verbundenheit und der Vernetzung der Teile miteinander beruht und die Begrenzung des Intellekts und des reduktiven Ansatzes offenbart. Die Forderung nach einem ganzheitlichen Vorgehen, das analytische und intuitive sowie ethische Sichtweisen gleichermaßen betont, wäre in unserer problematischen und immer komplexer werdenden Umwelt vordringlichstes Ziel.

- In diesem Kontext ist es wichtig, daß Wissenschaft und Gesellschaft soweit wie möglich füreinander transparent und durchlässig sind. Rein deskriptive Methoden sollten zugunsten einer mehr auf Anwendbarkeit und wirksamen Umsetzbarkeit ausgerichteten Sicht aufgegeben werden.

- Wir sollten versuchen, Wissenschaft nicht mehr als eine Suche nach abstrakten Begriffen zu definieren, sondern als einen Versuch, uns besser in die vom Menschen veränderte Natur zu integrieren, neue Beziehungen zwischen Mensch und Natur sowie zwischen Mensch und Mensch zu schaffen.

- Der ethische Anspruch und daraus resultierende Hauptwert sollte daher sein, Leiden zu vermindern, die Lebensqualität des Menschen so umfassend wie möglich – und daher wirksam – zu erhöhen. Hinsichtlich so unüberschaubarer Bereiche wie Gentechnologie, KI-Forschung und Neurotransmitterforschung ist es wichtig, eine umfassendere Ethik als bisher zu formulieren.

»Ich denke, daß das, was wir heute sehen, Bedeutung hat für das, was morgen sein wird. Es gibt da eine Art kognitives Feedback. Wenn wir heute glauben, daß die Wissenschaft nur Verschmutzung und Zerstörung erzeugt, besteht die Gefahr, daß es auch so sein wird. Wenn wir dagegen sehen, daß die Wissenschaft mehr Möglichkeiten bietet, echte Werte zu schaffen, mehr hoffen läßt auf Minderung der Gewalt, dann wird uns die Wissenschaft auch helfen, in ein hoffnungsvolleres und besseres Stadium der Menschheit einzutreten. Die Herausforderung an die Wissenschaft ist heute umfassend. Es erscheint widersinnig, sie von der Gesellschaft zu trennen, wie Dürrenmatt es in seinem Drama darstellt.« *I. Prigogine*

12. Das neue Gehirn – oder: neue Modelle des Geistes

»Ich glaube, die interessanteste – wenn auch noch unvollständige – wissenschaftliche Entdeckung des zwanzigsten Jahrhunderts ist vielleicht die Entdeckung der Natur des Geistes.«

Gregory Bateson

Die neuen Modelle – ihr Nutzen für unser Bewußtsein

Unsere Erfahrungswirklichkeit beruht auf den genetischen Strukturen unseres Körpers und der physiologischen Konstruktion unseres Gehirns. Für Konrad Lorenz führt diese grundlegende Tatsache zu der Konsequenz, daß die Erfahrungswirklichkeit in irgendeiner Weise die materielle und biologische Wirklichkeit repräsentiert, da sie in der Auseinandersetzung damit entstanden ist. Man könnte natürlich auch wie der radikale Konstruktivismus postulieren, daß es eine strukturelle Koppelung zwischen subjektiver und objektiver Wirklichkeit gibt. Wir könnten auch soweit gehen und postulieren, daß die Wirklichkeit sich mit dem teilnehmenden Beobachter immer wieder verändert, da es eine der charakteristischen Eigenschaften chaotischer Systeme ist – die wir inzwischen auf mikro- und makroskopischen Ebenen finden –, daß sie empfindlich auf winzigste Veränderungen ihrer Anfangswerte reagieren.

Eine ganzheitliche Betrachtung der Gesamtwirklichkeit von Physik, Mensch, Gehirn usw. bildet deshalb notwendigerweise die Grundlage eines neuen Weltbildes. Kein Ding, kein Gedanke, kein Lebewesen kann für sich alleine im Idealzustand untersucht werden. Es ist auch nicht einzusehen, warum gerade derjenige Ausschnitt der Natur, den wir am besten kennen – die Erlebniswelt –, von den etablierten Naturwissenschaften einschließlich der vorherrschenden psychologischen Richtungen ausgeklammert wird. Ein ganzheitliches Modell ist daher auf alle Wissenschaften vom

Menschen anzuwenden, denn eine Trennung zwischen Natur- und Geisteswissenschaft ist künstlich und kann es nicht geben, wie Wertheimer für den Standpunkt der Gestalttheorie treffend aufzeigt.

Modelle haben eine Funktion: Man erlernt die Bedeutung einer Symbolsprache nicht durch Lexika, sondern durch ihren Kontext, »indem man sich mit klarem Bewußtsein in die Welt begibt, in der die Symbolsprache gesprochen wird«. Modelle erweisen sich immer erst in ihrer realen Erfahrbarkeit, also dadurch, daß sie nicht nur erklären, sondern auch tatsächlich verändern!

In offenen Systemen ist eine Höherentwicklung der Ordnung auf immer komplexeres Niveau möglich, womit auch eine Analogie zum schöpferischen Denken, Gestalten und Handeln sowie zur Selbstentfaltung des Menschen unter Einbezug der Menschheit gefunden wird. Extrapoliert man den Gedanken, so ist auch zu verstehen, was Physiker und Biologen unter dem Begriff des »schöpferischen Universums« verstehen. Hinsichtlich der Komplexität und der Ko-Evolution von Geist und Materie ergibt sich eine strukturelle Übereinstimmung zwischen Innenwelt, Gehirn und Außenwelt: Die auffallende Ähnlichkeit zwischen seelischen Prozessen mit physikalischen Feldvorgängen führt zur Annahme der Isomorphie (einer Übereinstimmung bezüglich der dynamischen Struktur) von psychischen Vorgängen und den zugeordneten hirnphysiologischen Prozessen. Das läßt eine Neudefinition des Leib-Seele-Dualismus erforderlich erscheinen.

Das Gehirn-Geist-Problem

Die Schwierigkeit, den Abbildungscharakter der wahrgenommenen Dinge zu erkennen, liegt darin, daß sich dieser Abbildungschrakter im unmittelbaren Erleben selbst nicht zeigt. Somit werden die wahrgenommenen Dinge oft mit psychischen Dingen verwechselt und vermengt, was selbst renommierten Wissenschaftlern passiert. Im gewöhnlichen Wachzustand wird der physische Organismus und seine physische Umwelt über die Erregung innerer und äußerer Sinnesorgane und die nervösen Erregungsweiterleitungen in einem hypothetisch angenommenen – räumlich nicht festgelegten – Bereich des Gehirns abgebildet. Professor Paul Tholey bezeichnet diesen Bereich als Psychophysisches Niveau (PPN), weil die dort stattfindenden physischen Prozesse zugleich psychisch, d.h. »bewußtseinsfähig« oder »phänomenal realisierbar« sind. Die Ordnung des Makrokosmos ist dem menschlichen Gehirn im allgemeinen nicht bewußt, sondern sozusagen »eingefaltet«, wie David Bohm glaubt, sie kann aber in Zuständen höchster Bewußtseinsentfaltung im menschlichen Gehirn entfaltet werden.

Innenwelt-Außenwelt-Bewußtsein

In der Gestalttheorie wird auf die Möglichkeit einer einheitlichen und umfassenden Feldtheorie hingewiesen, indem jedem von uns erfahrungsgemäß immer nur ein Teil der gesamten Welt gegeben ist, wir jedoch von dem Strukturprinzip des Ganzen irgendwie ahnen. Von der Erfahrbarkeit des Eingebettetseins in das Holoversum oder in ein gemeinsames Feld hängt unsere Fähigkeit zur Kooperation und gemeinsamen Wachsens ab.

Die Interaktion zwischen Geist, Körper und Umwelt

Die Welt der Einsteinschen Theorie ist tatsächlich auch unsere Welt. Einstein war der erste, der eine bisher unbekannte Verbundenheit zwischen dem Menschen und seiner Umwelt in mathematisch schlüssigen Formeln darstellen konnte. Die Interaktion zwischen Geist, Körper und Umwelt und ihre Auswirkung für Wissenschaft und Philosophie ist schon immer ein schwieriges Problem gewesen, das bis heute noch nicht gelöst ist. In der Physik stellt es sich als Beobachter-Problem, in der Psychologie als Bewußtseins-Problem und in der Philosophie als Körper-Geist-Problem dar. Hier mag die Feststellung genügen, daß Einstein das Universum nicht als gigantische, starre Maschine betrachtete, die immer gleich funktioniert, ganz gleich ob ein Mensch sie beobachtet oder nicht. Doch damit nicht genug: Raum und Zeit sind Konstruktionen des menschlichen Bewußtseins; und zudem wandelt sich die Erscheinung dieser Relativität entsprechend dem Naturell und der Situation des menschlichen Beobachters.

Von der Gehirnforschung zur Bewußtseinsforschung

»Die Hirnforscher und alle sogenannten exakten Naturwissenschaftler sind grundsätzlich immer auf verzerrte und karge Informationen, die ihnen über Sinnesprozesse und Meßinstrumente übermittelt werden, angewiesen.«

Paul Tholey

Die Bewußtseinsforschung – die Entdeckung der Innenwelt

Die Bewußtseinsforschung vertritt die fruchtbare Arbeitshypothese, daß die Erlebnisvorgänge mit dem zugrundeliegenden Hirnprozessen isomorph (von gleicher Form) sind. Daher profitiert sie einerseits von den Erkenntnissen der Gehirnforschung, geht aber in entscheidenden Bereichen über sie hinaus. Die Wissenschaft, die ihr dabei am nächsten kommt, ist die Psychophysiologie oder allgemeine Psychophysik, wobei man zwischen »innerer« und »äußerer« Psychophysik unterscheiden muß. Die erstere befaßt sich mit den unmittelbaren physischen Grundlagen des Bewußtseins im Gehirn und ist für die Bewußtseinsforschung bedeutsam. Professor Tholey nennt es »innere Psychophysik« und sieht den Vorteil des Vorgehens darin, daß man sich gleichsam von zwei Seiten dem Bewußtsein nähere: zum einen von der Phänomenologie, zum anderen von der Gehirnforschung her. Bei einem solchen Vergleich darf man aber nicht den Vorrang der Phänomenologie vergessen, insofern sie die einzige Erfahrungswissenschaft ist, die einen unmittelbaren Zugang zu ihrem Untersuchungsgegenstand hat, nämlich zum Bewußtsein oder der phänomenalen Welt.

Der theoretische Rahmen der Bewußtseinsforschung bildet die Gestalttheorie. Diese ist allerdings nicht zu verwechseln mit der sogenannten Gestalttherapie von Fritz Perls, der das gestalttheoretische Gedankengut ebensowenig kannte, wie andere Außenstehende, die sich auf Gestalttheorie berufen oder sie kritisieren. Die heutige Bewußtseinsforschung setzt sich auch mit konkurrierenden Ansätzen auseinander, wie etwa dem radikalen Konstruktivismus. Als grundlegende und erfahrungswissenschaftliche Methode wird die Phänomenologie (Erscheinungslehre) im Sinne der Erlebnisbeobachtung und -beschreibung betrachtet. Die Anwendung der Forschung bezieht sich vor allem auf Erlangen von veränderten Bewußtseinszuständen ohne Fremdeinwirkung wie Hypnose oder Drogen.

Evolution der Intelligenz

»Das Leben schraubt sich mühsam höher und höher. Man muß für jeden Fortschritt bezahlen. Es schreitet fort zu immer höheren Ebenen der Differenzierung und Zentralisierung und bezahlt dafür mit dem Verlust der leichten Wiederherstellbarkeit des Gleichgewichts. Es erfindet ein hochentwickeltes Nervensystem und fügt ein Gehirn dazu, das Bewußtsein ermöglicht durch eine Welt der Symbole, und das Vorausschau und Konfrontation der Zukunft erlaubt...«

L. Bertalanffy

Die Evolution der Intelligenz ist von einfachen, aber spezialisierten zu immer komplexeren und umfassenderen Formen des Denkens hinaufgestiegen. Um bei den eingangs erwähnten Hologramm-Modellen zu bleiben, kann man sagen, daß die Natur jedem Hologramm-System ein eigenes Gepräge gegeben hat. Eine Brieftaube hat zum Beispiel phantastische Fähigkeiten der Navigation in ihrem Gehirnhologramm abgebildet, kooperiert aber nur innerhalb dieses speziellen Zwecks mit dem Ganzen.

Menschliche Gehirnhologramme haben eine lange Entwicklung hinter sich, bis sie selbständig werden. Je größer das Fassungsvermögen des Gehirnhologramms, desto länger dauert auch der Prozeß der Klärung. Während die Evolution von einfachen zu immer komplexeren Formen fortschreitet, schafft sie eine auf Wechselwirkung beruhende Stabilität. Immer weiter wird aber an der Ausbildung höher entwickelter Gehirnsysteme mit umfassenderen Hologrammabbildungen gearbeitet, wobei sich die Tendenz zeigt, das Denken immer offener und flexibler zu gestalten.

Flexible Logik und offene Intelligenz scheinen gerade in der heutigen Zeit wichtig zu sein, um mit all den komplexen und geradezu widersprüchlichen Themen fertig zu werden. Je größer also der Bereich an Erfahrungen wird, mit denen wir uns konfrontieren, um so größer wird unsere Fähigkeit zu noch komplexerer Interaktion. Aus der Kombination der offenen

Intelligenz mit der flexiblen Logik bildet sich in unserem Gehirn langsam ein größeres »Holoversum« heraus. Von Geburt an besteht die Entwicklung der Intelligenz darin, sich zuerst mit dem Konkreten und dann mit dem Abstrakten auseinanderzusetzen.

Der Physiker Anthony G. Blake drückt es so aus: »Intelligenz kommt aus dem Ganzen, sie ist nicht die Hinzufügung eines anderen Teils. In den meisten Situationen wissen die Leute nicht, was das Ganze der Situation ist. Deshalb versuchen sie, mit Begriffen von Systemen, Modellen und

Abb. 38: Treppe der Evolution

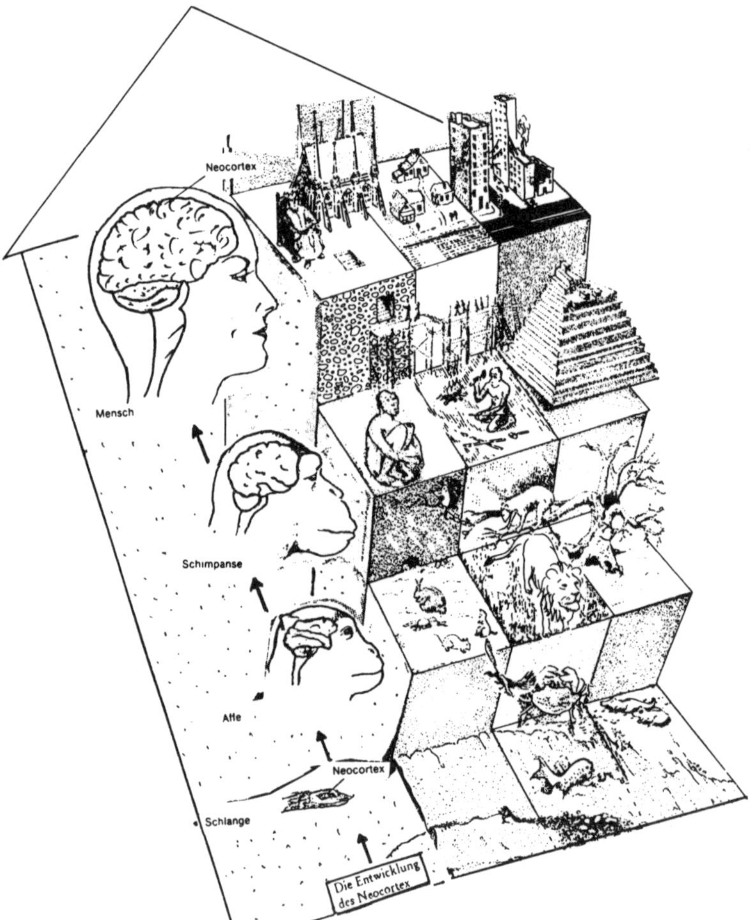

Ansichten zu handeln und zu denken, die jedoch nur einzelne Aspekte berücksichtigen. Doch die wahre Integration kann nur dann gemacht werden, wenn ihr Beginn vom Ganzen stammt... Das Ganze ist wesentlich in jedem wahren Teil des Ganzen, der wahre Teil ist nicht abgeteilt.«

Cyberspace – vom stimulierten Gehirn zur simulierten Umwelt

In der letzten Zeit gibt es zwischen Neurobiologie und Computertechnologie Bemühungen, den Fragen der Gehirntätigkeit auf die Spur zu kommen. Man hofft durch die Verbesserung der Computertechnologie zu besseren Modellen der Informationsverarbeitung im menschlichen Nervensystem zu gelangen, andererseits erhofft man sich, daß bessere Modelle die Entwicklung der künstlichen Intelligenz fördern. Doch Zweifel sind angebracht. Argumente dafür, daß das Bewußtseinsproblem in Verbindung mit Maschinen anzuwenden sei, also künstliche mit natürlicher Intelligenz zu verbinden oder Maschinen mit Psyche auszustatten seien, müssen mit Zurückhaltung betrachtet werden; so argumentiert auch Joseph Weizenbaum, daß »Psychisches an das biologische Gehirn gebunden sei und nicht entstehen könne, ohne ein biologisches Schicksal und eine individuelle Lebensgeschichte aufzuweisen«. Die neuronale Funktion ist ebenfalls so komplex und ständiger Modifikation unterworfen, daß Selbstorganisation und Nicht-Linearität, die dem Gehirn angehören, nicht von gegenwärtigen Computer, die mit künstlicher Intelligenz arbeiten, nachvollzogen werden können.

Der Computerwissenschaftler und -kritiker Weizenbaum: »Kein Organismus, der keinen menschlichen Körper besitzt, kann die Dinge in der gleichen Weise wissen wie der Mensch.« Sicherlich ist es richtig, daß so etwas wie Geist oder Bewußtsein bisher ausschließlich an biologischen Gehirnen beobachtet wurde und diese in Körpern untergebracht sind, die eine Lebensgeschichte haben, – daß es jedoch auch anders ginge, ist im Prinzip nicht ausgeschlossen. Den konträren Standpunkt vertritt der KI-Papst Hans Moravec. Er verbindet dies mit der Vision, der Computer könne dem Menschen eines Tages Unsterblichkeit bescheren, indem die individuelle Psyche – also das Programm, das von ihr verkörpert wird – auch nach dem Tode des Körpers auf irgendeiner Maschine weiterlaufen könnte. Daß dies eine reichlich gewagte Annahme aus dem Bereich der Science Fiction ist, braucht hier wohl nicht extra betont zu werden, zumal es sicherlich eines größeren Wissens in bezug auf Geist und Bewußtsein bedarf, um diese »apparative Seelenwanderung« zu realisieren.

Doch wie erklärt die Computeranalogie den menschlichen Bewußtseinsprozeß und das Vermögen zur Erkenntnis? Wissenschaftler und Vertreter der künstlichen Intelligenz glauben zwar, die Fähigkeit des Wahrnehmens und Erkennens könnte dann verstanden werden, wenn es gelänge, eine Maschine zu bauen, die den Prozeß apparativ simulierte; würde man eine Maschine bauen können, die das menschliche Sehvermögen nachvollzöge, so würde das sicherlich überzeugend »beweisen«, daß man dem Problem des Sehvermögens tatsächlich auf die Spur gekommen sei. Doch hier sollte man einwenden, daß Simulation noch lange kein Verstehen ist und deshalb auch kein reflektives und kreatives Bewußtsein, wie es uns Menschen zu eigen ist, beinhaltet.

Trotzdem scheint mit wachsender Verwirklichung der künstlichen Intelligenz und Medientechnologie die Akzeptanz von geistigen Prozessen in der Wissenschaft immer größer zu werden. Die Informationsgesellschaft wird mehr und mehr zur Bewußtseinskultur. In der Jugendkultur hat sich der Trend zum Cyberspace bereits angekündigt (man spielt nicht mehr Video-Games, sondern spielt in den Video-Games) und auf technischer Seite bahnen sich die ersten innovativen Durchbrüche an. Die Anwendung von Cyberspace zum »umfassendsten technologischen Medium« wird konstatiert. Mit ihm soll es möglich sein, die »Information zu einem konstanten Fluß von Info-Realitäten zu übermitteln«.

Wie sehen nun Modelle aus, die den Umgang mit Wissen und Daten betreffen, damit daraus Bewußtsein und Weisheit entstehen kann? Eine interdisziplinäre Gehirnforschung kann eine Annäherung von Neurobiologie, Psychologie und Philosophie bewirken. Auf die Gemeinsamkeiten gründet sich der produktivste Zweig der heutigen Psychologie, die Kognitionspsychologie, die sich damit beschäftigt, wie »Wissen« in den Kopf kommt, wie es dort gespeichert, verwaltet und abgerufen wird, die Welt als Repräsentation im Zentralnervensystem, das Geistorgan als informationsverarbeitende und bewußtseinsbildende Einheit. Hier das Gehirn, das als biologischer Computer mit Zugriff auf eine »Software«, die der Modulation durch einen immateriellen »Programmierer« unterliegt, da der Computer, ein maschinelles Gehirn, das den festen Befehlsprogrammen des Menschen unterliegt – oft sind die Gemeinsamkeiten zwischen Gehirn und Computer hervorgehoben worden, seltener die Abgründe, die sie (noch) trennen. Können/sollten sie je überwunden werden? Aktuelle Analysen bestätigen den Trend: Gehirn und High Tech gehen aufeinander zu.

Der Wissenschaftler John Z. Young, der sich intensiv mit Forschungen im Bereich des Nervensystem beschäftigte, äußert die Ansicht, das Leben des Menschen werde wie das der Tiere von Programmen beherrscht. Er bezeichnet die Programme des Gehirns als Aktionspläne, die in Kraft treten, wenn besondere Situationen es erfordern. Der Programmbegriff unterscheidet sich stark von den Bestrebungen, Geist oder Bewußtsein auf die Physik der Nervenimpulse oder die Molekularbiologie der Nervenzellen zurückzuführen. Tatsächlich kommen wir an einer ganzheitlichen Sicht der Gehirntätigkeit kaum noch vorbei und müssen davon ausgehen, daß viele Abläufe im Gehirn einer Art übergreifendem Kontrollsystem unterstehen. Die Vertreter der allgemeinen Systemtheorie sind der Auffassung, man müsse den übergreifenden und integrativen Aspekt der Gehirntätigkeit aufgrund der Dynamik selbstorganisierender Systeme interpretieren. Das Gehirn ist ein Kommunikationsmechanismus, der von der Information gesteuert wird. Rupert Sheldrake meint, es sei nützlich, auch innerhalb des Gehirns zwischen »Hardware« und »Software« zu unterscheiden. Das Netzwerk der Neuronen stellt dann die Hardware dar und seine vielleicht mehrschichtige Selbstorganisationsdynamik die Software. »Das Mentale«, so Sheldrake, »hängt nicht von einem physischen Substrat ab, sondern von der funktionellen Organisation der Prozesse, die dieses Substrat ermöglicht.«

Ganzheitliche Denkweisen in Gehirnforschung und Medizin

Geist hat sehr viel mit Gehirnaktivität zu tun, das können mittlerweile auch eingefleischte Dualisten kaum noch bestreiten. Wir stehen somit vor der Frage, »wie das Immaterielle mit dem Materiellen interagiert«. Der Hirnforscher und Nobelpreisträger Eccles formulierte dazu eine wissenschaftliche Hypothese, wonach ein »Psychon« (eine autonom existierende mentale Einheit) jeweils ein »Dendron« (die Dendriten, also die Empfangsantennen der Nervenzellen) durchdringe und damit eine Aktivität auslöse.

Das Psychon scheint damit dem quantenmechanischen Wahrscheinlichkeitsfeld analog zu sein, denn dort läßt sich sozusagen entgegen dem Energieerhaltungsgesetz Energie borgen.

Die Bedeutung des Geistes beginnt damit auch, das medizinische Weltbild ins Wanken zu bringen. Das neue ganzheitliche Weltbild setzt nicht mehr auf den Körper-Geist-Dualismus, sondern auf eine Körper-Geist-Einheit. Das alte Weltbild hatte eine strikte Unterteilung zwischen Körper einerseits und Geist andererseits in die Medizin eingeführt. Damit wurde der Körper zum physikalischen Untersystem und – vor allem in letzter Zeit – zu einer biochemischen Maschine. Um ihre Prinzipien und Heilungsmöglichkeiten zu erklären, mußte man molekulare Mechanismen erkennen. Deshalb wurde die starke Konzentration der medizinischen Forschung auf genetische und molekular-biologische Aspekte erforderlich. Francis Crick hat die gesamte genetische und molekular-biologische Arbeit der letzten Jahre im Grunde als ein langes Intermezzo definiert. Er geht davon aus, daß die molekulare Ebene für zukünftige Forschung nicht mehr ausreicht. Es ist die halbwahre Erkenntnisbasis, da sich Phänomene wie Sinneswahrnehmung, Gedächtnis, Schmerz, Affekte und besonders subjektive Weltbildkonstruktionen und Bewußtseinsschwerpunkte nicht durch molekulare Mechanismen erklären lassen. Es gibt in einem lebenden System kein Phänomen, das nicht molekular ist. Und es gibt andererseits keines, das nur molekular ist. Die Erkenntnisse der letzten Jahre deuten verstärkt darauf hin, daß der Geist mindestens genauso wichtig ist wie die Materie, und darüber hinaus eine ursächliche Kontrollfunktion für biologische und neurophysiologische Abläufe hat. Recht offensichtlich ist jedoch eine gegenseitige und sich ergänzende Einflußnahme. Die untergeordneten Ganzheiten sind nicht nur an der Organisation der tiefer liegenden Teile beteiligt, sie besitzen auch ein hohes Maß an Autonomie gegenüber den über ihnen liegenden Ganzheiten. Zum Beispiel verfügt das Herz des Menschen über Schrittmachersysteme, die sich in Streß- oder Problemsituationen gegenseitig ablösen.

Arthur Koestler zeigt sehr gut, wo sich Holismus (Modell der Ganzheitlichkeit) und Reduktionismus für sich allein genommen als Sackgasse erweisen können. Dies möchte ich für eine kritische Anmerkung ausborgen, denn hinsichtlich des durchschnittlichen New-Age-Denkens auf der einen Seite und des Wissenschaftsdenkens auf der anderen Seite scheint es gut zu passen: »Die ständige Versicherung, das Ganze sei mehr als die Summe seiner Teile, weicht oft der Frage nach einer detaillierten Beschreibung aus; der Nichts-als-Reduktionismus der neodarwinistischen Evolutionstheorie oder der Reiz-Reaktions-Theorie in der Psychologie ist steril, er scheint genau die Organisationen und Beziehungen zu zersetzen, die die lebendige Welt ausmachen.« Als Kern unserer Probleme sieht Koestler die Verwirrung zwischen Teilen und Ganzheiten und somit zwischen Selbstbehauptung und Integration, Egoismus und Altruismus, Konkurrenz und Kooperation, Sexualität und Agression, Abhängigkeit und Autonomie. Wir versuchen, die eine oder andere Tugend hochzuhalten, und entdecken dann, daß sie sich auf einer höheren Ebene in ihr Gegenteil verwandelt. Koestler hat zur Verdeutlichung seiner Anschauungen ein Erklärungsmodell erstellt, das er Holarchie nennt. Das ist ein hierarchisch organisiertes, sich selbst regulierendes, offenes System von »Holons«. Holon setzt sich zusammen aus dem griechischen »holos«, das ganz bedeutet, und aus »on«, das Entität bedeutet. Ein Holon ist also ein Ganzes für die in der Hierarchie tiefer liegenden Teile, selbst aber ein Teilstück der höheren Ganzheiten. Wie Janus, der römische Gott mit den zwei Gesichtern, schaut ein Holon in zwei Richtungen – auf die Ganzheiten und auf die Teile, auf Kooperation und Konfrontation, auf Autonomie und Selbstverwirklichung sowie auf das Dienen für die Gesellschaft. Das deckt sich mit dem, was der Psychologe Ernest Becker sagt, nämlich, daß die Triebkraft des Menschen einen »wesensimmanenten Dualismus« beherrsche, »er habe das Bedürfnis, Teil eines Ganzen zu sein und zugleich aus der Masse herauszuragen.«

Die Dynamik der Gehirnfunktionen

Die Bedeutung der Struktur- und Funktionsvielfalt des menschlichen Gehirns läßt sich anhand einiger zusätzlicher Fakten weiter verdeutlichen. Wenn man sich den stark gefalteten Neocortex ausgebreitet vorstellen würde, hätte man einen halben Quadratmeter mit einer Dicke von weniger als einem halben Zentimeter vor sich. In diesem Bereich spielt sich nun so ziemlich alles an neuronaler Vernetzung ab, was aufgrund der Größe allein noch nicht die – aus evolutionären Gesichtspunkten begründete – intellektuelle Vormachtstellung des Menschen erklärt. Die Nervenzellen in diesem Bereich kommunizieren ausschließlich miteinander, und das auf sehr hohem Niveau. Eine unglaublich komplexe Selbstverkabelung weist auf eine sehr vielschichtige Operationsweise hin, die allerdings fast ausschließlich auf diesen Gehirnbereich beschränkt bleibt. Hier nun spielt sich zwischen den Neuronen und ihren dendritischen Verästelungen und den anderen Neuronen ein gigantisches Schauspiel ab. Unterstützt von zahlreichen Gliazellen unterhält jede Nervenzelle, die so komplex ist wie ein kleiner Computer, tausendfache Verbindungen zu anderen Milliarden Kleincomputern. Dabei kommt dem Verhältnis von Gliazellen und Neuronen eine besondere Bedeutung zu.

Es wurde öfter die Vermutung gehegt, daß das Verhältnis von Gliazellen und Neuronen im Cortex der Schlüssel zur intellektuellen Fähigkeit sei. Eine Forschergruppe an der Universität von Kalifornien hat festgestellt, daß sich Gliazellen wie Neuronen verhalten bzw. über elektrische Veränderungen verfügen, die den Neuronen den Weg ebnen können, selbst erregt zu werden. Bevor die Fortsätze einer Nervenzelle überhaupt erst gebildet werden, fangen die Gliazellen auf recht paradoxe Art und Weise an, sich durch das Hirngewebe zu bewegen und sich zu teilen. Sie durchwandern große Hirnareale, um am Ende unglaubliche Aktionen zu vollführen. »Sie senden Zweige aus, die immer größer werden. Das alles vollzieht sich, noch ehe ein axonales Wachstum einsetzt. Von diesen Entdeckungen ist in den Lehrbüchern noch nichts zu lesen.«

Eine deutliche Vermehrung der Gliazellen hat für das Gehirn Folgen, die bisher noch kaum erforscht wurden. Sicher scheint jedoch zu sein, daß eine verhältnismäßige Zunahme der Gliazellen die intellektuelle Kluft zwischen Primaten und Mensch verdeutlichen kann und ein zahlenmäßiger Anstieg zu einer höheren geistigen Funktionsfähigkeit führt. Marian Diamond von der UC Berkeley (Kalifornien) vermutet, daß ein hohes proportionales Verhältnis von Gliazellen zu Neuronen durchaus eine Rolle im Intellekt von außergewöhnlich kreativen Menschen und Genies spielt. Im Jahre 1955 bekam sie von dem Pathologen, der die Autopsie von Einstein vorgenommen hatte und die Abschnitte des Neocortex untersuchte, um das Verhältnis von Gliazellen zu Neuronen zu bestimmen, einige Proben jenes genialen Gehirns. Da, wie ihre Arbeit zeigt, Tiere mehr Gliazellen pro Neuron haben, wenn sie in einer Umgebung aufwachsen, die zu geistiger Aktivität anregt, »sind wir von der Hypothese ausgegangen, daß wir in manchen Zonen von Einsteins Gehirn mehr Gliazellen finden würden«. Sie fand nun heraus, daß Einsteins Gehirn in allen vier untersuchten Gehirnbereichen tatsächlich mehr Gliazellen pro Neuron hatte als andere Gehirne, die sie damit verglich.

Das deckt sich auch mit dem, was Mark Rosenzweig von der UC Berkeley in seinen Rattenversuchen herausgefunden hatte. Er stellte fest, daß

Ratten, die in einer mental angereicherten Umgebung aufwuchsen, mehr von einem Gehirnenzym der Azetylcholinesterase bildeten als Ratten, die in etwas eintönigeren Umweltverhältnissen aufwuchsen. Insgesamt kam er zu dem frappierenden Schluß, daß sich, je nach Art des äußeren Stimulus, das Gehirn in seiner Plastizität und seiner Arbeitsweise, kurz: in seiner Struktur und Funktion, ändert, sobald sich die Umgebung ändert. Insgesamt zeigten die Ratten, die in einer reicheren Umgebung aufwuchsen folgende Merkmale:

- Zunahme an Gliazellen um 15 Prozent
- Zunahme der cortikalen Acetylcholinesterase-Aktivität
- Vermehrung der Synapsen und deren Kontaktfläche
- Verdichtung des Cortex und Zuwachs an Gewicht
- Vergrößerung der Neuronen
- Vermehrung der dendritischen Verästelungen

Jetzt scheinen sich neue Erkenntnisse anzubahnen, weil man sich mehr mit ablaufenden Prozessen beschäftigt. Bevor man allerdings die Dynamik der Funktionsmechanismen versteht und sich auf die Phänomenologie des Geistes beschäftigt, müßte es zu einer einheitlichen Vorstellung vom menschlichen Bewußtsein kommen. Aber auch dabei sollte man sich nicht zu sehr mit Kartographieren und Beschreiben aufhalten, sondern die Ursachen und Techniken beleuchten, die zu verändertem Bewußtsein führen können.

Die Plastizität des Gehirns

Wenn der Anschein nicht trügt, daß geistige Prozesse weniger mit dem Zustand eines bestimmten Neurons, sondern vielmehr mit gewissen Mustern neuraler Aktivität verknüpft sind, dann ist es sehr wahrscheinlich, daß nur die Plastizität des Gehirns Aufschluß über den Geist und das Bewußtsein gibt,« sagt Paul Davies. Eines ist jedenfalls sicher: die Plastizität des Nervensystems ist für den Menschen besonders wichtig, da sie uns die Funktionsweise des Gehirns als Vermittlungsorgan und auch das Schöpferische in der Tätigkeit der Nervenzellen offenbart. Geistige Fitness ist also Ausdruck dessen, wie wir mit der Plastizität des Gehirns umgehen. Das Gehirn ist ein hochdynamisches System – wachsende Komplexität und Plastizität machen es mit herkömmlichen Erklärungsmodellen praktisch »unerklärbar«. Dazu kommt die Interaktion mit dem Geist, so daß sich das Gehirn durch das verändert, was es plant, denkt, wahrnimmt oder erinnert.

Von der Psychosomatik zur Noos-Somatik

Als Wegbereiter für die Einheitlichkeit von Geist und Gehirn kann man Paracelsus betrachten, der schon frühzeitig die Wechselwirkung von Körper, Geist und Umwelt erkannte. Er betonte, daß der Körper sich selbst heilen könne, während die Medizin seines Zeitgenossen Galen bestenfalls dazu führe, den Heilungsprozeß aufzuhalten. Paracelsus betrachtete den Körper als einheitlichen Organismus, in dem jeder Teil mit anderen in Wechselwirkung steht und mit dem Ganzen untrennbar verbunden ist, das größer ist, als die Summe seiner Teile. Mehrere hundert Jahre bevor der Reduktionismus aufkam, sah er darin eine große Gefahr; stattdessen formulierte er Thesen, die man selbst heute noch als revolutionär bezeichnen könnte, da sie Metaphysik und Neurobiologie verbinden. In bemerkenswerter Vorwegnahme biologischer Erkenntnisse schrieb er: »Die Fähigkeit zu sehen, kommt nicht vom Auge, die Fähigkeit zu hören, nicht vom Ohr, und die Fähigkeit zu fühlen, nicht von den Nerven; sondern es ist der Geist des Menschen, der durch das Auge sieht, mit dem Ohr hört und mittels der Nerven fühlt. Weisheit, Verstand und Denken sind nicht ins Gehirn eingeschlossen, sondern gehören zu dem unsichbaren, allgegenwärtigen Geist, der durch das Herz fühlt und mit dem Gehirn denkt.« Was Paracelsus mit visionärem Weitblick geschaffen hat, könnte man in heutiger Formulierung als »Noossomatik« (von Noos = Geist, soma = Körper) bezeichnen, da er eine einheitliche Feldwirkung zwischen Geist und Körper annahm – ähnlich den Formulierungen des ayurvedischen Arztes Dr. Depak Chopra. Paracelsus schrieb: »Der menschliche Körper ist durch das Sonnenlicht verstofflichter Dunst, gemischt mit dem Leben der Sterne.« Heute glauben die Wissenschaftler, daß die Elemente des menschlichen Körpers ursprünglich in der Supernova, der großen Explosion der Sterne gebildet wurden. »Jeder Mensch ist also ein Stern« – metabolisch durch die integrierten Elemente der Materie, funktional dadurch, daß er die Fähigkeit zur Affinität (Anziehung), Differenzierung (Unterscheidung) und Assoziation (Gleichsetzung) besitzt.

Das duale Nervensystem

Dr. med Robert O. Becker, ein Pionier auf dem Gebiet der Energiemedizin, hat durch eingehende Versuche die elektronischen Steuerungssysteme des Körpers beschrieben, die die Funktion der Regulierung und Heilung bewirken und als Grundlage für unser inneres Steuerungs- und Kommunikationssystem dienen. Die Anwendung dieser Technologie auf die Beziehung zwischen den äußeren Energien im geomagnetischen Feld der Erde und lebenden Organismen hat gezeigt, daß Lebewesen in enger Beziehung zu diesem Feld stehen und aus ihm lebenswichtige Grundinformationen beziehen. Dabei fand er heraus, daß die Neuronen des Gehirns auf duale Weise Daten verarbeiten. Diese Datenverarbeitung besteht aus einer primitiven analogen Komponente, die frühzeitig in der Evolution auftauchte, und einer jüngeren, komplizierteren Komponente, die mit digitalen Nervenimpulsen arbeitet. »Tatsächlich ist im Zentralnervensystem ein analoges Gleichstrom-System der Datenübertragung und -steuerung vorhanden. Den Neurophysiologen in den dreißiger Jahren schien es unwahrscheinlich, daß die Nervenzellen in sich so völlig verschiedene elektrische Wirkungsmechanismen enthalten.« Daher nahm man an, daß die elektrische Gleichstrom-Aktivität von anderen Gehirnzellen ausgehen müßte – den sogenannten perineuralen Zellen. Die meisten perineuralen Zellen sind die Gliazellen (Nervenkitt), die häufig als »stumme Zonen« bezeichnet werden und lediglich Stützfunktionen ausüben. Kürzlich ist indessen nachgewiesen worden, so Robert Becker, daß diese Zellen elektrische Potentiale erzeugen, die von einer Zelle zur anderen weiterleiten können. »Man hat nie ernsthaft erwogen, daß das System der perineuralen Zellen, das sich ebenso wie die Nerven durch den gesamten Körper hindurchzieht, vielleicht als einfaches Kommunikationssystem fungieren könnte.« Auch das Phänomen, das als »Bereitschaftspotential« bekannt ist (fordert man eine Versuchsperson auf, auf ein Zeichen hin eine bestimmte Bewegung auszuführen, so ist ca. eine halbe Sekunde bevor der Muskel bewegt wird, ein Anstieg des negativen Gleichstroms zu beobachten), deutet auf ein »Gehirn im Gehirn« hin – etwas, das die eigentliche »Befehlsentscheidung« übernimmt.

Das primitivere, analoge Datenübertragungssystem scheint das eigentliche Steuerungssystem des Körpers zu sein. Es nimmt Verletzungen wahr und steuert ihre Reparatur – und stellt vielleicht das morphogenetische Feld selbst dar. Es scheint unsere Bewußtseinsebene zu regulieren und am Entscheidungsprozeß beteiligt zu sein.

Ist das analoge System intelligenter als das digitale? Sicherlich ist eine Zusammenarbeit auf wunderbarer Weise möglich, die wir bisher noch nicht genau wissen.

Auch Sympathikus und Parasympthikus sind komplementär zueinander. Das Produkt dieser beiden komplementären Funktionsgrößen besitzt die Dimension zur ganzheitlichen »Wirkeinheit« – dem Tonus. Entscheidend für einen neuen Therapieansatz ist demzufolge die Arbeit am Tonus, in seiner Dynamik von Energie und Autonomie. Da diese neue Therapie weniger einer ärztlich faßbaren »Kausalität« entspricht, sondern einer akausal-autonomen und energetischen Dynamik, steht sie im vollen Gegensatz zum Denken der offiziellen Medizin. Sehr verschieden ist zudem die Auffassung über Ursache und Heilung einer Krankheit – nicht zuletzt durch eine uneinheitliche Individualpsychologie und mechanische Neurallehre bedingt - was eine grundlegende Umwertung der wissenschaftlichen Denkweise erfordern würde.

Resonanz-, Simileprinzip und dissipative Strukturen

Die Kritik, daß eine Substanz nicht mehr wirksam sein kann, wenn kein einziges Molekül des Wirkstoffes mehr in dieser Substanz nachweisbar ist, ist heutzutage jedermann geläufig, der sich mit Homöopathie beschäftigt. Da das Problem der Hochpotenzen noch ungelöst ist, besteht das dringende Bedürfnis nach einem neuen Ansatz in der Medizin, um die Voraussetzungen eines naturwissenschaftlichen Modells zu erfüllen. Bisher waren es die Effekte und die erzielten Erfolge, welche den Homöopathen von seiner Arbeit überzeugten. Angesichts der Problematik im Gesundheitswesen (steigende Sterblichkeit bei Krebs, Herz-Kreislauferkrankungen etc.) und einer nur scheinbaren Erfolgsstatistik hinsichtlich der Lebensqualität des Menschen, muß mit großer Dringlichkeit auf die verstärkte universitäre Forschung der Außenseitermedizin Wert gelegt werden. Angesichts der unbestritten hohen Sensibilität biologischer Systeme muß ernsthaft in Betracht gezogen werden, ob der Nachweis eines »homöopathischen Effektes« nur deshalb nicht gelingen konnte, weil technische Apparaturen dafür nicht empfindlich genug sind, oder ob einfach der Ansatz und die Fragestellung eine andere sein muß.

Neben der extrem hohen Sensitivität, die für homöopathische Effekte vorausgesetzt werden muß, betrachtet man noch das »Simileprinzip«, welches folgende Eigenschaften aufweist: Bei einem Patienten wirkt in niedriger Konzentration jene Substanz, die mit hoher Konzentration eben die – oder ähnliche – Symptome hervorzurufen vermag, die die Krankheit auszeichnen. Es entsteht eine Resonanz, die einen Teil der Schwingungsenergie abgibt, wie am Beispiel der nebeneinanderhängenden Pendeluhren zu sehen ist: Hierbei schwingt sich der Pendel einer Uhr in den Rhythmus eines anderen hinein, sobald sie nebeneinandergehängt werden – sie pendeln synchron (siehe auch die Gehirnwellen von Personen, die sich gerne mögen), d.h. Schwingungsenergie wird übertragen. Das schwingende System überträgt auf das ruhende um so mehr Energie, je besser die Eigenschwingungsfrequenzen der beiden Pendel übereinstimmen. Fritz-Albert Popp erklärte dazu: »Im Resonanzfall wird so jeweils die Hälfte der Schwingungsenergie abgegeben. Da der Vorgang beliebig oft wiederholt werden kann, läßt sich die Osszillation entropiefrei abregen. Betrachten wir den gleichen Vorgang durch ein Wellenfilter (Fourieranalyse), dann läßt er sich als Umspeicherung von Wellen bestimmter Frequenz, die von einem System abgegeben und von einem anderen aufgenommen werden, auffassen.«

Geht man von den mittlerweile wissenschaftlich akzeptierten »dissipativen Strukturen« aus, ergibt sich folgendes Bild: dissipative Strukturen des homöopathischen Mittels koppeln sich an dissipative Strukturen des Organismus. Zudem zeigen diese Oszillationen »autokatalytisches« Verhalten: sie bauen sich umso stärker auf, je höher ihr Ordnungszustand bereits fortgeschritten ist. Im Organismus wirken krankmachende dissipative Strukturen als Störfaktoren mit relativ geringer Ordnung. Werden nun den vorhandenen Strukturen des Organismus, neue dissipative Strukturen angeboten – durch das homöopathische Arzneimittel – scheinen sie in Katalyse deren nicht-thermische Energie aufzusaugen, sich selbst autokatalytisch zu stabilisieren – falls das Simileprinzip erfüllt ist. Nach diesem Modell muß angenommen werden, daß der Ordnungszustand dissipativer Strukturen in »Hochpotenzen« größer ist als in »Tiefpotenzen«. Wenn die Homöopathie also nicht auf der Einbildung von Arzt und Patient – auch als positiver Placeboeffekt bekannt – beruht, dann kann man ihr dieses physikalische Modell zuweisen: das homöopathische Arzneimittel speichert und überträgt Informationen über dissipative Strukturen.

»Naturwissenschaftliche Objektivität erfordert ja nicht allein den Glauben an das, was einwandfrei bewiesen und beweisbar ist, sondern in noch viel stärkerem Maße die vorurteilsfreie Einschätzung all dessen, was sich dem Nachweis entzieht, verbunden mit der selbstkritischen Betrachtung der eigenen Detektorsysteme. Natürlich ist es sinnlos, sich auf der Spielwiese okkulter Phänomene auszutoben. Eine vornehme Aufgabe des Wissenschaftlers sollte es meines Erachtens aber sein, die Grenzpflöcke zwischen etablierten Regionen und Para-Gebieten immer weiter in die Landschaft des Unbekannten hinein zu treiben. Diese natürliche Außenseiterposition verrät meines Erachtens wesentlich mehr Forschergeist als die Besetzung heiliger Hallen im einen oder anderen Lager.«

Fritz-Albert Popp

Das Denken in Ähnlichkeiten und Unterschieden in der Psychotherapie

Wie wird Information und Kommunikation über die uns bekannten fünf Sinne verarbeitet und verstanden? Das Konzept der chemischen Interaktion greift sicherlich zu kurz, da es nur die Auswirkungen eines Prozesses widerspiegelt und nicht dessen Ursache; und kein Hirnforscher wird ernsthaft behaupten, daß eine gerade gelesene Zeitung Moleküle aussendet, die auf die Rezeptoren des Auges gelangen und dort eine Reaktion, beispielsweise die Ausschüttung von Adrenalin, bewirken. Vielmehr scheint die Tatsache Bedeutung zu haben, daß zwischen Sender und Empfänger eine Wechselwirkung stattfinden kann, sobald sie so etwas wie ein »Sinn« verbindet. Man könnte sagen, es entsteht eine Resonanz, wenn etwas verstanden und damit dupliziert (verdoppelt) wird. Entsteht eine Vergleichbarkeit zwischen der von außen herangetragenen mit der im Gedächtnis bereits gespeicherten Information, so entspricht das einem Effekt, der auf Verstehen beruht. Interessanterweise ruft die Wechselwirkung gleiche bzw. ähnliche Erinnerungen wach, wie sie in einem Teil der gespeicherten Information bereits zugrunde liegen. Es gibt also Hinweise, daß das »Simileprinzip« auch in der Verhaltensforschung und der Psychotherapie Anwendung findet: Indem der Proband sich an eine Information erinnert, die z. B. auf einer traumatischen Situation beruht, kann er, wenn ihm die Situation in Raum und Zeit und die damit verbundenen Aktionen und Umstände ins Bewußtsein kommen, das Erlebnis auflösen. Das setzt allerdings meistens ein mehrmaliges bildhaftes »Erinnern« voraus, da mit jedem Mal mehr

Einzelheiten assoziiert, d. h. erinnert werden können. Die Prozesse erfolgreicher Mentalstrategien und Psychotherapien zeigen ziemliche Ähnlichkeiten zum Resonanzprinzip, bei dem nach Zufuhr geeigneter Frequenzen – trotz geringer Energiezufuhr – dramatische Effekte erzielt werden können.

Metaprogrammierung und Evolution des Menschen

Eine der wohl phantastischsten Fähigkeiten des menschlichen Biocomputers ist seine Fähigkeit zur Metaprogrammierung. Wenn dieses organische Hologramm keine externen Stimuli zu verarbeiten hat, erschafft es auf besonders kreative Weise neue Realitäten.

John C. Lilly hat das in seinem Buch »The Human Biocomputer« beschrieben. In der Tat ist es so, daß die Neurophysiologie des Biocomputers so beschaffen ist, daß sie jeweils »eine kognitive Homöostase« anstrebt. Der Kybernetiker Foerster weist auf diesen Punkt hin: »Das Nervensystem ist so organisiert, daß es eine stabile Realität hervorbringt«.

»Intelligenzsteigerung heißt Intelligenz, die von sich selbst lernt – Gehirn studiert Gehirn«, schreibt Robert Anton Wilson. Metaprogrammierung ist seiner Ansicht nach der »Spaß bei dem Versuch, die subtileren, empfindlicheren und zukünftigen Ebenen des Bewußtseins und höherer Intelligenz zu entwickeln.« Unter außergewöhnlichen Lebensumständen oder aufgrund spezieller Meditations- oder Trance-Techniken kann die Erschütterung des Nervensystems die gewohnten Wahrnehmungsbahnen überlisten. Bestimmte Yogaübungen nehmen auf das Zentralnervensystem als realitätsstrukturierende Instanz insofern Einfluß, als sie die Energie entlang der Wirbelsäule und in den Feldern psychischer Energie (Chakren) beeinflussen. In der tibetanischen Mystik sind Übungen bekannt wie der Tanz des Chöd: ein Ritual, in dem der Schüler seine hochentwickelten Visualisierungsfähigkeiten beweisen muß. Als eine Art Konfrontationsübung sieht er sich den schrecklichsten Dämonen gegenübergestellt. Wenn der Schüler der festen Überzeugung ist, daß die Realität der Dämonen traumartig oder unwirklich ist, wird er in keiner Weise verletzt. Wenn seine Überzeugung jedoch schwankt, riskiert er, wahnsinnig zu werden oder zu sterben.

Der metaprogrammierende Schaltkreis ist in der Evolution einer der jüngsten und scheint seinen funktionellen Platz im vorderen Stirnlappen zu haben. Traditionelle Bewußtseinsübungen fixieren ihre Aufmerksamkeit gerade auf diesen Bereich, der wiederum die strukturell niedrigeren Ebenen des Nervensystems zu kontrollieren scheint. Yogis, Mathematiker und Musiker scheinen metaprogrammierendes Denken leichter zu entwickeln als andere. Der Semantiker Korzybski behauptete, daß die Verwendung mathematischer Skripts hilfreich bei der Ausbildung dieses Schaltkreises ist. »Alice im Wunderland«, ein ausgezeichnetes Buch metaprogrammierender Gedanken, wurde von Lewis Carroll, einem Begründer der mathematischen Logik, geschrieben. Sobald man fähig wird, das Bewußtsein so auszudehnen, daß man seinen Geist als Geist entdeckt und dabei wahrnimmt, daß man selbst sein Bewußtsein betrachtet, das sich wiederum selbst betrachtet, ist man auf dem besten Weg, ein metaprogrammierendes Bewußtsein zu entwickeln.

Die Erkenntnisse der Bewußtseinsforscher zeigen:

- *Metaprogrammierung ist erlernbar.* Mit Hilfe neurologischer Techniken wie Trance-Induktion, Reizentzug, NLP usw. können wir lernen, alte Muster zu entprägen.
- *Metaprogrammierung ist hedonistisch.* Je mehr Bewußtsein vom Bewußtsein man erlangt, desto mehr möchte man diese geistige Freiheit entfalten und ausbauen.
- *Metaprogrammierung ist überlebensnotwendig.* Sie kann Ideologien, Überzeugungen und Werte überprüfen und ändern. Dies ist besonders wichtig in Politik, Ökologie und Medizin.

Evolution des Gehirns

Anatomisch betrachtet ist das Gehirn des Menschen zweifellos seit Tausenden von Jahren das gleiche geblieben. Veränderungen sind allerdings hinsichtlich der Funktionsweise eingetreten, oder, um es mit den Worten Lurias zu sagen, im Hinblick darauf, wie das Gehirn heute arbeitet bzw. wie es in der Vergangenheit gearbeitet hat. Die Funktionsänderung hängt in erster Linie mit dem Zusammenhang zwischen sozialen Aspekten und historischen Faktoren zusammen. Neuerdings wird immer mehr auf das kürzlich entdeckte Phänomen der *neuronalen Plastizität* hingewiesen; das ist die Tatsache, daß unser Gehirn bis weit ins Erwachsenenalter hinein durch Bildung neuer dendritischer Verbindungen zwischen beanspruchten Nervenzellen überaus plastisch auf Umweltreize aller Art zu reagieren vermag. Ungewohnte Reize destabilisieren gewohnte Weg- und Assoziationsbahnen; andererseits werden solche durch häufige Wiederholung der gleichen Art zunehmend stabilisiert.

Selbstorganisation des Lebens

Woher kennt eine Nervenzelle im wachsenden Gehirn des Embryos ihr Ziel? Woher ein Atom seinen Platz im Kristall? Die Antwort lautet jeweils: Sie wissen es nicht – und sie müssen es nicht wissen. Kristalle, aber auch komplexe Strukturen in physikalischen, biologischen oder sozialen Systemen können ohne Bauplan entstehen – durch Selbstorganisation: Weder muß ein übergeordneter Schöpfer die Einzelteile zusammenfügen, noch brauchen diese ihren eigenen Bestimmungsort kennen. Ein solcher selbstorganisierter Prozeß ist die Evolution des Lebens: Atome haben sich zu Molekülen zusammengefunden, einige Moleküle haben unter bestimmten Umweltbedingungen einen Vorteil gegenüber anderen Molekülen gewonnen. Am Ende steht eine globale Ordnung, auch wenn keines der Bauteile vorher von deren Vorteil »gewußt« hat. Man könnte auch sagen, daß Selbstorganisation aufgrund einer inhärenten schöpferischen Intelligenz geschieht.

Selbstorganisation der Psyche

Die psychische Entwicklung kann ebenfalls als selbstorganisierender Prozeß im Sinne der Biologen Maturana und Varela verstanden werden. Deutlich wird dies in den von Piaget erforschten Wechselwirkungen zwischen psychischem Apparat und Umwelt. Dabei wird deutlich, daß sämtliche psychische und biologische Prozesse darauf abzielen, die grundlegende Organisation und Funktionsweise des Gesamtorganismus aufrechtzuerhalten. Bezogen auf den psychischen Bereich im engeren Sinne bedeutet das, daß die Psyche ständig bestrebt ist, daß es ihr in jedem Moment »so gut wie nur möglich« geht – was auch immer von außen für »Deformationen« an sie herankommen mögen. Freud drückte es folgendermaßen aus: »Das

Nervensystem ist ein Apparat, dem die Funktion erteilt ist, die anlangenden Reize wieder zu beseitigen, auf möglichst niedriges Niveau herabzusetzen, oder das, wenn es nur möglich wäre, sich überhaupt reizlos erhalten wollte.« Er spricht hier zwar vom Nervensystem, meint aber damit eindeutig zugleich den psychischen Apparat. Dieser sucht also mit allem Begegnenden so ökonomisch, spannungsarm und lustvoll, beziehungsweise unlustarm fertig zu werden, wie es unter den gegebenen Umständen eben geht.

Evolution des Geistes

Das Motiv: die Lust an mehr Realität zum physikalischen Universum, die Lust an mehr Realität (Kommunikation und Affinität) zu anderen Menschen.
Feedbacksystem: geistige Leichtigkeit, hohes emotionales Niveau, Präsenz, geistige Expansion, Lustgewinn.
Prinzip: die Dynamik des Überlebens – sprich die höchste Stufe der Emotion (Lust, Ekstase, heitere Gelassenheit) als das entscheidende Prinzip der Selbstorganisation. Oder noch etwas anders formuliert: die Wirklichkeit fällt aus dem Nichts heraus und differenziert sich fortwährend aus lauter Lust an der Existenz, aus Funktionslust. Einfach, weil es leichter geht, und offenbar, wenn das Chaos komplexer organisiert wird. Das Differenzierungsprinzip ist zugleich ein Ökonomieprinzip. Das hieße auch: die Evolution »fällt auf den Geist hin«. Sie kann gar nicht anders, denn so geht es am leichtesten.

Optimale Faktoren für unsere Neuro-Evolution

Um nun das bestmögliche Funktionieren unseres »kolloiden Biocomputers« zu garantieren, sollten dafür optimierende Faktoren anwesend sein. Sie müssen grundsätzlich neurospezifisch und physiologisch sein, damit sie den Anforderungen einer gezielten »Neuro-Evolution«, sprich: Intelligenzsteigerung, Lebensverlängerung und Bewußtseinsentwicklung, entsprechen können. Bisher beruhte die Vorstellung vom Wert unseres Gehirns überwiegend darauf, neue Lerninhalte zu speichern, zu interpretieren und abzurufen. Außerdem maß man ihm noch eine wichtige Rolle im Aufrechterhalten lebensnotwendiger Körperfunktionen bei. Daß es allerdings für hedonistische Zwecke, zur Intensivierung des Lebensgefühls und zur Nutzung höherer Bewußtseinsschaltkreise genutzt werden könnte, nahm sich eher wie eine Anmaßung aus. Bei der Benutzung unseres Gehirns geht es nicht um eine narzißtische Tätigkeit, sondern um die psychophysische Erforschung, wie das menschliche Denken und Verhalten zustande kommen.

Die Gehirnschaltkreise und die damit verbundene menschliche Sichtweise der Wirklichkeit ist ein Gebiet, das Philosophen, Psychologen und Psychiater seit Jahrtausenden beschäftigt. Robert Anton Wilson zeigt dies recht anschaulich in seinem Buch »Der neue Prometheus«.

Inzwischen ist es angemessen, davon zu sprechen, daß das Nervensystem keine Informationen im herkömmlichen Sinne empfängt, sondern bestimmte Eigenschaften in seiner Arbeitsweise zwischen zwei Extremkategorien ansiedelt: es repräsentiert weder die Umwelt noch ist es auf sich selbst eingestellt. Es erschafft eine Sichtweise der Welt dadurch, daß es bestimmt, welche Formen und Strukturen des Milieus eine Veränderung auslösen. Es ist daher ein Fehler, das Nervensystem im Sinne von Ein- bzw. Ausgang, wie das beim Computer der Fall ist, anzusehen, da sich der Zustand des Nervensystems bei jeder Interaktion spezifiziert. Andererseits nimmt das Nervensystem an den Interaktionen des übrigen Organismus mit seiner Umgebung teil. Dadurch werden andauernd strukturelle Veränderungen ausgelöst, die seine anfangs angesprochene Plastizität unterstreichen. Der Vergleich mit einem Computer ist nur im entferntesten Sinne gerechtfertigt, da herkömmliche Computer das Wissen in einem von seinen Recheneinheiten physikalisch getrennten Speicher niederschreiben. Im Gehirn dagegen bilden Speichermedium und Rechenwerke eine Einheit. Außerdem ruft das Gehirn im Gegensatz zum Computer Wissen durch Assoziation ab. Grundsätzlich kann man sagen, daß der Cortex weniger einer präzise vorprogrammierten Maschine gleicht als vielmehr einem Netzwerk von diffusen, durch Aktivität veränderlichen Verbindungen. Durch seine ausgiebige Selbstverkabelung arbeitet das Gehirn als assoziativer Speicher. Seine vollständige Ausprägung erhält es durch die Auseinandersetzung mit der Umwelt.

Man kann das Gehirn auch als mustererkennendes System bezeichnen. Einzeleindrücke, also Teilelemente, werden im Gedächtnis miteinander verknüpft. Solche assoziierten Elemente bilden ein Muster, das festgehalten wird. So speichert man die charakteristischen Gesichtszüge eines Menschen nicht einzeln, sondern als Ganzes. Andererseits müssen nur Teile eines einmal eingeprägten Musters gezeigt werden, um es als Ganzes hervorbringen zu können. »Ein vertrauter Zug in einem fremden Gesicht erinnert an einen Freund, wenige Töne können eine ganze Symphonie wachrufen.« Es gibt aber nicht nur Assoziationen zu ähnlichen Gedächtnisinhalten, sondern auch Verbindungen zu anderen Wahrnehmungen: ein bekanntes Gesicht kann in unserem Gehirn mit dem Klang des Namens oder dem Parfüm dieser Person verbunden sein.

Bei dem Versuch holographische Hirnprozesse zu verstehen, kamen Pribram und andere darauf, daß für das Gehirn der Sprung über die Synapsen nicht die einzige Möglichkeit darstellt, in unserem Gehirn herumzukommen. Darüberhinaus ist noch ein anderer Funktionskreis in Betrieb. Er arbeitet folgendermaßen: die feinverästelten Dendriten (Protoplasmafortsätze der Nervenzelle) erzeugen ununterbrochen eigenartige Wellen, wie Seeanemonen, die ihre Fühler selbst bei ruhiger See noch hin und herbewegen. Nach dieser Theorie setzen sich die »Langsam-Wellen-Potentiale« durch die Ganglien in die benachbarten Nervenzellen fort, wodurch sie ein weitgespanntes Muster von Wellenfronten hervorbringen, über anregende und hemmende Impulse und durch sogenannte Fourier-Prozesse. Die holographischen Bilder wiederum scheinen entweder für eine Weile oder sogar für immer bei den und um die Synapsen in Proteine oder andere Makromoleküle eingeprägt zu sein.

Die Entstehung eines neuen Gehirns

Das Wissen um Aufbau und Struktur des Gehirns gewährleistet, ähnlich wie in der Archäologie, eine bedingte Basis für das Verständnis unseres Geistes. Die Forschungsergebnisse der Neurowissenschaften bedienen sich meist der Strukturanalyse. Julian Jaynes vertritt die These, daß der archaische, frühgeschichtliche Mensch einem »Lenker seiner Psyche« vertraute: dem rechten Gehirn. Ebenso gehorchte er dem linken Gehirn. Diese Stimmen, die dem frühgeschichtlichen Menschen in bestimmten Situationen den Weg wiesen, sind für die Stimmen von Göttern und Dämonen gehalten worden. Jaynes vertritt die Auffassung, daß der Frühmensch kein Bewußtsein in unserem Sinne hatte, sondern eine »Bikammerale Psyche«. Die Welt der Ilias, ja alle bekannten Zeitalter vor 1500 v. Chr., in denen theokratische Gott-Könige regierten, waren beherrscht vom Zweikammern-System der Psyche. Dieses System bestand aus zwei Teilen mit einer rechten Hemisphäre, dem leitenden, direktiven Teil, der Gott genannt wurde, und einer linken Hälfte, dem nachgeordneten, ausführenden Teil, genannt der Mensch. Das Ende der Zweikammer-Kultur könnte eine Folge von Schwierigkeiten gewesen sein, die der anfängliche Erfolg dieses Systems nicht kannte: Naturkatastrophen wie z. B. Vulkanausbrüche im 2. Jahrtausend vor Christus, als deren Folge die Hälfte der damals bekannten Erdbevölkerung zu Flüchtlingen wurde, könnten eine Abkehr von dem »Glauben an die Stimme der Götter« bewirkt haben. Auch der Zusammenstoß verschiedener »stimmenprogrammierter Völker« ergab große Konflikte. Die biblischen Geschichten vom Turmbau zu Babel könnten sich darauf beziehen. Mit der Verbreitung der Schrift gab es dann keine Rückkehr mehr zum verlorenen Paradies der rechten Hemisphäre. Die akustischen Befehle wurden zugunsten der visuellen Eindrücke immer mehr in den Hintergrund gedrängt. Die unterschiedlichen Sprachen, die Städte, die Fremden und die Schrift waren da, und ein neues Bewußtsein mußte aufgrund dieser Konfrontationen entstehen.

In den achtziger Jahren des 19. Jahrhunderts studierte Sigmund Freud bei J.M. Charot und entdeckte, während hypnotischer Demonstrationen, die enormen Kräfte des Unbewußten. Colin Wilson greift dieses Thema auf, indem er das Unbewußte der rechten Gehirnhälfte zuordnet oder ihr, wie auch immer, einen Zugang zum Unbewußten zuweist. »Diese rechte Hirnhälfte repräsentiert die intuitive Seite des Menschen und ist auch für dessen Energiehaushalt verantwortlich. Durch die Hypnose wird die intellektuelle linke Seite – der große Aufpasser – ausgeschaltet, während die rechte aktiv bleibt und mit ihren ungeheuren latenten Kräften auf die Anweisungen des Therapeuten reagiert«. Colin Wilson meint, daß Freud einem Trugschluß erlegen sein muß, als er annahm, der eigentliche Beherrscher des Menschen sei das Unbewußte. Dies erkläre auch, »die pessimistische Orientierung der Psychoanalyse – es scheint so, als sei Freud nie aufgefallen, daß ein Schiff weit mächtiger als sein Kapitän oder auch ein Elefant stärker als sein Führer sei«.

Die Zukunft liegt jedoch nicht in einer neuen Einseitigkeit. Ich bin überzeugt, daß es möglich ist, beiden Gehirnhälften eine gleichrangige Funktion einzuräumen und sie synchron zu schalten. Synergie-Effekte können eintreten, wenn es zur harmonischen Nutzung kognitiver und metabolischer Faktoren kommt, wie ich es bereits in verschiedenen Teilen dieses

Buches angeregt habe. Das Drei-Eine-Gehirn, das mehr ist als die Summe seiner Teile, wäre das Ergebnis. Dieses neue Gehirn wäre eine Metapher für ein komplettes Meta-Programmieren, zu dem es in der Lage ist, wenn Links und Rechts harmonisieren und eine Entwicklung gemäß ihren Fähigkeiten stattfindet.

Neue wissenschaftliche Ergebnisse stellen die gegenwärtige Annahme, daß jede Gehirnhälfte sich entweder auf analytische oder ganzheitliche Weise der Informationsverarbeitung spezialisiere, ernsthaft in Frage. Justine Sergent von der McGill University hat in einer Reihe von Experimenten herausgefunden, daß die linke Hemisphäre besser ist in der detaillierten Verarbeitung der Information – d.h. einer Information, die höhere Auflösung erfordert. Ihre neurologische Struktur ist offenbar spezialisiert auf hochfrequente Information. Auf der anderen Seite spezialisiert sich die rechte Hemisphäre auf die breiteren, nicht detailierten Aspekte der Wahrnehmung. Sie interpretiert niederfrequente Informationen. In der ersten Versuchsreihe fand Sergent heraus, daß beide Hemisphären Gesichter identifizieren können. In der Tat ist die linke Hemisphäre überlegen, wenn die Gesichter ziemlich ähnlich sind. Die meisten vorherigen Studien der Hemisphärenspezialisation hatten ausgeprägte Gesichter und kurze Beobachtungszeiten gewählt, was der Überlegenheit der rechten Hemisphäre als einem schnellen Verarbeiter entgegen kam. In der zweiten Versuchsreihe wurden große Buchstaben schneller von der rechten Hirnhälfte wahrgenommen, kleinere schneller von der linken. Interessanterweise haben andere Untersuchungen ergeben, daß Erstkläßler beim Erlernen von Buchstaben das visuelle Feld vorziehen, das mit der rechten Hemisphäre verbunden ist. Eine starke Bevorzugung der linken Hemisphäre zum Erkennen von Buchstaben scheint sich später zu entwickeln. Sergent schreibt das der kleineren Größe der Buchstaben zu, die eine höhere Auflösung erfordern. Hirnforscher sind bislang noch nicht in der Lage, größere strukturelle Unterschiede in den beiden Hemisphären zu identifizieren. Aber nach Sergent darf man annehmen, daß die kortikalen Zellen in beiden Hemisphären unterschiedlich reagieren, entsprechend den Frequenzen des Inputs. Das neue Paradigma – von Beobachter und Beobachtetem – wirft neue Fragen auf sowie die offensichtliche Notwendigkeit, die Eigenschaft von Stimuli und Untersuchungsmethoden miteinzuberechnen. Frühere Untersuchungen haben »vielleicht nicht die richtigen Fragen gestellt und damit Ergebnisse erhalten, die nicht stichhaltig sind«, so Justine Sergent. »Analytische und holistische Verarbeitung sind vielleicht ein Epiphänomen – das Ergebnis grundlegenderer Aspekte des sensorischen Inputs.«

Meistens sind Thesen über die Analyse der linken Gehirnhälfte und den Holismus (die Ganzheitlichkeit) der rechten ausgegangen von visuellen Studien, die Beobachtungen von sehr kurzer Dauer benutzt hatten. Nach Sergent haben die Anlagen dieser Experimente die Untersuchungsergebnisse beeinflußt. Sie zeigte, daß die rechte Hemisphäre lesen kann – aber sie liest große Buchstaben. Die linke Hälfte ist tatsächlich besser als die rechte im Erkennen von Gesichtern, wenn die Unterschiede komplex sind und die Beobachtungszeit adäquat ist. Beide Hemisphären analysieren; beide erkennen Ganzheiten. In jedem Fall war der Hauptunterschied in der Frequenz oder in der Feinheit des Details der einkommenden Information. Sergent zitiert ähnliche Ergebnisse in anderen sensorischen Feldern wie zum Beispiel in denen von Hören und Tasten. Die rechte Gehirnhälfte ist ein »Schnellmerker«, gut im Vermuten, schneller und genauer als die linke, wenn die Zeit kurz oder die Bildqualität schlecht ist. Die linke gibt eine bessere Auflösung, wenn sie Zeit genug hat und genug Information. Sergent sagt: »Dies deutet auf eine Kooperation zwischen den Hemisphären hin, deren jeweilige Beschränkung und Prädispositionen komplimentäre Kapazitäten in der Verarbeitung von Information zulassen. Die rechte Hemisphäre schafft der linken einen Rahmen für subtilere Operationen.« Der Forscher vermutet, daß die Hemisphären während der Evolution eine Dissoziation entwickelt haben, um diese Kooperation möglich zu machen.

Überholt scheint auch die rein anatomische Veränderungen beschreibende Fachrichtung zu sein, solange sie sich nicht um die Erkenntnisse der »Ethnopsychiatrie« und »Ethnologie« bemüht, um die vielfältigen Phänomene des veränderten Tagesbewußtseins so darzustellen, wie sie die Gehirne der Menschen aller Kulturen unterschiedlich erleben. Es scheint notwendig zu sein, während des Tages zwischen verschiedenen Bewußtseinszuständen zu wechseln. »Kulturelle Rituale, Regeln und Artefakte stellen Methoden dar, gesellschaftlich akzeptierte veränderte Bewußtseinzustände zu erreichen«, sagt J.C. Pearce.

Verändertes Tagesbewußtsein wird oft beschrieben als Stimmung, Betrachtungsweise, Gefühl und als Vorgang wie z.B. Tagträumen, sich Wundern, Reflektieren und Analysieren. Das sind Erlebnisdimensionen, die ganz bestimmte Problemlösungen im Rahmen der gegebenen Umweltbedingung gestatten. Hier wird dem Individuum erlaubt, Lernvorgänge mit persönlicher Erfahrung zu verbinden.

Der Mensch durchläuft ständig verschiedene Bewußtseinszustände, die mit der Gehirnwellenaktivität verbunden sind. Die Beta-Wellen kennzeichnen nach Arnold Keyserling das Wachen mit offenen Augen. Der Wachzustand ist an die Sinne gebunden und folgt deren Gesetz, das nicht durch Denken erzeugt wird, sondern an das Empfinden gebunden ist. Die Alpha-Wellen bestimmen den paradoxalen Schlaf, gekennzeichnet durch REM-Phasen (rapid eye movement: schnelle Augenbewegungen hinter den Lidern). Alpha-Wellen kennzeichnen das Stadium der zweiten Aufmerksamkeit. Sie kann auf Probleme gerichtet sein. Dann sprechen wir von der Tätigkeit des Denkens oder von Strategien. Sie kann aber auch auf die Erringung eines mentalen Gleichgewichts abzielen, wie z. B. auf das Finden des Ichs und der Mitte, auf Klären und Ergänzen. Im wachen Denken ist die sprachliche Assoziationsfähigkeit auf die Wirklichkeit gerichtet, während der REM-Phase auf die seelische Integration. Alpha-Wellen können künstlich induziert, aber auch willentlich erzeugt werden, wie die Technik des Biofeedback beweist. Die Theta-Wellen gelten als höhere Wachheit, als Vision im Traum und auch im Denken. Das Verstehen taucht blitzartig auf, als Aha-Erlebnis oder Erleuchtung. Wir halten die Welt an. Das Ergebnis ist operatives Wissen. Die Delta-Wellen kennzeichnen den traumlosen Tiefschlaf, in dem der Körper sich regeneriert. Dieser Schlaf entspricht der Seligkeit des Samadhi, der in sich ruhenden Aufmerksamkeit. Körperliches Kennzeichen dieser Sphäre ist die Sexualität. Daher ist die Seligkeit des Tiefschlafs auch im körperlichen Orgasmus der Liebe erreicht, wenn ein Leib mit dem anderen im Rhythmus verschmilzt. Für eine optimale Beziehung zu seiner Umwelt ist der Mensch unbedingt auf die Veränderung seines Bewußtseinszustandes angewiesen.

Das neue Gehirn, der neue Geist

»Jeder von uns vererbt einen vorcodierten Entwurf zukünftiger Organismen, die sich vom gegenwärtigen Menschenstamm – und von den meisten anderen Formen des Menschseins – stark unterscheiden.«

Timothy Leary

Von einigen Wissenschaftszweigen sind in letzter Zeit recht interessante, mitunter sehr optimistische, aber auch erschreckende Tatsachen und

Erkenntnisse über das Gehirn von heute zutage gekommen. Interdisziplinäre Forschungsarbeiten in der Biophysik, Psychoneuroimmunologie und Neurogenetik zeigen die wunderbare Komplexität von Struktur und Funktion des Gehirns, aber auch, daß alle Fragen keine einfache, widerspruchsfreie Antwort dulden. Bei unserer Beschäftigung mit Gehirn und Bewußtsein müssen wir wohl alle unsere althergebrachten Vorstellungen von Ordnung und Linearität hinter uns lassen. Modelle und Theorien werden diesem höchst differenzierten Organ genausowenig gerecht wie einer ihrer wichtigsten Funktionen, nämlich jener der Realitätswahrnehmung. Die Chaostheorie, nach der Holographie vorerst die letzte Modellvorstellung, liefert die wissenschaftliche Basis dafür, daß wir Dinge, die wir sehen, eigentlich gar nicht sehen dürften, weil sie in der Form eigentlich gar nicht existieren.

Andererseits ist das, was wir wahrnehmen, im Gegensatz zu dem, was tatsächlich ist, so armselig, daß folgende Frage berechtigt ist: Was ist eigentlich Wirklichkeit? Nach Robert Ornstein übermittelt das Auge, immerhin Einfaltsstraße zu der reichsten und komplexesten Dimension unserer Erfahrung, weniger als ein Trillionstel der Information, die auf seine Oberfläche trifft. Durch die Arbeitsweise des herkömmlichen Nervensystems sind die meisten sinnlichen Erfahrungen nicht absolut, sondern relativ, was zurückzuführen ist auf den Gehirnbenutzer selbst oder auf die so unterschiedlichen Einflüsse, denen der Biocomputer ausgesetzt ist. Noch nie waren die Einflüsse auf unser Gehirn und Nervensystem so komplex, multidimensional, förderlich und schädigend zugleich. Noch nie war das Gehirn dem Heilsanspruch verschiedener Ideologien und Gruppen einerseits und den trivialen Botschaften der Medien andererseits so umfassend ausgesetzt wie heute. Noch nie konnte der Mensch sich jahrtausendealtes Wissen, Zukunftsvisionen, naturwissenschaftliche Abhandlungen und philosophische Klassiker zugleich am Bahnhofskiosk kaufen. Noch nie verfügte er über derart direkte Techniken, die es ihm erlauben, mit sich selbst und seinem Bewußtsein zu spielen und dabei dem eigenen Werdegang zuzusehen. Stichwort: Metaprogrammierung und Realitätsdesign! Das neue Gehirn hat Möglichkeiten in die Hand bekommen, eigenverantwortlich und selbstbestimmend sein Bewußtsein zu erhöhen, um damit seine Lebensqualität zu fördern, sei es für hedonistische Zwecke oder um die Einstellung zu sich und anderen nachhaltig zu verändern.

Laut dem Institut für rationelle Psychologie unterscheidet sich das Gehirn von heute von dem früherer Generationen dadurch, daß es Informationen an anderen Cortexstellen verarbeitet, andere Muster gebraucht und sich anderer Speicherungen bedient. Das ist das Gehirn aus der Zeit nach dem zweiten Weltkrieg. Ein mehr kulturabhängiges als zeitabhängiges Produkt wurde durch Sprache, Schrift und Erziehung modifiziert und optimiert – es ist das japanische Gehirn. Kann das Gehirn, ein so vielen neurospezifischen Einflüssen ausgesetztes Organ, die Zukunft aktiv mitgestalten, ohne nach dem Reiz-Reaktionsmechanismus, an die Wissenschaftler nach Skinner und Pavlov uns so gerne glauben lassen möchten, zu reagieren? Das Gehirn von heute muß zwischen überlebensförderlichen und überlebensfeindlichen Reizen selektieren, um ein hohes Bewußtsein zu fördern. Es muß sich hierbei einige Fragen gefallen lassen: Gibt es geschlechtsspezifische Unterschiede oder einfach nur Übereinstimmung mit dem Rollenverhalten, was sein unterschiedliches Denken erklärt? Können Modellvorstellungen helfen – und seien sie noch so phantastisch, wie etwa holographisches Denken und Chaostheorie, oder Technologien, wie Neurochips oder Transputer, es zu verstehen? Gibt es physiologische Voraussetzungen, die Lernfähigkeit fördern und Kreativität optimieren oder Techniken die unliebsame Muster entfernen und wünschenswertes Verhalten erschaffen? Um diese Fragen zu beantworten, möchte ich Michael Hutchison zitieren: »Das Gehirn hat in den letzten 10 Jahren mehr über sich selbst gelernt als in seiner ganzen Geschichte zuvor« und ergänzen, daß sich die Evolution der Intelligenz von nun an sicher in Quantensprüngen vollziehen wird.

Das evolutionäre Spiel – oder: von der niederen zur höheren dissipativen Struktur

Ich orientiere mich bei der Beschreibung der Funktionsvielfalt unseres Gehirn-Geist-Systems auch an der Chaos-Forschung, die ja mittlerweile in Wissenschaftszweige wie Mathematik, Physik und Chemie Einzug gehalten hat, aber auch die moderne Neurologie, innere Medizin (mit Herzfunktion und EKG) und Soziologie in ihrer Denkweise beeinflußt. Der Physiker Dr. Uwe Gerlach drückt die Notwendigkeit der Chaos-Theorie so aus: «Jedes komplexe, aus vielen untereinander verbundenen Elementen bestehende System, das weit entfernt ist vom sogenannten thermodynamischen Gleichgewicht (wegen ständiger Energiezufuhr von außen), unterliegt der Selbstorganisation.»

Als Strukturtheorie in der Zellorganisation des menschlichen Körpers wäre vorstellbar, daß sich die Zellen zum Zwecke eines erfolgreicheren Überlebens zu Kolonien vereinigt haben, die ihrerseits evolutionäres Überleben (im Sinne von Informationsgewinnung) als Hauptinteresse hatten. Die Kolonien könnten sich zu Organismen entwickelt haben, deren Komplexität und Bewußtseinsfunktionen zu Muskeltätigkeit koordinieren, um die Probleme des physikalischen und geistigen Universums zu lösen.

Kollektive Selbstorganisation haben wir bei Atomen und Molekülen im Laser, im fraktalen Wachstum in der Natur, in der Selbstorganisation neuronaler Netzwerke im Gehirn usw. Um nun den Übergang in eine höhere Gehirnstruktur zu erreichen, bedarf es a) eines äußeren Anstoßes (mit Hilfe spezieller Reize) und b) eines Ziels, das nicht vorausgesagt, d.h. nicht genau definiert oder kartographiert werden kann. Der Übergang zu einer stabilen Funktionseinheit setzt also Mut, Forscherdrang, aber auch Disziplin, Demut und Bescheidenheit voraus. Der Übergang selbst ist oft von chaotischen Erscheinungen begleitet wie auch von einem Zurückfallen in alte Muster. Chaotische Muster scheinen auf einer bestimmten Stufe überall auf der Erde vertreten zu sein, und zwar als fraktale Muster, die sich durch ihre Selbstähnlichkeit auszeichnen. Die Selbstähnlichkeit bringt danach die Gestalt hervor, die sich wiederum gegen andere Gestalten abgrenzt. Beispiele aus der Natur sind die Küstenlinien, Wolkenformationen, Pflanzen und Bäume. In der Medizin haben wir fraktale Muster in den sich verzweigenden Bronchial-Verästelungen und der Abfolge der Herztöne.

Ein Beispiel für den Anstoß, der benötigt wird, um in eine höhere Ordnung zu gelangen, sind die scheinbar sinnlosen Zen-Koans. Die der normalen Logik widersprechenden Koan-Aussagen, wie z. B. »mit einer Hand klatschen«, produzieren in einer bestimmten Übungssituation wilde Assoziationen, die einander selbstähnlich die Energie akkumulieren und aufstauen, um in einem plötzlichen Erkenntnisvorgang den Sprung auf eine höhere dissipative Gehirnstruktur zu machen.

Was unserer westlichen Welt etwas näher steht als Zen-Koans sind außergewöhnliche sportliche Leistungen, sei es nun im Tennis oder in der Leichtathletik. Hier diktiert der Wille, der auf ein Ziel hin gerichtet ist, das Geschehen. Geschehnisse und Gefühle chaotischer Natur, körperliche Schwächen und Glücksgefühle können sich abwechseln, was schließlich in eine Hochstimmung und geistige Loslösung vom Körper einmündet.

Damit einher gehen biochemische Reaktionen, wie die verstärkte Ausschüttung von Endorphinen und anderen Transmittersubstanzen. Die daraus resultierende geistige Erkenntnis offenbart, daß die Grenzen unseres Körpers und beschränkten Geistes aufgezeigt werden.

Wenn man aufmerksam die biomedizinische Fachliteratur verfolgt (z. B. »Die neue Biologie«, R. Augros u. G. Stanciu, oder »Stufen zum Leben«, M. Eigen), begegnet man immer wieder neuen Evolutionstheorien, die besagen: Es gibt Beweise für die Kooperation aller Lebewesen, die das Prinzip »Überleben des Stärkeren« nach Darwin widerlegen. Das Paradigma der gnadenlosen Konkurrenz wird durch eine Sichtweise abgelöst, die auf Fexibilität und Harmonie der Lebewesen basiert – plötzliche evolutionäre Veränderungen treten zwischen langen Perioden relativer Stabilität auf. Dadurch springt ein Organismus in überraschendem Tempo auf eine deutlich höhere Entwicklungsstufe.

Unser Gehirn ist von der Evolution als Organ zum biologischen Überleben in dieser Welt entwickelt worden, meinen die Biologen. Denn wir haben aufgrund unserer biologischen Entstehungsgeschichte nicht den geringsten Anlaß, uns darüber zu wundern, daß unser Gehirn ein nicht wahrheitsgetreues Abbild der Welt geliefert bekommt. Wenn wir es trotzdem nutzen können, um die eine oder andere Wahrheit zu entdecken, so ist das weniger auf seine biologische Historie zurückzuführen, als vielmehr auf die Fähigkeit, durch synergetische Faktoren eine Intelligenzbeschleunigung zu erreichen – eine sicherlich provokative und spekulative Behauptung und daher eine erklärungsbedürftige Tatsache.

Die Zeit ist günstig für eine solche Entwicklungsbeschleunigung. Uns steht mehr Wissen intellektueller, psychischer und kollektiver Natur zur Verfügung als je zuvor. In Zeiten des Umbruchs ist die Intelligenz oft chaotischer Natur. Daß Chaos als Ausdruck der Entwicklung auf ein höheres Ordnungsprinzip hin verstanden werden muß, zeigt der soziale und politische Umbruch in Osteuropa recht deutlich. »Wie im Großen so auch im Kleinen«. Bezüglich dieses Metapher kann man anhand von Modellvorstellungen annehmen, daß in unserem eigenen Universum, dem Gehirn, die Informations- und Kommunikationsmechanismen ähnlich funktionieren wie im Universum »draußen«. Aber die Zeit ist auch extrem gefährlich; gefährlich insofern, als jede Entscheidung große Konsequenzen nach sich zieht und unser intellektuelles Wissen leicht zu einem Machbarkeitsoptimismus führen könnte. Die Visionen von der Weiterentwicklung der künstlichen Intelligenz lassen fürchten und hoffen.

Die Beschäftigung mit dem menschlichen Bewußtsein zeigt, daß es auch eine Art kollektive und höhere Intelligenz geben muß, zu der ausgesuchte Menschen immer Zugang hatten, um Veränderungen in unserer Umwelt vorauszusehen. Diese Intelligenz ist an eine Form der Ethik gekoppelt, die dem größtmöglichen Wohl der Dynamik der Ganzheit dient und nicht nur dem Einzelnen, einer Gruppe, einer Nation oder der menschlichen Rasse allein.

Um diese These zu erläutern, müssen wir einen Blick auf die Gaia-Hypothese werfen, die von Lynn Margulis und James Lovelock formuliert und als eine der epochemachenden Einsichten dieses Jahrhunderts bezeichnet wurde. Die Gaia-These zeigt auf, daß das gesamte Leben der Erde samt seiner Atmosphäre als eine Art selbstregulierender Organismus zu verstehen ist. Wenn wir nun einen Blick auf unsere belastete Umwelt, den Treibhauseffekt, die Abholzung des Regenwaldes und das Artensterben werfen, müssen wir uns die Fragen gefallen lassen: Sind wir das Gehirn Gaias oder ihr bösartiges Geschwür? Könnten törichte Menschen den Balanceakt Gaias verderben und Prozesse in Gang setzen, die die gesamte Biosphäre ins Verhängnis stürzen?

Das könnte sicherlich möglich sein – es könnte aber auch möglich sein, daß wir in Kooperation mit Gaia eine höhere Evolutionsstufe erreichen.

Diese Betrachtungsweise paßt auf die Veränderungen und Umweltbedingungen, denen unser Gehirn zur Zeit ausgesetzt ist. Ab einem gewissen Punkt der Gabelung, wo die Fluktuation zu stark wird, muß entweder grundlegend verändert oder zerstört werden. Dann ist der evolutionäre Sprung, das Ausweichen auf eine höhere Ordnung, die Transformation, möglich. In »Bild der Wissenschaft« sagte der Nobelpreisträger Manfred Eigen kürzlich, daß bei der natürlichen Auswahl ein sich selbst reproduzierendes System vorhanden sein muß, damit sich Information weiterentwickeln kann, wie das Beispiel des Wettbewerbs der Ideen verdeutlicht: In der Gesellschaft setzen sich neue Ideen durch, sie werden vervielfältigt und in Büchern abgedruckt. Man wägt Ideen gegeneinander ab, modifiziert. Viele Ideen werden schließlich in Vergessenheit geraten, indem sie keinen Verleger mehr finden.

Das ist mit den Genen ganz ähnlich: allerdings befinden wir uns hier an der Nahtstelle zwischen der materiellen Welt der Physik und einer immateriellen Welt der Information. In »Stufen zum Leben«, schreibt Eigen: »Der Selektionswert einer jeden Spezies ist eine komplizierte nicht lineare

Funktion vieler Variablen geworden. Eine Dogmatisierung der Selektionsidee und ihre Projektion in den Sozialbereich der Lebewesen könnten schlimme Folgen heraufbeschwören. Der Schöpfungsprozeß ist keineswegs abgeschlossen, doch niemand vermag vorauszusagen, was innerhalb von Zeiträumen geschehen wird, die als vernachlässigbar klein im Vergleich zu den Phasen der genetischen Evolution gelten müssen. Wir sind heute in der Lage, in den genetischen Ablauf – reparierend – einzugreifen. Ein schöpferischer Eingriff würde allerdings Kenntnisse erfordern, die wir (noch?) nicht besitzen. Doch wird sich evolutiver Fortschritt in naher Zukunft kaum auf der genetischen Ebene vollziehen. Die Aktivierung des Geistes im Menschen hat das Entwicklungskarussell in schnelle Rotation versetzt. Nahezu alles, was in absehbarer Zeit geschieht, wird jetzt vom Menschen ausgehen. Nach wie vor heißt das Motto der Evolution: Überleben! Meistern werden wir dieses Problem allein durch die Mobilisierung unseres Geistes, dessen ethische Komponente mit dem rasanten Wachstum von Wissenschaft und Technik allerdings nicht Schritt zu halten vermochte. Auch hier wird uns keine »Weltformel« zu Hilfe kommen, sondern wir werden Stufe um Stufe selbst um Lösungen ringen müssen. *Die Schöpfung des Geistes hat eben erst begonnen*«.

Das Gehirn im Badezimmerspiegel seiner selbst

von Micky Remann

Neulich stand ich vor dem Spiegel. Sie werden das kennen: Ich stand da und wartete auf Einsichten. Doch die einzige Einsicht, die kam, lautete: mein Hirn hat nichts anzuziehen! Nichts als alte Klamotten im Oberstübchen. Hmmm. Und dabei vergeht kaum ein Tag, ohne daß uns Hinz und Kunz die Forderung nach Selbstveränderung um die Ohren schlagen oder irgendwelche Besserwisser uns mit brandneuen Paradigmenwechseln belästigen. Schauen solche Prediger nie in den Spiegel? Oder verraten sie uns nicht, welch trostlose Visage sie dort erblicken? Reicht es denn nicht, wenn wir im Leben durch dick und dünn gehen? Müssen wir auch noch mit unseren Hirnphilosophien durch Paradick und Paradünn gehen?

Überhaupt, wenn verschrobene Wissenschaftler meinen, sich gegenseitig mit Unschärferelationen und Unvollständigkeitstheoremen einseifen zu müssen, um ihre hohen Gehälter zu rechtfertigen, dann sollen sie das tun, aber mich gefälligst aus dem Spiel – und aus dem Spiegel – lassen. Gestern erst hatte mir einer von denen geraten, mir vorzustellen, ich stieße mit dem Kopf gegen den Spiegel und der Spiegel existiere gar nicht. Wie bei Alice im Wunderland, denn das sei angewandte Quantenphilosophie. Hahahaha.

»Gut, daß wenigstens dein Kopf existiert, um es zu bezweifeln«, hörte ich da eine Stimme sagen. Wo kam sie her? Ich war allein im Raum, oder etwa nicht? »Letztlich gibt es keine Trennung zwischen Subjekt und Objekt, warum sollte es da eine Trennung zwischen dir und dem Spiegel geben?« Sprach da wieder die Stimme. Da, jetzt hatte ich sie lokalisiert. Sie kam aus dem Spiegel. Der Spiegel sprach mit mir und sprach, als sei ich einer wie er, als sei ich seinesgleichen.

»Was in einem beobachteten System geschieht, hängt vom Beobachter ab, also von dir«, sagte der Spiegel und äffte empörenderweise meine Mundbewegungen nach. »Der Beobachter ist Teil des experimentellen Kontinuums und schwebt nicht irgendwo außerhalb. Im subatomaren Theater gibt es keine Zuschauer, die nicht zugleich Schauspieler wären und umgekehrt.«

Ich fühlte mich zu einer Erwiderung herausgefordert. Ich habe zwar im Mathe-Abitur eine Fünf, aber ich habe auch meinen Stolz. »Das sind doch Prozesse, die nur auf einer ganz bestimmten Ebene ablaufen,« sagte ich, »in der Welt der Quarks und Quanten, bei Elektronen und Positronen, also Teilchen, die noch winziger als Atome sind. Bei den Proportionen meines

Körpers gelten doch andere Gesetze«. Ich kam mir überzeugend materialistisch vor.

»Halt«, rief da aber der Spiegel, »es gibt diese Teilchen nicht als harte Materie, sondern nur in Form von energetischen Dispositionen, als Wahrscheinlichkeitsfelder, die sich nur dann zur Tatsächlichkeit verdichten, wenn sie sich auf der Raum-Zeit-Achse miteinander kreuzen. Und du stehst jetzt mittendrin in der Kreuzung, wenn auch spiegelverkehrt, aber das macht weiter nichts.«

Ich grummelte mürrisch vor mich hin und beschwerte mich über eine Physik, die es bei all ihrer durchgeistigten Bizarrheit nicht schafft, sich mir verständlich zu machen. (Von der Lieferung neuer Kleider für's Gehirn ganz zu schweigen.)

»Aber, aber«, kam gleich die Antwort des Spiegels, »die Breitseiten aus der Physik blieben nicht ohne Auswirkungen auf die Neurologie! Auch dort ereignet sich, es läßt sich nicht leugnen, ein Wechselschritt im Paradigmentanz.«

»Nicht schon wieder!« stöhnte ich.

»Doch, doch«, sagte der Spiegel ungerührt, »es gibt Fortschritte in der Neurochemie, man erfährt etwas über ihr Wechselspiel mit elektromagnetischer Gehirnaktivität, die Kenntnisse der Neurotransmitter werden immer detaillierter und füllen Waschkörbe voller Dissertationen. Dann gibt es Gehirnmodelle, die sich an der Informationsverarbeitung des Computers orientieren. Umgekehrt werden durch die Weiterentwicklung der kybernetischen Intelligenz immer raffiniertere Vorschläge zur Logik des Selbstbewußtseins ent- und wieder verworfen.«

»Aber das sind doch alte Hüte, das kennen wir doch schon aus der romantischen deutschen Transzendentalphilosophie, Fichte, Hegel, Schelling usw.«

Wie meinem »usw.« unschwer zu entnehmen war, hatte ich im Grunde nicht die geringste Ahnung von der romantischen deutschen Transzendentalphilosophie, wollte das vor dem Spiegelbild aber nicht gleich zugeben. Also schwadronierte ich weiter aus dem Fundus meines halbgaren, halbgelesenen Halbwissens, und betonte, daß sich die neueste Computergeneration immer mehr an neuronalen, parallel-schaltenden Netzen orientiere und mit einer Fuzzy-Logik arbeite, wie man sie sonst nur im Gehirn antrifft – oder im Wetterbericht.

Da der Spiegel interessiert zuzuhören schien, schämte ich mich weder meiner noch seiner Existenz, und das unterschied mich schon mal von

Adam im Angesicht von Eva. Wo hatte ich nur dieses Zitat eines Biophysikers und Kybernetikers aufgeschnappt, ich glaube, es war einer der Begründer des Konstruktivismus, der auf die Frage, ob es eine Beziehung zwischen Gehirn und Computer gäbe, mit »Ja und Nein« geantwortet hatte?

»Heinz von Foerster war das«, sagte der Spiegel zu meiner Blamage, »aber er hat diesem Rätsel noch etwas hinzugefügt, er sagte nämlich: »Kein Computer ist ein Gehirn, aber alle Gehirne sind Computer.« Zitatende. Der Wunsch, soviel über das menschliche Gehirn zu erfahren, bis man es in Form einer Echtzeit-Denkmaschine duplizieren kann, liegt zwar noch in der Zukunft, ist aber im Sinne der Logik keine Utopie mehr. Nur mit der Hardware haperts noch. Einen Computer, der, wie das Hirn, in jeder Sekunde 10 Billiarden Nervenimpulse verarbeitet, wirst du morgen und übermorgen nicht auf dem Schreibtisch haben.«

Während dieser Ausführungen glotzte ich weiter in den Spiegel und sah ein Gesicht, das sich auf der Längsachse mit einem intelligenten Gegenüber unterhielt, der genauso aussah wie ich. Meine Sprachlosigkeit sich zunutze machend, griff der Spiegel den Gesprächsfaden wieder auf.

»Immerhin hat die Verbindung zwischen Neurowissenschaft und Computer eine wichtige Trendwende begründet: das einfältige digitale Denken von Input/Output weicht mehr und mehr einer komplexen biokybernetischen Sichtweise. Information läßt sich nicht auf lange Zahlenketten reduzieren, sie ist in Kohärenzen, Resonanzen und Feldern eingebettet, sie organisiert sich in autopoetischen Ordnungen und belebten Netzen, die ein hohes Maß an Variabilität gestatten. Die nutzt das Zentralnervensystem – je nach Laune, Prägung und Bedürfnis, um neue, eigene Ordnungen und Tautologien zu entwickeln. Diese vielschichtig konstruierten und in jede Dimension erweiterbaren Muster haben die famose Eigenschaft, von uns als Realität begriffen zu werden. Sie müssen uns nur lange genug vor- und zurückgespiegelt werden.«

Da haben wir den Salat! Dachte ich, denn ich wußte inzwischen nicht mehr, ob der Spiegel, wenn er so von sich sprach, mich oder sich oder uns meinte. Außerdem sprach er einfach weiter.

»Nimmt man mal seinen eigenen kleinen Ego-Senf aus dem Salat heraus, dann ist Realität eine Art Geschichte, die sich das Gehirn erzählt, um sein eigenes Überleben zu beschreiben. Es kann nur überleben, solange es sich eine Geschichte erzählt. Irgendeine. Und indem es sich diese Geschichte erzählt, beschreibt und organisiert sich das Gehirn. Basta! Da die Komplexität des Überlebens bei steigender Evolutionsrate zunimmt, wird auch die korrespondierende Geschichte, die auf dem immer engmaschiger werdenden neuronalen Netz gespielt wird, immer komplexer.«

Mir dämmerte plötzlich etwas: »Spieglein, Spieglein an der Wand,« sagte ich und schaute ihm fest in seine Glasaugen. »Willst du damit behaupten, daß die Tatsache, daß ich dich, ein redendes, anscheinend selbstbewußtes, quantenphilosophisches Spiegelwesen jetzt real wahrnehme, willst du sagen, daß das eine Funktion des selbstreferentiellen Gehirns ist, welches vor meinen Augen ein autonomes Realitätsventil öffnet, um seinen internen Geschichtenerzähl-Modus umzuorganisieren? Willst Du sagen, daß das Gehirn damit seiner eigenen Selbstreferenz die Reverenz erweist? Und sag mal, macht das Gehirn das alles, ohne mich zu fragen?«

Der Spiegel seufzte halb mitleidig, halb schadenfroh: »Komm dir bloß nicht so wichtig vor mit deiner eitelkeitsgeschwängerten Paranoia. Dieser Vorgang ist ein Krippenspiel für die Evolution, no big deal für's Hirn, hatten wir schon mehrfach in diesem Theater. Selbst ist das Hirn, selbst ist die Referenz. Die neuen Bewußtseinsschaltkreise kommen den alten Bewußtseinsreflexen immer zuerst wie ein UFO vor, aber dann gehen die alten Reflexe vorüber wie Schnupfen, während das UFO bleibt und zum internen Selbstbild avanciert. Der Princeton-Professor Julian Jaynes zum Beispiel vertritt die These, daß das menschliche Bewußtsein in seiner heute geläufigen Form erst vor etwa drei- bis viertausend Jahren entstanden ist. Bis dahin sei das Bewußtsein zweigeteilt gewesen, sagt Jaynes: ein Teil, vertreten durch innere, akustisch halluzinierte Stimmen, die man der Einfachheit halber »Götter« nannte, gab dem anderen, »Mensch« genannten, Teil Ratschläge, die dieser dann befolgte. Zum Beispiel Odysseus. Daß er seine Tour de Agäis mit einem gelben Trikot gewann, verdankte er nicht seinem Ich-Bewußtsein, denn das gab es im Software-Angebot für das altgriechische Hirn noch gar nicht, sondern es trieb ihn eine neuartige, innere Stimme an – er channelte sozusagen sein Schicksal. Erst später, als diese bikamerale Struktur zusammenbrach, verstummten die Götter – das Bewußtsein wuchs in die integrierte Ich- und Ego-Fassung hinein. – Was aber passiert heute? Welche Kammern des Bewußtseins werden am jetzigen Punkt der Evolutionsschraube geöffnet? Was meinst du, gehen wir vom bronzenen über das silberne zum goldenen Bewußtsein oder umgekehrt – oder ganz woanders hin?«

Daß der Spiegel mir, ausgerechnet mir! diese Frage stellte, verschaffte mir ein leicht plümerantes Gefühl in der Magengegend. Es gab mir einen neuen Respekt vor dem Ego in seiner althergebrachten Version. Vielleicht ist es doch nicht so schlecht wie sein Ruf. Vielleicht sollte ich beim alten Ego-Bewußtsein bleiben, auch wenn's manchmal langweilig ist, statt mich irgendwelchen multidimensionalen Spiegelgöttern an die Brust zu werfen. Wer bin ich denn? (Das dachte ich aber nur im Stillen vor mich hin.)

»Wer bin ich denn, wer bin ich denn? Gute Frage, Narziß! Und wer oder was wird aus mir, Affe?« So grübelte der Spiegel laut, schien mich dabei aber eher zu karikieren, statt sich mit meinen Nöten ernsthaft auseinanderzusetzen. Aber letztlich gibt es ja keine Nöte, die nicht zugleich Chancen wären, dachte ich mir. Oder dachte es der Spiegel in mir?

Jedenfalls scheint es ja so zu sein, daß die Hirne von heute anders gebaut und geschaltet sind, als die Hirne früherer Generationen. Die neuen Gehirne verarbeiten Informationen nicht nur schneller als zuvor, sie können auch mehrere Informationsstränge gleichzeitig verarbeiten und zu völlig neuen synthetischen Darstellungen verbinden.

Ich mußte an die Warnung meiner Mutter denken, nie zwei Bücher parallel zu lesen, weil ich sonst ihren Inhalt durcheinanderbrächte. Ich hörte die Warnung, prüfte und verwarf sie. Seitdem kann mir Winnetou getrost durchs Stammhirn reiten, während Heinz von Foerster und Julian Jaynes sich in meinem Neocortex überkreuzen. Und ein echtes Hirn findet gar nichts dabei, daß das alles live im Badezimmerspiegel übertragen wird!

»Was bedeutet nun das Spiegelkabinett im Sinne der futuristischen Neurologie?« fragte ich mich. Worauf will der Spiegel mit mir hinaus? Und worauf ich mit ihm? Ergötzt sich das Gehirn ganz einfach daran, sich die Welten anzuschauen, mit denen es sich am eigenen Schopf in die Wirklichkeit hineinzieht, und sei es auch spiegelverkehrt?

Als ich ganz nah an den Spiegel herantrat, um den Fortschritt meiner Augenfältchen zu überprüfen, konterte mein Gegenpart mit wüsten Spekulationen über evolutionäre Phasensprünge des Gehirns im Sinne von sich selbstprophezeienden dissipativen Strukturen. »Heftige, chaotische Turbulenzen begleiten stets den Wechsel in die Stabilität der nächsthöheren Ordnung«, faselte er in einem fort. Am liebsten hätte ich weggehört, aber das ging nicht, denn als ich den Kopf zur Seite drehte, redete der Spiegel im Profil.

»Im übrigen handelt es sich dabei um einen höchst lasziven Vorgang«, fuhr er fort, »denn die Gehirnwindungen unter der Schädeldecke beziehen ein großes Vergnügen daraus, daß sie sich dauernd umarmen und umschlingen. Aber über diesen eingebauten neurologischen Tantra-Faktor möchte ich jetzt noch nicht zuviel verraten. Nur soviel: Echte Gehirnstimulation ist wirklich erregend!«

Ich wurde rot, was ich daran merkte, daß es der Spiegel ebenfalls wurde. Dennoch grinste er dabei. Und da wurde mir klar, daß ein Spiegelbild nichts anderes ist als ein visuelles Echo in Lichtgeschwindigkeit, oder vielleicht sogar ein virtueller Hyperraum in Echtzeit? Der Spiegel nickte schweigend, ohne daß ich meinen Kopf bewegte.

Zum Autor und seinem Spiegelbild: Der »Weltbildreisende« Micky Remann ist der erste deutschsprachige Autor, der die neue Gehirnszene mit literarisch-originellen Kommentaren begleitet. Er veröffentlichte bisher zwei Bücher: *Der Globaltrottel. Who is Who in Kathmandu und andere Geschichten aus dem Überall,* (Fischer TB, 1990) und *Solar Perplexus – Achterbahn für die Neunziger* (Sphinx, 1989).

Literatur

AUGORS, Robert; STANCIU, George: Die Neue Biologie, 1988, Scherz

BANDLER, R.: Veränderung des subjektiven Erlebens. Paderborn: [3]1990, Junfermann

BANDLER, Grinder, J.: Neue Wege der Kurzarbeit-Therapie – Neurolingiustische Programme. Paderborn: [8]1989, Junfermann

BANDLER, Grinder, J.: Metasprache und Psychotherapie – Die Struktur der Magie I. Paderborn: [6]1990, Junfermann

BANDLER, Grinder, J.: Kommunikation und Veränderung – Die Struktur der Magie II. Paderborn: [5]1989, Junfermann

BANDLER, Grinder, J.: Reframing. Paderborn: [3]1988, Junfermann

BANDLER/LEBEAU: »Die Intelligenz der Gefühle«, 1990, Junfermann

BAMBECK/WOLTERS: Brain-Power, 1991, Wirtschaftsverlag Langen-Müller

BATESON, Gregory: Geist und Natur – Eine notwendige Einheit, 1984, Suhrkamp

BLAKESLEE, Thomas R.: Das Rechte Gehirn, 1982, Aurum

BECKER, Robert O.: Der Funke des Lebens, 1991, Scherz

BENNETT, John G.: Risiko und Freiheit, 1979, Bruno Martin

BENNETT, John G.: Die inneren Welten des Menschen, 1984, Bruno Martin

BERENDT, J.-E.: Nada Brahma: Die Welt ist Klang, 1988, rororo

BERGER, Lutz/PIEPER, Werner (Hrsg.): Brain Tech, 1989, Pieper Medienexperimente

BERGER, Lutz: MEGALOG, 1989, 1990, 1991

BERTALANFFY, von Ludwig: Das biologische Weltbild, 1990, Böhlau

BEYER, M., MARWITZ, K.: Einführung in die Strategien des ganzheitlichen Lebens und Lernens – Workshop-Bericht. Kiel: 1989, Idyll-Seminare.

BIERBAUM, G.: Ihr gutes Gedächtnis. München: Universitas.

BIERBAUM, G.: Mehr als Superlearning – Kreatives Lernen. München: Langen-Müller-Herbig.

BIRKENBIHL, Vera F.: Stroh im Kopf, 1989, Gabal

BIRKENBIHL, Vera F.: Stichwort Schule, Gabal

BIRKENBIHL, Vera F.: Fremdsprachen lernen, Gabal

BIRKENBIHL, Vera F./BLICKHAN, Claus/ULSAMER, Bertold: NLP, 1990, Gabal

BLAKE, A.G.E: Intelligenz Jetzt!, 1990, Bruno Martin
BODENSTEIN, Helmut: Das Alphabet des Lebens – Kabbala und genetischer Code, 1987, Bruno Martin
BOHM, David: Die implizite Ordnung, 1985, Dianus-Trikont
BRAEM, Helmut: Brainfloating, 1986, Wirtschaftsverlag Langen-Müller/Herbig
BRAEM, Helmut: Die Macht der Farben, Wirtschaftsverlag Langen-Müller/Herbig
BROCKMANN, John (Hrsg.): Neue Realität, 1990, Heyne
BUCHNER, Christina: Neues Lesen, Neues Lernen, 1991, Bruno Martin
BURGERSTEIN, Lothar: Heilwirkung von Nährstoffen, 1982, Haug

CALATIN, Anne (Hrsg.): Ernährung und Psyche, 1988, C. F. Müller
CAPRA, Fritjof: Wendezeit, 1983, Scherz
CAPRA, Fritjof: Das Tao der Physik, 1984, O.W.Barth
CASTANEDA, Carlos: Eine andere Wirklichkeit, 1988, Fischer
CASTANEDA, Carlos: Reise nach Ixtlan, 1988, Fischer
CHANGEUX, Jean-Pierre: »Der neuronale Mensch«, Rowolt, 1984
CHARON, E.J.: Der Sündenfall der Evolution, 1989, Ullstein
CIOMPI, Luc: Affektlogik, Klett-Cotta
CIOMPI, Luc: Außenwelt Innenwelt, 1988, Vandenhoeck & Rupprecht
COLGAN, Michael: Ihr persönliches Vitamin-Profil, 1985, Hestia
COUSTO, Hans: Die Oktave, 1988, Simon + Leutner
COUSTO, Hans: Klänge, Bilder, Welten, 1989, Simon + Leutner

DAVIDSON, John: Strahlungsfeld, 1989, Droemer Knaur
DAVIS, Paul: Gott und die moderne Physik, 1989, Goldmann
DELANK, Heinz-Walter: Neurologie, 1983, Enke
DENNISON, Paul E.: Befreite Bahnen, 1989, VAK
DENNISON, Paul E./DENNISON, Gail: Brain-Gym, 1990, VAK
DENZLER, Petra/FRÖLICH, Lutz/IHL, Ralf: Demenz im Alter, 1989, Beltz
DERESKEY, L.S.: Gedächtnis bis ins Alter, 1982, Knaur
DIAMOND, H. und M.: Fit für's Leben, 1989, Waldthausen und Goldmann TB, 1991.
DILTS, R., BANDLER, R., GRINDER, J. u. a.: Strukturen subjektiver Erfahrung – Ihre Erforschung und Veränderung durch NLP. Paderborn: [3]1989, Junfermann.

DITTRICH, A. und SCHARFETTER, C.: Ethnopsychotherapie – Psychotherapie mittels außergewöhnlicher Bewußtseinzustände in westlichen und indischen Kulturen, 1987, Enke
DITTRICH, A.: Ätiologie-unabhängige Strukturen veränderter Wachbewußtseinszustände, 1985, Enke
DOBBS, Horace: Delphine, 1986, Sphinx
DOSSEY, Larry: Die Medizin von Raum und Zeit, 1987, Rowohlt
DREWERMANN, Eugen: Den Tragödien des Lebens wird die Kirche nicht gerecht, in: Die Welt, 1991

EBERHARD, Lilli: Heilkräfte der Farben,1990, Drei-Eichen
ECCLES, J.C.: Das Gehirn des Menschen, 1975, Piper
ECCLES, J.C.: Die Evolution des Gehirns, 1989, Piper
ECCLES, J.C./ZEIER, H.: Gehirn und Geist, 1980, Kindler
ECCLES, John C./ROBINSON, Daniel N.: Das Wunder des Menschseins – Gehirn und Geist,1985, Piper
EIGEN, M.: Stufen zum Leben, 1987, Piper
EIGEN, M./WINKLER, R.: Das Spiel, 1985, Piper
ELBERT, Thomas/ROCKSTROH, Brigitte: Psychopharmakologie, 1990, Springer
ESCHNER, Michael D.: Götterdämmerung, 1989, Peyn und Schulze
ESCHNER, Michael D.: MatheMagie, 1989, Peyn und Schulze
ESCHNER, Michael D.: Techniken der Bewusstseinserweiterung, 1989, Peyn und Schulze
ESCHNER, Michael D.: Psychologik, Peyn und Schulze, 1990

FELDENKRAIS, Moshe: Bewußtheit durch Bewegung, 1978, Suhrkamp
FEYERABEND, Paul: »Wider den Methodenzwang«, 1983, Suhrkamp

GERKEN, Gerd: RADAR FÜR TRENDS, 1989, 1990, 1991
GERKEN, Gerd: Die Geburt der Neuen Kultur, 1988, Econ
GERKEN, Gerd: Die Trends für das Jahr 2000, 1990, Econ
GERKEN, Gerd: Abschied vom Marketing, 1990, Econ
GERKEN, Gerd: Management by Love, 1991, Econ
GERKEN, Gerd: Geist, 1991, Econ
GERLACH, Uwe/MÜLLER-SPUDE, Gertraud: Mind Machines und Kreatives Chaos, 1989, BrainLight
GLENK, Wilhelm/NEU, Sven: Enzyme, 1990, Heyne

GLEICK, James: Chaos – die Ordnung des Universums, 1990, Knaur
GOLAS, Thaddeus: Der Erleuchtung ist es egal wie du sie erlangst, 1988, Sphinx
GOLD, E.J.: Dem Tod ist es egal wie du stirbst, 1986, Sphinx
GOLD, E.J.: Die menschliche biologische Maschine als Apparat der Transformation, 1989, Sphinx
GRAUL, E. H.: Das Gehirn und seine Erkrankungen, Iserlohn, 1987
GREEN, Elmer und Alyce: Biofeedback – die neue Möglichkeit
GROF, Stanislav: Das Abenteuer der Selbstentdeckung, 1987, Kösel

HAKEN, Hermann: Erfolgsgeheimnisse der Natur, 1990, Ullstein
HALBFAS, Hubertus: Der Sprung in den Brunnen, 1985, Patmos HALPERN, Steven: Klang als heilende Kraft, 1985, Bauer
HAMEL, Peter Michael: Durch Musik zum Selbst, 1986, dtv
HAMPDEN-TURNER, Ch.: Modelle des Menschen, 1982, Beltz
HENNINGSEN, Peter: Werkzeuge der Erkenntnis, 1989, Sphinx
HERKERT, R.: Sanfte Fitness für Körper, Geist und Seele, 1989, Econ
HERKERT, R.: Mind Machines, 1990, Goldmann
HERRMAN, Ned: Kreativität und Kompetenz, 1991, Paidia
HERRMANN, W.M.: Higher Nervous Functions, 1987, Vieweg
HÖTING, Hans: Aktiv und gesund durch die magischen Qui-gong-Kugeln aus China
HOFMANN, Albert: Einsichten Ausblicke, 1989, Sphinx
HOFMANN, Albert: LSD – mein Sorgenkind, Klett-Cotta
HOFSTADTER, Douglas: Gödel, Escher, Bach, 1985, Klett-Cotta
HOLLER, Johannes: »Wie Angehörige helfen können« (Alzheimer Krankheit), in: Die Welt, 1989
HOLLER, J.: Meditation und EEG, Dissertation, Würzburg
HOLLER, J.: Brainfood für Manager, 1991, Langen – Müller/Herbig
HOOPER, J./TERESI, D.: Das Drei Pfund Universum, 1989, Econ
HOUSTON, Jean: Der mögliche Mensch, 1987, rororo
HOUSTON, Jean: Erwachen – Möglichkeiten menschlicher Transformation, 1987, Knaur
HOUSTON, Jean: Lebenskraft, 1989, Sphinx
HUBBARD, Ron L.: Selbstanalyse, 1976, Publications Department
HUBBARD, Ron L.: Dianetik 55, 1983
HUBBARD, Ron L.: Die Wissenschaft des Überlebens, 1983
HUBEL, D.H.: Auge und Gehirn, 1988, Spektrum der Wissenschaft

HUME, Wilfrid: Biofeedback, 1979, Hans Huber
HUNZIKER/MAZZOLA: Ansichten eines Hirns, 1990, Birkhäuser
HUTCHISON, Michael: Megabrain, 1989, Sphinx
HYATT, C.S.: Ent-wickle dich! 1989, rororo

JAMES, T., Woodsmall, W.: Time Line – NLP-Konzepte zur Grundstruktur der Persönlichkeit. Paderborn: Junfermann 1990.
JOHNSON, Richard L.: Ich schreibe mir die Seele frei..., 1990, Bauer
JUSTICE, Blair: Wer wird krank? 1989, Wiener Verlag

KELDER, Peter: Die fünf »Tibeter«, 1989, Integral
KEYES, Ken: Das Handbuch zum höheren Bewußtsein, 1990, Goldmann
KEYSERLING, Arnold: Im Jahr des Uranus, 1986, Bruno Martin
KEYSERLING, Arnold: Durch Sinnlichkeit zum Sinn, 1986, Bruno Martin
KEYSERLING, Arnold und Wilhelmine: Das Nichts im Etwas, 1984, Verlag der Palme
KIDDER, Tracy: Die Seele einer neuen Maschine, 1982, rororo
KIEFFER, Gene (Hrsg.): Gopi Krishna – Kundalini im New Age, 1988, Bauer
KIRCKHOFF, Mogens: Mind Mapping, 1989, Synchron
KLAUS, Heinrich: Heilung und Selbstheilung durch Imagineering, 1990, Goldmann
KLAWATSCH, Hans: Mitspieler Mensch, 1990, Avantgarde
KOCH, Werner: Stimmen des Lebens, 1988, Werkstatt Edition
KORWATH, Walter: Wir sind gekommen, um da zu sein, 1986, Octopus
KRISHNA, Gopi: Die verborgene Kammer des Bewußtseins, 1989, Ullstein
KÜPPERS, B.-O.: Ordnung aus dem Chaos, 1987, Piper
KUHLENBECK, Hartwig: »Gehirn, Bewußtsein und Wirklichkeit«, Steinkopff Verlag, 1986
KURTHEN; Martin: Das Problem des Bewußtseins in der Kognitionswissenschaft, 1990, Enke

LEARY, T.: Info-Psychologie – Handbuch für den Gebrauch des menschlichen Nervensystems gemäß den Anweisungen der Hersteller, 1990, Sphinx
LEARY, T.: Denn sie wußten was sie tun, 1986, Sphinx

LEHRL, Siegrried: Gehirn-Jogging, 1987, MEDITEG
LIEDLOFF, Jean: Auf der Suche nach dem verlorenen Glück, 1987, Beck
LILLY, John, C.: Der Scientist, 1986, Goldmann
LILLY, John, C.: Das Tiefe Selbst, 1988, Sphinx
LILLY, John, C.: Simulation von Gott, Sphinx
LINDE, Otfried K. (Hrsg): Pharmakopsychiatrie im Wandel der Zeit, 1988, Tilia
LÖRLE, Marielu: Der erleuchtete All-Tag, 1988, Falk
LOYE, D.: Die Sphinx und der Regenbogen: Das Potential unseres Bewußtseins die Zukunft vorauszusehen und zu gestalten, 1988, rororo
LYNCH, DODLEY, KORDES: Delphin Strategien, 1991, Paidia

MACHLEIDT, W./GUTJAHR, L./MÜGGE, A.: Grundgefühle, 1989, Springer
MANN, J.A.: Geheimnisse des langen Lebens, 1984, mvg
MARTIN, Bruno: Handbuch der spirituellen Wege, 1985, rororo
MARTIN, R./HOUSTON, J.: Phantasie-Reisen, 1989, Goldmann
MARWITZ, Klaus: Happy Selling, 1990, Junfermann
MATURANA, H.R./VARELA, F.J.: Der Baum der Erkenntnis, 1987, Scherz
MAURER, K.: Akustisch Evozierte Potentiale (AEP), 1982, Enke
MENNERICH, Otto: Zeitwende, 1979, Martin Verlag/Walter Berger
MILLMANN, Dan: Der Pfad des friedvollen Kriegers, 1986, Ansata
McKENNA, T.: Wahre Halluzinationen, 1989, Sphinx
MONROE, Robert A.: Der Mann mit den zwei Leben, 1981, Knaur
MORAVEC, Hans: Mindchildren, 1991,
MORGAN, Dr. Brian/MORGAN, Roberta: Brain Food, Pan Books
MULFORD, P.: Unfug des Lebens und des Sterbens, 1988, Fischer

NARANJO, Claudio: Die Reise zum Ich, 1987, Fischer

OESER, Erhard: Das Abenteuer der kollektiven Vernunft, 1988, Paul Parey
OESER, Erhard: Psychozoikum, 1987, Paul Parey
ORNSTEIN, Robert: Multimind, 1989, Junfermann
ORNSTEIN, R./THOMPSON, R.F.: Unser Gehirn: das lebendige Labyrinth, 1986, Rowohlt

PATTERSON, Meg: Der sanfte Entzug, 1989, Klett-Cotta

PAULING, Linus: Linus Pauling's Vitamin-Programm, 1986, C. Bertelsmann
PAUWELS, Louis: Gurdjieff, der Magier, 1974, Scherz
PEARSON, Durk/SHAW, Sandy: Life Extension, 1982, Warner Books
PELLETIER, Kenneth H.: Die neue Medizin, 1988, Fischer
PELLETIER, Kenneth H.: Unser Wissen vom Bewußtsein, 1982, rororo
PETERS, Thomas J./WATERMAN, Robert H.: Auf der Suche nach Spitzenleistungen, 1990, mvg
PETERS, Tom: Kreatives Chaos, Hamburg 1988
PFEIFFER, Carl C.: Nährstoff-Therapie bei psychischen Störungen, 1990, Haug
PFLUGBEIL, Karl: Vital Plus – Das große Programm der Orthomolekularen Medizin, 1990, Herbig
PIAGET, Jean: Biologie und Erkenntnis, S. Fischer, 1974
PEARCE, J.C.: Die magische Welt des Kindes, 1980, rororo
PEARCE, J.C.: Magical Child Matures, 1985, Dutton
PÖPPEL, Ernst: Grenzen des Bewußtseins, 1985, DVA
PÖPPEL, Ernst: Lust und Schmerz, Severin und Siedler, 1982
POPP, Fritz-Albert: Neue Horizonte in der Medizin, 1983, Haug
POPPER, K.R./ECCLES, J.C.: Das Ich und sein Gehirn, 1988, Piper
PRIGOGINE, Ilya/STENGERS, Isabelle: Dialog mit der Natur. Neue Wege naturwissenschaftlichen Denkens, 1981, Piper

RÄTSCH, Christian: Lexikon der Zauberpflanzen, 1988, Adeva
RAMBECK, Bernhard: Mythos Tierversuch, 1990, Zweitausendeins
REMANN, Micky: Solar Perplexus, 1989, Sphinx
RESTAK, Richard M.: Geist, Gehirn, Psyche, Umschau
RESTAK, Richard M.: Geheimnisse des menschlichen Gehirns, 1989, MVG
RIEDL, Rupert/WUKETITS, Franz M. (Hrsg.): Die evolutionäre Erkenntnistheorie, 1987, Paul Parey
RIFKIN, Jeremy: Uhrwerk Universum, 1990, Knaur
RIPPCHEN, Ronald (Hrsg.): MDMA Die neue Sympathiedroge? 1985, Der Grüne Zweig 103
RITCHIE, David: Gehirn und Computer – Die Evolution einer neuen Intelligenz, 1984, Klett-Cotta
ROSENZWEIG, M.R./LEIMANN, A.L.: Physiological Psychology, 1982, D.C. Health and Company

ROST, Wolfgang.: Die Gefühle, 1987, Birkhäuser
ROST, Wofgang.: Emotionen, 1990, Springer
ROSZAK, Theodore: Der Verlust des Denkens, 1988, Knaur
RUCKER, Rudy: Die Wunderwelt der vierten Dimension – Ein Kursbuch für Reisen in die höhere Wirklichkeit, 1987, Scherz
RUSSELL, Peter: Die erwachende Erde, 1991, Heyne

SACKS, Oliver: Zeit des Erwachens,1991, rororo
SCHMIDBAUER, Wolfgang/SCHEIDT vom, Jürgen: Handbuch der Rauschdrogen, 1984, Fischer
SCHNAPPLAUF, Rudolf, A.: Bewußtseins-Entwicklung-Herausforderung für uns alle, 1990, GABAL
SCHÖNBERGER, Martin: Verborgener Schlüssel zum Leben, 1981, Scherz
SCHÖNEBURG, Eberhard/HANSEN, Nikolaus/GAWELCZYK, Andreas: Neuronale Netzwerke, 1990, Markt & Technik
SCHRÖDINGER, Erwin: Was ist Leben? 1987, Piper
SCHWITTERS, Bert: Überleben mit einem Körper, 1985, Raum & Zerit
SHELDRAKE, Rupert: Das schöpferische Universum, 1983, Meyster
SHELDRAKE, Rupert: Das Gedächtnis der Natur, 1990, Scherz
SHELDRAKE, Rupert: Die Wiedergeburt der Natur, 1991, Scherz
SMOTHERMON, Ron: Drehbuch für Meisterschaft im Leben, 1987, Context
SNYDER, S.H.: Chemie der Psyche, 1988, Spektrum der Wissenschaft
SNYDER; S H.: Gehirn und Nervensystem, 1983, Spektrum der Wissenschaft
SPINOLA/PESCHANEL: Das Gehirn-Dominanz-Modell, 1989, Gabal
SPRINGER, S.P./DEUTSCH, G.: Linkes und rechtes Gehirn: funktionelle Asymmetrien, 1987, Spektrum der Wissenschaft
STAHL, Th.: Triffst du 'nen Frosch unterwegs – NLP für die Praxis. Paderborn: Junfermann [3]1990.
STEINBACH, Ingo: Klangtherapie, 1990, Bruno Martin
STEINER, Rudolf: Wie erlangt man Erkenntnisse der höheren Welten? 1981, Rudolf Steiner Verlag
STEVENS, C.: Alexander Technik, 1989, Sphinx

TAEGER, H.-H.: Spiritualität und Drogen, 1988, Raymond Martin
TALBOT, Michael: Mystik und neue Physik, 1980, Heyne

TALBOT, Michael: Jenseits der Quanten, 1986, Heyne
TAYLOR, G.R.: Die Geburt des Geistes, 1982, Fischer
THOLEY, Paul (Hrsg.): Bewusstsein, 1989, Cora e.V.
TURKLE, Sherry: Die Wunschmaschine – Der Computer als zweites Ich, 1984, rororo

ULRICH, Hans/PROBST, Gilbert: Anleitung zum ganzheitlichen Denken und Handeln, 1990, Haupt-Verlag

VESTER, Frederic: Denken, Lernen, Vergessen, 1982, dtv
VILLOLDO, Alberto/DYCHTWALD, Ken: Millennium – Wege ins Dritte Jahrtausend, 1984, Sphinx
VOGL, A.: Versuch einer Theorie der Malignome, 1980, Biologische Medizin
VOGL, A.: Neuromechanismen in Psyche und Soma Malignomkranker, 1980, Biologische Medizin
VOLLMERT, Bruno: Das Molekül und das Leben – Vom makromolekularen Ursprung des Lebens und der Arten, 1985, Rowohlt

WAGNER, Hardy R.: Struktogramm-Analyse, 1989, Gabal
WAGNER, Jakob: Auf der Suche nach der Wunderlampe, in: Zeitschrift Natur, Februar 1988
WALTER, William Grey: Das lebende Gehirn, 1963, Knaur
WATSON, Lyall: Der unbewußte Mensch, 1989, mvg
WATZLAWICK, P.: Wie wirklich ist die Wirklichkeit? 1976, Piper
WEIGERSTORFER, R.: Bio-Wippen, 1989, Lichtquell Verlag
WEIL, Claude: Hydergin, 1989, Springer
WEINMANN, H.-M.: Zugang zum Verständnis höherer Hirnfunktionen durch das EEG, 1987, W. Zuckschwerdt
WENDT, Victor K.: Polarität – Das kosmische Gesetz der Ureinheit, 1986, Sphinx
WHITMONT, Edward C: Psyche und Substanz, Essays zur Homöopathie im Lichte der Psychologie C.G. Jungs, 1987, Ulrich Burgdorf

WILBER, Ken: Halbzeit der Evolution, 1984, Scherz
WILBER, Ken: Das Spektrum des Bewußtseins, 1987, Scherz
WILLI, Jürg: Koevolution – Die Kunst des gemeinsamen Wachsens, 1985, Rowohlt

WILSON, Colin: Frankensteins Schloß: Die Evolution des Geistes, 1989, Synchron
WILSON, Robert Anton: Cosmic Trigger, 1979, Sphinx
WILSON, Robert Anton: Der neue Prometheus, 1985, Sphinx
WINTER, Arthur/ WINTER, Ruth: Brain Food – Nahrung für's Gehirn, 1989, Bruno Martin
WOLF, Fred Alan: Körper Geist und neue Physik, 1989, Scherz
WUKETITS, F.M.: Jenseits von Zufall und Notwendigkeit, 1988, Riannon

YOUNG, Arthur: Der kreative Kosmos, 1987, Kösel
YOUNG, John Z: Philosophie und Gehirn, 1989, Sphinx

ZIEGLER, Harald: Vitamine, 1986, Germa-Press

Anhang 1

Die aktuellen Mind Machines

Die ersten Mind Machines, die den europäischen Markt erreichten und noch bevölkern, orientieren sich im wesentlichen am »Frequence Following Response« (FFR). Über Kopfhörer und eine mit Lämpchen bestückte Spezialbrille werden synchronisierte Licht- und Tonsignale zugespielt, die im entspannenden, die Gehirntätigkeit harmonisierenden Bereich des EEG liegen. Der kalifornische Psychologe Julian Isaacs untersuchte den Zusammenhang zwischen Helligkeit und Wirkung. Er fand dabei eine deutliche Korrelation zwischen Lichtstärke (sowie den verwendeten Impulsformen) und dem gewünschten Effekt. Alpha-Wellen lassen sich relativ leicht mit Licht und Ton evozieren, Thetawellen dagegen weniger leicht.

Verschieden lange Programmabläufe mit unterschiedlichen Anwendungsschwerpunkt (wie Entspannung, besserer Schlaf, Kreativitätsanregung usw.) können bei den meisten Mind Machines ausgewählt werden. Helligkeit, Lautstärke und Tonhöhe werden individuell reguliert. Die von den Geräten produzierten Impulse und deren Programmabläufe werden von den Benutzern häufig als dementsprechend holprig und impulsiv erfahren.

Licht und Ton am Beispiel der Überlegungen zum FOCUS 101

Der vom menschlichen Auge erkennbare Teil des elektromagnetischen Spektrums wird Licht genannt. Die Wellenlängen des sichtbaren Lichts reichen von etwa 380 nm (violett) bis etwa 750 nm (rot).

Das Maximum der Empfindlichkeit des menschlichen Auges liegt in der Mitte des sichtbaren Spektralanteils bei 555 nm, also bei Grün. Bekanntermaßen weist die Strahlungsdichteverteilung des natürlichen Tageslichts ebenfalls ein Maximum bei Grün auf. Diese von der Natur der Farbe Grün eingeräumte zentrale Stellung wurde beim Gerät FOCUS 101 in die Überlegungen zur Wirkungseffizienz der optischen Stimulation einbezogen. Die Leuchtdioden von FOCUS 101 emittieren grünes Licht bei 565 nm.

Die einzelnen Farben haben nach den Erkenntnissen der Farbtherapie jeweils spezifische Wirkungen. Grün gilt einhellig als neutral, im Sinne von »weder das eine noch das andere Extrem einnehmend«. Grün befindet sich mittig zwischen kühlem Blau und warmem Rot; zwischen seelischem Violett und körperlichem Infrarot; zwischen Hemmungssignal Blau und Aktionssignal Rot; zwischen dem als »Abwärtsziehen« (im Bereich der Zirbeldrüse) empfundenen Blau und dem als »Aufwärtsziehen« empfundenen Rot.

Der therapeutische Einsatz von Grün ist daher im wesentlichen angezeigt bei akuten nervösen Störungen, bei Nervenüberreizung, Streß oder bei seelischer Erschütterung. Das ausgleichende Grün wirkt immer sanft, mildernd und entspannend. Es bringt psychische und physische Energie in einen ruhigen Rhythmus. Grün bedeutet Ruhe, Erholung und Regeneration.

Lichtimpulse werden von der Netzhaut in Photostromimpulse umgewandelt und prägen das Entladungsmuster des Hypothalamus. Von dort aus durchfluten rhythmische neuronale Signale Gehirn und Körper. Vereinfacht kann nach J. Downing (USA) gesagt werden: Der Hypothalamus programmiert unseren biologischen Rhythmus, und Licht programmiert den Hypothalamus.

Aus Photostimulationsexperimenten weiß man auch, daß Visionen und Halluzinationen durch pulsierendes Licht ausgelöst werden können. Ein mit bestimmter Frequenz auftretender Lichtreiz bewirkt bei geschlossenen, unbewegten Augen tanzende Muster. Diese Muster werden nicht auf der Netzhaut abgebildet, sondern erst im Gehirn generiert. Das Wahrnehmen der Muster und Mosaiken ist von der Veranlagung und vom Setting der jeweiligen Person abhängig. Der äußere Lichtreiz wirkt gleichsam nur als Katalysator. Sowohl die Form als auch die Art und Weise der Bewegung der Lichterscheinungen werden im Innern individuell erzeugt und gestaltet. Eine befriedigende neurophysikalische Erklärung für diese Effekte steht noch aus.

Die visuelle Stimulation beim FOCUS 101 erfolgt mittels zehn einzeln ansteuerbaren Leuchtdioden. Die Fünfer-Anordnung vor jedem Auge läßt sämtliche richtungsspezifischen Bewegungsabläufe zu. Es können daher horizontale, vertikale, diagonale, radiale und rotierende Bewegungen simuliert werden.

Bei Erstellung der Programmabläufe der Licht- und Tonspuren für FOCUS 101 orientierten sich die Hersteller an dem Gedanken, daß alle

Erscheinungen in der Natur auf geometrischen und musikalischen Grundstrukturen beruhen, die auf das Verhältnis ganzer Zahlen zurückführbar sind. Dementsprechend gibt es also auch zwischen Mensch und Natur einen gemeinsamen Nenner, nämlich Zahl und Maß (in der Geometrie), beziehungsweise Ton und Intervall (in der Musik).

Die harmonikalen Strukturen wurden erstmals von den griechischen Vorsorkratikern (u.a. Pythagoras) definiert, wobei die Verbindung zur Mathematik bereits damals erkannt wurde. Als harmonikale Strukturen bezeichnet man jene grundlegenden Ordnungsprinzipien der Natur, welche sich als ganzzahlige Verhältnisse von Schwingungen erkennen lassen. Das Verständnis der harmonikalen Strukturen wächst aus der Beobachtung des Zusammenhangs von Grundton mit Ober- und Untertönen sowie der ganzzahligen Intervalle (Oktave als Schwingungsverhältnis 1:2, Quinte als 2:3, Quarte als 3:4 usw.). Alle in der Natur vorkommenden Zahlenreihen können auf diese ganzzahligen Verhältnisse zurückgeführt werden. Zahlreiche Bearbeitungen dieses Themas zeigen die Bedeutung dieser Strukturen (Kayser, Haase, Keyserling, Cousto u.a.).

Diese harmonikalen Strukturen finden sich in der Bauhüttentradition der Kathedralenbauer, bei J. Keplers »Gesetz der Kleinen Zahlen«, in der Freimaurertradition, bei J.S. Bach, in der modernen Quantenphysik (Struktur der subatomaren Teilchen), in der Chaostheorie (als stabile, niedrigdimensionale Attraktoren in Fraktalen) und sogar im Frequenzspektrum der Muskelschwingungen im menschlichen EMG (Bergsmann, 1990).

Wenn Mind Machines den immateriellen, mentalen Bereich des Menschen ansprechen sollen, so können sie das nur wirkungsvoll tun, wenn als Grundraster der Programme harmonikale Strukturen verwendet werden. Erst daraus entsteht ihre mental wirksame Kraft.

Eine Auswahl von Geräten der ersten Generation:

MIND XPLORER

Die Heidelberger Firma »Brain-Tech« hat aufgrund ihrer langjährigen Erfahrung in Zusammenarbeit mit den Toningenieuren und Musikern Kay Korten und Ludovica Helm ein preiswertes und leicht zu bedienendes Gerät mit einer offenen Architektur entwickelt, d.h. dank der Update Eproms können regelmäßig neue Programme integriert werden, ohne daß man ständig neue Geräte kaufen muß.

Da es unterschiedliche Meinungen zu den Farben der Leuchtdioden in der Brille gibt (dazu ausführlicher im nächsten Abschnitt), können die Anwender beim Mind Xplorer zwischen roten und grünen Leuchtdioden wählen. LED's sind im Impulsverhalten schneller, weiße Lampen sind träger; deshalb sind bei weißem Licht die synchronen Licht- und Tonimpulse nicht mehr gewährleistet. Rote LED's werden meistens wegen der optimalen Lichtausbeute genommen, strahlen aber ein engeres Farbspektrum ab. Daher wurden beim Mind Xplorer rote und grüne LED's in einer bestimmten Anordnung gewählt.

Der Xplorer hat 9 sehr effektive Festprogramme. Die Luxusversion erlaubt auch die Programmierung einzelner Festfrequenzen. Durch den langsamen Start, die weichen Übergänge und das sanfte Ausblenden wurde eine angenehme Programmgestaltung erreicht.

Da viele Anwender die begrenzten Klangeigenschaften der Tonimpulse von Mind Machines beklagen, wird der Hersteller demnächst eine speziell produzierte Musik im photoelektrischen Verfahren in den Soundprozessor geben und von dort zuschalten (noch in Entwicklung, Stand Herbst 1991). Die Töne bieten so das ganze Klangspektrum. Stimulationsarten: Fokus und Expand.

BRAIN-LIGHT-SYNCHRONIZER

Der Brain-Light-Synchronizer ist ein Gerät der audio-visuellen Gruppe mit professioneller Verarbeitung, sauberen, exakt generierten Impulsen und vielseitig gestalteten 16 Festprogrammen. Standardmäßige Ausrüstung mit einer Rotlichtbrille (andersfarbige Brillen können auf Wunsch geliefert werden). Die Programme sind umfangreich und sehr abwechslungsreich. Durch die Verwendung sehr verschiedener Stimulationsarten (Fokus, Expand, Diagonal, Criss-Cross) und schneller Frequenzwechsel werden starke visuelle Eindrücke erzeugt. Über eine Display-Anzeige lassen sich einzelne Frequenzen direkt ansteuern. Ein freier Kanal ermöglicht die Installation eines persönlichen Programms. Leider ist die Programmierung etwas umständlich. Der Brain-Light-Synchro ist auch mit eingebautem Cassettenrecorder lieferbar. Durch den zusätzlichen Eingang für eine externe Klangquelle lassen sich selbst besprochene Cassetten sehr gut mit Entspannungsmusik untermalen. Am Ende der Programme schaltet sich das Gerät sehr abrupt aus, dies kann sehr unangenehm wirken.

BRAIN-STATION

Die Brain Station bietet alle Features, die sich der Anwender von einer professionellen Mind Machine wünschen kann: 16 eingespeicherte Programme, frei programmierbar, Brille mit weißem Licht und ein elektronisches Display, auf dem die aktuellen Parameter abgelesen werden können. Live-Betrieb möglich, eingebauter Akku, drei verschiedene Klänge, Eingang für externe Cassettenrecorder bzw. CD-Player. Die Brain Station »Therapeut« bietet Anschlüsse für 2 bis 3 Personen, Mikrofoneingang für Zuschaltung von Trainern oder Therapeuten. Im Live-Modus können sämtliche Parameter (Frequenz, Stimulationsart, Klangquelle usw.) wie vom Mischpult aus reguliert werden.

Weitere bekannte Geräte der ersten Generation: Courier, D.A.V.I.D, Inner Quest, InnoMed, MC², Illuminator, Mindseye, Relaxman.

Ein Gerät der zweiten Generation:

FOCUS 101

Eines der Geräte der neuen Generation, FOCUS 101, unterscheidet sich in der Konzeption grundsätzlich von allen anderen, schon allein durch die begleitenden, interdisziplinären Forschungsarbeiten.

Der Einsatz hochwertiger Hard- und Software, das preisgekrönte Design, das umfassende Handbuch, vor allem aber die spezifisch strukturierten Stimulationsprogramme, definieren die Qualität dieses audiovisuellen Stimulationsgerätes. Ein wesentliches Merkmal stellt die Computerschnittstelle dar. Die Mikroprozessor-gesteuerten Funktionen sind hier über den PC programmierbar, wodurch gewährleistet ist, daß die ständig zunehmenden Erkenntnisse zur Programmerstellung laufend integriert werden können. Sowohl den Entwicklern als auch auch den engagierten Anwendern ist somit die Möglichkeit zur flexiblen Programmkomposition geschaffen. Selbstverständlich muß das nötige Know-how gelernt werden. Der Austausch von Programmen, modulare Ergänzungen oder indikationsspezifische Abänderungen können einfach per Diskette erfolgen. Selbstverständlich kann das Gerät auch ohne PC betrieben und Programm-Updates können durch Tausch zweier Speicherchips (für Standard- bzw. Individualprogramm) implementiert werden.

Unerläßliche Voraussetzung für Programmierbarkeit ist die Software. Das Softwarepaket »MindEditor« wurde entworfen, um den Zugriff auf die vielfältigen Programmparameter zu ermöglichen. Erst die ausreichend dimensionierte Elektronik gemeinsam mit einer entsprechenden Programmbarkeit schaffen hier eine offene, zukunftssichere Systemarchitektur, die als Nährboden für kreative Weiterentwicklungen dient. Es soll nicht unerwähnt bleiben, daß der Preis dadurch höher ist als bei anderen Geräten.

Anhang 2

Produkte, ergänzende Bücher und Adressen

Ergänzende Bücher zu den jeweiligen Kapiteln sowie Bezugsadressen, Studios und Produkte. Die Auswahl erhebt keinen Anspruch auf Vollständigkeit.

zu Kapitel 1: Modelle des Gehirns

Bücher:

Gardner, Howard: Dem Denken auf der Spur, Klett-Cotta
Hampden-Turner, Charles: Modelle des Menschen, ein Handbuch des menschlichen Bewußtseins, Beltz
Hunziker, Ernst/Guerino Mazzola: Ansichten eines Hirns, Birkhäuser
Klawatsch, Hans: Mitspieler Mensch, Avantgarde
Leary, Timothy: Info-Psychologie, Sphinx
Oepen, Godehard: Psychiatrie des rechten und linken Gehirns, Deutscher Ärzte Verlag
Wilson, R. A.: Der neue Prometheus, Sphinx

zu Kapitel 2: Das biochemische Gehirn

Bücher:

Achterberg, Jeanne: Heilung durch Gedankenkraft, Scherz
Besser, Cora: Schmerz-Therapie, Econ
Bodenstein, Helmut: Das Alphabet des Lebens – Kabbala und genetischer Code, Bruno Martin

Bolz, Annette: Endogene Opiate. Diplomarbeit Fachbereich Psychologie, Universität Hamburg
Bolz, Annette: Gehirn und Sex, Bruno Martin (erscheint 1992)
Borysenke, Joan: Gesundheit ist lernbar, Hilfe zur Selbsthilfe, 1989, Scherz
Denzler, P./Markowitsch, H.J./Frölich, L./Kessler, J./Ihl, R.: Demenz im Alter, Beltz
Spektrum der Wissenschaft: Gehirn und Nervensystem
Snyder, S. H.: Chemie der Psyche, Spektrum der Wissenschaft
Wilson, Colin: Frankensteins Schloß – die Evolution des Geistes, 1989, Synchron

zu Kapitel 3: Das ernährte Gehirn

Bücher:

Braun v. Gladiß, Karl-Heinz: Ganzheitliche Medizin, Bruno Martin
Burgerstein, Lothar: Heilkraft der Nährstoffe, Haug
Calatin, Anne (Hrsg.): Ernährung und Psyche, Verlag C.F. Müller Karlsruhe
Davis, Adelle: Jeder kann gesund sein – Fit und vital durch richtige Ernährung, Hörnemann
Glenk, Dr. Wilhelm/ Dr. Sven Neu: Enzyme – Die Bausteine des Lebens – Wie sie wirken, helfen und heilen, Heyne
Graham, Judy: Das Nachtkerzenöl, Semmelweis-Institut
Mann, John A.: Geheimnisse des langen Lebens, MVG
McKenna, T.: Wahre Halluzinationen, Sphinx
Pauling, Linus: Linus Paulings Vitamin-Programm, Bertelsmann
Pearson, Durk/Shaw, Sandy: Life Extension – A practical scientific approach, Warner Books
Pfeiffer, Carl C.: Nährstoff-Therapie bei Geisteskrankheiten, Haug
Pelletier, Kenneth R: Die Neue Medizin, S. Fischer
Rätsch, C./Müller-Ebling, C.: Isoldes Liebestrank, Knaur
Rätsch, C.: Lexikon der Zauberpflanzen, Adeva
Rätsch, C.: Etnomedizin und Bewußtseinsforschung
Scheffer, Mechthild: Original Bach Blütentherapie, Jungjohann
Schuitemaker, Dr. G.E.: Orthomolekulare Ernährungsstoffe, Verlag für Orthomolekulare Medizin
Schwitters, Bert: Überleben mit einem Körper, Raum & Zeit Verlag
Weil, Claude: Hydergin, Springer (Heidelberg)

Winter, Dr. Arthur, Ruth Winter: Brain Food, Nahrung für's Gehirn, Bruno Martin

Produkte:

Megavitamine: Fa. Orthica B.V., Postbus 59, 1380 AB Weesp, Flevolaan 19 C, 1382 JX Weesp, The Netherlands, Tel: 02940-16886/16760.
Zu beziehen über Orthica, Eylauer Str. 3, 5600 Wuppertal,
Tel: 0202-521902.

Zentrum für Orthomolekular Medizin und Traditionelle Chinesische Medizin (Haarmineral-Analyse auf Vitamine, Mineralien und Immunstatus, Akupunktur): Deutsche Gesellschaft für alternative Diagnostik und Heilverfahren, Sandstr. 41, 8000 München 2,
Tel.: 089-526554, Fax: 089-525250

Orthomolekulare Therapie: Antistress AG, CH-8640 Rapperswill,
Tel. 0041-55-273944

Brainfood, Neuroaktive Nahrung: über Brain-Tech GmbH, Plöck 9,
6900 Heidelberg, Tel: 06221-164055, Fax: 06221-162923

Amrit Kalash: Hannemann Versand, Lothar Tusche, Max-Pechstein-Str. 2,
2000 Hamburg 74, Tel: 040-7157978

Forschung: Terence McKenna Botanical Dimensions, P.O.Box 807,
Occidental, CA 95465, USA

zu Kapitel 4: Das motorische Gehirn

Bücher:

Barlow, Wilfried: Die Alexander-Technik, Kösel
Bennett, J.G.: Die inneren Welten des Menschen, Bruno Martin (Zusammenfassung der wesentlichen Lehren Gurdjieffs über die drei Gehirne, ausführliche Darstellung des motorischen Gehirns)
Buchner, Christina: Neues Lesen, Neues Lernen (enthält eine ausführliche, illustrierte Darstellung der Brain-Gym-Übungen), Verlag Bruno Martin
Diamond John: Der Körper lügt nicht, VAK (Freiburg)
Dennison, Paul: Befreite Bahnen, VAK
Gold, E.J.: Die menschliche biologische Maschine als Apparat der Transformation, Sphinx
Goodman, Felicitas: Wo die Geister auf den Winden reiten, Bauer
Houston, Jean: Der mögliche Mensch, rororo Transformation (mit vielen Übungen)

Keyserling, Arnold: Durch Sinnlichkeit zum Sinn, (mit Übungen zur Entfaltung aller Sinne – Sehen, Hören, Schmecken, Riechen, Berühren und Körper), Bruno Martin
Lober, Irene: Auf eigenen Füßen gehen – Somato-psychologische Erfahrungen einer ehemals Querschnittgelähmten, Pieper Medienexperimente
Stevens, Chris: Alexander Technik, Sphinx
Weigerstorfer, R.: Bio-Wippen – Training der Zukunft, Lichtquell Verlag

Produkte:
Zimmertrampolin, bereits in jedem Kaufhaus zu erhalten.

Institute:
Mind Research Institut, Houston/Masters, Box 600, Pomona, NY 10970

Institut für angewandte Kinesiologie, Zasiusstr. 67, 7800 Freiburg, Tel.: 0761-72729, FAX: 0761-706384

Gurdjieff-Training: Studierhaus Stücht, Stücht 7, 8551 Heiligenstadt, Tel: 09198-1444

Weiter Adressen zum unübersehbaren Angebot an Körpertherapien entnehmen Sie bitte den einschlägigen Zeitschriften (z.B. KGS, Hamburg; Connection, München; Esotera, Freiburg; Psychologie Heute, Weinheim).

zu Kapitel 5: Das sehende Gehirn

Bücher:
Bates, W.: Rechtes Sehen ohne Brille, Paul Schrecker
Goodrich, Janet: Natürlich Besser Sehen, Verlag f. angewandte Kinesiologie (VAK)
Hanus, Otto K.: Sehen und Heilen, Das neurovisuelle Training, Holler Verlag
Hubel, David H.: Auge und Gehirn, Spektrum der Wissenschaft
Pennington, George: Kleines Handbuch für Glasperlenspieler, Hugendubel
Schönberger, Angela: Simulation und Wirklichkeit, Dumont
Scholl, Liselotte: Das Augenübungsbuch, rororo
Selby, J.: Das Gesundheitsbuch für die Augen, Scherz

Produkte:
Adresse für Toncassetten, Literatur und Seminare zum Sehen: Verlag M. Gollub für ganzheitliches Sehen, Postfach 370323, D-1000 Berlin 37, Tel: 030-8118742

Neurovisuelles Training: Otto Hanus, Ickstattstr. 22, 8000 München 5

Institut für Angewandte Kinesiologie, 7800 Freiburg (siehe oben) (Seminare mit Janet Goodrich)

True-Lite (Händler und Bezugsquellen): Vertriebsorganisation M. Schonhoff, Wartburgstr. 40, D-1000 Berlin 62, Tel: 030-7881022

Farbbrille: MeTePro, Hildastr. 8, 7520 Bruchsal

Tafeln von Chartres: George Pennington/ESSE e.V., Scharn 1, 8251 Heldenstein

zu Kapitel 6: Das hörende Gehirn

Bücher:
Berendt, Prof. J.E.: Nada Brahm – Die Welt ist Klang, rororo
Berendt, Prof. J.E.: Das dritte Ohr, rororo
Berger, Lutz: Das Hypno-Synchron-Verfahren, in: Esotera 11/89
Cousto, Hans: Die Oktave, Simon und Leutner
Diamond, John: Lebensenergie in der Musik, Bruno Martin
Halpern, Steven: Klang als heilende Kraft, Hermann Bauer
Heimrath, Johannes: Das Sonogramm der Persönlichkeit, Hugendubel
Luban-Plazza, Boris, Mario Delli Ponti, Hans H. Dickhaut: Musik und Psyche, Birkhäuser
Steinbach, Ingo: Klangtherapie – Transformation durch heilende Klänge, Verlag Bruno Martin
Tomatis, A.A.: Der Klang des Lebens, Rowohlt

Kassetten:
HEMIPRO – Cassetten und CD's (ULTRA MEDITATION, MEGA-BRAIN-SYNC, »concept of syn-energy«, Klangtherapie, Trance-Tanz-Musik, Gong-Meditation): Verlag Bruno Martin GmbH, D-2121 Südergellersen, Tel: 04135-414, FAX: 04135-7745

Farbklangtherapie, Esogetische Klangbilder: Energetik Verlag, Hildastr. 8, 7520 Bruchsal

Klangschichtselektion: Kay Korten, Ludovika Helm, Zeilenweg 14, 7513 Stutensee

Musiktherapie: Mechthild Krämer, Fettstr. 36, 2000 Hamburg 54

Hypno-Synchron-Cassetten, Tiefensuggestion, Monroe u.a. bei: Brain-Tech GmbH, 6900 Heidelberg

Seminare, Cassetten, Videos: Tamas Laboratorium, Klosterstr. 98, 6921 Lobbach-Lobenfeld, Tel./FAX: 06226-42046

THS Technologie für Hemisphären-Synchronisation, Wessbecher Brandt GmbH, Voßstr. 56, 3000 Hannover 1, Tel: 0511-6669 (Vertrieb einer Hemi-Sync-Übungsreihe, Seminare. Entwicklungen von Robert Monroe).

Axel Brück, Biofeedback und Biotraining, Mind Videos und Brain Disco, Övern Barg 66 + 68, 2000 Hamburg 63, Tel: 040-503896

zu Kapitel 7: Das schwingende Gehirn

Bücher:

Becker, Robert O.: Der Funke des Lebens – Elektrizität und Lebensenergie, Scherz
Berger, Lutz, Pieper, Werner (Hrsg.): Brain-Tech, Pieper Medienexperimente
Brügemann, Hans: Bioresonanz- und Multiresonanz-Therapie (BRT), Haug
Davidson, J.: Strahlungsfeld, subtile Energieformen unseres Daseines, Knaur
Green, A. u. E.: Biofeedback, Hermann Bauer
Hutchison Michael, Megabrain – Geist und Maschine, Sphinx
Lilly, J.C.: Das tiefe Selbst, Sphinx
Schenk, Christoph: Atem-Bio-Feedback, Heyne
Schenk, Christoph: Biofeedback, Perimed
Schenk, Christoph: Streßbewältigung durch Entspannung, Falken

Produkte und Studios:

WU WEI HEAD-QUARTERS, Wandsbecker Chaussee 62,
2000 Hamburg 76, Tel: 040-2502356, Fax: 040-2518448

Brain-Tech IQ-Shop, Vertrieb intelligenzsteigernder Produkte, Postfach 101605, 6900 Heidelberg, Tel: 06221-164055, FAX: 06221-162923.
Herausgeber von »Megalog«.

Megabrain, Mindmachines Studio/Vertrieb, Friedrich-Ebert-Str. 32,
4000 Düsseldorf 1, Tel: 0211-356757

Megabrain GmbH, Studio Hamburg, Bramfelder Chaussee 282,
2000 Hamburg 71, Tel.: 040-6410909, FAX: 040-6429998

BFI – Biofeedback-Institut, Dr. Christoph Schenk, Lotter Str. 5,
4500 Osnabrück, Tel: 0541-430264, Fax: 0541-41420

Axel Brück, Brain Disco, Övern Barg 66+68, 2000 Hamburg 63,
Tel: 040-503896

Open Mind, Hackenstraße 2, 8000 München, Tel: 089-263170

Brain Shop, Mittenwalder Str. 25, 1000 Berlin 61, Tel: 030-6942829

Sintech, Biofeedback Computer Monitoring System, Wolfgang Viehstädt, Paul-Sorge-Str.69, 2000 Hamburg 61, Tel: 040-5525164

BrainLight GmbH, Hauptstr. 52. 8758 Goldbach, Tel: 06021-540989

InnoMED Megabrain GmbH, Postfach 2106, 8960 Kempten,
Tel: 0831-81762

Mind World, Synchro Energize GmbH, Entspannungsstudio, Vertrieb des Synchro-Energizers, Falkstr. 34/36, 6000 Frankfurt 90, Tel: 069-7074274

Focus Electronics GmbH, Neubaugasse 44/2/12, A-1070 Wien (Zentrum und Hersteller eigener Mind Machines), Tel./FAX: 0043-222-939082

Can Dreia-Produkte, Siewertstr. 95, CH-8050 Zürich, Tel: 01-3120302

Dogon, Am Ritterquai 2-4, CH-4500 Solothurn, Tel: 065-236444

Jüta Enterprises, J. Tapprich, Streulistr. 2, CH-8032 Zürich,
Tel: 01/3836306

Samadhi-Tanks: Samadhi Biocybernetics GmbH, Forschung, Entwicklung, Herstellung, Vertrieb, Römerstr. 14, 5042 Erftstadt-Lechenich, Tel: 02235-74447

Prof. Dr. Bernd Petersen – Studio of Communications, An der Illmenau 9b, 2121 Deutsch Evern, Tel: 04131-791496

Forschung: Megabrain, P.O. Box 2205, Sausalito, CA 94965-998, USA, Tel: (415) 332-8323, Fax: (415) 332-8327. Zeitschrift Megabrain Newsletters und Megabrain Workshops.

FOCUS Institut, Neubaugasse 44, A-1070 Wien, Tel./Fax: 0043-222-938082

Zeitschrift: Omni (Science and Fiction), Bestelladresse: Omni, P.O.Box 3026, Harlan IA 51593-2087, USA (immer aktuelle Berichte über Kreativität und Gehirnforschung)

Infotainment: über Brain-Tech GmbH, Am Plöck 9, 6900 Heidelberg

zu Kapitel 8: Das erkennende und lernende Gehirn

Bücher:

Bandler, Richard: Veränderung des subjektiven Erlebens, Junfermann
Birkenbihl, Vera: Stroh im Kopf, GABAL.
Dennison, Dr. Paul E.: Befreite Bahnen, VAK-Verlag
Herrmann, Ned: Kreativität und Kompetenz – Das einmalige Gehirn, Paidia
Hinkelmann, G.: Leichter Lehren, PLS, Bremen
Kirckhoff, Mogens: Mind Mapping – die Synthese von sprachlichem und bildhaften Denken, Synchron
Lehrl, Siegfried: Gehirn-Jogging, Mediteg
Maturana, H.R. und Varela, F. J.: Der Baum der Erkenntnis, Scherz
Schuster, D. und Gritton, Ch.: Suggestopädie in Theorie und Praxis, PLS
Zdenek, Marilee: Die Entdeckung des Rechten Gehirns, Synchron

Institute

Schnell-Lese-Training: BrainTrain – Dr. Fred N. Bohlen, Wilhelm-Stähle-Str. 22, 7012 Fellbach-Schmiden, Tel: 0711-512526

Institut für Neues Lernen, Maximilianstr. 10, 8300 Landshut, Tel: 0871-273375

Management-Training (G. Gerken): Muditas GmbH, Postfach 1230, 2862 Worpswede, Tel: 04792-2656

NLP: Trainer-Gemeinschaft Neurolinguistisches Programmieren (TGNLP), c/o Dipl.Psych. Thies Stahl, Eulenstr. 70, 2000 Hamburg 50

Mind & Brain Style Seminare, Maria Beyer, Fichtestr. 21, 2300 Kiel 1, Tel: 0431-83301, Fax: 0431-83334

Idyll-Seminare, Institut für Management und Zeit Design, Klaus Marwitz & Partner, Esmarchstr. 64, 2300 Kiel 1, Tel: 0431-81547, Fax: 0431-85103

Suggestopädia, Schule für neues Lernen, Mag. Heinz Kohlhammer, Morellenfeldgasse 14, A-8010 Graz

Herrmann Institut Deutschland: Roland Spinola & Partner, Klausenerstraße 4, 6400 Fulda, Tel: 0661-605380

Forum Synergie: Dr. Hans Hein, Hauptstraße 68, 3208 Emmerke, Tel: 05121-63361

Gabal Verlag GmbH, Dudenhofer Straße 46, 6720 Speyer, Tel: 06232-9666

Menta-Train, Kreuzgasse 58, 7778 Markdorf

Das Herrmann-Dominanz-Profil (HDI): Paidia Verlag, Von-Schildeck-Str. 6, 6400 Fulda, Tel. 0661-22290

zu Kapitel 9: Das bewußte Gehirn

Bücher:

Grof, Stanislav: Das Abenteuer der Selbstendeckung, Kösel
Haken, Hermann: Erfolgsgeheimnisse der Natur, Synergetik: Die Lehre vom Zusammenwirken, Ullstein
Jaynes, Julian: Der Ursprung des Bewußtseins durch den Zusammenbruch der bikameralen Psyche
Keyes, Ken: Das Handbuch zum höheren Bewußtsein, Goldmann
Krishna, Gopi: Die verborgene Kammer des Bewußtseins, Ullstein
Roszak, Theodore: Der Verlust des Denkens, Knaur
Weinmann, H.-M. (Hsg.): Zugang zum Verständnis höherer Hirnfunktionen durch das EEG, W. Zuckschwerdt Verlag
Wilber, Ken: Das Spektrum des Bewußtseins, Scherz

zu Kapitel 10: Das kreative Gehirn

Bücher:
Bateson, Gregory: Geist und Natur, Eine notwendige Einheit, Suhrkamp
Dobbs, H.: Delphine, Sphinx
Herrmann, Ned: Kreativität und Kompetenz – Das einmalige Gehirn, Paidia Verlag
Hubbard, L.R.: Dianetik 55, New Era Publications
Jantsch, Erich: Die Selbstorganisation des Universums, dtv wissenschaft
Johnson, Richard L.: Ich schreibe mir die Seele frei..., Bauer
Koch, Werner: Stimmen des Lebens, Werkstatt Edition
Maturana/Varela: Der Baum der Erkenntnis, 1989
Neue Wiener Schule (Hrsg.): Im Jahr des Uranus – Der Weg des philosophischen Handwerks, Bruno Martin
Ornstein, R.: Multimind, Junfermann
Schmidt, S. J.: Der Diskurs des radikalen Konstruktivismus, Suhrkamp
Smothermon, Ron: Drehbuch für die Meisterschaft im Leben, Context
Tholey, Paul/Kaleb Utecht: Schöpferisch träumen
Watzlawick, Paul: Wie wirklich ist die Wirklichkeit, Piper
Watzlawick, Paul: Die erfundene Wirklichkeit, Piper

zu Kapitel 11: Das soziale Gehirn

Bücher
Bierbaum, G.: Mehr als Superlearning – Kreatives Lernen, Langen-Müller-Herbig
Gerken, Gerd: Management by Love, Econ, 1990
Grinder, J.: Kommunikation und Veränderung, Junfermann, 1989
Klawatsch, Hans: Mitspieler Mensch, Avantgarde, 1990
Marwitz, Klaus (mit G. Bierbaum und Horst May: Happy Selling – Der geniale Verkäufer, Junfermann, 1990
Marwitz, Klaus (mit Maria Beyer): Einführung in die Strategien des ganzheitlichen Lebens und Lernens – Workshop-Bericht, Kiel, Idyll-Seminare
NLP Buchversand, Jörg K. Erdmann, Hans-Humpert-Str. 3a, 4790 Paderborn, Tel. 05251-35969, Fax: 05251-35654

zu Kapitel 12: Das neue Gehirn

Bücher
Braem, H.: Brainfloating, Langen-Müller/Herbig
Charon, J.: Die Sünden der Evolution, Ullstein
Herrmann, W.M.: Higher Nervous Functions, Vieweg
Hooper/Teresi: Das Drei Pfund Universum, Econ
Loye, David: Gehirn, Geist und Vision, Sphinx
Ornstein, Robert: Multimind, Junfermann
Pelletier, Kenneth R.: Unser Wissen vom Bewußtsein, rororo
Restak, R. M.: Geist, Gehirn, Psyche, Umschau
Talbot, M.: Mystik und neue Physik, Heyne
Walter, Grey W.: Das lebende Gehirn, Knaur
Wolf, Fred Alan: Körper, Geist und neue Physik, Scherz

Chaos-Meditation mit fraktalen Videos: Frontiers of Chaos, Computer Art Resource, P.O.Box 2069, Mill Valley, CA 94942, USA
Mandelbrot Sets und Julia Sets, Art Matrix, P.O.Box 880, Ithaca, NY 14851, USA

Zeitschriften:
Aerial Press, P.O.Box 1360, Santa Cruz, LA 95061-1360, USA. (Hrsg. ist der Mathematiker Ralph Abraham von der UC Santa Cruz. Er berichtet alle zwei Monate über die neuesten Entwicklungen der Chaos-Theorie.)
Intelligence-Newsletter, P.O.Box 20008, New York, NY 10025, USA. (Hrsg. ist Edward Rosenfeld, er ist einer der Gründer von Omni. Die Zeitschrift beleuchtet die Szene der neuralen Netzwerke, also alles, was den Computer mit dem menschlichen Gehirn verbindet.)

Glossar und Stichwortregister

(weitere Stichwörter finden Sie im ausführlichen Inhaltsverzeichnis)

ACETYLCHOLIN: Neurotransmitter für Lernen u. Gedächtnis, 93 f., 139.

ADRENALIN: Neurotransmitter, 91 ff.

AFFEKT: Empfindung oder Stimmung, allgemeiner Gemütszustand., 48 f.

AGONIST: In der Pharmakologie eine Droge, die die Aktion eines Neuroransmitters an der Synapse nachahmt, 116.

AMPLITUDE: Höhe einer Wellenform, 100, 242.

AMYGDALA: Eine nadelförmige Struktur im limbischen System, von der man annimmt, sie steuere Emotionen wie Aggression, Angst oder Wut.

ANTAGONIST: In der Pharmakologie eine Droge, die die Aktion eines Neurotransmitters an der Synapse blockiert; das Gegenteil von Agonist, 92.

ANTIPODEN: Gegengesetzte geistige Standpunkte.

ASSIMILATION und AKKOMODATION: Nach Piaget entstehen über diese zentralen Phänomene sämtliche innerpsychischen Strukturen. Unter Assimilation ist die Aufnahme und der Einbau von Elementen aus der Außenwelt in bereits bestehende innere Strukturen zu verstehen, unter Akkomodation dagegen die Anpassung dieser vorbestehenden Strukturen an die neu aufgenommenen Elemente. Es handelt sich also um zwei komplementäre Aspekte von Interaktionen zwischen Innen- und Außenwelt, welche in der Tat genau Maturanas Beschreibung von typischen strukturellen Koppelungen entsprechen. Darüber hinaus hat Piaget gezeigt, daß die genannte Dialektik auf allen Stufen psychischer Strukturierung zum Motor und Anstoß für eine selbstorganisatorische Weiterentwicklung wird, 349 f., 380.

AUTONOM-DYNAMISCHE BIOLOGIE: »Kein tiefgreifendes dynamisch-biologisches Problem ist ohne diese Differenzierung der kreisförmigen Wechselbeziehung, die bis jetzt nicht erkannt wurde, zu verstehen... Im Gegensatz zum physikalischen Bereich gibt es im lebenden Organismus irreversible und reversible Prozesse. Die reversiblen Abläufe sind zu gliedern in redox-potentielle Umwertungen und in autonom-dynamisch charakterisierte Funktionen, die als spezifisch tonusgebundene Funktionen anzusprechen sind.« (Otto Mennerich)

AUTOPOESIE: Siehe Selbstorganisation, 421 f..

AXIOM: Unmittelbar einleuchtender Grundsatz, der seinerseits nicht mehr begründbar ist.

AXON: Die Ausgabeseite des Neurons, eine einzelne Faser, die den Nervenimpuls vom Zellkörper her wegträgt, 60, 61.

BIPOLARITÄT: Wichtige Beispiele dafür: Sein und Werden. Verschiedene Autoren haben immer wieder die Wichtigkeit des »Seins« betont, andere wiederum unter völliger Verkennung des Seins das »Werden« propagieren. Weder das eine noch das andere ist wichtiger, sondern es zeigt sich daß das eine ohne das andere nichts ist. Die »Wirklichkeit« – dynamisch-biologisch gesehen – läßt nur ein energetisches Werden und zugleich ein autonomes Sein zu. Als Ausdruck einer Funktionsidee ist das Werden als Energie durch das Sein bedingt und durch Sympathikus und Parasympathikus, zwei unterscheidbare, aber in sich gebundene Funktionsformen, im lebenden Organismus realisiert. Unser Leben wird durch zwei reale Tatsachen bedingt: durch das Prinzip der Energie (als Symbol des Werdens) und das Prinzip der autonomen Gestaltung (als Idee des Seins).

BLUT-HIRN-SCHRANKE: Ein Netzwerk von Membranen zwischen dem Blutkreislauf und dem Gehirn, die viele Substanzen, wie Gifte und Drogen – aber nicht alle – daran hindert, ins Gehirn einzutreten, 83, 115, 118.

BIOCOMPUTER: Metaphorisch gebrauchter Ausdruck für das menschliche Gehirn, 18, 22, 34 f., 74, 311, 421.

BIOFEEDBACK: Apparative Technik zur Selbstkontrolle, 245 f.

CORTEX: Hirnrinde; Mantel aus Nervenzellen auf der Oberfläche beider Gehirnhemisphären, 31 f., 48 f., 51, 59, 275, 414.

DENDRIT: Eine der feinen Fasern, die vom Körper einer Nervenzelle abzweigen. Entlang dieser Faser sind viele Synapsen gelegen, durch die das Neuron Botschaften erhält, 60, 275.

DEPRIVATION: Völlige Ausschaltung, Entbehrung. Die sensorische Deprivation ist ein längerfristiges Fernhalten aller Sinneseindrücke; es bewirkt beim Menschen ein gesteigertes Verlangen nach Eindrücken, Bewegung und Kommunikation, 22, 37, 180 f.

DETERMINISMUS: Lehre von der notwendigen Bestimmtheit allen Geschehens – geht von der grundsätzlichen Unfreiheit des Menschen aus.

DISSIPATIVE STRUKTUREN: »Die Wechselwirkung eines Systems mit der Außenwelt, seine Einbettung in Nichtgleichgewichts-Bedingungen, kann so zum Ausgangspunkt für die Bildung von neuen dynamischen Zuständen der Materie, von dissipativen Strukturen werden. Dissipative Strukturen stellen tatsächlich eine Form von supramolekularer Organisation dar.« (I. Prigogine in: Dialog mit der Natur, München 1981, S. 152) 25, 39, 70, 265, 274, 418, 432.

DOPAMIN: Wichtiger Neurotransmitter, engverwandt mit Noradrenalin; steht in Beziehung mit Stimmung und Wachheit und ist bei der Parkinsonschen Krankheit mangelhaft vorhanden, 114 f.

DUALISMUS: Denken in Gegensätzen, z. B. Geist und Materie, 23, 77, 79.

EEG (Elektroenzephalographie, »Elektroenkephalogramm« nach Hans Berger): Mißt mit Elektroden die Gehirnströme von der Kopfhaut und stellt diese graphisch dar, 69, 99, 240 f.

ENDORPHINE: Vom Gehirn produzierte (endogene) natürliche Opiate, 39, 82, 85 f.

ENDOKRINE DRÜSEN: Hormondrüsen, 83, 98.

ENGRAMM: Gedächtnisspur einer mutmaßlich physikalischen Aufzeichnung eines früheren Geschehnisses, 213 f..

ENKEPHALIN: Gehirnopiat, ein kurzes Fragment des größeren Beta-Endorphin-Moleküls 82, 85 f.

ENTROPIE (biologisch gesehen): Die Entropie, die physikalisch als »Verlust« gedeutet wird, muß dynamisch-biologisch anders gesehen werden, und zwar als notwendiger Energierückstand, den jedes funktionelle Energiesystem bewahren muß, um im Rahmen eines Funktionssystems wirksam zu sein; denn dieser Energierückstand ist der Ausgangspunkt für den Aufbau der autonomen Tonusspannung, auf die die Leistungen aller organischen Funktionssysteme bezogen sind. Die Konzeption nach Mennerich – dynamisch-biologisch und nicht mechanisch-medizinisch fundiert – ist vor allem auf die Redoxpotentiale als Ausdruck der Totalitätspotenz des Organismus ausgerichtet. (Redoxpotentiale = im Gegensatz zu den physikalisch-irreversiblen Umwandlungen in Bezug auf die Entropie sind die Redoxpotentiale – Fermentsysteme mit wasserstoffaktivierender-anaerober und sauerstoffaktivierender Komponente – reversibel), 39.

ENZYME: In lebenden Zellen gebildete, hochmolekulare Eiweißkörper; es sind Biokatalysatoren, d. h. sie verändern nicht das Gleichgewicht einer Reaktion, sondern verringern die dazugehörige Aktivierungsenergie, 121, 139 f.

EPIPHYSE: Zirbeldrüse, 203 f.

ETHNOMEDIZIN: Wissenschaft, die unter vergleichender Betrachtung Kulturen und deren Heilweise erforscht.

ETHNOPHARMAKOLOGIE: Wissenschaft, die Erkenntnisse der Arzneimittellehre der Stammesvölker erforscht.

FEEDBACK: Rückkopplung, 37, 100, siehe auch: BIOFEEDBACK, 245 f.

FELDTHEORIE: nach Lewin, 291 f.

FOURIER-TRANSFORMATION: Ein mathematischer Ausdruck, der sich auf die Umsetzung der Energie aus einer Form in eine andere bezieht und ihre Gleichwertigkeit mengenmäßig ausdrückt. So sind Tausende von Lichtpunkten auf dem Fernsehbild eine Umwandlung von elektromagnetischen Wellen, welche von der Antenne aufgefangen wurden. Baron Fourier hat die Gleichungen ausgearbeitet, welche die Grundlage für die Holographie und für die Informationsübertragung in unserem Gehirn darstellen, siehe 273 f., 419.

FREQUENZ: Die Anzahl ganzer Schwingungen in einer bestimmten Zeiteinheit. Jede Schwingung breitet sich in einer Welle aus und besteht aus Teilchen, die um eine Mitte herumschwingen. Die Teilchen können entweder in Ausbreitungsrichtung der Welle schwingen und bilden dann Longitudinalwellen. Oder sie können quer zur Ausbreitungsrichtung der Welle schwingen und bilden in diesem Fall Transversalwellen, 218 f., 224.

GLIAZELLEN: Zellgewebe des Nervensystems, das die Räume zwischen den Nervenzellen und Blutgefäßen bis auf einen 20nm breiten Spalt ausfüllt, die Markscheiden bildet sowie Stütz- und Nährfunktion ausübt. Die Gliazellen bleiben im Gegensatz zu den Nervenzellen vermehrungsfähig. Die Gliazellen sind ein Gehirnzellentyp, der den Neuronen Unterstützung und Nahrung liefert; traditionell glaubt man nicht, daß dieser Zelltyp bei der Informationsverarbeitung eine Rolle spielt, 33, 414 f., 417.

HEMI-SYNC: Nach Robert Monroe die Hemisphärensynchronisation, die sich durch Einspielung von Tönen unterschiedlicher Frequenz ergibt, 223 f.

HOLOGRAMM/HOLOGRAPHIE: Ein photographisches Aufnahmeverfahren, bei der ein Gegenstand mit Laserlicht beleuchtet wird. Die von ihm reflektierten Wellen überlagern sich mit den aus dem Laserstrahl abgezweigten Bezugswellen und ergeben auf einer Fotoplatte ein Interferenzbild, ein sogenanntes Hologramm, 23, 38 f., 63 f., 270 f.

HOMÖOSTASE: Bestreben des Organismus eine Stabilität der inneren chemischen und physiologischen Abläufe zu erhalten. Die Regulierungsmechanismen werden hauptsächlich vom Hypothalamus kontrolliert, 133, 274, 331, 421.

HYPOGLYKÄMIE: Verminderung des Blutzuckers. Diese Störung beruht auf einer ungenügenden Toleranz gegen normale oder zu hohe Blutzuckerspiegelwerte und führt zu einer plötzlichen, steilen Blutzuckersenkung, 136, 142.

HYPOPHYSE: Kleine, über einen Stiel mit der Hirnbasis verbundene endokrine Drüse, die aus einem Vorder- und einem Hinterlappen besteht und verschiedene, das Wachstum, den Stoffwechsel und die Aktivität anderer Drüsen beeinflussende Hormone ausschüttet., 98, 168, 249.

HYPOTHALAMUS: Primitive Hirnregion zwischen den beiden Hemisphären. Über die Sekretion von Releasing-Faktoren, die auf die Hypophyse wirken, beeinflußt der Hypothalamus viele grundlegende Körperfunktionen, wie Temperatur, Blutdruck, Hunger, Durst und Pulsfrequenz, 98, 168, 249.

INTERFERENZ: Töne gleicher Amplitude und Länge treffen zusammen und ergeben verschiedene Schwingungsmuster. Sie können sich gegenseitig abschwächen, verdecken, löschen oder verstärken, siehe auch Hologramm.

KINÄSTHESIE: Der Bewegungs- und Lagesinn (Muskelsinn). Die Fähigkeit zur Empfindung der Richtung und Geschwindigkeit der Bewegung der Gliedmaßen, 35.

KINESIOTHERAPIE (im angelsächsischen Bereich: KINESTETIK) Bewegungstherapie, 170.

KINESIOLOGIE: Entdeckt vom Chiropraktiker Dr. George Goodheart, der herausfand, daß die Ursache von Verschiebungen der Wirbelsäule nicht im verkrampften Muskel zu finden ist, sondern darin, daß der Gegenspieler zu diesem Muskel zu schwach ist und der normale Muskel darauf mit Verkrampfungen reagiert. Bei der Angewandten Kinesiologie werden Muskeltests durchgeführt, um spezifische Muskelschwächen festzustellen und zu behandeln. Darüber hinaus wird der gesamte Energiefluß im Körper durch Behandlung von Lymphgefäß- und Akupunkturpunkten in Gang gesetzt und gestärkt, aus der Erkenntnis, daß die verschiedenen Körpersysteme zusammenhängen. 168 f.

KLEINHIRN: Lappen der Hirnregion im Nervensystem mit aktiver Beteiligung an der Feinregulierung der Muskelaktivität, 51.

KOHÄRENZ: Zusammenhang. Elektromagnetische Strahlung in gleicher Richtung mit gleicher Wellenlänge, 35, 38.

KONSTRUKTIVISMUS: Metawahrnehmung. Jede Wissenschaft und letztlich jede Form der Wahrnehmung operiert mit einem Modell, das in der »Realität« durch systematische Anwendung (Forschung) versucht wird zu bestätigen. Erfolgreiche Modelle sind dann lehr- und erlernbar, werden schließlich ritualisiert, geraten dann aber mit zunehmender Benutzung an Grenzen, die eine Modifikation oder ein Umspringen auf andere Modelle erfordert. Die Realitätswahrnehmung verändert sich dadurch erneut, 333 f., 341, 362 f.

KONFRONTATION: Die Fähigkeit, ohne Zurückzuweichen und ohne Anstrengung gegenwärtig zu sein. Jederzeit Problemen in die Augen sehen zu können, um daraus Lösungen zu erschaffen.

KUNSTKOPF-STEREOPHONIE: Stereophonie, die einen rundum räumlichen, daher besonders natürlichen und angenehmen Klang bietet. Die Kunstkopf-Mikrophone sind in einem der Form des menschlichen Kopfes genau nachgebildeten Klangkörper eingesetzt und zeichnen Schallwellen fast genauso auf, wie sie in den Gehörgängen des menschlichen Ohres aufgenommen werden. Bei der Wiedergabe im Kopfhörer entsteht so ein sehr räumlicher Klang. Die ausgefeilte Technik verfolgt dabei das Ziel, die bestmöglichen Voraussetzungen für ein angenehmes Eintauchen in ein Erlebnis während der Wiedergabe der Aufnahme zu bieten.

KYBERNETIK: Wissenschaft von abstrakten, hochkomplexen Systemen, die mit Hilfe von Rückkopplung einem Gleichgewichtszustand zustreben. Allgemeine Eigenschaften, wie Selbstorganisation, Informationsspeicherung und -verarbeitung werden zurückgeführt auf die Funktion der Systeme, die Maschinen und dem menschlichen Gehirn gemeinsam sind, 42, 76, 247, 295.

LIMBISCHES SYSTEM: Teile der primitiven cortikalen Strukturen des Gehirns, die Grundbedürfnisse und -funktionen, wie Hunger, Sexualverlangen, autonome Funktionen, Emotionen usw. steuern, 52 f.

MELATONIN: Ein der Zirbeldrüse entstammendes Gewebshormon, das eine Aufhellung der Hautfarbe bewirkt, 91.

META: Begriff für darüberstehend, höher, dahinter, umfassend.

MATRIX: Lat. Gebärmutter. Stellt die Quelle der Möglichkeiten der geistigen und körperlichen Entwicklung dar. Der biologische Plan für die Entwicklung der Intelligenz beruht auf einer Reihe von harmonischen Matrixwechseln während eines Lebens, 272 f.

METAPHER: Durch einen Vergleich zustandekommender bildlicher Ausdruck.

METAPROGRAMMIERUNG: von John C. Lilly geprägter Ausdruck für die Programmierung unseres Biocomputers, 335 f., 421.

NEGENTROPIE: Gegenteil von Entropie, 39.

NEOCORTEX: siehe Cortex, 48 f., 52.

NEURO: den Nerv betreffend.

NEUROGLIA: Nervenkittsubstanz, bindegewebige Stützsubstanz des Zentralnervensystems, in der Ganglienzellen und Nervenfasern eingebettet sind.

NEUROINSUFFIZIENZ: unzureichende Funktion des Nervensystems, 375.

NEUROKOMPETENZ: erfolgreicher Umgang mit dem Nervensystem, 375.

NEURON: Nerveneinheit, Ganglienzelle mit Neurit und Dendriten, 59 f., 249, 322, 424.

NEURONALE SCHALTKREISE: Aktivierte Netzwerke im Gehirn, 71 f.

NEURONALES NETZWERK: Organisation der Neuronen, 32, 36, 104, 275, 315, 322, 359.

NEUROTOXINE: Schädliche Stoffe, die besonders auf die Nerven eine nachteilige Wirkung entfalten, 146 f.

NEUROTRANSMITTER: Botenstoff, chemische Sustanz, die an den Synapse die Erregungsübertragung bewerkstelligen. Neben anderen Überträgersubstanzen wie Neuromodulatoren u.a. gibt es cholinerge, adrenerge und dopaminerge Neurotransmitter, 14, 24, 31, 39, 61, 62, 82 f., 90 f., 107, 112 f.

NLP: Neurolinguistisches Programmieren. Eine Psychotechnologie, die mit Hilfe neurologischer und linguistischer Techniken arbeitet, 390 f.

NEOOTROPIKA: Den Gehirnstoffwechsel anregende Substanzen, 120 f.

PARADIGMA: In seinem Buch »Die Struktur wissenschaftlicher Revolutionen« bezeichnet der Wissenschaftshistoriker Thomas Kuhn den theoretischen Hintergrund und die praktischen Gewohnheiten einer Wissenschaft als »Paradigma«. In Zeiten »normaler« Entwicklung einer Wissenschaft ist das Paradigma unbezweifelte Basis aller Forschungsaktivität. So war die Newton-Mechanik lange Zeit das bestimmende Paradigma der Physik. Grundlegende Zweifel am Paradigma können zu einer »Krise« der Wissenschaft führen, seine Ablösung durch ein anderes heißt »wissenschaftliche Revolution«. Ein Beispiel ist die teilweise Ablösung der Newton-Mechanik durch Relativitätstheorie und Quantenmechanik. Auch das Aufkommen der Chaos-Forschung hat viele Merkmale eines solchen Paradigmen-Wechsels, 41, 66, 71.

PHOTON: Lichtquant der elektromagnetischen Strahlung, 83.

PLACEBO: Die meisten Menschen denken beim Placeboeffekt an Zuckerpillen. Das ist das was man einen inaktiven Placebo nennt, etwas ohne wirklichen Effekt. Der Effekt des »aktiven Placebos« ist viel interessanter, da es tatsächlich etwas bewirkt, ohne direkt beim Heilungsprozess beteiligt zu sein. Viele medizinische Prozeduren sind aktive Placebos, die Hand in Hand mit dem Willen des Patienten arbeiten. Allein der Besuch einer Arztpraxis ist ein aktives Placebo, 97 f., 104, 419.

POSTULAT: Eine Schlußfolgerung oder Entscheidung, die jemand aufgrund seiner eigenen Erwägung gefaßt hat. Es wurde aufgrund der Auswertung von Daten oder auch intuitiv erstellt. Es löst ein Problem der Vergangenheit, entscheidet in der Gegenwart und stellt Beobachtungen für die Zukunft auf, 19.

PRÄSENZ: Von lat. prae-esse = anwesend sein, Anwesenheit, Gegenwärtigkeit.

PSYCHONEUROIMMUNOLOGIE: Medizinrichtung, die Verbindungen zwischen Geist-Nerven-Immunsystem erkennt, 14, 101 f.

PSYCHOKYBERNETIK: Erforschung psychischer Prozesse mit Hilfe der Kybernetik, 76ff.

QUANTEN: Die kleinsten in einem Wellenvorgang (z. B. Licht, Schallwellen) der Frequenz auftretenden und sich wie Teilchen verhaltenden Energiemengen.

REM-Schlaf: Der REM-Schlaf (REM = rapid eye movement, schnelle Augenbewegung im Schlaf) ist neben schnellen Augenbewegungen auch durch andere Aktivitäten, wie wechselnde Atmung und Muskelentspannung gekennzeichnet. Er unterscheidet sich von anderen Schlafphasen durch seine Dauer (ca. 20 %) und schließt sich an das Schlafstadium 4 an., 242, 364 f.

RETIKULÄRES AKTIVIERUNGSSYSTEM: Netzwerk von Fasern im Kern des Hirnstamms, das Schlaflosigkeit und Munterkeit reguliert (auch als retikuläre Formation bekannt), 51.

RESONANZ: Bei der Resonanz wird ein schwingungfähiger Körper durch das Auftreten einer Welle zum Mitschwingen veranlaßt, bis beide auf die gleiche Grundschwingung abgestimmt sind, 262, 418 f.

REZEPTOR: Der Ort, wo ein Molekül eines Botenstoffes sich an eine Nervenzelle bindet, 32, 82 f.

SEROTONIN: Transmittersubstanz aus Tryptophan synthetisiert und in den Mastzellen gespeichert wird. Ist wirksam in der Anregung der Darmbewegung, der Gefäßweitstellung oder Gefäßengstellung und der Muskeltonussteigerung, 90.

SET: Die gedankliche und geistige Voraussetzung sowie die Erwartung, die jemand mitbringt, 21.

SETTING: Umgebung, die Einfluß auf das geistige Wohlbefinden nimmt, 21.

SYNAPSE: Der Ort, an dem die Neuronen miteinander kommunizieren, 31 f., 37, 61, 315, 359.

SYNAPSENSPALT: Eine winzige Lücke zwischen den Membranen zweier Neurone, 31 f.

SYNCHRONISATION: Geordnete Übereinstimmung der Gehirnwellen, 70, 224 f.

SYNCHRONIZITÄT: Gleichzeitiges Auftreten von scheinbar unabhängig voneinander stattfindenden Ereignissen, 328 f.

SYNERGIE: Zusammenwirken mehrerer Kräfte, um eine einheitlichen Leistung zu erzielen, 294, 299.

SYSTEMTHEORIE: Beruht ähnlich wie die Kybernetik auf der Selbstorganisation lebender Systeme, 347 f.

TONUS: Spannung, 52, 418.

TRANSFORMATION: Umformung, Umwandlung (auf ein höheres Niveau). Meiner Ansicht nach kann die geistige Entwicklung als sich selbst organisierendes Ganzes verstanden werden. Seit einigen Jahren tauchen immer wieder Berichte auf, die den »Sprung auf eine höhere Verstehensebene« ankündigen: Wissenschaftler wie der Chemiker Ilya Prigogine, die Hirnphysiologen Humberto Maturana und Francesco Varela, der Atomphysiker Fritjof Capra oder der Bewußtseinsforscher Ken Wilber verblüffen mit Parallelen in der Sichtweise – trotz unterschiedlicher Herkunft – der bevorstehenden Transformation. Ebenso ist Teilhard de Chardin, Rupert Riedl und Erich Jantsch, mit seinem faszinierenden Buch zur »Selbstorganisation des Universums« zu nennen, 343 f.

ZENTRALES NERVENSYSTEM: Umfaßt Gehirn und Rückenmark, 59 f., 417.

ZIRBELDRÜSE: Eine kleine Drüse, die tief im Gehirn hinter dem Thalamus liegt. Sie ist lichtempfindlich und wird für höhere psychische Leistungen verantwortlich gemacht, 90, 203 f.

Danksagung

Für die Mitarbeit und die vielen Informationen, die dieses Buch erst möglich machten, danke ich: Dr. Rudolf Kapellner und Gerd Gerken für ihre Unterstützung und Beiträge, Peter Diehl für seinen Beitrag zur Psychoneuroimmunologie und den stets aktuellsten Informationen, Klaus Marwitz über anregende Ideen zum NLP, Dr. med. Chr. Schenk steuerte einen wichtigen Expertenbeitrag über Biofeedback bei, Ingo Steinbach servierte akustische Vollwertkost und George Pennington öffnete unsere Wahrnehmung; und dank Micky Remann konnten alle »ernsten« Erkenntnisse des Buches selbstreflektierend als Konstrukte des menschlichen Geistes relativiert werden.

Michael Hutchison, Terence McKenna, Dennis Gorges, Bob Owen und David Graham (alle USA). Professor Walter Freeman (UC Berkeley), Professor Dr. W.D. Heiss (Max-Planck-Institut, Köln) und Dr. Uwe Gerlach (Kassel) für die informativen Gespräche.

Für weitere Mitarbeit danke ich: Axel Brück, Marianne Gollub, Professor Ewald, Dr. Christian Rätsch, Lutz Berger, Prof. Heinssen, Ulrike u. Dr. Walter Grein, Eliane Zimmermann und Klaus Grochowiack, Henner Ertel, Dr. Vogl, Prof. Dr.Dr. Drechsler, Dipl. Psych. Wolfgang Rost, Roland Spinola, Karin Steins, Prof. Petersen, Prof. Wässele, Dr. Thomas Dierks, Prof. Maurer, Prof. Riederer, Vera F. Birkenbihl, Heiko Ernst, Sabine Gahn und Elsa Vogeler.

Mein besonderer Dank gilt Inge Gröbner von der neurophysiologischen Abteilung der Psychiatrie Würzburg, der es nie zuviel war, unermüdlich Manuskripte zu tippen! Last but not least danke ich meinem Lektor, Co-Autoren und Verleger in einem, Bruno Martin, der mich mit kreativer Mitarbeit und gutem Rat unterstützte und aus meiner Chaos-Organisation eine lesbare Struktur formte.